the establishment and development
of laws for chemical regulation

化学物質管理法の成立と発展

科学的不確実性に挑んだ日米欧の50年

辻 信一 著

北海道大学出版会

まえがき

　2011年はOECD（経済協力開発機構）の設立50周年の年だった。また，OECDの化学品グループの発足40周年でもあった。この年の6月にパリのOECD本部で開催された化学品合同会合に出席し，帰りの飛行機で，OECDの化学品グループの40年の歴史をまとめた冊子をぱらぱらとめくりながら，このグループの足跡が国際的な化学物質管理の歴史を反映していることを感じた。

　40年前の1971年といえば，わが国ではPCBによる環境汚染問題が社会問題となり，対策が模索されていた頃であり，米国ではこの年に，化学物質管理政策に影響を与えた報告書『Toxic Substances（有害物質）』が提出された年である。また，欧州では，この年にドイツにおいて「環境プログラム」が開始された。このとき，どこの国にも化学物質管理法はなく，化学物質の管理の枠組み作りが始まった段階であった。そのような中でOECDでは化学品グループを設置して活動を開始した。

　産業利用されている主な化学物質は，同じものが世界のさまざまな国で製造，利用されている。また，貿易により国際的に取引されている。そのため，化学物質を管理する上で必要となる化学物質の評価項目や評価のための試験方法などを共通化することにより，化学物質の貿易に対する障害を除くとともに，国際的な管理の導入により化学物質の悪影響から各国の人々を保護することができる。このような考えのもとで，OECDは40年かけて化学物質管理に関する国際的なルールづくりを行ってきた。欧州連合では，化学物質管理法として2006年にREACHが制定され，欧州以外の国においても同様な法制度を採用する国も現れている。しかしながら，REACHはわが国や米国の法制度とはかなり異なっている。どうして，主要国の化学物質管理法はその仕組みが異なっているのか，法律の制定経緯を調べて，その理由を自分

なりに考えてみようと思った。

　化学物質管理は，リスク管理の一つの適用場面である。化学物質管理で問題になるのは，有害性がよくわからない化学物質が相当な数にのぼることである。その点で，科学的不確実性を有する。このような対象に対してOECDや各国はどのように対処してきたのか調べてみようと考え，わが国や欧米の化学物質管理法の制定やその変遷をまとめることができないかと思いを巡らせた。

　初めにわが国の化審法の制定経緯を調べ，米国法の影響を受けていることがわかった。先進国で公害問題が喫緊の課題となり，対策が検討されていた1970年代初頭に，今日「予防原則」と呼ばれている考え方に近い発想に基づいた政策提案が，米国において化学物質管理分野で提示された。さらに，これを具体化した法案が議会に提出されたことを知り，興味をそそられた。また，この発想をわが国が受け入れて，世界に先駆けて化審法（化学物質の審査及び製造等の規制に関する法律）として制定したことは，わが国の環境政策の歴史の中でも画期的な出来事だと思った。

　一方，危険なことがらに対して法制度を活用して対処する発想は，ドイツで発展した。危険から社会を守る警察法から発展し，それが環境法に受け継がれた。そこで，広い意味のリスクの概念の中にもいくつかの段階があることや，法益を侵害する蓋然性が大きいとはいいきれない場合にも法的に対処すべきであることなどが明らかになってきた。そこから「事前配慮」の概念が形成され，「予防原則」の考え方につながったといわれる。

　このように，予防原則につながる考え一つをとってみても，いくつかの流れが存在するように思える。本書では，科学的不確実性を有する対象である化学物質を管理するために，法制度としてどのように対処してきたのかとの問題意識をもって考察を加えた。そのため，科学的不確実性に対する一つの対応策である予防原則が化学物質管理に関してどのように活用されているのかとの視点から，わが国，米国，欧州の化学物質管理法の発展の経緯を俯瞰した。なお，立法過程を扱う場合には，できるだけ一次資料を活用するよう心掛けた。

本書は注釈が多いので，試みとして注釈を二つに分け，脚注と章末注を区別して用いた．補足説明のための注釈は「＊1」のようにアスタリスクを付した番号で表して脚注とした．他方，引用文献についての注釈は「1）」のように片かっこを付した番号で示し章末注とした．本書を読む際にご留意いただければと思う．

本書の構成は，次のようになっている．

序章では，化学物質管理を考える上での基本となる手法や考え方を説明する．リスクの概念，化学物質管理の特徴，科学的不確実性を有する対象を管理する上での一般的な取り組みなどについて解説を行う．

第1章では，米国から予防原則の発想を取り入れたわが国の化審法の制定と発展の経緯を国際的な動向を踏まえて検討を行う．昭和40年代にPCBによる環境汚染問題への対処が求められる中で，単にPCBだけを規制するのではなく，PCBに類似した有害な化学物質による環境汚染を防止するために事前審査制度を定めた化審法が制定された．そして，その後生じた問題に対処するために改正が加えられ，現行法に至るまでの発展の経緯を，予防原則の活用を一つの軸として考察する．

第2章では，予防原則の提案と米国の有害物質規制法（TSCA）の制定，およびその後の米国における化学物質管理政策の変遷を検討する．TSCAの制定後，この法律が運用される中でいくつかの問題点が顕在化し，それに対する対応策が模索される中で，欧州でのREACHの制定などを契機に改正法案が策定され議会に提案された．TSCAにはどのような問題点があり，それを克服するために米国の環境保護庁がどのような対処を行ったのか．また，提案された改正案ではどのような方法でTSCAの問題点を解決しようとしているのか．このような点について検討を行う．

第3章では，欧州の化学物質管理法の発展の経緯を検討する．まず，ドイツの行政法で体系化されたリスクに対処するための考え方が形成された．そこから予防原則の輪郭ができ上がり，この概念が欧州共同体の化学物質管理政策の基本的な考え方に発展していった過程を概観する．そして，日本や米国と類似した法制度を施行した欧州が，既存化学物質のリスク評価・管理が

進展しないことから，予防原則の活用を基本的な方針に掲げ，市場に流通する化学物質に対する事前登録制を打ち出した新たな化学物質管理法であるREACHの制定に至る経緯を考察する。

　終章では，手短にわが国，米国，欧州の化学物質管理法の比較を行い，まとめに代えた。

　いま読み返すと，筆者の意図とはうらはらに，十分な考察がなされていないところも多く，恥ずかしい限りであるが，本書がこの分野に関係する方になにがしかのお役にたてれば幸いである。

　本書をまとめるにあたってご指導いただいた及川敬貴先生（横浜国立大学教授）に心から御礼申し上げます。また，及川先生をご紹介いただき，本書の執筆を勧めていただいた安井至先生（東京大学名誉教授）にこの場をお借りして御礼申し上げます。また，貴重なアドバイスをいただいた益永茂樹先生，藤江幸一先生（以上横浜国立大学），増沢陽子先生，赤渕芳宏先生（以上名古屋大学）に御礼申し上げます。さらに，出版に際してご尽力いただいた北海道大学出版会の上野和奈さん，今中智佳子さんに心から感謝いたします。

　最後になりましたが，本書の刊行にあたっては，公益財団法人末延財団から比較法に関する書籍の出版助成をいただきました。出版の機会を与えていただいたことに心から感謝いたします。

2016年1月

辻　信　一

目　次

まえがき

序章　化学物質のリスクとその管理……………………………………1
はじめに………………………………………………………………………1
1. リスクとその対処…………………………………………………………3
    (1) リスクの考え方　3
    (2) 予防原則の登場　6
    (3) 予防原則の活用　7
        ①予防原則とは何か／②証拠の提出責任と証明責任の転換
2. 化学物質の有するリスク…………………………………………………12
    (1) 化学物質の有するリスクの特徴　13
    (2) 環境汚染の原因となる化学物質の特徴　14
        ①環境残留性(難分解性)／②蓄積性(濃縮性)
    (3) 化学物質の毒性　15
        ①急性毒性／②長期毒性(慢性毒性)
    (4) 直接暴露と間接暴露　16
3. 化学物質のリスク評価の概要……………………………………………17
    (1) 化学物質の有害性評価　17
        ①閾値が存在する場合の有害性評価／②閾値が存在しない場合の有害性評価／③生態系に対する有害性評価
    (2) 化学物質の暴露評価　21
    (3) 化学物質のリスク評価　22
    (4) 化学物質の複合影響について　22

4. 化学物質のリスク管理の基本的な考え方 …………………………………… 24
   (1) 排出規制と製造等規制　24
   (2) 大気，水質，土壌の汚染防止対策としての排出規制　25
       ①大気汚染防止法／②水質汚濁防止法／③土壌汚染対策法
   (3) 特定用途規制と一般用途規制　27
   (4) 独自の法律により管理されている化学物質　28
   (5) 既存化学物質と新規化学物質　28
5. リスク管理手法の新たな展開 ……………………………………………… 30
   (1) 情報の公開　30
   (2) リスクコミュニケーションの促進　32
       ①ベンゼンの排出削減計画におけるリスクコミュニケーションの実施／②化学物質と円卓会議
   (3) 環境マネジメントシステムの活用　34
       ①欧州の環境マネジメント監査スキーム（EMAS）／② ISO14000 シリーズ／③欧州の環境マネジメント監査スキーム（EMAS）と ISO14000 シリーズとの関係と両者の比較／④わが国における環境マネジメント監査スキーム／⑤環境マネジメントシステムの活用に向けて
   (4) 事業者との協働　43
       ①事業者による自主的取り組み／②利害関係者との事前交渉
   (5) PRTR 制度によるリスク管理　46
   (6) GHS と SDS（セーフティデータシート）　50
6. 化学物質の有するリスクへの法的対応 …………………………………… 51
   (1) 科学的不確実性の介在　51
   (2) 予防原則による対処　53
7. 科学的不確実性を有する課題に対する政策決定 ………………………… 54
   (1) 政策決定における市民の意見の反映　54
   (2) テクノロジーアセスメント　55
   (3) コンセンサス会議　58
   (4) 討論型世論調査などの手法　62
   (5) 化学物質管理への市民の声の反映　65

目　次　vii

第 1 章　わが国の化審法の成立と発展 ………………………………… 71

　はじめに ………………………………………………………………… 71
　1. 化学物質管理の特徴——科学的不確実性と既存化学物質の存在 ………… 74
　　(1) 化学物質の有するリスクの特徴と予防原則　74
　　(2) 既存化学物質管理の重要性　77
　2. 化審法と TSCA の成立
　　　　——化学物質管理における予防原則の始まりとわが国の継受 …………… 79
　　(1) 化学物質の事前審査制度と予防原則について　79
　　(2) 米国環境諮問委員会報告書『Toxic Substances（有害物質）』の
　　　　作成と TSCA 法案の起草　84
　　　①『Toxic Substances』／② TSCA 法案の起草——S.1478 上院案
　　(3) TSCA 法案の推移　89
　　　① S.1478 下院修正案／② H.R.5276 ／③ H.R.10840 ／④第 93 議会における審議
　　(4) わが国の化審法の成立　92
　　(5) TSCA の成立　98
　　(6) 小　括　99
　3. リスク配慮の導入——指定化学物質制度と「危険の疑い」………………… 101
　　(1) 被害が生じるおそれが「疑われる」段階での規制のはじまり　101
　　(2) OECD による化学物質管理の国際調和の動き　103
　　　①環境委員会の設立と化学品グループの活動開始／②上市前最小安全性評価項目（MPD）の理事会決定／③ OECD が提唱した化学物質管理の枠組みの国際展開
　　(3) 昭和 61 年の化審法改正の経緯　107
　　　①有機塩素系溶剤による地下水汚染の発生／②化審法改正に向けた化学品審議会の意見具申／③改正法案の起草と国会審議の開始
　　(4) 第二種特定化学物質と指定化学物質の法的性格の考察　113
　　　①リスク評価と第二種特定化学物質／②スクリーニング毒性試験の採用と指定化学物質制度／③第二種特定化学物質および指定化学物質の法的性格
　　(5) わが国の化学物質管理政策における昭和 61 年の化審法改正の意義　120
　　　①国際的整合性の確保／②規制対象の拡大／③段階的審査・規制制度の確立
　　　——リスク配慮に基づく規制の開始／④リスク評価の導入

（6）小　括　125
　4．生態系保護規定の導入――科学的不確実性の限界事例への対応 ………… 126
　　　（1）化学物質管理における生態系保護　126
　　　（2）わが国における生態系保全の沿革　128
　　　　①法制度による生態系保全の始まり／②OECDの上市前最小安全性評価項目に関する理事会決定と化審法の昭和61年改正時の対応／③中央公害対策審議会による生態系影響に対する指摘／④環境基本法の制定と化学物質管理分野の課題／⑤農薬の生態系への影響に関する検討の開始，PRTR制度の制定と第2次環境基本計画／⑥OECD環境保全成果レビュー／⑦新・生物多様性国家戦略における化学物質管理に対する指摘
　　　（3）生態系保全のための化学物質規制の検討の経緯　137
　　　　①環境省の検討会の報告書の提案――「生態系保全のための化学物質の審査・規制の導入について」／②経済産業省の研究会の「中間とりまとめ」／③3省合同審議会による答申――「今後の化学物質の審査及び規制の在り方について」
　　　（4）平成15年の化審法改正――予防原則の適用としての
　　　　　生態系に影響を与える物質の規制の開始　145
　　　（5）わが国の化学物質管理政策における平成15年の化審法改正の意義　147
　　　　①環境保全の範囲についての考え方／②化学物質の生態影響評価における科学的不確実性／③生態系の保護と生活環境動植物の保護との関係／④化審法における生態系の保全と予防原則の適用
　　　（6）小　括　155
　5．既存化学物質問題への対処――WSSD実施計画とREACHの登場 ……… 157
　　　（1）化学物質管理の新たな動向　157
　　　　①地球環境サミットとその後の動向／②OECDの動向／③米国の動向／④欧州の動向
　　　（2）REACHの成立　164
　　　（3）小　括――なぜ化審法とREACHが異なる制度となったのか　165
　6．順応的管理の導入――化学物質管理における新たな試み ………………… 169
　　　（1）予防原則を活用した制度の見直しと順応的管理　169
　　　（2）順応的管理の登場と適用　171
　　　　①順応的管理の考え方の登場／②順応的管理の環境政策への適用／③わが国における順応的管理の継受

(3) 平成 21 年の化審法改正の経緯　174

　　①第三次環境基本計画の策定／②経済産業省による検討の開始／③環境省の化学物質環境対策小委員会による検討／④化審法見直し合同委員会による検討

　(4) 平成 21 年改正化審法の特徴　187

　　①リスク評価を中心とした審査・規制制度の創設／②有害性（ハザード）の大きい化学物質に対する措置の国際整合性の確保

　(5) リスク評価の導入と予防原則　190

　　①化学物質管理におけるリスク評価／②予防原則の適用／③予防原則を適用した制度の見直し／④リスク評価の導入による予防原則への影響／⑤予防原則の適用領域の拡大と科学的不確実性の低減

　(6) 順応的管理手法の化学物質管理への適用　201

　(7) 予防原則と順応的管理との関係　203

　(8) 順応的管理の射程と統制原理　208

　(9) 小　括　209

章のおわりに ……………………………………………………… 211

第 2 章　米国有害物質規制法の成立と発展 …………… 223

はじめに ……………………………………………………………… 223

1. TSCA の構造 ……………………………………………………… 226

2. TSCA の成立過程における制約の導入 ………………………… 227

　(1) 『Toxic Substances』における提案　227

　　①『Toxic Substances』における提案の特徴／②予防原則の発想について／③科学的知見の収集について／④規制措置を講ずる際の考慮事項

　(2) S.1478 上院案の提案　230

　　①S.1478 上院案の概要／②予防原則の活用／③生産者の責任による化学物質に対する試験の実施／④化学物質に関する不合理な脅威への対処／⑤技術革新を阻害しないような法の運用／⑥企業秘密への配慮／⑦連邦の専占権／⑧司法審査

　(3) S.1478 上院案の評価とわが国の継受　235

(4) TSCA における EPA 長官の主な権限と特徴　236

　　　①事業者に対する試験の要求／②新規化学物質の製造前届出，重要新規利用の審査／③製造などの禁止，制限／④差し迫った危険を有する化学物質に対する措置／⑤事業者に対する報告の要求／⑥TSCA と他法令との関係／⑦企業秘密のデータの非開示／⑧連邦の専占権／⑨司法審査

　　(5) TSCA における権限行使にあたっての制約と問題点　244

　　　①経済的，社会的影響の考慮／②情報収集力の欠如／③事前審査におけるリスク評価の限界／④不合理なリスクに関する制約／⑤費用便益分析と経済的，社会的影響の考慮／⑥最も負担の少ない方法による規制の要件とその証明の困難さ／⑦司法審査／⑧他法令優先／⑨企業秘密に関する情報の非開示／⑩連邦の専占権

　　(6) 自発的なプログラムの活用　269

　　　①HPV チャレンジプログラムおよび TSCA ワークプラン／②合意に基づくデータ収集に対する判例／③HPV チャレンジプログラムに対する判例

　　(7) TSCA における予防原則の活用についての考察　274

　　　①予防原則の活用／②科学的根拠要件

　　(8) TSCA と REACH，化審法との比較　278

　　　①予防原則／②経済的，社会的影響の考慮／③データ収集とリスク評価／④企業秘密の扱い

　　(9) TSCA の問題点に対する改正の方向　284

　　　①新規化学物質に関する情報収集力の強化／②既存化学物質に関する情報収集力の強化／③規制措置の円滑な実施／④他法令優先規定の改善／⑤企業秘密と情報開示／⑥連邦と州との協力／⑦司法審査

3. TSCA 改正への動き　287

　　(1) EPA の TSCA 改正の基本原則の公表　288

　　　①六つの基本原則／②基本原則の特徴

　　(2) 議会における TSCA 改正法案の動向　292

　　　①第109議会，第110議会の動向／②第111議会の動向／③第112議会の動向／④第113議会の動向／⑤第114議会の動向

　　(3) S.1391法案の特徴　296

　　　①法案の概要／②化学物質の健康影響についての知る権利の確立／③既存化学物質に対する安全管理／④新規化学物質に対する安全管理／⑤バイオモニタリングの実施／⑥動物試験の代替／⑦安全な代替物質とグリーンケミストリー／⑧専占権の廃止

(4) S.3209 法案の特徴　　301

①法案の概要／②グリーンケミストリーの推進による米国化学産業の競争力強化／③事業者に対する情報提供の要求／④情報収集／⑤既存化学物質の管理／⑥新規化学物質または既存化学物質の新たな用途に対する安全の確保／⑦他法令優先規定／⑧企業秘密と情報開示／⑨専占権の廃止／⑩司法審査および規制措置の施行手続き

(5) S.847 法案の特徴　　307

①法案の概要／②グリーンケミストリーの推進による米国化学産業の競争力強化／③事業者に対する情報提供の要求／④既存化学物質に対する情報の収集と安全管理／⑤新規化学物質に対する情報の収集と安全管理／⑥他法令優先規定／⑦企業秘密と情報開示／⑧専占権の大幅縮小／⑨司法審査および規制措置の施行手続き

(6) S.1009 法案の特徴　　314

①法案の概要／②消費者安全の推進と TSCA の現代化／③科学的証拠の尊重と予防原則の後退／④アクティブ化学物質に対する評価のフレームワーク／⑤インアクティブ化学物質に対する評価のフレームワーク／⑥安全性評価手続き／⑦他法令優先規定／⑧企業秘密と情報開示／⑨連邦の専占権と州との協力／⑩司法審査　　321

(7) Chemicals in Commerce Act 草案（CICA Ⅱ 草案）の特徴　　322

① Chemicals in Commerce Act 草案（CICA Ⅱ 草案）の概要／②イノベーションによる安全性の高い化学物質の供給／③情報収集能力の強化／④アクティブ化学物質とインアクティブ化学物質へのカテゴリー分け／⑤リスク評価の実施／⑥他法令優先規定／⑦企業秘密と情報開示／⑧連邦の専占権と州との協力／⑨司法審査

(8) S.697 法案の特徴　　331

①法案の概要／②「改革」の目的の明示／③情報収集力の強化／④方針およびガイダンスの策定／⑤安全性評価（リスク評価）の対象物質の選定／⑥リスク評価（安全性評価）およびリスク管理／⑦他法令優先規定／⑧企業秘密と情報開示／⑨連邦の専占権と州との協力／⑩司法審査

(9) H.R.2576 法案の特徴　　342

①法案の概要／②情報収集力の強化／③リスク評価の実施／④リスク管理措置／⑤他法令優先規定／⑥企業秘密と情報開示／⑦連邦の専占権と州との協力／⑧司法審査

(10) H.R.2576 上院修正法案の特徴　　349

①法案の概要／②「改革」の目的の明示／③情報収集力の強化／④方針およ

びガイダンスの策定／⑤安全性評価(リスク評価)の対象物質の選定／⑥リスク評価(安全性評価)およびリスク管理／⑦他法令優先規定／⑧企業秘密と情報開示／⑨連邦の専占権と州との協力／⑩司法審査

4. 考　　察 …………………………………………………………………… 362

(1) 現行の TSCA の問題点は改正法案でどこまで改善されたか　362

①情報収集力の強化／②リスク評価における経済的，社会的影響の分離／③不合理なリスク(unreasonable risk)要件について／④最も負担の少ない方法による規制の要件について／⑤リスク評価およびリスク管理の枠組み／⑥他法令優先規定について／⑦企業秘密に関する情報開示規定の整備／⑧州との協力／⑨連邦の専占権⑩司法審査の改善による手続きの円滑化

(2) TSCA 法案におけるリスク評価と予防原則の活用　387

① TSCA 法案におけるリスク評価／② TSCA 法案における予防原則の活用の考え方

章のおわりに ……………………………………………………………………… 407

第 3 章　欧州における化学物質管理法の成立と発展 ……………… 415

はじめに ………………………………………………………………………… 415

1. 化学物質の有するリスクの特徴と法的対応 ……………………………… 417

(1) 化学物質の有するリスクの特徴　417

(2) 化学物質の有するリスクへの法的対応　418

2. ドイツにおける化学物質管理政策の推移と
   環境保護概念の欧州への展開 ……………………………………………… 420

(1) ドイツにおける環境保護概念の形成と発展　421

①ドイツ行政法における「危険」概念／②事前配慮原則の登場と予防原則への展開／③原因者負担原則の登場と発展／④協働原則の登場と発展／⑤基本法の改正による連邦政府の環境保護立法の開始

(2) ドイツの環境法にみる環境保護概念の展開　429

①ドイツ連邦イミッション防止法と事前配慮原則／②ドイツ連邦化学品法における科学的不確実性への対応と協働原則の具体化

(3) EU における予防原則の展開　432

①事前配慮から予防原則へ／② EC コミュニケーション

(4) ドイツとわが国における環境保護概念の比較　435
　　　①危険防御とリスク配慮の概念／②環境法における危険概念のとらえ方／③予防原則について／④原因者負担原則の考え方の展開／⑤協働原則について
　3. 既存化学物質への対応と REACH の登場 ……………………………… 441
　　(1) 既存化学物質への対応　441
　　　①わが国の対応／②ドイツの対応／③欧州の対応／④ OECD の取り組み
　　(2) EU 白書　448
　　　① EU の機構／②欧州の化学物質管理制度の見直し／③ EU 白書の提言／④ EU 白書提案後の動向
　　(3) REACH の登場——予防原則，原因者負担原則など環境保護概念の活用　474
　　　① REACH の提案と主要国の反応／② REACH の最終提案書の確定／③ REACH の実施に向けての検討と影響調査／④ REACH の審議
　　(4) REACH の概要　492
　　　①登録(Registration)／②化学物質安全性報告書——ハザード評価とリスク評価／③評価(Evaluation)／④認可(Authorisation)／⑤制限(Restriction)
　　(5) REACH 提案後の欧州の動向　502
　　　①欧州の環境と健康戦略／② EU の第 7 次環境行動計画における化学物質管理／③ CLP 規則の制定／④ REACH の施行状況／⑤ REACH の解釈をめぐる訴訟の先決裁定／⑥見直しに向けた動き
　4. 考　察 ……………………………………………………………………… 519
　　(1) 危険概念からリスク概念へ　519
　　(2) なぜ化審法と REACH が異なる制度となったのか　520

終　章 …………………………………………………………………………… 537

付　表 …………………………………………………………………………… 543
事項・人名索引 ………………………………………………………………… 549
判例索引 ………………………………………………………………………… 555

序章　化学物質のリスクとその管理

はじめに

　本書は，化学物質に起因するリスクを法的に管理するための制度の成立と発展を日本，米国，欧州を比較対象にして考察したものである。わが国は，1973(昭和48)年に，世界で初めて一般的な化学物質を管理するための法律である「化学物質の審査及び製造等の規制に関する法律」(以下「化審法」と略称する)を制定した。そのきっかけになったのが，当時社会問題となっていたPCB(ポリ塩化ビフェニル)による環境汚染問題であった。この問題に対処するにあたって，当時，わが国と同様にPCBなどの有害な化学物質による汚染問題への対応策を検討していた米国において議会で審議されていた有害物質規制法(Toxic Substances Control Act：以下"TSCA"と略称する)案を参考にした。そのため，その後1976(昭和51)年に成立したTSCAは，わが国の化審法と類似する面を有する法律である。また，欧州では，1979(昭和54)年に欧州共同体の理事会指令により，化学物質管理制度が成立するが，この制度は，化審法やTSCAと類似した制度であった。

　では，法的な管理が必要とされる化学物質に起因するリスクとは，どのようなものであろうか。なぜ，こういったリスクを法的に管理する必要があるのか。それは，私たちの経済・社会にとってどのような意味を持つものであろうか。法制度の比較に入る前に，このようなテーマについて，考察しようと思う。

　産業革命が進展する以前の社会では，火を使う作業などにおいてリスクが

伴っていたが、そのリスクによる被害の大きさはある程度予測することができた。因果律に従って考えれば、おおむね予想されるリスクがその当時の社会に存在していたリスクであった。その当時の市民社会では、このようなリスクに対する法規範としては過失責任の考え方により対処することができた。過失がなければ責任は問われない。この法規範に従って人々が行動することによって経済社会の活動が営まれていた[1]。

　産業革命が進展すると大規模な事業が営まれることとなり、事業に伴うリスクも大きなものとなった。そして、事業に伴って生じる災害も大規模なものとなった。たとえば、わが国における明治時代後期以降の鉱業に伴う被害などは、「過失がなければ責任が問われない」との枠組みでは対処できない問題であることがわかってきた。そのため、こういった被害に対する無過失責任の考え方が法規範にも取り入れられるようになった[*1,2]。ただし、この時期の鉱業やその他の産業に伴う被害は、まったく予測不可能とまでいうべきものではなく、ある程度の予測は可能であり、そのための対策も予測の範囲では可能なものであった。

　20世紀後半以降、私たちが直面しつつある新たなリスクは、何が生じるかについて最新の科学技術をもってしても予測が不可能なものであり、その規模や深刻さがもはや予測不可能であるという意味において、これまでとはまったく違うリスクであるといわなければならない[3]。これまでの事故は、一定の確率で生じるという発想の導入(大数の法則)により、誰が被害者になるかはわからないが、その発生確率は推定できた。そのため、このような損害を社会全体でカバーするという考え方に基づき保険などを活用することである程度は対処することができた。ところが、現代の新たなリスクは、克服された過去のリスクとは性格が異なる。現代のリスクにおいては、新たなリスクの登場に経験的知識の蓄積が追いつかず、経験によるリスクの予測やリスク評価が困難となっている[4]。過去のデータが存在せず、そこから予測で

---

*1　明治時代後期以降、鉱業に伴う農地の陥没被害に対して、賠償金を支払うことがかなり広範に慣行となっていた。わが国の鉱業法は、この慣行を無過失賠償責任として1939(昭和14)年の鉱業法改正で法制化した。

きないリスクでは，確率統計の前提が崩壊しており，同様な対処は不可能である。このようなリスクに対処するには社会的なコンセンサスを得るしか対処のしようがないように思われる。

そして，現代社会の直面する主要なリスクは，豊かな社会を実現するために人間社会が別のリスクの低減と引き換えにつくり出したものといえる。現代社会が古いリスクと引き換えに新たなリスクを背負いこんだわけである[5]。つまり，豊かさをつくり出した現代の産業社会に内在するリスクは，それによって利益を受ける者に対してリスクをもたらすという「ブーメラン効果」を持つ[6]。

その一つの例が化学物質の有するリスクである。次々と開発される化学物質は，私たちの生活を豊かにすることに寄与する一方で，リスク評価が後手に回ることが多い。また，その評価は専門家にとってもデータの不足などから科学的不確実性を含んだ予測しかできないものも多い。このようなリスクに現代社会は対応せざるを得ない。本書では，化学物質の有するこのようなリスクに法的に対処しようと取り組んだ日本，米国，欧州の軌跡をたどろうと思う。

1. リスクとその対処

(1) リスクの考え方

リスクとは，「危険」あるいは「危険性の程度」と同義語として日常的に用いられることが多く，望ましくないことがらが発生する可能性のことをいう。リスクの大きさは，「望ましくないことがらが発生する確率(可能性)」と「発生した場合に予測される損害の大きさ」の積で表す。すなわち，リスクは，発生確率と予測される被害の大きさを要素としており，この二つの要素は，それぞれ確率あるいは予測であるため，ともに不確実性を内在している。そのため，これらの要素から構成されているリスクも，不確実性を内在している。

また，リスクの要素である「発生した場合に予測される損害の大きさ」と

「望ましくないことがらが発生する確率」との関係は，予測される損害が大きいほどそれに反比例して発生する確率は小さなもので足りる関係がある。これを反比例の原則という。

　以上が，一般的なリスクの概念であるが，用いられる分野や文脈によって多少異なった意味で使われることもある。

　「危険」や「リスク」の考え方については，ドイツ行政法学において以前から研究されてきた。公共の危険を防除する観点から，公安活動だけでなく営業活動に対する規制も行われ，営業法（営業警察法）として発展してきた。現在の環境規制もその延長線上にあると考えられ，環境法を考える上で参考となることも多い。本書で用いるリスクの概念は，ドイツ行政法学で用いられる考え方に従っている。発生確率と予測される被害の大きさを要素とする点では，一般的なリスク概念と同様であるが，「危険」と「リスク」とを区別して使用している点で，日常の用語とは少し異なった使い方をしている。本書では，広義の「リスク」は，危険を客観的に表現する言葉として用いる。また，「危険性」を定量化して考えるためにリスク概念を用いる。つまり，ある望ましくないことが生じる確率が0から1の間にある状況を広義の「リスク」としてとらえ，リスクを有害なことが生じる指標として考える。具体的にあることがらの有害性を表すにあたってリスクがどのくらい大きいのか，あるいは，どのくらい小さいのかといったことを相対的に定量化して考えるためにリスク概念を導入する[7]。

　このようなリスクの考え方は，環境リスクを考える際にも用いられる[8]。それと同時に，法制度を考える上でも，広義のリスクをこのようにとらえることが，ドイツ行政法学における法概念としてのリスク論でも用いられている。ドイツ行政法学において一般的に用いられているリスク三段階モデル[*2]では，広義のリスクをこのようにとらえた上で，次のように，「有害なことがらの発生する確率と予測される損害の大きさの積」によって広義のリスクを有する状態を三つの領域に区分する[9]。①「有害なことがらが発生する確

[*2] ブロイヤー（Breuer）によって提唱された。

率と予測される損害の大きさの積」が大きい場合を「危険」があるという。また，発生の確率が大きい場合を発生する「蓋然性」があると表現する。②一方，「危険」な状態と比べ「有害なことがらが発生する確率と予測される損害の大きさの積」が小さい場合を「(狭義の)リスク」があるという。③さらに，「(狭義の)リスク」がある状態より「有害なことがらが発生する確率と予測される損害の大きさの積」が小さく，認識能力や技術的限界などにより人間がどうしても避けることができないリスクが残っている状態を「残存リスク」があるという。三段階モデルは，不確実性に対処する場面があることを法制度の観点から正式に認める立場を明らかにする点で有用である[10]と考えられている。

残存リスクが存在するという意味については，注意を要する。残存リスクは，人間がどうしても避けることができないリスクであるから，残存リスクが存在するということは，リスクは０にはならない，ということである。人間が生きている限り，何らかの有害なことがらを被るおそれは一定のレベルで存在する。どのようなことがらについても，避けられないリスクが存在することを前提に考えなければならない。

では，なぜ，リスク概念が用いられるのであろうか。それは，有害なことがらを測る尺度を導入するためである。有害なことがらが発生することを確率でとらえるのは，有害なことがらが発生するのは将来のことであり，そのため対象とする有害なことがらが発生するかどうかは，どうしても不確実性が伴うからである。リスク概念は，将来の予測に関することで不確実性が伴い背景や事情を異にする有害なことがらのうち，法的に(強制力をもって)規制すべきものを区分する一つの尺度となる。なお，危険かどうかの判断も不確実性を有する。前述したように発生する確率が大きい場合を発生の蓋然性があるとして(さらに損害の大きさを勘案して)危険がある状態とするが，危険があるかどうかは，発生確率が大きいとはいえても，それが発生するかどうかはあくまでも将来のことである。そのため，危険に関しても将来に対する予測によって判断される点で，不確実性を一定程度内在している。事態の推移が予測に反する可能性があり，この点で危険の判断にも不確実性が伴う[11]

(もちろんリスクがあるかどうかの判断にも不確実性が伴う)。

このように有害なことがらをその発生する確率を一つの尺度として，客観的にとらえる考え方がリスク概念である。本書は，このようなリスク概念を用いて化学物質の有するリスクを法的に管理する制度について考えていく。

(2) 予防原則の登場

予防原則は，人や環境に対して有害だとする根拠が科学的不確実性を伴っている場合であっても，そのような行為や物質が重大な(または不可逆な)被害をもたらすおそれがある場合には規制すべきであるとの考え方である。このような考え方は，当時の西ドイツ政府によって1976年に公表された環境報告書[12]で用いられた事前配慮原則(Vorsorgeprinzip)に由来し[*3, 13]，ドイツ連邦の環境政策において発展した概念である。もっとも，ドイツにおける事前配慮の概念は，危険防御(未然防止原則)と予防原則の双方の概念を含んだ考え方であった。事前配慮の概念には，危険防御(未然防止原則)，リスク(事前)配慮，将来配慮の三つの概念が含まれていた。このうち，リスク(事前)配慮の概念が発展し予防原則の概念が形成された[14]。

危険防御は，危険の発生を未然に防止するため国(行政)が行う措置であり，「未然防止」との用語を用いることもある。前述したように「危険」とは，ある状態がそのまま推移すれば十分な蓋然性をもって損害が発生することを意味する。つまり，危険防御は損害発生の十分な蓋然性を示す根拠が存在する場合に発動される規制措置である。

これに対して，(狭義の)リスクが現実のものとなる(リスクが「顕在化する」という)のを未然に防止することがリスク(事前)配慮と呼ばれる。(狭義の)「リスク」がある状態とは，「危険」がある状態と比べ「有害なことがらが発生する確率と予測される損害の大きさの積」が小さい場合をいう。そのため，(狭義の)リスクがある状態は，有害な事象が発生するかどうか，およびその

[*3] この報告書で，「環境政策は緊急の危険防止と発生した損害の除去に尽きるものではなく，[人の健康や環境を守るためには]事前配慮原則(予防原則)の導入が前提条件となる。」とする。[ ]内は筆者が要約。

損害の大きさについて科学的不確実性が伴い，十分な根拠があるとはいえない場合である。このような状況において，規制措置を実施することがリスク配慮の意義である。すなわち，従来の危険防御（未然防止）の考え方では，科学的不確実性を有する有害な事象に対して規制を行う根拠を見いだせなかったが，リスク配慮の考え方を導入することにより科学的不確実性を有する有害な事象を規制できるようになったといえる。このリスク配慮の概念が欧州において予防原則の概念に発展していく。そして，科学的不確実性を伴うため，十分な根拠があるとはいえない場合において規制措置を実施するための正当化根拠として環境政策において用いられていく（第1章，第3章にて後述）。

また，将来配慮は，現在の世代が経済活動などを行うにあたって，将来世代が自由に利用できる自然環境を残すために配慮すべきだという考え方である。この考え方も重要であり，予防原則とは別の概念としてEU（欧州連合）や各国の環境政策において考慮されている。「持続可能な開発」の概念は，将来配慮の考え方の延長線上にあるといえる。

(3) 予防原則の活用

① 予防原則とは何か

予防原則は，また，科学的不確実性が存在する中で，規制措置を実施すべきか否かを規制当局が判断する際に一つの指針となる考え方である。予防原則は，「原因と被害との間に明確な科学的証拠が存在しなくとも，深刻または不可逆な被害が生じるおそれがある場合には環境悪化を防止するため予防的な措置がとられなければならない[4]」というような内容であるが，固定し

---

*4 1992（平成4）年に開催された国連環境開発会議（地球環境サミット）の成果をまとめた「環境と開発に関するリオデジャネイロ宣言（リオ宣言）」の第15原則は，予防原則を次のように表現している。「深刻な，あるいは不可逆な被害のおそれがある場合には，完全な科学的確実性の欠如が，環境悪化を防止するための費用対効果の大きな対策を延期する理由として使われてはならない」（外務省，環境省監訳）。本書の表現はこれを基に作成した。

た定義があるわけではない*5。

　予防原則は，原因と被害との因果関係が，十分には確認（証明）がなされていない状況で規制当局が対策を迫られたときに，科学的な確認がなされることを待っていたのでは取り返しがつかない事態を招来する場合，法規制を含めた規制措置を実施するという考え方である。なお，予防原則を表現したリオ宣言の第15原則では，予防原則が適用される場面を「深刻または不可逆な被害が生じるおそれがある場合」に限定している。これは，予防原則の適用場面を法の一般原則である比例原則の適用により限定しているとみることができる。

　前述したように，予防原則を正当化の根拠として用いることにより，有害な事象が発生するかどうか，およびその損害の大きさについて科学的不確実性が伴い，十分な根拠があるとはいえない場合においても，規制措置を実施することが可能になる。これが，予防原則の意義である。すなわち，従来の未然防止（危険防御）の考え方では，科学的不確実性を有する有害な事象に対して規制を行う根拠を見いだせなかったが，予防原則を正当化根拠としてリスク配慮を行うことにより科学的不確実性を有する有害な事象を規制できるようになったといえる。

　なお，環境条約上の未然防止が法規範（法原則）であることについては争い

---

*5　本書では，上記のリオ宣言の第15原則の考え方に沿って予防原則の適用を考察する。安全性を証明する責任を被規制者に負わせる，いわゆる「証明責任の転換」または「証拠提出責任」を予防原則の概念の中に含める考え方もある（小島恵「欧州REACH規則にみる予防原則の発現形態(1)」早稲田法学会誌59巻1号（2008年）159-160頁，223-263頁）。

　また，リスク評価のような情報の提供義務を事業者に課す根拠としては，必ずしも予防原則のみの効果とはいえず，「情報との距離」の観点，生産者責任，原因者負担原則，未然防止原則を根拠とする考え方がある（小島恵「欧州REACH規則にみる予防原則の発現形態(2・完)」早稲田法学会誌59巻2号（2009年）254頁。大塚直「わが国の化学物質管理と予防原則」環境研究154号（2009年）81頁注(1)。Veerle Heyaert, *Guidance Without Constraint: Assessing the Impact of the Precautionary Principle on EC Chemical Policy*, 6 Yearbook of European Environmental Law（2006）p. 42）。

がない*6, 15)のであるが，予防原則が法規範（法原則）といえるかについては議論がある。国際法においては，予防原則は慣習国際法とはなっていないため，法原則ではないといわれる16)。しかし，個別の条約などにおいては，予防原則の考え方を盛り込んだ条約などが制定されている。リオ宣言以前の1985年に採択されたオゾン層保護のためのウィーン条約の前文やリオ宣言と同じ年に採択された気候変動に関する国際連合枠組み条約（気候変動枠組み条約）3条3項*7において成文化された。たとえば，2000年に採択されたカルタヘナ議定書*8 10条6項では，改変された生物が輸入国における生物の多様性の保全に対する悪影響を及ぼす程度などに関し，関連する情報に科学的不確実性がある状況で，輸入禁止措置などをとることを認めている。

　一方，国内法においては，予防原則が具体的・個別的なレベルで機能するためには，国において法制化されなければならない17)とされる。わが国の法律においても，本書で取り上げる化審法をはじめ，いくつかの法律において予防原則が取り入れられている。たとえば，2004（平成16）年に制定された「特定外来生物による生態系等に係る被害の防止に関する法律」23条では，生態系等に被害を及ぼすおそれがあるかどうか未判定の外来生物を輸入しようとする者に対して一律に輸入禁止措置を講じており，その未判定外来生物が生態系等に被害を及ぼすおそれがない旨の通知を受けた後でなければ輸入してはならないと規定されている。もしわが国の生態系にとって有害な外来生物が輸入された場合，その被害は重大あるいは取り返しがつかないことが想定される。そのため，この規定は，生態系等に被害を及ぼすおそれがあるかどうかについて判定がなされていないために科学的不確実性を有する外来生物に対して輸入禁止の規制措置を講じており，予防原則が適用されているといえる。

---

*6　未然防止原則については，1972年にストックホルムで開催された人間環境会議で採択された「人間環境宣言」第21原則として示されている。
*7　締約国は気候変動を最小限にとどめるため予防措置（precautionary measures）をとるべきことが定められている。
*8　生物の多様性に関する条約のバイオセーフティに関するカルタヘナ議定書。

また，予防原則が裁判規範としての法原則になるかについては，国や地域によって異なる。たとえば，EU(欧州連合)では，予防原則を裁判規範とする。わが国においては，現状では予防原則を裁判規範とすることには無理があるが，憲法に予防原則の根拠を求めることができるのであれば，予防原則を裁判規範とする効果が生じる可能性がある[18]。

② 証拠の提出責任と証明責任の転換

　証拠の提出責任とは，環境規制では，ある行為(または物質)が環境にどのような影響を与えるかの評価をするための根拠(証拠)を提出する責任のことである。環境規制に対していえば，証拠の提出責任は環境規制を行う国の責任とするのが原則と考えられるが[*9]，法の規定によりこれを行為者(または当該物質の生産者，輸入者)などに課すことがある。その根拠として予防原則があげられる。化審法における新規化学物質(法律の公布後に新たに製造，輸入される化学物質)の事前審査制度や欧州の化学物質管理規則 REACH[*10]の登録制度は予防原則を根拠とした証拠の提出責任を具体化したものだと考えられる。しかしながら，証拠の提出責任を行為者などに課す根拠は，予防原則だけでなく，潜在的原因者責任(リスク創出者責任)，証拠との距離(生産者などが当該製品の性質を最もよく知っているため)，結果の発生を回避しうる立場にあることなども考えられる。制度設計の際には，実際の場合に応じてこれらも併せて考慮されるものと思われる[19]。

　それに対して，証明責任(立証責任)とは，ある事実を証明するための負担を誰に課すかという問題であるが，その事実が真偽不明の場合に，その事実を要件とする自己に有利な法律効果が認められないことによる不利益を証明責任を有する者が負う。証明責任は，制度設計の問題と訴訟における問題と

---

*9　国(行政)の証拠提出責任は，危険またはリスクが存在することを積極的に証明するところまで求めるものではなく，その合理的徴憑を示す事実を挙げることで十分であり，その結果として危険またはリスクが存在することの因果関係が推定される。これに対して，リスクの原因を発生させる者は，その推定を動揺させなければならない。このような見解が唱えられている(下山憲治『リスク行政の法的構造』(敬文堂，2007年)91頁)。

*10　欧州連合の化学物質管理規則，Registration, Evaluation, Authorization and Restriction of Chemicals (Regulation (EC) No 1907/2006).

があるが，ここでは，制度設計の問題を扱う。すなわち，法制度として証明責任を国に課すか，事業者に課すかの問題である。環境規制では，通常は，規制を課す側である国に，事業者が行う特定の行為（または物質）が環境に有害であることの立証責任を課している。これを逆にして，事業者に対して特定の行為（または物質）が環境に有害ではないことの証明責任を課す場合に「証明責任が転換」されたという。証明責任の転換を予防原則の概念の中に含めるかどうかについては，今日においても議論が続いている。実際に，条約や法律において証明責任を転換する規定を置いたものもあり，その実態についてみてみよう。

証明責任が転換されている例としては，海洋投棄に関するロンドン条約の1996年議定書が挙げられる。この議定書では，海洋投棄と洋上での焼却を原則として禁止し，例外として海洋投棄などを検討できる場合をリストに掲げている。そして海洋投棄などにあたっては，海洋投棄を行おうとする者に対して，環境影響評価を実施して環境に有害ではないことの証明責任を課している[20]。この証明をした上で申請する仕組みになっており，証明責任の転換がなされている。

また，ECコミュニケーション*11では，事前承認手続き（証明責任の転換）は，特に①アプリオリに有害な物質か，②一定レベル摂取すると潜在的に有害な物質の場合に必要とされ，それ以外の場合には，ケースバイケースで証明責任が転換されると記載されている[21]。EUの化学物質管理規則であるREACHにおいては，登録（REACH 5条他）の段階では，事業者に対して証拠の提出責任が課されており，他方，認可（REACH 60条2項）の段階では，証明責任の転換がなされている。REACHの登録は，化学物質の製造者などが法定された一定の項目についてのデータ（証拠）を提出する制度であり，これは事業者に証拠の提出責任が課されている。一方，REACHの認可は，製造などが原則として禁止されている有害な化学物質を法定された安全基準を

---

*11 「予防原則に関するコミュニケーション（予防原則に関する委員会報告書）」。本書では，「ECコミュニケーション」と略称で表す。（European Commission, Communication on the precautionary principle, COM（2000）1 final）

満たすことを条件に製造などの禁止を解除するもので，事業者が安全基準を満たすことを証明しなければならず，この制度は証明責任の転換がなされているといえる[22]。

証明責任の転換が条約や法律で規定されているのは，前述した海洋環境の保全に関する国際条約などや EC コミュニケーションがいう①アプリオリに有害な物質か，②一定レベル摂取すると潜在的に有害な物質の場合に限定される。しかしながら，証明責任の転換を予防原則と切り離して扱うことは適切ではないように思われる[23]。法制度として実際に行われている証明責任の転換(特定の行為や特定の化学物質の製造などの事前承認手続きの設定など)の機能を考察すると，そこには一定の意義が存在する。すなわち，事業者が自分の行為や自分が製造する化学物質の環境影響に関して十分にリスク評価などを行い，さらに予防的行動をとることについてのインセンティブを与える点で予防原則を実効あるものとするための手法としての意義を有している[24]と考えられる。したがって，証拠提出責任だけでなく証明責任の転換も予防原則が有する機能の一つと考えるべきだと思われる。

2. 化学物質の有するリスク

化学物質の有するリスクは，どのようなものであろうか。化学物質の有するリスクへの法律による対応については，1970 年代から進められた。1992 年に開催された国連環境開発会議(地球環境サミット)や 2002 年に開催された持続可能な開発に関する世界首脳会議(WSSD: World Summit on Sustainable Development)においても化学物質管理が議題の一つとして取り上げられた。WSSD の実施計画では「化学物質が，人の健康と環境にもたらす著しい悪影響を最小化する方法で使用，生産されることを 2020 年までに達成することを目指す[25]」との目標が明記された。化学物質の有するリスクの特徴，性質を概観してみよう。

(1) 化学物質の有するリスクの特徴

　化学物質は種類が多く，その物理的性質(沸点，融点，水に対する溶解度，密度，蒸発しやすさ，結晶構造など)，化学的性質(酸性・アルカリ性，腐食性，分解されやすさ，酸化されやすさなど)，人や環境に対する有害性などもさまざまである。たとえば，人に対する有害性も，発がん性，慢性毒性，皮膚に対するアレルギー性などさまざまな影響がありうる。こういったことを，化学構造などから推定する手法の開発も行われてはいるが，現時点では，動物試験にとってかわるには至っていない。人に対する有害性を動物試験により判定するには数年の期間と数千万円から数億円の費用がかかるため，有害性を見つけ出すための動物試験が行われていない化学物質も多く，試験データの収集に困難が伴う。また，動物試験自体，使用する動物の数の限界，動物の個体差に起因する影響のばらつきなど実験特有の科学的不確実性が介在する[*12]上，実験の結果を人に当てはめる(外挿する)ため，人間と実験動物との間の種差による科学的不確実性が介在する。以上のことを念頭において，化学物質のリスクについて考えなければならない。それらを踏まえて，化学物質のリスクには，次のような特徴があるといえる[26]。

　①化学物質のリスクは，化学物質の有害性の程度と化学物質の摂取量との積で表すことができる。しかし，前述のように化学物質の有害性に関しては不明な物質が多く，それぞれの化学物質の環境中の濃度も不明なものが多い。そのため，リスクが不明な化学物質が多数存在する。

　②リスクが顕在化するのに長期間を要することが多い。すなわち，徐々に汚染濃度が上昇，汚染地域が拡大し，気がつかない間に汚染が進行して，あ

[*12] さらにいえば，動物試験では「どのような有害な事象が発現するか」を観察するために試験が行われる。そこでは，人では通常考えられないくらい高濃度での暴露条件で試験がなされる。そのため，人が普通の生活において希薄な濃度で何十年という長期間にわたって有害な化学物質に暴露された場合の有害性を予測するには，困難が伴う。また，人と動物との種の違いによる差を補うため，もし事故などで人が当該化学物質に暴露されたコホート研究の例があれば，それも参照して化学物質の有害性を評価している。

る時点でリスクが顕在化することがある。そのため，被害が生じる前にどの化学物質による汚染が，どこでどの程度生じるのかをあらかじめ予測することが困難である。

　③上記②に関連するが，リスクが顕在化するメカニズム（被害が発生するメカニズム）をリスクが顕在化する前に予測することが困難である。被害が生じてから原因物質を特定し，被害の発生したメカニズムを解明することはある程度可能であるが，被害が生じる前にこの発生メカニズムを把握することは困難である。

(2) 環境汚染の原因となる化学物質の特徴

　環境汚染を引き起こす化学物質は人や環境に対して有害な化学物質であるが，毒性以外にも，環境汚染の原因となる化学物質には一定の特徴があることが多い。その特徴を挙げれば，次のようになる。

① 環境残留性（難分解性）

　環境汚染を引き起こす化学物質は，環境中に比較的長期間とどまっている。すなわち，環境残留性を有する化学物質である。環境残留性を有する化学物質は，環境中で分解されにくい化学物質，すなわち難分解性の化学物質である。

　環境残留性を有する化学物質は，広域に汚染が広がる可能性がある。PCB，DDTなどある種の有機塩素系化合物は，発生源から遠く離れた南極や北極の近くでも検出される。こういった化学物質は「長距離移動性」があり，広い地域を汚染するため，この化学物質がさらに毒性を有する場合には環境中への排出を抑制しなければならない。また，一部のフロン化合物は，分解されることなく成層圏まで達してオゾン層を破壊することで問題になった。

② 蓄積性（濃縮性）

　化学物質の中には，環境中から生物の体内に取り込まれ蓄積し，生物の体内で濃縮される性質を有するものがある。このような蓄積性が大きい化学物

質*13 は，そう多くはないが，PCB や水俣病の原因になったメチル水銀など過去に重大な環境汚染を引き起こしたものがみられた。こういった化学物質の中には，水中の濃度に比べて魚類の体内の濃度が 1 万倍以上になるものもある。さらに，食物連鎖によって多段階に濃縮(生物濃縮)されると 100 万倍以上になる場合もある[27]。

蓄積性が大きな化学物質に有害性(毒性)と環境残留性が備われば，比較的小規模(比較的少量)の環境汚染でも生物濃縮によって食物連鎖の頂点に近い位置にいる魚類などに高濃度に蓄積されるおそれがあり，それを摂取した人に対する被害が発生する可能性がある。そのため，このような性質を有する化学物質については，比較的少量でも環境中に排出されないよう厳しい管理が必要となる。

一方，蓄積性があまりない化学物質(さらに毒性と環境残留性を有する場合)では，環境中で高濃度に濃縮されることはないので，環境中の濃度を一定の限度以下に抑える措置をとることで，人や環境に対する被害を防止することができる。

このように，化学物質の管理を考える上で，化学物質の蓄積性(濃縮性)は，重要な指標である。

(3) 化学物質の毒性

化学物質の有害性の中で最も重要なのは，人や動植物に対する毒性である。化学物質の有する毒性は，おおむね次のように整理される。

① 急性毒性

急性毒性とは，化学物質を摂取した場合に直ちに(OECD*14 テストガイドラ

---

*13 高蓄積性の定義として今日一般に使われている「残留性有機汚染物質に関するストックホルム条約」における定義では，高蓄積性の化学物質とは，水中の化学物質が魚体中に取り込まれる実験で，水中の濃度に対して魚体中の濃度が 5000 倍以上になる化学物質のことをいう。

*14 OECD: 経済協力開発機構(Organization for Economic Co-operation and Development)

インで定められている急性毒性試験では、14日間で判定している)発現する毒性のことである。毒物及び劇物取締法における規制対象となる化学物質は、一定以上の急性毒性を有する化学物質である。

② 長期毒性(慢性毒性)

これに対して、長期毒性は、長期間(少なくとも数か月以上)にわたって化学物質に暴露された(摂取した)場合に発現する毒性のことである。化学物質管理法で対象とする毒性は、長い時間をかけ化学物質が環境を経由して人などに害を及ぼす長期毒性である。発がん性も長期毒性の一例である。

人に対する長期毒性のうち主なものとしては、発がん性、変異原性(突然変異を誘発するような有害性)、遺伝毒性(染色体の異常を誘発するような有害性)、生殖発生毒性(生殖細胞への異変を誘発したり、次世代に対して悪影響を与える有害性)、組織病理学的毒性(内臓組織にダメージを与える有害性)、生化学的毒性(酵素系の異常などが現れる有害性)、神経毒性(神経細胞に特異的にダメージを与える有害性)などがある[15]。

(4) 直接暴露と間接暴露

有害な化学物質が人に影響を与える経路には、直接暴露と間接暴露がある。直接暴露は、直接吸い込んだりした場合のように、有害な化学物質に直接さらされることにより影響を受けることである。化学物質を扱う作業の際に化学物質の直接暴露により被害を被る可能性がある。このような直接暴露の場合に対しては、労働安全衛生法などにより被害の防止のための規制措置が講じられている。

一方、間接暴露は、化学物質が環境を経由して人に影響を与えることである。化学物質管理法は、間接暴露による被害を防止するために制定されてい

---

[15] 化審法で化学物質の人に対する長期毒性として対象としている毒性の項目は次のとおりである。化学物質の慢性毒性、生殖能及び後世代に及ぼす影響、催奇形性、変異原性、がん原性、生体内運命、薬理学的特性(新規化学物質に係る試験並びに優先評価化学物質及び監視化学物質に係る有害性の調査の項目等を定める省令(平成22年3月31日厚生労働省・経済産業省・環境省令第三号)1条1項2号ハ)。

る。そのためには，化学物質の製造・使用・廃棄といったライフサイクル全体を念頭において，その管理を考えなければならない(なお，廃棄については，わが国では廃棄物の処理及び清掃に関する法律によって規制されている)。

3. 化学物質のリスク評価の概要

化学物質のリスク評価は，それぞれの化学物質が有する有害性(毒性)評価とその化学物質にどの程度の濃度でさらされるか(あるいは，その化学物質をどのくらいの量摂取するか)という暴露評価をあわせたものである。それぞれの評価の特徴について説明すると次のようになる。

(1) 化学物質の有害性評価

化学物質の有害性評価を考える際に重要なことは，閾値(threshold)が活用されていることである。「化学物質の摂取量」と「化学物質を摂取したときの影響」との関係を容量反応関係という。一般に，摂取量が小さくなるに従って影響が小さくなる。このとき，さらに摂取量を小さくしていくと影響がみられなくなる。この場合閾値があるといい，影響がみられなくなったときの摂取量を無毒性量(NOAEL: no-observed adverse effect level)という。す

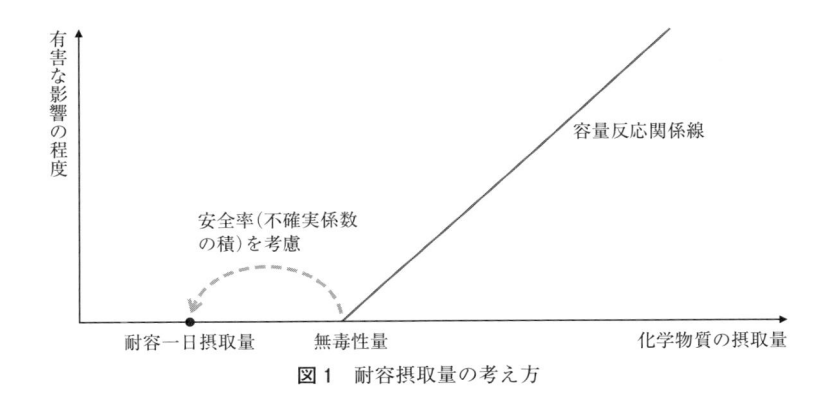

図1 耐容摂取量の考え方

べての場合において閾値が存在するわけではない。場合によっては，摂取量が0になるまで影響がみられる場合がある。このような場合は，閾値が存在しない。

閾値があるかどうかは，化学物質が有害性を発現する際のメカニズムに関係する。化学物質の一般の毒性の場合は，閾値があることが多い。一方，発がん物質のうち遺伝子に作用してがんを発生させる物質の発がん性に関しては，閾値が存在しないといわれている。

① 閾値が存在する場合の有害性評価

閾値が存在する場合，その有害性の発現を防ぐには，ある程度の安全率を見込んだ上で，人が当該化学物質を摂取する量を無毒性量より何桁か小さい値以下に抑える必要がある。安全率を見込んで，人が1日あたりその化学物質を摂取しても影響がないと考えられる量を「耐容一日摂取量(tolerable daily intake)」といい，人の体重1kgあたりの耐容摂取量として表示される[*16]。なお，耐容一日摂取量は，この摂取量を一生の間，摂りつづけた場合を想定して算出されている。水道水中の化学物質の耐容量などは，耐容一日摂取量をもとに設定されている。そのため，一時的に耐容量を少し上回る水を飲用したとしても直ちに健康被害が生じるわけではない。

動物試験の結果を基に人に対する毒性を考える場合には「不確実係数(uncertainty factor)」を用いる。耐容一日摂取量を求める場合には，不確実係数は，3種類のものを考えなければならない。①人と実験動物の種の違いによる差(種差)，②人の個人差(化学物質に敏感な人とそうでない人との差)，③実験期間による不確実性の3種類である。試験期間による不確実性というのは，試験期間が短い場合に，その結果を一生涯における影響として評価する際に

[*16] 農薬や食品添加物など，人が摂取することが想定される化学物質に対する許容量としては「一日許容摂取量(acceptable daily intake)」の用語が用いられる。これに対して，算定の方法や実質的な意味は同じであるが，環境汚染物質のように本来人が摂取することが望ましくない化学物質の許容摂取量は「耐容一日摂取量(tolerable daily intake)」と呼ばれる。本書では「耐容一日摂取量」に統一して説明する。

介在する不確実性である．ラットを使った試験でいえば，試験期間がラットの寿命(2年程度)に比べてどのくらいの期間に相当するかを考慮して，試験期間による不確実係数が選定される．

種差は10倍，人の個人差も10倍と考える．実験期間による不確実性は，試験期間が30日の場合は10倍，試験期間が360日以上の場合は1倍を用いることが多い．したがって，30日試験の結果に基づき決定された無毒性量の場合は，安全を見込んで，上記の3種類の安全係数をかけ合わせた1000倍の安全率を見込まなければならない．そのため1000倍厳しく評価して，無毒性量の1/1000の値を耐容摂取量と考える．

② 閾値が存在しない場合の有害性評価

一方，閾値がない場合には，発がんのリスクを例にとれば，少量であってもそれに対応する発がんの可能性(発がんリスク)があり，摂取量を0にしなければ，発がんの可能性が0にならない．この場合には，当該化学物質を一生涯摂りつづけた場合に10万人に一人が一生の間に当該化学物質が原因でがんになるような摂取量を一応の耐容値と考え，それ以下に抑えることが必要だと考えられる(100万人に一人とする場合もある)．ここで「10万人に一人が一生の間に当該化学物質が原因でがんになる」という発がんリスクは，十分に小さいリスクと一般に考えられる基準として用いられる．この「10万人に一人」といった基準は，科学的に決められるわけではなく，この分野での合意事項といえるものであり，多くの関係者の合意によりこの基準が用いられている．この発がんリスクに対応する当該化学物質の摂取量を実質安全量(virtually safe dose)といい，閾値がない場合に耐容摂取量に相当するものとして化学物質管理では活用される．つまり，発がんのリスクを例にとれば，人の摂取量を「10万人に一人が一生の間に当該化学物質が原因でがんになる」摂取量である実質安全量以下に抑えることができるように環境中の濃度を管理することが目標になる．わが国では，1997(平成9)年2月に中央環境審議会大気部会でベンゼンの大気環境基準を設定する際に，ベンゼンの発がんリスクに関して，実質安全量を「10万人に一人が一生の間にベンゼンが原因でがんになる」摂取量に設定して大気環境基準値($3\,\mu g/m^3$)が決定され

た*17。

③ 生態系に対する有害性評価

生態系への化学物質の影響を評価するには，その化学物質の生態系に対する無影響濃度を調べる必要がある。しかし，生態系はさまざまな生物から構成され，それらが微妙な均衡を保つことによって成り立っている複雑な系であるため，生態系全体に対する無影響濃度を知ることはできない。そのため，実際には，代表的な生物に対する有害性から生態系全体に対する無影響濃度を推測する方法が用いられる。

後ほど第1章で説明するように，OECDにおいて化学物質の生態系に対する影響を評価する方法が策定されており，国際的に用いられている。それによれば，生態系を代表する生物として，生態系の機能において重要な食物連鎖に着目し，生産者，一次消費者，二次消費者等の生態学的な機能で区分されるそれぞれを代表する生物種をモデルとして用いる。そのような生物種としては，試験実施の容易性も考慮して，藻類，ミジンコ（甲殻類），魚類が用いられる。生物について，ある化学物質に対する許容される環境濃度（耐容一日摂取量に相当するもの）のことを「予測無影響濃度（PNEC: predicted no effect concentration）」という。予測無影響濃度は，無影響濃度を不確実係数で除して算出する。藻類，ミジンコ，魚類それぞれの無影響濃度が求められた場合は，そのうち最も強い毒性を示す値を用いて，その数値を不確実係数で除して予測無影響濃度を算出する。なお，ここで用いられる不確実係数は，

---

*17 このときは，社会的に受容されるベンゼンの発がんリスクを「10万人に一人が一生の間にベンゼンが原因でがんになる」リスクレベルとした。そして，ベンゼンが1 μg/m³ の濃度で含まれる空気中で生涯生活した場合の発がん確率（これを「ユニットリスク」という）を疫学調査のデータを基に決定して，そこから10万人に一人が一生の間にベンゼンが原因でがんになる摂取量として大気環境基準値が決定された。

また，最近では，2006（平成18）年に1,2-ジクロロエタンの大気指針値が設定されたときに，ユニットリスクの考え方が用いられた。このときは，ラットに対する吸入暴露試験の結果を基にユニットリスクを算出し，それを用いて「10万人に一人が一生の間に1,2-ジクロロエタンが原因でがんになる」リスクレベルとして大気指針値が決定された。

藻類，ミジンコ，魚類の毒性試験データのうちどのようなデータが利用されているかによって10〜1000の範囲で決められる。どのような場合にどの不確実係数を用いるかは，OECDをはじめいくつかの機関で提案されている（化審法では，OECDで決められた不確実係数が主に用いられる。たとえば，1種類の生物による慢性毒性試験データから無影響濃度が求められた場合には，不確実係数は100を用いる）。

(2) 化学物質の暴露評価

化学物質は，それぞれ蒸発しやすさ，水への溶けやすさ，分解されやすさなどが異なっており，これらの性質が環境中に排出されてからその化学物質がどのような挙動をするかを決める要因である。

暴露状況は，モデルを用いたシミュレーションによって算定される。たとえば，ある化学物質は使用すると蒸発して大気中に排出され，一部は大気中にとどまって拡散し，一部は雨水に溶け込んで地上に落ちて土壌に吸着され，さらに一部は河川に入るといったモデルを構築する。そして，当該化学物質の製造量・輸入量を基にして，分解性の程度，蒸発しやすさ，水への溶解度などのデータをモデルに入れて計算することによって大気，土壌，河川水など環境中の濃度を算定する。こうして求めた，その化学物質の環境中濃度から，人が1日に呼吸する空気の量，飲む水の量，どのような食品をどのくらいの量摂取するかのデータなどを基にして，人が1日に摂取する化学物質の量を物質ごとに計算する。

化学物質が環境中に排出された後の挙動を考える上で重要なことは，一つ一つの化学物質は，その性質によって，さまざまな経路をたどって人に摂取される可能性を有することである。一定の割合で大気中にとどまったり，河川水や地下水中に溶け込んだり，動物や植物に取り込まれたりするため，一つ一つの化学物質ごとに環境中での分解性の程度，蒸発しやすさ，水への溶解度などのデータを把握する必要がある。

（3）化学物質のリスク評価

　化学物質のリスク評価は，有害性評価と暴露評価の両方を総合して行う。上記の(2)で述べたようにして算出されたある化学物質についての人の1日あたりの摂取量が，上記(1)で算定されたそれぞれの毒性に対する耐容一日摂取量に比べて大きいか小さいかによって，その化学物質による汚染が懸念されるものかどうか判断される。この場合に用いられる，人が1日に摂取するその化学物質の量と耐容一日摂取量との比のことをハザード比（HQ：hazard quotient）という。1日あたりの摂取量が耐容一日摂取量以上であれば，その化学物質により人の健康に悪影響を及ぼすことが懸念される。逆に，1日あたりの摂取量が耐容一日摂取量未満であれば，その化学物質により人の健康に悪影響を及ぼす懸念はないといえる。

　また，生態系についてのハザード比は，ある化学物質について推定される環境中濃度（PEC：predicted environmntal concentration）を(1)で述べたように算出される予測無影響濃度で除したものである。環境濃度が予測無影響濃度以上であれば，その化学物質により生態系に悪影響を及ぼすことが懸念される。逆に，環境濃度が予測無影響濃度未満であれば，その化学物質により生態系に悪影響を及ぼす懸念はないと推定される。

（4）化学物質の複合影響について

　これまでの説明は，1種類の化学物質についてのものであった。私たちが日常さらされる化学物質は1種類ではなく，多くの化学物質に同時にさらされている。このような複合的な影響を評価する手法は確立されておらず，究明すべき課題の一つである。しかしながら，私たちが日常生活で実際にさらされている化学物質の濃度はきわめて希薄であり，前述した耐容一日摂取量に比べても何桁も小さいことがふつうである。そのため，仮に，私たちがさらされている多くの化学物質の摂取量を足し合わせても耐容摂取量には及ばない。この観点からの研究が，農薬を対象にして行われた。

1994(平成6)年6月に開催された第21回日本毒科学会(現：日本毒性学会)学術会年会で，名古屋市立大学医学部の河部真弓らにより肝臓に対する発がん性試験の研究成果が発表された[28]。肝臓に対する発がん性が疑われる20種類の有機リン系農薬を耐容一日摂取量の100倍量(無毒性量に相当する量に近い投与量である)と耐容一日摂取量で180日間ラットに投与して肝臓に対する発がん性試験を実施した。その結果，耐容一日摂取量の100倍量を投与した場合は，軽度の肝臓がんの発がん促進作用がみられたが，耐容一日摂取量では促進作用はみられなかった。この研究では，投与期間は180日間であり，ラットの寿命の1/3から1/4に相当する長さ(生涯試験と考えられる期間)である。

　この研究から無毒性量に相当する量に近い投与量を20種類摂取した場合には，軽度の肝臓がんの発がん促進作用がみられたのであるから，無毒性量に相当する量に近い投与量であれば，20種類のそれぞれの農薬の発がん促進作用が重なり合って効果を現したといえる。一方，耐容一日摂取量であれば，それぞれの農薬の発がん促進作用が効果を発揮する量よりも2桁も少なく，そのため発がん促進作用が重なり合っても効果を現すことはなかったと考えられる。

　この研究の結果から，これらの農薬の耐容一日摂取量以下のレベルでの複合作用の可能性は否定されたといっていいと考えられる。実際に毎日の生活において摂取する農薬の量は，耐容一日摂取量のせいぜい1％程度である(国立医薬品食衛生研究所などによる標準世帯の購入食品調査)。したがって，無毒性量より2桁から3桁以上も小さい量である耐容一日摂取量以下の量の農薬を複数同時に摂取しても，影響が現れる量よりもはるかに小さく，人の健康に影響することはない[29]。

　以上のことは，一定の農薬について確認された例ではあるが，毒性に関して同様な考え方をとる一般の化学物質に関しても当てはまる。私たちが実際にさらされている化学物質の濃度がきわめて希薄であり，前述した耐容一日摂取量に比べても何桁も小さいため，これらによる複合影響により直ちに人の健康被害が生じることはないと考えられる。

4. 化学物質のリスク管理の基本的な考え方

前述した化学物質のリスク評価に基づいて，人の健康被害や環境汚染が生じないように化学物質を管理しなければならない。本書では，法律に基づく管理について考察するが，わが国を例にとれば，おおむね図2のような枠組みで化学物質の管理を行っており，諸外国での管理の枠組みと大きな違いはない。本節では化学物質のリスク管理の基本的な考え方と手法について概説する。

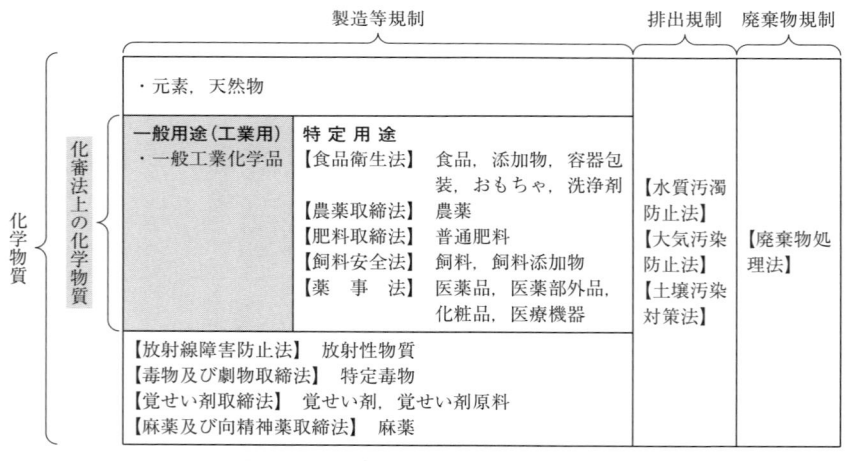

		製造等規制		排出規制	廃棄物規制
化学物質		・元素，天然物		【水質汚濁防止法】【大気汚染防止法】【土壌汚染対策法】	【廃棄物処理法】
	化審法上の化学物質	一般用途（工業用）・一般工業化学品	特定用途		
			【食品衛生法】 食品，添加物，容器包装，おもちゃ，洗浄剤		
			【農薬取締法】 農薬		
			【肥料取締法】 普通肥料		
			【飼料安全法】 飼料，飼料添加物		
			【薬 事 法】 医薬品，医薬部外品，化粧品，医療機器		
	【放射線障害防止法】 放射性物質【毒物及び劇物取締法】 特定毒物【覚せい剤取締法】 覚せい剤，覚せい剤原料【麻薬及び向精神薬取締法】 麻薬				

図2 化学物質を規制する法律の対象領域

経済産業省ホームページ，http://www.meti.go.jp/policy/chemical_management/kasinhou/files/information/briefing/2010/guidance_1010.pdf より引用。(2013年9月23日閲覧)

（1）排出規制と製造等規制

工業地帯で発生した大気汚染は，工場や自動車などから排出されるガスに含まれる硫黄酸化物，窒素酸化物などが原因であった。また，工業地帯の水域の汚濁は工場排水などに含まれる有害化学物質，窒素，リンなどが原因と

なっていた。このため，これらが環境中に排出されることを抑制する規制措置が有効な手段であった(環境中への排出規制，出口規制)。大気汚染防止法，水質汚濁防止法などがそれぞれ規制を行っている。

　また，排出規制のもう一つの側面を担うものとして，廃棄物処理法(廃棄物の処理及び清掃に関する法律)がある。化学物質に関しては，この法律では事業活動から発生する廃酸，廃アルカリなどの化学物質の適正処理を義務づけており，工場で使用済みの化学物質の廃棄の段階での管理を担っている。

　これに対して，化学物質管理においては，工業化学品などが化学製品として出荷される前に化学物質の中に人や環境に対して有害な化学物質が含まれているかどうかをチェックし，有害な化学物質による被害を防止するために一定の化学物質の製造，輸入，使用などを規制する(製造等規制または蛇口規制)。これを実施するためには，製造または輸入される化学物質に対して事前に安全性を評価，審査して，一定以上の安全性を有するもののみ製造または輸入を認める「事前審査制度」を採用することが有効である。しかしながら，実際に工業化学品として毎日製造または輸入されているものを一旦停止して，安全性の評価が終了するまで製造または輸入を禁止するような措置をとることはできない。そのため，新たに市場に出る前の(新たに製造・輸入される)化学物質に対してのみ事前審査を行う方法がわが国の化審法や米国の化学物質管理法である TSCA で採用されている。

　なお，欧州では，すでに製造・輸入が行われている化学物質に対しても，その製造量などに基づいて期間を決めて，全体では 10 年以上をかけて，登録を実施する制度(REACH)を 2006 年に採用した。

(2) 大気，水質，土壌の汚染防止対策としての排出規制

　次に，排出規制を担っている法律のうち大気，水質，土壌の汚染防止対策としての排出規制などを実施している代表的な法律である大気汚染防止法，水質汚濁防止法，土壌汚染対策法について概観する。これらの法律は，もともと公害対策基本法において典型的な公害と位置づけられていた大気汚染，

水質汚濁，土壌汚染*18 対策のための規制法であり，化学物質管理の一つの側面を支えている。

① 大気汚染防止法

大気汚染の原因となる化学物質に関しては，大気汚染防止法で規制が行われている。大気汚染防止法では，ばい煙，揮発性有機化合物(VOC: volatile organic compounds)，粉じん，有害大気汚染物質を規制している。具体的には，ばい煙の原因物質として硫黄酸化物，窒素酸化物などを規制しており，有害大気汚染物質(低濃度であっても長期的な摂取により健康影響が生じるおそれのある物質)として十分な科学的知見が整っているわけではないが，未然防止の観点から，ベンゼン，トリクロロエチレン，テトラクロロエチレンの3物質の排出抑制基準を設定し排出抑制を行っている*19。また，揮発性有機化合物(トルエン，キシレンなど)は，浮遊粒子状物質や光化学スモッグの原因の一つと考えられており，工場などからの排出抑制措置が行われている。さらに，特定粉じんとしてアスベスト(石綿)の規制が行われている。

② 水質汚濁防止法

水質汚濁の原因となる化学物質に関しては，水質汚濁防止法で規制が行われている。この法律は，工場および事業場から公共用水域への排出および地下への浸透を規制するとともに，生活排水対策の実施を推進することなどにより公共用水域や地下水の水質の汚濁の防止を図ることを目的としている。そして人の健康に係る被害を生じるおそれがある化学物質を有害物質として，カドミウム，シアン化合物などに対して排水規制を行っている。

③ 土壌汚染対策法

有害物質による土壌汚染は，放置すれば人の健康に影響を及ぼすことが懸念されるため，土壌汚染による人の健康被害を防止することを目的に制定された。この法律の特色は，土壌自体の保全を目的にしているのではなく，土

---

*18　公害対策基本法に土壌汚染が典型公害として追加されたのは，1970(昭和45)年のいわゆる公害国会(第64回臨時国会)において同法が改正されたときである。

*19　そのほか，アクリロニトリル，アセトアルデヒドなど23物質が，排出基準は設定されていないが，優先的に取り組むべき物質とされている。

壌汚染に起因する人の健康被害を防止することを目的としている点である。そのため，有害物質に起因する人の健康被害のリスクを二つの場合に分けて基準を決めて規制している。一つは，土壌に含まれる有害物質が水に溶けて，それが地下に浸透することにより地下水を汚染し，その地下水を飲用することにより人が健康被害を受けるリスクである。この観点から土壌溶出量基準が設定され，四塩化炭素，カドミウムなどが土壌汚染に起因して地下水を汚染し，人の健康被害が生じないように規制されている。もう一つは，有害物質を含む土壌が風などで飛散してそれが直接人の口に入ってしまうことにより健康被害を生じるリスクである。この観点から土壌含有量基準が設定され，カドミウム，六価クロム化合物などが土壌汚染に起因して人の健康被害が生じないよう規制されている[20]。

(3) 特定用途規制と一般用途規制

化学物質の管理を行う法律の中には，たとえば，食品添加物に関して規制を行い，食品の安全の確保のため必要な規制措置などを講ずることにより，人の健康の保護を図ることを目的とする食品衛生法のように，特定の用途に用いられる化学物質を規制する法律もある。食品衛生法，農薬取締法，薬事法などがこれにあたる。これに対して，化審法は化学物質の用途を問わず規制措置を行う法律である。同一の化学物質であっても，食品添加物として用いる場合には食品衛生法の規制を受け，用途規制を行っている法律がない用途（工業化学品など一般の用途）に用いられる場合には化審法の適用を受ける。

特定用途の規制を行っている法律の中で，食品衛生法，薬事法などは，化学物質による環境汚染の防止を目的とはしていない。一方，農薬取締法は，農薬の品質の適正化とその安全かつ適正な使用の確保を図り人の健康を保護するとともに，生活環境の保全に寄与することを目的としており，環境保護法としての性質を有している[21]。このように特定用途の規制を行っている

---

[20] カドミウム，六価クロム化合物，シアン化合物などは，土壌溶出量基準と土壌含有量基準の両方が設定され，規制されている。

[21] 現行の農薬取締法のこのような目的規定は，1970（昭和45）年のいわゆる公害国会

法律の中には，化審法と同様に環境の保全を目的にしている法律も存在する。

(4) 独自の法律により管理されている化学物質

　特殊な化学物質であるため，その管理のための法律があり，化学物質管理の一般法である化審法が適用されない化学物質が存在する。たとえば，放射性同位体を含む化学物質は放射性同位元素等による放射線障害の防止に関する法律（放射線災害防止法）により管理されている。この法律では，放射性同位元素およびその化合物の使用，販売，賃貸，廃棄などを規制することにより，放射線障害を防止し，公共の安全を確保することを目的としている。したがって，放射性同位元素およびその化合物については，使用，販売，賃貸，廃棄などライフサイクル全般にわたってこの法律で管理されており，化学物質管理の一般法である化審法の規制を受けない。

　同様に，毒物及び劇物取締法の特定毒物，覚せい剤取締法の覚せい剤および覚せい剤原料，麻薬及び向精神薬取締法の麻薬に関しては，化審法の規制を受けない。

(5) 既存化学物質と新規化学物質

　わが国の化審法に即して説明すれば，既存化学物質とは，法律の公布以前にすでに製造・輸入されていた化学物質のことであり，新規化学物質は，法律が公布された後に新たに製造・輸入が開始された化学物質のことである。最初に制定されたわが国の化学物質管理法である化審法をはじめ，米国，欧州など多くの化学物質管理法では既存化学物質と新規化学物質とを区別して

（第64回臨時国会）において審議され，翌年，同法が改正されたときに規定されたものである。制定当初の農薬取締法は，農薬を登録制とすることにより品質の維持を目的としていたが目的規定を明記していなかった。環境中で使用される農薬の性質に鑑み，環境保全の役割をもその法目的とした。製品規制の法律が「環境法化」したもので，環境法化の初期の例だと考えられる。

管理している。既存化学物質と新規化学物質との管理の差を少なくし，既存化学物質に対しても予防原則を適用した欧州のREACHにおける登録制度においても，新規化学物質と既存化学物質は同様の扱いにはなっていない。新規化学物質に対しては製造・輸入前の登録を規定しているが，既存化学物質に対しては，その製造数量に応じて登録期間を定めて登録を行う仕組みを採用している。

　わが国や米国のように，新規化学物質に対してだけ製造または輸入に対する実質的な許可制度が実施されているのは，どのような考え方によるものなのであろうか。法律の公布の時点で，すべての化学物質が一定の安全基準に適合するかを評価して，適合するものだけ製造・輸入などを許すべきかもしれない。しかし，現実にはこのようなことはできない。そこで，安全評価を行うものを法律の公布後に製造・輸入された化学物質に限定した。このような措置をとった場合でも，新規化学物質はまだ使用されていないので，経済的・社会的な影響は少ない。

　ただし，新規化学物質は，その時点でわかっている用途以外にどのような用途に用いられるかがはっきりしないため，環境排出量が予想を上回る可能性がある。そのため，予想を大幅に上回る環境排出があった場合，被害が生じるおそれがある。

　これに対して，すでに製造，輸入，使用がなされている既存化学物質の場合には新規化学物質とは状況が異なる。既存化学物質は何らかのメリットがあるため使用されているのであり，これをある時点で一律に製造または輸入を許可制にすることは現実の法制度としては無理がある。そのため，わが国では予備的なリスク評価(スクリーニングリスク評価)を行う制度となっており，米国でも被害が発生する懸念がある化学物質に対して規制措置を実施する制度が採られている。また，欧州のREACHにおいては，既存化学物質に対しては一定の登録期間を設けてその期間内に登録する制度としている。

5. リスク管理手法の新たな展開

(1) 情報の公開

　化学物質は私たちの経済社会を支え，豊かさをもたらしており，化学物質を利用しないで今日の経済社会を維持することはできない。一方，化学物質のリスク対策には科学的不確実性が内在するため，科学的知見に基づいて被害を引き起こす化学物質を特定して，その使用を禁止するなどの措置を常に確実に講ずることは困難である。限られたデータに基づき，予測を伴った政策判断により対応策を講じているのが現状である。その際に重要になるのが，情報の公開と市民の方々への周知である。このような取り組みが，どのように行われてきたのかをここでみていくことにする。

　有害物質の排出量などを公開する PRTR 制度(p.46)については，詳しくは後述するが，米国で PRTR 制度の根拠法となった 1986 年に制定された米国「緊急対応計画および地域住民の知る権利法」が有害化学物質の情報公開の契機となり，地域住民がその地域にある化学物質に関して知る権利を具体化したものと位置づけられている。化学物質関連の情報も含めた環境情報の公開については，1990 年に欧州共同体(European Community)によって「環境情報へのアクセスの自由に関する理事会指令[30]」が出され，欧州共同体域内の企業には環境情報の公開が義務づけられた。

　また，1992 年の地球環境サミットで採択された「リオ宣言」では，第 10 原則で，「市民が有害物質の情報を含め，国などが保有する環境に関連した情報を入手して，意志決定過程に参加する機会がなければならない[*22]」と宣言している。また，国も情報を広く利用できるようにするべきであるとしており，化学物質に関する情報の公開を促している。

　1998 年には，「環境に関する，情報へのアクセス，意思決定における公衆参画，司法へのアクセスに関する条約(オーフス条約)[31]」が制定された。この条約は，環境に関する情報へのアクセス，環境に関する政策決定過程への参

[*22] 環境省，外務省監訳を参考にした。

加など*23 を規定しており,リオ宣言の第10原則を具体化したものと位置づけられる。2001年に発効し,英国,フランスなどのEU加盟国,旧東欧諸国などと地域(EU)が批准しているが,わが国は批准していない(2015年12月現在)。

オーフス条約では,環境権の参加権としての位置づけが明確に打ち出されており[32],公的機関が環境情報を集め,市民の求めに応じて環境情報を公開する制度を設けることを締約国に求めている。そして,環境保護に関連する排出情報については,公的なサービスを提供している事業者は,営業情報であっても非公開とすることが許されない(オーフス条約4条4項(d)号)というように,積極的な情報開示規定を有している。これに加えて,条約の締約国は,消費者が製品を購入する際に環境について考慮した選択をすることが可能になるよう,市民が十分に製品についての環境関連情報を利用できる仕組みを構築しなければならない(オーフス条約5条8項)。また,環境に関する政策決定過程への市民の参画に関しては,産業施設等の設置許可,環境に関する計画などの策定,環境に影響を与えうる政省令の策定にあたっては,適切な時期に関連する情報をわかりやすく知らせた上で十分な時間的余裕をもって市民が参画する機会を与えなければならない(オーフス条約6条～8条)としている。

2003年には,EUで,オーフス条約の制定を契機にして1990年の環境情報へのアクセスの自由に関する二つの理事会指令が改正された[33]。これにより,環境情報へのアクセスおよび環境に関する政策決定への参加権については,欧州ではオーフス条約に準拠することとなった。なお,EUがオーフス条約の締約地域となったのは2005年,EUにおいてPRTR規則[34]が制定されたのは2006年である。

なお,わが国においては,「行政機関の保有する情報の公開に関する法律(情報公開法)」に基づき,行政機関*24 が保有する情報(環境に関する情報を含

---

*23　このほか,情報公開請求が不当に拒否された場合などに環境訴訟を行う権利の具体化(オーフス条約9条)などを規定している。

*24　情報公開法の対象となるのは,国の行政機関である。オーフス条約では対象になる公的なサービスを行う企業は,わが国の情報公開法では対象とはならない。

む)の公開を市民が請求することができる。しかしながら、事業者の「正当な利益」を害するおそれがある場合には、その情報が環境に関することであっても公開することは認められない。ただし、「人の生命、健康、生活又は財産を保護するため、公にすることが必要であると認められる情報」については義務的開示を定めている(情報公開法5条2号但し書)。また、開示請求に関する行政文書に不開示情報が記録されている場合であっても、公益上の理由により、行政機関の長が裁量的に開示することができる(情報公開法7条)。以上の情報公開法の特徴をみれば、事業者の保有する情報についても人の生命、健康、生活または財産を保護するため必要な場合には義務的な開示が認められており、また、公益上の理由により行政機関の長が裁量的に開示することが規定されている点で、妥当な規範といえる。

　一方、オーフス条約では、前述の4条4項や6条〜8条で規定されるように情報公開や市民参加に関して具体的で明確な規定を有しており、より積極的な姿勢がうかがえる。

　また、2005(平成17)年にはわが国の行政手続法の改正が行われ、意見公募手続(パブリックコメントに関する手続)が法定された。これにより、政令、省令などの制定の際に事前手続きとして、広い意味で市民が政策決定過程に関与する機会が法律上規定された(行政手続法39条1項)。行政手続法の規定は地方公共団体には適用されないが、各地方公共団体において条例により同様の制度を定めているところが多い。意見公募手続が(環境に関する)政令、省令、審査基準などの立案に関して「政策決定過程への市民の参画」といえるほどの機能を有する措置かどうかは、この制度の運用にかかっているといえる。なお、行政手続法に基づく意見公募手続では、産業施設等の設置許可など特定の行政活動に関する意思決定については対象とならないので、この点で、オーフス条約に比べると政策決定過程への市民の参画の度合いが小さいといわざるを得ない。

(2) リスクコミュニケーションの促進

　化学物質管理の究極の目的は、化学物質による環境汚染の防止(安全の確

保)だけでなく，国民が安心して暮らせる社会の実現にある。そのためには，化学物質と聞くと漠然とした不安を覚える方々に，化学物質の有用性とそれらが有する危険性(ハザード)や人や環境に対する影響(リスク)について理解していただくためのリスクコミュニケーションに積極的に取り組むことが，行政の担当者，事業者，研究者などの重要な責務である。技術が高度化すればするほどこの役割は重要になってくる。安全で安心して暮らせる社会を実現するために，一人一人が化学物質の持つ有用性と危険性とを理解し納得した上で利用することが，今日でも将来においても変わらず必要とされる。

① ベンゼンの排出削減計画におけるリスクコミュニケーションの実施

1996(平成8)年に改正された大気汚染防止法では，事業者が自主的に有害大気汚染物質を削減するための枠組みが規定された。また，改正法の附則には，改正法の施行後3年を目途にこの制度について検討を加え，その結果に基づいて，所要の措置を講ずるとされた。この附則の規定に基づき所要の措置が検討され，2000(平成12)年12月に「今後の有害大気汚染物質対策のあり方について(第6次答申)」としてまとめられた。その中で，優先取組物質の一つで，事業者が自主的に定めた環境目標値の達成が十分図られていないベンゼンについては，さらに事業者による自主的な取り組みを続けるにあたり，削減目標を明示するとともに，リスクコミュニケーションを実施することなどが提言された[35]。この第6次答申の別添1にも記されたように，この取り組みには地域の理解が必要[36]とのことから，その具体的な方法として事業者に対しリスクコミュニケーションの実施を求めたものと考えられる。

② 化学物質と円卓会議

化学物質をめぐる対話の場として設定されたのが「化学物質と円卓会議」である。この会議は，2001(平成13)年7月に発表された「21世紀『環の国』づくり会議」報告書で提案された「化学物質による環境汚染に対する国民の不安を解消するために行政，産業，市民が情報を共有」することが必要との提案を受けて，環境省の呼びかけで同年12月に始まった。学識者，市民，産業界，行政の参加者がラウンドテーブルについて化学物質の環境リスクに

ついて話し合う場として活用され，2010(平成22)年8月までに26回開催され終了した。その間，環境ホルモンやダイオキシン問題などに対応し，環境リスク情報の共有に一定の役割を果たした。これを引き継いで，2012(平成24)年3月から「化学物質と環境に関する政策会議」が開催されている。

　化学物質のリスクについては，一般の人々からみるとよくわからないことが多いので，行政，産業界，学識者が正しい情報を市民にわかりやすく伝えることが大切である。そのためのコミュニケーションを促す「場」を適切に設定することが重要だと考える。そして，このような場を介して市民の声を政策に活かす試みが行われている。それとともにこのようなコミュニケーションが円滑に行われることによって，よくわからないことからくる市民の不安を解消できる。こうしたことを通じて，化学物質管理の目標である市民の安全，安心が実現されることとなる。

(3) 環境マネジメントシステムの活用

　本書では，欧米とわが国の化学物質管理政策としての法規制を中心に考察するが，化学物質管理においては，化学物質を取り扱う事業者の自発的な取り組みが重要である。事業者が法令で定められた規制基準を達成するだけでなく，事業の実態に合わせてより高度な目標を設定し，法令で規制されていないが環境保全にとって必要と考えられる事項も含めて自発的に目標を決めて，その達成に取り組むことが重要となっている。このための一つの手法が，環境マネジメントシステムを活用することである。

　環境監査は，環境法を企業が守っているかをチェックする管理手法として1970年代の米国から始まったといわれる[37]。1970年代から80年代にかけて米国では，本書でも後述するスーパーファンド法にみられるような違反に対して厳しい負担を企業に課す環境法が制定された。このような環境債務を避けるため，法令遵守を促す内部監査の手法として環境監査が始められた。これに対して，欧州では，環境配慮を標榜する市民運動への企業の対応として第三者による監査(外部監査)を含む環境マネジメントシステムが開発され，発達を遂げてゆく[38]。

① 欧州の環境マネジメント監査スキーム（EMAS）
ⅰ）環境マネジメントシステムの登場

　事業者が，法令の遵守はもとより，法令で規制されていないが環境保全にとって必要と考えられる事項も含めて目標と実施方針を決めてその達成に向けて組織的に実行し，その状況を点検し，点検結果を踏まえ，改善していく一連の取り組みのことを環境マネジメントという。この取り組みを標準化し監査制度を取り入れた規格をつくる動きが欧州において開始され，1992年には，英国規格協会（BSI: British Standards Institution）が環境マネジメントシステムとしてBS7750を規格化した[39]。

　欧州では，環境政策の基本方針を定めた環境行動計画が定期的に策定されている。ちょうどこの頃，1993年5月に公表された第5次環境行動計画[40]（対象期間：1993～2000年）において，「加盟国や地方公共団体だけでなく事業者，NGO，市民などが責務を共有すること」，および「規制手法を補完する政策手法の多様化」という二つの大きな方向性が提示された[41]。このような動きの背景には，消費者の環境意識の高まりと，企業が環境に対して及ぼす影響を把握し社会の一員として環境保全の責任を果たすべきであるとの企業の社会的責任論の高まりがあった[42]。

　第5次環境行動計画で提案された責務の共有と政策手法の多様化を具体化したものとして同年6月「共同体の環境マネジメント監査スキームへの産業部門の企業による任意参加を認める規則[43]（1993年規則）」が公布され，これに基づいて国際的な環境マネジメント監査スキーム（EMAS: Eco-Management and Audit Scheme）が欧州において制度化された。これが1993年規則に基づくマネジメント監査スキーム（EMASⅠ）であり，1995年から運用が開始された。現在は，2009年規則[44]に基づくマネジメント監査スキーム（EMASⅢ）が，2010年から運用されている。このように欧州においては，規則という法制度に基づく環境マネジメント監査スキームが制定された。

ⅱ）欧州の環境マネジメント監査スキームの認証（参加登録）の概要

　環境マネジメントスキーム（EMS: Environmental Management Scheme）とは，企業が環境保全方針を決定し，実行に移すための一連の行動体系をいう。

これは，計画(Plan)，実行(Do)，点検(Check)，改善実施(Action)というPDCAサイクルを繰り返すことによりレベルアップを図るものである。具体的には，方針の決定，マネジメント計画立案，管理手法の決定，実施体制の構築，教育システムの構築などによる。それは，企業が経営活動の一貫として継続的に環境保全体制を維持向上させる取り組みである。一方，環境監査(Environmental Audit)とは，環境マネジメント全般に対する監査であり，環境マネジメントスキームの点検(Check)に該当する部分である。その内容は，計画どおりに環境マネジメントが行われているか，効果的に実施されているか，組織体制が適切であるかなどが体系的に評価される。

まず，現行のEMASⅢに従って，欧州の環境マネジメント監査スキームの認証(参加登録)の概要をみてみよう[45]。この監査制度は，前述のようにEU規則(EUの法律)を根拠にしており，EUを含む欧州経済地域(European Economic Area: EUにアイスランド，リヒテンシュタイン，ノルウェーを含めた地域)で活動する組織が任意に参加することができる。また，EMASⅢに改正されてからは域外の組織も参加登録が可能となった。登録できる組織は，原則として工場や事業所などの「サイト(site)」である(複数のサイトを一つの組織として登録することも可能である)。

EMASⅢに参加登録する組織は，環境保全のための目標と行動の原則である「環境方針」を定め，その活動や製品などについて法規制の遵守をはじめとして環境保全のためにどのようなことを実践しているかをレビューする(「環境レビュー」)。レビュー結果を踏まえ，具体的な目標を記載した「環境計画」を策定する。また，環境計画を実行する組織体制や実施・評価の手順をまとめて「環境マネジメントスキーム(EMS)」を構築する。そして，環境方針の実施状況を評価する環境監査を実施し，監査結果に基づき必要な見直しを行う。以上の取り組みに関して，目標の達成状況，改善点などをまとめ「環境報告書」を作成し公表する。さらに，これら一連の取り組みに対して，「環境検証人」による検証を受け，環境方針，環境マネジメントシステムなどがEMASⅢの要件を満たしている場合には「認証」を受ける。このようにしてEMASⅢの参加組織としての参加登録が行われる。認証されれば，

環境優良企業として官報に公示され，環境優良企業としてのロゴを使用できる[*25]。

ⅲ) 欧州の環境マネジメント監査スキームの特徴[46)]

欧州の環境マネジメント監査スキームは，前述したように法制度に基づくものである。これまで2度改定され，この制度が多くの組織に活用され[*26]，環境保全に効果を挙げることができるよう工夫がなされている。現行制度の特徴をみてみよう。

現行の制度(EMASⅢ)では，環境パフォーマンス指標[*27]に関わるデータを環境報告書に記載することを義務づけている(2009年規則4条1項(d)，附属書Ⅳ)。また，特定分野については，レファレンス・ドキュメントを作成し(2009年規則46条)，これに基づき，たとえば製品設計における環境影響といった側面に関してもこの制度の対象に含めて環境保全の向上を図っている。

参加組織に対する認証などを行う「環境検証人(environmental verifier)」の認定(accreditation)および監督に関しても統一規定が置かれている(2009年規則30条)。これは，欧州連合の加盟国間で環境検証人のレベルを統一し，その業務に対する信頼性を確保する上で重要である。

また，小規模企業などがEMASⅢに参加しやすくなるように，これらに対する支援措置が定められている(2009年規則36条)。小規模企業がこの制度に参加するための登録料を支援するためファンドの利用を促す措置を設けることや，技術的な面からの支援措置を行うように，欧州連合の加盟国に求めている。

さらに，次で述べるISO14001との整合性が意識されている。

[*25] ただし，製品自体に環境優良企業のロゴを表示したり，このロゴを製品の包装に表示することはできない。製品に対しては，EUは「エコラベル」の制度を別途設けている。
[*26] 2015年12月現在，約1万のサイト(事業所)が登録されている。
[*27] 環境パフォーマンス指標とは，環境マネジメントの結果で測定可能なものをいう(2009年規則2条2項)。たとえば，年間のエネルギー消費量のうち再生可能エネルギー使用の割合，年間の水の使用量，年間の廃棄物発生総量，年間二酸化炭素排出量などが，あらゆる組織に共通する指標である。

② ISO14000 シリーズ

　一方，法制度ではない，国際規格に基づく環境マネジメントシステムも活用されている。それが，ISO14000 シリーズである。

　ⅰ) ISO14000 シリーズの登場[47]

　地球環境サミットに向けて，企業による環境保全の取り組みについて「持続可能な開発のための経済人会議(BCSD: Business Council for Sustainable Development)」が検討を開始し，1991 年 7 月に国際標準化機構(ISO: International Organization for Standardization)に環境に関する国際規格の策定を要請した。これが契機になり，ISO は環境マネジメントに関する標準化の課題について検討するため，IEC(国際電気標準会議: International Electrotechnical Commission)と共同でアドホックグループ「環境に関する戦略諮問グループ」(ISO/IEC/SAGE: Strategic Advisory Group on Environment)を同年 9 月に発足させた。ここにおいて，環境マネジメントの標準化に関する全体的な戦略が検討された。検討結果は，ISO 理事会に報告され，これに応えて 1993 年 2 月に環境マネジメント専門委員会(TC207(TC: Technical Committee))が新設され，具体的な規格の策定が開始された。審査，登録，認証制度を備えた環境国際規格 ISO14000 シリーズの策定が 1996 年から開始された。

　環境マネジメント専門委員会は，その下に六つの分科会を設置し，環境マネジメントシステム，環境監査，環境ラベル，環境パフォーマンス評価，ライフサイクルアセスメント，「用語および定義」のそれぞれに関して，環境管理分野での国際規格の策定を目指して検討を行った。その結果，1996 年に環境マネジメントシステムに関する規格 14001，14004，環境監査規格 14010，14011，14012 が策定され，その他の分科会の策定テーマについても順次策定された。なお，環境監査の規格である ISO14010，14011，14012 は，2002 年 10 月に改正・統合されて ISO19011 となった。さらに，2011 年 11 月に ISO19011 が改正され，現行の規格である ISO19011：2011 となり，環境の特色は薄れた。これらの一連の改正により，ISO14000 シリーズから環境監査の規格が除外された。また，第三者監査は，ISO19011 に並行して 2011 年に改正された ISO17021 にまとめられ，ISO19011：2011 はもっぱら

内部監査の指針となった。

　環境マネジメントシステムの規格である ISO14001 は，1996 年に策定された後，2004 年に改正された。その後，環境マネジメント専門委員会の第 1 分科会(TC207/SC1)の下で「監査マネジメントシステムの将来の課題調査グループ」が設置され，2010 年に最終報告書が提出され，次の改正に向けた検討項目が提案された。

　そのうちの一つが，ISO のさまざまなマネジメントシステムに規定されている「章構成，規格要求事項，共通用語及び定義」の部分を共通化することである。そのため，2012 年に規格作成のルールである ISO/IEC 専門業務指針が改正され，これらの部分を共通にした。これにより，以後改正される ISO のマネジメントシステム規格は，これら部分を共通にすることとなった。これに従い，2015 年 9 月に改正された ISO14001 も，「章構成，規格要求事項，共通用語及び定義」の部分は他の ISO のマネジメントシステム規格と共通になった。

　この ISO14000 シリーズも EMASⅢ と同様に環境マネジメントシステムを構築するために活用されており，両者で共通する部分も多い。EMASⅢ が EU 規則に基づくもので欧州を中心として利用されているのに対し，ISO14000 シリーズは，世界の企業を対象とした世界共通の規格として，今日ではわが国も含め多くの国で利用されている[*28]。

ⅱ) ISO14001 の概要[48]

　ISO14000 シリーズの中で環境マネジメントシステム(EMS)を構築するための規格である ISO14001 の概要をみてみよう。本書では，2015(平成 27)年 9 月 15 日に正式に発行した ISO14001：2015 に従って説明する。なお，ISO14001：2015 における主な改正点を表 1 に示す。

[*28] ISO14001 の取得件数は世界で約 32 万 4 千件である(2014 年 1 月現在)。そのうち中国が最も多く約 12 万件で，全体のおよそ 36％にあたる。わが国は 3 位で 2 万 4 千件，全体の 7％程度である。なお，ISO14001 は企業だけでなく地方公共団体も取得しており，当該地方公共団体の環境基本計画などの実施にあたり，実施状況の管理などを ISO14001 に従って行っている。

表1 ISO14001：2015における主な改正点

1. 章構成，規格要求事項，共通用語及び定義の部分を共通化（前述）。
2. リーダーシップの強調：5章として「リーダーシップ」の章が新設され，環境マネジメントにおける経営者によるトップダウンでの意思決定が重視される。
3. リスク分析の活用：6章の「計画」では，リスク分析を行って，その結果を計画の立案に活かすことを要求している。なお，ISO14001：2015の規格案では，リスクの語は「脅威および機会に関連するリスク」として用いられている。この「リスク」の語の意味は，リスクマネジメントの規格であるISO31000：2009で用いられているリスクの定義である「目的に対して不確かさが与える影響」という危機とチャンスの両方の意味を含むものである。
4. パフォーマンスの重視：9章として「パフォーマンス評価」の章が新設され，環境保全および環境負荷削減の効果を適正に評価することが要求され，その成果が求められることとなった。従来は，環境保全や環境負荷削減に関してどれだけ成果を上げなければならないかという点が明確に示されておらず，環境マネジメントの目的が抽象的であったが，改正によりこの点が明確にされた。

　まず，組織としての「環境基本方針」を定め，環境保全のための責任体制を構築し，組織の活動や生産する製品またはサービスについての環境負荷，環境影響を把握する。その上で，具体的な「環境行動目標」を設定し，それを達成するための計画を策定する。そして，実際に環境マネジメントを実施するための組織を整備し，「環境管理責任者」を任命する。さらに組織として環境保全行動が実施できるように従業員を教育するとともに，事故などの緊急時の対応マニュアルなどを策定しなければならない。

　また，環境マネジメントシステムが計画どおり実施されているかを点検するための「環境監査プログラム」を策定し，定期的に監査を行わなければならない。この監査を踏まえて，環境基本方針，環境行動目標，マネジメント体制などを見直す必要がある。

　このように，ISO14001が規定している環境マネジメントシステムは，PDCAサイクルを構築し，このシステムを継続的に実施することで，環境負荷の低減や事故の未然防止を図る仕組みである。この規格は，組織が規格に適合した環境マネジメントシステムを構築していることを対外的に宣言（自己適合宣言）したり，あるいは第三者認証（審査登録）取得のために用いられている（審査登録制度）。組織がこの規格に基づきシステムを構築し，認証

を取得することは，組織自らが環境配慮へ自主的・積極的に取り組んでいることを示す手段といえる。

③ 欧州の環境マネジメント監査スキーム(EMAS)と ISO14000シリーズとの関係と両者の比較

EUにおいては，法制度であるEMASと国際規格であるISO14000シリーズは競合するものではなく，ISO14001はEMASを活用するにあたっての「足がかり(stepping stone)」として活用されうるものと位置づけられており，両者がともに機能することを担保する措置を講じてきた[49]。1997年4月には，ISO14001を欧州のEMASの1993年規則に適合するものとする決定[50]が欧州委員会により採択された。これにより，ISO14001は，欧州のEMASの1993年規則で求められる環境マネジメントスキームに関する要件を満たす規格とみなされることとなった[51]。そして，欧州のEMASの2001年規則[52]では，ISO14001をこの規則の環境マネジメントスキームに関する要件を満たす規格として認める旨が明記された。これは，現行の欧州のEMAS Ⅲの2009年規則にも引き継がれている(2009年規則附属書Ⅱ)。

ただし，ISO14001を取得していることをもって，EMASⅢの要件をすべて満たしているわけではない。EMASⅢでは，環境マネジメントスキームの構築のほかに，環境レビューの実施，環境報告書を環境検証人による検証・認定を経た上で公表することなどが求められており，これらは，ISO14001にはみられない。しかし，環境レビューの実施，環境報告書に対する環境検証人による検証・認定は，企業が環境保全に真剣に取り組んでいるか否かを確認するシステムであり，重要である。これらの点を環境マネジメントスキームとして取り入れているEMASⅢはより完成度の高いものといえる。EMASⅢに登録した組織にとっては，社会に対する説明責任や透明性がより高度に求められており，EMASⅢの特徴となっている*29。

---

*29 欧州の環境マネジメント監査スキーム(EMAS)は，行政が設定したシステムに企業が自主的に参加する「公共的自主プログラム(public voluntary scheme)」であり，一方，ISO14000シリーズは企業が一定のことを行うと対外的に宣言する「一方的公約(unilateral commitments)」の一種であるとの分類の仕方もある(大塚直『環境法(第3版)』(有

④ わが国における環境マネジメント監査スキーム

　わが国においては，2004(平成 16)年に環境省により欧州の EMAS をモデルとした環境マネジメント監査スキームである「エコアクション 21(EA21)」が開始された。これは環境省が策定したガイドラインに基づき運用されているもので，法的な根拠を有するものではない。事業者が自主的に環境に関する目標を持ち，行動することができる方法を提供する目的で策定されたものである。エコアクション 21 は，環境マネジメントスキーム，環境パフォーマンス評価および環境報告を一つに統合したものである。

　取り組みとしては，まず，エネルギー使用量，ごみの排出量など自分の組織の環境負荷量を把握し，環境負荷の削減のための目標を立てることから始まる。そして，目標達成のための取り組みを行い，その結果を評価する。次に評価に基づき改善策を立てて，これを実行する。このようなサイクルを回していく。これに取り組むことにより，自主的に環境に配慮した活動を実践でき，かつその取り組み結果を「環境活動レポート」として取りまとめて公表することにより，社会に対する説明責任を遂行できるように構成されている。

　さらに，「エコアクション 21 審査人」による第三者認証を受けることができ，ガイドラインに従った取組が行われていると認められた場合には，エコアクション 21 の中央事務局(一般財団法人持続性推進機構)に認証され，登録される[30]。

　2004(平成 16)年には，グリーン購入の推進，環境報告書の普及，地方自治体などにおける独自の環境マネジメントシステムに関する認証・登録制度の創設などに対応するため，エコアクション 21 の改訂が行われた。また，ガイドラインも改訂され，現在は 2011(平成 23)年に一部修正がなされた「エコアクション 21 ガイドライン 2009 年版(改訂版)」が用いられている。また，

斐閣，2010 年)87-88 頁)。
[30]　認証，登録の更新は 2 年ごとである。エコアクション 21 の認証・登録事業者数は 2015 年 11 月現在，約 7570 である。一般財団法人持続性推進機構のウェブサイト (http://www.ea21.jp/list/data/ninsho.pdf)を参考にした(2015 年 12 月 30 日閲覧)。

このガイドラインの第 2 章に基づき，業種別ガイドライン*31 も策定されている。

今後，このような環境マネジメントの認証制度を環境政策の中でどのように位置づけ，環境保全に役立てていくか，国だけではなく産業界にとっての課題だといえよう。

⑤ 環境マネジメントシステムの活用に向けて

事業者が，法令の遵守はもとより，法令で規制されていないが環境保全にとって必要と考えられる事項も含めて，目標と実施方針を決めてその達成に向けて組織的に取り組む環境マネジメントシステムは，環境保全や環境負荷低減への効果が期待される。その一方で，このシステムは，あくまで事業者の自発的な取り組みであり，効果を上げるために留意すべき点もある。ISO14001 を例に挙げれば，先進国での認証件数は頭打ちとなる傾向がみられる[53]。わが国においても ISO14001 の年間認証取得者数が 2009（平成 21）年からは減少に転じている[54]。

ISO の策定する国際規格は，いわゆるソフトロー（国の法律ではないが，現実の経済社会において従うべき規範となっているもの）と考えることができる。そしてまた，このような国際規格は，手続きに従ってその分野の専門家が策定しており，技術基準（多くの専門家によって支持される技術上の基準）の一つである。こうした専門家の知見を集約した基準を設定し，それを国際規格として策定し，これに基づいて環境保全や環境負荷低減を図ることが有効な手段である。

(4) 事業者との協働

① 事業者による自主的取り組み

化審法に基づくリスク管理や化管法（p. 48）に基づく排出管理といった法律を根拠とする取り組みだけが化学物質管理ではない。実際に化学製品を取り

---

*31 建設業者向けガイドライン，産業廃棄物処理業者向けガイドライン，地方公共団体向けガイドラインなどが策定されている。

扱っている産業界が自主的に行う取り組みが不可欠である。法令で定められた規制基準を達成するだけでなく，より高度な目標を設定し，法令で定められていないが環境保全にとって必要な事項も含め，自発的に目標を決めてその達成に取り組むことが，今日の経済社会においては，事業者に推奨されているといえる。

　化学物質を取り扱う事業者は，産業活動を通じて私たちが必要としているものを供給することにより，豊かな生活の担い手となっているとともに，それに伴い環境に負荷を与えている。豊かな生活を将来においても享受するためには，事業者の活動が持続可能でなければならず，過度の環境負荷を避けなければならない。これを実際に実現できるのが事業者であり，私たちの経済社会の一員として，望ましい環境を次の世代に受け継ぐ使命を担っている。

　そして，このような事業者の自発的な取り組みを支援する法制度を整備することが国や地方公共団体の役割となっている。国や地方公共団体の法制度や行政指導などによる化学物質管理政策の推進と，事業者の自発的取り組みとが，全体として効果的に環境保全を担うことが大切である。つまり，行政と事業者の協働により化学物質管理の実効性が確保されるものと考えられる。

　日本化学工業協会が行っている JIPS(Japan Initiative of Product Stewardship)は，各社が自社製品のライフサイクル全体のリスク評価を行い，これに基づき管理を行うとともに，その化学製品の安全性情報を一般に公開するもので，国際化学工業協会協議会とも連動して，WSSD の目標である「2020年までに化学物質による人の健康や環境への悪影響を最小化する」ための産業界の取り組みである。

　法律に基づくリスク管理と産業界による自主管理は車の両輪といえる。JIPS のような取り組みをさらに発展させて，化学物質管理のマネジメントシステムや監査システムを含む認証システムに発展させることが望ましいと考えられる[*32]。これを促進するため，必要であれば，化審法あるいは化管法

[*32] 地球環境サミットに向けて企業による環境保全の取り組みについて「持続可能な開発のための経済人会議(BCSD: Business Council for Sustainable Development)」が検討を開始し，1991 年 7 月に国際標準化機構(ISO)に環境に関する国際規格の策定を要請

で，認証システムについての根拠規定を設けるのも一つの方法だと思われる。このようなことを通じて，自主管理とそれを認証するシステムによる化学物質管理の総合的な体制の構築を図ることができる。

　今後はアジア諸国の発展に伴って，これらの国々における化学物質管理が重要となってくる。また，化学製品は国際的に流通するので，途上国も含めた化学物質管理制度の整合性を図ることも必要になる。これへの対応の一つの方向性としては，法制度と自主管理に対する認証制度をわが国だけのものにせず，アジア諸国などに発信することが求められるように思われる[*33]。

② 利害関係者との事前交渉

　事業者との協働という面で，効果的と思われる取り組みが米国で行われている。それは，米国において法律に基づき行政機関が制定する規則（法規命令，日本の政令・省令にあたる）の制定手続きで行われる，利害関係者との交渉を通じてコンセンサスを得て規則策定を行う試みである。

　米国では，規則の制定それ自体を具体的な争訟事件がないのに裁判で争ういわゆるプリ・エンフォースメント訴訟が認められており，法律の施行のための規則に対して，この訴訟形式を用いて争われることで，法律の施行が阻害された。すなわち，第2章で説明するように，いわゆる規則制定手続の硬直化が生じた。これに対して，司法審査などで争われることのないような規則を比較的短期間に制定する方法を探る動きは，米国の政府内部で1980年代にすでに始まっていた。その試みの一つは，1982年に連邦行政会議（Administrative Conference of the United States）が提唱した交渉方式による規則制定手続である[55]。この方式は，交渉による規則制定（negotiated rulemaking: 略称 Reg-Neg（レグネグ））と呼ばれる。これは，規則案の内容についてコンセンサスを得ることを目指して利害関係者の代表が交渉するものである。

　　した。これが契機となり，審査，登録，認証制度を備えた環境国際規格 ISO14000 シリーズの策定が1996年から開始された。環境に対する取り組みにおいて国際標準の活用が有効な手段となっている。
[*33]　「東アジアにおける制度調和に向けた取組を推進する」ことは，2007年に策定された「21世紀環境立国戦略」にも記載されている（「21世紀環境立国戦略」18頁）。

規則制定過程で行われる書面聴聞手続などにおいて，利害関係者の対立が先鋭化することもあり，それがその後の訴訟の提起につながることもみられた[56]。交渉による規則制定は，これを解消し，利害関係者の意思疎通を図ることによって，関係者が納得のいく規則の制定を目指すものである。関係者が話し合うことによって，それぞれが有する情報や知識を共有し，互いに満足のいく規則を制定する試みであった。これは，規則制定における関係者による協働の活用例であり，実際に，米国環境保護庁は，交渉による規則制定方式を1980年代後半から試みていた[57]。

この提唱をもとに1990年に6年間の時限立法として制定されたのが交渉方式による規則制定法(Negotiated Rulemaking Act)である。その後，1996年に恒久法となった[58]。また，1993年にはクリントン政権の下で大統領令12866が出され，その中で交渉による規則制定方式が推奨された[*34]。このように，法律の施行のための規則制定過程において，利害関係者の交渉の機会を設定する方法を制度化する試みが米国において行われている。

(5) PRTR制度によるリスク管理

前節で，排出規制と製造等規制による化学物質のリスク管理についてみてきた。これらはいずれも法規制による化学物質の排出規制あるいは製造，輸入，使用などの規制による化学物質管理手法であった。このほかに，法律に基づく制度として，企業の自主的な化学物質管理の改善を促すことにより有害な化学物質の環境排出量の削減を図る制度を用いた管理手法が存在する。これがPRTR(Pollutant Release and Transfer Register)制度(化学物質排出移動量登録制度)である。この制度の仕組みは，国によって多少異なるが，おおよそ次のようなものである。有害な化学物質を対象として，これらの化学物質の環境への排出量(排出量)とこれらの化学物質が廃棄物に含まれて移動す

[*34] Executive Order 12866 of September 30, 1993. この4条の「立案方法(Planning Mechanism)」の項目で，「潜在的な対立の早期解決を最大限に行うため，市民などを規制の立案に関与させる」ことを確保するように規定されている(常岡孝好編『行政立法手続』(信山社，1998年)23頁)。

る量(移動量)＊35 を，対象となる化学物質を製造または使用する事業者が登録し，登録された化学物質の排出量と移動量を国などが公表する。

　PRTR 制度のもとになったのは，1974 年にオランダで制定された「排出目録制度(Emission Register)」である。この制度はその後，改正が行われ，今日の EU の PRTR 規則に受け継がれている。

　1984 年にインドのボパールで，ユニオンカーバイドの現地法人の化学工場からメチルイソシアナート(イソシアン酸メチル)という有害物質が大量に大気中に放出されるという事故が発生し，死者 2000 人以上を数える大惨事となり，国際社会に大きな衝撃を与えた。その翌年には，同じユニオンカーバイドの米国ウェストバージニア州にある農薬工場で同じメチルイソシアナートの漏洩事故が発生し，従業員と付近の住民が被害を受けた。この連続した事故の後，米国国内では，化学物質がどこでどのくらい使われ，排出されているのかを地域住民は知る権利があるという世論が高まった。この世論に応えるために 1986 年に米国で「有害物質排出目録(TRI: Toxic Release Inventory)」制度が導入された。この制度は同年に制定された「緊急対応計画および地域住民の知る権利法(EPCRA: Emergency Planning and Community Right-to-know Act of 1986, 42 USC 11001-50)」の 313 条に基づき導入された。1988 年から実施され，実施後 10 年間で，対象となる化学物質の事業者からの環境排出量および移動量が 4 割以上削減された。これが世界で最初の本格的な PRTR 制度だと考えられている。この制度が米国で実施されたことで PRTR 制度の意義が広く承認されるようになったといわれる[59]。

　1992 年に開催された地球環境サミットで採択された，持続可能な開発のための行動計画である「アジェンダ 21」では，第 19 章(化学物質管理の部分)で「化学物質のリスクについて広く認識することが化学物質の安全性の確保に欠かせない」という立場に立って，PRTR 制度の普及を促している。

　これを受けて，OECD は 1996 年 2 月に PRTR 制度を加盟国が 3 年以内に

＊35　移動量とは，廃棄物に含まれて事業所の外に移動する化学物質の量であり，製品として出荷される量は含まない。

導入するように理事会勧告[60]を採択した(理事会勧告は2003年に改正された)。併せて,各国政府がPRTR制度を導入することを支援するため,「PRTRガイダンスマニュアル[61]」を公表した。こうした中でOECD加盟国をはじめ,多くの国々がPRTRを実施した。

　このような国際動向の中で,わが国では環境庁(当時)が1996(平成8)年10月に「PRTR技術検討会」(座長:近藤次郎東京大学名誉教授)を設置して,PRTRに関わる技術的事項を検討,翌年5月に「PRTR技術検討会報告書」として取りまとめた。1997(平成9)年6月から神奈川県と愛知県においてPRTR制度に関する社会実験が実施された。一方,産業界においても,日本化学工業協会は1992(平成4)年度から会員企業の代表的な事業所でパイロット事業を開始した。さらに,同工業協会は日本レスポンシブルケア協議会を設立して,1997(平成9)年度から本格的に調査を行った。

　1998(平成10)年7月に環境庁長官から中央環境審議会に対して「今後の化学物質による環境リスク対策の在り方について」諮問があり,わが国へのPRTR制度の導入について審議を行った結果,同年11月にわが国におけるPRTR制度の導入にあたっての基本的考え方についての中間答申がまとめられた。これを受けた通商産業省および環境庁は法案を取りまとめた。同法案は1999(平成11)年3月に国会に提出され,衆議院で一部修正されて可決された後,参議院で可決,7月13日に公布された。これが,「特定化学物質の環境への排出量の把握等及び管理の改善の促進に関する法律(化管法)」である。

　この法律に基づき,2001(平成13)年度から対象事業者は対象となる化学物質の環境中への排出量,移動量の把握を開始し,2002(平成14)年度からその届出が実施されており,その集計結果が毎年度公表されている。そのほか,この法律は次項で説明するセーフティデータシートの添付を一定の化学物質の受け渡しの際に義務づけている。

　化管法は,有害性のあるさまざまな化学物質の環境への排出量を把握することなどにより,化学物質を取り扱う事業者の自主的な化学物質の管理の改善を促進し,化学物質による環境の保全上の支障が生じることを未然に防止

することを目的としている(化管法1条)。わが国のPRTR制度では，対象となる化学物質は，人や生態系に対して有害な化学物質が選定される(対象となる化学物質は462物質)。対象となる事業者の事業活動に伴い排気や排水に含まれて環境中に排出される対象化学物質の量(排出量)と，廃棄物に含まれて事業所の外に移動する対象化学物質の量(移動量)を，事業者は事業所ごとに地方公共団体に報告し，これを最終的には国が集計する。国は，事業者からの報告に加え，自動車などから排出される対象化学物質の量を推計して加算する。

このようにして集計される対象化学物質の排出量および移動量のデータにより，国および地方公共団体は，どの事業者のどの事業所からどの化学物質がどれくらい環境中に排出されているか，廃棄されているかを定量的に把握することができる。このデータを活用して，化学物質の環境排出抑制対策の優先順位を判断することができる。また，経年変化を追うことで対策の効果や進捗状況を把握することができる。一方，事業者にとっては，自社の個々の事業所ごとに，環境中に排出している化学物質がその地域の環境に与える影響の度合いを知ることができる。また，経年変化をたどることで，自社の事業所の化学物質管理の改善の効果を，周囲の事業者との対比において知ることができる。さらに，市民や環境保護団体にとっても，自分の住んでいる地域における化学物質ごとの環境排出状況を知ることができ，近隣の事業所がどのような化学物質をどの程度環境に排出しているかを詳しく知ることができる[*36]。

このように，PRTR制度によって，さまざまな主体がそれぞれの観点から，公表された化学物質の環境排出量などのデータを活用することができる。この制度を活用することによって，事業所から排出される化学物質の量を削減するだけでなく，市民の方々と事業者，行政の担当者，研究者などが化学

[*36] 米国においては，同様の制度はTRI(Toxic Release Inventory)制度と呼ばれ，「緊急対応計画および地域住民の知る権利法(Emergency Planning and Community Right-to-know Act; EPCRA)」313条に規定されている。まさに地域住民が化学物質に関して知る権利を具体化したものと位置づけられている。

物質のリスクについて話し合うリスクコミュニケーションの促進につながると期待される。

(6) GHS と SDS(セーフティデータシート)

　化学物質は，国際的に流通するとともに，さまざまな用途に利用されるため多段階に流通する。そのため，化学物質の性質や取り扱いの注意事項を化学物質の取引に伴って伝達しなければならない。その役割を担うのが，GHS(Global Harmonized System for classification and labelling of chemicals: 化学物質の分類と表示に関する世界調和システム)と SDS(Safety Data Sheet: セーフティデータシート)である[*37]。GHS は，国際的に統一された分類に従って取り扱いに注意を要する化学物質にイラストで表示(絵表示)を行う制度であり，SDS は取り扱いの注意事項を一定の様式で記載したシート(書類)を化学物質とともに受け渡すシステムである。

　GHS は，国際連合経済社会理事会の危険物輸送専門家委員会の作業に基づき化学品の貿易において用いられた危険物の分類と絵表示を世界的に統一する取り組みがもとになっている。その後，1992年の地球環境サミットの際に行動計画としてまとめられた「アジェンダ21」の化学物質管理について記述された第19章において提唱された。言語の異なる国々の間を流通する化学物質の安全性の向上のために，化学物質の性質を絵表示によって表すものである。2002年の WSSD で，GHS の 2008 年までの実施が合意された。GHS は，わが国では，現在は JIS Z7253(2012)により制度化され，労働安全衛生法など個別の法律に基づき導入されている。EU では，CLP 規則(Regulation on Classification, Labelling and Packaging of substances and mixtures)に基づき導入されている(第3章参照)。米国では，労働省の労働安全衛生局(OSHA: Occupational Safety and Health Administration)が危険有害性周知基準(HCS: Hazard Communication Standard)を定めて導入している。

[*37] わが国では SDS のことを MSDS(Material Safety Data Sheet: 化学物質安全性データシート)ということもある。

SDSに関しては，わが国では化管法，労働安全衛生法，毒物劇物取締法などに基づき，一定の化学物質の取引に対してSDSの交付が必要である。EUではGHSと同様にCLP規則に基づき導入されている。米国ではGHSと同様に危険有害性周知基準によりSDSの様式などが規定されている。このほか，法規制の対象外の化学物質も含めて企業が販売する化学物質に自発的にSDSを添付していることも多い。

6. 化学物質の有するリスクへの法的対応

(1) 科学的不確実性の介在

　国（行政機関）の責務としてリスク管理がある。これは公共の安全の保持という伝統的な警察規制の概念に由来する。狭義の警察活動はもちろん，建築，衛生といった広義の警察活動もリスク管理である。警察活動は，危険（前述したように，ある状態がそのまま推移すれば，十分な蓋然性を持って損害が発生する状態）を除去することを任務としている。警察規制の概念を発展させたドイツでは，警察活動を概括的に危険の防御であるととらえたために，危険概念のとらえ方によっては警察活動の範囲が曖昧になり，危険防御の名目で人権を侵害するおそれがあることが認識された。そのため，警察活動の対象となる危険の範囲を確定することに注意が払われ，十分な蓋然性を持って損害が発生する状態を「危険」とし，そこまで十分な蓋然性を有しない場合（可能性にすぎない場合）を「（狭義の）リスク」として区別する考え方が提案された。

　すでにみてきたように，化学物質が有する（広義の）リスクは，人に対する被害や環境への被害が発生する確率，被害の程度などが科学的に予測できない。すなわち，科学的不確実性が介在する。人間のリスクへの関心は，その大きさにのみ左右されるわけではない。理解しがたいリスクに対しては，受容しにくい傾向があるといわれる[62]。そのようなリスクの一つが化学物質の有するリスクである。化学物質の有するリスクは，現代的な科学的不確実性を有するリスクであり，直接，間接に人々の健康や生命に関わるリスクであるため，行政機関においてこのリスクに対処しなければならない。

科学的不確実性を有するリスクに対処することで，いかなる法的課題に直面するのであろうか。対処すべきリスクに関する情報が不十分である場合に，行政機関は，不十分なリスク情報の下でも，何らかの決定をすることを迫られる。もともと行政機関は調査義務に基づき，一定の事実を認定してきた。しかし，ここで問題になっているリスクの不確かさは，現時点では確定できないものであり，このような「科学的不確実性」を前提に決定がなされなければならないところに，問題の新しさと難しさがある[63]。科学的に解明できないものを規制しようとすれば，「憶測に基づく恣意的な規制である」との批判を行政機関が被る可能性がある。

　化学物質の有するリスクの科学的不確実性の特徴は，いつ，何が起こるのかが不確実なことである。リスクを確定するためにはデータが必要であるが，データの蓄積が不十分な状況の中でも，行政機関は，不十分なデータを基礎として，限られた時間とリソースの中でリスクをある程度まで評価し，対策を決定しなければならない。したがって，こうした条件下における行政機関の決定は，もともと限られた合理性しか持ち得ない。すなわち，そこでの結論は暫定的なものとならざるを得ない。しかし，限られた情報と時間の中での最大の合理性の追求は，要求される。ここに，化学物質のリスク管理の宿命的な困難さがある[64]。

　化学物質が有するリスクの抑制は，広範な企業の生産活動，国民の消費活動，廃棄物対策など，さまざまな主体の行動をコントロールすることによって初めて可能となる。しかし，このような規制を行うにあたっては，強制力を持つ規制措置を行う上で確実な根拠を欠くことも多く，対象となる関係主体や対象となる行為の多様性のために，規制措置の実効性の確保が困難なことが多い。リスクが顕在化する前に，より有効と思われる予防的な手法を用いてリスクの顕在化を抑えることが重要である[65]が，そのためには，リスクが顕在化する前に，多種多様な化学物質のうちどの化学物質を規制対象とするか，効率的に選定しなければならない（リスク評価がこの一つの対応策となる）。つまり，化学物質を法的に規制するには，科学的不確実性を伴う予測に基づいて，規制対象の選定，規制手段の決定など法の適用を行わなければ

ならない。このようにリスクの把握，リスクへの対応に際して科学的不確実性を伴う*38 予測が介在するのが化学物質管理の特徴である。

(2) 予防原則による対処

化学物質の法規制に関しても予防原則の考え方が取り入れられており*39，欧州のREACHやわが国の化審法の事前審査制度や監視化学物質制度などに反映されている[66]。化審法の特徴といえる新規化学物質(それまで製造または輸入の実績がなく，新たに製造または輸入される化学物質)の事前審査制度について，予防原則の観点から考察してみよう。

化学物質の製造，使用などは自由に行えるのが原則である。人や環境に対して有害なことが証明された化学物質だけが製造，使用などの規制を受ける。これが規制法の基本的な構造である。ところが，予防原則が適用された化審法の新規化学物質制度では，新規化学物質の中には人や環境に対して有害なものが含まれているおそれがあるため，すべての新規化学物質が一律に製造および輸入が禁止され，一定の安全基準に適合したものだけが禁止が解除される。いわゆる許可制度である(化審法の新規化学物質に対しては条文では「届出」とされているが，実質的には，この「届出」は許可申請である)。

この制度で注意しなければならないことは，次の二点である。第一に，新規化学物質の事前審査制度は，証拠の提出責任が事業者に課せられている点である。すなわち，新規化学物質を製造または輸入しようとする者は，事前

---

*38 科学的不確実性が存在するのは，(ⅰ)調査(リスク評価)が行われていないために不確実な場合と(ⅱ)調査の結果なお科学的不確実が残る場合(定量的リスク評価ができない場合を含む)がある。この部分，大塚直「未然防止原則，予防原則・予防的アプローチ(5)」(2004年)法学教室289号109頁。

*39 第3次環境基本計画においても，第二部第1章第5節「化学物質の環境リスクの低減に向けた取組」の中で，「2 中長期的目標」および「3 施策の基本的方向」において，「予防的取組方法」の考え方を環境政策に反映することが記載されている。

さらに，2012(平成24)年4月に閣議決定された第4次環境基本計画においても，第2部第9節「包括的な化学物質対策の確立と推進のための取組」において，「(4)安全・安心の一層の確保」の項で，「予防的な視点から，未解明の問題に対応していくことも必要である」と記載されている。

に法令で決められた一定のデータ(証拠)を記載して「届出」(実質は許可申請)を行わなければならない。

　第二に，新規化学物質が有するリスクは，具体的なものではなく，抽象的なものであることである。すなわち，新規化学物質の中には人や環境に対して有害なものが含まれているおそれがあるという抽象的なリスク認識に基づき，製造・輸入が一律に禁止されている。

　第一の点および第二の点ともに予防原則を活用した結果だと考えられる。また，抽象的なリスク認識に基づき規制措置が行われるにあたっては，このような化学物質管理制度が社会に受け入れられるものなのかどうか，制度設計の段階で検討しなければならない。

　このように，予防原則を採用するにしても，国民のコンセンサスが得られる制度を構築しなければならない。コンセンサスの形成に基づく政策決定の手法について，次にみていくことにする。

7. 科学的不確実性を有する課題に対する政策決定

(1) 政策決定における市民の意見の反映

　化学物質のリスクのように科学的不確実性を内在し，科学的に結論が出しにくい問題に対して，国または地方公共団体が暫定的であれ一定の政策判断を求められる場合がある。そのような場合に，予防原則を用いて原因と被害との間に明確な科学的証拠が存在しなくとも，環境悪化を防止するため予防的な措置をとることができる。このような政策決定にあたって，重視しなければならないのは国民(市民)の意見である。

　わが国においては，2011(平成23)年8月19日に閣議決定された第4期科学技術基本計画の「V. 社会とともに創り進める政策の展開」の部分では，「社会及び公共のための政策の実現に向け，国民の理解と信頼と支持を得るための取組を展開」すべきとの基本方針が掲げられている。そしてその内容として，社会と科学技術イノベーションとの関係深化のための政策の企画立案および推進への国民参画の促進および科学技術コミュニケーション活動の

推進が謳われている。

　第4期科学技術基本計画にこのような記載がされたのは，東日本大震災に伴う原子力発電所の事故を契機に，リスクについて意識する傾向が社会全般に広がっていることを背景としている。先端科学技術に対し，社会はどのようにコントロールしていくのか，私たち国民一人一人が取り組むべき課題といえる。

　一般に，科学的に結論が確定できず，社会的なコンセンサスを得るしか対処のしようがない課題への対応にあたっては，「全国民の代表者」が集まり，そこに国民の総意が集約される場である国会で審議して決定すべきものといえる。しかし，選挙が人々の意見を反映しているとしても，選挙において必ずしもすべての政策課題が争点となるわけではなく，選挙の後になって重要な政策課題が顕在化することもある。また，現実問題として，国会議員と事務局から構成される国会の情報収集能力には限界がある。具体的な政策課題に対して，科学的にはどこまで判断可能で，どこに科学的不確実性が存在しているのか。この政策課題に対して，現時点で，国民（市民）の意見はどうなっているのか。こういったことに対して，政策を決定すべき国会議員が実際に十分に把握するにはどうすればいいのか。これはわが国だけの課題ではない。国会（議会）が政策を決定するにあたって，その根拠とすべき情報の収集機能を強化するための対応策が諸外国でも試みられてきた。

　政策課題に対して，科学技術の到達レベルを把握したり，市民の声を反映すべきなのは，立法機関のみならず，行政機関に対しても当てはまる。ここではまず，議会の機能強化のため具体的な取り組みとして行われたテクノロジーアセスメントおよびコンセンサス会議の試みを概観する。そして，これらの試みが議会の機能強化に特定されたものではないことから，行政機関においても活用されたいきさつを説明する。また，これらに類似した試みも提案され，実際に活用されていることもあわせて説明する。

(2) テクノロジーアセスメント

　米国において，議会の機能強化のために行われたテクノロジーアセスメン

トについてみてみよう。テクノロジーアセスメントは，課題や対応方針を提示し，社会の意思決定を支援するために，先端の科学技術に対して実施される社会的影響調査である。1960年代に米国で始められ，1969(昭和44)年に訪米した産業予測特別調査団(団長：小林宏治日本電気社長)によって，初めてわが国にその考え方が紹介された[*40]。1972(昭和47)年には米国でテクノロジーアセスメント法(Technology Assessment Act)が成立，技術評価局(OTA: Office of Technology Assessment)が連邦議会の付属機関として設置され，ここに米国議会の付属機関によるテクノロジーアセスメント活動が開始された[*41]。立法機関の付属機関として技術評価局が置かれたのは，専門的な政策課題に議会が対応できるよう議会を補佐するためである。いいかえれば，行政府と立法府の情報格差の是正を試みたといえる(国防省，農務省などでも当時独自にテクノロジーアセスメントが行われていた)[67]。技術評価局の職員は約200人(うち常勤は140名前後)で，常勤職員の8割が調査・分析を担当する専門職員であった(専門分野は，政治学16％，心理学13％，経済学11％，環境科学10％，生物・化学7％，法律6％などで，その半数は博士の学位を有していた(1993年度))[68]。予算規模は年間約2200万ドル(約20億円)，うち7割が人件費である(1995年度)[69]。年間40件程度のテーマに対して社会的影響調査を実施した。1件の平均費用は約50万ドル(約4000万円)，平均調査期間は1年から2年であった[70]。

[*40] 科学技術庁科学技術政策研究所第2調査研究グループ寺川仁他，調査資料68「1970年代における科学技術庁を中心としたテクノロジー・アセスメント施策の分析」10頁。
　なお，わが国では昭和48年度の科学技術白書で，テクノロジーアセスメントは技術の「効用と好ましくない影響とを，技術的可能性及び経済性を含めて，社会的観点など多面的に事前に点検し，評価して，(中略)科学技術が社会システムの中で健全に発達することを目標とするもの」と紹介されている(『昭和48年度科学技術白書』215頁(第2部第3章2.))。この部分については，三浦太郎・三上直之「コンセンサス会議の問題点の再考と討論型世論調査の活用の可能性」科学コミュニケーション11号(2012年)95頁より引用した。

[*41] その後，1983(昭和58)年フランス，1989(平成元)年英国，1990(平成2)年ドイツで同様の機関が設置された(大磯輝将「諸外国の議会テクノロジーアセスメント」レファレンス平成23年7月号56頁)。

技術評価局は，1972年の設立から1995年に事業を停止するまでの23年間に755冊の調査報告書を公表した[71]。たとえば，1995年2月に公表された評価レポートでは，核融合エネルギー計画に対して，当時7000万ドルの予算計上が求められていたトカマク型実験炉に対してそれ以外の方式についても研究開発を継続すべきかとの議会の諮問に対して，トカマク以外の方式の核融合研究も小規模予算で継続すべきとの結論を示した[72]。報告書のボリュームは200～400頁程度が多く，学術研究者からはその質の高さとカバーする範囲の広さの点で評価された[73]。1990年に議会関係者に対して行われた調査においても，技術評価局が有用でないと答えるものは皆無で，「とても有用」28％，「有用」23％，「多少有用」49％であった[74]。このような実績と評価を有した技術評価局であったが，議会関係者はこの報告書を使いこなせなかった。

1995年に議会改革の一環で技術評価局の予算執行が停止され，事実上廃止された。廃止の要因としては，①議会調査局（CRS: Congressional Research Service）との業務の重複，②調査期間が長すぎて（1～2年）立法サイクルに合わないこと，③テクノロジーアセスメントは民間のシンクタンクなどでできる（民業圧迫）ことなどである[75]。実際には，民主党の影響力の大きい技術評価局に対して，当時上下両院の多数を占めた共和党から，議会改革（予算削減）の象徴的な標的とされたことが廃止の要因と考えられる（技術評価局の予算規模は2000万ドル（20億円）程度で，議会予算の1％にも満たない額であり，予算削減は建前にすぎない）[76]。

技術評価局が廃止された本質的な要因は，テクノロジーアセスメントが専門家による専門分野の科学技術に関する影響調査であったため，今日，私たちの課題になっている（議会が最も知りたい）科学的に結論が出ない課題に対してどのような政策判断をするかについて対応策を示すことができなかったためではないかと考えられる。

なお，わが国においても国会にテクノロジーアセスメント機関を設置する動きがあった。1994（平成6）年に中山太郎衆議院議員，松前達郎参議院議員を代表として，超党派の国会議員と学識経験者をメンバーとする「科学技術

と政策の会」[*42]が国会に「科学技術評価会議」を設置するための科学技術評価会議法案を準備した[77]。この法案の要綱素案では，米国議会の技術評価局にならって140人規模の事務局(うち調査員105人)，年間予算約15億円(中規模構想の場合)を置く構想が示された[78]。しかし，この構想が実現されることなく，科学技術と政策の会は解散した[79]。わが国で科学技術評価会議構想が実現しなかったのは，これを準備していたのと同じ時期に米国の技術評価局が事実上廃止されたことや，わが国では総合科学技術会議がすでに存在しており，この機関との役割分担を明確に示せなかったことなどによると思われる。

(3) コンセンサス会議

　テクノロジーアセスメントは専門家による専門分野の影響調査であったため，科学的に結論が出ない課題に対して対応策を提示できなかった。これに加えて，医者と患者の関係のように，専門家が状況を把握してすべてを取り仕切るいわゆるパターナリズムの問題があったことも指摘されている[80]。テクノロジーアセスメントの場合，評価するのは専門家であり，一般の市民は評価には関与できない。専門家に「お任せする」発想である。民主主義の国において，主権者である国民(市民)が登場せず，選挙で選ばれた国会議員とその分野の専門家に任せておいていいのかとの問題意識が出てくる[81]。

　デンマークにおいて，テクノロジーアセスメントを総括した「グリーンレポート」が1984年に公表され，科学技術の評価には市民の参加が必要であることが指摘された[82]。この点は，前述したわが国の第4期科学技術基本計画において，企画立案および推進への国民参画の促進および科学技術コミュニケーション活動の推進が謳われていることと問題意識を共通にしていると考えられる。そして，翌1985年には，市民が参加する科学技術評価の事務局

[*42] この会が，科学技術基本法(1995(平成7)年制定)の制定を推進した。

となるデンマーク技術委員会(DBT: Danish Board of Technology Assessment)が，デンマーク議会の独立機関として設立された[83]。この委員会によってコンセンサス会議(consensus conference)が発案された。

　前述したように現代の最先端の科学技術に内在するリスクは，何が発現するかについて最新の科学技術をもってしても予測が不可能なものであり，その規模や深刻さがもはや予測不可能であるという意味において，これまでとはまったく違うリスクである。こういったリスクに対しては，国を挙げて対応しなければならない。そのためには，民主主義の主役である市民が，課題とされている科学技術の最前線で何が行われているのかを知り，市民として意見を言いたいとの要望に応える具体的な方法が必要である。その方法が模索され，具体的な方法の一つとしてデンマークで考え出されたのがコンセンサス会議である。議会の独立機関が仲介役となって，テーマとなる先端技術の論点に関して，専門家と市民の対話の場を設けることが狙いである。つまり，科学技術の評価において，コンセンサスを得る対象は専門家たちではなく市民であるべきとの発想を，目に見える形として提案したのがコンセンサス会議である。

　デンマークで発案されたコンセンサス会議は，「市民パネル」と「専門家パネル」各十数名の二つのグループによる対話で構成された。市民パネルの構成者は，事務局であるデンマーク技術委員会が成人の国民から無作為に1500人を抽出し，手紙でコンセンサス会議の意義やテーマ内容を伝え，参加の意思の有無を尋ねる。事務局は，意見に偏りが出ないように，参加希望者の中から年齢，性別，居住地を人口構成に合わせるようにバランスをとり，参加メンバーを選定する[84]。市民パネルの活動を「ファシリテーター」が支援する。教師などがファシリテーターを務めるが，コンセンサス会議の円滑な遂行には不可欠な存在である。他方，専門家パネルは当該テーマに関して市民の質問に答えることができる人材から構成される。具体的には，大学の研究者，企業の研究者，弁護士，医師，NGOの活動家などである。専門家パネルの選定方法は，事務局が各分野の専門家をプールしておき，テーマに応じて十数名を招待する[85]。

コンセンサス会議は，準備会合と本会合(コンセンサス会議)から構成され，次のように開催される。まず，準備会合が週末に2回程度行われる。市民パネルは，事務局からテーマとなっている科学技術に関する説明を受け，コンセンサス会議において専門家パネルに尋ねる質問リストを作成する。コンセンサス会議の本会合は，金曜日から日曜日にかけて3日間にわたることが多い。1日目は市民パネルが作成した質問に専門家パネルが答える。その答えに対して，質疑応答が行われる(これは公開で行われる)。2日目は，テーマとなっている科学技術に対して，受け入れるべきか，受け入れを拒否すべきなのか，条件を付けて受け入れるべきなのか，市民パネルとしての意見を報告書にまとめる(この部分は非公開で行われる)。3日目は，市民パネルが作成した報告書を発表する。発表の場には新聞記者なども来ており，記事になる(この日は公開で行われる)[86]。

　前述したように，社会全体で考えるべき科学技術の課題(テーマ)があり，科学技術政策の決定過程に市民の意見を反映させる必要があることは，一般論としては理解できると思われるが，コンセンサス会議は，はたしてそれにふさわしい手段なのであろうか。そもそも，コンセンサス会議で表明される意見は社会全体を代表しているのだろうか。人口構成，地域バランスなどを考慮して市民パネルが選ばれるが，十数人では少なすぎるのではないかという疑問が出てくる。しかし，これ以上多いと十分な議論ができない。また，市民パネルが作成した報告書を公表するが，通常は多数意見に基づくものであり，少数意見は反映されにくい。対応策としては，同一テーマでのコンセンサス会議を複数開催することなどが考えられるが，実際には時間的制約があり難しい。

　議会とコンセンサス会議との関係も問題になる。政策を決定するのは，そもそも議会の役割ではないのか，また，コンセンサス会議の報告書が不当に政治利用されないかとの指摘がなされている。コンセンサス会議は議会が国民の意見を聞くために行っている側面もあり，議会の情報収集活動の一環であるはずで，その結論である市民パネルの報告書の取り扱いは重要な問題である。デンマークでは，コンセンサス会議は代議制を補完するものとの見解

が多いようである[87]。つまり，代議制による意思決定機構をより民主的なものとするため，コンセンサス会議は価値を有すると考えられている。このような見解は，民主的な対話を重視し，かつそれが実行可能なデンマークの社会風土に裏打ちされていると思われる[88]。

なお，コンセンサス会議の報告書は，すべての有権者が参加できる住民投票などとは取り扱いを異にすべきである。その一方で，単なる参考意見で終わらせれば，何のためにコンセンサス会議を開催しているのかその意義が問われる。このあたりの議論は今日でも，デンマークにおいてコンセンサス会議の改善のために行われている。

わが国にコンセンサス会議を紹介したのは，東京電機大学教授の若松征夫である。若松は，デンマーク留学中の1990（平成2）年にコンセンサス会議を知り，1993（平成5）年に『科学技術ジャーナル』でこれをわが国に紹介した[89]。1998（平成10）年には，任意団体である「『科学技術への市民参加』研究会」が主催して，遺伝子治療をテーマに，わが国で初めてコンセンサス会議が開催された[90]。その後，2000（平成12）年には，社団法人農林水産先端技術産業振興センターが主催して遺伝子組換え農作物を考えるコンセンサス会議が開催された。このときは，この会議を主催した同センター理事長から，「市民の考えと提案」に運営委員会意見を付し，農林水産省と厚生省（当時）に要望書が提出された[91]。また，2006（平成18）年から2007（平成19）年にかけて北海道が主催して「遺伝子組換え作物の栽培について道民が考えるコンセンサス会議」が開催された。取りまとめた「市民提案」は，北海道知事の附属機関である食の安全・安心委員会で報告された[92]。

わが国のコンセンサス会議の特徴としては，公的機関が主催したものについては，行政機関が主催して行われていることである。デンマークでは，コンセンサス会議は議会の独立機関が中心になって行われ，代議制を補完するものと位置づけられていた。また，議会の情報収集機能を強化するための対応策として考えられていた。しかし，わが国ではデンマークとは異なり，行政機関が市民の意見を把握するための役割を担っているといえる。行政国家が高度に発達したわが国の実情を踏まえて，行政機関が「国民の声を聴く仕

組み」をつくる，という方向性を示しているものと思われる[*43]。

　一方，わが国では2005(平成17)年に行政手続法が改正され，政省令の制定などについて意見公募手続(パブリックコメント)を義務づけることとなり，行政庁の政策決定に国民(市民)の意見を反映する取り組みが進められている(地方公共団体においても同様の条例が制定されている)。このような動向を併せて考えると，行政機関が主催するコンセンサス会議も，市民の意見を政策に反映するという根本的な目的に合致したものであり，前述した意見の代表性をどのように担保するか，取りまとめられた報告の扱いをどうするかなどの課題に取り組んでいけば，市民の意見を反映する有効な手段となることと思われる。

　前述したように，化学物質管理の分野において，リスクコミュニケーションの重要性が指摘され，その具体的な取り組みとして「化学物質と円卓会議」やこれを引き継いだ「化学物質と環境に関する政策会議」が開催されている。そこで検討されるテーマのうち，さらなる話し合いが必要なテーマに関して，コンセンサス会議を開催して話し合うことが有効であると思われる。たとえば，かつて問題になったダイオキシン汚染による風評被害に関して，専門家と市民の方々との話し合いの場をもつことにより，問題解決の糸口を見つける契機になるのではないかと思われる。

(4) 討論型世論調査などの手法

　このほか，政策の決定にあたって市民の意見が分かれ容易に決定しにくい問題について，専門家との情報交換や市民同士の話し合いにより，市民のその課題に対する理解の促進を図るシステムとして，プラニング・セル(planning cells)，デリバラティブ・パネル(deliberative panels)，討論型世論調査(deliberative poll)などの手法がある。

[*43] コンセンサス会議をわが国に紹介した若松征男は，わが国の現状を踏まえて，広い裁量権をもち，政策を立案し実施している行政機関がコンセンサス会議のような市民参加型の技術評価の制度化の鍵を握ると指摘している(若松征男「『科学技術への市民参加』を展望する」研究技術計画15巻3・4合併号(2003年)181頁)。

プラニング・セルとデリバラティブ・パネルは，コンセンサス会議における市民パネルの代表性を改善した手法である。コンセンサス会議では，専門家との質疑応答を経た後，市民パネル同士で話し合って報告書を作成する。話し合いでは，小グループでの話し合いと全体での話し合いといった二段階で話し合う方法を取り入れたとしても，市民パネルの人数には限界がある。そのため，市民パネルの年齢構成や地域構成などを国全体の構成に比例するように配分したとしても，実際に集まった市民パネルが全国民を代表しているか(代表性)には疑問が残る。

　プラニング・セルは，同じテーマについて多くの地域で規模の小さいコンセンサス会議を開催し，市民パネルの母数を増やすことで市民パネルの代表性を向上させようとするものである[93]。また，デリバラティブ・パネルは，同じテーマについて日時をかえて異なるメンバーにより何度か小規模なコンセンサス会議を開催することで市民パネルの母数を増やし，市民パネルの代表性を向上させようとするものである[94]。

　一方，討論型世論調査は世論調査とコンセンサス会議を組み合わせたものであり，この方法も調査結果の代表性を向上させるとともに，熟議によって形成される世論を把握することを目的としている。この方法は，米国スタンフォード大学のフィシュキン(James S. Fishkin)とテキサス大学のラスキン(Robert C. Luskin)によって1988年に考案されたもので，すでに18以上の国や地域で実施されている*44。わが国でもすでに何例か実施され，2012(平成24)年の「革新的エネルギー・環境政策」の策定の際にこの方法が活用された。

　討論型世論調査では，最初に無作為に抽出した数千人を対象に，世論調査で取り上げるテーマについての「事前アンケート」を行い，回答者の中から100人から300人程度の討論参加者を選定する。討論参加者には討論のため

---

*44　討論型世論調査を考案したフィシュキンも，デンマークで実施されたコンセンサス会議を市民が熟議する制度の理想的なモデルと評価している(ジェイムズ・S・フィシュキン(曽根泰教監修・岩木貴子訳)『人々の声が響きあうとき──熟議空間と民主主義』(早川書房，2011年)243頁)。

の資料や専門家からの十分な情報を事前に提供する。討論当日は会場に参加者全員が集まり、事前アンケートと同じ質問項目を含む「討論前アンケート」を行う。その後、10～15人規模の小グループでの討論と専門家に対する質疑応答を行う全体会議を行った後に、事前アンケートおよび討論前アンケートと同じ項目を含む「討論後アンケート」を行う。このようにして、3回のアンケート調査を行って意見や態度の変化を見るという社会実験である[*45]。世論調査という性格上、対象となったテーマに対する市民の意識が数値化(定量化)される点で、客観的なデータであるととらえることもできるが、一方で結果が拡大解釈されるおそれもある。

　この方法は、母集団を統計学的に代表するように参加者をサンプリングして選定するので、積極的な参加希望者だけではなく、あまり積極的に参加しない若年層などを含むことができ、「社会の縮図(microcosm)」を構成することができるといわれている[95]。この点については、最初に無作為抽出された人の中には、あまり積極的に参加しない人も含まれていると考えられる。もっとも、そのような人が事前アンケートに回答するか疑問が残るが、いわゆるサイレント・マジョリティの意見を聴こうとする工夫がうかがえる。結果はアンケートにより集計されるので、参加者の匿名性を確保した状態での意見を収集できる。また、コンセンサス会議では表れにくい少数意見を定量的に把握できるといったメリットがある。

　コンセンサス会議のところで言及したことと同様に、化学物質管理の分野においてリスクコミュニケーションの重要性が指摘されており、今後、化学物質管理の分野においても、市民の意見を少数意見も含めて定量的に把握したい課題が出てくると思われる。その際に、討論型世論調査などの手法を活用することが考えられる。

[*45] また、討論型世論調査は、十分情報に基づき他者と討論を行うと人々の意見や選好はどのように変化する(あるいは、変化しない)のか、このような問いに実証的に答えようとする試みであるともいえる。三浦・三上・前掲注40(2012年)99頁。およびhttp://keiodp.sfc.keio.ac.jp/?page_id=22(2014年8月20閲覧)を参考にした。

(5) 化学物質管理への市民の声の反映

　化学物質と環境に関する政策会議を含めて，コンセンサス会議，プラニング・セル，デリバラティブ・パネル，討論型世論調査などは，いずれも一定の客観性を確保するために時間と費用を要するものである。そのため，実際にこれらの手法を活用すべきテーマは限られてくるが，具体的案件に関して（あるいは一般論としてでもかまわないが）予防原則に基づく規制措置の発動の是非などがテーマとして考えられる。これらの手法を活用することにより，一般市民の化学物質管理政策に対する意識をある程度定量的に把握することができ，市民の意識を踏まえた上での政策判断に役立てることができるのではないかと思われる。

　もちろん，これらの手法を活用するだけで市民の意識を踏まえた政策判断ができるわけではない。科学的不確実性を有する課題の一つである化学物質管理に対する政策決定を行う前提として，まずやらなければならないことは，行政機関の担当者，関連する分野の研究者，企業の担当者，環境NGOの関係者などをはじめとする化学物質管理に携わる者が，日頃から，自分の身近なところで化学物質についてのリスクコミュニケーションを積極的に行うことだと思われる。科学的にわかっていることを客観的に伝え，科学的不確実性を有するのはどの部分なのかを明らかにし，それを踏まえて，個々の課題に対してどのように対応すべきなのか，一般市民の方々に情報を伝え，ときには膝を交えて話をするといった地道な活動があってこそコンセンサス会議などの規模の大きい取り組みが活きてくるものだと思われる。基礎となるのは，各地域において地道に築き上げられる信頼関係ではないだろうか。

1) 中山竜一「リスク社会における法と自己決定」田中成明編『現代法の展望　自己決定の諸相』(有斐閣，2004年)255頁。
2) 吉田文和・利根川治夫「鉱害賠償規定の成立過程」北海道大學經濟學研究28巻3号(1978年)75頁，116-118頁。
3) 中山・前掲注1(2004年)255頁。
4) 山田洋「リスク管理と安全」公法研究69号(2007年)72頁。

5) 山田・同上。
6) Ulrich Beck, Risikogesellschaft: Auf dem Weg in eine andere Moderne, Frankfurt am Main: Suhrkamp, 1986. 東廉・伊藤美登里訳『危険社会——新しい近代への道』(法政大学出版局, 1998年)23-30頁。
7) 中西準子『環境リスク論』(岩波書店, 1995年)8頁。
8) 同上。
9) 松本和彦「環境法における予防原則の展開(二)」阪大法学54巻5号(2005年)1180頁を参考にした。
10) 大塚直「予防原則の法的課題」植田和弘, 大塚直編『環境リスク管理と予防原則』(有斐閣, 2010年)299頁。
11) 桑原勇進「危険概念の考察―ドイツ警察法を中心に―」碓井光明他編『公法学の方と政策(下巻)』(有斐閣, 2000年)662-663頁。
12) Bundesregierung, Umweltbericht '76 — Fortschreibung des Umweltprogramms der Bundesregierung, BT-Drucks. 7/5684.
13) 松村弓彦「予防原則」法律のひろば55巻2号(2002年)76頁。同旨, 松本和彦「環境法における予防原則の展開(一)」阪大法学53巻2号(2003年)368-369頁。大塚直「未然防止原則, 予防原則・予防的アプローチ(1)」法学教室284号(2004年)70-71頁。
14) 大塚・同上(2004年)法学教室284号(2004年)70-71頁を参考にした。
15) 髙村ゆかり「国際環境法におけるリスクと予防原則」思想963号(2004年)62頁。大塚・同上(2004年)法学教室284号71頁。
16) 髙村・同上(2004年)60-81頁。大塚・同上(2004年)法学教室284号70-75頁。
17) 松本和彦「予防原則と環境国家」石田眞・大塚直編『労働と環境』(日本評論社, 2008年)201頁。
18) この点を指摘するものとして, 大塚直「未然防止原則, 予防原則・予防的アプローチ(5)」法学教室289号(2004年)108頁。また, 桑原勇進「予防原則の法的根拠」石田眞・大塚直編『労働と環境』(2008年)では, 基本権保護義務を認める立場から予防原則は憲法上の根拠があるとする。
19) 大塚直「リスク社会と環境法」日本法哲学会編『リスク社会と法』(有斐閣, 2009年)62頁。
20) 大塚直「未然防止原則, 予防原則・予防的アプローチ(4)」法学教室287号(2004年)65頁。
21) European Commission, Communication on the precautionary principle, COM (2000) 1 final(ECコミュニケーション)5頁, 21-22頁。これを指摘するものとして, 大塚直「未然防止原則, 予防原則・予防的アプローチ(1)」法学教室284号(2004年)73頁。
22) 小島恵「欧州REACH規則にみる予防原則の発現形態(1)」早稲田法学会誌59巻1号(2008年)227-263頁。
23) この点を指摘するものとして, 大塚・前掲注19(2009年)62頁。
24) John S. Applegate, *The Precautionary Preference,* Human and Ecological Risk Assessment, vol. 6, No. 3, (2000) pp. 417-420. これを指摘するものとして, 大塚・前掲

注 19(2009 年)62 頁。
25) 持続可能な開発に関する世界首脳会議実施計画 23 項。邦文は外務省仮訳による。
26) 高橋滋「環境リスク管理の法的あり方」環境法研究 30 号(2005 年)3-5 頁を参考にした。
27) 吉原利一編『地球環境テキストブック 環境科学』(2010 年, オーム社)139 頁。
28) Mayumi Kawabe, *et al.*, *Effects of a Mixture of ADI Doses of 20 Pesticides on Rat Hepatocarcinogenesis*, Proceedings of the 21th Annual Meeting of the Japanese Society of Toxicological Sciences, p. 336. ADI は一日許容摂取量(acceptable daily intake)の略称である。なお、河辺真弓らの実験の記述については、福田秀夫『農薬に対する偏見と誤解』(化学工業日報社, 2000 年)77 頁を参考にした。
29) 福田・同上(2000 年)77 頁。
30) Council Directive 90/313/EEC of 7 June 1990 on the freedom of access to information on the environment.
31) Convention on Access to Information, Public Participation in Decision-making and Access to Justice in Environmental Matters.
32) 大塚直『環境法(第 3 版)』(有斐閣, 2010 年)58 頁。
33) Directive 2003/4/EC of the European Parliament and of the Council of 28 January 2003 on public access to environmental information and repealing Council Directive 90/313/EEC. および、Directive 2003/35/EC of the European Parliament and of the Council of 26 May 2003 providing for public participation in respect of the drawing up of certain plans and programmes relating to the environment and amending with regard to public participation and access to justice Council Directives 85/337/EEC and 6/61/EC.
34) Regulation(EC)No 166/2006 of the European Parliament and of the Council of 18 January 2006 concerning the establishment of a European Pollutant Release and Transfer Register and amending Council Directives 91/689/EEC and 96/61/EC.
35) 平成 12 年 12 月 19 日中央環境審議会「今後の有害大気汚染物質対策のあり方について(第 6 次答申)」別添 1・6 頁。
36) 同上。
37) 石井薫「環境監査の展開」経営論集 51 号(2000 年)264 頁。
38) 鈴木幸毅編『環境マネジメントシステムと環境監査』(税務経理協会, 2003 年)3-4 頁。
39) 鈴木・同上(2003 年)4 頁。
40) Toward Sustainability: A European Community programme of policy and action in relation to environment and sustainable development, Official Journal L138, 17/05/1993.
41) 奥真美「EU における環境政策手法の多様化とボランタリーな手法としての環境マネジメントシステム(EMS)の活用」都市政策研究 8 号(2014 年)3 頁。
42) 大塚・前掲注 32(2010 年)114 頁。

43) Council Regulation (EEC) No. 1836/93 of 29 June 1993 allowing voluntary participation by companies in industrial sectors in a Community Ecomanagement and Audit Scheme, OJ No L168, 10.7.93.
44) Regulation (EC) No. 1221/2009 of the European Parliament and of the Council of 25 November 2009 on the Voluntary Participation by Organizasions in a Community Eco-management and Audit Scheme (EMAS), repealing Regulation (EC) No 761/2001 and Commission Decisions 2001/681/EC and 2006/193/EC.
45) 奥・前掲注 41(2014 年)13-14 頁を参考にした。
46) 奥・前掲注 41(2014 年)18-21 頁を参考にした。
47) 日本工業標準調査会のホームページ(http://www.jisc.go.jp/mss/ems-cir.html)を参考にした。(2015 年 12 月 30 日閲覧)
48) 日本工業標準調査会のホームページ(http://www.jisc.go.jp/mss/ems-14001.html)を参考にした。(2015 年 12 月 30 日閲覧)
49) 奥・前掲注 41(2014 年)23 頁。
50) Commission Decision of 16 April 1997 on the recognition of the international standard ISO 14001 : 1996 and the European standard EN ISO 14001 : 1996, establishing specification for environmental management systems, in accordance with Article 12 of Council Regulation (EEC) No 1836/93 of 29 June 1993, allowing voluntary participation by companies in the industrial sector in a Community eco-management and audit scheme, OJ No L 104, 22, 4.1997.
51) 奥・前掲注 41(2014 年)23 頁。
52) Regulation (EC) No. 761/2001 of the European Parliament and of the Council of 19 March 2001allowing voluntary participation by organizasions in a Community Eco-management and Audit Scheme, OJ L 114, 24.4.2001.
53) 平成 25 年 4 月，日本工業標準調査会標準部会・適合性評価部会管理システム規格専門委員会事業競争力ワーキンググループ『中間とりまとめ』7 頁。
54) 同上。
55) Administrative Conference of the United States, Recommendation 82-4: Procedures for Negotiating Proposed Regulations, 47 Fed. Reg. 10708 (July 15, 1982).
　　常岡孝好「交渉による規則制定法(Negotiated Rulemaking Act)と今後」明治学院法学論叢 573 号(1996 年)262 頁。
56) 常岡・同上(1996 年)264 頁。
57) 常岡孝好編『行政立法手続』(信山社，1998 年)24 頁。
58) 5 U.S.C. §561 et seq.
59) 黒川哲志「PRTR の日米比較」帝塚山法学 4 号(2000 年)104 頁。
60) Recommendation on Implementing Pollutant Release and Transfer Registers [C/(96) 41/Final, as amended in 2003 C (2003) 87]
61) Pollutant Release and Transfer Registers (PRTRs): A Tool for Environmental Policy and Sustainable Development — Guidance Manual for Governments 1996,

OECD/GD（96）32.
62）山田・前掲注 4（2007 年）73 頁。
63）同上，75 頁。
64）同上。
65）髙橋・前掲注 26（2005 年）3-5 頁。
66）大塚直「未然防止原則，予防原則・予防的アプローチ（3）」法学教室 286 号（2004 年）63-64 頁。
67）田中久徳「米国における議会テクノロジーアセスメント」レファレンス平成 19 年 4 月号 101-102 頁。
68）同上，103 頁。
69）同上。
70）同上。
71）同上，107 頁。
72）同上，114 頁。
73）同上，105-106 頁。
74）同上，108 頁。
75）同上，109 頁。
76）同上，108-109 頁。
77）春山明哲「科学技術と社会の『対話』としての『議会テクノロジー・アセスメント』」レファレンス平成 19 年 4 月号（2007 年）90-91 頁。
78）同上，91 頁。
79）同上。
80）木場隆夫，科学技術庁科学技術政策研究所調査資料 70「コンセンサス会議における市民の意見に関する考察」（2000 年 6 月）10-13 頁，20-21 頁。
81）同上，20-21 頁。
82）同上，22 頁。
83）木場隆夫「コンセンサス会議の成立過程及びその意義に関する考察」研究技術計画 15 巻 2 号（2002 年）125-126 頁。若松征男『科学技術政策に市民の声をどう届けるか』（東京電機大学出版局，2010 年）18 頁。
84）木場・前掲注 80（2000 年）4 頁。
85）同上，4-5 頁。
86）同上，5-7 頁。
87）同上，33 頁。
88）同上，25 頁。
89）若松征男「デンマークのコンセンサス会議」科学技術ジャーナル 93 年 2 月号（1993 年）22-24 頁。
90）若松征男「『科学技術への市民参加』を展望する」研究技術計画 15 巻 3・4 号（2003 年）177-178 頁。
91）社団法人農林水産先端技術産業振興センター「遺伝子組換え農作物を考えるコンセ

ンサス会議報告書」(平成13年1月)8頁。
92) コンセンサス会議実行委員会「遺伝子組換え作物コンセンサス会議評価報告書」(平成19年8月)70頁。
93) ジェイムズ・S・フィシュキン(曽根泰教監修・岩木貴子訳)『人々の声が響きあうとき——熟議空間と民主主義』(早川書房, 2011年)93-94頁。
94) 同上, 94頁。
95) 慶應義塾大学DP研究センターホームページ(http://keiodp.sfc.keio.ac.jp/?page_id=22(2014年8月20閲覧))を参考にした。

第1章　わが国の化審法の成立と発展

はじめに

　工業原料などに利用される化学物質の一つ一つについて，それがどの程度の量(濃度)で人や生態系に対して有害なのか，現時点でどの程度の量(濃度)が環境中に存在するのか，どのような経路で人に摂取されるのか，など不明な場合が多い[1]。しかも，かつてのPCB(ポリ塩化ビフェニル)による広範囲の環境汚染問題などを考えれば，回復困難な損害が生じるおそれもある[2]。これに対処するためのわが国の法律が「化学物質の審査及び製造等の規制に関する法律(化審法)」である。

　本書では，わが国の化審法の成立と発展の経緯を米国および欧州の化学物質管理法の発展過程とも関係づけながら考察し，その特徴を明らかにする。化審法は，1970(昭和45)年前後のPCBによる汚染問題などを契機として，当時，同様の状況にあった米国において議会で審議されていた法案を参考にして制定され[3]，そのときの米国の予防原則(このような名称は使われてはいなかったが)の考え方が導入された。その後，1986(昭和61)年の改正の際にリスク配慮の考え方が導入され，2003(平成15)年の改正では生態系保護措置が導入された。さらに，2002年の持続的開発に関する世界首脳会議(WSSD)の実施計画や欧州のREACH規則(p. 10および第3章参照)制定の影響を受けて2009(平成21)年にはリスク評価および順応的管理の考え方を取り入れた化審法の改正が行われた。

　化学物質管理法は，その時代におけるその国の国民の意識や産業の現状な

どを反映した社会システムとして構築されるものであり，必然的にこれまでのこの分野における歴史的な経緯を背景としている。本書では，このような歴史をたどりながら，化審法をはじめ，米国および欧州の化学物質管理法における発展の経緯とそこに活用されている考え方を考察する。

化学物質管理法に関する先行研究のなかで本書の位置づけをみてみると，まず，化審法についての研究としては，大塚による 2004 年の研究[4]では予防原則の観点から化審法において予防原則がどのように活用されているか検討されている。同じ大塚による 2009 年の研究[5]は，同様の観点から化審法の平成 21 年改正を扱ったものである。また，山田による 2005 年の研究[6]では，ドイツの例を通じて既存化学物質制度（後述）の問題点を指摘している。このように，化学物質管理を扱う法を予防原則の観点から考察した研究はすでに行われており，わが国の化審法やかつてのドイツ法などが採用した既存化学物質制度に対する研究も行われている。

米国の有害物質規制法（TSCA: Toxic Substances Control Act: 15 U.S.C. §2601 et seq. (1976)）に関しては，Wagner による 2000 年の研究[7]や Applegate の 2008 年の研究[8]によりその特徴と問題点が指摘されている。欧州の REACH に関しては，Heyvaert の 2006 年の研究[9]や増沢の 2007 年の研究[10]により REACH における予防原則の活用についての考察がなされている。さらに，比較研究も行われており，上記の Applegate による 2008 年の研究では TSCA と REACH の比較がなされており，小島による 2009 年の研究[11]では REACH と化審法の比較が行われている。また，河野による 2012 年の研究[12]では TSCA と化審法の比較が行われている。このように，化学物質管理法についての二つの国または地域における法律の間での比較研究も行われている。

これらに加えて，法的観点からのリスク管理について下山による 2007 年の研究[13]，戸部による 2009 年の研究[14]をはじめ，多くの研究が行われており，本書の執筆において参考にさせていただいた。

本書においては，これらの研究を踏まえ，化学物質管理法に関して，日本，米国，欧州を視野に入れて，その発展の経緯とそこに活用されている考え方

を総合的に考察する。化学物質の管理は一国にとどまらない性質を有しており，国際機関の活動などを通して管理制度の国際的な調和（共通化）の試みがなされてきた。本書では，米国のTSCA法案を参考にして制定されたわが国の化審法が，国際的な化学物質管理政策の動向の中で，リスクに関する概念をはじめ，さまざまな考え方や制度を取り入れて発展してきた経緯を軸として，日本，米国，欧州の化学物質管理法を総合的に考察する。このような観点からなされた研究はこれまでにないように思われる。なお，以下の第2章および第3章の冒頭にもそれぞれの検討の視点とその章の研究の位置づけを示した。

　化学物質管理では，対象となる化学物質のリスクに関して科学的不確実性が含まれている。化審法の特徴は，予防原則を取り入れた制度を構築し，科学的不確実性の大きい対象である化学物質の法制面での管理を担っていることである。予防原則は，今日，環境法の分野における重要な概念として認識され，その考え方を取り入れた条約や法律も増えている[*1]が，この概念の捉え方や活用の仕方には差異があるように思われる。その中で，立法政策上，その射程をいかに画するかなどの点を整理することが，今後立案される法律において予防原則を活用するために必要である。そのためには，予防原則が活用された法律がどのような問題に直面し，いかなる検討がなされ，予防原則が採用されたのか，その当時の状況まで考察した上で，その形成，発展過程を検証することが重要である[15]と考えられる。わが国において，2009（平成21）年に改正された化審法が施行された今日，そこに組み込まれた予防原則の考え方がどのような来歴を持つのかを知ることによって，この制度の理解を深め，さらなる発展の可能性を探る上での一助になればと思う。

[*1] 予防原則を具体化した法律として，2003（平成15）年制定の「食品安全基本法」11条1項3号の緊急を要する場合の施策の策定，2004（平成16）年制定の「特定外来生物による生態系にかかる被害の防止に関する法律（外来種法）」23条の未判定外来生物に対する輸入禁止措置などがあげられる。大塚直「未然防止原則，予防原則・予防的アプローチ(2)」法学教室285号（2004年）53頁。大塚直「未然防止原則，予防原則・予防的アプローチ(3)」法学教室286号（2004年）68-71頁。

それとともに，国際的に流通する化学物質を管理する法律を国際的に調和させるための試みがどのようになされ，それによってわが国や欧米の化学物質管理法がどのような対応を行ってきたのかを知る手掛かりになると思う。今日，わが国の法律においても国際的な整合性を求められることがあるが，その際にも数十年にわたり国際整合性に対応してきた化審法の経緯が参考になるのではないかと思う。

1. 化学物質管理の特徴——科学的不確実性と既存化学物質の存在

(1) 化学物質の有するリスクの特徴と予防原則

わが国で工業的に生産され流通している化学物質は，およそ55,000物質にもなると考えられ[*2]，身近なところでも使用され現代の生活には欠くことができないものとなっている。一方，化学物質の中には人や生態系に対して影響を与え，場合によっては深刻で回復困難な損害をもたらすものが存在する可能性も否定できない。化学物質が開発された時点ではその有害性がわか

[*2] 化審法の既存化学物質名簿に収載されている既存化学物質(後述)が約20,000物質，化審法が施行された1974(昭和49)年以降に届出がなされた新規化学物質(後述)(年間製造，輸入量1トンを超えるもの)が約7000物質，少量新規化学物質(年間製造，輸入量1トン以下のもの)が約28,000物質で，合計で約55,000物質ある。この中にはもはや現時点では製造，輸入されていないものも含まれるため，実際の物質数はこれより少なくなる。(経済産業省製造産業局化学物質管理課化学物質安全室「化審法の施行状況(平成20年)」(平成22年2月1日)を参考にして算定。http://www.meti.go.jp/policy/chemical_managemant/kasinhou/files/release/h21/sekou20.pdf(2011年6月22日閲覧)

なお，米国ではわが国とは化学物質の数え方が異なるが，米国においてわが国の既存化学物質名簿に相当するTSCAインベントリーには，最初に作成され補訂された1985年版には約63,000物質が収載されている。なお，米国の場合は，新たに製造または輸入が開始された化学物質は，その時点でTSCAインベントリーに加えられる。したがってTSCAインベントリーの収載物質数は，その時点までに米国において商業目的に製造・輸入されている化学物質の総数になる。

また，EUにおいてもわが国の既存化学物質名簿に相当するEINECS(European Inventory of Existing Chemicals)があり，1971(昭和46)年1月1日から1981(昭和56)年9月18日までの期間に欧州共同体域内で販売された化学物質約100,000物質が収載されている。

らないこと(科学的不確実性)が多く，規制を行うにあたっては，規制当局は科学的不確実性を前提にして対処しなければならない[16]。

わが国においてこのような化学物質の管理を担っているのが化審法であり，その最も大きな特色の一つは，新規化学物質*3の事前審査制度にある。この制度は，新規化学物質を製造または輸入しようとする者は，その化学物質が人の健康や環境にいかなる影響を及ぼす可能性があるかに関する試験データを添付して，事前に届け出て，製造・輸入して差し支えない旨の通知を入手しなければ製造・輸入してはならないという制度である。つまり，有害か否かが不明かあるいは十分には確かめられていない新規化学物質に対して，一律に製造・輸入を禁止しているに等しい措置である。

このような厳しい規制が課せられたのは，化学物質の有害性に関しては科学的に確認できない部分がある(科学的不確実性がある)一方で，化学物質による汚染が広範に及んでしまってからではその損害の回復が困難であるという事情がある。化学物質の有するリスクは，化学物質が産業活動等により環境中に排出されそれが人や生態系に取り込まれたり，あるいは製品等を通じて人と接触することにより生じるリスク[17]であり，化審法では環境中に排出された化学物質によるリスクを対象としている(化審法1条)。そして，化学物質のリスクには次のような科学的不確実性および特徴が存在する[18]。

① 化学物質のリスクは，化学物質の有害性の程度と化学物質にさらされる濃度の積で表すことができる。しかし，化学物質の有害性に関しては不明な物質が多く，それぞれの化学物質の環境中の濃度も不明なものが多い。
② リスクが顕在化するのに長期間を要することが多く，徐々に汚染濃度と汚染地域が拡大し，気がつかない間に汚染が進行し，リスクが顕在化する。そのため，被害が生じる前に，どの化学物質による汚染が，どこで

---

*3 化審法の公布日(昭和48年10月16日)以降に，新たに製造・輸入される化学物質。これに対して，化審法の公布日より前から製造・輸入されている化学物質が「既存化学物質」である。

どのような程度で生じるのかをあらかじめ予測することが困難である。
③リスクが顕在化するメカニズム（被害が発生するメカニズム）をリスクが顕在化する前に予測することが困難である。被害が生じてから原因物質を特定し，被害の発生したメカニズムを解明することはある程度可能であるが，被害が生じる前にこれらを把握することは困難である。

以上①から③の科学的不確実性が存在する中で，人の健康や環境に対するリスクへの対処において取り返しのつかない選択を避けるため，規制当局が対策の実行にあたってよりどころとするものが，「明確な科学的な証明がなくとも，深刻または不可逆なリスクが考えられる場合には規制措置が発動できる」という考え方，すなわち予防原則である[19]。

このような状況で化学物質管理を実効的に行う一つの具体的方法として，新規化学物質の事前審査制度が考え出された。この制度は，1971（昭和46）年，米国環境諮問委員会報告書『Toxic Substances（有害物質）』において提案されたものである。その趣旨は，販売を行おうとする者は，販売の前に一定の試験を行って，販売しようとする化学物質が米国環境保護庁（EPA: Environmental Protection Agency）長官が策定した基準を満たしているか否か確認しなければならないという点にある。新規化学物質の中には，有害なものもあれば，そうでないものもある。それは試験をしてみないとわからない。このような状況下で，一律に試験義務を課すのは，ひとたび有害物質による汚染が引き起こされればその損害は広範囲に及び，回復が困難であるという化学物質に起因する汚染の実態を考えると，妥当な政策判断といえる[*4]。このように化学物質の事前審査制度は，まさに予防原則の考え方を具体化したものである。

---

*4 科学的に不確実な状況の中でリスクにどう対処すべきかの判断は，科学的な知見が前提になるとはいえ，最終的には政策判断が不可避となる。ここにおいて，「取り返しのつかない」選択は，避けるべきことになる。この観点から，新規化学物質に対して一律に試験を課すことが妥当な政策判断といえる（山田洋「リスク管理と安全」公法研究69号（2007年）77頁を参考にした）。

(2) 既存化学物質管理の重要性

　新規化学物質の事前審査制度を採用することにより，一定の水準で新規化学物質の安全性を確保することができるが，一方で審査されずに流通している既存化学物質の安全性をどのように確保するかが大きな課題となって現れてくる。前述のように，新規化学物質の事前審査制度は法制度として経済社会の実情を考慮して採用された制度であるが，大量に生産される主要な工業化学品の大部分が既存化学物質であるため，既存化学物質を管理することが化学物質管理において重要である。しかしながら，多種多様な既存化学物質（わが国では20,000種類にのぼる）の有害性を評価してその結果に応じて必要な規制措置を講じることは容易ではない。日本，米国，欧州それぞれに，既存化学物質に対してどのように対処するかを模索しながら化学物質管理制度を施行しており，その過程で既存化学物質を管理する法制度を改正し，管理を強化することによって，既存化学物質に対する社会の安全を確保する方向に発展させている。

　その発展の背景には，社会の意識の変化があるものと思われる。21世紀に入り，化学物質管理分野において二つの大きな動きがみられたが，それらはいずれも，既存化学物質に対する安全確保対策の強化を促すことが主な目的であったといっても過言ではない。

　第一に，2001年2月27日に「将来の化学物質政策のための戦略[20]」（EU白書）が公表され，欧州の新たな化学物質管理政策の基本方針が示された*5。その時点において，環境保護に対する人々の考え方が化審法やTSCAが成立した1970年代とは異なっていたといえる。この白書では，序文でEU化学産業の競争力の維持向上を目標の一つに掲げてはいるが，同時に正面から予防原則を活用することにより，化学物質のリスクから人の健康や環境に対する悪影響を防止することを謳っている。すなわち，健康・環境の保護，

---

*5　EU白書の公表に伴い，欧州の新たな化学物質管理政策の基本となるREACH規則の導入が示唆された（EU白書については，増沢陽子「EU化学物質規制改革における予防原則の役割に関する一考察」鳥取環境大学紀要5号（2007年）5頁を参考にした）。

EU化学産業の競争力の維持向上などの「目標を達成する上での根本的な要素は予防原則である。ある物質が人間の健康と環境に悪影響を及ぼす可能性があることにつき，信頼できる科学的証拠が存在するが，生じうる被害の正確な性質や規模について科学的不確実性がある場合，意思決定は予防原則に基づき，人間と環境への影響を防止するためになされなければならない」(EU白書5頁)としている。

また，1990年代後半から既存化学物質に関する安全性情報の収集の必要性が国際的にも認識され(OECDの化学品合同会合などでも議論された)，EU白書においても，従来の欧州の化学物質管理政策を担っていた「危険な物質の分類，包装，および表示に関する理事会指令」の第6次修正指令(Council Directive 79/831/EEC)では，事前審査の対象とならなかった既存化学物質(1971年1月1日から1981年9月18日までの期間に欧州市場に流通していた化学物質)について，その有害性の情報や用途情報が不足していることが，化学物質管理において問題視されるようになり，この情報の提出責任を規制当局ではなく，化学物質を製造，輸入する企業やこれを利用する企業に分担させるべきであると記載された(EU白書8頁，21-22頁)。

EU白書の公表を受けて，関係者の意見を聞くために2001年4月2日にブリュッセルで開催された「今後の化学品政策のための戦略に関する欧州委員会白書についての関係者会議」において，化学産業界の代表から，欧州における化学産業界の社会経済的な重要性を訴えるとともに，実行可能なタイムスケジュールでの法規制の実施が主張されたが，総論としてEU白書で新たに提案されたREACHに基づく規制を受け入れることを前提としての発言であった[6]。

---

[6] EU白書3頁，24頁。REACHでは，既存化学物質に対して，製造・輸入数量に応じて登録の際に提出するデータの種類と提出期限を設定している。提出期限に関していえば，1社あたりの製造輸入量が1000トン以上の既存化学物質は2010年11月30日まで，100トンから1000トンまでの場合は2013年5月31日まで，といったようにデータの収集などに段階的な期限を設けている。これは，規制を受ける産業界が対応できるよう配慮した結果であることが，EU白書の「6.既存物質のタイムテーブル」の部分からうかがえる。

この点においても，1970年代におけるTSCAの導入の是非に関する公聴会で産業界側からTSCAの導入は米国化学産業の発展を阻害するという趣旨の発言がなされた[21]のとは対照的であり，時代の推移を感じさせられる。

　第二に，2002年に開催された持続可能な開発に関する世界首脳会議（WSSD）の実施計画では化学物質管理分野の目標が第23項に規定されており，「予防原則（予防的取組方法[*7]）に留意しつつ，（中略）化学物質が人の健康と環境にもたらす著しい悪影響を最小化する方法で使用，生産されることを2020年までに達成することを目指す」こととされており，これがわが国の化審法の平成21年改正の目的の一つである[22]。

　わが国においても，この目的を達成するために，化審法に基づき，既存化学物質が多数を占める一般化学物質に対するリスク評価[*8]（スクリーニング・リスク評価）が2011（平成23）年度から開始された。有害性データがない化学物質に関しては，推計値などを活用して評価し（一定の有害性があるものとして扱い[23]），環境中濃度に関してはシミュレーションモデルを活用して個々の物質に対して算定し，これらの結果から予備的なリスク評価を実施する。これもまた，予防原則の一つの活用事例であると考えられる[24]。

　以下，わが国の化審法の発展の過程をみていくこととする。

2. 化審法とTSCAの成立
——化学物質管理における予防原則の始まりとわが国の継受

(1) 化学物質の事前審査制度と予防原則について

　科学的不確実性が存在する中で，規制措置を実施すべきか否かを規制当局

[*7] この部分は，原文では，"precautionary approach"の用語が使われており，「持続可能な開発に関する世界首脳会議実施計画」外務省仮訳では，「予防的取組方法」の訳語が用いられている。しかし，意味するところは"precautionary principle（予防原則）"と変わらないと筆者は考えている。そのため本書では「予防原則」の語を統一的に用いる。

[*8] 化学物質の持つ有害性（ハザード）とその化学物質にどのくらいの濃度でさらされているか（暴露の程度）の両者を加味して化学物質が人や生態系に与える影響を評価する手法。これを簡易的に行う場合をスクリーニング・リスク評価という。

が判断する際に一つの指針となる考え方が予防原則*9 である。予防原則は，原因と被害との因果関係は一応科学的に存在すると推察されるが，十分には確認(証明)がなされていない状況で対策を迫られたときに，科学的な確認がなされることを待っていたのでは取り返しがつかない事態を招来する場合，法的規制を含めた規制措置を実施するという環境政策上の考え方である。因果関係が確認されて初めて法規制を行うという一般的な法規制の考え方からすれば，ユニークな手法といえる。これに対して，因果関係が科学的に確認された上で，被害を防ぐために未然に規制措置を講ずる場合を未然防止原則(preventive principle)という*10。

　予防原則の特色は，次の2点である*11。

---

*9 「予防原則」という用語について，「原則」といえば，国際慣習法上の原則，すなわち国家の行動を直接拘束する規範と考える含意がある。現時点では「予防原則」は，国際的にそこまでのコンセンサスが得られているとはいえず，また，その要件効果が相当程度確定しているとはいいがたい。しかし，一般的にこの概念を「予防原則(precautionary principle)」と呼んでおり，本書ではそれに従った。この点に関し，次の文献を参考にした。髙村ゆかり「国際環境法におけるリスクと予防原則」思想963号(2004年)60-81頁。大塚直「未然防止原則，予防原則・予防的アプローチ(1)」法学教室284号(2004年)70-75頁。

*10 「未然防止原則」に関しては，今日ではすでに国際慣習法として認められている。この点，髙村・同上(2004年)62頁。大塚・同上(2004年)法学教室284号71頁。

*11 なお，この2点以外に「原因に寄与する者に，自己の行為が環境に損害を与えないので規制措置が必要でないことの証明責任を負わせる」といった「証明責任の転換」を予防原則の特色に挙げる考え方もある。しかし，これを含めることについて国際社会の合意が得られているとはいえない。

　また予防原則における「証明責任の転換」は，規制当局から求められた情報を提出する義務が課されていることをもって「証明責任の転換」とされていることも多いが，これは「証拠提出責任」というべきものであるので注意が必要である。「証拠提出責任」は本来の意味での証明責任の転換ではない。この部分は，髙村・同上(2004年)71-72頁および小島恵「欧州REACH規則にみる予防原則の発現形態(1)」早稲田法学会誌59巻1号(2008年)159-160頁を参考にした。同旨，大塚・前掲注9(2004年)法学教室284号74頁。

　政府の公式な見解として化審法の事前審査制度を証明責任の転換の点から予防原則であると認めたものとして，2002(平成14)年5月23日の加藤修一参議院議員が提出した質問に対する答弁書(「参議院議員加藤修一君提出我が国における『予防原則』の確立と

①原因と損害との因果関係が必ずしも十分に科学的に証明されていない状況(科学的不確実性が存在する状況)で規制措置を実施する。なお，ここにおいて「科学的不確実性が存在する」のは，（ⅰ）調査(リスク評価)が行われていないがゆえに不確実な場合と，（ⅱ）調査の結果なお科学的不確実性が残る場合(定量的なリスク評価ができない場合を含む)がある[25]。
②対象として想定される損害が深刻(重大)か，あるいは回復が困難である。

　上記の予防原則の特色に照らせば，化審法の事前審査制度は，①（ⅰ）かつ②に該当し，予防原則と見ることができる[*12]。
　化学物質管理政策において，予防原則の考え方が必要とされたのはこの分野の特質によると考える。すなわち，対象とする化学物質の人や環境に対する有害性は，ときには深刻で回復困難な損害を生じる可能性がある一方で，

　　化学物質対策等への適用に関する質問に対する答弁書」)がある。ここで，化審法の事前審査制度が，化学物質の安全性の評価に関して「立証責任」を化学物質の製造者，輸入者に課している点で，予防原則である旨，答弁している。(化審法の事前審査制度を科学的不確実性が存在する状況での規制措置として，予防原則とみることについては，注＊12参照。)
　　なお，予防原則，予防原則における証明責任の転換に関する考察については，小島・同上(2008年)146-160頁に整理されている。
　　また，予防原則の特色については，大塚『環境法(第3版)』(有斐閣，2010年)51-52頁を参考にした。
[*12]　化審法の事前審査制度を予防原則の発現と見るものとして，大塚直「未然防止原則，予防原則・予防原則(3)」法学教室286号(2004年)63-65頁。大塚直「わが国の化学物質管理と予防原則」環境研究154号(2009年)76-82頁。小島恵「欧州REACH規則にみる予防原則の発現形態(2・完)」早稲田法学会誌59巻2号(2009年)241頁。北村喜宣『環境法(第2版)』(弘文堂，2013年)76-77頁。
　　また，国会において，平成15年4月16日の参議院経済産業委員会，環境委員会連合審査会による，化審法改正審議の際，加藤修一議員の質問に対する政府参考人(経済産業省製造産業局長)今井康夫の答弁において，新規化学物質の事前審査制を「予防的取組方法」である旨を述べていると解することができる。さらに，同年4月22日の参議院環境委員会において，加藤修一議員の質問に対する政府参考人(環境省自然環境局長)岩尾總一郎の答弁において，新規化学物質の事前審査制を「予防的取組方法」の具体的事例として紹介している。

化学物質が開発され使用が始まった時点ではその有害性はわからないこと（科学的不確実性）が多く，規制を行うにあたっては，科学的不確実性を前提にして対処しなければならない[26]。このような状況で化学物質管理を実効的に行う一つの方法として，新規化学物質の事前審査制度が考え出された。そこでは，有害かどうか不明の新規化学物質に対して，一定の試験データを取得して製造，輸入の許可を申請し，許可を受けなければならない。つまり，科学的不確実性がある中で，一律に新規化学物質の製造，輸入を禁止する措置であり，予防原則の実践であるといえる。

予防原則に関しては，1976年にドイツ連邦の環境報告書で用いられた事前配慮原則（Vorsorgeprinzip）に由来し*13，ドイツ連邦の環境政策において発展した概念である。その後，1984年にブレーメンで開催された北海の保護に関する第1回国際会議で，予防原則の考え方がドイツから提案され，「環境への被害は不可逆あるいは修復に長期かつ膨大な費用がかかるものであり，沿岸諸国及び欧州共同体は有害性影響の検証を待たなくとも行動をとるべきである」とされた[27]。そして，1987年の同会議の第2回会合で採択された「ロンドン宣言」で取り上げられてから国際的に広がりをみせた[28]。1992年に開催された国連環境開発会議（地球環境サミット）の成果をまとめた「環境と開発に関するリオデジャネイロ宣言」（リオ宣言）の第15原則に「深刻な，あるいは不可逆的な被害のおそれがある場合には，完全な科学的確実性の欠如が，環境悪化を防止するための費用対効果の大きな対策を延期する理由として使われてはならない。」（環境省，外務省監訳，1993年による）と記されており，リオ宣言以前の1985年に採択されたオゾン層保護のためのウィーン条約の前文や，リオ宣言と同じ年に採択された気候変動に関する国際連合枠組

---

*13　この報告書で，「環境政策は緊急の危険防止と発生した損害の除去に尽きるものではなく，［人の健康や環境を守るためには］事前配慮原則（予防原則）の導入が前提条件となる。」とする。［　］内は筆者が要約。この部分，松村弓彦「予防原則」法律のひろば55巻2号（2002年）76頁を参考にした。同旨，松本和彦「環境法における予防原則の展開」阪大法学53巻2号（2003年）368-369頁。大塚・前掲注9（2004年）法学教室284号70-71頁。

み条約(気候変動枠組み条約)3条3項*14において予防原則の考え方が成文化された。

　一方，化学物質管理法制において，それより以前の1970年代に予防原則(この言葉は使用されてはいないが)の考え方が検討され，わが国および米国において法律の形で結実した*15。本節では，欧州に由来すると考えられていた予防原則の考え方に対して，これとは異なる米国に由来する予防原則の考え方があり，これがわが国に継承され，わが国の化審法として結実した経緯を示すことで，従来にはなかった米国における予防原則の発案からわが国への継承の流れを検証する。これによって，北海の海洋環境保護対策などから発展した予防原則の考え方を導入して従来の化学物質管理政策を刷新した欧州の化学物質管理規則であるREACH*16とわが国の化審法の違いを，その由来に遡って理解するとともに，今後の化学物質管理政策のあり方についての考察にも寄与するものと考える。

　本節では，予防原則の考え方を具現化した化学物質管理のための法律がどのような過程を経て法制化されたのか，その背景と過程をたどり，予防原則の源流を探求したい。

---

*14　締約国は気候変動を最小限にとどめるため予防措置(precautionary measures)をとるべきことが定められている。

*15　米国において，有害物質規制法(TSCA)の新化学物質の事前審査制度が予防原則の発現であることを指摘するものに，Robert V. Percival, *Environmental Law in the Twenty-First Century*, 25 Virginia Environmental Law Journal, 2007, p. 16。

*16　REACH: Registration, Evaluation, Authorization and Restriction of Chemicals(Regulation (EC) No 1907/2006)，欧州連合「化学物質の登録，評価，認可及び規制に関する規則」。2006年12月に制定され，2007年6月に施行された。
　2001年に公表されREACHの導入を示唆した「将来の化学物質政策のための戦略」(EU白書)の序文にEU(欧州連合)の化学品政策において予防原則(precautionary principle)が不可欠であることが述べられている。Commission of the European Communities, White Paper: Strategy for future Chemicals Policy, 2001, p. 5.
　なお，REACHは，それまでの欧州の化学物質管理政策の基本ルールであった「危険な物質の分類，包装，および表示に関する理事会指令」の第6次修正指令(Council Directive 79/831/EEC)を刷新したものである。

(2) 米国環境諮問委員会報告書『Toxic Substances(有害物質)』の作成とTSCA法案の起草

①『Toxic Substances』

1971(昭和46)年2月10日，EPA長官 William Ruckelshaus は，議会の上下両院議長に有害物質規制法(TSCA)案を送付した。しかし，EPAはこれよりおよそ2か月前の1970年12月2日に環境行政を担う官庁として設立したばかりで，クリスマス休暇を挟んでわずか2か月で，設立間もないEPAがこの法案を起草したわけではなかった。

最初のTSCA法案は，大統領府に置かれた環境諮問委員会(CEQ: Council on Environmental Quality)が起草した*17。1970年1月1日に成立したCEQは，大統領府に属し，現業官庁では困難な各省庁の権限を横断するような政策提言を行える機関であった[29]。そのテーマの一つが有害物質規制であった。

当時，有機水銀，リン酸ソーダ，PCBなどが問題視され，社会的な関心事となっていた。特にPCBは，1966年スウェーデンのJensenがスウェーデン産のカワカマスなどの魚類やワシなどの鳥類の体内から検出されることを発見したのを契機として調査がなされ，地球上の広範な地域においてPCBが環境中に残留し，動物の体内にも存在することが明らかにされた[30]。PCBは，1929年に米国のスワン(Swann)社が工業生産を開始し，モンサント社が

---

*17 CEQの報告書『Toxic Substances』の序文にCEQがTSCAを起草したことが書かれている(Toxic Substances, prepared by the Council on Environmental Quality, April 1971, Preface p. 3.)。また，Ruckelshaus が上下両院議長に法案を送付したときの添え状にもそのことがうかがえる(Senate Report 92-783 on S. 1478, *Toxic Substances Control Act of 1972*, May 5, 1972, p. 31-32. House of Representatives Report 92-1477 on S. 1478, *Toxic Substances Control Act of 1972*, September 28, 1972, p. 21.)。

さらに，TSCA改正の必要性の有無が論点となった2009年2月26日下院商業，貿易および消費者製品小委員会(subcommittee on commerce, trade, and consumer protection)でのDaviesの証言からも，CEQの職員であった彼らが起草したことがうかがえる(Testimony of J. Clarence (Terry) Davies before the subcommittee on commerce, trade, and consumer protection of the committee on energy and commerce U. S. House of Representatives, February 26, 2009)。

同社を吸収し，1970年当時世界最大のPCBメーカーになっていた。そして，この当時までにおよそ50万トンのPCBが高温油圧機器の作動油などとして米国内に販売され，使用されたといわれている[31]。

CEQは有害化学物質に関する調査を行い，政策提言を含めた調査報告書を1971年4月に発表した。これが『Toxic Substances（有害物質）』報告書[32]である。序文や答申および勧告の部分を含めて30頁程度の報告書である。CEQはこの報告書作成と並行してTSCA法案を起草し，報告書の中でTSCA法案にも言及している。TSCA法案は，この報告書が発表される前の1971年2月10日に，環境保護を担当する現業官庁であるEPAを介して議会に送付された。

この報告書とTSCA法案の原案作成に関わったのが，当時CEQの職員であったClarence DaviesやCharles Lettowらである。Daviesはプリンストン大学の公共政策の准教授からCEQのスタッフに転じ[*18]，Lettowは，ロースクールで法学の学位を取得後すぐにCEQのスタッフとなった[*19]。

Daviesは，プリンストン大学に在職中の1970年に『The Politics of Pollution』を著し，大気汚染防止政策や水質汚濁防止政策の展開を検証した上で，関係省庁の連携による汚染原因物質についての知識の収集の重要性について述べ，体系的な汚染原因物質の規制を提案している。Daviesは，この本の結びの部分（第9章）で，「結局，さらに重要なことは汚染が起こる前に政府によってそれを未然に防止することであり，（中略）それには，急速な技術革新が行われている中で，（この進歩に後れないように）さまざまな汚染原因の影響について，今以上の知見を獲得することによってのみ可能である」と述べ，「被害を避けるためには，潜在的な汚染原因がどのように私たちに影響を与

[*18] Daviesはその後NGOやシンクタンクに勤めた。さらに，1989年から1991年までEPA次官を歴任した。この点に関しては，2009年2月26日下院商業，貿易および消費者製品小委員会でのDaviesの証言およびhttp://othmerlibrary.net/research/policy-center/projects/tsca-oral-history.aspx（2011年6月22日閲覧）を参考にした。

[*19] Lettowはその後，弁護士として開業，さらに連邦控訴裁判所の判事を歴任した。同上のホームページより引用。

えるかを明らかにしなければならない」として，未然防止の重要性を主張している[33]。この Davies の主張から推察すると，この著書を書いた時点では，彼の発想は未然防止原則の段階だったと思われる。また，行政官庁の縦割り行政を批判して，包括的な環境行政機関の設立の必要性を説いている（この著書の出版時点では EPA は未設立）。

　CEQ の報告書では，まず，金属化合物と有機化合物の工業利用が増大し，日常利用する除草剤，防腐剤，染料，顔料，プラスチックの可塑剤などに使用され，環境中に排出されている点を指摘している[34]。化学産業の急速な発展により，多くの種類の化学物質が生産流通されており，その中には数は限られてはいるが，発がん性や催奇形性などの有害性を有する化学物質も含まれ，1970 年当時の行政サイドの規制は不十分で，人の健康や環境に対するリスクを回避することができない実態を指摘している[35]。

　次に，有害物質の影響について例を挙げて述べている[36]。水銀化合物では，わが国の熊本と新潟の水俣病の例を挙げて，水銀を含む工場排水が海に排出され，微生物の働きでメチル水銀化合物が合成されたこと，さらにこれが生物濃縮されて魚介類に高濃度で蓄積され，そのような魚介類の摂取により人の健康被害が生じたことが記載されている[37]。また，PCB およびその変化物が環境中の動物を広範に汚染していることも指摘している。特に，PCB が河川や湾の底の泥の中に残留し，生物濃縮されて魚介類の脂肪組織に高濃度で蓄積されることを指摘している[38]。

　そして，当時においても殺虫剤の規制のような化学物質の個別の用途規制や水質汚濁防止法のような排出抑制を行っている法律などが存在していたが，有害物質の環境中への排出を包括的に規制しなければ，メチル水銀や PCB などによる汚染は防ぐことができず，これらの有害物質に人間がさらされることを防ぐことができない[39]と指摘し，新たな化学物質規制の必要性を提案している。

　主な規制提案の具体的な内容としては次のようなものである[40]。

　（1-1）EPA 長官は，人の健康や環境を守るため必要な場合には，有害物

質の使用および販売を制限または禁止する権限を持つ。

　(1-2) 差し迫った危険があるとEPA長官が考えるときには，その化学物質の使用または販売をただちに制限する命令を発するよう裁判所に要請できる。

　(1-3) 新規化学物質については，EPA長官の定める基準を満たさなければ販売することができない（事前審査制度）。

　(1-4) EPA長官は，有害である可能性がある化学物質の名称，成分，生産量，用途，製造者が行った試験結果の報告を求めることができる。

　この中で特に重要なものは，(1-3)の新規化学物質に対する事前審査制度の提案である。この趣旨は，販売を行おうとする者は販売の前に一定の試験を行って，販売しようとする化学物質がEPA長官が策定した基準を満たしているか否か確認しなければならないという点にある。新規化学物質の中には，有害なものもあれば，そうではないものもある。それは試験をしてみないとわからない。このような状況下で，一律に試験義務を課すのは，ひとたび有害物質による汚染が引き起こされれば，その損害は広範囲に及び，回復が困難であるという化学物質に起因する汚染の実態を考えると，妥当な政策判断であるといえる[41]。このように化学物質の事前審査制度は，まさに予防原則の考え方を具体化したものである。

　有害かどうかわからない化学物質や有害であるか否か科学的には十分確かめられていないものも含めて新規化学物質を一律に販売禁止とし，基準を満たすものについては販売できるとしている点で，この報告書は新しい発想（予防原則）を盛り込んでいる。この点では，前記のDaviesの著書で述べられている未然防止原則の考え方を一歩進めたといえ，この報告書は，化学物質規制に，予防原則の考え方を提案したものだといえる。

② TSCA法案の起草——S.1478上院案

　この報告書と並行して起草された最初のTSCA法案は，この報告書が公表されるよりも早く，1971（昭和46）年2月10日に議会に送られ，Hart上院議員によりS.1478として4月1日に上院に付議された[42]。その後，7月27

日に Spong 上院議員により修正番号 338 の修正が加えられた[*20]。その上で，8月3日から11月15日まで8回にわたって公聴会が開催された[43]。これを踏まえて，商務委員会環境小委員会で検討された後，翌1972年3月7日に商務委員会(Committee on Commerce)に上程され5月4日に可決され[44]，下院に送られた(以下「S.1478 上院案」という)。

　このS.1478 上院案は CEQ の報告書『Toxic Substances』の中で新たな化学物質規制として提案されている内容をよく反映したもので，その主な特徴は次の点である。

　(2-1) 法律制定以前から業として製造，販売されている化学物質を既存化学物質，法律制定後に業として製造販売される化学物質を新規化学物質として区別している[45]。

　(2-2) 業として製造，販売する前に当該化学物質を審査する制度(事前審査制度)を導入した。新規化学物質を製造，販売しようとする者は，当該化学物質の有害性を調べるための試験を実施し，その結果を添付してEPA長官に製造，販売の 90 日前までに，製造，販売の許可申請をする制度である。この法案においては事前審査制度の対象となるのは，新規化学物質である[46]。

　(2-3) 既存化学物質に対しては，原則として事前審査制度の対象とはならないが，EPA 長官が必要に応じ，製造，販売業者に対して，名称，化学的性質，分子構造，製造量，用途，副生物などを報告させることができる[47]。

　(2-4) 規制措置としては，上記(2-2)の審査資料や EPA 独自の調査結果を基に，製造・販売の禁止あるいは制限，特定用途向けの製造・販売の禁止あるいは制限，容器への注意喚起の表示，製造プロセスの改善命令などがある[48]。

　(2-5) 緊急措置として，人の健康や環境に対して差し迫ったリスクがある場合には，裁判所の命令により，当該物質の回収措置をとることができる[49]。

[*20] この修正により，新規化学物質の事前審査のため，安全性試験データが要求された。また，有害の疑いのある既存化学物質について安全性試験を命ずる権限を EPA 長官に与えた。

このうち重要なものは，(2-1)と(2-2)である。(2-1)については，多くの化学物質が工業生産されている実情を踏まえ，法律制定以前から業として製造，販売されている化学物質を既存化学物質とし，これについては事前審査制度の対象とはせず，規制当局において有害性を示唆する知見が得られたときに報告を求めることとしている。これに対して，(2-2)のように，新規化学物質については事業者の負担でその有害性の有無を試験で確認し，その結果を添付して申請する仕組みになっており，この点が『Toxic Substances』報告書の政策提言を受け継ぎ，予防原則を法案として具体化したこの法案の眼目である。このように見れば，これを含め，上記の(2-1)から(2-5)までの特徴はおおむね現行のTSCAに受け継がれており，すでにこの時点で，TSCAの骨格はできていたといえる。

(3) TSCA法案の推移

① S.1478下院修正案

上院を通過して下院に送られたS.1478上院案は，下院では，1972年6月1日に州際および国際商務委員会(the Committee on Interstate and Foreign Commerce)に付託され，修正を加えられた後，9月28日に下院全体委員会(the Committee of the Whole House on the State of the Union)に送付された[50]。しかしながら，この時点で第92議会の会期末が迫っており，結局この案(以下「S.1478下院修正案」という)は，審議未了で廃案となった。

ただし，このS.1478下院修正案は，わが国の化審法原案の作成作業を行っていた軽工業生産技術審議会化学品安全部会の第3回会合(1972年12月1日開催)で配布され，化審法の制定に影響を与えた(後述のように，S.1478上院案などこの年に米国議会で審議された他のTSCA法案もわが国の化審法の制定に影響を与えた)。

S.1478下院修正案の特徴は次の点である。

(3-1) 化学物質を既存化学物質と新規化学物質とに区別している[51]。

(3-2) 事前審査制度を導入した。ただし，この法案においては事前審査制度の対象となるのは，EPA長官が有害化学物質として公表したリストに収載された化学物質であり，これを新たに業として製造・販売するか，既存化学物質で，このリストに収載されているものを新たな用途向けに業として製造・販売する場合である[52]。

(3-3) 既存化学物質に対しては，原則として事前審査制度の対象とはならないが，EPA長官が必要に応じ，製造・販売業者に対して，名称，化学的性質，分子構造，製造量，用途，副生物などを報告させることができる[53]。

(3-4) 規制措置としては，上記(3-2)の審査資料やEPA独自の調査結果を基に，製造・販売の禁止あるいは制限，特定用途向けの製造・販売の禁止あるいは制限，容器への注意喚起の表示，製造プロセスの改善命令などがある[54]。

(3-5) 緊急措置として，人の健康や環境に対して差し迫ったリスクがある場合には，裁判所の命令により，当該物質の回収措置をとることができる[55]。

以上のように，S.1478下院修正案をみると，(3-2)の事前審査制度の部分は法案の最も重要な部分で，争点となっており，この部分はその前身であるS.1478上院案を修正したものである[*21]。S.1478下院修正案の事前審査制度では，事前審査の対象となるものはEPA長官が有害化学物質として公表したリストに収載されているもので，有害性が確認された化学物質である。これらの有害化学物質による被害を未然に防止するという趣旨であるので，環境保全の観点では，前身である上院案の特徴である予防原則を具体化した事前審査制度から下院修正案は後退して，未然防止原則を採用した。

また，同時期に下院においてこれ以外のTSCA法案が下院議員から提案された。H.R.5276およびH.R.10840である。これらについても，その特徴を概観する。

[*21] 下院において修正を受ける前の法案，すなわちS.1478上院案では，新規化学物質をすべて事前審査制度の対象としており，現行のTSCAおよびわが国の化審法の事前審査制度はS.1478上院案に由来するといえる。

② H.R.5276

H.R.5276 は Stagger らが 1971 年 3 月 1 日に下院に提案したものである[56]。この法案は連邦有害物質法*22(Federal Hazardous Substances Act)の第 2 部として提案されたものである。この法案は S.1478 とはまったく趣を異にしており，事前審査制度を採用しておらず，新規化学物質に関しては有害物質評議会(the Toxic Substances Board)の意見を聞いて，人の健康または環境を守るため必要な場合にテストプロトコルに従った試験を命じることができるという審査制度である[57]。公聴会では，産業界側の証人からは，産業界の負担が少ないことから支持する発言があった[58]。

③ H.R.10840

H.R.10840 は Frelinghuysen らが 1971 年 9 月 23 日に下院に提案したものである[59]。この法案は，EPA が試験機関に委託して当該化学物質が人の健康や環境に対して有害か否かの試験(EPA がテストプロトコルを規定)を実施させ，その結果(試験結果の要約は官報に公表)によって必要な場合には規制を行う内容であり[60]，斬新な制度設計である。新規化学物質に対する試験の実施は事前審査制度の一環として行われるが，既存化学物質についても優先順位を考慮した上で対象としており，既存化学物質の安全性点検事業の側面をも有している。さらに，EPA は食品医薬品局(FDA: Food and Drug Administration)など他の連邦機関と協力して，既存化学物質および EPA に申請された新規化学物質の人の健康や環境に対する影響についての試験結果などを収載した連邦化学物質名簿(National Registry of Chemical Substances)を編纂することを規定している[61]。これは大変意欲的な法案で，実現すれば，化学物質に関する有害性情報を国が中心となって収集，整理して公表する壮大な事業となるはずであった。

この法案は，既存化学物質の安全性点検を，化学物質に優先順位をつけて信頼できる機関に委託して実施する点で，わが国の化審法の制定に伴い 1974 年

---

*22 この法律は 1960 年に制定され，急性毒性，刺激性などの性質のある化学物質を使用した家庭用品(洗剤，漂白剤，塗料など)の規制法である。第 1 部は，有害家庭用品 (Hazardous Consumer Products)を規制している。

に開始された既存化学物質の安全性点検事業とも共通する内容になっている。

④ 第93議会における審議

さて，上記のように上下両院で議論されたS.1478法案をはじめ第92議会に上程された化学物質管理法案は，結局すべて審議未了で廃案となり，第92議会におけるTSCA法案の審議は終わったが，年が明け，第93議会が始まると早々に，上下両院において新たなTSCA法案が提案された。

まず，1973年1月18日，Magnuson, Tunney, Hartの3人の上院議員がS.426を上院に提案し，EPAが原案を作成したS.888とともに上院の商務委員会(the Committee on Commerce)で審議され，公聴会が3日間開催された後，7月18日にS.426法案が上院を通過した。これは，おおむねS.1478上院案を継承するものであった[62]。他方，下院においてはMoss他によってH.R.5356が提案され，審議された。これは，おおむねS.1478下院修正案を継承したものであった[63]。

(4) わが国の化審法の成立

このように，前年(1972年)の議論を引き継ぐ形で第93議会でのTSCAの審議が開始されたが，この同じ時期，わが国においては前年までの米国での法案制定作業を参考にして化審法の制定が進められていた。

わが国では，1968(昭和43)年に発生したカネミ油症事件や1971(昭和46)年11月30日に発生した新潟沖でのタンカー座礁事故に伴う流出原油の処理剤による汚染問題*23が発生した。さらには1971(昭和46)年から1973(昭和48)年にかけて，PCBによる環境汚染問題が全国規模で問題となり，水産庁が実施した全国の魚介類の調査でも底質(河川や海域の底の部分)においてPCBによる汚染が全国規模で生じていることが報告された[64]。

このような状況の中で，1972(昭和47)年1月20日には「PCB(ポリ塩化ビ

---

*23　このとき使用された重油処理剤による汚染が問題となり，政府は「化学剤の管理取締体制に関する調査」を行い，その結果をもとに1971(昭和46)年12月24日，「化学剤の管理取締体制の整備について」という内閣官房長官通達を出し，化学剤の管理取締について万全を期すよう要請がなされた。

フェニール)の使用自粛について」の通達が通商産業省化学工業局長から出されたのをはじめ，行政指導による PCB および PCB を使用した機器の生産，輸入，使用の中止が進められた[*24]。

国会においても，同年4月26日，衆議院公害対策並びに環境保全特別委員会で「ポリ塩化ビフェニール汚染対策に関する件」に関する決議がなされ[*25]，翌日の4月27日には事務次官会議申し合わせにより政府は「PCB 汚染対策推進会議」(環境庁，経済企画庁，科学技術庁，厚生省，通商産業省，運輸省，労働省の局長クラスで構成)を設置し，関係省庁の PCB 対策を総合的に推進していく体制を整え，5月29日には同会議は「PCB 汚染防止対策の推進について」という決定を行った。この決定は，関係省庁が協力して進める PCB 汚染防止対策の重点事項として，①回収処理対策，②排出規制対策，③人体影響対策，④汚染実態調査，メカニズムの解明，分析方法の開発，⑤代替品の安全確保対策の5項目を挙げ，その推進に取り組むことを明らかにした[65]。

このような状況の下で，1972(昭和47)年の第68回通常国会において，田中角栄通商産業大臣は早急に法的規制を含めた対策の整備を約束し，これを受けて同年7月27日中曽根通商産業大臣[*26]から軽工業生産技術審議会(加藤弁三郎会長)に対して「化学物質の安全確保対策いかん」との諮問がなされた[66]。軽工業生産技術審議会においては，化学品安全部会(久保田重孝部会長)を設置し検討を行った。PCB 汚染対策の検討の中で，単に PCB を規制

[*24] 主な行政指導通達としては，次のようなものがある。1972(昭和47)年3月21日付，「PCB を使用する機器の生産自粛について」(通商産業省重工業局長通達)，同日付，「PCB 使用機器の輸入自粛について」(通商産業省重工業局長，通商局長通達)，同日付，「PCB を使用した電気炉用コンデンサの設置自粛について」(通商産業省重工業局長，化学工業局長通達)，1972(昭和47)年5月12日付，「PCB 入りノーカーボン紙の取り扱いについて」(通商産業省公害保安局長，繊維雑貨局長通達)。

[*25] この決議の後，5月26日には衆議院科学技術振興対策特別委員会決議がなされ，6月16日には衆議院本会議で「ポリ塩化ビフェニール汚染対策に関する決議」が行われた。

[*26] 昭和47年7月7日に第1次田中角栄内閣の成立に伴い，通商産業大臣は中曽根康弘が着任していた。

するのみならず，PCBのように環境残留性があり生物の体内に蓄積する性質を有する有害化学物質による汚染が将来において発生することがないような対策が検討された[67]。

　12月1日に開催された同部会の第3回会合において，化審法案(この時は「特定化学品取締法案」と仮称されていた)の骨子および米国のTSCA法案(S.1478下院修正案)が配布され，審議に供された。ただし，この骨子には，新規化学物質に対しては承認制を採用することが明記されており[68]，この部分では米国のTSCA法案のうちS.1478上院案の影響がみられる。そして，12月21日，同部会は「化学物質の安全確保対策のあり方」を審議会に上申し，同日，審議会会長から通商産業大臣に答申がなされた[*27]。

　この答申では，PCB問題を大気汚染や水質汚濁など工場において不要となって排出されたものに起因する公害問題とは異なる新たなタイプの問題とし，工業製品として流通し広く一般に使用される化学物質による環境汚染問題としてとらえ，これに対処するにはこのような化学物質が市場に流通する前に対処しなければならないことが述べられている。この認識に立って，有効な対処方法としては，新たに市場に流通する前に当該化学物質の安全性を審査する方法が妥当であるとの結論に至った[69]。すなわち，米国TSCA法案(S.1478上院案)にあるような事前審査制度の採用である。

　軽工業生産技術審議会の答申を受けた通商産業省では，化学工業局に化学品安全対策室を設置し法案策定作業を開始した。そして，この草案が1973(昭和48)年3月20日政府提案の法律案として閣議決定され，第71回特別国会に提案された。こうして提出された化審法案は参議院先議で審議され，6月22日参議院本会議で可決され，衆議院に送られた後，9月18日，衆議院本会議で可決成立した。このような経緯を経て，化審法は10月16日に公布

[*27]　1972(昭和47)年12月21日，軽工業生産技術審議会「化学物質の安全確保対策いかん，および試薬の表示の適正化等品質の確保対策いかん，に関する答申」。この答申のうち，化学物質管理のための新たな法制度(化審法)の導入を示唆したものが1972(昭和47)年12月21日，軽工業生産技術審議会答申「化学物質の安全確保対策のあり方」である。

され，翌 1974(昭和 49)年 4 月 16 日に施行された。

　立法における最重要課題は，事前審査制度をどのように法律制度とするかであった。審議の結果，化審法では次のような制度となった。

　(4-1) 新規化学物質と既存化学物質に区別する。どの化学物質が既存化学物質にあたるかを明確にするため既存化学物質名簿が作成された[70]。

　(4-2) 新規化学物質については，製造・輸入をしようとする者は，製造・輸入の開始前に，厚生大臣および通商産業大臣に対して届出を行い，その審査を受けなければならない。両大臣は，届出のあった化学物質についてPCB と類似する性質(環境残留性，蓄積性，長期毒性)の有無を判定し，これに該当しない場合には，その旨の通知を行う仕組みである(事前審査制度)[71]。

　(4-3) 既存化学物質に関しては，原則として製造・輸入は自由に行えるが，法律外の制度として，国の責任において既存化学物質が PCB と類似の性質を有するか否かの試験を実施することとした(既存化学物質安全性点検事業)*28。

　(4-4) 事前審査または既存化学物質の点検により PCB と類似する性質を有すると判定された化学物質は，特定化学物質に指定され，製造・輸入は許可制となる[72]。

　化審法の制度を概観すると，既存化学物質と新規化学物質とに区別し，新規化学物質に対して事前審査制度を導入する点で，米国の CEQ の報告書『Toxic Substances』で提案され，TSCA 法案のうち S.1478 上院案で採用された事前審査制度の内容が実現していることがわかる。化審法で採用された

---

*28　既存化学物質安全性点検事業は，化審法制定の際の衆議院商工委員会および参議院商工委員会の附帯決議に基づき実施することとなった(昭和 48 年 9 月 12 日，衆議院商工委員会「化学物質の審査及び製造等の規制に関する法律案に対する附帯決議」および昭和 48 年 6 月 21 日，参議院商工委員会「化学物質の審査及び製造等の規制に関する法律案に対する附帯決議」)。

事前審査制度は，有害か否かが十分には確かめられていない新規化学物質に対して，一律に製造・輸入を許可制としている措置であり，まさに予防原則を具体化した制度である。ここに世界で初めて予防原則を実現した法律がわが国において制定されたことになる[*29]。

また，わが国の既存化学物質安全性点検事業は，TSCA法案のうちH.R.10840法案で提案された化学物質の安全試験を外部の試験機関に委託して実施する制度と類似している(表1・1参照)。

このように，1970年頃から米国において検討が開始された新たな化学物質管理制度は，1973(昭和48)年に，まず，わが国で法律として制定された[*30]。一方，米国においてTSCAが法律として制定されるのは，議会でのさらなる審議を必要とした。その結果，3年後の1976年10月11日に米国においてもTSCAとして制定された[73](1977年1月1日施行)。

このように，わが国の予防原則の考え方は，欧州とは異なり，米国に由来する。わが国では，予防原則は1970年代にまず化学物質管理分野で導入され発展した。この点，他の分野で発展した予防原則の考え方を，その考え方が発展した段階で，人々の環境保護に関する意識の高まりの中で，21世紀になって化学物質管理分野に導入した欧州の化学物質管理規則(REACH)[*31]とは，考え方や仕組みが異なっている(後述，第3章)。

[*29] この点に関して，1969年に制定されたスウェーデンの環境基本法(Swedish Environmental Protection Act)が最初の立法例であるとのSandらの学説もあるが，ここでは具体的な制度として確立された点を重視して，化審法が予防原則を最初に具体化して立法例であるとした。Peter H. Sand, *Transnational Environmental Law*, Hague: Kluwer Law International (1999) p. 132-133.

[*30] なお，わが国の化審法が米国のTSCA法案を参考にしたことは，軽工業生産技術審議会答申「化学物質の安全確保対策のあり方」1972(昭和47)年12月21日，11頁からうかがえる。また，化審法案を審議した昭和48年6月14日の参議院商工委員会における政府委員(通商産業省化学工業局長)齋藤太一の答弁において，「この法案のモデルになっておりますアメリカの化学品の安全法におきましても(後略)」との発言からも，化審法が米国のTSCA法案を参考にしたことがわかる。

[*31] 欧州の化学物質規制においては，1979年に「危険な物質の分類，包装，および表示

表1・1 TSCA法案と化審法における事前審査制度の比較

法案名	事前審査の対象	事前審査制度の内容
S.1478 上院案	新規化学物質, 新規用途の既存化学物質	業として製造販売する前に, 当該化学物質について事業者の負担でその有害性の有無を試験し, その結果を添付して申請する。この申請をEPAが審査する。また, 業として既存化学物質を新規用途向けに製造・販売する場合も同様。
S.1478 下院修正案	有害物質リストに収載された化学物質	有害物質リストに収載された化学物質を, 業として初めて製造・販売する前に, 当該化学物質について事業者の負担でその有害性の有無を試験し, その結果を添付して申請する。この申請をEPAが審査する。また, 業として既存化学物質を新規用途向けに製造, 販売する場合も同様。
H.R.5276 ※事前審査制度ではない	新規化学物質	新規化学物質のうち, 有害物質評議会の意見を聞いて, 人の健康または環境を守るため必要な場合にテストプロトコルに従った試験を命じることができる。
H.R.10840	新規化学物質 ※既存化学物質についても事前審査ではないが同様の試験制度を規定	EPAが試験機関に委託して, 当該化学物質が人の健康や環境に対して有害か否かの試験(EPAがテストプロトコルを規定)を実施させ, その結果によって必要な場合には規制を行う。試験結果の要約は, 官報に公表する。
TSCA	新規化学物質, 新規用途の既存化学物質	業として製造・販売する前に, 当該化学物質について事業者の負担でその有害性の有無を試験し, その結果を添付して申請する。この申請をEPAが審査する。業として既存化学物質を新規用途向けに製造・販売する場合も同様。
化審法	新規化学物質	製造・輸入する前に, 当該化学物質について事業者の負担でその有害性の有無を試験し, その結果を添付して届け出る。この届出を国が審査する。

に関する理事会指令」の第6次修正指令(Council Directive 79/831/EEC)によって, 一旦, わが国や米国と類似する化学物質管理制度が導入された。既存化学物質と新規化学物質を区別し, 新規化学物質に対して事前審査制度を導入する制度である。しかし, EC(欧州共同体)の理事会指令という形で導入されたため, その実施は各国での立法措置に委ねられ, 欧州の共通ルールの確立が不徹底だったことや既存化学物質に関する安全性情報の収集が十分には行われなかったことなどから, 欧州の化学物質管理の統一ルールであるREACHの導入が行われた(後述, 第3章)。

(5) TSCAの成立

　米国では有害物質規制法(TSCA)が化学物質管理を担う規制法である。この法律は1976年10月11日に連邦議会で成立し，翌年1月1日に施行された。この法律は，新規化学物質[*32]の事前審査制度と既存化学物質[*33]の上市後の規制という規制内容を持っており，その点でわが国の化審法と類似しているが，米国特有の制度もみられる。

　米国の有害物質規制法では，新規化学物質を製造または輸入しようとする場合は，その90日前までに製造前届出(PMN：pre-marketing notice)を行うことが必要で，届出にあたっては，当該化学物質を同定できるデータ，生産量，作業者の暴露量，環境排出量などが必要とされる。また，人の健康や環境に与える影響に関するデータを届出者が持っていれば提出しなければならない。EPAは届出データを基に，所有するデータ[*34]や構造活性相関手法[*35]なども活用してその物質の有害性を検討するとともに，環境放出量からモデル計算などを行って人や環境への暴露量を推定し，当該物質のリスクを評価する。その結果，問題がなければ製造または輸入が許可される。逆に，人または環境に対して懸念があると判断された場合には，EPAは届出者に対して当該化学物質の懸念事項に関するさらなるデータが揃い，懸念がないことが判明するまで，製造，輸入，使用，販売などを禁止または制限する措置に同意するよう命令を発する(同意指令)(TSCA 5条(e)項)。環境保護庁は当該物質に関して届出者以外の者も含め製造などを禁止する必要がある場合には重要新規利用規則(SNUR：Significant New Use Rule, 40 CFR Part 721)を公布することとなる[74]。

[*32] 法律が成立した後に，新たに市場に出される(上市すなわち不特定多数の者に対して販売される)化学物質。
[*33] 法律が成立する前から市場に出ていた化学物質。米国の既存化学物質名簿である「TSCAインベントリー(TSCA Inventory)」に収録されている。
[*34] 過去に事業者から提出された有害性データなど。
[*35] それまでに集められたデータに基づき，化学物質の構造と有害性の関係を推定する方法。

一方，既存化学物質に関しては，化学品データ報告規則[*36]により，年間25,000ポンド（約11トン）以上製造または輸入のある化学物質などは，4年ごとに製造・輸入数量や用途などの定期報告をEPAに対して行うよう義務づけている。EPAはこれに基づき新規化学物質と同様のリスク評価を実施し，その結果，人または環境に対して懸念があると判断した場合には，慢性毒性試験など必要な試験の実施をその化学物質の製造者などに要求することができる（TSCA 4条）。当該化学物質の製造者などが試験の実施に同意した場合には「強制力のある同意協定（ECA：Enforceable Consent Agreement）」により試験が実施される。また，同意ができない場合には，試験規則を公布することにより試験を命じる（TSCA 4条(a)項）。

このように化審法と類似の規制制度を有する化学物質管理法が化審法の成立の3年後に米国で制定された。

(6) 小　括

本節においてみてきたように，新規化学物質の事前審査制度は，有害であるか否か科学的には十分確かめられていないものも含めて新規化学物質を一律に販売禁止とし，基準を満たすものについては販売できるとしている点で，予防原則の考え方に基づいた制度である。この点では，前記のDaviesの著書で述べられている未然防止原則の考え方を一歩進めたといえ，『Toxic Substances（有害物質）』報告書は，化学物質規制に，予防原則の考え方を提案したものだといえる。

安全面だけを考えるのであれば，一旦すべての化学物質の製造・輸入を停止させて一定の安全基準を満たすことが確認できた化学物質だけを製造・輸入できる制度を採用すればいいのであるが，さまざまな化学物質が利用され，それが私たちの生活の隅々にまで及んでいる状況や経済活動の大部分を一時的に停止させることは現実には不可能であること，さらに，一時期に，国ま

[*36] CDR: Chemical Data Reporting Rule, 40 CFR Part 711. 2011年8月16日に公布され，従来のインベントリー更新規則（IUR: Inventory Updating Rule, 40 CFR Part 710）を改正した。

たは化学産業界がその時点で製造・輸入されているすべての化学物質の安全性を評価することは不可能であることなどを考えれば，このような対策を採用できない。

そこで，ある一定時点(法律の公布の時点)を基準にして，この時点以降に製造・輸入される化学物質(したがって，この時点ではまだ産業として利用されていない化学物質)すなわち新規化学物質を対象にして，その製造・輸入に先立って一定の安全基準を満たすかどうか事前に審査するという制度(新規化学物質の事前審査制度)をとらざるを得なかったと考えられる。他方，その時点ですでに製造・輸入されている化学物質(既存化学物質)に関しては，有害性が判明した時点で規制措置をとるという制度設計になったと考えられる。

つまり，新規化学物質のみを対象とする事前審査制度の発想は，人々の環境意識として，産業の発展と環境の保全を調和させようとした1970年代という時代背景を考えれば，化学産業が主要な産業の一つとして発展している時代において必然的に導かれる実行可能な選択肢の一つであったと考えられる。CEQの『Toxic Substances』報告書でも「答申と勧告」の部分の第3章の「新たな法令による規制」の項の中で，「EPA長官が化学物質に規制を課す場合には，その物質の有害性だけでなく，その物質の利用により得られる便益，その物質の通常の使用状況，その物質または副生物が環境に放出されることをどの程度制御できるか，その物質または副生物に対して人や環境がさらされる程度も考慮する必要がある」と記述されている[75]。したがって，EPA長官が規制を課す場合に，その物質の有害性，便益，放出制御の可能性，暴露の程度をも考慮していわば総合的な判断が求められることを提言しているものと考えられる。

このような米国での提言を継承して制定されたわが国の化審法は，新規化学物質の事前審査制度を取り入れて，有害かどうか不明の新規化学物質に対して，それを製造・輸入しようとする者は一定の試験データを添付して製造・輸入の申請をしなければならないと定めている。また，申請に対する承諾の通知を受けるまでは一律に製造・輸入を禁止する措置であり，予防原則の適用であるといえる。

工業化学品などの化学物質は，国際的に流通する商品であり，これを管理するに際しては国際的な視野が不可欠で，化学物質管理政策においては国際的な動向を踏まえた政策立案が求められる。そのため，化学物質管理の分野では，ある国の政策が他の国に影響して発展してきた。化学物質の事前審査制度をわが国が世界に先駆けて採用したことは，わが国の環境政策の歴史において画期的な出来事であると同時に，国際的な環境政策史においても，ある国で立案された政策（法制）が国を超えて発展していく具体例として意義あることと考えられる。

3. リスク配慮の導入──指定化学物質制度と「危険の疑い」
(1) 被害が生じるおそれが「疑われる」段階での規制のはじまり

　制定時の化審法では，公布以前から製造・輸入されている化学物質（既存化学物質）に対しては，国が安全性の点検を行いPCBに類似した性質（環境残留性（難分解性），高蓄積性かつ長期毒性を有する）の化学物質を規制対象とした。そのため，1986（昭和61）年改正以前の化審法の規制対象は，PCBと同じような有害性を持つことが科学的に相当程度確認された化学物質であり，化審法はこのような物質に対する危険防御[37]の役割を担っていた。その結果，PCBに加えてその後BHC（ヘキサクロロベンゼン：殺虫剤の有効成分）やDDT（ジクロロジフェニルトリクロロエタン：殺虫剤の有効成分）などが特定化学物質に指定され，規制対象とされた[38]。

　その後，米国において1976（昭和51）年にTSCAが成立し，1970年代後半から1980年代にかけて欧州各国において化学物質管理のための法律が制定された[39]。このような状況に対応して，国際的に流通する商品である化学物

---

[37] 本書ではドイツ行政法学に倣い，広義のリスクのうち危害発生の十分な蓋然性のあるものを「危険」とし，これより蓋然性が低いものを「リスク」としている。

[38] 特定化学物質は製造，輸入，使用などが許可制である（化審法（昭和48年制定法）6条，11条）。

[39] たとえば，1977（昭和52）年にフランスの「化学品管理法（Loi N° 77-771 du Juillet

質の規制に国際整合性を求める動きが1970年代後半に始まった。このような中で，わが国の化学物質管理政策は，この時期以降，国際的な動向と関連しながら発展していく。

このような背景の中で，化審法において現行法にまで影響を与える改正が行われた。すなわち，1986(昭和61)年に，OECD(経済協力開発機構：Organization for Economic Co-operation and Development)の決定に従った国際的整合性の確保や有機塩素系溶剤による地下水汚染問題などに対処するための改正が行われた。この昭和61年改正により，段階的な審査・規制制度が取り入れられ，予防原則を活用して，被害が生ずるおそれが「疑われる」段階で規制が行われる制度(指定化学物質制度)が導入された。化審法は制定時点で事前審査制度を導入し，審査の場面で予防原則を制度化していたが，それに加えて規制の場面でも予防原則を具体化した制度を導入したのである。指定化学物質制度の導入は，有害性が確認された化学物質を規制する危険防御の発想に立つ化学物質管理から，被害が生ずるおそれが「疑われる」段階で規制を行うリスク配慮を中心とした化学物質管理へと政策転換が図られたことを意味する。

また，新規化学物質の審査項目を国際整合性のとれたものにするとともに，第二種特定化学物質(後述)の指定にあたってはリスク評価が用いられるようになった。これら化審法の昭和61年改正で取り入れられた制度は，その後発展して今日の化審法に活かされており，この改正は，化審法の発展をみるときに，PCBに類似する化学物質を規制する法律から，総合的な化学物質管理法に発展する上での大きな転換点であったといえるのではないだろうか。

本節では，化審法の発展過程において，「指定化学物質制度」(段階的審査・規制制度)の導入により，危険防御を中心とする化学物質管理からリスク配慮を中心とする化学物質管理に転換した過程を検証する。

これまで，化審法の昭和61年改正に関して，このような予防原則の導入

1977, sur le controle des produits chimiques)」が制定され，1980(昭和55)年にはドイツ連邦「化学品法(Chemikaliengesetz)」(正式名称は「危険な物質から保護するための法律(Gesetz zum Schutz von Gefaehrlichem Sttoffen)」)が制定された。

の観点から論じた文献はなく，また，上記のような段階的な審査・規制制度の導入の意義を危険防御からリスク配慮への転換との観点から論じた文献もないように思う。本節では，化学物質管理が国際的な枠組みで議論がなされるようになった1980年代という時代を背景として，上記の観点から，どのようにこの改正が行われ，その結果，わが国の化学物質管理制度がどのように発展したのかその過程を考察し，化審法に基づく化学物質管理制度の発展におけるこの改正の意義を明らかにする。

(2) OECDによる化学物質管理の国際調和の動き

まず，1986(昭和61)年の化審法改正が行われた当時の化学物質管理に関する国際的な動向を概観する。そこで中心になるのが，化審法の改正に直接影響を与えたOECDの動向である[76]。

① 環境委員会の設立と化学品グループの活動開始

わが国は1964(昭和39)年にOECDに加盟した。OECDでは，1960年代後半から加盟国で問題となってきた公害問題(環境問題)に取り組むため，1970年に科学政策委員会から環境委員会[*40]を独立させた。1971年には，環境委員会の下に「化学品グループ[*41]」が設置された[77]。

その後，1973(昭和48)年のわが国の化審法の制定，1976年の米国のTSCAの制定など，OECD加盟国で化学物質管理法が制定された。このような状況の中で，加盟国によって化学物質の規制内容が異なることにより，国際的な流通商品である化学品(化学物質)の貿易などに影響を及ぼすのではないかとの懸念が生じた。そのため，環境委員会は化学品グループの活動対象を拡大し，特定の有害化学物質の事後的対策から，化学物質が商品化され市場に出回る前にその有害性を評価する活動に重点を移した。

さらに，化学物質の安全性(有害性)を段階的に審査するための検討が行わ

[*40] 1992(平成4)年に環境政策委員会と改称された。
[*41] Chemicals Group. 化学品グループは，1999(平成11)年に，「化学品，農薬，バイオテクノロジーに関するワーキングパーティー(Working Party on Chemicals, Pesticides and Biotechnology)」と改称された。

れた[78])。これは,時間や費用がかかる化学物質の安全性審査を,最初の段階で「ふるい分け(スクリーニング:screening)」を行い,懸念のある化学物質に対してはより詳細な試験を行うという発想に基づいている。そのために必要となる,最初の段階における「ふるい分け」の基礎となるデータとはどの項目で,どのような試験によって得られるのか検討が行われた。この検討が,上市前最小安全性評価項目(MPD: Minimum Premarketing Set of Data)[*42]の設定につながっていく。

② 上市前最小安全性評価項目(MPD)の理事会決定

上市前最小安全性評価項目(MPD)の策定とこれを基に試験結果を解釈するための指針(データ解釈指針)の策定が終了したのを受け,理事会は1982年に,上市前最小安全性評価項目の理事会決定[*43]を行った。この決定の付属書に,ある化学物質が有害性において懸念すべきものであるかどうか,最初の段階における「ふるい分け」の基礎となるデータの項目とその試験方法が示されている。これをみると,生産量,用途,廃棄方法などが項目として挙げられており,これらが化学物質管理において基本的な情報であることがわかる。急性毒性データの項では,急性経口毒性や急性吸入毒性に加えて,皮膚感作性(アレルギー性)を項目に加えている。中心となる長期毒性に関しては,14日から28日の反復投与毒性データが挙げられており,これが今日まで引き続き行われている。また,生態毒性の指標としては,この時点で,魚類,藻類,ミジンコという3種類の水生生物による毒性データから推測する方法が挙げられている。さらに,生物濃縮性を推測するデータとして,オク

---

*42 ある化学物質がより詳細な試験を行うべきであるとの懸念がある化学物質かどうか,最初の段階でふるい分けに用いる基礎となるデータのことを Screening Information Data Set(SIDS)という。SIDS は,1991年に OECD 理事会で決められたもので,意味・内容は MPD とほぼ同じである。以下,本節では,化審法の1986(昭和61)年改正当時用いられていた上市前最小安全性評価項目(MPD)の名称を用いる。

*43 Decision of the Council of 8 December 1982 concerning the Minimum Pre-marketing set of Data in the Assessment of Chemicals, [C(82)196(Final)].
　OECD の意思決定の最高機関は理事会であり,ここで行った「決定」は加盟国に対して拘束力を有する(経済協力開発機構条約5条)。

タノールと水による分配係数データが挙げられている(表1・2参照)。

③ OECDが提唱した化学物質管理の枠組みの国際展開

OECDによって上市前最小安全性評価項目が策定されたことによって,化学物質の安全性審査において,まずどのような項目を評価しなければならないかという点について国際的なコンセンサスが形成された。この上市前最小安全性評価項目を各国の化学物質管理制度に導入することで,各国の化学物質の審査項目が共通化され,産業活動においては,新たな化学品を各国の市場に投入する場合に,化学品の安全審査が非関税障壁となることを防ぐことができる。

表1・2　OECD上市前最小安全性評価項目(MPD)

大項目	項目・内容
化学物質の同定データ	国際的な命名法による名称,その他の名称,構造式,CAS番号,指紋領域のスペクトル,純度,添加剤・安定剤の名称と濃度
製造/使用/廃棄データ	生産量,用途,廃棄方法,輸送方法
推奨される災害予防方法および緊急時の対処法	
分析方法	
物理/化学データ	融点,沸点,密度,蒸気圧,水への溶解度,分配係数,加水分解,スペクトル,土壌への吸着/脱着,水中での解離定数,粒子径
急性毒性データ	急性経口毒性,急性経皮毒性,急性吸入毒性,皮膚刺激性,皮膚感作性,眼刺激性
反復投与毒性データ	14〜28日間反復投与毒性
変異原性データ	
生態毒性データ	魚類急性毒性データ,ミジンコ14日間繁殖試験,藻類4日間生長阻害試験
分解性/濃縮性データ	スクリーニングレベルの生分解データ,スクリーニングレベルの生物濃縮データ(n-オクタノール/水分配係数,水への溶解度など)

注:化学物質の評価における上市前最小安全性評価項目に関する理事会決定[C(82)196(Final)]の付属書を基に作成。邦文は筆者訳。

また，これと並行して1981年には，安全性審査を実質的に支える手段である化学物質の安全性試験方法の標準となるOECDテストガイドラインが制定され，試験を行う施設が備えるべき基準であるGLP制度(GLP: Good Laboratory Practice，優良試験所基準)が規定され，化学物質管理の基礎となる国際的な枠組みが構築された。

　OECDのこのような動きと前後して，欧州では，欧州共同体(European Communities)により「危険な物質の分類，包装，および表示に関する理事会指令[*44]」の第6次修正指令が1979年に公布され，1981年に施行された。この指令は，新規化学物質の安全性審査項目(上市前の届出項目)などを欧州共同体加盟国で共通化(近似化)することを目指している。この欧州共同体の上市前の届出項目は，OECDの上市前最小安全性評価項目とほぼ同様の内容である[*45]。欧州共同体加盟国[*46]は第6次修正指令に基づき国内法を整備し，おおむね1985年頃には整備を終えている[79]。これによって，欧州共同体加盟国ではOECDの構想に沿った枠組みで化学物質管理が開始された。その他，オーストラリア，スウェーデン，スイスなどにおいてもOECDの構想に沿った化学物質管理が開始された[80]。

　化学物質は国際的に取引される商品であり，その安全性を確保することが不可欠である。これまでみてきたように，化学物質管理が先進国において始められようとしていた時期に，その基礎となる制度がOECDによって構築された。その後発展を遂げ，今日では，国際的な化学物質管理体制となっている。

[*44] 正式には「危険な物質の分類，包装，および表示に関する各加盟国の法律の近似化に関する理事会指令」: Directive 67/548/EEC on the approximation of the laws, regulations and administrations relating to the classification, packaging and labeling of dangerous substances.

[*45] また，欧州共同体の第6次修正指令では，その後の生産量・輸入量の増大に応じて追加でデータの提出を求める制度になっている。この点で，化学物質の安全性(有害性)を段階的に審査するというOECDの考え方が反映されている。

[*46] 当時の欧州共同体加盟国は，アイルランド，英国，イタリア，オランダ，ギリシャ，デンマーク，西ドイツ，フランス，ベルギー，ルクセンブルクの10か国。

(3) 昭和61年の化審法改正の経緯

① 有機塩素系溶剤による地下水汚染の発生

1980年前後に，米国カリフォルニア州のシリコンバレー（地名としてはサンタクララバレー）で半導体の製造工場周辺で半導体基板の洗浄工程などで使用される有機塩素系溶剤による地下水汚染問題が発生した。米国では，それより以前，1978年に問題となったラブカナル事件[*47]を契機に，1980年に包括的環境対処補償責任法（スーパーファンド法[*48]）が制定されており，有機塩素系溶剤による地下水汚染問題に対しても活用された。

米国の事件を契機にわが国でも調査が行われた結果，1984（昭和59）年に兵庫県太子町でトリクロロエチレン（有機塩素系溶剤の一種）による地下水汚染など，同様の汚染が明らかになった[81]。

このような事態に対して，わが国では水質汚濁防止法による地下水汚染防止対策[*49]をはじめ法律による規制措置が検討された。本節では，化学物質

---

*47　ラブカナルは，ナイアガラの滝の近くにある運河の跡地である。1942年から，現地の企業が適法な許可に基づきラブカナルに化学物質を廃棄物として投棄した。10年間にわたり200種以上の化学物質が2万トン以上投棄されたといわれる。その後，投棄場所は埋立てられ，学校や住宅が建設された。投棄された廃棄物の大部分は金属製のドラム缶に詰められていたが，徐々にドラム缶の腐食が進み，化学物質が土壌に浸透して，1970年代になって異臭がするなどの問題が顕在化した。政府による調査がなされ，1978年には人体に対して危険があるとして緊急事態が宣言されるに至った。この部分は，多賀谷晴敏「包括的環境対処補償責任法（スーパーファンド法）」国際比較環境法センター編『世界の環境法』（国際比較環境法センター，1996年）による。

*48　Comprehensive Environmental Response, Compensation, and Liability Act. この法律は，政府が汚染地域の環境再生を行うための費用として石油税を主な財源として当初約16億ドルの基金を用意した。政府は環境再生事業を行った後，汚染の責任者に事業費を請求する。この基金は1986年にこの法律を修正して約85億ドルに増額された。このときの修正法を The Superfund Amendments and Reauthorization Act ということから，この法律をスーパーファンド法と呼ぶようになった。なお，1980年の法律と1986年の改正法の両者をスーパーファンド法ということが多いが，改正法を指してスーパーファンド法と呼ぶ場合もある。

*49　水質汚濁防止法による地下水汚染対策としては，わが国では1989（平成元）年に水質汚濁防止法が改正され，有害物質を含む地下浸透を禁止し（12条の3），地下水の汚染の

管理政策として，この事態に対し化審法による対応がどのように行われたのか，その経緯と化学物質管理政策上の意義について論述する。
② 化審法改正に向けた化学品審議会の意見具申
わが国で有機塩素系溶剤による地下水汚染が発見される以前から，OECDの化学物質管理分野での審査方法や審査項目の国際的な共通化の動きに対応して，わが国でも1982(昭和57)年には化審法を改正する検討が通商産業省で行われていた[*50]。前述のように，この前年の1981(昭和56)年には，OECDはデータの相互受理の決定を行っており，1982(昭和57)年の半ばにはOECDの上市前最小安全性評価項目(MPD)が確定しつつある時期で，これらを化審法に導入するための検討がなされていた。

1973(昭和48)年に制定された化審法は，一般の化学物質に対する規制法で，新規化学物質に対する事前審査制度を導入し，わが国の化学物質管理を担う法律である(p.110, 図1・1)。しかしながら，PCBおよびこれに類似する性質を有する化学物質による環境汚染を防止することを念頭において策定されたため，規制対象となる化学物質は，難分解性(環境残留性)，高蓄積性(生物濃縮性)，人に対する長期毒性という三つの要件をすべて備えた化学物質(特定化学物質)であった。すでにこの時点で，BHCやDDTなど7物質が規制対象である特定化学物質(昭和61年改正法により「第一種特定化学物質」に

おそれがある場合に知事による改善命令が規定(13条の2)された。その後，1996(平成8)年には，同法がさらに改正され，汚染された地下水の浄化措置を知事が命令できる規定(14条の3)が整備された。

[*50] 山田明男，加藤敬香「OECD化学品テストガイドライン 総論」生活衛生26巻5号258頁。この論文によれば，1982年6月5日の化学工業日報(業界紙)に，「1983年度(昭和58年度)に化審法の根本的見直しを図る方針が打ち出されたと報じられた」とされる。

なお，化審法は1983(昭和58)年5月に一つの条文(5条の2)を追加する改正が行われているが，これはこの記事にいう「根本的見直し」ではない。この改正は，1981(昭和56)年後半から生じたわが国と欧米諸国との貿易摩擦問題に際し，基準認証制度の改善を図るため，認証手続きにおける内外無差別を法制度の面から確保するための措置である。すなわち，「外国事業者による型式承認等の所得の円滑化のための関係の法律の一部を改正する法律」が1983(昭和58)年5月に成立し，これに伴い，化審法では，5条の2を追加し，新規化学物質の届出を外国の製造者等が行えることを明文化した。

名称変更される)に指定されていた。また，特定化学物質に対する規制措置は，製造・輸入が許可制となるもので，規制としては厳しいものであった。これは，PCBなど特定化学物質の性質による。すなわち特定化学物質は難分解性かつ高蓄積性という性質を有しているため，環境中に放出された後，環境中に長く残留し，その間に多段階の生物濃縮によって，環境中の濃度の何万倍(場合によってはそれ以上)[*51]に濃縮される可能性がある。したがって，特定化学物質の場合は環境中での存在濃度を考慮するまでもなく，化学物質自体の有害性(ハザード)を示す要件に該当すれば上記のように厳しい規制が必要である。

ところが，新たに環境汚染で問題になったトリクロロエチレン，テトラクロロエチレンなどは，高蓄積性の要件に当てはまらないため，1986年の改正前の化審法では規制することができなかった。また，環境中で高度に濃縮されないので，人に対して有害な性質があるとしても，人に対する影響が懸念されるのは環境中濃度がある程度以上になった場合である。この点を考慮した対策が必要であった。

政府における検討は，通商産業省の化学品審議会安全対策部会[*52](部会長：館正知　中央労働災害防止協会常任理事)を中心に進められた。検討の焦点は，OECDの上市前最小安全性評価項目の導入による国際整合性の確保と，有機塩素系溶剤など蓄積性は高くないものの分解しにくく(難分解性)かつ毒性を有する化学物質をどのように管理するかという点であった。

同部会は，審議の結果1986(昭和61)年1月22日に「化学物質安全確保対策の今後の在り方について」と題する意見具申をまとめた。この意見具申は，

[*51] PCBなどこのとき指定されていた特定化学物質は，OECDテストガイドライン305に基づくコイを用いた蓄積性試験(濃縮度試験)では，水中濃度の1万倍以上の濃度でコイの体内に蓄積する。そのため，食物連鎖を考慮すれば，さらに高度に濃縮されると考えられる。

[*52] 1974(昭和49)年の化審法の施行に伴い，従来の軽工業生産技術審議会が化学品審議会に改組された。この審議会は，通商産業大臣の諮問に応じて，新規の化学品の安全性の確保に関する事項その他化学品に関する重要事項を調査審議するとともに，重要事項に関し通商産業大臣に意見を述べることができる(通商産業省組織令104条)。

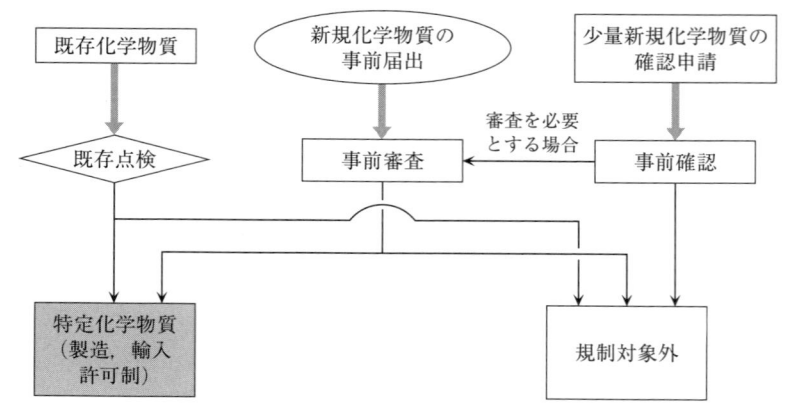

```
既存化学物質 → 既存点検
新規化学物質の事前届出 → 事前審査
少量新規化学物質の確認申請 → 事前確認 →(審査を必要とする場合)→ 事前審査

→ 特定化学物質（製造，輸入許可制）
→ 規制対象外
```

図 1・1　化審法（昭和 48 年制定法）の概要

「はじめに」，「Ⅰ化学物質安全確保対策をめぐる状況の変化と評価」，「Ⅱ今後の化学物質安全確保対策の在り方について」の三つの部分から成る。

「はじめに」の部分では，この答申の主旨が述べられている。わが国がいち早く化審法を制定し化学物質管理の法的制度を整えたところ，諸外国でも同様な法整備に着手した。ここで，各国の化学物質管理制度が異なるために化学品貿易の障害となるおそれが出てきた。これに対処するため，OECDにおいて，制度の調和を目指した提案がなされ，各国でそれを受け入れた制度が構築されつつあることが述べられている。また，化審法の昭和 49 年制定法では，規制の対象となっていない化学物質による環境汚染が問題になっており，化審法において対応すべきことが述べられている。

「Ⅰ化学物質安全確保対策をめぐる状況の変化と評価」の部分では，これまでの OECD の化学物質管理分野での活動が述べられ，OECD 理事会決定として加盟国に受け入れを求めた上市前最小安全性評価項目の導入による国際整合性の確保の重要性が強調されている。また，「②海外諸国の法制の動き」の項では，欧州共同体諸国において「危険な物質の分類，包装，および表示に関する理事会指令」の第 6 次修正指令が出され，これを受けて欧州共同体の各加盟国が OECD の上市前最小安全性評価項目とほぼ同様の内容の

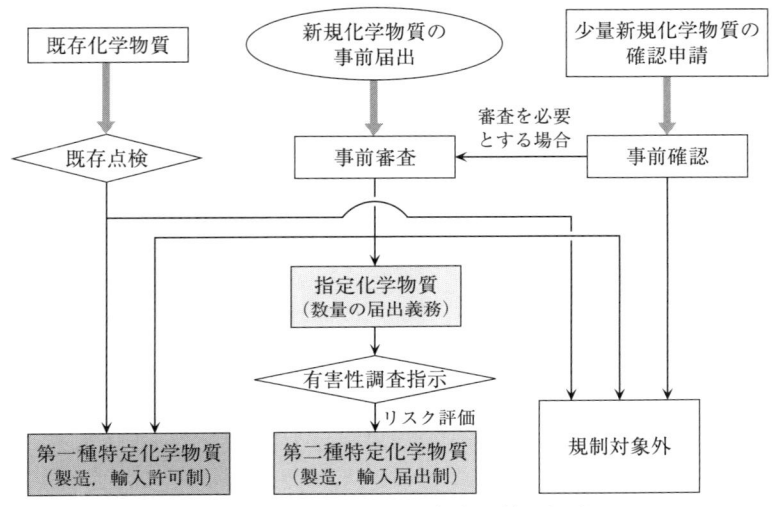

図1・2 化審法(昭和61年改正法)の概要

届出項目による新規化学物質の事前審査制度を国内法により制定したことが述べられている。

「Ⅱ今後の化学物質安全確保対策の在り方について」の部分では，化学物質管理における国際整合性の観点から，OECDの上市前最小安全性評価項目をすみやかに導入し，化学物質の事前審査制度の充実を図るべきことが述べられている。また，製造・輸入開始後の安全管理の観点から当時環境汚染で問題になったトリクロロエチレンのように，生物に対する蓄積性は低いが環境残留性でかつ人に対する有害性のある化学物質は，その生産量や消費形態によっては環境を経由して人体へ影響を与えるおそれがあるため，このような物質による被害の未然防止の観点から化審法上必要な措置を講ずる必要があることが述べられている。さらに，化学物質を製造，販売，使用している事業者が，自らが扱っている化学物質の性質などを理解し，自主的に安全を確保していくことの重要性が強調されている。

③ 改正法案の起草と国会審議の開始

通商産業省では審議会の意見具申を受け，化審法の改正法案の起草に取り

かかった。
　法案は，内閣提出法案（昭和61年内閣提出第47号）として2月25日に国会（第104回通常国会）に提出された。改正法案のおおよその仕組みは図1・2のとおりである。
　主な改正点は次のとおりである。
　ⅰ）**事前審査制度の充実**
　生物への蓄積性はないものの，難分解性で，かつ，継続的に摂取した場合に人の健康を損なうおそれがあると疑われる[*53]化学物質を指定化学物質（昭和61年改正法2条4項）とし，これを製造・輸入する者は，その数量，用途などを通商産業大臣に届け出なければならない（昭和61年改正法23条1項）。
　ⅱ）**事後管理制度の導入**
　（ア）指定化学物質の製造，輸入，使用の状況からみて，環境汚染により，もし長期毒性があれば人の健康を損なうおそれがあると考えられるものがあれば，主務大臣（厚生大臣および通商産業大臣）は，製造・輸入事業者に対し当該化学物質の有害性の調査[*54]を指示できる（昭和61年改正法24条）。
　（イ）（ア）により行った調査の結果，当該指定化学物質に長期毒性があれば，第二種特定化学物質（昭和61年改正法2条3項）に指定され，製造・輸入予定数量を事前に届け出るなど主務大臣の管理を受けることになる（昭和61年改正法26条）。
　また，渡辺美智雄通商産業大臣はこれより以前の2月12日の衆議院商工委員会，2月14日の参議院商工委員会における所信表明の中で，「安全確保対策の一層の充実を図り，国際的に調和のとれたもの」とするため化審法を改正する法案を提出する旨，表明している。
　法案は参議院先議で審議された。まず，3月20日に渡辺通商産業大臣から

[*53] OECDの定めた上市前最小安全性評価項目のうち，スクリーニング毒性試験（変異原性試験，28日間反復投与毒性試験）により判定する。そのため，この段階の判定で人の健康に対して有害性の懸念ありとされても長期毒性を確定するには至らず，あくまでも「人の健康を損なうおそれがあると『疑われる』」こととなる。
[*54] 動物試験などによる長期毒性試験の実施，またはこれに相当する文献調査。

法案の提案理由と趣旨が説明された。提案理由では，OECD をはじめとする化学物質管理の国際的な動きと最近問題になった新たな環境汚染*55 への対応の必要性が説明され，法案の趣旨説明では，上記の主な改正点が説明された。

その後，国会審議を経て，4月4日には参議院本会議，4月25日には衆議院本会議で可決成立し，5月7日公布され（昭和61年法律第44号），1987（昭和62）年4月1日に施行された。

(4) 第二種特定化学物質と指定化学物質の法的性格の考察

① リスク評価と第二種特定化学物質

第二種特定化学物質に関しては，高度の生物濃縮性を有さない性質のため，環境中に希薄な状態で残留した場合には，PCB など第一種特定化学物質のように生物濃縮により高濃度に魚類の体内などに蓄積するおそれはない。相当広範囲な地域において相当程度残留している（近い将来そうなると予測される場合を含む）場合に被害が生じる可能性がある（昭和61年改正法2条3項）。そのため，これが規制措置発動の要件とされた。すなわち，ある指定化学物質を第二種特定化学物質として規制すべきかどうかの判定にあたっては，化学物質固有の有害性（ハザード）を動物試験の結果などから判断することに加えて，環境中の残留状況を基に被害が生ずる可能性のあるレベルなのかを判断することとなった。法律に基づくリスク評価の始まりである*56。

リスク評価は，化学物質固有の有害性の評価とその化学物質が環境中でどこにどのくらいの濃度で存在するか（環境汚染の状況：暴露状況）*57 の評価から成る。物質固有の有害性のデータは，OECD テストガイドラインに沿った

---

*55 このときの提案理由説明の中では，有機塩素系溶剤あるいはトリクロロエチレンなどの化学物質の名称は述べられず，「生体内に蓄積する性質は有さないものの，難分解性及び有害性があるため，その製造，輸入，使用等の状況によっては，環境に残留し人の健康に係る被害を生ずるおそれがある化学物質による環境の汚染が問題となっており」との説明がなされた。昭和61年3月20日参議院商工委員会議事録による。

*56 トリクロロエチレンなどは，このようなリスク評価を経て第二種特定化学物質に指定された（1989（平成元）年3月29日政令第75号）。

*57 現在では暴露状況は，ある場所にいる人間がその化学物質にどのくらいの濃度でさ

方法で，実際に動物試験などによって取得する。一方，暴露状況はモデルを用いたシミュレーションによって算定する。すなわち，たとえばある化学物質は使用すると蒸発して大気中に放出され，一部は大気中にとどまって拡散し，一部は雨水に溶け込んで地上に落ちて土壌に吸着され，さらに一部は河川に入るといったモデルを構築する。そして，当該化学物質の製造量・輸入量を基にして，分解性の程度，蒸発しやすさ，水への溶解度などのデータをモデルに入れて計算することによって大気，土壌，河川水など環境中の濃度を算定する。こうして求めた，その化学物質の有害性と環境中濃度から，人が1日に呼吸する空気の量，飲む水の量，どのような食品をどのくらいの量摂取するかのデータなどを基にして，人に対して影響があるかどうかを検討する。検討にあたっては，このような環境中での生活を一生涯(およそ70年程度)続けた場合における影響(長期影響)を念頭にしている(長期毒性を問題にするということはこのような意味である)。

　有害性については，新たな知見が発見されれば評価が変わることもあるが，それほど頻繁に変わることはない。しかし，暴露状況は製造・輸入量の変化や用途の変化など[58]によってその化学物質の環境中への排出量が変動するために，結果として環境中濃度が変化することが考えられる。そのため，第二種特定化学物質の候補である指定化学物質(後述)に関しては，毎年度，製造・輸入量や用途などの情報を事業者が届け出る必要がある。

② スクリーニング毒性試験の採用と指定化学物質制度

　化学物質固有の有害性の代表的な指標である長期毒性を判定する動物試験は，1年以上の期間を要し，費用も高額なことから，短期間に多くの化学物質に対して実施できるものではない。そのため，化審法の昭和61年改正法

らされているか(暴露濃度)，あるいは，1日あたりどのくらいの量を摂取するか(1日あたりの摂取量)で考えることが多い。暴露濃度は，化学物質の使用量・用途や化学物質の性質(蒸発しやすさ，水への溶けやすさ，動物などへの蓄積の程度など)によって化学物質ごとに異なる。人が化学物質を摂取する量は，呼吸することによって空気から取り込む量，飲み水から摂取する量，食品を経由して摂取する量の合計である。

[58] 製造プロセスの変更や環境排出を低減する設備の導入などによっても環境排出量が変動する。

の施行に伴い，化学物質の長期毒性について予備的に調べる試験（スクリーニング毒性試験）が導入された[*59]。このとき導入されたのが，OECDの上市前最小安全性評価項目に挙げられた方法である。その結果，長期毒性試験は行われていないため長期毒性を有するか否かが判定できないが，スクリーニング毒性試験によって長期毒性を有する「疑い」のある化学物質が新たなカテゴリーとして登場した。これを昭和61年改正法では「指定化学物質」として管理することとした（昭和61年改正法2条4項）。

つまり，化学物質に対するリスク評価のうち，有害性に関する予備的な評価だけを行い，その結果，第二種特定化学物質に該当する疑いのある（難分解性で，蓄積性は低いが，長期毒性の疑いがある）化学物質が指定化学物質とされる。なお，環境汚染の状況については，指定化学物質に指定された後，その化学物質が環境中でどこにどのくらいの濃度で存在するか，モデルを用いたシミュレーションにより評価することとした。

このようにみてくると，次の①，②のように，指定化学物質は科学的不確実性が大きいといわざるを得ない。①長期毒性の有無が問題となっている中で，1か月程度の反復投与毒性試験などにより簡易的に有害性の有無を判断し，指定化学物質に指定されること。②指定化学物質は，環境中に排出された後に高度に濃縮されないので，人に対する影響が懸念されるのは，環境中濃度がある程度以上になった場合であるにもかかわらず，指定化学物質に指定される時点では環境中濃度は考慮されていないこと。したがって，この段階で規制措置を行っている点で，予防原則の適用と解される[*60]（後述）。

③ 第二種特定化学物質および指定化学物質の法的性格
ⅰ）段階的審査・規制制度の意義

第二種特定化学物質や指定化学物質を規定した段階的審査・規制制度は，

[*59] 新規化学物質に対し，スクリーニング毒性試験としてAmes試験，染色体異常試験，28日間反復投与毒性試験が導入された。これらの試験は，国際的にもOECDによって標準化された試験であり，一定の信頼性と精度を有する。

[*60] 大塚・前掲注1（2004年）法学教室286号64頁は，化審法（平成15年改正法）の第二種監視化学物質などに関して予防原則の適用である旨指摘している。

法に基づく規制措置としてどのような意義を有するのであろうか。第二種特定化学物質は，物質そのものの有する有害性（ハザード）と，相当の地域に相当の濃度で残留している環境汚染の状況（暴露状況）によって，人の健康に関わる被害を生ずるおそれがあると認められる化学物質が指定される。指定にあたっては，物質そのものの有害性は，動物試験による長期毒性試験の結果などに基づいて審査がなされる。長期毒性試験はかなりの精度を有するものの，相当の期間を要し，短期間で結論が出せるものではない。

そのため，化学物質管理制度としては，対象を絞り込む必要がある。あらかじめ第二種特定化学物質に該当する「疑い」のある化学物質を指定化学物質として指定しておき，その製造・輸入量および用途の推移を化審法の届出や環境モニタリング[*61]の数値などにより把握する。もし，ある指定化学物質の環境中への排出量が著しく増加傾向にあり，環境中の濃度が増加した場合，その物質が長期毒性を有するならば，被害が生じるおそれが生じる。

その物質による被害を防ぐためには，現時点では「疑い」の段階にある有害性（長期毒性）を確定させ，長期毒性を有する場合には，第二種特定化学物質に指定し，製造・輸入量の削減措置が発動できるようにする必要がある。そのため，そのような指定化学物質について，その製造者・輸入者に対して有害性の調査（長期毒性試験の実施，またはそれに相当する調査）を指示し（昭和61年改正法24条），その結果を用いて，当該指定化学が第二種特定化学物質に該当するかどうかを判定することとしている。このように，かなり限定された化学物質を対象にして，予備的な規制措置である指定化学物質制度を経た上で，より精度の高い長期毒性試験とリスク評価が行われ，さらに審議会の意見を聴いた上で第二種特定化学物質は指定される。

ⅱ）第二種特定化学物質と指定化学物質のリスク論における位置づけ

序章（p.3）でも説明したように，「危険」や「リスク」の考え方については，ドイツにおいて行政法学の分野で従来から研究されてきた。公共の危険を防

[*61] 環境省は都道府県などに委託して化学物質のモニタリング調査を毎年度実施しており，指定化学物質に関しても環境中への排出量の多い物質がモニタリングの対象になっている。

除する観点から，公安活動だけでなく営業活動に対する規制も行われ，営業法(営業警察法)として発展してきた[82]。現在の環境規制もその延長線上にあると考えられ，環境法を考える上で参考となることも多い。ドイツ行政法学では，広義のリスクのうち，伝統的な警察規制の対象とされる危害発生の十分な蓋然性があり被害が大きいと予測されるものを「危険」といい，これより蓋然性が低く被害が小さいと予測されるものを「(狭義の)リスク」とし，人間の認識能力や技術的限界などにより受忍するしかないものを「残存リスク」とする三段階モデル[*62]が一般的に用いられている。三段階モデルは，不確実性に対処する場面があることを法制度の観点から正式に認める立場を明らかにする点で有用である[83]。なお，危険かどうかの判断も不確実性を有する。つまり，危害発生の蓋然性があるかどうかは，将来に対する予測によって判断される。そのため，事態の推移が予測に反する可能性もあるため，この点で危険の判断には不確実性が伴う[84]。

「危険の疑い」という概念も検討されている。これは，危険の存在を示す手掛かりはあるが，現在の状態または因果関係が不明確で，損害発生の蓋然性を有するか否かの判断が困難という場合[85]である。「危険の疑い」が伴っている不確実性と，危険が有する不確実性とは異なる。すなわち，いずれも蓋然性の判断に不確実性を有するが，危険が有する不確実性は将来の予測に対する不確実性であり，他方，「危険の疑い」が有する不確実性は現在の事実に対する推定に不確実性がある[86]。

そして，このように不確実性を有する危険の疑いの中でも，科学的な経験知に基づく根拠のある危険の疑いは「根拠づけられた危険の疑い」として，危険と同様の損害発生の蓋然性を有するものとして危険防御の対象とされる[87]。

化審法の規制対象で考えれば，第二種特定化学物質が有するリスクは，前述のように動物試験による長期毒性試験の結果とモデルを用いたシミュレー

[*62] ブロイヤー(Breuer)によって提唱された。この部分について，松本和彦「環境法における予防原則の展開(二)」阪大法学54巻5号(2005年)1180頁を参考にした。

ションに基づく「根拠づけられた危険の疑い」であり，危険とみなされるため，危険防御の対象となると考えられる。すなわち，化審法は危険防御として第二種特定化学物質を法的に規制しているといえる。(同様に，第一種特定化学物質は動物試験などの結果に基づく「根拠づけられた危険の疑い」であり，危険とみなされるため，危険防御の対象と考えられる。)

　一方，指定化学物質が有する有害性は，人に対する有害性において第二種特定化学物質に該当する「疑い」がある化学物質であり，かつ現在の環境汚染の状況が不明であることから損害発生の蓋然性を有するか否かの判断が困難という場合に相当するため，「危険の疑い」にあたる。したがって，化審法は「危険の疑い」を有する化学物質を指定化学物質として規制しているといえる。

　では，指定化学物質の有する「危険の疑い」は，「根拠づけられた危険の疑い」として「危険」と受け取ることのできるものであろうか。化学物質に起因する環境汚染によって人の生命や健康といった高次の保護法益に損害を生ずるおそれがあることを考えれば，「危険」と観念することが可能なようにも思われる。しかし，「危険の疑い」の場合には「疑い」の分だけ「危険」より蓋然性(可能性)が小さくなっており，科学的な経験知に基づく根拠のある場合だけ「危険」と受け取ることができると考えられる[88]。指定化学物質に関してこの点を考察すれば，次の①，②から「危険」と受け取ることは困難ではないかと考えられる。

　①長期毒性の有無が問題となっている中で，1か月程度の反復投与毒性試験などにより簡易的に有害性の有無を判断し，指定化学物質に指定されること。

　②指定化学物質は，環境中に排出された後に高度に濃縮されないので(指定化学物質は高濃縮性(高蓄積性)でないことは，試験により確認されている)，人に対する影響が懸念されるのは，環境中濃度がある程度以上になった場合である。しかるに，指定化学物質に指定される時点では環境中濃度は考慮されていないこと。

　したがって，指定化学物質の有する「危険の疑い」は「危険」と観念する

ことはできず,「リスク」として考慮すべき対象であり,指定化学物質に対する規制は,リスク配慮にあたるものと考えられる。

化審法の制度としては,「危険の疑い」の段階にある指定化学物質に対して,「危険」に該当するのかどうかを,さらなる情報を収集することによって確定させる(「根拠づけられた危険の疑い」となるかどうか,情報を収集することによって確定させる)仕組みになっている。具体的には,まず,事業者が届け出る製造・輸入数量(昭和61年改正法23条1項)などを基に,国は前述したモデルを用いたシミュレーションにより当該指定化学物質による環境汚染の程度(環境中の濃度)を算定し,人が摂取する可能性のある量を把握する。この量と指定化学物質に指定する時点で簡易的に得られた有害性の程度を基に検討して,人の健康被害が生ずるおそれが見込まれる場合には,国は,当該指定化学物質の製造・輸入事業者に対して,その物質の長期毒性試験などを実施してデータを提出するよう命じることとしている(昭和61年改正法24条1項)。こうして得られた当該指定化学物質の長期毒性データと人が摂取する可能性のある量を基にして,国は,当該指定化学物質が第二種特定化学物質(前述のように,これは,「危険」として観念すべき対象である)に該当するか否かを判定する。

なお,1992年に開催された地球環境サミットの成果をまとめたリオ宣言の第15原則は予防原則を表現している。そこでは,「深刻な,あるいは不可逆的な被害のおそれがある場合には,完全な科学的確実性の欠如が,環境悪化を防止するための費用対効果の大きな対策を延期する理由として使われてはならない[89]」と記されている。指定化学物質制度は,原因と損害との因果関係が必ずしも十分に科学的に証明されていない状況すなわち科学的不確実性が存在する[*63]状況で規制措置を実施する場合であり[90],かつ,第二種特定化学物質(広範な汚染が生じている場合,指定化学物質に長期毒性があるとわかれば第二種特定化学物質になる)による環境汚染は,想定される損害が深刻

[*63] ここにおいて,「科学的不確実性が存在する」のは,有害性(人に対する長期毒性)に関する調査が行われていないがゆえに不確実な場合で,かつ,環境汚染の程度が不明であることである。

(重大)か,あるいは回復が困難である。このことから,指定化学物質制度は予防原則を具体化した制度だと考えられる。つまり,指定化学物質制度を導入したことは,化審法において予防原則を導入して化学物質管理を行うことを意味している。

ここにおいて化審法は,制定時に規定した新規化学物質の事前審査制度[64]と昭和61年改正法で導入した指定化学物質制度という予防原則を具体化した二つの制度を用いて化学物質管理を行う体制を築いたといえる。昭和61年改正法は,1987(昭和62)年に施行され,2011(平成23)年の平成21年改正法の施行までにおよそ1150の化学物質を指定化学物質に指定した(2004(平成16)年以降は第二種監視化学物質として指定した数を含む)[65]。そして,規制対象が拡大するとともに,従来は,(第一種)特定化学物質に対する危険防御のみであったものが,指定化学物質に対するリスク配慮が加わり,段階的審査・規制制度の下で,後述する事前審査制度の充実とも相まって,リスク配慮に重点を置いた法制度に転換したといえる。

(5) わが国の化学物質管理政策における昭和61年の化審法改正の意義

前述のように,1986(昭和61)年の化審法の改正では,OECDの上市前最小安全性評価項目を導入した。さらに,予防原則を具体化した指定化学物質制度を創設し段階的な審査・規制制度を確立するとともに,高度の蓄積性はないものの環境残留性と人への有害性を有する化学物質を規制する第二種特定化学物質制度を導入した。では,この化審法改正は,わが国の化学物質管理政策の発展の中でどのような位置づけを有するのであろうか。

① 国際的整合性の確保

わが国の化審法は,化学物質管理の分野においては世界で最初の法制度として1973(昭和47)年に制定され,PCBなどの規制において所期の目的を達

---

[64] 冒頭で述べたように,化審法は制定時点で,予防原則を具体化した事前審査制度を導入している。
[65] なお,2015(平成27)年12月現在,第一種特定化学物質は30物質,第二種特定化学物質は23物質である。

した．その後，米国や欧州諸国において同様の立法が制定され始めるとともに，OECD における国際的整合性の確保に向けた動きも開始され，わが国も OECD 加盟国としてこの動きに関与した*66。その成果として 1981（昭和 56）年から 1982（昭和 57）年に策定された OECD テストガイドライン，試験施設の基準（GLP: Good Laboratory Practice，優良試験所基準），上市前最小安全性評価項目（MPD）が欧米各国などに導入された時期に，わが国もテストガイドラインや上市前最小安全性評価項目を昭和 61 年の化審法改正に合わせて取り入れることができた（なお，GLP 制度の導入は 1984（昭和 59）年）。これらはいずれも，今日では国際的に通用するものになっており，時宜をとらえて対応したことにより，わが国がこの分野の国際整合性を確保し，環境保全の観点はもとより，国際的な取引商品である化学品の分野において産業活動にも寄与したと考えられる。

　その後，OECD テストガイドラインは最新の科学的知見を取り入れて改訂が重ねられ，充実したものとなっている。1991 年の理事会決定に基づき 1992 年に開始された，OECD の HPV プログラム（High Production Volume Chemicals Program：既存化学物質の安全先点検事業を加盟国で分担して行うプロジェクト）では，上市前最小安全性評価項目が「SIDS 項目（Screening Information Data Set：有害性の初期評価に必要なデータ項目）」として新たに定義され，プログラムの中で SIDS 項目に該当するデータを収集し，これに基づき既存化学物質の有害性評価を行った（p. 160）。

　また，GLP 施設で取得された，OECD テストガイドラインに従った化学物質の審査データの相互受け入れ（MAD: Mutual Acceptance of Data）は，1997 年から OECD 加盟国以外にも拡大され，2003 年には南アフリカ，2010 年にシンガポールが参加し，2015 年末では OECD 加盟国以外で 6 か国が参加している。さらに，新規化学物質の各国への申請そのものを共通にするための

---

*66　その結果，たとえば OECD テストガイドラインでは，わが国の開発した分解性試験方法や蓄積性（濃縮度）試験方法などが採用された（OECD テストガイドライン 301C，301D，305 など）。

検討(MAN：Mutual Acceptance of Notification)が行われている*67。

② 規制対象の拡大

化審法の昭和61年改正で影響が大きかったことは，規制対象が拡大したことである。昭和48年制定法では，規制対象がPCB類似化学物質であったことから，難分解性(環境残留性)，高蓄積性，人への長期毒性をすべて備えた化学物質のみが規制対象であった。そのため，この要件の一つでも欠ければ，規制対象とはならなかった。また，長期毒性の有無を調べるためには，動物試験によれば通常1年以上の時間と1億円以上の費用がかかり，すみやかな対応をとることはできなかった。さらに，その後の知見の集積から，難分解性の化学物質は比較的多いものの，難分解性かつ高蓄積性の化学物質はそれほど多くない*68ことがわかってきた。

このような状況の中で，化審法の昭和61年改正が行われ，指定化学物質制度が導入された。これにより，難分解性で蓄積性は高くはないがスクリーニング毒性試験(OECDの上市前最小安全性評価項目に従った簡易な毒性試験)により長期毒性を有する疑いのある化学物質が指定化学物質として規制対象になった。その結果，従来は，新規化学物質の製造・輸入の届出*69をする場合に，難分解性の物質に対して蓄積性試験(濃縮度試験)を実施すれば，多くの物質は高蓄積性とはならないため，それ以上の試験をすることなく製造・輸入して差し支えないとの審査結果を得ることができた。しかし，改正により，難分解性の物質に対しては，蓄積性試験の結果高蓄積性ではないことがわかっても，スクリーニング毒性試験まで行うことが必要となった。これは新規化学物質を製造・輸入しようとする事業者にとっては負担となったが，

---

*67 OECDホームページ http://www.oecd.org/env/ehs/non-memberadherentstotheo-ecdsystemformutualacceptanceofchemicalsafetydata.htm を参照した(2015年12月30日閲覧)。

　OECD加盟国以外の審査データの相互受け入れ参加国は，アルゼンチン，ブラジル，インド，マレーシア，シンガポール，南アフリカである(2015年12月現在)。

*68 2015年12月現在で，第一種特定化学物質(難分解性，高蓄積性，長期毒性をすべて有する)30物質。監視化学物質(難分解性かつ高蓄積性)37物質。

*69 条文上は「届出」(化審法3条1項)であるが，実質的には許可申請にあたる。

事業者も申請を受け付ける行政庁も新規化学物質の有害性の知見を得ることができ，これを環境保全や事業所の安全衛生確保対策に活用する[*70]ことができるようになった。

化審法の規制対象はその後も拡大した。平成15年改正法では動植物に対して影響を及ぼす化学物質も第二種特定化学物質に加えられ，その「疑い」のある化学物質が第三種監視化学物質とされた（平成21年の改正で，第三種監視化学物質は廃止され，簡易なリスク評価によって第二種特定化学物質に該当する懸念があるため，優先的にリスク評価を行うべき物質として「優先評価化学物質」が新たに規制対象とされた）。また，平成21年改正法（現行法）では，良分解性化学物質に関しても，人または動植物に影響を及ぼすものやそのおそれのあるものは規制対象に加えられた。

③ 段階的審査・規制制度の確立——リスク配慮に基づく規制の開始

昭和48年制定法では，規制対象となる化学物質は，難分解性（環境残留性），高蓄積性，人への長期毒性をすべて備えたものであり，この要件に該当するかどうかを審査していた。そのため，長期毒性の有無を判断するには前述のように相当の時間と費用を要していた。その点で化審法の昭和61年改正による指定化学物質制度の導入はまた，段階的審査・規制制度の具体化でもあった。前述のように，化学物質による人への影響を検討するためには，たくさんの項目について確認する必要があり，これを効率化し，国際的な整合性を図るため，OECDの化学品グループにおいて上市前最小安全性評価項目の策定が行われた。

段階的審査・規制制度は，最終的には被害を生じるおそれがある化学物質を規制するのであるが，その前段の部分で，予防原則を活用して，その「疑い」のある化学物質を規制対象とした。この段階的審査・規制の考え方は，被害を生じるおそれがあるかどうかを確かめるのに時間がかかる化学物質管理において重要であり，化審法の平成15年改正でも維持された[*71]。平成21

[*70] 労働安全衛生法に基づく規制や行政指導などにより行われている。
[*71] 平成15年改正法で規定されている第二種監視化学物質は，指定化学物質の名称を変更したものである。

昭和48年制定法	特定化学物質					
昭和61年改正法	第一種特定化学物質	第二種特定化学物質		指定化学物質		
平成15年改正法	(注1)	(注2)	第一種監視化学物質	第二種監視化学物質	第三種監視化学物質	
平成21年改正法(23年施行法)	(現行)	(現行)	監視化学物質	優先評価化学物質 (注3)		

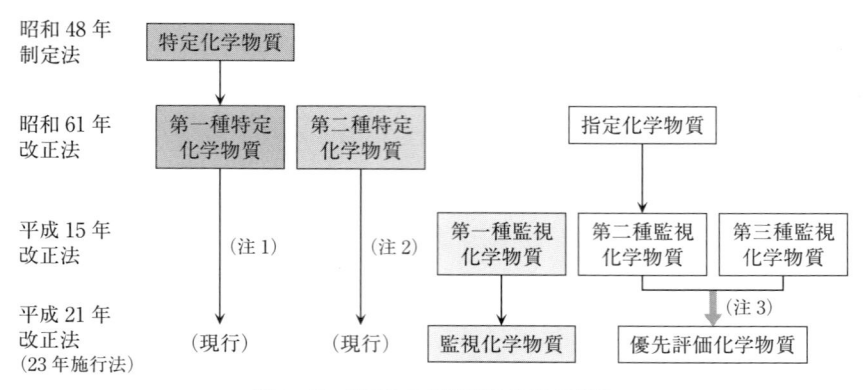

図1・3　化審法の規制対象物質の推移

(注1) 平成15年改正により，高次捕食動物に支障を及ぼすおそれのある化学物質が新たに規制対象に加えられた。
(注2) 平成15年改正により，生活環境動植物に支障を及ぼすおそれのある化学物質が新たに規制対象に加えられた。
(注3) 第二種監視化学物質および第三種監視化学物質は，有害性評価によって指定された。これに対し，優先評価化学物質は，有害性評価に暴露評価を加えたスクリーニング・リスク評価(簡易なリスク評価)の結果指定される。そのため，選定方法が少し異なる。

年改正法で導入された優先評価化学物質も予防原則を活用し，人または動植物に対して有害性の懸念のある[*72]化学物質を規制するものであり，暴露評価が加わっているが，指定化学物質制度から発展したものと考えることができる(図1・3参照)。

④ **リスク評価の導入**

指定化学物質から第二種特定化学物質を指定する場合に，リスク評価によることとなった。これは，指定化学物質および第二種特定化学物質が高度の蓄積性を有しない性質を反映している。すなわち，環境中に放出された後，生物濃縮をそれほど受けないため，環境中の濃度が低い場合には人に影響を

[*72] 「優先評価化学物質」については，条文(現行の化審法2条5項)では第二種特定化学物質に該当する疑いのある化学物質という表現はしていないが，化審法上の位置づけとしては昭和61年改正法の指定化学物質と同様である。一般化学物質または新規化学物質の中からスクリーニング・リスク評価の結果，第二種特定化学物質に該当する疑いがあるため，優先して評価すべきであるとして指定された物質が優先評価化学物質である。

及ぼすおそれはない。したがって，環境中での濃度，あるいは濃度分布が重要である。これを知るためには，環境モニタリングによることも考えられるが，環境モニタリングは何年にもわたって多くの種類の化学物質に関して多数の測定地点を設けるには限界がある。また，環境モニタリングですでにかなりの濃度で広範な地域において環境汚染が生じていることが判明してから対策を講じるのでは，遅きに失する[*73]。そのため，指定化学物質の製造・輸入量や用途を注視し，懸念がある場合(相当広範な地域の環境においてその指定化学物質が相当の濃度で残留することが近く見込まれる場合)には，モデルを用いた環境中濃度の算定を行う必要がある[*74]。このように常時，化学物質管理を行うため，モデルを用いシミュレーションを活用して環境濃度などを算定することが法制度の新たな手段とて登場した。

　このようなモデルを用いたシミュレーションにより環境中の化学物質濃度を算定する考え方は，1999(平成11)年に制定された「特定化学物質の環境への排出量の把握等及び管理の改善の促進に関する法律」(「化学物質把握管理促進法」，「化管法」，または「PRTR法」とも略称される)のPRTR制度(Pollutant Release and Transfer Register：化学物質排出移動量登録制度)にも応用されている。また，化審法の平成21年改正法で取り入れられた一般化学物質のスクリーニング・リスク評価や優先評価化学物質のリスク評価につながっていく。

(6) 小　括

　1980年代は，化学物質管理分野においては大きな変革の時代であった。本節でみてきたように，1970年代後半から1980年代にかけて欧州の各国において化学物質管理のための法律が制定され，この動きに対して，国際的に流通する商品である化学物質の規制に国際整合性を求める動きが1970年代

[*73] かなりの濃度で広範な地域において環境汚染が生じていることが判明した場合には，化審法(昭和61年改正法)24条1項の有害性の調査の指示を行うことになるが，その指示に従って事業者が動物試験や資料の収集を行い，報告が出されるまでに時間がかかることが予想される。
[*74] 1986(昭和61)年当時，わが国にPRTR制度(後述)はまだなかった。

後半に始まった。このような中で、わが国の化学物質管理政策は、この時期以降、国際的な動向と関連しながら発展していく。したがって、1986(昭和61)年の化審法の改正は、国際的な動きの中でとらえなければならない。

また、指定化学物質制度を導入したことは、化審法において予防原則を導入して化学物質管理を行うことを意味している。ここにおいて化審法は、制定時に規定した新規化学物質の事前審査制度と昭和61年改正法で導入した指定化学物質制度という予防原則を具体化した二つの制度を用いて化学物質管理を行う体制を築いたといえる。

そして、規制対象が拡大するとともに、従来は(第一種)特定化学物質に対する危険防御のみであったものが、指定化学物質に対するリスク配慮が加わり、リスク配慮に重点を置いた法制度に転換した。

これを契機に実施されたさまざまな取り組みは、その後の化審法の改正などに受け継がれ、今日につながっている。昭和61年改正の内容である段階的審査・規制制度、リスク評価などは、今日の化学物質管理を方向づけたといってよいと思われる。その意味でわが国の化学物質管理制度はこの時代に大きく進展した。まさにこの改正がわが国の化学物質管理政策の成長期だったといえる。

4. 生態系保護規定の導入——科学的不確実性の限界事例への対応

(1) 化学物質管理における生態系保護

2003(平成15)年の化審法改正により、化学物質の生態系への影響に対する審査・規制制度が導入された[*75]。従来わが国においては、化学物質管理分野を含め、環境問題への対処は人の健康被害を防ぐことを中心に考えられてきた。化審法も平成15年改正以前は、その目的規定は「人の健康を損なうお

[*75] 化審法の平成15年改正では、予防原則の適用として、生態系保全の枠組みの導入以外にも、たとえば、難分解性でかつ高蓄積性を有する化学物質(vPvB物質、vPvB: very Persistent and very Bioaccumulative)に対する規制措置も第一種監視化学物質として制度化されたが、本書では生態系保全の枠組みの制度化に焦点を絞って考察する。

それがある化学物質による環境の汚染を防止するため」(1条)とされており，化学物質による環境汚染に起因する人の健康被害を防止することを目的としていた。

　本節では，化審法において化学物質の生態系への影響に対する審査・規制制度が導入された過程を，科学的不確実性を内在する規制が予防原則の考えに基づいて制度化されたとの観点から考察する。この過程において，中央公害対策審議会の答申での指摘，環境基本法の制定，農薬分野における生態系への影響に対する評価・管理の動き，OECD 環境保全成果レビューなどさまざまなことが背景をなしている。それらを背景として環境省の検討会や経済産業省の研究会がこの問題を検討した。さらに，化審法を所管する厚生労働省，経済産業省，環境省[76]の合同審議会が開催され，化審法の改正による化学物質の生態系への影響に対する審査・規制制度の導入の方針が決定された。

　これまでに，化審法の平成15年改正法について書かれた文献[91]はあり，予防原則の適用について言及しているが，その制定過程に着目したものはないように思う。予防原則は，今日，環境法の分野における重要な概念の一つとして認識され，それを具体化した条約や法律も増えているが，その一方で，当該概念の理解やその活用の仕方には差異があるように思われる[77]。その中で，予防原則の本質は何か，立法政策上の射程をいかに画するか等の点を整理することが，今後立案される法律や条約において予防原則を活用し，環境を保全するために必要である。そのためには，これまで予防原則が活用され

---

[76] 行政組織の面では，2001(平成13)年の中央省庁の改革により環境庁が環境省になり，化学物質管理の面でも，それまで厚生省と通商産業省の共管であった化審法が，環境省を加えて，厚生労働省，経済産業省，環境省の3省の共管となった。

[77] 予防原則を具体化した法律として，2003(平成15)年制定の「食品安全基本法」11条1項3号の緊急を要する場合の施策の策定，2004(平成16)年制定の「特定外来生物による生態系等に係る被害の防止に関する法律(外来種法)」23条の未判定外来生物に対する輸入禁止措置などが挙げられるが，対象とする事項により予防原則の具体化において違いがみられる。大塚・前掲注1(2004年)法学教室285号53頁，大塚・前掲注1(2004年)法学教室286号68-71頁。

た法律や条約が，どのような問題に直面し，いかなる検討がなされ，なぜ予防原則の考え方が採用されたのか，その当時の状況まで考察した上で，その形成，発展の過程を検証することが重要である[92]と考える。

　生態系は，多種多様な種が捕食関係，共生関係などにより複雑に影響しながら微妙な均衡を保つことによって成り立っており，それを構成する動植物が複雑に影響を及ぼし合って構築されている。生態系は環境を構成する根本的な要素であるとともに，人類の存続の基盤をなすものである。複雑な系である生態系への化学物質の影響を評価する場合，科学的不確実性が多段階に介在し，そのメカニズムの解明は困難であり，評価手法は確立されてはいない。他方，化学物質の影響により生態系がひとたび壊されてしまうとその影響は深刻で回復は困難であり，化学物質が生態系に与える影響のメカニズムが科学的に解明されるのを待っていたのでは，生態系を保護することは難しい。この状況は，地球環境サミットの成果として公表されたリオ宣言の第15原則である予防原則の適用要件(p.151)に該当するものと考えられる。したがって，化審法の中で一つの領域を構成している生態系への影響に対する審査・規制制度は，予防原則の具体化の一例である。

　そして，後述するように化学物質の生態系への影響には科学的不確実性が多段階に介在しており，評価手法は確立されていない。このような状況で，化審法の平成15年改正法では，化学物質の生態系への影響に対し法的規制を行うにあたって予防原則を適用した。これは，科学的不確実性が大きい事象に対して予防原則を適用した限界事例の一つだと考えられる。本節では，化審法の平成15年改正において，このような限界事例に対して予防原則がどのような考えに基づいて適用され，第三種監視化学物質制度が導入されたのか，その過程と意義を明らかにしたい。それにより，予防原則の一つの射程とその限界を示すことができるのではないかと考えている。

(2) わが国における生態系保全の沿革

① 法制度による生態系保全の始まり

　わが国の自然保護法の先駆けとしては，1919(大正8)年に制定された史蹟

名勝天然紀念物保存法*78 があるが，学術上価値の高い動植物に限定して，これらの保護を目的としたものであり，生態系を保全する法律と位置づけるのは難しい。また，1897(明治30)年制定の森林法の保安林の制度や1931(昭和6)年制定の国立公園法は，自然の保護とともに防災や自然の利用が目的であった。さらに，1964(昭和39)年制定の林業基本法では，現行の森林・林業基本法2条の「森林の有する多面的な機能の発揮」を見出しとする条文はなく，森林の自然環境の保全機能を指摘した規定はなかった。この条文が追加されたのは2001(平成13)年改正の時点である。なお，国立公園法を発展させて，1957(昭和32)年に自然公園法が制定された。この法律に，国や地方公共団体の責務として生態系保全が明記された(3条2項)のは2002(平成14)年で，目的規定(1条)に「生物多様性に寄与すること」が追記されたのは2009(平成21)年である[93]。

わが国では，生態系を法律によって保全することは，1970(昭和45)年のいわゆる公害国会(第64回臨時国会)において公害対策基本法が改正されることにより始まったと考えられる。このときに，「自然環境の保護」に関する条文が追加され，「政府は，この節に定める他の施策と相まつて公害の防止に資するよう緑地の保全その他自然環境の保護に努めなければならない。」と規定された(公害対策基本法17条の2)。ここで初めて，「自然環境の保護」が政府の務めとして規定された。そして，この条文の「その他自然環境」とは，自然公園などに指定された限られた地域だけでなく，広く自然を保存・育成することが望ましい環境[94]を指すと解される。

それ以前においては，昭和42年に制定された公害対策基本法において，法の目的として「国民の健康を保護するとともに，生活環境を保全する」と規定されていた(公害対策基本法1条1項)。ただし，制定当時の公害対策基本法では，「前項に規定する生活環境の保全については，経済の健全な発展と調和が図られるようにするものとする。」とのいわゆる調和条項が規定されていた(公害対策基本法1条2項)。そのため，制定当時の公害対策基本法で

---

*78 「天然紀念物」は，原文の表記に従った。

は，国民の健康の保護に関しては，これを絶対的なものとして取り扱う一方で，生活環境の保全については，経済の健全な発展との調和が図られるようにしていた。しかし，1970(昭和45)年公害国会での同法の改正によって，調和条項は削除され，国民の健康の保護と生活環境の保全はともに全力を挙げて取り組むべき本法の絶対的な目的となった[95]。ここで規定されている「生活環境」は人の生活に密接な関係のある動植物とその生育環境を含む(公害対策基本法2条2項)概念であり，一般の生態系よりは狭い範囲を指している。

その2年後の1972(昭和47)年には自然環境保全法が制定された。この法律の特徴は，優れた景観の保全や自然の利用あるいは防災目的などとは一線を画していることである。この法律は，自然環境保全に関する基本法としての性格をもつ法律として制定され，制定当時は，その目的として「自然環境の保全に関し基本となる事項を定める」(自然環境保全法1条)と規定されていた[*79]。

翌年の1973(昭和48)年には，自然環境保全法12条に基づき，自然環境保全基本方針が閣議決定された。この基本方針の「第1部 自然環境の保全に関する基本構想」の中で，「人為のほとんど加わっていない原生自然地域(中略)等は，多様な生物種を保存し，あるいは，自然の精緻なメカニズムを人類に教えるなど，国の遺産として後代に伝えなければならないものである。いずれもかけがえのないものであり，厳正に保存を図る。」としている。公害問題の反省に立ち，生物多様性の観点から自然環境の保全を提唱したものである。

② OECDの上市前最小安全性評価項目に関する理事会決定と化審法の昭和61年改正時の対応

OECDでは化学物質の安全性(有害性)を段階的に審査するため，最初の

[*79] 1993(平成5)年の環境基本法の制定に伴い，環境保全法の目的規定(第1条)が改正され，現行法にはこの文言はない。また，制定当時に「基本理念」の見出しで第2条に規定されていた「自然環境の保全は，自然環境が人間の健康で文化的な生活に欠くことができないものであることにかんがみ，広く国民がその恵沢を享受するとともに，将来の国民に自然環境を継承することが適正に行われなければならない。」の条文もこのときに削除された。環境基本法3条に継承されたとみることができる。

段階で「ふるい分け（スクリーニング）」を行うための項目として上市前最小安全性評価項目（MPD）が設定された（p.104）。

OECD理事会は1982（昭和57）年に，上市前最小安全性評価項目の理事会決定を行った（p.104）。この中には生態毒性の項目があり，この決定の付属書に，最初の段階における「ふるい分け」の基礎となるデータの項目とその試験方法が示されている。この中に生態毒性の指標としては，この時点で，藻類，ミジンコ，魚類という3種類の水生生物による毒性データから推測する方法が挙げられていた。

OECD理事会決定を受けて，欧米各国では，新たに市場に流通させる化学物質に対する安全性の評価項目に生態毒性データを含める国が多かった。わが国においては1986（昭和61）年の化審法改正時に，OECDの上市前最小安全性評価項目の導入が行われたが，生態毒性については導入されなかった。当時の化審法では，その目的規定は「人の健康を損なうおそれがある化学物質による環境の汚染を防止するため」（昭和61年改正法1条）とされており，化学物質による環境汚染に起因する人の健康被害を防止することを目的としていた。そのため，OECDの上市前最小安全性評価項目の導入が行われた際に，生態毒性の項目については採用されなかったものと考えられる。化審法の昭和61年改正を審議した化学品審議会安全対策部会の意見具申（「化学物質安全確保対策の今後の在り方について」）において，OECDの上市前最小安全性評価項目の「実際的適用に当たっては，各国固有の社会経済的条件の下で考えていくべきものと理解されている[96]」と述べられている。これを受けて，「従って，OECD-MPD（OECDの上市前最小安全性評価項目）を分割して導入することも含め，より弾力的に考えるべきであると指摘がある[97]」としており，わが国の当時の状況に合わせてOECDの上市前最小安全性評価項目を必要な部分だけ導入することもできると解釈したと思われる。さらに「現在，CECD-MPDに関し化学物質の人への暴露量により注目して評価すべきであるとする考え方が強まってきている[98]」と述べられている。このようなことから，当時は，わが国の化学物質管理は化学物質による環境汚染に起因する人の健康被害を防止するものと考えられており，生態系を保全するところま

でには至らなかった。

③ 中央公害対策審議会による生態系影響に対する指摘

1989(平成元)年から1990(平成2)年にかけて,船底塗料や漁網の防汚剤に用いられていた有機スズ化合物の一部が瀬戸内海などの海域を汚染していることが明らかになり,トリフェニルスズ化合物やトリブチルスズ化合物の一部が化審法の第二種特定化学物質に指定され規制された。ただし,当時の化審法は化学物質による環境を経由した人の健康被害を防止することを目的としており,動植物や生態系に対する化学物質の悪影響に対して規制措置をとるものではなかった。そのため,このような海洋汚染対策も,環境汚染を介した人の健康被害を防止することを目的とした規制措置であった。

このような状況で,わが国においても化学物質の生態系への影響にも考慮すべきであるとの指摘が中央公害対策審議会においてなされた。1993(平成5)年1月の中央公害対策審議会答申「水質汚濁に係る人の健康の保護に関する環境基準の項目追加等について」の中で,「7. 今後の課題」として,「今回は,あくまで人の健康の保護に関する環境基準を設定するという観点から検討を行ったが,化学物質による水環境の汚染への対応を検討する場合,人の健康の保護の観点からのみならず,水生生物や生態系への影響についての考慮も重要である」との指摘がなされた[*80]。

④ 環境基本法の制定と化学物質管理分野の課題

1992年の地球環境サミットを契機として,1993(平成5)年11月には従来の公害対策基本法に代わり環境基本法が制定され,生態系の保護の考え方がその条文中にも規定された。その中には,「環境の恵沢の享受と継承等」を見出しとする3条のように,自然環境保全法の条文(平成5年改正以前の2条)に由来するものもある[99]。この3条では,「生態系が微妙な均衡を保つこ

[*80] この流れを受けて,1999(平成11)年2月の中央環境審議会答申「水質汚濁に係る人の健康保護に関する環境基準の項目の追加等について(第1次答申)」および2003(平成15)年9月の同審議会答申「水生生物の保全に係る水質環境基準の設定について」を経て,同年11月環境基本法16条1項に基づき,「生活環境を保全する上で維持されることが望ましい基準」(生活環境項目)として亜鉛の環境基準が策定された。

とによって成り立っており」将来にわたって環境保全を適切に行わなければならない旨，規定されている[*81]。このように，環境基本法の制定によって生態系の保全が明確に規定され，わが国の環境法や環境政策の基本的な方針とされた。

このような状況の中で，1994（平成6）年には，環境基本法15条の規定に基づき，第1次環境基本計画が策定された。この中の「第2部 環境政策の基本方針」において生態系が微妙な均衡を保つことによって成り立っており，環境が健全に維持されることが必要である旨が述べられている。化学物質管理分野でも「第3部 施策の展開／第5節 化学物質の環境リスク対策」において，人間の健康や生態系に有害な影響を及ぼすおそれのある化学物質について，より効果的な環境リスク評価・管理手法を検討することが述べられている[*82]。

こうして，環境基本法の制定を契機として，わが国の環境政策の基本的な方針として生態系の保全が位置づけられ，これに従って化学物質管理分野においても，人の健康と並んで生態系への影響をいかに評価・管理するかが課題とされた。

⑤ **農薬の生態系への影響に関する検討の開始，**
　　　　　　　　PRTR制度の制定と第2次環境基本計画

上記の有機スズ化合物による環境汚染や，1990年代後半に社会的に問題になったいわゆる環境ホルモン問題などを契機に，化学物質による動植物などへの影響（生態系への影響）がわが国においても関心を集めるようになった。環境ホルモン問題に対応して，環境庁は，1998（平成10）年5月，動植物への

[*81] また，環境基本法では，施策の策定等に係る指針を定めた14条において，自然環境が適正に保全されることや生態系の多様性の確保が図られることが規定されている。
[*82] 生態系に対する化学物質の影響を把握するため，環境庁では1995（平成7）年度より，水生生物（藻類，甲殻類，魚類）を用いた生態影響試験を開始した。OECDテストガイドラインの定めた試験方法に準拠して，生産量，環境残留性を考慮して水生生物に対して影響が予測される化学物質を対象にして試験を実施し，その結果を公表している（環境省生態系保全等に係る化学物質審査規制検討会報告書「生態系保全のための化学物質の審査・規制の導入について」（平成14年3月）10頁）。

影響(内分泌かく乱作用)が疑われる化学物質のうち優先して調査研究を進めていく必要のある化学物質をリストアップしてその影響を調査するためのプロジェクトである環境ホルモン戦略計画 SPEED'98 を開始した[83]。

この動きと前後して，1998(平成10)年2月に環境庁水質保全局(当時)に農薬生態影響評価検討会が設置され，農薬の生態系影響の評価に関して，基本的な考え方の検討が開始された。農薬登録に際しては，農薬取締法3条に基づく農薬登録保留基準があり，「水産動植物に著しい被害を生ずるおそれがあるとき」(農薬取締法昭和46年改正法3条1項6号)は登録を保留することになっていた。当時は，水田で使用される農薬に対して，このための試験として1963(昭和38)年に導入されたコイに対する急性毒性試験が用いられていたが，生態影響全般を評価するようなものではなかった[84]。

農薬は環境中で使用し，その量も相当なものであるため，生態系への影響を評価し，生態系に悪影響を与えることのないよう登録段階で規制する必要があった。欧米各国の評価・規制制度を比較検討し，わが国における自然条件や生態系を踏まえた上で，わが国に適した評価・規制制度の検討を行い，1999(平成11)年1月に(第1次)中間報告を行った。引き続き，同年2月から

---

[83] 環境ホルモン戦略計画 SPEED'98(Strategic Programs on Environmental Endocrine Disruptors '98)は，その後修正され，2005(平成17)年5月に ExTEND(Enhanced Tack on Endocrine Disruption)2005 になり，2010(平成22)年7月から EXTEND(Extended Tasks on Endocrine Disruption)2010 として行われている。

[84] コイに対する急性毒性試験が導入されたのは次のような背景がある。当時，水田などで除草剤として用いられていた PCP(ペンタクロロフェノール)は魚類に対する毒性が強く，単位面積当たりの使用量が多かった。1962(昭和37)年 PCP 除草剤が水田で使用された直後に集中豪雨があり，これにより流出した PCP が関与したと思われる水産動植物の被害が有明海や琵琶湖で発生した。PCP の影響とは必ずしも断定できないとの見解も一部にあったが，1963(昭和38)年に農薬取締法が改正され，その内容の一つとして，水産動植物の被害を防止するため，一定以上魚類に対する毒性の強い農薬の使用を禁止した(農薬として登録できなくした)。また，農薬として登録できる場合には魚類に対する毒性の強さに応じた使用上の注意事項を農薬の容器または包装に表示することとした。さらに，「指定農薬」制度を設け，都道府県知事が規制することにし，PCP を指定農業に指定した(後藤真康「農薬取締法改正と今後の農薬使用」植物の化学調整6巻2号(1971年)159-160頁)。

は検討会の下に三つのワーキンググループを設置して，農薬の環境中の濃度の算出方法の検討など具体的な検討を行った。その結果，2002（平成14）年5月には農薬生態影響評価検討会第2次中間報告がまとめられ，最終的には2005（平成17）年に水産動植物に対する毒性に係る登録保留基準が強化された。内容は，魚類，甲殻類，藻類に対する急性影響濃度を基準値として，公共用水域における当該農薬の予測濃度がこれを上回る場合は農薬登録が保留されるというものである。

また，1999（平成11）年に制定されたPRTR法（p.125）では，排出量届出などの対象となる化学物質の選定にあたって，人の健康を損なうおそれのあるものだけではなく，動植物の生息もしくは生育に支障を及ぼすおそれのある化学物質も対象とされた[*85]（PRTR法2条2項1号）。これは，PRTR制度の導入を審議した中央環境審議会の中間答申において「PRTRの対象物質は，人の健康への影響のみならず，生態系への影響も考慮して幅広く選定する」とされたことを反映している[100]。

このような動きの中で，2000（平成12）年に策定された第2次環境基本計画では，「第3部 各種環境保全施策の具体的な展開／第1章 戦略的プログラムの展開／第5節 化学物質対策の推進」において，「化学物質と生態系の関係については，既に諸外国の化学物質関連法制度において人の健康に加えて環境の保護が目的とされ，（中略）人の健康だけでなく，生態系への化学物質の影響（生態系を構成する生物に対する影響を含む。）の重要性が認識されつつあります。このため，農薬を含めた様々な化学物質による生態系に対する影響の適切な評価と管理を視野に入れて化学物質対策を推進することが必要です。」と述べられている[*86]。こうして，第2次環境基本計画においては，第1次環境基本計画よりもう一歩踏み込んだ表現を用いて，化学物質による生態影響の評価・管理を推進すべきことが述べられている。

[*85] さらに，オゾン層を破壊する性質のある化学物質も対象とされた（PRTR法2条2項3号）。
[*86] 同じ第5節で，1999（平成11）年に制定されたPRTR制度に基づき，事業者に自主的な化学物質管理を行う責務が課されたことも述べられている。

⑥ OECD 環境保全成果レビュー

OECD では，1991(平成 3)年の環境大臣会合の合意に基づき環境保全成果レビューを行っている。これは OECD 加盟国が相互に各国の環境保全に関する取り組みを体系的に審査し，必要な勧告を行うものである。ただしこの勧告は被審査国に対して勧告内容の実施を義務づけるものではなく，あくまでも被審査国の環境政策の進展を支援することが目的である[87]。

OECD の事務局を中心とする審査団は，2001(平成 13)年 5 月に来日し，わが国の関係機関に対してヒアリングを実施した。このヒアリング結果と審査団が収集した資料を基に審査報告書案が作成され，2002(平成 14)年 1 月 9〜11 日に，パリの OECD 本部で開催された第 21 回 OECD 環境政策員会・環境保全成果ワーキングパーティー会合でこの案が討議され承認された。

この報告書の「結論および勧告(Conclusions and Recommendations)」では，1990 年代におけるわが国の環境行政の進展が評価された上で，経済的手法や費用対効果分析が不十分であるなどの横断的事項についての勧告がなされた。さらに，大気，水質，廃棄物，自然保護，化学物質対策，温暖化対策など個別分野に対して多くの勧告がなされた。このうち，化学物質管理分野に対しては，「化学物質管理に生態系保全を含むよう規制の範囲をさらに拡大すべきである」との勧告がなされた。

⑦ 新・生物多様性国家戦略における化学物質管理に対する指摘

1992(平成 4)年，生物多様性条約が制定され，翌年わが国も締結した。この条約の 6 条に締約国は「生物の多様性の保全及び持続可能な利用を目的とする国家的な戦略若しくは計画を作成」することが規定されており，1995(平成 7)年に(第 1 次)生物多様性国家戦略が策定された。2002(平成 14)年 3 月には，これを見直して，新・生物多様性国家戦略が策定された[88]。

---

[87] OECD の環境保全成果レビュー(Environmental Performance Reviews)では，わが国は，1994(平成 6)年，2002(平成 14)年，2010(平成 22)年に審査を受けている。また，OECD の環境保全成果レビューが開始される以前に，1976(昭和 51)年から翌年にかけて，OECD 環境委員会がわが国の環境政策に対してレビューを行った。

[88] 当時は，生物多様性基本法はまだなかった。2008(平成 20)年の生物多様性基本法制

当時，いわゆる環境ホルモン問題(内分泌かく乱物質問題)が注目されていたこともあり，この国家戦略では「第1部 生物多様性の現状と課題／第1章 生物多様性の危機の構造／3 第3の危機」の項で，化学物質による生態系への影響のおそれが指摘されている。そして，「第4部 具体的施策の展開／第2章 横断的施策／第1節野生生物の保護と管理」では，「(2)化学物質対策」の項を設けて，化学物質の生態系への影響に対処する政策を進めることを述べている。すなわち，「化学物質と生態系の関係については既に諸外国の化学物質関連法制度において人の健康に加えて生態系を含む環境の保護が目的とされ，また，化学物質の野生生物への内分泌かく乱作用の疑いが注目されるなど，生態系への化学物質の影響の重要性が認識されつつあります。このため，わが国においても(中略)様々な化学物質による生態系に対する影響の適切な評価と管理を視野に入れた化学物質対策を推進します。」としている。

この国家戦略の化学物質管理に言及した部分は，この国家戦略が閣議決定された2日後に公表された[*89]環境省の検討会の報告書「生態系保全のための化学物質の審査・規制の導入について」(後述)と同様の趣旨である。

(3) 生態系保全のための化学物質規制の検討の経緯

① 環境省の検討会の報告書の提案――「生態系保全のための化学物質の審査・規制の導入について」

このようなことを背景にして，生態系の保全を目的とした化学物質の審査・規制の枠組みをわが国の化学物質管理制度に導入することについて検討する[101]ため，2001(平成13)年10月に環境省環境保健部長の委嘱により「生

定後は，同法11条に基づいて生物多様性国家戦略が策定されることになり，2010(平成22)年3月に，同法に基づく生物多様性国家戦略が策定された。
[*89] 新・生物多様性国家戦略が閣議決定されたのが2002(平成14)年3月27日で，環境省の生態系保全等に係る化学物質審査規制検討会の報告書が公表された(記者発表され，パブリックコメントの募集を開始した)のが3月29日である。

態系保全等に係る化学物質審査規制検討会*90」が設置され，検討が開始された[102]。

　この検討会では，環境基本法3条で掲げられている「生態系が微妙な均衡を保つことによって成り立っている環境を維持していかなければならないという理念」に基づいて，化学物質も生態系に影響を及ぼすものについては，「生態系保全のため相応の規制措置が必要である」との基本的な認識に立った[103]。そして「化学物質の環境汚染は，生態系を構成する生物の生息・生育や繁殖に支障を及ぼし，生態系の機能と構造に影響を及ぼすおそれがある[104]」とされ，「特に群集レベルでの継続的又は不可逆的な影響は，生態系の機能と構造の維持の観点から厳に回避すべきものである[105]」とされた。

　また，OECDが1982年に理事会決定を行った上市前最小安全性評価項目（MPD）の中にも，生態毒性データとして魚類，甲殻類（ミジンコ），藻類に対する毒性試験データが含まれている。これを受けて，EU，カナダ，オーストラリアなどでは，新たに市場に流通させる化学物質に対する安全性の評価項目に生態毒性データを含めていた[106],*91。

　このような認識に基づき，「化学物質の審査・規制を，人の健康だけでなく生態系保全の観点から行うことは，環境基本法の精神に沿うもので，また，国際的に既に定着しており，わが国においても，このような対策を進めるべきである[107]」との基本的な方針が示された。なお，この検討会の第4回会

---

*90　この検討会は，国立環境研究所化学物質環境リスク研究センター長の中杉修身を座長とし，学識経験者，化学工業会の代表者，NPOの代表者など11人から成り，6回にわたる検討の結果，2002（平成14）年3月に「生態系保全のための化学物質の審査・規制の導入について」と題する報告書をまとめた。

*91　環境省は，2001（平成13）年11月に国際シンポジウム「生態系保全のための化学物質対策」を開催し，オランダ，EU，米国から化学物質の生態影響評価の専門家を招いて国際動向の講演とパネルディスカッションを行った。最後に，このシンポジウムの総括がなされ，「化学物質による生態系への影響を評価するため，生態毒性試験は重要であり，OECDが推奨している藻類，甲殻類（ミジンコ），魚類の3種による試験は，生態系に影響を及ぼす可能性のある化学物質をふるい分けるための初期評価には十分使用できることなどの結果を得た」としている（同検討会第3回参考資料1「国際シンポジウム『生態系保全のための化学物質対策』の結果について」）。

合(2002(平成14)年1月25日開催)で，上記のOECD環境保全成果レビューの結果が提示された。委員から，レビューでの指摘事項への環境省としての対応について問われ，環境省として「(このレビューにおける)指摘を踏まえて今後の施策に反映していく[108]」との姿勢が示された。

　2002(平成14)年3月に検討会は，「生態系保全のための化学物質の審査・規制の導入について」と題する報告書をまとめた。報告書では，当時，OECD加盟国のうち，わが国の化審法のように新規化学物質に対する事前審査制度を有する国が25か国あり，生態影響試験を新規化学物質の申請事業者に要求できないのはわが国だけである点を指摘している[109]。その一方で，当時，わが国のPRTR制度の対象となる354物質のうち58物質は水生生物への毒性のみを有害性の根拠として選定されていることや，農薬では生態系への影響評価を基にした登録保留基準の設定など検討が行われていることを紹介している[110]。さらに前述したOECDによる環境保全成果レビューを引用し「化学物質管理の効果及び効率をさらに向上させるとともに，生態系保全を含むように規制の範囲をさらに拡大すること」と勧告された点を指摘している[111]。

　このようなことを検討した上で，生態影響に関する試験のあり方として，新規化学物質については，生態毒性試験の実施を求めるべきであるとした。そして，OECDが勧告した上市前最小安全性評価項目や諸外国での実施状況を考慮すれば，生態系中の食物連鎖を踏まえ，生産者，一次消費者，二次消費者という生態学的な機能に着目して，生産者である藻類，一次消費者であるミジンコ(甲殻類)，二次消費者である魚類を対象とした急性毒性試験を基本的な試験として位置づけることが適当であるとした[112]。なお，急性毒性試験としたのは，水生生物の急性毒性試験結果と慢性毒性試験結果との間にある程度の相関関係がみられることから，急性毒性試験の結果を慢性的な影響の指標として活用することもできると考えられるからである[113]。

　報告書は，化学物質の生態系への影響の重要性に鑑み，生態系の保全を目的とした化学物質の審査規制の枠組みを導入することが必要であり，そのための試験および評価の実施が可能であると検証ができたと結論づけてい

る[114]。そして，その枠組みの速やかな実現を図るよう求めたい，として報告を結んでいる。

② 経済産業省の研究会の「中間とりまとめ」

一方，経済産業省では，2002(平成14)年4月から製造産業局次長の私的研究会として「化学物質総合管理政策研究会」が設置され[*92]，化学物質のリスクに着目した審査・規制制度を化学物質管理政策として環境省とは違った視点から検討することとなった[*93]。その当時は，化審法の審査および規制は，第二種特定化学物質の指定を検討する場合以外は，化学物質の有する有害性(ハザード)に基づいて行われていたが，環境を経由して人々が暴露される可能性のある化学物質による悪影響を防止する観点から考えれば，環境への排出量や人々の摂取量に注目すべきであるとの問題意識に立脚していた[115]。

また，ここでの検討課題として，この年の1月にOECD環境保全成果レビューで指摘され，3月には環境省の検討会が提案した化学物質の悪影響から生態系を保全することに関してもその対策の検討が行われた。この研究会では，それ以外にも多くの論点(産業界の自主管理など)について議論がなされたが，ここでは化学物質の悪影響から生態系を保全する対策に関連する部分に焦点を絞って述べることとする。

研究会では，「生態系への悪影響」の考え方として，OECDにおける生態毒性専門家グループの議論を引用し，「持続的又は不可逆な影響が最も重要であり，生態系の機能と構造，特に群集レベルで，何らかの損傷を与えることが好ましくない影響」としている[116]。

主な論点として，生態系に影響を及ぼす化学物質について管理を行う際の目的をどのように設定すべきか，すなわち多種多様な生物およびその生息環

[*92] 経済産業省では，この研究会とは別に，2001(平成13)年12月から産業構造審議会化学・バイオ部会化学物質管理企画小委員会において化学物質管理を担う人材育成のあり方などを検討した。そして，2002(平成14)年7月に「化学物質管理のための体制整備について—人材育成と教育の在り方—」(中間報告)をとりまとめた。

[*93] また，この研究会では，PRTR法に基づく産業界の自主管理に関連して，化学物質管理における国と産業界などの役割分担なども検討課題にされ，協働の考え方の化学物質管理政策への導入が検討された(同研究会「中間とりまとめ」)。

境までを包含する「生態系」を保全する(生態影響)のか，それとも生態系に生息する特定の個々の生物を保全する(生物影響)のかが問題となった[117]。この点について PRTR 制度の対象物質では，PRTR 法2条2項1号で「動植物の生息若しくは生育に支障を及ぼすおそれのあるもの」とされており，生態影響(生態毒性)を問題にしている[118]。また，環境基本法16条に基づく環境基準のうち，生活環境項目として水生生物保全に係る水質目標について，当時，環境省で検討されていたが，環境基本法2条3項で「生活環境」とは，「(前略)人の生活に密接な関係のある動植物及びその生育環境を含む」と定義されており，ここでも生態影響が問題にされていることを指摘している[119]。

生態影響を問題にするとき，藻類，ミジンコ，魚類といった単一生物種の毒性試験結果から外挿を行い生態リスク評価のための毒性レベルを求める手法については，生態系自体を対象としたものではなく，物質循環や生物間の複合作用を考慮していないとの問題点の指摘もなされている[120]。現状では，生態系全体への悪影響を評価する手法が確立していないため，この手法では多くの不確実性が伴う[121]とされている。

2002(平成14)年7月に同研究会は「中間とりまとめ」を公表した。その中の「4. 化学物質総合管理政策の充実・強化について／(3)『生態毒性物質』に関する取組の強化」において，生態系の保全を目的とした化学物質管理の必要性を述べている。そこではまず生態系が「人類存続の基盤であり，現在及び将来の世代の人間が健全で恵み豊かな環境の恵沢を享受できるよう化学物質による生態系への影響の適切な評価と管理を視野に入れ，対応を進めることが必要である」との認識を示している[122]。

次に，現状では生態系全体への影響を評価する手法が確立されていない点に触れ，「生態系全体への影響を推定する場合には，個別生物種の毒性試験結果から種間差等の外挿を行っているが，その場合には多くの不確実性を伴う」点を指摘し，科学的知見の充実に取り組むことが必要であるとしている[123]。このように，生態系全体に対する影響を対象としながら，その手法が未確立であり，現状では多くの科学的不確実性が介在することを認めている。

対策としては，事業者の自主管理を促進するため，化学物質の生態毒性に関する情報を他の事業者に提供することが重要であるとして，MSDS制度（MSDS: Material Safety Data Sheet：化学物質安全性データシート[*94]）の活用やGHS表示（GHS: Globally Harmonized System of classification and labeling of chemicals：化学品の分類および表示に関する世界調和システム[*95]）の導入を提言している。さらに，化学物質による「生態系に対する深刻なあるいは不可逆な影響を防止する」ために，事前審査制度への生態毒性項目の導入が望ましいとしている[124)]。

③ 3省合同審議会による答申――「今後の化学物質の審査及び規制の在り方について」

上記のような検討を経て，2002（平成14）年10月，化審法を所管する厚生労働省，経済産業省，環境省の審議会[*96]の合同（以下本節では，「合同審議会」とよぶ）による検討が開始された。このとき，環境省では，環境大臣から中央環境審議会会長に対して「今後の化学物質の審査及び規制の在り方について」審議会の意見を求める諮問が行われた。

諮問においては，化審法に基づく化学物質管理に生態系保全の観点を導入する必要性が指摘されていることから，より合理的かつ効果的な化学物質の審査の促進などを図るよう検討することが求められた。諮問理由をみれば，この年の1月のOECDの環境保全成果レビューで，化学物質管理において

[*94] 化学物質安全性データシートとは，事業者間で化学物質を受け渡す際に，当該化学物質の性質，毒性，取扱上の注意，緊急時の措置などを簡潔に表にまとめたもので，特定の化学物質については，PRTR法でその受け渡しが義務づけられている。SDSともよばれる（序章参照）。

[*95] 化学品の分類および表示に関する世界調和システムとは，世界的に統一されたルールに従って，化学品を危険有害性の種類と程度により分類し，その情報が一目でわかるよう，図案で表示するシステム。国連の経済社会理事会が各国に導入を呼びかけている。

[*96] 厚生労働省，経済産業省，環境省の審議会は，それぞれ，厚生科学審議会，産業構造審議会，中央環境審議会である。実際の検討にあたったのは，それぞれの審議会の下部組織である化学物質制度改正検討部会化学物質審査規制制度の見直しに関する専門委員会，化学・バイオ部会化学物質管理企画小委員会，環境保健部会化学物質化学物質審査規制制度小委員会である。

第 1 章　わが国の化審法の成立と発展　143

生態系保全を含むように規制の範囲をさらに拡大することが勧告されたことと，2000（平成12）年に策定された第 2 次環境基本計画において生態系に対する化学物質の影響の適切な評価と管理を推進することが必要だとされたが，それらが諮問につながったことがわかる[125]。このことから，このときの化審法改正の主な目的は，化学物質管理に生態系保全の枠組みを導入することであると読み取ることができる。

　合同審議会では，生態系保全の枠組みの導入以外にも，難分解性でかつ高蓄積性を有する化学物質（vPvB 物質，p. 126）への対応などについて審議された[126]が本節では生態系保全の枠組みの導入に絞って考察する。

　審議を経て，2003（平成15）年 1 月に合同審議会は検討結果を「今後の化学物質の審査及び規制の在り方について」としてまとめた。生態系保全の枠組みの導入に関しては，次のようにまとめられた。

　基本認識としては，化学物質の中には「生態系に何らかの影響を及ぼす可能性は否定しえない」ものがあるが，「化学物質による生態系全体への影響を評価する手法が確立されていない」。その中で，個別の試験生物に対する有害性の評価を活用して生態系への影響の可能性を可能な限り考慮しようとしている。こうした状況を踏まえると，政府における他の取り組み*97 も考慮に入れ，「生態系への影響と因果関係に関する科学的不確実性に留意しつつ，各種の制度において整合性のとれた考え方の下で，化学物質の審査・規制制度においても，化学物質の環境中の生物への影響に着目した」対応が必要である[127]としている。

　次に，審査及び規制の基本的考え方として，生態系への影響は「生態系の機能と構造を損なうことと考えることができる」が，「科学的因果関係を含め，（化学物質の）寄与の程度を具体的に把握することは容易ではない」し，その「手法は確立したものとはなっていない」[128]。一方，「特定の生物個体群に重大な影響が生じる場合には，生態系の機能と構造に何らかの影響を及

---

*97　前述した水生生物の保全に係る水質環境基準の設定の取り組みや，農薬の水産動植物に対する毒性に係る登録保留基準の設定の取り組みを指している。

ぼす可能性を否定しえない場合がある。このような点に着目して，化学物質の特定の生物に対する個体群レベルでの致死，成長，繁殖などへの影響を評価することにより，生態系に何らかの影響を及ぼす可能性が示唆される化学物質を特定することは可能と考えられ」る[129]としている。したがって，当時利用されていた生態毒性試験を活用することにより，「生態系への何らかの影響の可能性が示唆される化学物質を特定できる[130]」としている。「具体的な評価の方法としては，生態系の機能において重要な食物連鎖に着目し，生産者，一次消費者，二次消費者等の生態学的な機能で区分しそれぞれに対応する生物種をモデルとして用いるとの考え方に基づき，試験実施が容易な藻類，ミジンコ（甲殻類），魚類の急性毒性試験の結果を用いて評価することが適当と考えられる[131]」としている。

　これらを踏まえて，生態系に支障を及ぼす（生態毒性がある）化学物質に対する規制の基本的考え方およびその枠組みとして，製造・輸入量の制限や使用の制限などの直接規制措置を講ずる場合には，「定量的評価に基づきリスク管理に必要な目標値等が合理的に設定されることが必要である[132]」としている。一方，直接規制以外の方法で生態毒性を有する化学物質の「環境への放出を抑制するための適正管理を促す措置を講ずる場合には，必ずしも定量的な目標値等の設定を前提とする必要はないと考えられる[133]」としている。

　その上で，「保護の対象を一定の範囲に限定することによって，それらの動植物に対し被害を生ずるおそれについて定量的に評価することが可能となる場合もある。このような場合には，リスク管理に必要な目標値等が合理的に設定できるため，（中略）直接規制の導入を検討することも可能である」としている[134]。そして，保護の対象となる生物の選定に関して，環境基本法16条に基づく環境基準の設定の検討において定量的な評価が行われている「生活環境に係る動植物[*98]」とすることを提案している[135]。つまり，生活環境に関わる動植物への被害を生ずるおそれがある化学物質については「定量

[*98] 環境基本法2条3項の定義に基づけば「人の生活に密接な関係のある動植物」ということになる。

的な目標値等に基づく直接規制措置を導入する」としている[136]。

化審法の具体的な制度の提案としては，難分解性で生態毒性を有する化学物質については，さらにそれが「生活環境に係る動植物」に対しても一定の毒性を有し，かつ，相当広範な地域の環境に相当程度存在する場合(近くその状況に至ることが見込まれる場合を含む)には，第二種特定化学物質のように，被害の発生を防止するために必要な場合には製造・輸入量の制限などの措置を行うこととしている[137]。

また，この前の段階である難分解で生態毒性を有する化学物質については，環境中の濃度が相当広範な地域の環境において相当程度にならないように監視を行い，放出抑制を促すこととしている[138]。

(4) 平成15年の化審法改正──予防原則の適用としての生態系に影響を与える物質の規制の開始

2003(平成15)年の化審法改正では，化学物質の人の健康に対する影響だけでなく，動植物に対する影響もこの法律の対象範囲に加えられた(平成15年改正法1条)[*99]。これに伴い，第二種特定化学物質の要件として，「生活環境に係る動植物」(生活環境動植物)の生育に支障を及ぼすおそれのある化学物質が加えられた(平成15年改正法2条3項)。

また，動植物に対する影響において，第二種特定化学物質に該当する疑いのある化学物質を第三種監視化学物質(平成15年改正法2条6項)として新たに規制対象とした[*100]。すなわち，生態系(動植物一般)に影響(支障)を及ぼすおそれがあると疑われる化学物質が第三種監視化学物質である。しかしながら，第三種監視化学物質の選定に当たっては，前述したように，化学物質の

[*99] 化審法の平成15年改正により，第一種特定化学物質についても，従来の要件に該当する化学物質に加え，食物連鎖の上位に位置し高蓄積性の化学物質の影響を受けやすい動物(高次捕食動物)に影響を及ぼすおそれのある化学物質が加えられた(平成15年改正法2条2項)。

[*100] なお，従来の指定化学物質が第二種監視化学物質とされた(平成15年改正法2条5項)。

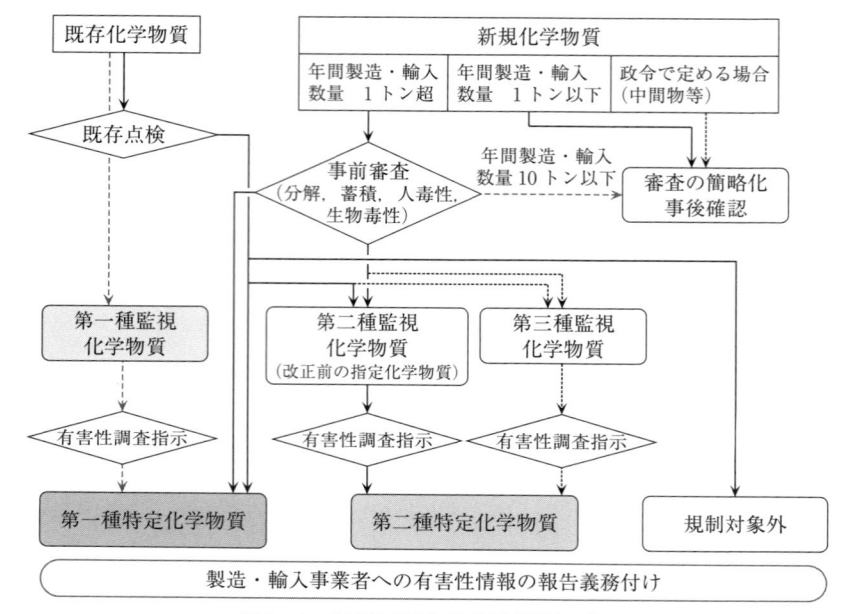

図1・4　化審法(平成15年改正法)の概要
中央環境審議会「今後の化学物質の審査及び規制の在り方について(答申)」(平成15年2月13日)別紙6を基に筆者が作成。

生態系への影響について定量的評価のための手法が確立されていないため，3種の水生生物(藻類，ミジンコ，魚類)に対する急性毒性試験結果を，生態系への影響の可能性が示唆される指標として用いて化学物質を特定することとされた。つまり，科学的に確立した評価手法がない上，本来，長期毒性試験により審査すべきところを急性毒性試験により評価する[*101]ため，科学的不確実性が大きい。また，第三種監視化学物質の影響は，相当広範な地域の環

[*101] 前述のように，環境省の検討会において，水生生物の急性毒性試験結果と慢性毒性試験の結果との間にある程度の相関関係がみられることから，急性毒性試験の結果を慢性的な影響の指標として活用することもできると考えられるとしている(「生態系保全のための化学物質の審査・規制の導入について」7頁)が，ここでも科学的不確実性が介在する。

境に相当程度存在している場合に問題とされる（平成15年改正法2条6項）ものであるが，指定の際には環境中の濃度などを評価していない。そのような状況で規制措置を規定しており，予防原則の適用例といえる[102]。

(5) わが国の化学物質管理政策における平成15年の化審法改正の意義

① 環境保全の範囲についての考え方

生態毒性を有する化学物質を管理する際には，まず，その目的を生態系の保全（生態影響）とするのか，生物の保全（生物影響）とするのかが問題になる（p.140）。

ⅰ）環境基本法3条は，環境保全の基本理念として「環境が微妙な均衡を保つことによって成り立っており（中略）人類の存続の基盤である環境が将来にわたって維持されるよう（環境保全が）適切に行わなければならない」と規定している。

ⅱ）また，環境基本法15条に基づいて，1994（平成6）年に策定された第1次環境基本計画では，「第2部 環境政策の基本方針」において生態系が微妙な均衡を保つことによって成り立っており，環境が健全に維持されることが必要である旨が述べられている。化学物質管理分野でも「第3部 施策の展開／第5節 化学物質の環境リスク対策」において，人間の健康や生態系に有害な影響を及ぼすおそれのある化学物質について，より効果的な環境リスク評価・管理手法を検討することが記載されている[103]。

---

[102] 大塚・前掲注1（2004年）法学教室286号64頁では，この点について，化学物質の生態系への影響について定量的評価のための手法が確立していない状況で，生態系への影響を及ぼす第三種監視化学物質を特定するにあたり，3種類の水生生物に対する急性毒性試験結果により生態系への影響の可能性が示唆される化学物質を特定することとしている点に本来の意味での「科学的不確実性」があると指摘する。

[103] また，2002（平成14）年に策定された（第2次）環境基本計画においても「第2部 21世紀初頭における環境政策の展開の方向／第2節 持続可能な社会の構築に向けた環境政策／1 基本的な考え方／(2)生態系の価値を踏まえた環境政策」の項で「生態系が複雑で絶えず変化し続けているものであること及び生態系が健全な状態で存在していること自体に価値があることを十分に認識し」経済活動を行わなければならない，としている。そして，化学物質管理に関しては，「第3部 各種環境保全施策の具体的な展開／第

ⅲ）さらに，2002(平成14)年に策定された新・生物多様性国家戦略において
も，「第4部 具体的施策の展開／第2章 横断的施策／第1節 野生生物の
保護と管理」では，「(2)化学物質対策」の項を設けて，「化学物質と生態系
の関係については既に諸外国の化学物質関連法制度において人の健康に加え
て生態系を含む環境の保護が目的とされ，(中略)生態系への化学物質の影響
の重要性が認識されつつあります。このため，わが国においても(中略)様々
な化学物質による生態系に対する影響の適切な評価と管理を視野に入れた化
学物質対策を推進します。」としている。

このようなわが国の環境政策の考え方からすれば，生態毒性を有する化学
物質について管理を行う際の目的は，多種多様な生物およびその生息環境ま
でを包含する「生態系」を保全することにあると考えられる。

そして，化審法の平成15年改正においても，目的を表す第1条で「人の
健康を損なうおそれ又は動植物の生息若しくは生育に支障を及ぼすおそれが
ある化学物質による環境の汚染を防止する」と規定されている。ここで規定
された「動植物の生息若しくは生育に支障を及ぼすおそれ」があるというこ
とは，「生態系」に対して支障を及ぼす(生態毒性がある)おそれがあることを
意味している[*104]。このように化審法では，化学物質管理の目的を生態系の
保全としている。

② 化学物質の生態影響評価における科学的不確実性

前述したように，合同審議会の報告書では生態系への影響は「生態系の機
能と構造を損なうことと考えることができる」が，「科学的因果関係を含め，
(化学物質の)寄与の程度を具体的に把握することは容易ではない」し，その
「手法は確立したものとはなっていない」[139)]。一方，「特定の生物個体群に重

2章 環境保全施策の体系／第1節 環境問題の各分野に係る施策／5 化学物質対策」の
項で，「イ 環境リスク評価等の推進」の小項目を設けて，「体系的に健康影響評価，生
態影響評価及び暴露評価を行い，環境リスク評価を推進します」としている。

[*104] 経済産業省のホームページに掲載されている逐条解説でも，「『動植物の生息
若しくは生育に支障を及ぼすおそれ』があるということは，いわゆる『生態毒性』を有
することを意味している。」とされている。(http://www.meti.go.jp/policy/chemical_
management/kasinhou/files/about/laws/laws_exposition.pdf)(2012年8月15日閲覧)

大な影響が生じる場合には，生態系の機能と構造に何らかの影響を及ぼす可能性を否定しえない場合がある。このような点に着目して，化学物質の特定の生物に対する個体群レベルでの致死，成長，繁殖などへの影響を評価することにより，生態系に何らかの影響を及ぼす可能性が示唆される化学物質を特定することは可能と考えられ」る[140]としている。

したがって，当時利用されていた生態毒性試験を活用することにより，「生態系への何らかの影響の可能性が示唆される化学物質を特定できる[141]」としている。「具体的な評価の方法としては，生態系の機能において重要な食物連鎖に着目し，生産者，一次消費者，二次消費者等の生態学的な機能で区分しそれぞれに対応する生物種をモデルとして用いるとの考え方に基づき，試験実施が容易な藻類，ミジンコ(甲殻類)，魚類の急性毒性試験の結果を用いて評価することが適当と考えられる[142]」としている。

つまり，化学物質の生態系への影響を評価する場合には，手法が確立していないので，次のような推論により評価を行っている。①生産者，一次消費者，二次消費者を代表する藻類，ミジンコ，魚類の3種の動植物の試験によって生態系全体の影響を判断している。②特定の生物個体群に重大な影響が生じる場合には，生態系の機能と構造に何らかの影響を及ぼす可能性を否定しえない場合があるので，化学物質の特定の生物に対する個体群レベルでの致死，成長，繁殖などへの影響を評価することにより，生態系に何らかの影響を及ぼす可能性が示唆される化学物質を特定している。そのため，ここに科学的不確実性が介在する。

③ 生態系の保護と生活環境動植物の保護との関係

化審法における生態系に支障を及ぼす化学物質に対する規制の基本的考え方を検討した合同審議会の報告書では，製造・輸入量の制限や使用の制限などの直接規制を講ずる場合には「定量的評価に基づきリスク管理に必要な目標値等が合理的に設定されることが必要である[143]」としている。一方，直接規制以外の方法で生態毒性を有する化学物質の「環境への放出を抑制するための適正管理を促す措置を講ずる場合には，必ずしも定量的な目標値等の設定を前提とする必要はないと考えられる[144]」としている。

その上で,「保護の対象を一定の範囲に限定することによって,それらの動植物に対し被害を生ずるおそれについて定量的に評価することが可能となる場合もある。このような場合には,リスク管理に必要な目標値等が合理的に設定できるため,(中略)直接規制の導入を検討することも可能である」としている[145]。そして,保護の対象となる生物の選定に関して,環境基本法16条に基づく環境基準の設定の検討において定量的な評価が行われている「生活環境に係る動植物」(生活環境動植物, p.75)とすることを提案している[146]。つまり,生活環境動植物への被害を生ずるおそれがある化学物質については「定量的な目標値等に基づく直接規制措置を導入する」としている[147]。

しかし,合同審議会の報告書はこのように記載しているが,保護の対象はあくまで生態系であり,定量的な目標値を設定するために,一定範囲の動植物を選定してその指標としたと考えられる。そもそもの考え方としては,化審法による化学物質管理は,生態系保全を目的としている。しかしながら,製造・輸入量の制限や使用の制限などの直接規制を講ずる場合には,制限の根拠および達成すべき目標となる数値が定量的に設定されることが必要であるので,それが可能となるように指標を一定の範囲に限定し,生活環境動植物とした。その結果,製造・輸入量の制限や使用の制限など直接規制のかかる第二種特定化学物質の生態影響に関する要件としては,「生活環境動植物の生息若しくは生育に係る被害を生ずるおそれがある」(平成15年改正法2条3項)化学物質とされた。

また,製造・輸入を許可制にするなどより厳しい直接規制のかかる第一種特定化学物質については,食物連鎖により高度に生物濃縮される性質を考慮して,生活環境動植物のうち食物連鎖を通じて当該化学物質を最も体内に蓄積しやすい動物(高次捕食動物)を指標とした。高次捕食動物には,食物連鎖の最上位に位置する鳥類やほ乳類が該当する。これらの動物は,餌となる生物の摂取を通じて環境中の濃度よりも高い濃度で第一種特定化学物質を摂取しそれを体内に蓄積することから,当該化学物質の影響を最も受けやすいと考えられるので,この場合の指標とされた[148]。

このように,化審法における生態系保全を目的とした化学物質管理におい

ては，保護の対象はあくまで生態系であるが，製造・輸入量の制限や使用の制限などの直接規制を講ずる場合には科学的不確実性を低減するため，一定の範囲の動植物を指標としていると考えられる。

④ 化審法における生態系の保全と予防原則の適用

導入された制度を考察するに際して，ドイツにおける行政法学で体系化された「危険」および「リスク」の概念を活用した。それによって，「危険」および「リスク」を法的に規制する化審法の第三種監視化学物質制度や第二種特定化学物質制度の性格を体系的に理解できるのではないかと考えたからである。また，このような考察を行うことによって，被害が生ずるおそれが「疑われる」段階で規制を行うリスク配慮に基づく規制が具体的な法律制度において，どのような検討の結果導入されたのかを考える上で，一つの視点を提供するものと考えられる。

「危険」や「リスク」の考え方については，ドイツ行政法学において従来から研究されてきた。ドイツ行政法学で一般的に用いられる三段階モデルでは，「不確実な損害発生の可能性」という意味での広義のリスク[*105]を「危険」，「リスク」，「残存リスク」の三段階区分で考える（p. 117）。「危険」は，単なる「不確実な損害発生の可能性」を超えて，その状態がそのまま推移すれば，損害の発生に至る十分な蓋然性があると評価される場合である。伝統的な警察規制の対象とされる危害発生の十分な蓋然性があり被害が大きいと予測されるものが「危険」である。これより蓋然性が低く被害が小さいと予測されるものを「（狭義の）リスク」とする。

「危険の疑い」という概念も検討されている。これは，危険の存在を示す手掛かりはあるが，現在の状態または因果関係が不明確で，損害発生の蓋然性を有するか否かの判断が困難という場合[149]である。「危険の疑い」が伴っている科学的不確実性と，危険が有する科学的不確実性とは異なる。すなわち，いずれも蓋然性の判断に科学的不確実性を有するが，危険が有する科学

[*105] 本書では，松本・前掲注62（2005年）阪大法学54巻5号1180頁を参考に「不確実な損害発生の可能性」を広義のリスクとして，「危険」，「リスク」および「残存リスク」の上位概念として説明している。

的不確実性は将来の予測に対する科学的不確実性であり，他方，「危険の疑い」が有する科学的不確実性は現在の事実に対する推定に科学的不確実性がある[150]。そして，このように科学的不確実性を有する危険の疑いの中でも，科学的な経験知に基づく根拠のある危険の疑いは「根拠づけられた危険の疑い」として，危険と同様の損害発生の蓋然性を有するものとして危険防御の対象とされる[151]。

化審法における，生態系に支障を及ぼす化学物質の規制対象で考えれば，第二種特定化学物質が有するリスクは，前述のように定量的な影響評価が行われている生活環境動植物に対して生息若しくは生育に係る被害を生じるおそれがあるものであり，かつ，相当広範な地域の環境に相当程度存在している（近くその状況に至ることが見込まれる場合も含まれる）場合に顕在化するものである。したがって，第二種特定化学物質が有するリスクは，「根拠づけられた危険の疑い」であり，危険とみなされるため，危険防御の対象となると考えられる。

同様に，第一種特定化学物質が有するリスクは，定量的評価が行われている生活環境動植物のうち高次捕食動物に対して生息もしくは生育に関わる被害を生じるおそれがあるものである（なお，第一種特定化学物質は，生物濃縮により食物連鎖を通じて生物の体内に高度に濃縮される性質（高蓄積性）を有するので，環境中濃度に関わりなく規制措置を講ずる必要があるため，環境中の濃度要件はない）。したがって，第一種特定化学物質の有するリスクは「根拠づけられた危険の疑い」であり，危険とみなされるため，危険防御の対象となると考えられる。すなわち，化審法は危険防御として第二種特定化学物質および第一種特定化学物質を法的に規制しているといえる。

一方，第三種監視化学物質が有する有害性は，生態系に対する有害性の「疑い」がある化学物質であり，「化学物質による生態系全体への影響を評価する手法が確立されていない」中で，個別の試験生物への有害性の評価を活用して生態系への影響の可能性を可能な限り考慮しようとしている。こうした状況を踏まえると，生態系への影響は，「科学的因果関係を含め，（化学物質の）寄与の程度を具体的に把握することは容易ではない」し，その「手法

は確立したものとはなっていない」[152]。他方,「特定の生物個体群に重大な影響が生じる場合には,生態系の機能と構造に何らかの影響を及ぼす可能性」がある[153]。したがって,平成15年の化審法改正当時利用されていた生態毒性試験を活用することにより,「生態系への何らかの影響の可能性が示唆される化学物質を特定できる[154]」としている。「具体的な評価の方法としては,生態系の機能において重要な食物連鎖に着目し,生産者,一次消費者,二次消費者等の生態学的な機能で区分しそれぞれに対応する生物種をモデルとして用いるとの考え方に基づき,試験実施が容易な藻類,ミジンコ(甲殻類),魚類の急性毒性試験の結果を用いて評価することが適当と考えられる[155]」としている。

　また,第三種監視化学物質に指定される時点では,その化学物質の環境中の濃度などのデータを考慮していないため,指定時点では,環境汚染の状況が不明であることから損害発生の蓋然性を有するか否かの判断が困難である。

　つまり,第三種監視化学物質は,次のような多重の科学的不確実性を内在している。

　ⅰ)化学物質の生態系全体への影響を評価する手法が確立されていない状況で,二つの推定を行っている。

　(ア)生産者,一次消費者,二次消費者等の生態学的な機能区分に属する3種類の試験生物に対する影響から生態系全体への影響を推定している。

　(イ)特定の生物個体群に重大な影響が生じる場合には,生態系に何らかの影響を及ぼす可能性があると推定して,化学物質の生態系への影響を推定している。

　ⅱ)高度の蓄積性を有しないため,第三種監視化学物質の生態系への影響は,その化学物質が相当広範な地域の環境に相当程度存在している場合に生じる。しかしながら,第三種監視化学物質に指定される時点では,環境中の濃度を考慮していない。

　したがって,第三種監視化学物質が有するリスクは,危険の存在を示す手掛かりはあるが,現在の状態または因果関係が不明確で損害発生の蓋然性を有するか否かの判断が困難という場合に該当するため「危険の疑い」にあた

る。したがって，化審法の第三種監視化学物質に対する規制は，リスク配慮にあたるものと考えられる。

　化審法の制度としては，「危険の疑い」の段階にある第三種監視化学物質に対して，「根拠づけられた危険の疑い」(すなわち「危険」の範疇に入るもの)に該当するのかどうかを，さらなる情報を収集することによって確定させる(「根拠づけられた危険の疑い」は，「危険」に該当するため，危険防御の対象となる)仕組みになっている。具体的には，まず，事業者が届け出る第三種監視化学物質の製造・輸入数量(平成15年改正法25条の2第1項)などを基に，国はモデルを用いたシミュレーションにより当該第三種監視化学物質による環境汚染の程度(環境中の濃度)を算定する。この環境中濃度と第三種監視化学物質に指定する時点で3種の試験生物に対する影響から簡易的に得られた生態系に対する有害性の程度を比較検討する。その結果，生態系に対する被害が生ずるおそれが見込まれる場合には，国は，当該第三種監視化学物質の製造・輸入事業者に対して，その物質の生活環境動植物に対する長期毒性試験*106などを実施してデータを提出するよう命じることとしている(平成15年改正法25条の3第1項)。こうして得られた当該第三種監視化学物質のデータと環境中濃度を基にして，国は，当該第三種監視化学物質が第二種特定化学物質(前述のように，これは，「危険」として観念すべき対象である)に該当するか否かを判定する。

　第三種監視化学物質制度は，上記のようにさまざまな科学的不確実性が存在する状況で規制措置を実施する場合であり[156]，かつ，第二種特定化学物質(広範な汚染が生じている場合，第三種監視化学物質に長期毒性があるとわかれば第二種特定化学物質になる)による環境汚染は，想定される損害が深刻(重大)か，あるいは回復が困難である。このことから，第三種監視化学物質制

---

*106　魚類の初期生活段階毒性試験(OECDテストガイドライン210)，ミジンコ繁殖毒性試験(OECDテストガイドライン211)などを用いる。魚類の初期生活段階試験は，ヒメダカなどを対象として，受精卵から稚魚へ成長するまで(孵化後30日間)試験物質を連続的に暴露させた際の影響を評価する。ミジンコ繁殖毒性試験は，ミジンコに対して試験物質を21日間連続して暴露させた際の影響を評価する。

度は予防原則を具体化した制度だと考えられる。つまり，第三種監視化学物質制度を導入したことは，化審法において予防原則を導入して化学物質管理を行うことを意味している。

(6) 小　括

　生態系保全のための化学物質規制の経緯についてみてきたが，これらは生態系保全をめぐるさまざまな動きの一環として進められたことがわかる。1990年代後半のいわゆる環境ホルモン問題や2000（平成12）年の第2次環境基本計画での「戦略的プログラム」の策定，あるいは2002（平成14）年のOECD環境保全成果レビューでの指摘は規制の導入の要因ではあるが，それ以外にも国内外のさまざまな動きが関係している。

　わが国で生態系保全の考え方が十分に理解されるまでには時間がかかっている。自然景観の保全や利用などとは別に，自然の生態系自体の保全が重要であることを法律として具体化した自然環境保全法は1972（昭和47）年に制定されたが，生態系保全の重要性が一般に認識されたのは，それよりは後のことである。同法に基づく自然環境保全基本方針が1973（昭和48）年閣議決定されたが，その後この方針は見直されることはなく，自然環境保全法や自然環境保全基本方針の役割は縮小していく。

　転機となったのは，1992（平成4）年に地球環境サミットが開催され，生物多様性条約が制定されたことである。これを契機に1993（平成5）年に成立した環境基本法を中心とする自然環境保全の枠組みがつくられていった（そのため，自然環境保全法や自然環境保全基本方針の役割は環境基本法および環境基本計画に吸収されたようにもみえる[157]）。このような状況の中で，1993（平成5）年の中央公害対策審議会の答申において「化学物質による水環境の汚染への対応を検討する場合，人の健康の保護の観点からのみならず，水生生物や生態系への影響についての考慮も重要である」との指摘がなされた。

　こうして，化学物質の生態系への影響についての対策が始まったが，化学

物質の人の健康への影響に関してもさまざまな科学的不確実性が伴う中で，生態系への影響はそれ以上の科学的不確実性を内在していた。すなわち，動物試験の結果などから人の健康影響を評価する際に科学的不確実性を伴うが，生態系は，多種多様な種が捕食関係，共生関係など複雑に影響しながら微妙な均衡を保つことによって成り立っており，生態系への影響を評価することは容易ではなく，その手法も確立されていない。その中で，生態系の機能において重要な食物連鎖に着目して，生産者，一次消費者，二次消費者を代表する種を用いて評価することとした。そして，特定の生物個体群に重大な影響が生じる場合には，生態系の機能と構造に何らかの影響を及ぼす可能性があることに着目して，影響を及ぼす可能性のある化学物質を特定することとした。このような考え方に基づき選定された第三種監視化学物質は，生態系に対して影響を及ぼす可能性がある化学物質である。つまり，危険の存在を示す手掛かりはあるが，損害発生の蓋然性を有するか否かの判断が困難な場合にあたり，「危険の疑い」を有するものであり，リスク配慮の対象と考えられる。このような化学物質に対しては，定量的な規制の目標値などを合理的に設定することができないので，このようなものの設定を必要としない措置を講ずることとし，環境への放出を抑制するための適正管理を促すこととした。

　このようなリスク配慮の対象に法的規制を行う際の考え方として，予防原則が活用され，深刻あるいは不可逆的な被害のおそれがある場合に，科学的不確実性がある状況で規制措置を実施する第三種監視化学物質制度が導入された。

　しかし，それだけでは，化学物質による生態系への影響を抑止する措置としては不十分であり，製造・輸入量の制限などの直接規制措置も考えなければならない。ただし，このような直接規制を行うにあたっては，定量的評価に基づきリスク管理に必要な目標値等が合理的に設定できなければならない。そこで，評価の対象を生態系全般から被害の可能性を定量的に評価可能な生活環境動植物に限定することにより，定量的な目標値などに基づく直接規制措置を導入した。その対象となるのが生活環境動植物に被害が生ずるおそれ

のある第二種特定化学物質である。あるいは，高蓄積性の化学物質については，生活環境動植物のうち高次捕食動物に被害が生ずるおそれがある第一種特定化学物質である。

　これら第二種特定化学物質，第一種特定化学物質は，被害の可能性について定量的な評価を行って選定されるものであり，「根拠づけられた危険の疑い」(すなわち「危険」)に該当し，危険防御の対象と考えられる。

　このようにして，化学物質による生態系に対する被害を防止するための化審法による規制措置は，科学的不確実性が存在する状況で，予防原則の考え方を活用して実施されることとなった。規制制度が成立するまでの過程を概観すると，多段階に介在する科学的不確実性を理解し，その性格を把握することが重要であることがわかる。その上で，どのような対象にどのような観点から予防原則を適用して，どのような規制措置を課すべきか，一つの具体的事例として提示することができたのではないかと思う。環境問題において，科学的不確実性を含んだ対象に新たに規制措置を導入する際の参考になればと思う。

5. 既存化学物質問題への対処——WSSD 実施計画と REACH の登場

(1) 化学物質管理の新たな動向

① 地球環境サミットとその後の動向

　1992 年 6 月 3 日から 14 日まで，国連が主催してリオデジャネイロで開催された地球環境サミットでは，「環境と開発に関するリオ宣言」や「持続可能な開発のための人類の行動計画(アジェンダ 21)」などが採択された。化学物質管理に関しては，アジェンダ 21 の第 19 章に「有害かつ危険な製品の不法な国際取引の防止を含む有害化学物質の環境上適正な管理」のタイトルで記載されている。ここでは，発展途上国も含めた国際的な取り組みによる化学物質管理の推進が謳われており，「化学的リスクの国際的なアセスメントの拡大及び促進」，「リスク低減計画の策定」など六つのプログラム分野が提示されている。具体的には，予防的アプローチ(precautionary approach)(予防

原則)*¹⁰⁷ を考慮した化学物質管理活動の強化，リスクアセスメントの基礎となる化学物質の有害性評価の優先的実施，化学物質の全ライフサイクルを考慮に入れたリスク低減活動の実施などが提案されている¹⁵⁸⁾。

このように，地球環境サミットの頃から化学物質管理において予防原則の適用，リスク評価の適用が世界的に認識されていたことがうかがえる。この時点で，化審法は1986(昭和61)年の改正を経て，新規化学物質の審査や指定化学物質制度において予防原則を適用し，第二種特定化学物質の指定にあたってリスク評価を導入していた。しかしながら，リスク評価は第二種特定化学物質の指定という限られた適用範囲にとどまっており，化学物質のライフサイクルを視野に入れた化学物質管理には至っていなかった。

2002年8月26日～9月4日，国連が主催して南アフリカのヨハネスブルクで，「持続可能な開発に関する世界首脳会議(WSSD)」が開催された。これは「持続可能な開発」をテーマに，地球環境サミットから10年を経て，その成果を確認するとともに，新たな環境政策の提言のために開催されたもので，「ヨハネスブルク宣言(政治宣言)」と「持続可能な開発に関する世界首脳会議実施計画」を採択した。化学物質管理関係は，この実施計画の23項に次のように述べられている。

「持続可能な開発と人の健康と環境の保護のために，ライフサイクルを考慮に入れた化学物質と有害廃棄物の健全な管理のためのアジェンダ21で促進されている約束を新たにする。とりわけ，環境と開発に関するリオ宣言の第15原則に記されている予防原則(予防的取組方法)に留意しつつ，透明性のある科学的根拠に基づくリスク評価手順を用いて，化学物質が人の健康と環境にもたらす著しい悪影響を最小化する方法で使用，生産されることを2020年までに達成することを目指す¹⁵⁹⁾。(以下略)」

このようにWSSDでは，地球環境サミットのアジェンダ21を再確認するとともに，予防原則を適宜活用すること，リスク評価手法を用いて化学物質

＊107　わが国の省庁の文書では「予防原則」を表現する場合に「予防的アプローチ」，「予防的な方策」，「予防的な取組方法」といった表現が用いられているが，本書では特に原文を引用する場合以外は「予防原則」の記述で統一する。

による人や環境に対する影響を評価・管理すること，これにより2020年までに化学物質による悪影響を最小化することなどの方針が立案された。これを受けて，国連環境計画(UNEP)を中心に「国際的な化学物質管理のための戦略的アプローチ(SAICM: Strategic Approach to International Chemicals Management)」が2006年2月6日に策定された[*108]。これは，2020年までに化学物質による人や環境に対する悪影響を最小化することを目標に，科学的なリスク評価・管理に基づき化学物質の生産から消費・廃棄に至るまでのライフサイクル全般にわたるリスク削減や予防原則の適用などの具体的戦略をまとめたものである[160]。各国に対し，この戦略的アプローチに従った化学物質管理政策の実施を促した。

② OECDの動向

p.103で述べたように，OECDは環境問題への取り組みとして，1970年に環境委員会を独立させ，1971年には環境委員会の下に化学品グループを設置した。また，1970年代後半から1980年代にかけて各国で化学物質管理のための法律が制定され，OECD加盟国によって化学物質の規制内容が異なることにより，化学物質の貿易などへの影響が懸念されるようになった。このため環境委員会は化学物質の有害性を評価する仕組みの国際的な調和を目指すことになった(p.103)。

対応策として，化学物質の安全性(有害性)を段階的に審査するため，最初の段階で「ふるい分け(スクリーニング)」を行うための項目として上市前最小安全性評価項目(MPD)が設定された(p.104)。

OECDが策定した上市前最小安全性評価項目によって，化学物質の安全性審査においてまず評価しなければならない項目についての国際的なコンセンサスが形成された。この上市前最小安全性評価項目が各国の化学物質管理制度に導入され，審査項目が共通化されて，新たな化学品の市場投入の際に安全審査が非関税障壁となることを防いだ。また，OECDテストガイドラ

[*108] 2006年2月4日～6日に，国連環境計画などの国際機関が主催して，アラブ首長国連邦のドバイで開催された「国際化学物質管理会議(ICCM: International Conference on Chemicals Management)」で採択された。

インやGLP制度の策定によって，化学物質管理の基礎となる国際的な枠組みが構築された(p.106)。

さらにOECDでは，1990年の理事会における「既存化学物質の点検とリスク削減のための協力に関する決定[161]」がなされ，これに基づいて，1992年から「OECD高生産量化学物質点検プログラム(HPVプログラム)」が開始された(p.121)。このプログラムは，OECD加盟国のうち少なくとも1か国で年間生産量が1000トン以上の化学物質(高生産量化学物質)約5000物質を対象とし，対象となる物質の人への影響などのデータを加盟国で分担して収集し，評価する取り組みである。1998年からは国際化学工業協会協議会(ICCA: International Council of Chemical Associations)が参画し，各国政府と化学工業界が連携・協力して進められており，法制度ではないが化学物質管理政策として協働の考え方を具体化した国際的な取り組みである。HPVプログラムは2011年に終了したが，終了時点で，921物質の評価を終了した[162]。そして2011年にはHPVプログラムは高生産量化学物質以外にも対象を広げ，「共同化学品アセスメントプログラム(CoCAP: Cooperative Chemical Assessment Programme)」へと改められた。このようにして得られたデータは，各国政府や産業界において活用され，わが国では化審法に基づくスクリーニング評価などに活かされている。

OECDのHPVプログラムでは，化学物質の初期の有害性評価に最低限必要な項目(SIDS項目)をあらかじめ決めて，対象となる化学物質に対してSIDS項目に該当するデータを収集している。このSIDS項目は，ある化学物質がより詳細な試験を行うべきであるとの懸念がある化学物質かどうか，最初の段階でふるい分けに用いる基礎となるデータのことで，1991年にOECD理事会で決められた。その内容は，構造式，生産量，用途，融点，沸点，密度，蒸気圧，対水溶解度，加水分解性，水中での生物分解性，反復投与毒性試験，変異原性試験，魚類急性毒性試験などで，意味・内容は前述した上市前最小安全性評価項目(MPD)とほぼ同じである。HPVプログラムの実施方法は，各国の化学工業品の生産量などに比例してOECDの各加盟国にデータ取集する物質を割り当て(わが国は全体の約10%を担当)，加盟国

の責任としてデータの提出を促すものである。わが国では，それまで，既存化学物質安全性点検事業で収集したデータの一部を提供して協力した[*109]。このOECDの活動により，加盟国が協力して生産量の多い化学物質についてのデータが取得，収集されリスク評価の基礎となる化学物質の有害性情報（ハザード情報）が充実した。これによって，国際的に化学物質のリスク評価の基礎が整ったといえる。

しかしながら，OECDのHPVプログラムが産業界の参画もあり，産業界による報告書も提出され成果を上げ始めるのは2001年頃からであり[163]，そのときにはすでに欧州ではEU白書（後述）が公表され，化学物質管理制度の見直しの方向性が示されていた。

③ 米国の動向

米国では，1998年からGore副大統領の提唱により，化学物質のリスク情報を一般の人々に提供するための「化学物質についての知る権利に関するプログラム（The Chemical Right-to-Know Program）」の一環として，高生産量（HPV：High Production Volume）化学物質の安全性情報を収集するための政府，化学工業会およびNGOの協働プログラムが開始された。これが「HPVチャレンジプログラム」である。対象となるのは，年間に製造，輸入量の合計が100万ポンド（約450トン）以上の化学物質であり，当初2782物質が対象とされた（その後，OECDなどによりデータが収集されている化学物質などを除いて2164物質が対象とされた）。対象となる化学物質の製造者などがスポンサーとなって一定の項目の情報を収集し，環境保護庁の科学的レビューを経て，一定のフォーマットで情報データベースを構築し，それを公開している。

前述のOECDのHPVプログラムが一定の成果を収めることができたの

[*109] これに関する公式の文書は，2007（平成19）年5月11日，厚生労働省医薬食品局審査管理課化学物質安全対策室，経済産業省製造産業局化学物質管理課化学物質安全室，環境省総合環境政策局環境保健部企画課化学物質審査室「国の既存化学物質安全性点検により得られた情報の利用に係る考え方について」である。この文書の告示以前においては，個別案件ごとに相談の上，必要に応じOECDのHPVプログラムへの情報提供を行っていた。

は，産業界(ICCA)の参画が一つの要因である。これは ICCA の中核である米国化学工業協会が参画に動いたことによるが，その背景には，上述の「化学物質についての知る権利に係るプログラム」が大きく寄与している。この米国のプログラムは OECD の HPV プログラムと連動する仕組みを有しており，この開始により，OECD の HPV プログラムに産業界が参画することを促した。

このように，米国では政府と産業界の協力の下で化学物質の安全性に関するデータの収集を行うとともに，このデータなども活用し，有害物質規制法に基づきモデル計算による暴露評価を加味して，リスクベースの化学物質の評価と管理が進展しつつある。

④ 欧州の動向

前述のように，欧州では 1979 年に，欧州共同体により「危険な物質の分類，包装，および表示に関する理事会指令」の第 6 次修正指令が公布された(p.96)。これに基づき欧州共同体加盟国は 1985 年頃にはおおむね国内法の整備を終え，OECD の構想に沿った枠組みによる化学物質管理を開始した。その他，スウェーデン，スイスなどにおいても同様の化学物質管理が開始された(p.106)。

しかしながら，欧州では，既存化学物質の有害性情報に関するデータの取得が思うように進展せず[110]，既存化学物質に対する管理および規制を刷新しようとする動きが 1998 年ごろから始まった[111]。2001 年 2 月には，欧州の新たな化学物質管理政策の方針をまとめた「将来の化学物質政策のための戦

---

[110] 欧州においては，従来の化学物質規制の根拠となっている第 6 次修正指令では，既存化学物質は事前審査の対象になっていない。ここでの既存化学物質とは具体的には，1971 年 1 月 1 日から 1981 年 9 月 18 日までの期間に欧州市場に流通していた化学物質のことであり，欧州委員会が編集した既存化学物質リスト EINECS に収載されている。

[111] 工業化学品の多数を占める既存化学物質の安全性点検が十分な成果を上げることができなかったことなどから，当時の欧州共同体の化学物質管理政策では十分な安全を確保できないのではないかとの懸念が高まり，1998(平成 10)年 4 月に開催された非公式な環境担当閣僚理事会において討議された。この閣僚理事会の後，具体策の検討が始まった。

略」(EU 白書)が欧州委員会(European Commission)から発表された。この白書では，予防原則の活用によって，化学物質のリスクから人の健康や環境に対する悪影響の防止を謳っている*112。また，1990 年代後半から議論されてきた既存化学物質に関する安全性情報の収集および提出の負担に関して，白書は，これらの提出責任を規制当局ではなく，当該化学物質を製造・輸入・利用している事業者に課すべきであるとしている[164]。

　また，2002 年 7 月には EU の第 6 次環境行動計画[165]が決定された。この計画は，2002 年から 2012 年を対象期間とし，この期間における EU の環境政策における方針を示したものである。この計画が策定された時期は，EU 白書が策定された時期と前後しており，化学物質管理政策に関しては，EU 白書の内容がこの計画に反映されている。

　この計画では，前文と重点分野の一つである「環境と健康および生活の質」の中で，化学物質管理政策について述べられている。前文において，予防原則を人の健康や環境を保護するため積極的に適用すべきである，との方針が示されている[166]。そして，化学物質管理に関する具体的な目標として，「一世代内に化学物質が人の健康と環境に重大な悪影響を与えない方法で製造，使用されるようにすること[167]」などが明記された。こうして，EU 白書で示された新たな化学物質管理の取り組みは，EU の環境政策の重点分野における一つの方針とされた。

　さらに，この計画で示された目標は，計画が決定されてからおよそ 1 か月後に開催された WSSD の実施計画にも反映され，「化学物質が，人の健康と環境にもたらす著しい悪影響を最小化する方法で生産され，使用されることを 2020 年までに達成することを目指す」として化学物質管理の国際的な目

＊112　序文で次のように述べられている。「高いレベルで人の健康や環境を守るために不可欠なものが予防原則である。ある物質が人の健康や環境に有害な影響を及ぼすかもしれないという信頼できる科学的根拠が得られている場合には，その潜在的な被害の正確な性質や規模が科学的に不確実であっても，人の健康や環境が被害を被らないように予防原則に基づいて意思決定を行わなければならない」。EU 白書「1. 序文」より。邦文は筆者訳。

標の一つとされた。

(2) REACH の成立

　EU 白書の方針に従って，2006 年 12 月 18 日には欧州の化学物質規制規則 (REACH: Registration, Evaluation, Authorization and Restriction of Chemicals) (Regulation(EC)No 1907/2006) が制定され，翌年 6 月 1 日に施行された。REACH は，登録，評価，認可，制限という一連の流れを有する制度である。

　まず，新規化学物質だけでなく，既存化学物質も含めて，その化学物質の性質や有害性に関する情報などを一定期間内に欧州化学品庁(ECHA: European Chemical Agency)に登録することを事業者に義務づけている。登録にあたっては，年間の製造・輸入量が 10 トン以上の化学物質に関しては，登録を行う事業者は自ら一定のリスク評価を行い「化学物質安全性報告書(CSR: Chemical Safety Report)」を提出しなければならない(登録)。

　次に，登録に際して事業者が提出した情報に基づき欧州化学品庁と加盟国の行政庁が評価を行い，必要に応じ，追加試験の実施などを事業者に求める。評価に当たっては，高懸念物質で量の多いものから優先的に行う(評価)。高懸念物質の中から認可対象物質が選定され，認可対象物質の使用に当たっては，事業者は適切なリスク管理を実施して使用する旨を欧州化学品庁に申請して認可を得る必要がある(認可)。

　さらに，化学物質の使用などにより，容認できないリスクがある場合には，加盟国の申請などに基づき，欧州委員会は，使用する際の条件を付したり，使用自体を禁止するなどの制限措置をとることができる(制限)。

　REACH は，前文において，EU の第 6 次環境行動でも明記され，2002 年に開催された WSSD で採択された化学物質管理の目標である「化学物質が人の健康と環境にもたらす著しい悪影響を最小化する方法で生産され，使用されることを 2020 年までに達成すること」を一つの目標としている[168]。また，化学物質から生じるリスクについては，そのリスクを生み出す事業者に責任があるという原因者負担あるいは生産者責任の考え方が採用され[169]，物質のリスクおよび有害性を評価する責任は物質を製造・輸入する者などに

あることが明記されている[170]。さらに，予防原則の必要性および予防原則がREACHの原則であることが明記されている[171]。

REACHでは成形品中の化学物質も対象とされ，化学物質を用いて製品をつくる川下ユーザーにも一定の場合には情報提供やリスク評価が義務づけられる。これは，製品中の化学物質のリスクを管理する観点からの措置であり，川下ユーザーも化学物質から生じるリスクを生み出す者の範疇に入るとの考え方に基づいている[172]。

(3) 小　括——なぜ化審法とREACHが異なる制度となったのか

予防原則は，被害が顕在化すると回復が困難な化学物質のリスク対策を行う上で有効な考え方である。予防原則という概念は意識はされていなかったが，1971年に米国において，環境諮問委員会(CEQ)によって，化学物質管理政策を提言した報告書『有害物質(Toxic Substances)』が提出された。この報告書において，新規化学物質に対して一律に事前審査制度を導入する提言がなされ，これと並行して事前審査制度を具体化した法案が米国議会に提出された（この法案をもとに，米国ではその後の議会での審議を経て1976年にTSCAが制定された。詳しくは第2章を参照）。また，事前審査制度の考え方を取り入れた米国の法案を参考にして，わが国の化審法がつくられた[173]。さらに国際的にも1980年代以降，予防原則を取り入れたさまざまな条約や法規がつくられ，これらの動きを踏まえた上で，REACHが登場したといえる。

化審法とREACH，予防原則を取り入れたこの両制度に違いが生じたのは，当初の化学物質管理制度において，新規化学物質と既存化学物質との取り扱いを区別したことから始まる。新規化学物質と既存化学物質を峻別して新規化学物質に対してだけ事前審査制度を導入した背景には，法律論としての事業者の既存の営業活動の自由に対する制約という面だけでなく，現実の経済活動に対する影響に配慮したための措置という面もある。つまり，実際に製造，輸入，流通，使用などが行われている多種多様な既存化学物質を安全性点検が終了するまで製造，使用など一切を禁止するといった措置は現実には実行できない。また，その費用も相当な金額になる。そういった事情もあり，

新規化学物質は，事前審査制度によって審査されるが，既存化学物質は同様にはできなかった。
　では，既存化学物質についての安全確保はどうするのか。わが国では，1974(昭和49)年の化審法施行時から，国の事業として毎年，既存化学物質の安全性点検事業として動物試験などを行ってデータを取得してきた。
　既存化学物質安全性点検事業は，化審法が施行された1974(昭和49)年度から開始され，2012(平成24)年度にJapanチャレンジプログラム(p.177)が終了するまで，およそ40年間にわたり実施された。化審法の昭和48年制定法の下で行われた1974年度から1986(昭和61)年度までは「特定化学物質」(現行法の第一種特定化学物質)に該当するか否かの観点から点検が行われた。1986年の化審法の改正に伴い，昭和61年改正法が施行された1987(昭和62)年度からは，第一種特定化学物質に該当するか否かの観点に加え，改正により新たに規制対象となった「指定化学物質」に該当するか否かの観点も含めて点検が行われた。さらに，平成15年改正法が施行された2004(平成16)年度以降は，改正によって規制対象となった第一種監視化学物質，第二種監視化学物質，第三種監視化学物質に該当するか否かの観点で点検が行われた。
　既存化学物質安全性点検事業は終了したが，今後は化審法の平成21年改正法(現行法)が2011(平成23)年度に施行されたことにより，製造・輸入量が1トン以上の化学物質はすべてスクリーニング・リスク評価の対象となり，必要に応じ法律に基づき有害性情報などの収集を行うこととなった。
　国が取得した人に対する毒性データは，2012(平成24)年3月末までで950物質に上る[174]。このデータは，大部分は化審法が規定する試験方法[*113]に従って取得されており，試験を行った施設も一定水準以上の施設[*114]である。わが国で，一般化学物質や優先化学物質に対してリスク評価ができるのは，

---

*113　化審法に規定される試験方法はOECDテストガイドラインに従っている。

*114　GLP(Good Laboratory Practice：優良試験所基準)施設と呼ばれ，OECDが定めた基準に合致する施設である。1981(昭和56)年に制定され，わが国では1984(昭和59)年に化審法に導入された。それ以前においても，既存化学物質安全性点検事業は国の機関などで試験が行われており，施設の水準は一定のレベルにあった。

化審法が施行された 1974(昭和 49)年以降,既存化学物質の安全性点検の結果,質の高い有害性データなどをこれまで数多く収集してきたことによる。このようなデータがなければ,一定の精度でリスク評価を実施することはできない[115]。

一方,EU では 1993(平成 5)年に既存物質規則を制定し,EU 全体で既存化学物質のデータ収集に取り組んだ。これは意義のあることである。事業者にデータの提供を求めたことは,協働の考え方を具体的取組に活かす発想であり,1992(平成 4)年に開催された地球環境サミットを契機に環境問題が国際的にも 21 世紀に向けた大きなテーマであることが認識された時期でもあり,時宜を得た取り組みであったと考えられる。しかしながら,この取り組みにおいて,事業者に対して既存化学物質について新たに動物試験などを行いデータを取得することまでは要求しなかったため,収集できたデータは限られていた。

REACH の登場は,これまでの反省に立ったものである。既存化学物質に対しても,化学物質の製造・輸入量に従って事業者に一定の項目のデータの提出を求め,「データなければ市場なし(No data, no market)」(REACH 5 条)の原則を確立した。これらのデータを基に優先して評価すべき物質を選定し,必要な場合には追加データの提出を事業者に求める。これにさらに規制当局によるリスク評価を行い,必要があれば規制措置を講じる。この制度の大きな特徴は,本節でみてきたとおり,データの収集・評価において事業者の役割が大きいことである。REACH の特徴としては予防原則を活用したことだけではなく,これに加えて,原因者負担や協働の考え方などが活かされていることを見逃してはならない。たとえば,化学物質の有害性データなどを事業者に求めることは,原因者負担の考え方や協働の考え方を具体化した制度

---

[115] リスク評価の際は,ある化学物質について,まず,排出量データなどから環境中の濃度を算出し暴露状況を把握する。次に,この濃度の中で人が生活した場合に人の健康に懸念があるかどうかを,化学物質の有害性の程度(毒性の程度)によって決定する。有害性の程度は,動物試験のデータなどから推定されるが,動物試験などの良質なデータがなければ精度のよいリスク評価ができない。

とみることもできる。これらの考え方もまた、ドイツおよび欧州で形成され、発展したものである。このように、REACH は欧州における環境思想を集大成したものといえる。

　物質固有の有害性であるハザードと、その物質が環境中を経由してどのくらいの量が人に摂取される可能性があるのかという暴露の両方の観点を加味して、化学物質による影響を考えるリスクベースの化学物質の管理という点では、化審法と REACH はどのような違いがあるのだろうか。

　後述するように、現行の化審法では、規制対象となっていない一般化学物質に対して、その製造・輸入者に数量や用途などの届出を求め、このデータを基に国が簡易なリスク評価であるスクリーニング・リスク評価を実施して優先評価化学物質を選定する仕組みとなっており、最初からリスクベースの管理を行っている。一般化学物質には、有害性が懸念される物質とそうではない物質が含まれており、一律に事業者から数量などの届出をさせる点で予防原則を徹底した形で取り入れた制度といえる。

　一方、REACH において化学物質安全性報告書(CSR)で事業者に対してリスク評価が要求されるのは、年間の製造・輸入量が 10 トン以上の化学物質のうち制限指令で規定されている危険物質、PBT 物質（環境残留性、生体蓄積性、毒性を有する物質、p.189 参照)、vPvB 物質（環境残留性と生体蓄積性が非常に大きい物質、p.126 参照)に該当している場合だけである。その他の物質は、ハザード情報だけの提出とされている。REACH では、懸念される化学物質に対してだけリスクベースの管理を行っているといえる。このような仕組みを採用しているのは、事業者に対し、製造・輸入する化学物質のリスク評価を自ら行うことを求める制度として、事業者の負担を必要最小限にするための措置だと思われる。また、行政機関と事業者との協働や原因者負担の考え方をリスク評価の面で具体化している制度であり、新しい発想に立脚した制度だといえる。

　このように、既存化学物質に対する取り組みが両者の違いを分けた大きな要因であるが、化審法と REACH の両制度の特徴はその発展過程に起因する要素も多い。両者とも、化学物質という科学的不確実性の大きい対象に対

して，これを管理するため創意工夫の上に現在の制度が構築されている。化審法は，米国から受け継いだ既存化学物質と新規化学物質に区別して管理する方法と予防原則の考え方を独自に発展させ，これにリスク評価を国が実施する制度として取り入れることで今日の制度を構築した。一方，REACH はドイツで生まれた事前配慮原則，原因者負担，協働の考え方が発展し，その考え方を背景にしながら，従来の取り組みの反省の中から構築されたといえる。そして，両者とも 2002 年に開催された WSSD の化学物質管理分野の目標である，化学物質の持つリスクを 2020 年までに最小化することを目標に，この科学的不確実性の多い対象に臨んでいる。

6. 順応的管理の導入──化学物質管理における新たな試み

(1) 予防原則を活用した制度の見直しと順応的管理

　化審法は，1973(昭和 48)年という比較法的にも早い時期に，米国の有害物質規制法案を参考にして，予防原則を導入し新規化学物質に対する事前審査制度を採用した[*116]。1986(昭和 61)年改正では，予防原則を活用した規制制度である指定化学物質制度を採用した。さらに，2003(平成 15)年改正においては，化学物質の生態系への影響に対する審査・規制制度(第三種監視化学物質制度など)が導入され，科学的不確実性を有するさまざまな対象へと予防原則の適用領域を拡大してきた。

　予防原則は科学的不確実性が存在する状況において規制措置を行うため，当該措置は，科学的知見の発展に伴い見直すことが求められる[175]。本節では，予防原則が適用された制度に必要な「科学的知見の発達に伴う見直し」について考察する。化審法の発展過程をみれば，「規制対象の拡大」という方向性がある。しかし，化審法発展の内容は規制対象の拡大に限られるものではなく，新手法の導入もみられる。本節で明らかにするように，化審法は

---

*116　化審法は審査制度と規制制度を有する。制定当初の化審法も，審査制度においては，予防原則を具体化した事前審査制度を有していた。

「科学的知見の発展」を踏まえ，リスク評価手法という新手法の導入を行うことで予防原則の適用の見直しを行うとともに，順応的管理の手法を化学物質管理分野に導入した。その結果，2009(平成21)年の化審法改正では，本格的にリスク評価を導入した審査・規制制度を構築した。これから説明するように，その内容は，人や生態系に被害を及ぼすことが懸念されるがその点で科学的不確実性を有する優先評価化学物質を管理対象とし，これに対し毎年度行われるリスク評価をはじめとする一連の措置を順応的管理ととらえることができると考えられる。したがって，平成21年改正では，科学的不確実性を前提とする化学物質管理制度に順応的管理を導入したといえるのではないだろうか。本節では，このような観点から考察を進める。

化審法の平成21年改正に関しては，これを予防原則の適用の観点から考察した文献はあるが[176]，上記のように「制度化された予防原則」の「見直し」ととらえて，その内容を化学物質管理分野における「順応的管理の導入」との視点から書かれたものはないように思う。予防原則を適用した法律の制定や予防原則を取り入れた条約*117の受け入れが進む一方で，新たな科学的知見も増えつつある。このような中で，次の問いを考えることが重要になろう。①予防原則を活用した制度に対してどのような考え方に基づいて科学的な知見が導入され，予防原則の適用が見直されたのか。②科学的知見の充実によっても科学的不確実性がなくなることのない対象に対して順応的管理手法を導入する意義は何か。

本節では，これらの問いに答えるために，化審法の化学物質管理制度におけるリスク評価手法の導入を取り上げて，法律に基づく制度としてどのように科学的知見が活かされたのか，その経緯を考察するとともに，その結果，順応的管理を活用した化学物質管理制度が構築されどのような影響があったかを明らかにする。これにより，今後の科学的な知見の充実に伴い予防原則の見直しを行う際の参考に供するとともに，このような考察を行うことで，

---

*117 予防原則を具体化した条約としては，1985(昭和60)年に採択されたオゾン層保護のためのウィーン条約前文，1992(平成4)年に採択された生物多様性条約の前文や同年の気候変動枠組み条約3条などがある。

科学的不確実性を有する対象を法制度的に管理する際の参考になれば幸いである。また，このような考察を行うことで，予防原則および順応的管理の射程範囲や適用範囲の考察を深めることができればと思う。

(2) 順応的管理の登場と適用

① 順応的管理の考え方の登場

1960年代から，米国の生態学の分野で，HollingとWaltersによって，順応的管理(adaptive management)の手法が提案された[177]。生態系のように複雑な系においては，科学的不確実性を排除することができない。そこで，科学的不確実性を前提として，管理計画を立案，実施し，継続的に監視(モニタリング)し，その結果を基に必要に応じて当初の管理計画を検証し修正(フィードバック)することを繰り返す管理手法が開発された。これが順応的管理である。つまり，科学的不確実性があるため立案された管理計画には不備な部分が含まれている。この管理計画を実施した上で，モニタリングを行い，その結果を検証し，修正することで，当初より不備の少ない管理計画の策定を試みるものである[178]。順応的管理は，不確実で柔軟な管理という生態学の要請と，厳格で画一的な規制という法学の要請を調和させる方法(あるいは科学と政策を調整させる方法)の一つである[179]。順応的管理の定義や方法についてさほど厳密な議論がされてきたとはいえず，モニタリングをして，新たな知見の蓄積を行い，これらをフィードバックして絶えず管理の内容を修正していくという連続的なプロセスが，広く順応的管理といわれている[180]。

順応的管理に対しては，行政法学の観点からは次のような批判がある。行政法学は最終的意思決定(行政処分)を明確にし，そこに不服申立・取消訴訟などを連結させてきたのであって，明確な時間的区切りのない行政活動は，権利救済のあり方，行政の説明責任の明確化，事務・事業評価などに大きな影響を及ぼす。のみならず，順応的管理は，試行錯誤の繰り返し(学びながら行動する)であることから，事前に明確な目標や裁量基準を決めることができず，結果として規制の方法，範囲，時期などについて行政判断に大きな

裁量を認めることになる[181]。

　このような問題点はあるものの，順応的管理は科学的不確実性を内包する対象について意思決定を行う際の一つの手法であり，生態系システムのもつ科学的不確実性や複雑なダイナミズムに対応できる（おそらく唯一の）方法とされている[182]。したがって，問題点を認識した上で，行政庁の個別の活動の適法性よりも活動全体の目的適合性，プロセスの適法性，達成した成果などを評価し，制御するシステムを立法化する必要がある[183]。

② 順応的管理の環境政策への適用

　多様な生態系を内包する自然資源の管理には，科学的な知見に基づく順応的管理の手法を導入することが不可欠であり，米国などで自然資源管理政策に活用された。米国においては，1990年代に実施されたワシントン州やオレゴン州流域保全計画で順応的管理の手法が取り入れられ，モニタリングを重視し，その結果を分析し計画全体のレビューを行った[184]。スウェーデンでも1990年代に始められた農業環境プログラムに順応的管理手法が適用され，このプログラムに盛り込まれた対策は，継続的に調査・評価されている[185]。また，ニュージーランドにおいても1991年に制定された資源管理法（Resource Management Act）に基づき，地方自治体が担い手となった順応的管理手法に基づく資源管理が行われ，地方自治体による資源管理計画の立案，モニタリングの実施，モニタリング結果に基づく計画の見直しが行われている[186]。

　このような状況の中で，順応的管理の考え方は，化学物質管理の分野に波及していく[187]。順応的管理は，科学的不確実性の高い事象を管理するためにいかに科学的に立ち向かうか[188]に関する手法であり，生態学に限らず科学的不確実性の高い事象を管理する際の手法として他の分野にも応用できる考え方である。

③ わが国における順応的管理の継受

　わが国では，2001（平成13）年の「21世紀『環の国』づくり会議報告」の中で「順応的な生態系管理の推進」が提案され，北米や豪州で行われている「順応的生態系管理」の手法をわが国においても取り入れるべきであるとの提言がなされた[189]。このころに政府において順応的管理の考え方が認識され

ている。

　翌2002(平成14)年の「新・生物多様性国家戦略[118]」の中にも「第2部 生物多様性の保全及び持続可能な利用の理念と目標／第1章 5つの理念」の一つとして「予防的順応的態度」の項目があり，「生態系は複雑で絶えず変化し続けているものであることを認識し，その構造と機能を維持できる範囲内で自然資源の管理と利用を順応的に行うことが原則」とし，「的確なモニタリングと，その結果に応じた管理や利用方法の柔軟な見直しが大切」だとされている[119]。

　また，2002(平成14)年12月に議員立法により制定された自然再生推進法においても3条(基本理念)4項にこの概念が明記された[120]。そして，自然再

---

[118] 生物多様性条約6条では，条約加盟国の政府は，生物多様性の保全と持続可能な利用を目的とする国家戦略を策定することが求められており，わが国では，これに基づき1995(平成7)年に生物多様性国家戦略を策定した。このときは，生物多様性の保全と持続可能な利用に関するわが国の基本的考え方および長期的な目標を示した(生物多様性国家戦略前文より引用)。しかし，平成7年の生物多様性国家戦略では，順応的管理に関する記述はみられなかった。

　なお，この国家戦略では，最後に「戦略の進捗状況の点検および戦略の見直し」の項目があり，「5年程度を目途に，国民各界各層の意見を十分に聴取したうえで国家戦略の見直しを行う。」ことが明記されている。これに基づき，2002(平成14)年に新・生物多様性国家戦略が策定された。

[119] その後，2010(平成22)年に生物多様性基本法が制定された。この法律の11条において「生物多様性国家戦略」の策定を規定しており，この法律の制定以降は，生物多様性国家戦略は同法11条を根拠に策定されることとなった。

　この規定に基づき策定された現行の「生物多様性国家戦略2012-2020」でも，「第1部 生物多様性の保全及び持続可能な利用に向けた戦略／第4章 生物多様性の保全及び持続可能な利用の基本方針／第1節 基本的視点」の中に「科学的認識と予防的かつ順応的な態度」の項目があり，「生態系は複雑で絶えず変化し続けているものであることを認識し，その構造と機能を維持できる範囲内で自然資源の管理と利用を順応的に行うことが原則」とし，「的確なモニタリングと，その結果に応じた管理や利用方法の柔軟な見直しが大切」だとされている。これは，従来の生物多様性国家戦略の表現を踏襲したものである。

[120] 自然再生推進法3条では，基本理念を提示しており，その第4項において「自然再生事業は，自然再生事業の着手後においても自然再生の状況を監視し，その監視の結果に科学的な評価を加え，これを当該自然再生事業に反映させる方法により実施されな

生推進法7条に基づいて2003(平成15)年に策定された「自然再生基本方針」の中にも順応的管理が取り入れられている。すなわち，自然再生の基本的方向として「順応的な進め方」の項目があり，「専門知識を有する者の協力を得て，自然環境に関する事前の十分な調査を行い，事業着手後も自然環境の再生状況をモニタリングし，その結果を科学的に評価し，これを当該自然再生事業に反映させる順応的な方法により実施することが必要」であることが記載されている[190]。

さらに，2008(平成20)年5月に議員立法として制定された生物多様性基本法においても3条(基本原則)3項に順応的管理の考え方が明記された[*121]。このように，わが国においても，順応的管理の考え方が生態系の保全や管理の基本理念として環境政策においても受け入れられてきた。

(3) 平成21年の化審法改正の経緯

① 第三次環境基本計画の策定

2006(平成18)年2月6日に策定された前述(p.158)の「国際的な化学物質管理のための戦略的アプローチ」をわが国では同年4月7日に閣議決定した第三次環境基本計画などの政策文書に盛り込み，わが国としての化学物質管理の基本方針とした。すなわち，第三次環境基本計画第二部「今四半世紀における環境政策の具体的な展開／第1章 重点分野ごとの環境政策の展開／第5節「化学物質の環境リスクの低減に向けた取組」の「3 施策の基本的方向」の中に「平成18年に合意された国際的な化学物質管理に関する戦略的アプローチ(SAICM)に沿って，国際的視点に立った化学物質管理に取り組みます」との記述がなされた。また，同じ節の「4 重点的取組事項」の中に

ければならない。」と規定しており，順応的管理の考え方に従って自然再生事業を行うべきことが法律の条文に明記されている。

[*121] 生物多様性基本法3条3項では，「事業等の着手後においても生物の多様性の状況を監視し，その監視の結果に科学的な評価を加え，これを当該事業等に反映させる順応的な取り組み方法により対応することを旨として行わなければならない。」と規定しており，順応的管理の考え方が生物多様性保護の基本原則とされている。

も「持続可能な開発に関する世界首脳会議における目標を踏まえ，平成32年(2020年)までに有害化学物質によるリスクの最小化を図るべく，(中略)人の健康及び生態系に与える影響について科学的知見に基づき評価を行い，適切な管理を促進します」と記述された。

このようにして，化学物質管理において世界的な方針となった予防原則を適宜活用することや，リスク評価手法を用いて化学物質による人や環境に対する悪影響を評価して管理すること，さらには2020(平成32)年までに化学物質による悪影響を最小化することなどがわが国においても政策目標とされた。

② 経済産業省による検討の開始

こうした中，経済産業省では2006(平成18)年5月25日，産業構造審議会の化学・バイオ部会の「化学物質政策基本問題小委員会」(委員長：中西準子独立行政法人産業技術総合研究所化学物質リスク管理センター長)において今後の化学物質政策に関して検討が開始された。この小委員会では，「社会・暮らしに不可欠な『化学物質』の安全・安心の確保と，国内外の経済社会の持続的発展を目的に(中略)化学物質政策の今後の在るべき姿についての論点を整理する」ことを目的とした[191]。背景としては，この当時欧州議会および理事会で審議中の欧州の化学物質規制規則(REACH)制定の動き*122やWSSDで合意された「化学物質による著しい悪影響を2020年までに最小化する」ことへの対応などが挙げられる[192]。また，この検討は2003(平成15)年に改正され，翌年から施行された化審法の附則に施行後5年で法律の規定について「検討を加える」ことが規定されており*123，これを意識したものでもあった。

同小委員会は，2006(平成18)年12月22日までに9回の会合を開催し，パ

---

*122 REACHは2006(平成18)年12月18日成立し，翌年6月1日より施行された。
*123 平成15年改正附則6条に「(検討)」との見出しで「政府は，この法律の施行後五年を経過した場合において，新法の施行の状況を勘案し，必要があると認めるときは，新法の規定について検討を加え，その結果に基づいて必要な措置を講ずるものとする。」と規定されていた。

ブリックコメントに付したのち「中間取りまとめ」として2007(平成19)年3月に審議結果をまとめた。その概略は次のようになっている。

ⅰ) 化学物質管理政策の在るべき姿の全体像

「中間取りまとめ」によれば，この小委員会での化学物質管理政策の在るべき姿の全体像・基本的考え方についての総論としての論点は次の4点であった[124]。

①どのような時間軸に基づき取り組んでいくべきか。

まず，背景としては，次のように認識されている。WSSDで合意され，「国際的な化学物質管理のための戦略的アプローチ」で具体的な対策が提案された「化学物質による著しい悪影響を2020年までに最小化する」ことへの対応が必要である。そのため，化学物質管理制度の見直しが世界的にも検討されている。

その中で，短期，中期，長期の対応策をわが国としてどのように設定し，実行していくべきか，化審法や関係法令の役割などを整理して検討を進めることが必要であるとしている。

②化学物質のライフサイクル全体をどのように視野に入れていくべきか。

上述した「国際的な化学物質管理のための戦略的アプローチ」や第三次環境基本計画で言及されている，予防原則(原文では「予防的取組方法」)の適用を考慮しながら化学物質のライフサイクル全体での環境リスクの削減を達成する必要がある。そのため，使用段階の管理なども視野に入れたリスク管理体制を構築すべきとしている。

③リスクベースの管理という政策領域を如何にして一層進めていくべきか。

これまでは主に化学物質の有害性(ハザード)に着目して規制措置を行ってきたが，これに化学物質に人や環境がさらされる程度(暴露)という観点を加えた「リスク」に基づいてこれからは管理を進めるとしている。

---

[124] 平成19年3月「産業構造審議会 化学・バイオ部会 化学物質政策基本問題小員会 中間取りまとめ(パブリックコメントを受けた修正版)」5-7頁。同小委員会の「中間取りまとめ」では，個別の検討テーマとして，「安全性情報の収集・把握」，「安全情報に係る情報基盤整備」など七つのテーマが挙げられ，検討結果が述べられている。

④国際的な制度調和を如何にして進めていくべきか。

化学製品がグローバルに取引される中で，それを管理する制度もグローバル化が進むことが見込まれており，ルールや制度が国境を超える時代に入りつつあることを認識し，わが国としても国際的な制度調和を意識した対応が必要であるとしている。

ⅱ) 各論部分の論点

以上の総論部分の論点のほかに，各論部分の論点として，本節に直接関連するものとしては，次のような点が挙げられている。

①化学物質の有する有害性情報の収集をどのようにすすめていくか[193]。

まず，前述したOECDが規定した化学物質の有害性を判断する上で基礎となる項目であるSIDS項目が国際的なスタンダードになっていることを前提にすることが述べられている。そして，この情報を国による規制と企業の自主的な取り組みを組み合わせて，最適な社会的コスト負担でかつ高い信頼性を確保するには，どのような枠組みを行政サイドで構築すべきかが検討課題であるとされている。

この点に関しては，わが国では化審法の制定当初から既存化学物質（化審法が公布された1973(昭和48)年10月16日以前に製造・輸入がなされていた化学物質）の安全性をどう確保するかが課題となっており[194]，化審法が施行された1974(昭和49)年以降，既存化学物質に関して安全性点検を実施してきた。これに加えて，2005(平成17)年からはJapanチャレンジプログラム*125が開始され，政府と産業界が協力して既存化学物質の安全性点検を行う体制がとられた。また，前述のように，OECDの取り組みなど国際的にも取り組みがなされている。しかしながら依然として，既存化学物質の安全性点検をいかにして行うかが化学物質管理政策の課題となっていた。そのため，化学物質政策基本問題小委員会の中間取りまとめに対するパブリックコメントでは，

---

*125 官民連携既存化学物質安全性情報収集・発信プログラムの略称。産業界と国が連携して計画的に既存化学物質の安全性点検事業を行うこととした。産業界に対しては自社が年間1000トン以上製造・輸入する化学物質を中心に，自主的にOECDのSIDS項目に沿ったデータを収集し国に登録，公表する仕組みを実施した。

化審法でも欧州の REACH と同様に既存化学物質と新規化学物質の区別をなくすべきとの意見も出された[195]。

②個々の化学物質に対するリスク評価をどのように実施するか[196]。

リスク評価にあたっての国と事業者の役割が検討課題とされている。米国の TSCA では化学物質の製造量や有害性に関するデータなどは事業者に提供を求めるが、リスク評価は国が行っている。これに対して、欧州の REACH では、事業者がリスク評価を実施してそれを提出することが義務づけられている。わが国にふさわしい制度構築が求められるが、一つの考え方として、リスク評価をすべき物質に優先順位をつけて実施することが検討課題とされている。

③リスク管理体制をどのように構築するか[197]。

リスク評価の結果に従って、必要とされるリスク管理を実施することになるが、ここでも、国による規制と事業者の自主管理とをどのように組み合わせて社会システムとして構築するかが課題となっている。また、化学物質が生産、使用、廃棄されるライフサイクル全体を考えた上でのリスク管理が求められており、見方を変えれば、化学物質の流通経路(サプライチェーン)の各段階に応じた仕組みが必要となる。

④リスクコミュニケーションの充実[198]。

化学物質は、生産者から消費者などへ広範囲に流通するものであり、化学物質管理の実効性を確保するためには、それに関与する事業者、国民、NGO、行政庁などが相互に意思疎通を図り、リスク情報などを共有する必要がある。それはまた、相互の信頼関係を築く上で重要であり、このような努力の積み重ねの上に安全で安心できる社会が構築できるとの指摘がなされている。

このように、経済産業省の化学物質政策基本問題小委員会では、WSSD で合意された「化学物質による著しい悪影響を 2020 年までに最小化する」ことへの対応を意識し、わが国に即したリスクに基づく化学物質管理政策を推進する意図がうかがえる。

③ 環境省の化学物質環境対策小委員会による検討

環境省では、2006(平成 18)年 11 月 24 日、環境大臣から中央環境審議会に

対して「今後の化学物質環境対策の在り方について」諮問が行われた。これに対して，中央環境審議会は，環境保健部会化学物質環境対策小委員会(委員長：佐藤洋 東北大学大学院医学系研究科教授)において審議を行った。ここでは，第三次環境基本計画の重点分野の政策プログラムである「化学物質の環境リスクの低減」に関して，化審法の改正などを視野に入れて次の四つの重点事項を具体化するとの観点から検討が行われた。四つの重点事項とは，①科学的な環境リスク評価の推進，②効果的・効率的なリスク管理の推進，③リスクコミュニケーションの推進，④国際的な協調の下での国際的責務の履行と積極的対応である。

その結果，2007(平成19)年2月9日，同小委員会の第2回会合で，「『今後の化学物質環境対策の在り方について』にかかる論点」が整理された[199]。ここでは，第三次環境基本計画に沿って次のような意見が提示された。

　ⅰ) 全体に共通する事項についての意見

化学物質のライフステージ全体を俯瞰した化学物質管理のマスタープランの作成が必要で，そこには化学物質や製品ごとの自主的取り組み，規制的手法，経済的手法などの政策手法の柔軟な組み合わせが必要である。また，化学物質管理にリスクアプローチを採用する場合，事業者のリスク評価の義務づけと，国の第三者機関による評価，予防原則の適用，高懸念物質のリスクに着目した評価の実施，複合暴露などを勘案した評価・管理体制の構築に留意する必要があるとされた。

　ⅱ) 重点事項の項目のそれぞれに対する意見

①科学的なリスク評価の推進について

安全性試験の項目は，化学物質の生産量や用途に応じて課すべきである。また，収集する化学物質の有害性(ハザード)情報は，国際的なスタンダード(OECDテストガイドラインなど)に準拠すべきであるとされた。

②効果的・効率的なリスク管理の推進について

予防原則(原文では「予防的アプローチ」)の観点からどのように対応するかを検討すべきであるとされた。また，既存化学物質の管理は領域別・用途別に実施すべきである。あるいは，化学物質の有害性のレベルを段階的に示し，そ

れに対応した管理を用意すべきである。なお，有害性(ハザード)が大きい物質は，リスクベースの管理だけではない対応が必要であるとの意見も出された。

③リスクコミュニケーションの推進について

化学物質がどのように管理されているか示すことで人々の不安を解消し，安全・安心を得ることができる。あるいは，国民参加のための枠組みが必要であるとの意見が出された。

④国際的な協調の下での国際的責務の履行と積極的対応について

海外から輸入される成形品の安全性を確保するためにも国際協力は必要であるとされた。

このようにみると，経済産業省の化学物質政策基本問題小委員会で出された意見と類似する意見も多く，おおよその方向性は一致していたといえる[*126]。

④ 化審法見直し合同委員会による検討

ⅰ）化審法見直し合同委員会における検討の開始

経済産業省の化学物質政策基本問題小委員会の中間報告を受けて，2008(平成20)年1月31日に化審法を所管する厚生労働省，経済産業省，環境省による「化審法見直し合同委員会[*127]」での検討が開始された。この合同委員会では，化審法の平成15年改正附則6条において「政府は，この法律の

[*126] 「『今後の化学物質環境対策の在り方について』にかかる論点」を整理した環境省の中央環境審議会環境保健部会化学物質環境対策小委員会では，この第2回会合(2007(平成19)年2月9日)以降，第7回会合(同年6月29日)まで，経済産業省の産業構造審議会化学・バイオ部会化学物質政策基本問題小委員会化学物質管理制度検討ワーキンググループとの合同で「特定化学物質の環境への排出量の把握等及び管理の改善の促進に関する法律」(PRTR法)の見直しを検討することとなった。この動きに関しては，本書と直接関係ないので省略する。その後，第8回会合(2008(平成20)年1月31日)以降は，化審法見直し合同委員会に合流して審議することとなる。

なお，PRTR法については，経済産業省と環境省との合同の検討の結果，2007(平成19)年8月にその制度の見直しのための中間取りまとめを終えた。

[*127] この合同会合は，次の三つの審議会組織の合同会合である。

①厚生科学審議会化学物質制度改正検討部会化学物質の審査規制制度の見直しに関する専門委員会(委員長：井上達 国立医薬品食品衛生研究所安全性生物試験研究センター長)

②産業構造審議会化学・バイオ部会化学物質管理企画小委員会(委員長：中西準子 産

施行(2004(平成16)年4月1日)後5年を経過した場合において,新法の施行の状況を勘案し,必要があると認めるときは,新法(平成15年改正法)の規定について検討を加え,その結果に基づいて必要な措置を講ずるものとする[200]」との規定に従い,化学物質管理を取り巻く状況の変化やPRTR法との一体的な運用を視野に入れて,化審法の制度改正の必要性を検討することとなった[201]。また,この合同委員会を円滑に実施するため,この委員会のメンバーから数名を選びワーキンググループを設置して議論の整理を行うこととなった[202](本節ではこれを「合同ワーキンググループ」と記載する)。

ⅱ)合同ワーキンググループによる検討

合同委員会は,合同ワーキンググループに対して,次の四つのテーマの検討を委嘱した。①ライフサイクルにおける使用実態を考慮した化学物質管理,②リスク評価の必要性と効率的実施方法,③新規化学物質審査制度等のハザード評価方法のあり方,④今後の化学物質管理のあり方。

合同ワーキンググループはこれらを審議するため,2008(平成20)年2月19日から同年7月10日まで4回の会合を開催した。検討結果は,2008(平成20)年8月28日に開催された第2回化審法見直し合同委員会に報告された。その要点は次のようなものである。

①ライフサイクルにおける使用実態を考慮した化学物質管理

残留性有機汚染化学物質に関するストックホルム条約(POPs条約)[*128]では,エッセンシャルユース(p.190)として規制対象物質に対しても厳格なリ

業技術総合研究所安全科学研究部門長)
　③中央環境審議会環境保健部会化学物質環境対策小委員会(委員長:佐藤洋 東北大学大学院医学系研究科環境保健医学分野教授)

*128 Stockholm Convention on Persistent Organic Pollutants. 2001年5月採択。わが国は2002年8月30日に加入。2004年5月17日発効。PCBなどの製造と使用を禁止し,DDTの製造と使用をマラリアを媒介する蚊の駆除目的に限定している。フッ化スルホン酸類(PFOS)の製造・使用も特定用途に限定されている。規制対象物質は25物質,締約国は179か国(2015(平成27)年12月31日現在)。http://chm.pops.int/Countries/StatusofRatifications/PartiesandSignatoires/tabid/4500/Default.aspx(2015年12月31日閲覧)。

スク管理の下で使用が許可される。化審法の第一種特定化学物質に対してもこのような扱いを認めることが適当であり，わが国に即した措置を考えるべきである[203]。また，高懸念物質については，第二種特定化学物質制度を活用して管理を進めることが重要である[204]とされた。

　②リスク評価の必要性と効率的実施方法

　リスク評価のためには暴露情報が必要であり，その基になる製造・輸入量や用途情報については，一定の要件を満たす化学物質に対しては事業者に届け出を義務づけることを検討すべきである[205]。その際，用途情報については，企業秘密にも留意しつつ，スクリーニング段階と詳細評価段階ではその精度に差をつけることを考えるべきである[206]とされた。

　また，化学物質の有害性情報（ハザード情報）は，国際整合性を考慮してOECDのSIDS項目を基本に考えることが適当である[207]。これに加え，詳細評価段階では長期毒性などの情報の収集が必要である[208]との指摘がなされた。

　さらに，リスク評価の実施にあたっては，事業者による情報提供に基づき国が実施すべきである[209]。その際，優先順位をつけて効率的に実施すべきである[210]とされた。

　③新規化学物質審査制度等のハザード評価方法のあり方

　これまでの事前審査制度を維持しつつ，従来のハザード評価に加え，一定のリスク評価を組み込んでいくことが適当である[211]。また，有害性の懸念の低いポリマーの審査については，手続きの合理化を図るべきである[212]。さらに，化審法の対象となっていない良分解性の化学物質についても対象とすべきではないか*129との意見が出された[213]。

　④今後の化学物質管理のあり方

　化学物質管理の基本的認識としては，次の意見が出された。すなわち，WSSDの「持続可能な開発に関する世界首脳会議実施計画」23項で示され

＊129　平成21年改正以前の化審法では，環境中で分解しやすい化学物質は環境残留性が低いことから，環境中に残留し人や環境に悪影響を与える可能性が低いとみられていたため，化審法の規制対象外であった。

た「化学物質が人の健康と環境にもたらす著しい悪影響を最小化する方法で使用，生産されることを 2020 年までに達成する」ことを基本認識とする。

そのためには，段階的なリスク評価体系の構築が必要であり，まず既知見などにより懸念があるとされた化学物質を「優先評価化学物質」として指定し，追加的に情報を収集した上でさらに評価すべきである[214]とされた。

ⅲ) 化審法見直し合同委員会報告書の提案

合同ワーキンググループの報告を受け，化審法見直し合同委員会はこれを基にしてさらに審議を重ね，パブリックコメントを参考にした上で，2008(平成 20)年 12 月 22 日，報告書をまとめた。報告書は，「Ⅰ 検討の背景及び化審法の施行状況」，「Ⅱ 2020 年に向けた化審法の新体系」，「Ⅲ 2020 年に向けたスケジュールと官民の役割分担など」の三つの部分から成るが，本節ではⅡを中心に，その要点を紹介する(情報提供のあり方やナノマテリアルに関する検討もなされたが，平成 21 年の化審法改正に取り入れられなかったため，本書では省略する)。

① WSSD の目標を踏まえた化学物質管理

化審法の見直しを検討するにあたっては，予防原則(原文では「予防的取組方法」)に留意しつつ，科学的なリスク評価に基づき，リスクの程度に応じて製造等の規制措置，リスク管理措置などを行うことを基本的な考え方とした[215]。つまり，予防原則に留意して科学的根拠に基づいてリスク評価を行い，リスクの程度に応じて管理することによって化学物質が人の健康や環境に与える著しい悪影響を 2020 年までに最小化するという WSSD の目標を達成しようと試みるものである。

② 化学物質の上市後の状況を踏まえたリスク評価体系の構築

化審法は，化学物質の環境経由のリスクの削減を目指す法律である。そのため，従来は，化学物質の有害性(ハザード)を評価した上で，その程度に応じて製造・輸入段階において規制措置を講じる体系になっていた[216]。これをリスク評価の体系とするためには，化学物質の有害性情報に加えて暴露情報(化学物質がどのように環境中に排出され，人や環境がどのような態様で，どの程度の濃度でその化学物質にさらされるか)が必要となる。化審法の対象となる

化学物質は，一般の工業用途などに用いられる化学物質であり幅広い用途が想定される。その量も，環境への排出形態もさまざまである。化審法においてリスク評価を実施する際に，それに不可欠な化学物質の暴露情報について，どの種類の情報をどの範囲で収集するかが重要なポイントとなる[217]。

リスク評価の枠組みとしては，リスク評価は国が責任を持って行い，そのための情報の収集は事業者が行うことが望ましい[218]。また，既存化学物質に対する管理を充実させるため，上市後のすべての物質を対象にリスク評価を行い，必要に応じて管理を行う枠組みの構築が必要である[219]。すなわち，国は事業者から定期的に化学物質の製造・輸入量，用途情報を収集し，これを基に暴露状況を推計する。これに既知見として有する化学物質の有害性情報を加味して，スクリーニング評価（懸念のある化学物質を見分けるための簡易なリスク評価）を行い，より詳細なリスク評価を行う物質である「優先評価化学物質」を絞り込む。そして，優先評価化学物質については追加情報を収集し，より詳細なリスク評価を行い，その結果に応じたリスク管理措置の対象とする[220]。なお，リスク評価を行う上で，必要な有害性情報（ハザード情報）が不足している化学物質については，一定量以上の暴露が想定される場合には，リスクが十分低いと判断できないとして，優先評価化学物質に指定すべきである[221]としている。この点は，これまでのわが国の既存化学物質の安全性点検の経緯を踏まえた提言であり，既存化学物質に関して欧州のREACHとは異なる対応である*[130]。

化学物質の有害性情報としては，国際整合性を考慮してOECDのSIDS項目を基本に考え，事業者から提供を求めることを検討すべきである[222]。さらに，平成15年改正法の有害性情報報告の制度の拡充を検討すべきである[223]。これに加え，優先評価化学物質に対する詳細評価段階では長期毒性などの情報の収集が必要であることから，事業者に対し当該情報の提出を求める制度

---

*[130] 欧州のREACHでは，提出期限と提出項目が製造・輸入量によって異なるものの，既存化学物質に関しても，一定の有害性データ（ハザードデータ）と化学物質安全性報告書（CSR: Chemical Safety Report）の提出が義務づけられている。化学物質安全性報告書は，年間製造・輸入量10トン以上の物質に対して課される。

とすべきである[224]とされた。このような，段階的なリスク評価を行うことが効率的にリスク管理の対象となる物質を選定する際のポイントとなると考えられる。

また，従来は化審法の対象となっていない良分解性の化学物質についても対象とすべきではないかとの意見が出された。すなわち，従来，化審法では，環境中で分解しやすい化学物質は環境残留性が低いことから，環境中に残留し人や環境に悪影響を与える可能性が低いとみられていたため，化審法の規制対象外であった。しかし，分解する量を上回る量が環境中に放出されれば環境中に残留するため，その物質の有害性の程度によっては人や環境に悪影響を与える可能性があるので，規制対象にすべきである[225]とされた。

③リスクの観点を踏まえた新規化学物質の事前審査制度の高度化

化審法の新規化学物質に対する事前審査制度は，従来は化学物質の有害性評価（ハザード評価）を行ってきており，上市後の人や環境に対する暴露の程度は審査の対象とはなっていなかった。しかし，世界的には有害性評価だけではなく，上市後の製造量や使用状況なども踏まえたリスク評価の観点も加味した評価も行われるようになった[226]。こうした中で，化審法でリスクの観点を重視した化学物質管理体系を構築していくには，上市前の審査においても有害性評価に加えて，上市後の暴露の程度を勘案した事前審査制度を構築すべきであるとされた。これにより，リスクベースの事前審査と前述した上市後のリスク評価について制度としての整合性を図ることとなった[227]。

また，有害性の懸念の低いポリマーの審査については，手続きの合理化を図るべきであるとされた。一般に，分子の形状が大きく細胞膜を透過しないと考えられるポリマーは，有害性の懸念は小さいと考えられている。そのため，欧州のREACHがポリマーをすべて登録の対象外（規制対象外）としているほか*[131]，米国，カナダ，オーストラリアでは，平均分子量，含有低分子物質の量，ポリマーの有する官能基などから判断して有害性の懸念が低いものを「低懸念ポリマー（Polymers of Low Concern）」として新規化学物質の届

---

*[131] ポリマーの構成要素である一定のモノマーについて登録することとしている。

出から除外している[228]）。

　このような点でも，ポリマーの性質に基づき，リスクの観点に従って規制措置が提案された。すなわち，人や生態系への影響の可能性を考慮し，リスクの考え方を反映した規制制度が提案された。

　④厳格なリスク管理措置等の対象となる化学物質の取り扱い

　化審法では，PCBのように難分解性（環境残留性），高蓄積性および長期毒性の性状を有する化学物質を第一種特定化学物質に指定し，その製造，使用などを厳しく制限してきた。それは，高蓄積性の性状のために環境中に希薄な濃度で放出されたとしても，生物濃縮により高度に濃縮される可能性があるため，リスク管理が困難とされてきたからである。本質的にリスク管理が困難な化学物質は引き続き厳格に管理されるべきであるが，一方で国際的にこのような残留性有機汚染化学物質の規制を取り決めたストックホルム条約では，国際的に許容される用途（エッセンシャルユース）に限定して厳格な管理の下で使用を許容している（p.190）。化学物質管理の国際整合性の観点から，化審法においてもエッセンシャルユースを許容することを検討すべきである[229]とされた。

　エッセンシャルユースの考え方も，人や生態系への影響の可能性という観点からみたときに，環境中への排出を伴わない厳格な管理下で使用されるならばリスクは生じないというリスク管理の考え方に基づいたものである。

　以上を化審法体系へのリスク評価の本格的導入という視点でまとめると，上市後のすべての化学物質を対象として，初期的なスクリーニング・リスク評価を実施し，さらに詳細なリスク評価を優先的に行うべき化学物質（優先評価化学物質）を絞り込む。次に，優先評価化学物質の長期毒性に関する有害性情報を事業者から提供を受けて次の段階のリスク評価を実施し，必要な場合には第二種特定化学物質に指定して管理をする。このような段階的なリスク評価，管理制度を実施することにより効率的で効果的なリスク評価，管理体制を構築する。また，新規化学物質に対しては，現行の化学物質の有害性評価（ハザード評価）に加え，リスクの観点を加味した審査を行う。なお，第

一種特定化学物質などの管理措置に関しては，ストックホルム条約など国際整合性を考慮したリスク管理措置を実施する。

(4) 平成21年改正化審法の特徴

　化審法見直し合同委員会の報告を受けて，厚生労働省，経済産業省，環境省の3省において化審法の改正案の作成が行われ，2009(平成21)年の第171回通常国会に化審法の改正法案が提出された。この法案は，衆議院および参議院の経済産業委員会，経済産業委員会環境委員会連合審査会，および本会議で審議され，可決成立し，2009(平成21)年5月20日公布された(平成21年法律第39号)。施行については，一部の条文を2010(平成22)年4月1日に施行し*132，2011(平成23)年4月1日に改正法全体が施行された。改正法は，化審法見直し合同委員会の報告書に沿った内容となった。リスク評価の観点から見た改正法の特徴は次の点である[230]。

① リスク評価を中心とした審査・規制制度の創設

　新規化学物質のうちすでに製造・輸入が認められ市場で流通している化学物質や既存化学物質(いわゆる上市されている化学物質)を「一般化学物質(化審法2条7項)」として，これを一定の数量以上製造・輸入を行った事業者に対して，毎年度，製造・輸入数量，用途などを届け出る義務を課すこととした(化審法8条)。国は，毎年度，届出された数量や用途を基にモデルを用いた計算により化学物質が人などに摂取される量を計算し，国が保有する化学物質の有害性に関する知見を加味して簡易なリスク評価(スクリーニング・リスク評価)を行い，詳細なリスク評価が必要となる「優先評価化学物質」を指定する(化審法2条5項)。これに伴い，従来，化学物質の有害性のみに着目して指定された第二種監視化学物質，第三種監視化学物質の制度は廃止された。また，第一種監視化学物質は「監視化学物質」と名称が変更された

---

*132　①良分解性化学物質を化審法の対象とすること，②新規化学物質のうち低懸念ポリマーについては通常の届け出が不要になり，簡易な審査に移行すること，③第一種特定化学物質についてエッセンシャルユースとして使用が認められることなどがこのとき施行された。

(詳しくは後述)。

　また，これから上市を予定している新規化学物質については，届出の際に，届け出られた有害性情報，製造・輸入予定数量，予定される用途の情報を基にしてスクリーニング・リスク評価を行い，優先評価化学物質に該当するか否かを審査することにした[231]。

　このように，従来は既存化学物質の安全性点検事業など法律以外の方法で確認していた一般に流通されている(上市されている)化学物質の安全性確保対策を化審法に基づく簡易なリスク評価に基づき行うこととした*133。それにより，毎年度，一般化学物質に対するリスク評価が実施されることになり，包括的に，経時変化に対応したリスク管理が可能になったといえる。

　なお，リスク評価を行う上で，必要な有害性情報(ハザード情報)が不足している化学物質については，一定量以上の暴露が想定される場合には，リスクが十分低いと判断できないとして，優先評価化学物質に指定することとしている。優先評価化学物質に関しては，一定の要件の下，化審法により製造・輸入事業者に対して有害性情報の提出を求めることができる制度とした(化審法10条1項および2項)。注目すべきは，改正により新設された化審法10条1項の規定である。この規定により，暴露量の大きい(環境排出量の大きい)化学物質に関しては，化審法の規制体系の中で，有害性情報をその製造者・輸入者に要求する手段が強化された*134。すなわち，優先評価化学物

---

*133　平成21年改正前の化審法では，新規化学物質の審査の結果規制対象とならなかった新規化学物質(白公示物質)や既存化学物質の安全性点検(化審法に基づかない事業)の結果規制対象とならなかった物質は化審法で規制する手段がなかった。

*134　化審法では，平成21年改正以前においても有害性の調査を当該化学物質の製造者，輸入者に要求する規定はあったが，それを命じる段階が異なっていた。改正前は，第二種監視化学物質に対する有害性の調査(平成15年改正法24条)，第三種監視化学物質に対する有害性の調査(同25条の3)の規定があり，当該化学物質が第二種特定化学物質に該当するかどうかを判断する必要があるとき発動され，長期毒性試験の指示を法律に基づいて命ずる規定である。これらの規定は，改正後は10条2項に引き継がれた。

　平成21年改正法では，10条2項とは別に，10条1項が新設され，優先評価化学物質として評価を行うにあたり必要がある場合に，新規化学物質の審査に必要な化学物質の有害性に関する情報と同じ情報の提出を求めることができるようになった。

質の評価を行うにあたり必要がある場合には、新規化学物質の審査に必要な有害性情報と同じ情報[*135]を、その優先評価化学物質の製造者、輸入者に対して提出を求めることができるようになった。この制度の新設により、既存化学物質の管理に関して、化審法は欧州のREACHに遜色のない制度になったといえる（後述）。

　優先評価化学物質の製造・輸入事業者は、毎年度、製造・輸入数量、用途などについて一般化学物質より詳細な情報を届け出る義務があり（化審法9条）、国はこれに基づきリスク評価を実施し、必要な場合には化学物質の有害性試験データなどの提出を求めることができる（上述）（化審法10条1項、2項）。このようなデータに基づき、国は、当該優先評価化学物質が第二種特定化学物質にあたるか否かを判定する。こうしたリスク評価中心の審査・規制制度が構築された。

② **有害性（ハザード）の大きい化学物質に対する措置の国際整合性の確保**

　今般の改正においても、有害性の大きい化学物質に関しては、有害性のみに着目した審査・規制措置が継承された。すなわち、第一種特定化学物質と監視化学物質（改正前の第一種監視化学物質の名称が変更され、「監視化学物質」となった）の制度である。第一種特定化学物質は、有害性として難分解性、高蓄積性、長期毒性をすべて有する化学物質（これをPBT物質（Persistent, Bioaccumulative and Toxic Substance）という）であり（化審法2条2項）、少量でも環境中に排出された場合には、生物濃縮により生物体内に高濃度に濃縮されて蓄積する可能性があり、環境中濃度を考慮するまでもなく、厳格に管理する必要がある。

　また、第一種特定化学物質の候補物質である監視化学物質は、難分解性、高蓄積性の性状を有しており（化審法2条4項）（このような性質を有する化学物質をvPvB物質（very Persistent and very Bioaccumulative Substance）という）、もし長期毒性を有していれば第一種特定化学物質として有害性の大きな化学

[*135] 分解性試験、蓄積性試験、スクリーニング毒性試験、生態毒性試験の結果である。

物質となる*136。したがって，改正後の化審法では，監視化学物質についても環境中濃度を考慮するまでもなく化学物質の有害性のみに着目し審査・規制を行う*137。このように，必要に応じ有害性審査・規制の体系を残していることも今般の化審法改正の特徴といえる。

　化審法の第一種特定化学物質に相当する化学物質の管理を国際的に取り決めた条約がストックホルム条約である(p.181)。この条約では，環境残留性(難分解性)，高蓄積性，長期毒性，長距離移動性のある有機化学物質の製造と使用を禁止しているが，例外として，他に代替物がなく，人の健康などに被害を生ずるおそれがない用途に限り厳格な管理の下で使用が許されている(エッセンシャルユース)。わが国もこの条約を締結しており，国際整合性を確保する観点から，今般の化審法改正で第一種特定化学物質にエッセンシャルユースの制度が新設された(化審法25条)。

(5) リスク評価の導入と予防原則

　これまで見てきたように，2009(平成21)年の化審法改正では，2002年に開催されたWSSDの実施計画の第23項で述べられた「予防原則(原文では「予防的取組方法」)に留意しつつ，透明性のある科学的根拠に基づくリスク評価手順を用いて，化学物質が人の健康と環境にもたらす著しい悪影響を最小化する方法で使用，生産されることを2020年までに達成することを目指す」を基本方針にしている。

---

*136　欧州のREACHにおいても，vPvB物質は高懸念物質(SVHC: Substances of Very High Concern)として認可対象物質の候補になっている。なお，化審法の監視化学物質は，既存化学物質の中から当該性状を有するものが指定される。新規化学物質の申請段階でその化学物質が監視化学物質の性状を有する場合には，さらに長期毒性の有無を申請者が調べなければならない。その結果，長期毒性があれば第一種特定化学物質に指定される。

*137　なお，vPvB物質を化審法が規制対象としたのは2003(平成15)年改正で，第一種監視化学物質制度を導入したときである。2009(平成21)年改正では，第二種監視化学物質制度，第三種監視化学物質制度の廃止により，第一種監視化学物質は「監視化学物質」と名称が変更された。

したがって，改正化審法では，予防原則とリスク評価が法制度としてどのように生かされているかがポイントとなる。この両者が法制度としてどのように影響して化審法でどのように実現されているのかをみていくことにしたい。また，筆者は，上述した平成 21 年改正で新たに創設されたリスク評価を中心とした審査・規制制度は，順応的管理手法を化学物質管理に適用したものであると考える。この点についても併せて検討し，リスク評価手法を用いた順応的管理が予防原則に及ぼした影響について考察する。

① 化学物質管理におけるリスク評価

リスク評価は，化学物質自体の有害性評価(ハザード評価)と人や環境が化学物質にどのくらいの濃度でさらされているか(暴露評価)を合わせて評価する手法である。ある化学物質の有害性がかなり強いとしても，その化学物質にさらされる程度が無視できるくらいであれば，その化学物質によって被害を受けることはない。逆に，それほど有害性が強くない化学物質であっても，その化学物質を毎日相当の量を摂取すれば，長い年月のうちに，その化学物質による被害を受ける可能性がある。このように，化学物質の危険性(リスク)は，化学物質の有害性の強さとその化学物質にさらされる程度の両方を勘案して評価する方が化学物質の性質に適合しているといえる。化学物質管理政策においても化学物質のリスク評価に基づく法規制が近年先進国を中心に行われるようになってきた。すでにみたように地球環境サミット以来，国際機関が先導してリスク評価に基づく化学物質管理が進められている。

化学物質のリスク評価が国際的に取り入れられてきた背景には，科学技術の発達がある。暴露評価の手法に関して，モデルを用いたシミュレーションが発達し，個々の化学物質の環境排出量，蒸発しやすさ，水への溶解度などの数値をモデルに入力することによって私たちが日常生活でその化学物質をどのくらいの量摂取しているのかをある程度計算で予測できるようになってきた。その信頼度も向上し，法律に基づく化学物質管理制度に取り入れられてきた。わが国の化審法は 1986(昭和 61)年改正のときに，第二種特定化学物質を指定する方法として導入し[232]，「相当広範な地域の環境において当該

化学物質が相当程度残留しているか，又は近くその状況に至ることが確実であると見込まれることにより，人の健康に係る被害を生ずるおそれがある（昭和61年改正法2条3項）」状況が存在するか否かをリスク評価手法を用いて判断している。

改正後の化審法では，製造・輸入事業者から届出される製造・輸入数量と用途を基にして，用途ごとにどれだけの割合で環境中に排出されるかの係数（排出係数）を用いて，その化学物質の環境排出量を算出する。環境中に出た化学物質が大気，水，土壌にどのように分配されるか，化学物質の蒸発しやすさ，水への溶解度，土壌への吸着しやすさなどの数値を用いて計算する。このようにして算定された化学物質の大気，水，土壌中の濃度を基にして，人が1日あたり，呼吸する空気の量，摂取する水の量，食べる食品の種類と量を手掛かりにして，その化学物質が1日あたりどのくらい人に摂取されるかを算出する。

以上が人に対する暴露評価であるが，こうして算出されたその化学物質の1日あたりの摂取量と化学物質の有害性を基にある程度の安全性を見込んで計算されるその化学物質の1日あたりの耐容摂取量とを比較して，暴露評価から得られた摂取量が耐容摂取量と比較して小さければ，その化学物質による人に対する懸念はないと考えられる。また，生態系への影響に関しても，同様に，3種の水生生物（藻類，ミジンコ，魚類）に対する暴露量とそれぞれの生物に対してどれくらいの濃度になるとその化学物質の影響が現れるかの値を比較することによって判断される。

② 予防原則の適用

ⅰ）平成21年改正前の化審法における予防原則の適用

化審法では，1973（昭和48）年の法律制定時に新規化学物質に対する事前審査制度を導入し，予防原則を具体化した制度を備え，その後の改正とともに化審法における予防原則の適用領域が広がってきた。2009（平成21）年の改正前の化審法においては，次の部分で予防原則が適用されていた[233]。

①新規化学物質に対する事前審査制度

新規化学物質は，化審法の規制対象物質になるかどうかはっきりしないに

もかかわらず，新規化学物質に関する所要のデータを添付して届出を行い，製造・輸入して差し支えないとの判定通知が届くまでは，製造・輸入は禁止される(化審法3条，4条)。もし規制対象物質となれば人などに対して被害を及ぼす可能性があるのだが，新規化学物質は規制対象になるくらい有害なのか否かはっきりしない点に科学的不確実性があり，それにもかかわらず規制措置が施されているところに予防原則の適用がみられる。

②第一種監視化学物質制度

長期毒性は明らかではないが難分解性かつ高蓄積性の化学物質が第一種監視化学物質に指定され(平成15年改正法2条4項)，製造者・輸入者は，その前年度の製造・輸入実績数量などを届け出る義務を課される(平成15年改正法5条の3)。もし長期毒性を有していれば，第一種特定化学物質に該当することとなり，重大な環境汚染により人などに被害を引き起こす可能性がある。他方，毒性がなければ規制する必要はない。そのため，長期毒性が不明という点に科学的不確実性があるにもかかわらず規制措置の対象になっているところに予防原則の適用がみられる。

③第二種監視化学物質制度

難分解性かつ人に対する長期毒性のおそれが「疑われる」物質が第二種監視化学物質に指定され(平成15年改正法2条5項)，製造者・輸入者は，その前年度の製造・輸入実績数量などを届け出る義務を課される(平成15年改正法23条)。もし，人に対する長期毒性があり，かつ，相当広範な地域において相当程度残留していれば，第二種特定化学物質に該当することとなり，重大な環境汚染により人に被害を引き起こす可能性がある。人に対する長期毒性の有無が問題とされる中で，長期毒性試験ではなく簡易なスクリーニング毒性試験[138]によって長期毒性を類推する。そのために長期毒性が疑われるかどうかしか判定していない点に科学的不確実性がある。それにもかかわらず，規制措置がとられるところに予防原則の適用がみられる。

---

[138] 長期毒性試験は半年から1年程度の試験期間で経過を観察するが，化審法ではスクリーニング毒性試験は1か月(28日間)の試験期間で行う。

④第三種監視化学物質制度

　難分解性かつ動植物の生息または生育に支障を及ぼすおそれがある化学物質が第三種監視化学物質に指定され(平成 15 年改正法 2 条 6 項)，製造者・輸入者は，その前年度の製造・輸入実績数量などを届け出る義務を課される(平成 15 年改正法 25 条の 2)。もし，人の生活に密接に関連する動植物に対して影響があり，かつ，相当広範な地域において相当程度残留していれば，第二種特定化学物質に該当することとなり，重大な環境汚染により生態系に被害を引き起こす可能性がある。動植物の生息・生育といういわば生態系に対する化学物質の影響については，定量的に評価する手法が確立されてはいない。そのため，藻類，ミジンコ，魚類という 3 種の水生生物種をモデルとして用いるとの考え方に基づき，試験実施および評価が可能なこの 3 種の生物の急性毒性試験の結果を用いて生態系への影響を評価している (p. 152)。したがって，第三種監視化学物質の規制では，評価手法が未確立な中で 3 種の生物への影響によって生態系への影響と仮定している点に科学的不確実性があり，それにもかかわらず規制措置がとられているところに予防原則の適用がみられる。

ⅱ）平成 21 年改正法における予防原則の適用[234]

　前述したように平成 21 年改正法では，予防原則の適用という点に関しては，新規化学物質に対する事前審査制度や第一種監視化学物質制度には本質的な改正はなかったものの，一般化学物質に対するスクリーニング・リスク評価および優先評価化学物質に対するリスク評価が導入され，第二種監視化学物質制度，第三種監視化学物質制度が廃止され，予防原則の適用状況に変化がみられた。

①一般化学物質に対するスクリーニング・リスク評価制度

　一般化学物質の製造者・輸入者は，その前年度の製造・輸入実績数量，用途などを届け出る義務を課される。一般化学物質は，新規化学物質として届出がなされた化学物質のうち審査の結果優先評価化学物質とはならなかったものや規制対象となっていない既存化学物質が含まれている。有害性に関連する新たな知見が発見されたり，新たな用途が見いだされ環境中への排出量

が増大することなどが考えられ，これによって規制対象物質に該当するくらいリスクが大きいと判断されることがあり得る。こういったことから一般化学物質に対して時点を変えて繰り返してリスク評価することに意味があるといえる。

一般化学物質はこのように人や環境に対してリスクの懸念があるものもないものも含まれており，リスク評価をしてみなければわからない。リスク評価を進めていった場合に規制対象物質に該当するものが含まれている可能性も否定できない。こういったことから，規制対象物質になるほど有害なのか否かはっきりしない点に科学的不確実性があるにもかかわらず，規制措置が施されているところが予防原則の適用とみられる。一般化学物質に対するスクリーニング・リスク評価は，2009（平成21）年の改正により新たに制定された制度であり，化審法においてはこの制度の導入により予防原則の適用領域が広がったといえる。

②優先評価化学物質制度

優先評価化学物質は，新規化学物質の審査や一般化学物質のスクリーニング・リスク評価によって人または環境に対して「被害を生ずるおそれがないと認められないもの」（化審法2条5項）であり，スクリーニング・リスク評価の結果，被害を及ぼすおそれのあるものと評価データの不足などにより被害を及ぼすおそれがあるか否かが不明なものを含んでいる。優先評価化学物質の製造者・輸入者は，その前年度の製造・輸入実績数量，用途など一般化学物質よりは詳細なデータを届け出る義務を課される。

新規化学物質の届出項目には，長期毒性試験結果は含まれてはおらず，28日間の簡易なスクリーニング毒性試験結果などの資料から有害性を判定しており，暴露に関しても，製造・輸入予定数量や予定される用途に基づいてモデルにより計算される。また，一般化学物質のスクリーニング段階のリスク評価は，簡易なリスク評価で，物質の有害性（ハザード）評価では，国が有している既知見を活用することとしている。たとえば，長期毒性に関して長期毒性試験の結果がない場合には，それより短い期間での毒性試験結果などを利用することになる。暴露の程度に関しても，比較的大まかな用途分類に基

づいてモデルを用いた計算により算出するものである*139。しかし,対象物質の中には第二種特定化学物質に該当する化学物質が含まれている可能性があることから,科学的不確実性があるにもかかわらず規制措置がとられているところに予防原則の適用がみられる。

優先評価化学物質制度は,改正前の第二種監視化学物質制度と第三種監視化学物質制度を改正したもので,予防原則の適用領域は,従来と同程度である(リスク評価との関係については後述)。

③監視化学物質制度

改正前の第一種監視化学物質制度の名称が変わっただけである。もし長期毒性を有していれば,第一種特定化学物質に該当することとなり重大な環境汚染により人などに被害を引き起こす可能性があるため,長期毒性が不明という点に科学的不確実性があるにもかかわらず規制措置の対象になっているところに予防原則の適用がみられる。

③ 予防原則を適用した制度の見直し

予防原則は,科学的不確実性が存在する状況で規制措置を実施するかどうかの政策判断を迫られた場合に,被害が重大あるいは回復が困難である場合に規制措置を実施するという原則である[235]。予防原則の適用にあたっては,科学的不確実性の存在を前提とするが,これを科学的知見や技術の進歩に応じて見直すことが必要とされている。1998年10月に欧州委員会の消費者政策・消費者健康保護総局(Directorate-General for Consumer Policy and Consumer Health Protection)が作成した「予防原則の適用に関するガイドライン[236]」では,予防原則の適用の基準の一つとして,予防原則に基づく措置は,より客観的なリスク評価の実施を待つまでの暫定的な性質のものであ

---

*139 一般化学物質に対するスクリーニング段階のリスク評価では,約50の用途分類に分けてそれぞれの用途ごとに環境排出量の算定を行う。これに対して,第二段階のリスク評価である優先評価化学物質に対するリスク評価では,約250の用途分類により環境排出量の算定を行う。さらに,優先評価化学物質では都道府県別かつ用途別の出荷量に基づいて環境中の濃度の算定を行う。これにより優先評価化学物質に対しては,より精度の高いリスク評価が可能となる。

るとしている。

　また，2000年2月に欧州委員会から出された「予防原則に関するコミュニケーション（予防原則に関する委員会報告書）[237]」(ECコミュニケーション)では，予防原則適用の一般原則の一つとして，科学の発達に伴う見直し(modify)が必要であるとしている[238]。このように，科学的不確実性が存在する状況で政策判断を行う以上，その根拠になっている科学的知見の発達に応じて見直していくことが政策判断を行う側に求められているといえる。

　さらに，わが国の環境基本計画にも同様の趣旨と解することができる表現がみられる。2000（平成12）年に策定された第2次環境基本計画の「第2部 21世紀初頭における環境政策の展開の方向／第2節 持続可能な社会の構築に向けた環境政策／1 基本的な考え方／(3)環境政策の指針となる四つの考え方」の中で，「ウ 予防的な方策」として予防原則が取り上げられており，「科学的知見の充実に努めながら，必要に応じ，予防的な方策を講じます」とされている。あるいは，化審法の平成21年改正当時の環境基本計画である，第三次環境基本計画(2006（平成18）年策定)の「第一部 環境の現状と環境政策の課題／第2章 今後の環境政策の展開の方向／第3節 技術開発・研究の充実と不確実性を踏まえた取組」の「3 予防的な取組方法の考え方などによる，不確実性を踏まえた施策決定と柔軟な施策変更」の中の「科学的知見の充実に努めながら対策を講じるという，予防的な取組方法の考え方に基づく対策を必要に応じて講じます」との記述も同様の趣旨と解することができる。

　化審法の平成21年改正において，従来は有害性評価のみで規制対象物質の選定を行っていた第二種監視化学物質，第三種監視化学物質制度に代えて，リスク評価により規制対象を選定する優先評価化学物質制度に改正されたことは，科学の発達に伴う見直しとみることができる。つまり，科学の発達によって利用可能となったリスク評価手法を用いて規制対象となる化学物質を選定する方が，化学物質の有害性に加えて，化学物質の暴露状況を考慮することができるので科学的不確実性を小さくすることができる。科学の発達によって法律に基づく制度としてリスク評価を行うことが可能となったため，

予防原則を適用した制度の見直しが行われたと考えることができる。

④ リスク評価の導入による予防原則への影響

リスク評価の導入により予防原則がどのような影響を受けたかを考察する。ここで注目したいのは，リスク評価の導入によって科学的不確実性の程度が軽減している点である。リスク評価は有害性（ハザード）評価に暴露評価を加えたものであるため，有害性評価だけで第二種監視化学物質，第三種監視化学物質が指定されていた改正前（リスク評価導入前）に比べると科学的不確実性が低減していることは指定の要件からもうかがえる。では，これにより，化審法の規制対象を選定するにあたり，どのくらい科学的不確実性が小さくなったのであろうか。第二種監視化学物質と優先評価化学物質の科学的不確実性の程度および第三種監視化学物質と優先評価化学物質の科学的不確実性の程度を比較して考察する。

ⅰ）第二種監視化学物質と優先評価化学物質の科学的不確実性の程度の比較

第二種監視化学物質の要件は，高蓄積性ではなく，人に対する長期毒性のおそれが「疑われる」物質である。

第二種監視化学物質は，暴露状況を考慮せず選定される。したがって，製造・輸入量が小さく，環境中に出た場合に希薄な濃度で存在するにすぎず人に対する被害を生じることが考えにくい場合でも[*140]，有害性の要件に該当すれば第二種監視化学物質に指定され，規制を受けた。しかし，優先評価化学物質では，暴露評価が加わるため，以前のように有害性に基づく判断だけから指定されることはなくなった。いいかえれば，第二種監視化学物質制度では，科学的不確実性が大きい状態で規制措置が行われたため，多くの化学物質を規制対象としたが，優先評価化学物質制度では，科学的不確実性がより小さい状態で規制措置が行われるため，規制対象とする化学物質が絞り込まれることによりその数が少なくなったといえる。そのため，第二種監視化

[*140] 第二種監視化学物質（人に対する長期毒性の疑いにより優先評価化学物質となったものも同様）は，高蓄積性ではないため，生物濃縮により食物中に高濃度に蓄積される可能性は低いため，環境中の濃度が一定以上にならなければ，人に対して被害を生ずるおそれはない。

学物質制度が終了する 2011(平成 23)年 3 月末において第二種監視化学物質は 1151 物質を数えているが，2015(平成 27)年 4 月 1 日において人に対する影響の観点から優先評価化学物質とされているものは 123 物質である。

なお，この比較では，難分解性の要件に注意が必要である。優先評価化学物質は，難分解性を要件としていない。一方，平成 21 年改正前の第二種監視化学物質は難分解性を要件としていたが，平成 21 年改正法の改正内容のうち 2010(平成 22)年 4 月 1 日に一部が施行された際，第二種監視化学物質については難分解性の要件が外され，良分解性の化学物質を含むこととなった。この時点で第二種監視化学物質に約 90 物質の良分解性の化学物質が新たに指定された。そのため，本書では端的に，リスク評価の影響を考察するため，平成 22 年に施行された際の難分解性を要件としない第二種監視化学物質をも含めて比較の対象として考えている。

優先評価化学物質の数に関しては，今後変動があると予想されるが，現行のリスク評価方法に基づき指定されるならば，これまでみてきたようなことから，従来の有害性のみで評価する場合に比べるとかなり絞り込まれる。これにより，行政効率の向上に寄与するとともに，経済活動に対する過剰な負担を避けることができるものと考えられる。

ⅱ) **第三種監視化学物質と優先評価化学物質の科学的不確実性の程度の比較**

第三種監視化学物質の要件は，高蓄積性ではなく，動植物の生息または生育に支障を及ぼすおそれがある化学物質である。動植物の生息・生育といういわば生態系に対する化学物質の影響については，定量的に評価する手法が確立されてはいない。そのため，藻類，ミジンコ，魚類という 3 種の水生生物種をモデルとして用いるとの考え方に基づき生態系への影響を評価していた。したがって，第三種監視化学物質は化審法において予防原則を適用している制度としては，毒性の評価をせずに規制措置を行っている第一種監視化学物質とともに最も大きな科学的不確実性を有する対象であった。

優先評価化学物質のうち，動植物の生息または生育(すなわち生態系)に支障を及ぼすおそれがあることから優先評価化学物質に指定されるものについては，有害性評価の部分は従来と同様の評価方法が用いられるため，この部

表1・3 リスク評価の導入による規制対象物質数の変化にみる科学的不確実性の減少

	人への影響が疑われるため規制	生態系への影響が疑われるため規制
リスク評価導入前	第二種監視化学物質 1151物質	第三種監視化学物質 321物質
リスク評価導入後	優先評価化学物質 (人への影響の観点から指定) 123物質	優先評価化学物質 (生態系への影響の観点から指定) 79物質

注: 物質数に関しては，2015(平成27)年4月1日現在の数字である。経済産業省および製品評価技術基盤機構のホームページを参考にした(http://www.meti.go.jp/policy/chemical_management/kasinhou/files/yusen/yusen_131220.pdf，2015年6月9日閲覧および http://www.safe.nite.go.jp/japan/sougou/view/IntrmSrchMonitorList_jp.faces，2015年6月9日閲覧)。なお，人への影響と生態系への影響の両者が疑われることで規制された化学物質があるため，規制対象の化学物質の数は，それぞれの規制対象の物質数の合計よりも少ない。

分の科学的不確実性は同じである。しかし，リスク評価では，有害性評価に加えて暴露評価が行われるため，科学的不確実性が減少する。つまり，製造・輸入量が小さく，環境中に出た場合に無視できる程度の濃度で存在するにすぎない化学物質は，特殊な要因がなければ生態系に影響を及ぼす可能性はなく[141]，こういった化学物質を規制対象から除くことにより科学的不確実性が減少する。

そのため，2011(平成23)年3月末において第三種監視化学物質は321物質であったが，2015(平成27)年4月1日において優先評価化学物質のうち生態系に支障を及ぼすおそれがあることから優先評価化学物質に指定されているものは79物質である[142]。従来の有害性のみで評価する場合に比べるとかな

---

[141] 生態系に影響を及ぼすおそれがあるために優先評価化学物質となったものは，高蓄積性ではないため，生物濃縮により生物中に高濃度に蓄積される可能性はない。したがって，環境中の濃度が一定以上にならなければ，特殊な要因がない限り生態系に対して被害を生ずるおそれはないと考えられている。

[142] 第三種監視化学物質についても，前述の第二種監視化学と同様に，この比較では，難分解性の要件に注意が必要である。平成21年改正前の第三種監視化学物質は難分解性を要件としていた。しかし，難分解性の要件に関しては，平成21年改正法の改正内容のうち2010(平成22)年4月1日に一部施行された際，第三種監視化学物質は良分解性の化学物質を含むこととなり，この時点で第三種監視化学物質に11物質の良分解性

り絞り込まれたといえる。これにより，行政効率の向上に寄与するとともに，経済活動に対する過剰な負担を避けることができるものと考えられる。

⑤ 予防原則の適用領域の拡大と科学的不確実性の低減

2009(平成21)年の化審法改正を予防原則と科学的不確実性の点からとらえると，予防原則の適用領域が拡大した一方，リスク評価が導入されたことにより科学的不確実性が低減している。

すなわち，一般化学物質に対するスクリーニング・リスク評価が実施されたことにより，これまで規制のなかった一般化学物質に対して，新たに予防原則に基づく規制措置が実施され，この部分では予防原則の適用領域が拡大したといえる。その反面，法改正により，第二種監視化学物質制度および第三種監視化学物質制度が廃止され，新たに優先評価化学物質制度がつくられた部分をみれば，リスク評価制度を導入したことによって法改正の前後で規制の前提となっている科学的不確実性が低減したといえる。この科学的不確実性の低減は，科学の発達により科学的知見が充実したため，この知見を予防原則を適用した措置に反映するために見直しを行った結果である。

(6) 順応的管理手法の化学物質管理への適用

順応的管理とは，科学的不確実性を含み実証されていない前提に基づいて管理計画を立案，実施し，継続的に監視(モニタリング)することによって前提の妥当性を絶えず検証しながら，検証結果を考慮して管理計画を修正・変更する管理手法である[239]。前提を検証し，必要なら修正する過程のことは順応学習，検証結果に基づき当初の管理計画を修正・変更することはフィードバック制御と呼ばれる[240]。順応学習とフィードバック制御を繰り返して管理計画の前提に含まれている科学的不確実性を低減させ，より科学的に妥当な管理を行うための手法が順応的管理手法である。

の既存化学物質が新たに指定された。そのため，本書では端的に，リスク評価の影響を考察するため，平成22年に施行された際の難分解性を要件としない第三種監視化学物質を比較の対象として考えている。

化審法の改正のための審議会などの議論では指摘されなかったが[*143]、一般化学物質に対してスクリーニング・リスク評価を行い、人や生態系に被害を与える懸念のある化学物質を優先評価化学物質に指定して管理を行うといった平成21年改正法で導入された優先評価化学物質を中心とする化学物質管理制度は、順応的管理を適用したものであると考えられる。なぜなら、この管理制度をみていくと、次のように順応的管理の手順に則っているのがわかる。まず、人や生態系に対して被害を与える懸念があるという点で科学的不確実性を有する優先評価化学物質を指定し、管理すべき化学物質（管理目標）を特定する部分が管理計画の立案にあたり、優先評価化学物質に対してリスク評価という管理措置を実施するところが管理計画の実施にあたる。そして、優先評価化学物質に該当するものがほかにないかどうかを毎年度調査するために、一般化学物質に対してスクリーニング（リスク）評価を実施し、優先してリスク評価を実施すべきものを新たに優先評価化学物質に指定するところ、および、優先評価化学物質に対するリスク評価の実施の結果、優先度が低いものの指定を取り消すところが継続的監視（モニタリング）とその結果に従って当初の管理計画を修正・変更する部分にあたる。

　このような管理プロセスを繰り返すことによって、経年変化による化学物質の製造量・輸入量の増減や用途の変更に伴う環境排出量の変動、ひいては人や環境に対する暴露量の変動に対応した化学物質管理を実行することができる。

　この点が欧州のREACHや米国の有害物質規制法にはない化審法の特徴である。REACHでは、化学物質の登録制度や年間生産量10トン以上の化学物質に対する化学物質安全性報告書（Chemical Safety Report）の提出などを義務づけている[*144]が、それを管理当局が毎年度評価をして、管理の程度を見直す仕組みはない。また、米国の有害物質規制法も毎年度、リスク評価を

[*143] 前述した化審法改正に向けての経済産業省、環境省の審議会、あるいは合同審議会の議事録をみる限り、順応的管理を意識した発言は記録されていない。

[*144] REACH 14条。なお、REACHでは、事業者はこの報告書を最新の状態に保つことは要求されている（REACH 14条7項）。

実施して管理の程度を見直すといった制度を有してはいない。わが国の化審法は，経年変化に応じて，毎年度リスク評価を行い，その結果を基にして管理当局が化学物質の管理の程度を変更できる点が特徴であり，順応的管理手法を導入した制度であるといえる。

(7) 予防原則と順応的管理との関係

予防原則と順応的管理，この両者の関係はどのようになっているのであろうか。科学的不確実性を有する対象に管理当局が管理措置を実施するという点で，両者は共通する。科学的不確実性に関して，生態系における不確実性は，そのシステムの複雑さによるもの(内在的不確実性)であり，データの蓄積などにより解消しうるような既存化学物質が有する科学的不確実性などの科学的知見の不足に由来するものとは別のものである。そのため，生態系における不確実性のような内在的不確実性は，予測自体に常に不確実性が伴うことを前提に合意形成を図る必要がある[241]との指摘もなされている。この違いは指摘のとおりであるが，予防原則を考えるにあたって，調査などを実施してもなお不確実性が残る場合と調査などがなされていないために不確実性を有する場合の双方を含めて科学的不確実性を有するととらえる[242]ことができる。前述の EC コミュニケーションはこの考えに基づいており[243]，本書もこの立場に拠っている。

予防原則は，想定される被害が重大または不可逆な場合，事実関係あるいは因果関係に科学的不確実性があったとしても規制措置を実施するとの考え方である[244]。すなわち，「危険」あるいは「リスク」に対処する考え方である。そこで，これらの考え方が発達したドイツの危険概念を用いて検討すれば，次のように考えられるのではないだろうか。

「危険」や「リスク」の考え方については，ドイツにおける行政法学で従来から研究されてきた。現在の環境規制もその延長線上にあるとも考えられ，環境法を考える上で参考となることも多い。ドイツで危険概念を整理するためよく用いられているのが三段階モデルである(p. 117)。三段階モデルでは，(広義の)リスクのうち，伝統的な警察規制の対象とされる危害発生の十分な

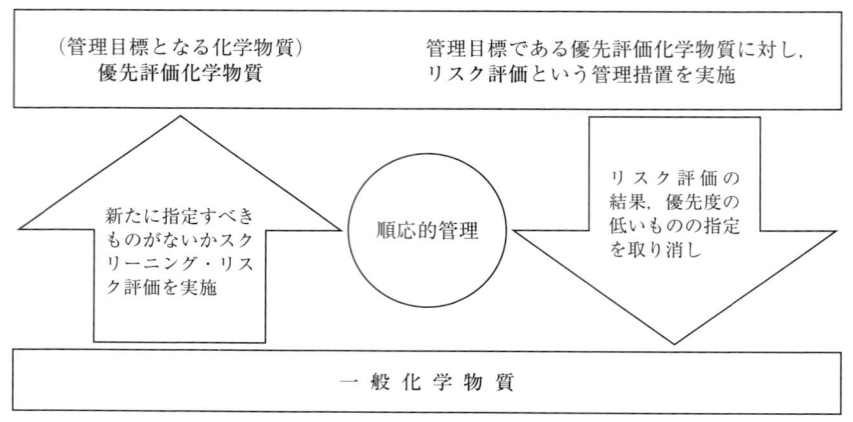

図1・5 化審法の優先評価化学物質制度における順応的管理の仕組み

蓋然性があり被害が大きいと予測されるものを「危険」といい，これより蓋然性が低く被害が小さいと予測されるものを「(狭義の)リスク」とし，人間の認識能力や技術的限界などにより受忍するしかないものを「残存リスク」とする。

危険かどうかの判断も不確実性を有する。つまり，危害発生の蓋然性があるかどうかは，将来に対する予測によって判断される。そのため，事態の推移が予測に反する可能性もあるため，この点で危険の判断にも不確実性が伴う[245]。

「危険の疑い」という概念も検討されている。これは，危険の存在を示す手掛かりはあるが，現在の状態または因果関係が不明確で，損害発生の蓋然性を有するか否かの判断が困難な場合[246]である。「危険の疑い」が有する不確実性と，危険が有する不確実性とは異なる。すなわち，いずれも蓋然性の判断に不確実性を有するが，危険が有する不確実性は将来の予測に対する不確実性であり，他方，「危険の疑い」が有する不確実性は現在の事実に対する推定にも不確実性がある[247]。そして，このように不確実性を有する「危険の疑い」の中でも，科学的な経験知に基づく根拠のある危険の疑いを「根拠づけられた危険の疑い」とされ，危険と同様の損害発生の蓋然性を有するも

のとして危険防御の対象とされる[248]。これに対して,「危険の疑い」は,リスクの範疇に入るものとされ,リスク配慮の対象とされる[249]。予防原則の対象となる事象は,科学的不確実性を有するものであるから,危険またはリスクの範囲に入るものである(もっとも,きわめて蓋然性の高い危険については予防原則以前の問題であろう)。残存リスクは,受忍するしかない性格のもので,法的な規制対象とはならない。

　規制措置については,危険防御に対しては,公権的な干渉が危険の顕在化を防止するための最終的な措置(製造・輸入の禁止や数量制限など)が認められるのに対して,リスク配慮に関しては,調査を求めることなど暫定的な措置にとどまると考えられる*145。これは,「危険の疑い」においては,科学的不確実性が大きく,これを低減するための調査などを行うことが必要とされるからである。そしてこの調査の結果,科学的根拠が得られれば「根拠づけられた危険の疑い」となり,危険防御のための最終的な規制措置が講じられることとなる。

　では,順応的管理ではどのように考えられるであろうか。順応的管理では,科学的不確実性を含む前提に基づいて管理目標(管理計画)を立案し,管理を

---

*145　松村弓彦「ドイツ環境法における危険と危険の疑い」法律論叢 85 巻 1 号(2012 年) 355-360 頁において,ドイツの学説が整理されている。ここで,警察(秩序)法上の一般条項(一般的授権条項)を根拠とする「危険」概念が述べられている。「危険の疑い」は「危険」あるいは「狭義のリスク」と別の概念か否かに関して「消極説」と「積極説(多数説)」が紹介されており,消極説は,「危険の疑いを一定の条件下で危険と同視する」と紹介されている。また,消極説の説明の中で「環境法領域では「充分な根拠を持つ危険の疑い」は危険とし,(後略)」と述べている。さらに,警察(秩序)法上の一般条項(一般的授権条項)を根拠とする危険防御に関して,危険の疑いを二つに分け,公権的干渉が許される危険の疑いを危険ととらえ,公権的干渉が許されない危険の疑いと区別すると論じている。また,同じく消極説の紹介の中で,「環境・技術法では,危険の疑いをリスク配慮に組み込む」としている。

　松村の紹介は,警察(秩序)法上の一般条項(一般的授権条項)を根拠とする「危険の疑い」を中心としたものであり,個別の環境法に対して考察を行っている本書とは適用領域を異にするが参考となるところが多い。このような背景の下で,本書においては,危険の疑いのうち科学的根拠に基づくものは危険ととらえ,そうではないものは(狭義の)リスクと解している。

実施する。そして，管理を行う過程で調査(モニタリング)を実施してその結果を評価して当初の管理目標を修正する管理方法である。順応的管理では，調査を実施してその結果を評価して当初の管理目標を修正することが前提となっており，管理目標や管理計画の対象となる事象に含まれている科学的不確実性は「危険の疑い」の範疇に入るもので，リスクと位置づけられるものだと考えられる。そのため，管理目標を設定して実施される管理措置は，科学的不確実性を低減させるために必要な調査のような暫定的なものに限定される。

　また，予防原則においては規制の根拠に科学的不確実性が存在する状況で規制措置を実施しているため，科学的知見の発展や技術の進歩に応じて見直すことが必要とされているが，ここで見直しの対象となっているのは，危険の顕在化を防止するための最終的な措置も含めたものである。これに対して，順応的管理において見直し(修正)の対象となるのは暫定的な管理目標(管理計画)である。

　なお，法制度として順応的管理を考える場合，予防原則において一般的にいわれているような想定される被害が重大または不可逆との要件が必要か否かは，はっきりしない。この点については，科学的不確実性が存在する状況で規制措置(管理措置)を行うわけであるから，それにふさわしい状況であることが前提になっていると考えられ，予防原則と同様に想定される被害が重大または不可逆であることが要件となると考えられる。実際に，これまで順応的管理が適用された対象は生態系などであり，被害が生じた場合，重大または不可逆となる可能性のあるものである。

　化審法の規制にあてはめれば，どのようになるであろうか。優先評価化学物質は，一般化学物質に対する簡易的なリスク評価(スクリーニング・リスク評価)で選定される。簡易的なリスク評価では，有害性に関しては本来，長期毒性を問題にしているにもかかわらず，この段階では1か月程度の毒性試験結果などを基に評価される。また，暴露評価でもこの段階では用途分類や化学物質の出荷先については，次の段階で優先評価化学物質に対して実施される通常のリスク評価に比べると，簡易的なものになっている。そのため，

優先評価化学物質は科学的不確実性が比較的大きく「危険の疑い」を有するものと考えられる。そして優先評価化学物質については，事業者に対してその製造・輸入量，用途，都道府県別の出荷量などを届け出ることが要求される。これは暫定的な措置としての調査義務の一種と考えられ，この届出内容を活用して次の調査(モニタリング)の段階にあたるリスク評価が国によって行われる。

　これに対して，第二種特定化学物質(化審法2条3項)は180日の長期毒性試験などの結果と詳細な暴露評価に基づく通常のリスク評価を経て選定されるため，十分な科学的根拠があると考えられ，「根拠づけられた危険の疑い」すなわち「危険」に該当する。そのため，第二種特定化学物質は，危険防御の対象となり，必要に応じ危険防御のための最終的な措置である製造量の削減命令などの措置が講じられる(化審法35条5項)。

　また，順応的管理における管理目標(管理計画)の修正は，暫定的な措置として定めた管理目標の修正にあたり，修正を繰り返すことにより科学的不確実性を低減させ暫定的な措置を最終的な措置に近づけようとするものである。すなわち，「危険の疑い」の段階にある管理対象に対して調査(モニタリング)を行うことによって「根拠づけられた危険の疑い」にまで科学的不確実性を低減させる管理方法が順応的管理だということができる。そのため，修正を繰り返し，管理対象の科学的不確実性が低減した結果「根拠づけられた危険の疑い」といえる段階に達したならば，最終的な規制措置を講ずることもできると考えられる。

　では，予防原則と順応的管理の関係はどうなるのか。すでにみてきたように，順応的管理は，予防原則のうち，対象となる事象に含まれている科学的不確実性がリスクと位置づけられるものであり，管理措置が科学的不確実性を低減させるために必要な調査義務であるといったような暫定的な場合といえる。すなわち，順応的管理は予防原則の一つの活用形態と考えられる。そして，科学的不確実性が比較的大きい事象を対象とし，その科学的不確実性を低減するための過程(管理過程：フィードバック制御)を重視したものといえる。両者の比較を表1・4にまとめた。

表1・4　予防原則と順応的管理の比較

	予防原則[注1]	順応的管理
科学的不確実性への対処	規制措置を実施。	管理目標を設定して管理を実施し、その際のモニタリング結果を基に当初の目標を修正。
対象となる事象	被害が重大または不可逆。	同左[注2]。
対象となる事象の科学的不確実性	根拠づけられた危険の疑い、または危険の疑い（危険またはリスク）。	危険の疑い（リスク）。
規制措置	禁止や数量制限など最終的な規制措置、または調査など暫定的な規制措置。	当初は調査など暫定的な規制措置。修正を繰り返した後は、最終的な規制措置も可能。
見直し	最終的な規制措置、または暫定的な規制措置を対象にしており法改正など制度改正を含む。科学の発達や知見の充実に伴うもので比較的長い期間を想定している。	原則として暫定的な管理目標（規制措置）が対象。管理を実行し、その結果を評価して管理目標を修正（フィードバック）する期間は、予防原則に比べ短い期間を想定している。

(注1) リオ宣言第15原則で示された概念を基にして構成。
(注2) この要件を明示した文献はないが、本書で説明したように、このように解釈できると考えられる。

(8) 順応的管理の射程と統制原理

　前述のように順応的管理を予防原則の一つの活用形態と考え、リスクと位置づけられる事象を対象とし、管理目標を設定し調査のような暫定的な措置を実施し、その結果を評価して管理目標を修正する管理方法だと考えると、適用範囲の輪郭がある程度明らかになる。すなわち、対象となるのは①リスクと位置づけられる科学的不確実性が比較的大きな事象で、②最終的な規制措置を実施するために調査を行い科学的不確実性を低減させる必要があるものである。また、制度全体のうちこのような部分が順応的管理の領域であるとも考えられる。

　このような条件に当てはまるものとして、まず、対象自体に比較的大きな科学的不確実性が内在するため、これを低減させながら管理手法を形成していく生態系管理や、科学的不確実性を有する多くの対象から規制対象を絞り

込む必要がある化学物質管理などが例として挙げられる。その他にも，同じような科学的不確実性がある温室効果ガスの削減対策[250]，有害大気汚染物質の削減対策などに適用可能と思われる。

また，順応的管理の統制原理に関しては，予防原則の一つの活用形態と考えれば予防原則と同様に比例原則などの統制原理に従うものと考えられる。なお，科学的不確実性が大きい状況であるため，少なくとも当初は調査義務のような暫定的な規制措置が用いられる点は，順応的管理自体，比例原則が適用された結果とも考えられる。

(9) 小 括

　化学物質管理を行う上で，化学物質が人や生態系に対してどのようなメカニズムで作用するのか，それをどのように評価するのか，未解明なことも多い。さらに，科学的に未解明なことに加え，試験費用の負担の問題などから十分データがそろっていないことなどに起因してさまざまな科学的不確実性が存在する。そのため，予防原則を活用して化学物質管理制度が運用されている。そのような状況の中で，いかに説得力を持ってかつ効率的に化学物質の管理制度を構築して運用するかが行政の課題となっている。

　そこで，科学の発達を背景として科学的な裏づけに基づく説得力を備えた手法として化学物質管理の分野に登場したのが，リスク評価に基づく化学物質管理の手法である。本節では，リスク評価という新たな評価手法が予防原則の適用の前提となっている科学的不確実性に対してどのような影響を及ぼしたのかをみてきた。その上でこの新たな手法が，「法律制度に組み込まれた予防原則」に対しどのような影響を与えたのかを考察するため，本格的にリスク評価を導入した化審法の平成21年改正法に焦点を当てた。その中で，予防原則の適用にあたっての科学的知見の充実に伴う見直しが，どのような考え方に従ってどのように行われたかを考察した。また，リスク評価の導入によってどのくらいの科学的不確実性が低減されたかを考察した。

　リスク評価は，有害性評価(ハザード評価)と暴露評価を組み合わせたものである。新たな評価軸として化学物質が環境を経由して人や生態系に量的に

(人の摂取量などを用いて)どの程度影響を及ぼすかという「暴露」の指標が持ち込まれた。これを導入することで,科学技術の発展に伴って予防原則を用いた制度が見直されており,制度化された予防原則の見直しの具体的な事例といえる。リスク評価を用いることにより,規制を行うにあたっての判断がより精度を増し,予防原則を適用する際の科学的不確実性が低減した。その結果,従来よりも規制対象物質を絞り込むことができるようになり,化学物質管理を行う際の行政効率の向上が図られるとともに,企業の化学物質管理効率の向上が図られた。

　次に,本節では,優先評価化学物質制度を中心とした化学物質管理制度が順応的管理を具体化した制度である点について考察した。科学的不確実性を前提とした管理措置を実施しつつ,毎年度,管理対象となる優先評価化学物質の見直しを行う制度であることから,この制度を順応的管理の具体化だと考えた。この制度を導入することによって,新たな有害性の発見や使用量や用途の変化に伴う環境排出量の増減に迅速に対応できる化学物質管理体制が実現された。そして,本節でみてきたように優先評価化学物質制度は,順応的管理の考え方を採り入れた制度である。規制対象(管理対象)とされた優先評価化学物質を,順応的管理の方法に従って定期的に見直すことにより,状況の変化に対応した管理が可能となった。以上のように,化審法の平成21年改正では,制度化された予防原則の「見直し」を①科学的不確実性を低減させたリスク評価制度の導入と②見直しを定期化させた順応的管理の導入という二つの意味で行ったといえる[146]。

---

[146] なお,化審法の平成21年改正を形式的にとらえると,平成15年改正法の附則6条の規定に基づき見直しを行ったとみることもできる。この附則6条は,「法律の施行後五年を経過した場合において,新法の施行の状況を勘案し,必要があると認めるときは,新報の規定について検討を加え,その結果に基づいて必要な措置を講ずるものとする。」とされている。このような制度の新設に伴う見直し規定は,1995(平成7)年に閣議決定された規制緩和推進計画において「法律により新たな制度を創設して規制の新設を行うものについては,各府省は,その趣旨・目的に照らして適当としないものを除き,当該法律に一定期間経過後当該規則の見直しを行う旨の条項を盛り込むものとする」とされた。化審法の平成15年改正法の附則6条は,この閣議決定に基づく規定である。

さらに，本節では予防原則と順応的管理の関係について考察を行った。両者とも科学的不確実性を有する事象を管理（規制）することを目的とするものであるが，対象となる事象や規制手段に違いがあるように思われる。この点を分析することで，筆者なりの見解として，順応的管理は予防原則の一つの活用形態ではないかと考えた。これについては，今後ご批判を賜りたいと思う。

　本節で行ったのは，化審法を対象にした化学物質管理分野における予防原則と順応的管理についての考察であるが，その他の分野においても，今後，予防原則や順応的管理の手法が活用されることとなると思われる。その際，科学的な知見の充実に伴い予防原則の適用の見直しを行う際，あるいは，順応的管理を活用する際の参考になればと思う。また，このような考察を行うことで，予防原則および順応的管理に対する理解を少しでも深めることができればと思う。

章のおわりに

　すでにみてきたように，化学物質を法的に管理するには，その科学的不確実性に対処するため，環境法上のさまざまな考え方を活用しなければならない。そこに構築された法制度は，環境法の成果を組み上げたものとなっている。これらの考え方を取り込んだ最新の化学物質管理法は，環境法の最前線に位置する一分野だといえる。

　今日，そこでは，予防原則，リスク概念，順応的管理など多くの考え方が展開されている。これらの考え方は，環境法の分野における重要な概念として認識され，その考え方を活用した条約や法律も増えているが，この概念のとらえ方や活用の仕方には差異があるように思われる。その中で，立法政策上，その射程をいかに画するかなどの点を整理することが，今後立案される法律において必要である。そのためには，これらの概念が活用された法律が，どのような問題に直面し，いかなる検討がなされ，その考え方が採用されたのか，その当時の状況まで考察した上で，その形成，発展過程を検証することが重要である。わが国において，2009（平成21）年に改正された化審法が施

行された今日，そこに組み込まれた考え方がどのような来歴を持つのかを知ることによって，この制度の理解を深め，さらなる発展の可能性を探る上での一助にできればと思う。

それとともに，国際的に流通する化学物質を管理する法律を国際的に調和させるための試みがどのようになされ，それによってわが国や欧米の化学物質管理法がどのような対応を行ってきたのかを知る手掛かりになると思う。今日，わが国の法律においても，国際的な整合性を求められることがあるが，その際にも，数十年にわたり国際整合性に対応してきた化審法の経緯が参考になるのではないかと思う。

本章では，日本を中心に，米国，欧州と比較しつつ化学物質管理法の発展の経緯とそこで展開された予防原則などの概念を考察した。ある意味ではこれらの概念に拘束され，またある意味ではこれらの概念を拠り所として，どのようにして化学物質管理制度が発展してきたのかをみてきた[251]。

法制度は社会制度の一つであり，現実の経済社会を背景にして生まれてくる。そして，化学物質管理の核心は，科学的不確実性を内在したリスクを有する化学物質を市民社会が納得する方法で管理する，その仕組みづくりの模索の課程だといえる。さまざまな立場で，多様な考え方を持つ人々の間で，いかに多くの市民が納得するルールをつくるか，その発展の跡をたどってきたように思う。最適な化学物質管理を求めて，世界的に化学物質管理法は複雑になってきているように思えるが，基本は，多くの人々が安心できるルール作りだということを忘れてはならないと思う。

1) 桑原勇進「環境と安全」公法研究 69 号(2007 年)179 頁。
2) 高橋滋「環境リスクと環境規制」森島昭夫，大塚直，北村喜宣編『ジュリスト増刊新世紀の展望 2 環境問題の行方』(1999 年)177 頁。
3) 軽工業生産技術審議会答申「化学物質の安全性確保対策のあり方」1972 年(昭和 47 年)12 月 21 日，11 頁。1973 年(昭和 48 年)6 月 14 日参議院商工委員会における，政府委員齋藤太一(通商産業省化学工業局長)答弁。
4) 大塚直「未然防止原則，予防原則・予防的アプローチ(3)」法学教室 286 号(2004 年)63-66 頁。
5) 大塚直「わが国の化学物質管理と予防原則」季刊環境研究 154 号(2009 年)76-82 頁。

6) 山田洋「既存化学物質管理の制度設計――EU・ドイツの現状と将来」自治研究 81 巻 9 号（2005 年）46-68 頁。
7) Wendy E. Wagner, *The Precautionary Principle and Chemical Regulations in the U.S.*, 6 HUM. & ECOLOGY RISK ASSESSMENT 459-477（2000）.
8) John S. Applegate, *Synthesizing TSCA and REACH: Practical Principles for Chemical Regulation Reform*, 35 ECOLOGY LAW QUARTERLY 721-769（2008）.
9) Veerle Heyvaert, *Guidance without Constraint: Assessing the Impact of the Precautionary Principle on the European Community's Chemicals Policy*, 6 Y.B. OF EUR. ENVTL. LAW 25-60（2006）.
10) 増沢陽子「EU 化学物質規制改革における予防原則の役割に関する一考察」鳥取環境大学紀要 5 号（2007 年）1-15 頁。
11) 小島恵「欧州 REACH 規則にみる予防原則の発現形態（2・完）」早稲田法学会誌 59 巻 2 号（2009 年）223-263 頁。
12) 河野真貴子「米国における有毒物質規制法の現在と将来」一橋法学 11 巻 2 号（2012 年）483-556 頁。
13) 下山憲治『リスク行政の法的構造』（敬文堂，2007 年）
14) 戸部真澄『不確実性の法的制御』（信山社，2009 年）
15) 同旨，松本和彦「環境法における予防原則の展開（一）」阪大法学 53 巻 2 号（2003 年）366 頁，「同（二）」阪大法学 54 巻 5 号（2005 年）1177 頁。
16) 山田洋「リスク管理と安全」公法研究 69 号（2007 年）74-75 頁。
17) 高橋・前掲注 2（1999 年）176 頁。
18) 高橋滋「環境リスク管理の法的あり方」環境法研究 30 号（2005 年），3-5 頁を参考にした。
19) 山田・前掲注 16（2007 年）77 頁を参考にした。
20) Stakeholders' Conference on the Commission's White Paper on the Strategy for a Future Chemicals Policy, Brussels, April 2, 2001, Conference Report.
21) "Toxic Substances Control Act" Hearings before the Subcom on Commerce and Finance, Committee on Interstate and Foreign Commerce, House, May 18, 23, 1972.
22) 平成 21 年 4 月 28 日，参議院経済産業委員会，環境委員会連合審査会における斎藤鉄夫環境大臣答弁。
23) 大塚直「日本の化学物質管理と予防原則」植田和弘，大塚直監修『環境リスク管理と予防原則』（有斐閣，2010 年）35 頁。
24) 同上。
25) 大塚直「未然防止原則，予防原則・予防的アプローチ（5）」法学教室 289 号（2004 年）109 頁。小島恵「欧州 REACH 規則にみる予防原則の発現形態（1）」早稲田法学会誌 59 巻 1 号（2008 年）144 頁。
26) 山田・前掲注 16（2007 年）74-75 頁。
27) 電力中央研究所報告「有害大気汚染物質の環境法規制動向」（調査報告 T00060，平成 13 年 4 月）5 頁。

28) 大塚直「未然防止原則，予防原則・予防的アプローチ(1)」法学教室 284 号(2004 年)71 頁。
29) 及川敬貴『アメリカ環境政策の形成過程』(北海道大学図書刊行会，2003 年)196 頁。
30) 欧州環境庁編，松崎早苗監訳『レイト・レッスンズ』(七つ森書館，2005 年)118-123 頁。
31) 通商産業省「化学物質の審査及び製造等の規制に関する法律案関係資料」のうち「9. 参考資料」1973 年(昭和 48 年)4 月，30 頁を参考にした。
32) *Toxic Substances*, prepared by the Council on Environmental Quality, April 1971.
33) Clarence Davies, The Politics of Pollution, New York: Pegasus, 1970, p. 205-206 引用部分は筆者訳。カッコ内は筆者が補足した。
34) *Supra* note 32, p. 1-5.
35) *Id.*, p. 6-10.
36) *Id.*, p. 10-14.
37) *Id.*, p. 11-12.
38) *Id.*, p. 13-14.
39) *Id.*, p. 17-21.
40) *Id.*, p. 21-22.
41) 山田・前掲注 16(2007 年)77 頁。
42) Senate Report 92-783 on S. 1478, *Toxic Substances Control Act of 1972*, May 5, 1972, p. 17.
43) *Id.*
44) *Id.*, p. 1.
45) *Id.*, p. 3. Bill: 92 S. 1478, Sec.104.
46) *Id.*, p. 2-3. Bill: 92 S. 1478, Sec. 103, 104.
47) *Id.*, p. 4. Bill: 92 S. 1478, Sec.105.
48) *Id.*, p. 4-5. Bill: 92 S. 1478, Sec. 106.
49) *Id.*, p. 5. Bill: 92 S. 1478, Sec. 107.
50) House of Representatives Report 92-1477 on S. 1478, *Toxic Substances Control Act of 1972*, September 28, 1972, p. 1.
51) *Id.*
52) *Id.*, 5-9.
53) *Id.*, p. 7-9.
54) *Id.*, p. 7-10.
55) *Id.*, p. 10-11.
56) Bill: 92 H.R. 5276, p. 1.
57) Bill: 92 H.R. 5276, Sec. 203, 205.
58) "Toxic Substances Control Act" Hearings before the Subcom on Commerce and Finance, Committee on Interstate and Foreign Commerce. House, May 18, 23, 1972.
59) Bill: 92 H.R. 10840, p. 1.

60) *Id.*, Sec. 4.
61) *Id.*, Sec. 7, 8.
62) Senate Report 93-254 on S. 426, *Toxic Substances Control Act of 1973*, June 26, 1973, p. 5-6.
63) House of Representatives Report 93-360 on H.R. 5356, *Toxic Substances Control Act of 1973*, June 29, 1973, p. 1-2.
64) 水産庁「魚介類の PCB 汚染状況の精密な調査の結果について」1973 年(昭和 48 年)6 月 4 日。
65) 1972 年(昭和 47 年)5 月 29 日,PCB 汚染対策推進会議「PCB 汚染防止総合対策の推進について」
66) 1972 年(昭和 47 年)7 月 27 日,軽工業生産技術審議会会長あて「軽工業生産技術審議会に対する諮問について」。諮問事項一「化学物質の安全確保対策いかん」,諮問事項二「試薬の表示の適正化等品質の確保対策いかん」。
67) 軽工業生産技術審議会答申「化学物質の安全確保対策のあり方」1972(昭和 47)年 12 月 21 日,1 頁,6 頁,22 頁。
68) 軽工業生産技術審議会第 3 回化学品安全部会配布資料 1「特定化学品取締法案の骨子(案)」6 頁。
69) 前掲注 67・軽工業生産技術審議会答申 7 頁,22 頁。
70) 化審法(昭和 48 年制定法)附則 2 条。
71) 同上,3 条,4 条,5 条。
72) 化審法(昭和 48 年制定法)6 条,7 条,11 条。
73) The Environment and Natural Resources Policy Division of the Library of Congress, *Legislative History of the Toxic Substances Control Act*, Washington, DC: U.S. Government Printing Office, December, 1976, p. 51-53.
74) John D. Conner, Jr. *et al.*, TSCA Handbook, Fourth Edition, Atlanta: Government Institutes, 2006, p. 8-9.
75) CEQ『Toxic Substances』p. 21.
76) OECD の動きに関しては,Bill L. Long, International Environmental Issues and the OECD 1950-2000, Paris: OECD Publications, 2000 を参照した。
77) OECD, 40 Years of Chemical Safety at the OECD, Paris: OECD Publications, 2011, p. 9.
78) 森谷賢「OECD における化学品対策」衛生科学 34 巻 5 号 382 頁(1988 年)。
79) 通商産業省基礎産業局化学品安全課監修『逐条解説 化審法』第一法規(1986 年)319 頁。
80) 通商産業省化学品審議会安全対策部会「化学物質安全確保対策の今後のあり方について」(意見具申)昭和 61 年 1 月 22 日を参照した。
81) 吉田文和『IT 汚染』(岩波新書,2001 年)114 頁
82) 保木本一郎「ドイツにおける営業警察作用としての公害法規制」加藤一郎『外国の公害法(下巻)』岩波書店(1978 年)129 頁。松本・前掲注 15(2005 年)阪大法学 54 巻 5

号1177頁。
83) 大塚直「予防原則の法的課題」植田和弘，大塚直監修『環境リスク管理と予防原則』(有斐閣，2010年)299頁。
84) 桑原勇進「危険概念の考察―ドイツ警察法を中心に―」碓井光明他編『公法学の方と政策(下巻)』(有斐閣，2000年)662-663頁。
85) 桑原勇進「非客観的危険―『危険の疑い』と『表見的危険』―」小早川光郎，宇賀克也編『行政法の発展と変革(下巻)』(有斐閣，2001年)682頁。
86) 同上，681頁。
87) 戸部・前掲注14(2009年)32頁，37頁。松本・前掲注15(2005年)阪大法学54巻5号1186頁。
88) 下山・前掲注13(2007年)36頁を参考にした。
89) 環境省，外務省監訳(1993年)による。
90) 予防原則の要件に関しては，次の文献を参考にした。大塚・前掲注25(2004年)法学教室289号109頁。小島・前掲注11(2009年)早稲田法学会誌59巻2号144頁。
　また，指定化学物質制度を予防原則の適用と指摘するものとして，大塚・前掲注4(2004年)法学教室286号64頁。この論文は，化審法の平成15年改正後の制度を論じているため，昭和61年改正法の指定化学物質に相当する第二種監視化学物質を含む監視化学物質制度を予防原則の適用があるとしている。
91) 大塚・前掲注4(2004年)法学教室286号63-66頁。小島・前掲注11(2009年)早稲田法学会誌59巻2号237-245頁など。
92) 同旨，松本・前掲注15(2003年)阪大法学53巻2号366頁，松本・前掲注15(2005年)阪大法学54巻5号1177頁。
93) 畠山武道『自然保護法講義(第2版)』(北海道大学図書刊行会，2004年)209頁。高橋信隆『環境法講義』(信山社，2012年)363頁(岩﨑恭彦執筆部分)。
94) 岩田幸基編『新訂公害対策基本法の解説』(新日本法規，1971年)230頁。
95) 同上，136頁。
96) 1986(昭和61)年1月22日化学品審議会安全対策部会「化学物質安全確保対策の今後の在り方について」(意見具申)「Ⅰ化学物質安全確保対策をめぐる状況の変化と評価(1)海外における状況変化と評価① OECDにおける検討」。
97) 同上。カッコ内は筆者が加筆。
98) 同上。
99) 環境省総合環境政策局総務課編『環境基本法の解説(改訂版)』(ぎょうせい，2002年)145頁。
100) 中央環境審議会中間答申「今後の化学物質による環境リスク対策の在り方について」(平成10年11月)9頁。
101) 生態系保全等に係る化学物質審査規制検討会設置要綱。
102) 「生態系保全等に係る化学物質審査規制検討会」報告書「生態系保全のための化学物質の審査・規制の導入について」(平成14年3月)1頁。
103) 第3回同検討会配布資料2「生態系保全のための化学物質対策の考え方について」。

104) 同上。
105) 同上。
106) 第3回同検討会配布資料3「諸外国における化学物質の審査・規制体系と生態影響評価の位置づけ」。
107) 第3回同検討会配布資料2「生態系保全のための化学物質対策の考え方について」。
108) 第4回同検討会議事要旨。
109) 同検討会「生態系保全のための化学物質の審査・規制の導入について」4頁。
110) 同上，5-6頁。
111) 同上，6頁。
112) 同上，11頁，17頁。
113) 同上，7頁。
114) 同上，21頁。
115) 第1回同研究会資料1「化学物質総合管理政策研究会の設置について」より要約。
116) 第4回同研究会資料2「『生態系』及び『生態系への悪影響』の考え方」。
117) 第4回同研究会資料7「生態毒性物質の管理のあり方に関する論点」。
118) 同上。
119) 同上。
120) 同上。
121) 第6回同研究会資料2「生態毒性物質の管理のあり方に関する論点」。
122) 化学物質総合管理政策研究会「中間とりまとめ」12頁。
123) 同上，13頁。
124) 同上，14-15頁。
125) 第1回中央環境審議会環境保健部会化学物質化学物質審査規制制度小委員会資料2「今後の化学物質の審査及び規制の在り方にについて（諮問）」
126) 第3回合同審議会資料3「リスクに応じた化学物質の化学物質の審査・規制制度の見直し等について」
127) 「今後の化学物質の審査及び規制の在り方について」3-4頁。
128) 同上，4頁。
129) 同上，4-5頁。
130) 同上，4頁。
131) 同上，5頁。
132) 同上。
133) 同上。
134) 同上，6頁。
135) 同上。
136) 同上。
137) 同上，7頁。
138) 同上。
139) 同上，4頁。

140）同上，4-5頁。
141）同上，4頁。
142）同上，5頁。
143）同上。
144）同上。
145）同上，6頁。
146）同上。
147）同上。
148）経済産業省のホームページに掲載されている逐条解説による。http://www.meti.go.jp/policy/chemical_management/kasinhou/files/about/laws/laws_exposition.pdf（2012年8月15日閲覧）
149）桑原勇進「非客観的危険──『危険の疑い』と『表見的危険』」小早川光郎，宇賀克也編『行政法の発展と変革（下巻）』（有斐閣，2001年）682頁。
150）同上，681頁。
151）戸部・前掲注14（2009年）32頁，37頁。松本・前掲注15（2005年）阪大法学54巻5号1186頁。
152）「今後の化学物質の審査及び規制の在り方について」4頁。
153）同上，4-5頁。
154）同上，4頁。
155）同上，5頁。
156）予防原則の要件に関しては，次の文献を参考にした。大塚・前掲注25（2004年）法学教室289号109頁。
　　　また，第三種監視化学物質制度を予防原則の適用と指摘するものとして，大塚・前掲注4（2004年）法学教室286号64頁。
157）畠山武道『自然保護法講義（第2版）』（北海道大学図書刊行会，2004年）234頁。
　　　また，同書で畠山は，自然環境保全基本方針の役割は「環境基本計画に奪われつつある」と述べている。
158）邦訳は，海外環境協力センター編，環境庁，外務省監訳『アジェンダ21』（海外環境協力センター，1993年）による。
159）「持続可能な開発に関する世界首脳会議　実施計画」（外務省仮訳）より引用。
160）内容については，環境省のホームページを参照した。http://www.env.go.jp/chemi/saicm/index.himl（2012年12月22日閲覧）。
161）OECD理事会決定[C(90)163]
162）http://www.oecd.org/env/ehs/risk-assessment/CoCAP-flyer.pdf（2014年10月9日閲覧）。
163）官民連携既存化学物質安全性情報収集・発信プログラム第1回プログラム推進委員会（平成17年3月24日）資料5を参考にした。
164）EU白書8頁，21-22頁。EU白書「2.3 戦略案の要点」および「5. 産業界の役割，権利および義務」の項。

165) Decision No 1600/2002/EC of the European Parliament and of the Council of 22 July 2002 laying down the Sixth Community Environment Action Programme, Official Journal L 242, 10/09/2002 P. 0001-0015
166) 小島・前掲注 25(2008 年)早稲田法学会誌 59 巻 1 号 160-162 頁。
167) 和達容子「EU 第 6 次環境行動計画の概略と方向性」慶應法学 3 号(2005 年)125 頁。
168) REACH 前文(4)。
169) REACH 前文(16)。
170) REACH 前文(18), (25)および本文第 2 編第 1 章。
171) REACH 前文(9)および本文 1 条 3 項。
172) REACH 前文(16)
173) 辻信一,及川敬貴「化審法前史」環境法政策学会編『公害・環境処理の変容——その実態と課題』(商事法務, 2012 年)265-270 頁。
174) 厚生労働省,経済産業省,環境省,官民連携既存化学物質安全性情報収集・発信プログラム第 8 回プログラム推進委員会(平成 24 年 5 月 8 日),資料 1,参考資料 3。
175) European Commission, Communication from the commission on the precautionary principle, COM (2000) 1 final, p. 20. 大塚・前掲注 28(2004 年)法学教室 284 号 74-75 頁。
176) 大塚・前掲注 5(2009 年)76 頁以下など。
177) 環境法政策学会誌 12 巻(2009 年)104 頁「生物多様性の保護——パネルディスカッション」の畠山武道の発言部分。鷲谷いづみ『生態系を蘇らせる』(日本放送出版協会, 2001 年)147 頁。畠山武道・柿澤宏昭『生物多様性保全と環境政策』(北海道大学出版会, 2006 年)48 頁。C. S. Holling, *Adaptive Environmental Assessment and Management* (John Wiley and Sons, 1978). Carl Walters, *Adaptive Management of Renewable Resources* (Macmillan, 1986). なお,この Walters の本の再版本が Blackburn Press から 2002 年に出版されている。
178) 松田裕之『生態リスク学入門』(共立出版, 2008 年)39 頁。及川敬貴『生物多様性というロジック』(勁草書房, 2010 年)96 頁。
179) 畠山武道「生物多様性保護と法理論」環境法政策学会誌 12 号『生物多様性の保護』(商事法務, 2009 年)9 頁。
180) 畠山・柿澤・前掲注 177(2006 年)49 頁。
181) 畠山・前掲注 179(2009 年)10 頁。
182) 同上, 13 頁。
183) 同上。
184) 畠山・柿澤・前掲注 177(2006 年)56 頁以下。
185) 同上, 232 頁以下。
186) 同上, 324 頁以下。また,オーストラリアの事例については,Glenys Jones, *The Adaptive Management System for the Tasmanian Wilderness World Heritage Area-Linking Management Planning with Effectiveness Evaluation*, in Catherine Allan and

Gorge H. Stankey (eds.), Adaptive Environmental Management (Springer, Netherlands, 2009) p. 227.
187) 中西準子のホームページ：雑感365──2006.11.7「ナノテクリスクの順応的管理」http://homepage3.nifty.com/junko-nakanishi/zak361_365.html（2013年2月2日閲覧）
188) 同上。
189) 平成13年7月10日「21世紀『環の国』づくり会議」報告18頁。
190) 平成15年4月1日閣議決定「自然再生基本方針」の「1．自然再生の推進に関する基本的方向／(2)自然再生の方向性／エ 順応的な進め方」。
191) 同小委員会 第一回配布資料3「化学物質政策基本問題小委員会の設置について」
192) 同上。
193) 平成19年3月「産業構造審議会 化学・バイオ部会 化学物質政策基本問題小員会 中間取りまとめ(パブリックコメントを受けた修正版)」8頁。
194) 化審法制定の際の衆議院商工委員会および参議院商工委員会の附帯決議(昭和48年9月12日衆議院商工委員会「化学物質の審査及び製造等の規制に関する法律案に対する附帯決議」および昭和48年6月21日参議院商工委員会「化学物質の審査及び製造等の規制に関する法律案に対する附帯決議」)。
195) 前掲注193「中間取りまとめ」に付属している「化学物質政策基本問題小員会中間取りまとめへのパブリックコメントに対する考え方」1頁。
196) 前掲注193「中間取りまとめ」15頁。
197) 同上，17頁。
198) 同上，20頁。
199) 中央環境審議会環境保健部会化学物質環境対策小委員会第2回会合配布資料6。このとき以降は，経済産業省の産業構造審議会化学・バイオ部会化学物質政策基本問題小委員会化学物質管理制度検討ワーキンググループとの合同開催。
200) 化審法の平成15年改正附則6条。カッコ内は筆者が加筆。
201) 第1回化審法見直し合同委員会資料2，「化学物質の審査及び製造等の規制に関する法律の見直しに係る審議について」(案)。
202) 同上。
203) 第2回化審法見直し合同委員会資料2，「化審法見直し合同WGにおける検討経緯」2頁。
204) 同上。
205) 同上。
206) 同上，3頁。
207) 同上。
208) 同上。
209) 同上。
210) 同上。
211) 同上，4頁。
212) 同上。

213) 同上,5頁。
214) 同上,6頁。
215) 化審法見直し合同委員会報告書7頁。
216) 同上。
217) 同上,8頁。
218) 同上。
219) 同上。
220) 同上。
221) 同上,10頁。
222) 同上,11頁。
223) 同上。
224) 同上。
225) 同上,12頁。
226) 同上,13頁。
227) 同上,14頁。
228) 同上,17頁。
229) 同上,18頁。
230) 第171回通常国会「化学物質の審査及び製造等の規制に関する法律の一部を改正する法律案要綱」を参考にした。
231) 平成23年5月24日付,厚生労働省医薬食品局審査管理課化学物質安全対策室,経済産業省製造産業局化学物質管理課化学物質安全室,環境省総合環境政策局環境保健部企画課化学物質審査室「新規化学物質の届出に係るスクリーニング評価の実施について(お知らせ)」。
232) 昭和61年4月22日,衆議院商工委員会,政府委員(岩崎八男 通商産業省基礎産業局長)答弁。
233) 大塚・前掲注83(2010年)26-28頁を参考にした。
234) 大塚・前掲注83(2010年)35-36頁を参考にした。
235) 国連環境開発会議(1992年)リオ宣言第15原則を基に構成。
236) Guidelines on the application of the Precautionary Principle, European Commission DG XX Ⅳ Consumer Policy and Consumer Health Protection 17th October 1998.
237) Communication from the Commission of 2 February 2000 on the Precautionary Principle (02. 02. 2000, COM (2001) 1).
238) *Id.*, p. 20.
239) 松田裕之『生態リスク学入門』(共立出版,2008年)39頁を参考にした。
240) 同上。
241) 畠山・前掲注179(2009年)12頁。
242) 大塚・前掲注25(2004年)法学教室289号109頁。
243) 同上。
244) 国連環境開発会議(1992年)リオ宣言第15原則を基に構成。

245) 桑原勇進「危険概念の考察——ドイツ警察法を中心に」碓井光明他編『公法学の方と政策(下巻)』(有斐閣, 2000年) 662-663頁。
246) 桑原勇進「非客観的危険——『危険の疑い』と『表見的危険』」小早川光郎, 宇賀克也編『行政法の発展と変革(下巻)』(有斐閣, 2001年) 682頁。
247) 同上, 681頁。
248) 戸部・前掲注14(2009年) 32頁, 37頁。松本・前掲注15(2005年)阪大法学54巻5号1186頁。
249) 同上。
250) この問題に対して, 順応的管理の適用可能性を指摘するものとして, J. B. Ruhl and Robert L. Fischman, *Adaptive Management in Courts*, 95 Minnesota Law Review (2010) p. 438-439.
251) 環境政策史の研究方法に関しては, 次の文献を参考にした。喜多川進「環境政策史研究の構想と意義」環境政策史研究会ディスカッションペーパー No.1 (2010) p. 1-32. Susumu Kitagawa, *Toward Environmental Policy History in Japan*, paper presented at the 17th ISA World Congress of Sociology 2010, RC24 (Research Committee on Environment and Society), International Sociological Association, Gothenburg, Sweden, 11-17 July 2010.

第 2 章　米国有害物質規制法の成立と発展

はじめに

米国の有害物質規制法(TSCA: Toxic Substances Control Act: 15 U.S.C. §2601 et seq.(1976), 本書では「TSCA」と表記)は1976年に制定され, その成立過程でわが国の化審法(化学物質の審査及び製造等の規制に関する法律)にも影響を与えた化学物質を管理するための法律である[1]。化学物質を規制する環境法の多くは有害な化学物質の環境排出を規制するのに対して, TSCAや化審法など化学物質管理法は有害な化学物質の生産や使用に関しての規制を行うことを特色とする。

TSCAの制定に際しては, 環境諮問委員会(CEQ: Council on Environmental Quality)がその起草にあたった。そのスタッフの一人であるClarence DaviesはTSCA改正を審議した2009年2月26日の下院商業, 貿易および消費者製品小委員会(Subcommittee on Commerce, Trade, and Consumer Protection)での証言において, 起草当時に自分たちが考えた化学物質管理の理念がTSCA法案において十分反映されなかった旨, 述べている[2]。

TSCAは, 1971年に最初の法案が議会(第92議会)に提案されてから1976年に議会(第94議会)を通過するまで, 成立に6年の歳月を要しており, その間, 法案の内容についてさまざまな論議がなされ, 場合によっては妥協が図られた[3]。そのため, 成立したTSCAにはいくつかの問題点が残された。

TSCAが施行され, その機能や問題点が明らかになるにつれ, 調査機関や学界などから修正提案が出された。まとまったものとしては1994年の米

国議会会計検査院(GAO：General Accounting Office)の報告書[4]があり，その後も GAO などによりいくつかの分析が行われた。

　TSCA の改正の動きは，2002年の持続可能な開発に関する世界首脳会議(WSSD：World Summit on Sustainable Development)を契機にして始まった。世界的に化学物質管理の見直しの動きが始まり，欧州の新たな化学物質規制規則である REACH[5]が 2003 年に提案され，米国にも影響を与えた。この頃から米国でも具体的な動きが現れ，2005 年には TSCA の改正を目指す法案が議会に提出された。2009 年には環境保護庁(EPA：Environmental Protection Agency)から改正の基本原則が発表され，TSCA 改正の動きは加速された。このような中で，TSCA の改正法案がいくつか提出され，さまざまな観点から修正を加えられながら完成度を高めてきた。

　本章では，わが国の化審法の兄弟ともいえる TSCA の機能を分析し[*1]，その特徴や問題点を検討するとともに，これを踏まえて米国議会で審議されている TSCA 改正法案がどのように現行法の問題点を克服しようとしているのかについて考察する。

　現代の高度な産業技術の産物である化学物質は，人の健康や環境への影響に関して科学的に未解明な部分が多い。そして，万一被害が発生した場合には重大または不可逆な損害を及ぼす可能性がある。このような対象を法的に管理するにあたっては，予防原則[*2]が用いられる。米国では一般に予防原則

---

*1　なお，TSCA では微生物も規制の対象としているが，本書では化学物質規制に焦点をあてて解説する。

*2　予防原則の定義については，確定したものはないが，1992 年に開催された国連環境開発会議(地球環境サミット)の成果をまとめた「環境と開発に関するリオデジャネイロ宣言」(リオ宣言)の第 15 原則に「深刻な，あるいは不可逆的な被害のおそれがある場合には，完全な科学的確実性の欠如が，環境悪化を防止するための費用対効果の大きな対策を延期する理由として使われてはならない。」(環境省，外務省監訳(1993)による)と記されており，本書ではこれに従った。すなわち，『①対象として想定される損害が深刻(重大)か，あるいは回復が困難である場合に，②原因と損害との因果関係が必ずしも十分に科学的に証明されていない状況(科学的不確実性が存在する状況)で規制措置を実施する』考え方を予防原則とする。なお，ここにおいて，「科学的不確実性が存在する」のは，(ⅰ)調査(リスク評価)が行われていないがゆえに不確実な場合と(ⅱ)調査の結果

はあまり活用されていないといわれる*3。しかし,予防原則は,前述したように科学的不確実性を有する対象を管理する考え方として今日では国際条約などでも活用されている。そのような状況の中で,米国の化学物質管理分野では予防原則はどのような役割を担い,現在の議論の到達点はどこなのかについて考えたい。そのため,TSCA の成立経緯から最近の TSCA 改正案に至る発展の経緯をたどり,改正案まで視野に入れて考察を行う。

その際,化学物質のリスク管理の観点から予防原則の活用状況について検討するとともに,2006 年に制定された欧州連合(EU)の化学物質管理法である REACH や,2009(平成 21)年に改正されたわが国の化審法と比較し,現在の世界の化学物質管理法の動向とも関連させて考えてみたい。

TSCA の機能を分析し,その特徴や問題点を論じたものとしては,米国議会技術評価局(OTA: Office of Technology Assessment),行政活動検査院*4 (GAO: Government Accountability Office)などの政府機関の報告書や学術論文があり,TSCA と REACH との比較,あるいは TSCA と化審法との比較に関しても論じているものがある[6]。また,米国の化学物質管理法を予防原則の観点から分析した研究も,Wendy E. Wagner,John S. Applegate らによって行われ,理論的な面をはじめとして REACH との比較も含めて研究

なお科学的不確実性が残る場合(定量的なリスク評価ができない場合を含む)がある。この予防原則の定義については,次の文献を参考にした。大塚直「未然防止原則,予防原則・予防的アプローチ(5)」法学教室 289 号(2004)109 頁。

*3 大塚直「未然防止原則,予防原則,予防的アプローチ(6)」法学教室 290 号(2004 年)88 頁注 10 では,米国は,大統領令(12291 号およびその改訂の 12866 号)によって,連邦の行政機関が規則を制定する際には,費用便益分析を行うことを義務づけていることが紹介されている。その中で,「費用便益分析が困難な場合には規制はしないとの考え方が示されており,環境問題についてみれば,予防原則とはまったく逆の見解が示されたと見られる」との指摘がされている。

*4 以前は会計検査院(GAO: General Accounting Office)であったが,2004 年の GAO 人材改革法(GAO Human Capital Reform Act of 2004)により名称が変更された(益田直子『アメリカ行政活動検査院』(木鐸社,2010 年)58 頁。渡瀬義男「米国会計検査院《GAO》の 80 年」国立国会図書館レファレンス(2005 年 6 月),33 頁)。GAO は,会計検査院であった時代から,議会の委員会や議員の要請に応じ行政または立法上のテーマについて分析を行い,報告書を提出していた(益田・前掲書 13 頁)。

がなされている[7]。しかしながら，TSCA の発展過程を踏まえて，改正法案を REACH や化審法との比較を含めて分析したものはないように思われる。

本章では，現在，世界の化学物質管理法の代表的な存在である REACH，化審法と現行の TSCA および TSCA 改正法案を比較検討することにより，現在の化学物質管理法制の課題とそれへの対応について考察する。

1. TSCA の構造

TSCA は，後述するように，1976 年 10 月 11 日に 6 年間にわたる審議を経て制定され，翌年 1977 年 1 月 1 日に発効した。その後，5 回にわたり新たな編(Title)が加わる形で改正された。そのためその構造は，工業化学物質全般を規制する第 I 編と，個別の規制対象に関する第 II〜VI 編から構成されている(表 2・1 参照)。TSCA の基本的な規定は第 I 編で規定されており，この部分は制定以来大きな改正はなされていない。

TSCA を施行するために必要な規定や手続きに関しては連邦規則に定められている。連邦規則は，TSCA の規定を根拠に EPA が作成している。重要な規則としては，製造前届出規則[*5]，重要新規利用規則[*6]，規制措置を講ずるための規則[*7]などがある。

以上が TSCA の全体像であるが，本章では第 I 編に焦点を絞って論じていく。第 I 編による化学物質管理の概要は次のようになる。まず，化学物質は既存化学物質と新規化学物質とに区別される。既存化学物質とは TSCA インベントリー(TSCA Inventory)に掲載されている化学物質のことであり，それ以外は新規化学物質になる。TSCA インベントリーには，TSCA 8 条

---

*5 新規化学物質を製造する際の届出要件，届出手続きなどを規定している(40 CFR 720)。
*6 既存化学物質を新たな用途で利用する場合にその要件，届出手続きを規定している(40 CFR 721)。
*7 対象となる物質ごとに規則が公布される。PCB の製造，使用などを禁止した規則(40 CFR 761)などがある。

第 2 章　米国有害物質規制法の成立と発展　227

表 2・1　TSCA の構成

編　成	内　　容	制定時期
第 I 編	有害物質の規制	1976 年制定法
第 II 編	アスベストの危険緊急措置法	1986 年改正により付加
第 III 編	屋内ラドン削減法	1988 年改正により追加
第 IV 編	鉛暴露の低減	1992 年改正により追加
第 V 編	健康的で高機能な学校	2007 年改正により追加
第 VI 編	木製合板製品のホルムアルデヒド基準	2010 年改正により追加

(b)項に基づき，1975 年以降，米国において製造・輸入，加工[*8]された化学物質が掲載されている。新規化学物質は，製造などが開始されれば，既存化学物質となるので TSCA インベントリーに加えられる[8]。そのため，TSCA インベントリーに掲載されている化学物質は増えていくことになる（この点で，わが国の既存化学物質名簿とは仕組みが異なる）。

2. TSCA の成立過程における制約の導入

(1)『Toxic Substances』における提案

①『Toxic Substances』における提案の特徴

第 1 章第 2 節でも TSCA の成立過程を説明したが，最初の TSCA 法案は，1971 年に環境諮問委員会が作成した『Toxic Substances』報告書[9]と並行して環境諮問委員会において起草された。『Toxic Substances』において，環境諮問委員会は，化学物質に対する規制の方針として次の事項を挙げた[10]。

[*8] 加工(process)とは，いくつかの化学物質を混ぜて，元の化学物質の混合物として製品を製造する行為をいう。たとえば，顔料と樹脂を混合してペンキをつくる場合などをいう。一方，混合したときに化学反応が起こり元の化学物質とは別の化学物質が生成する場合は化学物質の「製造」に該当する。

ⅰ）汚染原因となる化学物質自体の規制

　大気や水質といった環境媒体ごとの汚染防止法規では，有害な化学物質に対して排出規制が行われている．しかし，一つの環境媒体から他に移動する汚染原因物質に関しては，環境媒体ごとの規制措置では十分な効果を上げることができない．また，排出基準値を設定する場合に，検出が難しい物質に対しては，排出濃度をモニタリングすることが困難なため十分な効果を上げることができない．さらに，何万物質という多種多様な化学物質が現実に利用されている現状において，多くの物質について排出基準を設定し，それぞれについてモニタリングを行うことは，事業者にとっても管理当局にとっても実際には実行することが困難である．

　そこで，汚染原因となる化学物質自体の製造や使用を規制することを基本にした環境保全対策が提案された．すなわち，EPA長官は，人の健康や環

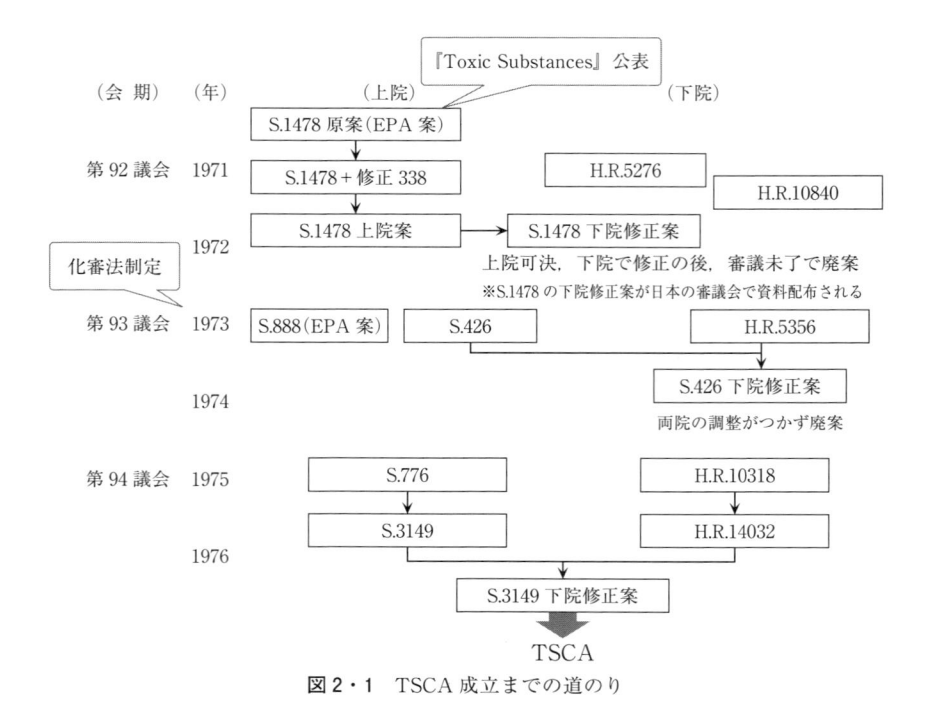

図2・1　TSCA成立までの道のり

境を守るため必要な場合には，有害な化学物質の使用または販売を制限または禁止する権限を有する。

ⅱ）差し迫った危険への対応

差し迫った危険があるとEPA長官が判断したときには，当該化学物質の使用または販売をただちに制限する命令を発するよう裁判所に要請できる。

ⅲ）新規化学物質に対する予防的な措置の実施

新規化学物質については，EPA長官の定める基準を満たさなければ販売することができない（事前審査制度）。

ⅳ）情報収集権限の付与

EPA長官は有害な可能性のある化学物質の製造者に対し，その物質の組成，生産量，用途，有害性試験結果などの情報を収集する権限を与えられる。

② 予防原則の発想について

それまでの規制では，汚染が生じてからその進行を止めるため規制を行うといった，どちらかといえば事後的な対策が講じられていた。これに対し，環境諮問委員会は，新規化学物質に対して試験を行い，一定の基準を満たしたものだけが市場において販売できる制度を提案した（上記ⅲ）。この提案が新規化学物質に対する事前審査制度であり，この部分で予防原則の導入を提案したと考えられる。それは，この報告書で述べられている化学物質による過去の環境汚染事例に鑑み，化学物質による環境汚染は取り返しがつかない場合があることを踏まえ，有害かどうかは科学的には不確実ではあるが規制措置を講じることを提案している。つまり，リスクがあるかどうか不明である新規化学物質の製造などを一律に禁止し，基準を満たすものだけを許可する制度を提案しており，予防原則の発想によると考えられる[11]。

③ 科学的知見の収集について

この報告書では，化学物質管理にとって有害物質に関する情報を収集することは重要な権限であると述べられており（上記ⅳ），EPA長官が，事業者に対して，化学物質の生産量，用途，人の健康に対する影響を調べた試験結果などの提出を求める権限をもつことの重要性を指摘している[12]。報告書のこの部分では科学的知見に基づく化学物質管理を提唱しているとみることが

できる。この部分は，上記で説明した予防原則の提案と矛盾するようにも思えるが，適用される場面が異なる。新規化学物質に対する事前審査制度では，リスクがあるかどうか不明である新規化学物質の製造などを一律に禁止するところで予防原則の適用が提案されている。これに対して，この部分は，化学物質の使用または販売に対する規制措置を講じるかどうかを EPA 長官が判断する根拠とするために事業者からそれに必要な情報を収集する場面で適用されるものである。

④ 規制措置を講ずる際の考慮事項

この報告書では，ある化学物質の使用または販売を制限または禁止する場合に，当該化学物質が人の健康や環境に対して悪影響を及ぼすことだけではなく，その化学物質により生み出される便益なども考慮するように提案している[13]。この提案自体はもっともなことであるが，TSCA 法案の策定時にこの部分の提案が強調され，EPA 長官が規制措置を実施する場合の要件が加重されるきっかけになったのではないかと思われる。

(2) S.1478 上院案の提案

この『Toxic Substances』報告書の提案が S.1478 法案として，1971 年に議会に上程され，翌 1972 年にかけて第 92 議会の上院および下院で審議され，両院で修正を受けた後，審議未了で廃案になった。ここで取り上げる S.1478 法案は，1971 年 2 月 10 日に EPA 長官 Ruckleshaus が議会に送付し，4 月 1 日に Hart 上院議員により提案されたものに，7 月 27 日に Spong 上院議員によって修正[*9]が加えられたものである。およそ 6 年間に及ぶ TSCA 法案の審議の始まりである。S.1478 上院案の特徴をみてみよう。

① S.1478 上院案の概要

この S.1478 の上院で可決された案(本章では「S.1478 上院案」と呼ぶ)は，環

[*9] S.1478 への Amendment No. 338。この修正によって，新規化学物質の事前審査のために安全性試験データが要求され，また，有害の疑いのある既存化学物質について安全性試験を命ずる権限を EPA 長官に与えた(Senate Report 92-783 on S.1478, *Toxic Substances Control Act of 1972*, May 5, 1972, p. 17)。

境諮問委員会の報告書『Toxic Substances』の中で新たな化学物質規制として提案されている内容をよく反映したもので，主な特徴は次の点である[14]。

ⅰ) 法律制定以前から業として製造[*10]・販売されている化学物質を既存化学物質，法律制定後に業として製造・販売される化学物質を新規化学物質として区別している(S.1478上院案104条)。

ⅱ) 業として製造・販売する前に当該化学物質を審査する制度(事前審査制度)を導入した。これは，新規化学物質を製造・販売しようとする者は，当該化学物質の有害性を調べるための試験を実施し，その結果を添付してEPA長官に製造・販売の90日前までに，製造・販売の許可申請をする制度である(S.1478上院案103条, 104条)。また，既存化学物質を新たな用途に利用する場合も事前審査制度の適用を受ける(S.1478上院案104条(e)項)ことを定めており，この項は，現行のTSCAの重要新規利用規則につながる制度を提案している。

ⅲ) 既存化学物質は，原則として事前審査制度の対象とはならないが，EPA長官は，人の健康や環境に対して不合理な脅威(unreasonable threat)を及ぼす可能性がある場合には，製造・販売業者に対して，発がん性試験など人の健康や環境への影響を調べる試験[15]を命ずることができる(S.1478上院案105条)。

ⅳ) 規制措置としては，上記ⅱ，ⅲの資料やEPA独自の調査結果をもとに，製造・販売の禁止あるいは制限，特定用途向けの製造・販売の禁止あるいは制限，容器への注意喚起の表示，製造プロセスの改善命令などがある(S.1478上院案106条)。

ⅴ) 緊急措置として，人の健康や環境に対して差し迫ったリスクがある場合には，裁判所の命令により当該化学物質の回収措置をとることができる(S.1478上院案107条)。

[*10] 現行のTSCAも含めて，輸入は「製造」に含まれると定義されている(TSCA 3条(7)号)。

② 予防原則の活用

上記の①iiのように，S.1478上院案は，新規化学物質に関してはその製造・販売を実質的に許可制とし，それを製造・販売しようとする者は事前にEPA長官に許可申請をする制度(事前審査制度)を定めている。新規化学物質には有害性のあるものもないものも含まれており，試験がなされていないために科学的不確実性を有する。化学物質は一旦その利用が始まれば，その一部は環境中にも排出され，万一，相当な有害性があった場合には重大な(または不可逆な)被害が生じる可能性がある。そのため，これに対し一律に製造・販売を禁止する規制を課しており，予防原則の適用といえる[16]。この部分は，『Toxic Substances』報告書の政策提言を具体化したものである。

③ 生産者の責任による化学物質に対する試験の実施

この法案では，上記①iiのように，新規化学物質に対して予防原則の考え方を取り入れた事前審査制度を定めており，事業者は申請の対象となった化学物質の有害性を調べるための試験を実施し，その結果を添付してEPA長官に申請する仕組みとなっている。

そして，新規化学物質および有害のおそれのある既存化学物質は人の健康と環境に対する影響に関して試験をしなければならないとされており，その試験は当該化学物質を生産する者の責任でなされなければならないと法案の1条の政策の宣言で述べられている。現行法においても，政策宣言である2条(b)項(1)号に同様の規定はあるが，現行法では後述するようにこの規定の趣旨が十分に活かされてはいない。

この法案では，上記の政策宣言を補完するように，人の健康や環境に対する化学物質の影響に関する情報をEPA長官が把握するため，長官が必要であると判断した場合はいつでも，その情報を書面によって関係する事業者などに報告を求めることができるとの規定を置いている(S.1478上院案109条(b)項)。しかし，現行法ではこのような規定がない。

④ 化学物質に関する不合理な脅威への対処

この法案の1条の政策宣言において，「不合理な脅威(unreasonable threat)をもたらす化学物質の販売と使用を制限」することが米国政府の方針とされ

ており，このS.1478上院案の段階で，対処すべきものが「不合理な脅威」であると設定された(S.1478上院案101条(b)項(2)号)。この法案に関する上院の報告書によれば，人と環境は毎年多くの化学物質にさらされており，化学物質が環境に対する不合理な脅威をもたらしているとの認識の下で，化学物質が不合理な脅威をもたらさないようにこの法律の権限を行使すべきであるとされている[17]。

さらに，この法案の106条には，化学物質の使用または販売に対して規則を制定して規制できることが定められている。106条(b)項にはその際に考慮すべき事項が示されており，人の健康や環境に対する化学物質の影響はもとより，その物質の便益，使用の状況，環境中に排出される程度，人や環境に対する暴露の程度，代替物質の利用可能性を考慮することと規定されている。これは，現行法の6条(c)項(1)号の規定のもとになったものであり，「不合理な脅威」をもたらす化学物質の使用または販売を規制する際に，当該化学物質の便益や代替物質の利用可能性などを考慮することを示唆している。これが，後にTSCAの運用に影響を与える遠因となったと考えられる。

なお，S.1478上院案では，現行法6条(c)項(1)号(D)の「国家経済，小規模企業，技術革新，環境および国民の健康に対する影響を考慮した上での当該規則によって生じる確認できる経済的影響」を考慮するとの規定はない。しかし，S.1478上院案の1条(政策の宣言)(b)項(3)号で，「権限の行使は技術革新を過度に妨げないよう」な方法で行使されなければならないと規定しており[18]，この部分も考慮されるものと考えられる。

一方，既存化学物質に対しては，S.1478上院案109条(b)項のように人の健康や環境への影響を調べる試験を命じることができるが，その前提として「人の健康や環境に対して不合理な脅威を及ぼす可能性がある場合」とされている。そのため，EPA長官がこの権限を発動する際に，その前提となる根拠をEPA長官に対しどの程度厳格に要求するかによって，この条文が十分に効果を発揮できない可能性がある。その点で，この条文には予防原則は活かされてはいない。法案策定当時，予防原則の考え方が十分に理解されていなかったことによるものと考えられ，当時の環境規制の限界を感じさせる。

⑤ 技術革新を阻害しないような法の運用

　この法案に対する議会の基本方針(policy)を表した1条(b)項では，その(3)号に，この法案による規制は，技術革新を阻害しないように運用すべきであることが規定されている。このような条項が TSCA 法案の初期の段階から規定されていたことは，この法案が新規化学物質の事前審査制を定めていたため，草案を作成した環境諮問委員会は，化学産業界を中心に米国産業への影響を懸念していたことがうかがえる。一方で，環境を保護する法案としては，この条項が過度に強調されることにより化学物質による環境被害を防止するという本来の目的を減衰するおそれがあった。

⑥ 企業秘密への配慮

　この法案の15条には，この法案に基づき EPA 長官に提出された情報は，市民が利用可能であるという原則が規定されており，その上で，事業者に損害を与えることのないよう企業秘密の開示を禁止している。このように S.1478 上院案では原則が開示で，企業秘密の保護は例外であることが読み取れるのであるが，現行の TSCA で対応する14条の規定をみると，市民が利用可能であるのが原則だという部分がない。見方によっては，現行の TSCA は企業秘密の保障が前面に出た表現になっているといえる。

⑦ 連邦の専占権

　連邦法に定められている専占権(preemption)は，国内の規制の共通化を図るため州や地方自治体の規制権限を一部制限する規定である。州と州の間の商品の流通を促進するために国内規制の共通化は必要なことであるが，環境規制などの場合では，州や地方自治体の実情に即した独自の規制措置を実行する際の妨げになる可能性がある。そのため，国内の規制の共通化と州や地方自治体の独自の規制措置とのバランスを図ることが求められる。

　S.1478 上院案の段階で，連邦の専占権規定が存在し，EPA 長官が106条に基づき化学物質の規制提案を公表した場合には，州や地方自治体はそれ以降，類似の目的で当該化学物質に対して規制(使用または販売の全面禁止は除く)を課してはならない(S.1478 上院案122条(a)項(1)号(A))などいくつかの専占権規定がある。また，免除規定もあり，州や地方自治体の規制が商業に不

合理な負担を与えないならば，州または地方自治体から申請があった場合，またはEPA長官自身のイニシアティブにより，規則を制定することによって，122条(a)項の規定にかかわらず，州や地方自治体の化学物質規制を許容することができる(122条(c)項)。

⑧ 司法審査

S.1478上院案の段階から，司法審査の基準として実質的証拠基準と専断的・恣意的基準の二つの基準が用いられることが123条(d)項に規定されていた。すなわち，106条に基づく有害化学物質の製造規制を定める規則などの場合には，司法審査の基準として実質的証拠基準が用いられ，その他の場合には行政手続法の規定に従い専断的・恣意的基準が適用されることが規定されていた。当時は，1967年のAbbott判決(p.263)で最高裁判所が示した実質的証拠基準の方が，専断的・恣意的基準より司法審査がより厳しく行われるとの理解があったため，重要な規則の制定にはより厳しい(ハードルの高い)司法審査基準を適用したものと推測される[19]。

この理解に基づき，106条(a)項に基づく有害化学物質の製造規制のための規則，104条(a)項に基づく化学物質の安全性試験の実施を事業者に求める規則など，国民の権利や経済活動に大きな影響を与えると思われる規則の司法審査に関しては実質的証拠基準が適用され，それ以外については専断的・恣意的基準が用いられることとなったと考えられる。

(3) S.1478上院案の評価とわが国の継受

このように，法案では環境諮問委員会の報告書『Toxic Substances』の提案を実現できた部分もあれば，十分に実現できなかった部分もあった。そのため，『Toxic Substances』の執筆やTSCA法案の起草に携わったDaviesが「提案された法案には完全には満足できなかった」と2009年に議会で証人として述べている[20]のも理解できる。しかしながら，この時点で化学物質それ自体を直接規制対象とした法案が提案された意義は大きく，予防原則などの発想を取り入れた事前審査制度などを盛り込んでおり，その斬新な内容は評価できる。

このように S.1478 法案は，その意義が米国だけでなくわが国においても認められ，わが国の化審法の制定の際に参考に供された[21]。そのため，化審法は S.1478 法案で採用された制度のいくつかを受け継いでいる。たとえば，化審法は化学物質管理における基本的な枠組みとして，既存化学物質と新規化学物質を峻別し，予防原則の考え方を取り入れた新規化学物質に対する事前審査制度などを S.1478 法案から受け継いでいる。

また，REACH 成立以前の欧州の化学物質管理制度[*11]もほぼ同様な枠組みの制度であり，その発想の原点を『Toxic Substances』や TSCA 法案（S.1478 上院案）に求めることができる。

(4) TSCA における EPA 長官の主な権限と特徴

その後数年の審議を経て 1976 年に成立した TSCA[*12] は，既存化学物質と新規化学物質を峻別する点など大きな枠組みを S.1478 法案から受け継いだ。しかしながら，化学物質管理を行う EPA 長官の規制権限の発動に対して慎重な仕組みを採用し，予防原則の考え方は新規化学物質に対する製造前届出や新規化学物質に対する重要新規利用規則による規制など限定的にしか実現されなかった。たとえば，TSCA 2 条(b)項では，化学物質の安全性データを提出するのは，その製造者・輸入者の責任であると規定されているのだが，p.247 で述べるように，化学物質の製造者などにデータの提出を要求するには制約がある。TSCA では，このような制約があるものとして EPA 長官の

[*11] 欧州の化学物質管理制度は，1979 年（昭和 54 年）に出された「危険な物質の分類，包装，および表示に関する理事会指令(67/548/EEC)」の第 6 次修正指令により，新規化学物質の事前審査制度などが導入されたことによって本格的に開始された。

[*12] TSCA の成立に際しては，1975 年に発生したキーポン事件が影響を与えた。この事件は，農薬原体のキーポン（クロルデコン）を製造していたライフ・サイエンス社の事業所で労働者の中毒事件が発生するとともに，事業所の立地するジェームズ川および下流のチェサピーク湾が汚染された事件である。この事件により工場は閉鎖され，キーポンの生産も停止された。労働者による訴訟が提起され，和解が成立した。また，キーポンによる水質汚染によりジェームズ川の漁獲が禁止され漁業被害が発生した。この事件が社会問題化したことが TSCA の成立を促したといわれている（アイリーン・スミス「アメリカのキーポン中毒事件」公害研究 7 巻 3 号(1978 年)49-57 頁）。

権限が規定されている。

TSCAにおけるEPA長官の主な権限[*13]およびその特徴としては次のようなものがある。

① 事業者に対する試験の要求(4条)

4条(a)項(以下,本章では法案名を記していないものはTSCA現行法の条文[*14])では,ある化学物質が人の健康もしくは環境を損なう不合理なリスクがある場合,または,ある化学物質が相当な量生産されており相当量環境中に排出されているか,または相当な人が暴露されている場合などに,EPA長官はその化学物質を製造する事業者などに試験を要求し,そのデータを提出するよう規則を公布して命じることができる[*15]。

4条(e)項に基づき,事業者に試験を要求する化学物質と試験項目を選定するため,省庁間試験委員会(ITC: Interagency Testing Committee)が設置された[*16]。省庁間試験委員会は,化学物質の製造量,輸入量,環境への排出量,暴露されている人数や期間,人の健康や環境に及ぼす影響に関するデータの有無などすべての関連要因を考慮して,試験を実施する候補物質およびその試験内容を決定し,優先物質リストとしてEPA長官に報告する。EPA長官は,この報告を受けて12か月以内に事業者に対し試験を要求する規則(試験

---

*13 なお,これ以外にTSCAに違反する化学物質の通関を拒絶する権限が財務長官に与えられている(TSCA 13条)。

*14 なお,本書では通常呼称されている条文番号で表記している。これは合衆国法典(U. S. C.)に収載されている条文番号とは異なる。通常呼称されているTSCA 2条がU. S. C. 2601条にあたり,以降,順に3条はU. S. C. 2602条,4条はU. S. C. 2603条,…に該当する。

*15 4条(a)項(1)号で用いられている「相当な(substantial)」生産量などについては,EPAの「相当な生産,相当な排出,および,相当または重大な人の暴露を評価するためのクライテリア」(58FR 28736, 1993.5.14)によれば,次のとおりである。
①相当な生産量: 年間100万ポンド以上(その物質の全生産業者の合計量)。
②相当な排出量: 年間100万ポンド以上(全排出源からの合計量,または年間生産量の10%以上のうちいずれか低い値)。
③相当な人への暴露: 一般住民10万人以上。消費者1万人以上。作業者1000人以上。

*16 EPA,消費者製品安全委員会,食品医薬品局,商務省,内務省,国防総省,国立がん研究所,労働安全衛生局,環境諮問委員会など15機関から構成される。

規則)作成手続を開始するか,そうしない場合にはその理由を連邦官報に公表しなければならない。

試験規則の原案ができあがれば,EPAはそれを連邦官報などに公示し,これに対して関係者が意見を提出する。EPAは,それらの意見を検討した後,最終規則を公布する。通常,試験規則の公布までには数年を要する。これを避け,迅速な対応を行うために,後述する同意指令などが用いられる。

試験規則が公布されれば,その対象となる事業者は規則の発効日から30日以内に試験を実施する旨を通知しなければならない(申請により,試験を実施する代わりに試験費用を弁済することも可能である)。

また,4条(f)項では,(e)項に基づく試験結果を受領し,ある化学物質が発がん性など重大なリスクをもたらす可能性があるとEPA長官が判断した場合,5条,6条,7条に基づく規制措置を開始しなければならない(そうしない場合には,その理由を連邦官報に公表しなければならない)。

② 新規化学物質の製造前届出,重要新規利用の審査(5条)

EPA長官は新規化学物質に対する製造前届出を審査(p.251)したり,既存化学物質を新たな用途に利用する場合にそれが人の健康や環境に影響を及ぼすおそれがないか審査(重要新規利用の審査)する権限がある。

ⅰ) 新規化学物質の事前審査制度

5条(a)項(1)号は,新規化学物質の事前審査制度を定めた規定である。これは,米国内において商業目的で新規化学物質を製造または輸入しようとする場合,90日前までに製造前届出(PMN: premanufacture notice)を提出しなければならないことを規定している*17。この規定は,『Toxic Substances』報

---

*17 1993年時点の数字であるが,TSCAの施行以来,新規化学物質の製造前届出が23,971件出され,そのうちおよそ10%にあたる2431件が何らかの規制措置の対象と判断された。この2431件のうち4件が規則制定により規制がなされ,626件が同意指令によりデータが作成されるまで職場での防護措置の実行などの規制措置が実施され,827件は事業者が自発的に有害性試験を実施した。残りの974件は事業者が製造前届出を取り下げた(GAO, *Toxic Substances Control Act: Legislative Changes Could Make the Act More Effective*, GAO/RCED-94-103, Washington, D. C.: September 26, 1994, p. 16-17)。

告書の提案や S.1478 上院案の事前審査制度を受け継ぐ規定であり，予防原則を適用したと考えられる。

ⅱ）重要新規利用規則

5条(a)項(2)号に基づき，EPA は，重要新規利用規則(SNUR: Significant New Uses of Chemical Substances)[22]を公布する。これは，EPA が化学物質に対して次のような評価を行った結果，重要新規利用であるとした特定の化学物質に関して，その製造者，輸入者，加工者に対して規制措置を講じる規則である。対象となる化学物質は，リスク評価を行うための十分な情報がないが，人の健康や環境に対して不合理なリスクをもたらすと予測される場合か，または，相当な量が環境中に排出され相当な人が暴露されるおそれがある化学物質である。2015年12月現在，1000を超える化学物質に対しての重要新規利用規則が公布されており，TSCA に基づく規則の中でもよく活用されている[23]。規制内容は，廃棄処分の制限や作業場における予防措置の確立などから事実上の製造禁止措置まで，幅が広い。重要新規利用規則による規制は，新規化学物質にも既存化学物質にも適用される[*18]が，その性格が異なる[24]。

新規化学物質に対する重要新規利用規則は2種類ある。第一は，次に説明する5条(e)項の規制措置で用いられる同意指令を補うために発令される。同意指令は新規化学物質の製造前届出を提出した事業者を対象に発令されるため，規制されるのはこの事業者のみである。新規化学物質に対する重要新規利用規則の第一の類型は，この規制の対象を第三者に拡大するために公布されるもので，5(e)SNUR と呼ばれる。第二の類型は，同意指令とは関係なく公布される場合である。新規化学物質の製造前届出に記載されていない事

---

*18 2005年の時点で，EPA は 32,000 の新規化学物質のうちのおよそ 570 に対して，重要新規利用規則を公布した(GAO, *Chemical Regulation: Options Exist to Improve EPA's Ability to Assess Health Risks and Manage Its Chemical Review Program*, GAO-05-458, Washington, D. C.: June 13, 2005, p. 17)。これに対して，既存化学物質については 160 くらいである(GAO, *Chemical Regulation Comparison of U. S. and Recently Enacted European Union Approaches to Protect against the Risks of Toxic Chemicals*, GAO-07-825, Washington, D. C.: August 17, 2007, p. 18, 22)。

項が人の健康や環境に悪影響を及ぼすおそれがあるとEPAが判断する場合に用いられる。この場合の重要新規利用規則はNon-5(e)SNURと呼ばれる。

一方，既存化学物質に対する重要新規利用規則は，EPAが行ったリスク評価において発がん性が認められたり，神経毒性が強いと判断された場合の規制措置として公布される。このように有害性が強いとして既存化学物質が重要新規利用規則の対象となる場合，すべての利用を対象として規制措置が講じられることもあり，実質的に製造，輸入，加工が禁止されるに等しい場合もある。実際に，このような重要新規利用規則は，有害性が強いため事業者が自主的に製造などを中止した化学物質に対して，第三者も含めて新たに製造を開始することを阻止するために公布する場合がみられる[25]。

ⅲ）提案指令と同意指令

5条(e)項では，EPA長官は，製造前届出が提出された新規化学物質について，そのリスクを評価するための十分な情報がなく，かつ，その化学物質の製造，使用などによって人の健康や環境に不合理なリスクをもたらすおそれがあるか，または，その化学物質が相当な量で生産されるため多量に環境中に放出され人に対して相当な暴露を生じるおそれがある場合には，当該化学物質の製造前届出を提出した事業者に対して，リスクを評価するための十分な情報がそろうまで，当該化学物質の製造，使用などを禁止または制限することができる。これが提案指令（proposed order）であり，指令を受けた事業者が同意すれば，同意指令（consent order）となる。

ⅳ）規制規則公布前の措置

さらに，5条(f)項は，製造前届出が提出された化学物質に対して，6条(a)項に基づく規制のための規則が公布される前に当該物質が不合理なリスクをもたらすとEPA長官が正当な根拠により判断する場合には，当該化学物質の規制措置を講ずることができる。

ⅴ）新規化学物質に対する重要新規利用規則の予防原則の観点からの考察

ここで，新規化学物質に対する5(e)SNURと呼ばれる重要新規利用規則について，予防原則の観点から考察を行う。前述のように，新規化学物質について，（ア）そのリスクを評価するための十分な情報がなく，かつ，（イ）そ

の化学物質の製造，使用などによって人の健康や環境に不合理なリスクをもたらすおそれがあるか，または，その化学物質が相当な量で生産されるため多量に環境中に放出され人に対して相当な暴露を生じるおそれがある場合には，当該化学物質の製造前届出を提出した事業者に対して，リスクを評価するための十分な情報がそろうまで，当該化学物質の製造，使用などを禁止または制限することができる。

　この部分の意味は，(ア)「リスク評価をするための十分な情報がない」ということは，科学的不確実性が存在するということである。さらに，(イ)「人の健康や環境に不合理なリスクを及ぼす有害性を有するおそれがある」か，または「相当な暴露を生じるおそれがある」ということは，万一，被害が生じた場合には，人の健康や環境といった重大な保護法益が侵害されるか，暴露の程度が重大なものとなるということである。すなわち，これら(ア)科学的不確実性が存在し，かつ(イ)被害が重大なものとなるおそれがある場合には，十分な情報がそろうまでの間，重要新規利用規則に基づく規制措置を実施できるということである。したがって，この場合に発令される同意指令は予防原則が適用されているとみることができる。すなわち，同意指令の対象を第三者に拡大するために公布される新規化学物質に対する重要新規利用規則(5(e)SNUR)は，予防原則を活用した規制措置である。

③ 製造などの禁止，制限(6条)

　ある化学物質が人の健康または環境を損なう不合理なリスクがある場合に，製造などの禁止または制限を命じることができる。

　6条(a)項では，EPA長官は，化学物質の製造，使用などが人の健康や環境に不合理なリスクをもたらすと正当な根拠により判断する場合には，規則を制定して，最も負担の少ない方法(the least burdensome requirements)で規制措置を課すことができる。規制措置は，警告表示，一定濃度以上のものに対する特定用途の使用禁止から全面的な製造禁止までさまざまなものが含まれる。6条(a)項に基づき規則を制定することにより，規制対象となる化学物質の性状や環境汚染の実態に即して，規制措置を柔軟に選べるところがTSCAの特徴である[26]。

④差し迫った危険を有する化学物質 (imminently hazardous chemical substance) に対する措置 (7条)

7条の規定によれば，EPA長官は，化学物質による差し迫った危険に対処するため，当該化学物質に対する規制措置の発動を求めて米国の地方裁判所に民事訴訟を提起することができる。

⑤ 事業者に対する報告の要求 (8条)

8条は，EPA長官に広範な情報収集権限を与えており，化学物質に関する記録の保存と報告を事業者に要求することができることが規定されている (p. 249)。

8条(a)項は，化学物質の製造などに伴ってもたらされるリスクをEPAが評価できるように，規則を制定することによって，事業者に対して記録の保存および提出を義務づける。8条(a)項に基づき，報告および記録保存規則[27]，予備的評価情報報告規則[28]などが公布されている。2011年8月16日，8条(a)項に基づき公布されたTSCA化学品インベントリー規則[29]およびこの規則を補足するインベントリー更新報告規則[30]が改正され，「TSCAインベントリー編纂規則」[31]および「TSCA化学品データ報告規則」[32]がEPAにより公布された。

報告および記録保存要件規則は，化学物質の製造者，輸入者，加工者に対して化学物質ごとに特定された報告と記録の保存を義務づける規則である。

予備的評価情報報告規則は，化学物質に対する評価試験の優先順位を決定するための予備的なリスク評価に用いる情報の収集を目的とするものである。この規則の712.30条にリストアップされた化学物質の製造者，輸入者は，原則として当該化学物質がリストに掲載された日から60日以内に，当該化学物質の製造量，輸入量，製造時の環境排出量，廃棄物中の当該化学物質の量，製造プロセスに従事する労働者の数，用途別使用量などを報告しなければならない。したがって，この規則は，化学物質の暴露状況をモデル計算によって求めるための基礎となるデータを収集するためのものである。

TSCAインベントリー編纂規則は，8条(b)項に規定するTSCAインベントリー (p. 226) に関する基本的な規定を置いている。

TSCA 化学品データ報告規則は，EPA が TSCA インベントリーに収載されている化学物質(すなわち既存化学物質)の製造量，輸入量の把握およびそれらの化学物質の製造，加工，使用に起因する暴露リスクを評価するために必要な最新情報を収集することを目的としている。事業者は，この規則に基づき4年ごとに，取り扱っている化学物質につき一定の項目を報告する必要がある。

8条(d)項に基づく健康および安全性データ報告規則[33]は，事業者に対して健康および安全性調査の結果を提出することを求めるものである。対象となる化学物質は，4条(a)項に基づき優先的に選ばれた化学物質か，またはEPA が健康および安全性データを必要とする化学物質で，健康および安全性データ報告規則 716.120 条にリストアップされたものである。

8条(e)項は，化学物質が人の健康または環境に対して相当なリスク(substantial risk)があるとの情報を入手した場合，当該化学物質の製造者などは，直ちに EPA 長官に通報することを義務づけている。この場合の「相当なリスク」とは発がん性などのリスクである。

⑥ **TSCA と他法令との関係**(9条)

化学物質の規制において，TSCA 以外の法令によって十分な規制が行える場合には，その法令による規制に委ね，TSCA の規制を発動しないと規定されている。つまり，TSCA による規制は補完的なものといえる。

⑦ **企業秘密のデータの非開示**(14条)

事業者は，製造前届出などに伴い提出するデータについて，企業秘密を理由として情報の非開示申請をすることができ，企業秘密であると認定されれば，そのデータは非開示とされる。

⑧ **連邦の専占権**(18条)

TSCA では，第2条(b)項の米国の政策の項で，化学物質などに対する規制が人の健康または環境に対して不合理なリスクを及ぼさないという本来の目的を実現しつつ，商取引を阻害しないことを掲げている。その上で，18条で専占権が置かれている。18条(a)項(2)号では，4条に基づく化学物質などに対する試験の要求，5条または6条に基づく化学物質などに対する規制

措置を EPA 長官が規則などで定めた場合は，州や地方自治体は当該化学物質に対して試験の実施を義務づけたり，規制措置を新たに定めたり，従来の規制措置を継続することはできない(全面的な使用禁止を除く)と規定している。

また，18条(b)項では連邦の専占権の免除規定を定めており，これは，州や地方自治体からの申請に基づき，EPA 長官の裁量により18条(a)項(2)号の規定を免除できると規定されている。この規定では，州や地方自治体の規制が TSCA に基づく規制よりも高いレベルの保護を実現し，州と州の間の商取引に過度の負担を及ぼさない場合には，EPA 長官は18条(a)項(2)号に基づく連邦の専占権を免除することができるとされている。

化学物質規制などの環境規制では，国内の規制の共通化と州や地方自治体の独自の規制措置とのバランスを図ることが大切であるが，4条に基づく化学物質などに対する試験の要求，5条または6条に基づく化学物質などに対する規制措置といった TSCA における主要な化学物質管理措置に対して連邦の専占権を定めており，TSCA の規定は国内規制の共通化に比重が置かれているように思われる。

⑨ 司法審査(19条)

TSCA では，1972年の S.1478上院案の段階から司法審査の基準を受け継ぎ，実質的証拠基準と専断的・恣意的基準の二つの基準が用いられることが19条(c)項(1)号(B)に規定されている。1967年の Abbott 判決(p.263)で最高裁判所が示した実質的証拠基準の方が専断的・恣意的基準より司法審査がより厳しく行われるとの理解に立って，6条(a)項に基づく有害化学物質の製造規制のための規則，4条(a)項に基づく化学物質の安全性試験の実施を事業者に求める規則など国民の権利や経済活動に大きな影響を与えると思われる規則の司法審査に関しては実質的証拠基準が適用され，それ以外については専断的・恣意的基準が用いられることとなったと考えられる。

(5) TSCA における権限行使にあたっての制約と問題点

TSCA では，EPA 長官が上記の権限を行使する際に，権限の発動が慎重に行われるような仕組みを構築した。そのため，規制措置を行う場合に種々

の制約や問題点が生じた。その代表的なものを以下に示す。

なお，米国の化学物質管理政策は米国政府内においても問題視されており，GAOは，2009年1月にEPAが行っている化学物質管理分野を，不適切な管理が行われるおそれが大きく抜本的な改革が必要な行政分野に指定した[34]。

① 経済的，社会的影響の考慮

TSCA 2条(政策提言)の(c)項において，議会の意図の表明として，EPA長官がこの法律を施行するにあたり，環境への影響と並んで「経済的および社会的影響を考慮する」とされた。この部分はS.1478上院案にはなく，その後，TSCAが成立する第94議会の審議の過程で加えられたものである。第92議会のS.1478上院案には，第2条に議会の意図を表明した(c)項はなく，連邦政府の方針を示した(b)項の第(3)号で，この法案に基づく規制権限は技術革新を不当に妨げることのないよう行使されなければならない，と規定されていた。また，第93議会のTSCA法案であるS.426, S.888, H.R.5356においても，第92議会のS.1478上院案と同様の規定が置かれていた。その後，現行のTSCAの直接の原案となった第94議会のS.3149上院案およびH.R.14032下院案で，第2条に議会の意図を表明した(c)項が置かれ，現行法と同じくこの法律に基づく措置に関して環境への影響と並んで「経済的および社会的影響を考慮する」ことが規定された。

法案の提案の契機となった環境諮問委員会が作成した『Toxic Substances』報告書をみても，人の健康と環境の保護のための規制措置の発動において，経済的および社会的影響を考慮する趣旨は述べられてはいない。ただし『Toxic Substances』報告書では，ある化学物質の使用または販売を制限または禁止する場合に，当該化学物質が人の健康や環境に対して悪影響を及ぼすことだけではなく，その化学物質により生み出される便益なども考慮するように提案されている[35]。

また，S.1478上院案の106条には，化学物質の使用または販売に対して規則を制定して規制できることが定められている。106条(b)項にはその際に考慮すべき事項として，化学物質が人の健康や環境に及ぼす影響，その物質の便益，使用の状況，環境中に排出される程度，人や環境に対する暴露の程

度，代替物質の利用可能性が規定されている。この部分が強調され，この法律に基づく措置に関して環境的影響と並んで「経済的および社会的影響を考慮する」と定められたと思われる。このような考慮要件を加えることにより，TSCAの環境保護法としての効力を弱めることとなった。なお，化審法にはこのような規定はないが，REACHでは，前文1項および本文1条1項（目的規定）において競争力および技術革新の強化が明記されている。

　他方，米国では行政改革の一環として，大統領令により行政庁の行う一定の範囲の規則制定に対して，費用便益分析を義務づけた。このような大統領令が出されたのは，環境規制などを行うにあたり，産業界を含めたコンセンサスを形成するためには，規制によりもたらされる経済的影響を斟酌する旨のコミットメントを与えることが必要となったためである[36]といわれる（p.256）。レーガン政権は，1981年2月17日，規則制定に際し厳格な費用便益分析を要求する大統領令12291を公布した。これにより規則制定を行う際の行政庁の負担が増大した。EPAが行うTSCAに基づく規則制定は二つの点で影響を受けた。第一の点は，EPAが行政庁として費用便益分析の実施を規定した大統領令に従うことによる負担である。第二の点は，後述する「規制は必要な範囲で最も負担の少ない方法によって行わなければならない」とのTSCA6条(a)項の要件に従うことによる負担である。

② 情報収集力の欠如

ⅰ）新規化学物質の場合

　TSCAでは，新規化学物質を製造する少なくとも90日前にEPAに製造前届出（PMN: premanufacture notice）を提出することを事業者に要求する。しかしながらTSCAでは，新規化学物質の製造前届出を行う者は，人の健康影響に関連する一定の項目の試験データの提出を義務づけられているわけではない（5条(d)項，40 CFR 720.50）。新規化学物質の製造前届出を行う者がその時点で有しているデータを提出すればよいことになっている。すなわち，5条(d)項では，届出の内容が定められているが，届出を行う者が「知っているか，または，当然確認できる」範囲でといった限定や，届出者が「所有または管理する」情報という制限がある。また，届出内容を具体的に定めた規

則である 40 CFR 720.50 では，当該化学物質の健康影響データ，生態系への影響データなどの提出を定めてはいるが，届出者が「所有または管理する」情報という制限がある。そのため，EPA には，化学物質が人の健康や環境に及ぼす影響のデータが事業者から集まりにくくなっている。

EPA 長官は，新規化学物質の製造前届出を出した事業者に対して[19]，製造前届出の対象となった新規化学物質の評価に必要なデータの取得を命じ，結果が判明するまでの間，当該化学物質の製造，販売，使用などを禁止あるいは制限することができる(5条(e)項)[20]。これが提案指令である[21]。そしてEPA が製造前届出を提出した事業者と協議の上，事業者がこの提案指令に同意した場合は，同意指令となる。すなわち，当該化学物質が(i)健康や環境の被害に対する不合理なリスクを示す可能性があると判断できる場合，または(ii)当該化学物質が相当な量で生産されるため，(ア)化学物質が人間に対して相当な暴露があると合理的に予想される場合，または，(イ)相当な量が環境中に排出されると合理的に予想される場合にだけ，TSCA は EPA 長官に試験データを作成することを事業者に要求する権限を与える(5条(e)項)。

この5条(e)項の権限は，不合理なリスクが存在するかどうかを EPA 長官が判断するため，当該化学物質の製造前届出を行った事業者に対して試験を行うように命じ，データを入手するまでの間に当該化学物質による環境汚染が生じないようにするための措置を行うことである。それにもかかわらず，この権限を発動するためには，規制の根拠となる人の健康や環境に対する不

---

[19] 重要新規利用(significant new use)に関連して提案指令が出される場合もある。
[20] 試験データが作成されるまで，これらの規制を条件に生産を許すため事業者に対して同意命令を発動する。事業者は試験を行い，規制を取り除いてもらうことができる。または，試験を控えて，規制を続ける方を選ぶこともできる。なお，これらの場合のおよそ1/3では，必要な試験が実行されるまで，EPA は当該事業者の製造開始を許さない(GAO/RCED-94-103, *supra* note 17, p. 38)。
[21] 2005年の時点で，1200以上の化学物質に対して，EPA は情報の作成までの間，職場規制または製造中の注意事項の励行，または化学物質の生産量が特定のレベルに達した場合には毒性試験の実行を事業者に要求する命令を出した(GAO-05-458, *supra* note 18, p. 17)。

合理なリスクの存在などを EPA 長官が示す必要があり，矛盾した規定といわざるを得ない。また，新規化学物質に対して一律に製造前届出を要求している部分は予防原則の適用と考えられるが，この5条(e)項の措置に関しては，予防原則の発想はみられない。

ⅱ) 既存化学物質を含め一般的な場合

既存化学物質を含め一般的な場合に，データを収集する手段はどのようになっているのであろうか。4条(a)項では，ある化学物質が人の健康や環境を害する不合理なリスク(unreasonable risk)をもたらすおそれがあると EPA 長官が判断した場合などに，規則を公布して事業者に対し試験の実施とデータの提出を命じることができると定めている[*22]。

しかし，この4条(a)項の規定を利用して EPA が事業者にデータの提出を求めることは現実には困難が伴う。というのは，その前提として，この場合も上記の製造前届出を提出した事業者に試験を要求する場合とほぼ同様の厳格な要件を満たさなければならない。すなわち，EPA 長官が当該化学物質が(ⅰ)健康や環境の被害に対する不合理なリスクを示す可能性があると判断できる場合，または(ⅱ)当該化学物質が相当な量で生産されるため，（ア）化学物質が人間に対して相当な暴露があると合理的に予想される場合，または，（イ）相当な量が環境中に排出されると合理的に予想される場合で，かつ，人の健康や環境に及ぼす影響を適切に判断するために評価試験を行ってデータを取得する必要がある場合に限り，TSCA は EPA 長官に試験データを作成することを事業者に要求する権限を与えると規定されている(4条(a)項)。

つまり，データが不十分なので試験を行ってデータを取得する必要があるから，EPA 長官が4条(a)項の規定を利用して事業者に対して試験を行い

[*22] EPA が化学物質に関する詳細な情報を必要とする場合，それは4条(a)項の下で試験規則を制定し公布するか，5条(e)項の下で情報の作成・提案の命令を出すことができるが，いずれも要件が厳しい。さらに8条(d)項の健康および安全性データ報告規則を活用することも考えられるが，要件が厳しく手続きも多く数年を要するため，迅速な対応ができない(GAO-05-458, *supra* note 18, p. 26)。

データを提出するよう命じようとしているのに，その根拠となるデータをEPAが持っていなければならないというのは，矛盾した規定だといわざるを得ない[37]。4条(a)項に基づき既存化学物質に評価試験を行うことを事業者に要求する規則を出すEPAの権限は，評価試験を事業者に要求する前に，まずEPAの方で試験が必要であるとの調査結果を示さなければならず，4条(a)項に基づく権限は使うのが難しかったとEPA当局者は言っている[38]。また，4条(a)項に基づいて規則を確定させるには2年から10年かかり，相当な人員の動員と予算の支出を必要とするとEPA当局者は話している[39]。その結果，2005年までにTSCAインベントリーに収載されている82,000の既存化学物質のうちのわずか185について評価試験を義務づける規則を出しただけにとどまっている[40]。

このような規定が存在するのは，国が法律によって事業者に対して義務を課すためには，相応の根拠がなければならないとの考え方に基づくものであり，この点では環境諮問委員会が作成した『Toxic Substances』報告書で示された予防原則の考え方は反映されなかったと考えられる。

この点に関しては，当該化学物質が相当な生産量に達したら，その化学物質の製造者に対して試験データの提供を命じる権限がEPAにあれば，比較的短い時間で効率よく化学物質をレビューすることができるとEPAの担当者は考えている[41]。

なお，前述のように8条(a)項または(d)項に基づく規則が公布されており，これらにより情報収集が可能なようにも思える。

しかしながら，まず8条(a)項に基づく予備的評価情報報告規則(40 CFR 712-PAIR: Preliminary Assessment Information Report)は，4条(a)項に基づき試験を行うにあたり，優先して試験を行う化学物質を決めるために必要な情報の収集を目的とした規則である。この規則によれば，事業者に対し，化学物質の環境中への放出量，顧客(販売先)の用途別推定使用量などの報告を求めることになっている。しかし報告すべき情報は，事業者が所有している情報(合理的に知ることができる情報も含まれる)であり，情報を得るために事業者が新たに調査することは求められない。また，この情報収集は化学物

質の環境排出量などであり，人への健康影響などのデータは含まれていない。

次に，8条(d)項に基づく健康および安全性データ報告規則(40 CFR 716-HaSDR：Health and Safety Data Reporting)は，事業者に対して健康および安全性調査の結果を提出することを求めるものであり，これはまさに必要とする情報を事業者に要求できるはずである。しかし，報告すべき情報は事業者が所有している情報(合理的に知ることができる情報も含まれる)である。しかもこの規則で提出を求める化学物質は，原則として4条(a)項の対象となる化学物質で，省庁間試験委員会が作成した「優先試験リスト」に掲載された化学物質であり，かなり限定されたものになる。優先試験リストに掲載されるのは，人の健康または環境を損なう不合理なリスクがあるとすでに判明している化学物質に類似の化学構造を持つ物質などが選定される[42]。

このように，8条(a)項，(d)項に基づき既存化学物質などの有害性情報を収集するのは実際には難しい。

ⅲ）新規化学物質の製造開始後の製造量や用途の変更への対処

TSCAでは，製造が始まった後に，製造前届出で予想した生産量，用途，環境排出量，暴露レベルに変更があった場合に，事業者に更新を義務づける規定がない。製造前届出の情報は，せっかくEPAがレビューしても，新規化学物質の製造が始まって，生産が拡大したり，新しい用途が開発されれば，変更される可能性がある。そうなると，製造前届出が提出された時点で行われたEPAの審査はすでに実情に合わないことになってしまう。

このような潜在的な可能性に対処するため，TSCAは，EPAに化学物質の新たな用途での使用を規制する重要新規利用規則(SNUR)を公布する権限を与えている。しかし，新規化学物質に対するこの規則は，製造前届出に基づきEPAが新規化学物質の審査の結果，人の健康や環境に悪影響を及ぼすおそれがあると判断し，提案指令(同意指令)により特定の利用の制限を課した場合に活用される規則である。すなわち，提案指令(同意指令)がその名宛人に対してのみ効力を有するところを，第三者に効力を拡張するために用いられるものである。また，提案指令の対象にならなかった新規化学物質はそ

もそもこの規則では対処できない。しいていえば，TSCA化学品データ報告規則(p.243)に基づき，4年に1度の事業者からの報告により暴露リスクを評価するしかない。

③ 事前審査におけるリスク評価の限界

上記でみてきたように，TSCAは有害な化学物質が市場に出されるのを防ぐために，新規化学物質に対する事前審査制度を定めた。しかし，化学物質が人の健康や環境に及ぼす影響のデータについては，新規化学物質の製造前届出では，新規化学物質の製造前届出を行う者がその時点で有しているデータを提出すればよいことになっている。

EPAによると，毎年受理される製造前届出のおよそ20％は，EPAのより詳細な審査プロセスを経る[43]。プロセスの初期の段階で，(1)EPAにより暴露が限定的な量であると予想される化学物質は除外される。さらに，(2)簡易な構造活性相関分析(後述)を使って，人間の健康または環境への悪影響があるとしてもわずかだと予測される化学物質も除外される。

詳細な審査の間，化学分析を行い，科学文献と過去の審査に関するEPAのファイルから関連する有害性データを探索する。これに加えて，構造が類似する化学物質の有害性データを分析し，潜在的放出とそれへの暴露を計算して，化学物質の潜在的な新しい用途を確認することによって，EPAは化学物質のリスクを評価する。このような審査に基づいて，EPAは，何の措置も取らないか，当該化学物質の製造，使用，廃棄に対して規制措置をとるか，当該化学物質の製造者または加工者により実施される試験の評価結果をEPAが受け取るまでその化学物質を禁止するか，いずれかの判断をする。EPAは，化学物質の影響，物性，生産量，製造プロセス，用途，環境への排出量とその他のデータ(たとえば当該化学物質にさらされる労働者の数)に関する情報を求めて，ファイルと公共データベースを探さなければならない。通常は限られた情報しか利用できないので，EPAは特定のデータ(たとえば環境排出量など)を推定するためにいろいろなコンピューター・モデルを使う。用途によって環境排出量が決定され，ひいては暴露の量が決定されるので，EPAは化学物質の個々の用途を考慮しなければならない。

そのため REACH や化審法では，化学物質の用途を把握するための法的措置がとられている。たとえば REACH では年間生産量，輸入量が 10 トン以上(事業者あたり)の化学物質のうち制限指令で規定されている危険物質などに該当する場合には，その化学物質の使用状況などを把握した上でその化学物質のリスクを評価した報告書(化学物質安全性報告書，CSR: Chemical Safety Report)の提出が求められている[*23]。

EPA では，人の健康と環境に対する影響情報に関する実際の試験データが事業者から入手可能でない場合，モデルを活用して規制対象となる化学物質を選別する(スクリーニングする)仕組みが活用されている。モデルは，たとえば，予想された生産量や用途に関する製造前届出の情報など他の手段とともに，当該化学物質に対して，より詳細な審査や規制が必要なのかを判断する合理的な根拠を提供する効果的手段であると EPA は考えている[44]。

新規化学物質を審査するとき，EPA には化学物質の特性と影響に関する十分なデータが一般にないので，EPA は審査のため，化学物質の構造と化学物質の物理化学的性質や有害性との関係に着目して化学物質の毒性を評価する構造活性相関分析[*24](SAR: Structure-Activity Relationship)として知られている方法を使用する。しかしながら，この方法は分子構造と化学物質の性質がわかっている化学物質と類似の構造を持つ化学物質の性質を推定するものである。類似する適当な化学物質がない場合は利用することができず，どの程度類似するかによっても推定の精度が異なってくる。また，化学物質の性質によっては，分子構造に強く依存するものもあれば，それほど依存しな

[*23] 制限指令で規定されていた危険物質などに該当する場合には，CSR の中で，化学物質がどのように環境中に排出されるかを明らかにしなければならない。このとき当該化学物質のユーザーは使用状況をその化学物質の供給者に伝達して，供給者の CSR の作成に協力することで，自分の作成義務を免れることができる(REACH 37 条)。

[*24] 化学物質の構造を分析し，特徴のある化学構造を把握し，過去に有害性を示した化学物質の化学構造と比較することによって，対象としている化学物質の有害性を推定する手法。

いものもあり，推定が難しい場合もある*25。

　1993年にEPAがEUと共同で構造活性相関分析の信頼性に関する研究を行った。それによれば，EUが各種データを有する144の化学物質について構造活性相関分析の結果と比較したところ，生物分解性の正解率は93％であったが，沸点の正解率は50％，蒸気圧（蒸発しやすさ）の正解率は63％であった。また，魚とミジンコの急性毒性試験に関してはかなり有効であったが，EPAによれば，健康影響に関連して，構造活性相関分析は条件によっては化学物質の有害性の正確なタイプとレベルを予測する際に限界があるとのことであった[45]。

　構造活性相関分析は化学物質の性質と有害性を必ずしも正確に予測することはできないので，新規化学物質が商業生産される前に確実に化学物質のリスクが評価されることにはならない。このようなことから，化学物質が人の健康や環境に及ぼす影響のデータの重要性が再認識された。しかし，このデータをEPAが自ら動物試験などに基づいて作成することには予算や人員に関しての限界があり，むしろ当該化学物質により利益を受ける事業者がデータを作成してEPAに提出することを原則とすべきであるとの意見が高まってきた[46]。

④ 不合理なリスクに関する制約

ⅰ) 不合理なリスク（unreasonable risk）とは何か

　EPA長官が化学物質が人の健康または環境に対して不合理なリスクを及ぼすおそれがあると正当な根拠に基づき認定した場合には，負担の最も少ない方法により，当該化学物質の製造などの禁止あるいは制限措置をとることができる（6条(a)項）。規制対象となるのは，人の健康や環境に対し「不合理なリスク（unreasonable risk）」をもたらすおそれがある化学物質である。ここで，「不合理なリスク」とはどのようなものなのであろうか。この要件については6条(c)項(1)号第1段に示されており，人の健康や環境に対する当

---

*25　経済協力開発機構（OECD）は加盟国のために，化学物質のリスクを評価する構造活性相関分析の方法を調和させる努力を行っている（GAO-05-458, *supra* note 18, p. 13）。

該化学物質の影響やその化学物質に対する人の暴露の程度だけではなく、当該化学物質によってもたらされる便益、代替品の利用可能性、国民経済、小規模企業、技術革新などを考慮することとされており*26、多面的な検討が必要になり、時間と労力を要する。

　この「不合理なリスク」という表現は、TSCA法案の提案の契機となった1971年の環境諮問委員会の報告書『有害物質(Toxic Substances)』やS.1478上院案にはみられない。規制対象が不合理なリスク(unreasonable risk)を及ぼす化学物質であるとの趣旨の規定は、1972年のS.1478の下院における審議の際に、下院修正法案の6条で導入されたものである。Percivalによれば、「不合理なリスク」という基準を規制対象の要件として用いているのは、規制対象が及ぼす人の健康に対する影響と費用をバランスさせる場合においてである[47]。「不合理なリスク」は、連邦殺虫剤・殺菌剤・殺鼠剤法(Federal Insecticide Fungicide and Rodenticide Act：FIFRA)、消費者製品安全法(Consumer Safety Act)などで用いられている。1972年当時、FIFRAは改正のための審議が行われており、一方、消費者製品安全法はこの年に成立している。そのため、同じ時期に審議されたTSCA法案においてもFIFRAや消費者製品安全法と同種の規制対象として「不合理なリスク」という基準が採用されたものと考えられる。

　この「不合理なリスク」という基準は、規制対象が及ぼす人の健康に対す

---

*26　GAO/RCED-94-103, *supra* note 17, p. 18.
　【関係条文】TSCA 6条(c)項(1)号第1段
　　化学物質または混合物に関して本条(a)項に基づく規則を制定するに際し、EPA長官は、次の各号を考慮し、告示(statement)により公表するものとする。
　(A)健康に対する当該化学物質または混合物の影響および当該化学物質または混合物の人への暴露の程度(magnitude)
　(B)環境に対する当該化学物質または混合物による影響および当該化学物質または混合物の環境への暴露の程度
　(C)各種の用途における当該物質または混合物による便益、およびそれらの用途についての代替品の利用可能性
　(D)国民経済、小規模企業、技術革新、環境および国民の健康に対する影響を考慮した後におけるその規則制定による合理的に確認し得る経済的影響

る影響と費用をバランスさせる場合に用いる基準だとすれば，費用便益分析（後述）の発想を内在し，必ずしも人の健康や環境を保護することを優先する発想とはいえない。

ⅱ）不合理なリスクと費用便益分析の関係

TSCA 6条(C)項(1)号では，不合理なリスクかどうかを決定するためにEPA 長官が考慮すべきものとして規定しているのは，化学物質が人間やその他の生物に有害かどうかだけではない。また，EPA 長官はその化学物質が人間や環境に対してどのくらい暴露するか，その大きさを判定しなければならない。さらに，EPA 長官は化学物質によってもたらされるリスクの範囲を決定したら，これらのリスクが不合理かどうか決定しなければならない。EPA の当局者によると，EPA は，ある化学物質を規制する際に経済，社会のコストを考慮するため，実質的に，費用便益分析を実行しなければならない。EPA は，化学物質を使う自由，代替品の有効性とそのような規則の国民経済，中小企業，技術革新，環境と公衆衛生に対する効果を考慮した後に，化学物質を規制する場合の経済的影響を確認可能な範囲で考慮しなければなうない[48]。

また，この「不合理なリスク」の要件については Environmental Defense Fund v. EPA 判決[49]にも引用されており，この判決は明示的に6条(c)項(1)号に規定された基準が「不合理なリスク」基準であると判断している[50]。

このように「不合理なリスク」か否かを判断するのに多面的な考慮を必要としているのは，この法律の2条(c)項が規定している「慎重に運用を行う」との態度の現れであるが，発動要件があいまいになるとともに，実際の規制を行いにくくしており問題がある。

これらの必要条件を付すのは，EPA が TSCA に基づき行う規制に関して，議会が経済に対する影響を懸念しているためである（2条(c)項は議会の意図（intent）を表している）。TSCA は，EPA に対し有害な化学物質の生産，使用の禁止または規制を含む相当な経済的影響がある規制を行う権限を与えている。しかし，EPA がこの権利を行使する以前の問題として，事業者は営業の自由を有する。すなわち，事業者は化学物質を生産したり市場で販売する

権利を有する。このことを反映して，EPA は化学物質のリスクが，産業界が規制措置に従うための費用と化学物質の無制限の使用の利益を上回ることを証明しなければならないことになる。

TSCA の施行後，不合理なリスクの要件は，EPA が規制措置を実施する際の障害になることがわかってきた[51]。実際に，EPA に既存化学物質に関する有害性と暴露情報があるときでも，EPA は有害な化学物質が不合理なリスクをもたらし，禁止するか生産や使用を制限しなければならないことを証明するのに苦労したと EPA 当局者は述べている[52]。具体的には，化学物質を使う自由，代替品の有効性，規制による国民経済，中小企業，技術革新への影響や環境と公衆衛生に対する効果を考慮した後に，化学物質を管理することによって得られる利益を考慮しなければならないと，EPA の汚染防止有害物質対策部(Office of Pollution Prevention and Toxics)の職員は言う[53]。

それも一因となって，1976 年に TSCA が制定されて以来，今日までに 6 条(a)項に基づく規則により生産や使用を規制された既存化学物質は PCB など 5 種類のみである。

⑤ 費用便益分析と経済的，社会的影響の考慮
ⅰ) 費用便益分析の導入

費用便益分析に関しては，前述したことに加えて，1970 年代以降の米国の規制改革が行政庁による規制に制限をかけた。その背景には，当時の米国企業の国際競争力の低下の一因が，経済影響分析を行わないで実施される規制にあるとの批判に対して，大統領の側でもこれを是正する姿勢を示すことを余儀なくされたためである[54]。

1970 年代に入り，行政立法である規則が行政機関の政策の実行に大きな役割を果たすようになるとともに，大統領による規則制定手続に対する統制が試みられた。ニクソン政権下において，1971 年に行政管理予算庁(Office of Management and Budget：OMB)が生活の質審査(Quality of Life Review)を開始して以来，すべての政権が規則制定手続に影響を与えようとした[55]。その際に特徴的なことは，常に，規制に際して，経済的配慮がなされることを保証するシステムを設けようとしてきたことである[56]。これは，環境規制など

を行うにあたり，産業界を含めたコンセンサスを形成するためには，規制によりもたらされる経済的影響を斟酌する旨のコミットメントを与えることが必要となったためである[57]といわれる。

カーター政権は1978年3月23日に大統領令12044を公布し,規則は経済,個人，団体，州などに対して不必要な負担をかけるものであってはならないという基本方針を宣明し，重要な規則[*27]については規制分析(regulatory analysis)を義務づけた。規制分析には，主な代替案の経済影響の分析，複数の案の中から当該案を選択した詳細な理由を含まなければならないとされる[58]。

このような動きの中で，レーガン政権は，1981年2月17日，規則制定に際し厳格な費用便益分析を要求する大統領令12291を公布した。これにより，TSCAにおける規則制定を含めて大部分の規則制定手続[*28]が，強力な中央集権的な統制の下で，行政管理予算庁により費用便益分析の観点から過剰規制のチェックを受けることとなった(その後，1993年にクリントン政権が大統領令12866を発令し，大統領令12291を改正した。2015年現在は大統領令12866が有効である[*29]。大統領令12866も，規則制定などにあたって費用便益分析を要請しており，規制措置の選択にあたって定量的な費用便益分析を行う必要がある点は同様である)。これは事実上，規則制定手続を相当に遅らせることになり，略式手続において特に重視される迅速性の要請に反するものといえる[59]。

[*27] 経済的に年間1億ドル以上の影響を与える規則や企業，政府，特定の地域にとって費用が著しく増大することとなる規則は，重要な(significant)規則とされた(大統領令12044，3条(a)項)。なお，大統領令12044が対象とするのは，略式規則制定手続(関係者が参加する対審形式の聴聞手続が省略されるもの)によるものである(大統領令12044，6条(b)項(1)号)。

[*28] 大統領令12291が適用されるのは略式規則制定手続に限られる。しかし，正式規則制定手続(制定手続の中に対審型聴聞手続を規定しているもの)は制定法上要求されている場合にのみ行われるが，このような場合は非常に少ないので，実際にはほとんどすべての規則制定手続がこの大統領令の対象になる(宇賀克也『アメリカ行政法(第2版)』(弘文堂，2000年)199頁)。

[*29] 2002年の大統領令13258および2007年の大統領令13422は，大統領令12866を改正するものであったが，2009年にオバマ政権が発足当初発令した大統領令13497によりこの二つの大統領令は廃止され，大統領令12866が有効とされた。

このようにして，規則が，費用便益分析の観点からその是非が問われるようになると，費用や効果をどのように算定するかが問題となる。環境分野の規則など科学的専門的な事実認定をどのように行うか，科学的不確実性を含む事実認定をどのように行うか，そしてそれを司法審査にあたってどのように評価すべきなのか，新たな問題を投げかけることとなった。

ⅱ）経済的，社会的影響の考慮

TSCA 2条(政策提言)の(c)項において，議会の意図の表明として，EPA 長官がこの法律を施行するにあたり，環境への影響と並んで「経済的および社会的影響を考慮する」とされた。この部分は，第92議会の1972年のS.1478上院案や第93議会に提案された TSCA 法案にはなく，その後，TSCA が成立する第94議会の審議の過程で加えられたものである。第92議会のS.1478上院案には，第2条に議会の意図を表明した(c)項はなく，連邦政府の方針を示した(b)項の第(3)号で「この法案に基づく規制権限は技術革新を不当に妨げることのないよう行使されなければならない」と規定されていた。

また，第93議会の TSCA 法案である S.426法案，S.888法案，H.R.5356法案においても，第92議会のS.1478上院案と同様の規定が置かれていた。その後，現行の TSCA の直接の原案となった第94議会の上院のS.3149法案および下院の H.R.14032法案で，第2条に議会の意図を表明した(c)項が置かれ，現行法と同じくこの法律に基づく措置に関して環境的影響と並んで「経済的および社会的影響を考慮する」ことが規定された。

一方，法案の提案の契機となった環境諮問委員会が作成した1971年の『Toxic Substances』報告書をみても，人の健康と環境の保護のための規制措置の発動において経済的および社会的影響を考慮する趣旨は述べられてはいない。ただし，『Toxic Substances』報告書では，ある化学物質の使用または販売を制限または禁止する場合に，当該化学物質が人の健康や環境に対して悪影響を及ぼすことだけではなく，その化学物質により生み出される便益なども考慮するように提案されている[60]。

また，S.1478上院案の106条には，化学物質の使用または販売に対して規則を制定して規制できることが定められている。106条(b)項にはその際に

考慮すべき事項が示されており，化学物質の人の健康や環境に対する影響はもとより，その物質の便益，使用の状況，環境中に排出される程度，人や環境に対する暴露の程度，代替物質の利用可能性を考慮することと規定されている。この部分の提案が強調され，この法律に基づく措置に関して環境的影響と並んで「経済的および社会的影響を考慮する」とされたと思われる。このような考慮要件を加えることにより，TSCAの環境保護法としての効力を弱めることとなった。

⑥ 最も負担の少ない方法による規制の要件とその証明の困難さ

ⅰ）最も負担の少ない方法により規制を行うことの意味

EPA長官は，ある化学物質が人の健康や環境に対し不合理なリスクをもたらすおそれがあると適正な根拠に基づき認定した場合には，当該化学物質の製造などの禁止あるいは制限措置をとることができる。しかし，この規制はその際のリスク対策として必要な範囲で最も負担が少ない方法によらなければならない(6条(a)項)。つまり，EPA長官は考えられるリスク対策を検討した上で，必要な範囲で最も負担が少ない規制手段を選ばなければならない。たとえば，警告ラベルを化学物質の容器に貼付することを事業者に要求することで当該化学物質の不合理なリスクを十分に管理することができるとわかったならば，EPAはその化学物質の使用を禁止あるいは量を制限することができない。

この規定により有害物質の規制措置を定める場合に「最も負担の少ない」規制方法を選択することをEPAは義務づけられ，この選定に苦慮することとなる。なぜなら，EPAが選定した規制措置が「最も負担の少ない」と説明するためには，可能性のある選択肢をすべて挙げた上で，それらすべてを比較して結論を導かなければならず，そのための時間と労力は相当なものとなる。それは，後述のアスベスト裁判からもうかがい知ることができる。

S.1478上院案の106条やS.1478下院修正法案の6条では，「最も負担の少ない」規制方法を用いて規制措置を実施するとの要件はみられない。また，次の会期(第93議会)のTSCA法案をみても，有害物質の規制措置を定めた1973年のS.888法案4条，S.426法案7条，H.R.5087法案4条，H.R.5356法

案6条にこの要件は規定されてはいない。第94議会の1976年のTSCA法案においても，当初S.3149法案の6条[61]やH.R.14032法案の6条[62]には最も負担の少ない規制措置をとる趣旨の規定はなく，最終段階の上院の審議でS.3149法案の6条(a)項に「最も負担の少ない」規制方法を用いて規制措置を実施するとの部分が導入された[63]。このS.3149法案が下院に送付され，下院修正案でもこの部分は維持され[64]，現行のTSCAとして成立した。

「規制は最も負担の少ない方法によって行わなければならない」という考え方は，行政法において規制を行う際の原則である比例原則の要素の一つである「必要性(Erforderlichkeit)の原則」に相当するもので，このような条項が置かれること自体は，行政法において何らかの規制を行う場合，特に問題になるようなものではない。必要性の原則を表現した規定はドイツの警察規制で用いられており，1931年に制定されたプロイセン警察行政法(Preußisches Polizeiverwaltungsgesetz)41条2項で，すでに「警察は，できる限り関係人および公衆に対して最も侵害しない手段を選択しなければならない」と規定されていた。また，TSCAの制定と同時期に策定された1977年のドイツ連邦の統一警察法模範草案(Musterentwurf eines einheitlichen Polizeigesetzes)2条1項に同様の規定が置かれている。このようにTSCA 6条(a)項の「規制は最も負担の少ない方法によって行わなければならない」という規定は，警察規制に由来する必要性の原則を受け継いだものと考えられる。

ところが，ある規制が最も負担の少ない規制手段であることをしっかりとした根拠に基づき証明することは難しいとEPA当局者は語っている[65]。そして，TSCAに取り入れられたこの規定は，厳格な運用が行われることによって，EPA長官の行政裁量を制限し，規制手段の選択に関して厳しい制約を課すことになった。

ⅱ) アスベスト判決

1991年のアスベスト規則に関する判決は，TSCAがEPAに過剰な立証の負担を課していることを象徴する事例である[66]。

1979年に，EPAは，アスベストに暴露されることによってもたらされるリスクを減らすためにTSCAの下で規則の制定作業を開始した。アスベス

トの健康リスクの 100 以上の研究に基づきアスベストを規制する規則の原案を策定し，それに対するパブリックコメントを募集し，ここで出された一般のコメントを考慮して規則を制定した。結局，EPA はアスベストがすべての暴露レベルで潜在的発がん物質(すなわち閾値のない発がん物質)であると結論づけ，これに基づき 1989 年に EPA は，6 条(a)項に基づく規則を制定し，ほとんどすべてのアスベスト製品に関してその将来の製造・輸入，加工および販売を段階的に禁止した。これに対して，アスベスト製品のメーカーなどが EPA を提訴した*30。メーカー側は，規則が最も負担の少ない規制措置を要求する 6 条(a)項の要件を満たしていないと主張した。

1991 年 10 月に，米国第 5 巡回区控訴裁判所(U. S. Court of Appeals for the Fifth Circuit)はメーカー側の主張を認め，そして EPA がそのアスベスト禁止を正当化する実質的証拠(substantial evidence)(p. 264)を集めることができなかったと結論づけて，当該規則の大部分を破棄した。その判決において，EPA が選んだ規制措置が人間の健康または環境を十分に保護するために要求される最も負担の少ない規制措置であることを EPA が示すことができなかったので，EPA がアスベストの禁止を正当化する十分な証拠を示さなかったと，裁判所は判示した[67]。

EPA は被害または死亡リスクがゼロであるようなアスベスト暴露レベルはないと考えていたので，中程度の規制レベルを想定しなかった。「現在利用できる代替品がないような場合，TSCA が要求しているように，EPA は禁止が十分な保護を与える措置の中で最も負担の少ない選択肢であることを証明しなければならない」と裁判所は述べて，EPA の禁止措置を批判した。裁判所が述べたように，TSCA はゼロリスクを強いる法規ではなく，EPA は最も負担の少ない規制措置を選ぶことを一般に要求される。そして，2 条(c)項で定められているように，EPA がいかなる措置についても環境面，経済的，社会的影響を考慮してから，合理的で慎重な方法で TSCA を実行し

---

*30　この裁判は，TSCA 19 条(a)項に基づく司法審査を求める請願である。そのため，第 1 審が連邦の巡回区控訴裁判所(高等裁判所)である。

なければならない。そうすることが TSCA を制定した議会の意図であると裁判所は判示した[68]。

この判決では EPA が 6 条(a)項を用いて規制措置を実施するためには，利用できる規制措置の選択肢の一つ一つについて，措置に要する事業者や行政などの費用と，措置を実行することによって得られる便益とを考慮することが必要であると裁判所は判示した。米国では，別途，大統領令(当時は 12291 号)によって，連邦の行政機関が規則を制定する際には費用便益分析を行うことを義務づけているが，6 条(a)項は，不合理なリスクを及ぼすおそれがある場合には，負担の最も少ない方法により規制措置をとらなければならないと規定しており，法律自体で費用便益分析を義務づけているといえる。

そして，EPA はより制限的でない規制措置(たとえば製品に表示を行うこと)から始めて，部分的な禁止さらには完全な禁止まで検討していく必要がある。現状で代替品がないアスベストの禁止を行った EPA に対して，「このような場合，禁止することが最も負担の少ない選択肢であることを EPA は証明しなければならない」と裁判所は判示した。EPA は規則を準備するため，調査と検討に 10 年を費やし，根拠を示したと考えていたので，アスベスト規制についての裁判所の判決は 6 条(a)項の運用について EPA に大きな衝撃を与えた[69]。

アスベストは，健康への悪影響に対して科学的な証拠を有する物質の一つと通常は考えられている。判決の結果，EPA が 6 条(a)項に基づく規則によって有害物質を規制するため多くの予算と人員を投入しても，それが必ずしも成功しないことが判明した。EPA の汚染防止有害物質対策部の当局者は，このアスベスト事件の判決によって，EPA は今後はたぶん化学物質に対する広範囲の禁止または規制のために 6 条(a)項に基づく規則を出そうとしないだろうと語った[70]。事実，この判決以降，EPA は化学物質を規制するため 6 条(a)項に基づく規則を使わなくなった[71]。

⑦ 司法審査

ⅰ) プリ・エンフォースメント審査の導入

プリ・エンフォースメント審査とは，規則の制定それ自体を具体的な争訟

事件がないのに裁判で争う司法審査のことをいう。規則の役割が増大し，規則の内容が具体的になるに従って，規則の適用段階まで待って訴訟をしたのでは原告が困難な状況に陥る場合も生じた。その代表的な例が 1967 年の Abbott 事件最高裁判決*31 である。この事件で上告を受けた最高裁判所は，①争点が規則制定段階で裁判での判決に適する程度に明確となっていること，および②規則適用段階まで訴訟を遅らせることによって原告が困難な状況に陥ることという二つの要件（Abbott テスト）が存在する場合にはプリ・エンフォースメント審査を求める訴訟（プリ・エンフォースメント訴訟）を提起できることを認めた。

この Abbott 事件最高裁判決は，プリ・エンフォースメント訴訟を認めた最初の判決というわけではないが，判決理由でプリ・エンフォースメント訴訟を認める原則である Abbott テストを宣明したことから判例法の変更であると考えられている[72]。この事件後，立法政策にも変化があり，ほとんどの行政法がプリ・エンフォースメント訴訟を規定するようになった[73]。

TSCA 法案についてみれば，1972 年の上院の審議が終了し下院に送付される時点（S.1478 上院案）では，プリ・エンフォースメント審査の規定はみられない[74]。これを下院で修正した法案（S.1478 下院修正法案）には，24 条でプリ・エンフォースメント審査の規定が置かれており[75]，この規定は，このとき下院の審議で導入されたものである。

S.1478 下院修正案では，まず，24 条(a)項で，「（前略）規則の公布の日から 60 日以内に，規則により不利益を被る者または利害関係者は，コロンビア特別区，または本人が居住するか主たる事務所がある巡回区の連邦控訴裁

---

*31 Abbott Laboratories v. Gardner, 387 U.S. 136（1967）. この事例は医薬品の表示に関するもので，米国食品医薬品局（FDA：Food and Drug Administration）は商品名に加えて一般名（ジェネリック・ネーム）を表示すべきことを製薬会社に求める規則を制定した。製薬会社の団体が FDA の制定したこの規則を法律の授権を超えたものとして，規則の無効の宣言的判決およびこの規則の適用の差し止め命令を求めて争った。第 1 審の地方裁判所は，原告の請求を容認した（228 F. Supp. 855（D. Del. 1964））。しかし，控訴審の第 3 巡回区控訴裁判所は規則を直接争うことは認められないとして，原審を破棄し訴えを却下した（352 F. 2d 286（3rd. Cir. 1965））。そのため上告がなされた。

判所に当該規則の司法審査の申請を提起できる」としている[76]。このように，規則公布の日から60日以内にプリ・エンフォースメント審査を申請できると規定されている。対象となる規則は，法案の6条に規定する有害な化学物質に対する製造規制を定める規則などに限定されている[*32]。また，S.1478下院修正案24条(e)項では，「本条に定める救済手段は他の法律に規定する救済手段に加えて規定されたもので，他の法律に規定する救済手段に代替するものではない」として[77]，プリ・エンフォースメント審査が付加的な救済手段であることを明らかにしている。

現行のTSCAは，上記のS.1478下院修正案プリ・エンフォースメント審査の規定を受け継ぎ，19条[78](a)項，(e)項として同様の規定が置かれている。このように，TSCA法案の議会審議の早い段階ですでにプリ・エンフォースメント審査の規定が導入されていた[*33]。

ⅱ）実質的証拠基準による制約

TSCAでは，6条(a)項に基づく有害化学物質の製造規制のための規則，4条(a)項に基づく化学物質の安全性試験の実施を事業者に求める規則など国民の権利や経済活動に大きな影響を与えると思われる規則の司法審査に関しては実質的証拠基準が適用され[*34]，それ以外については専断的・恣意的基準

[*32] 24条(a)項では，「第4条，第5条または第6条の規定に基づく規則」とされている。本文で挙げた例以外に，4条に規定する事業者に対して化学物質の試験を要求する規則，5条に規定する規則としてEPA長官が指定する有害化学物質のリストなどがプリ・エンフォースメント審査の対象となる。

[*33] 現行TSCAでは，対象となる規則が特定された形式で規定されている点と8条(情報の報告と保管)に基づく規則も対象にされている点が上記のS.1478下院修正法案と異なっている。

[*34] TSCA 19条(c)項(1)号(B)(ⅰ)では，6条(a)項などに基づく規制措置についての規則の司法審査では，合衆国法典5編706条(2)号(E)に規定する審査の基準は適用されないと規定され，かつ，その審査は実質的証拠に裏づけられていることが必要であるとされる。

行政手続きを定めた706条(2)号(E)は，聴聞があることを前提として，聴聞において作成された記録が実質的証拠基準を満たすかが審査されると解釈されている(法務府法政意見第四局「法務資料第319号　米国行政手続法解説」(昭和27年2月)136頁)。ところがTSCAでは，706条(2)号(E)の適用がなく，聴聞がないにもかかわらず実質的

が用いられる(TSCA 19条(c)項(1)号(B))。EPAは，実質的証拠基準が適用される規則については，司法審査に耐えるために，規則制定にあたって実質的証拠(substantial evidence)*35として「規則制定記録(rulemaking record)」(TSCA 19条(a)項(3)号)を作成しなければならない。この規則制定記録は，規則制定に関するEPA長官の判断根拠をはじめとして，関係者の口頭陳述の記録など多くの書類を作成しなければならず，EPAの事務負担が過大なものとなっている。TSCAに基づく規則を司法審査する裁判所によって，規則が実質的証拠に裏づけられていないと認定されるならば，それを不法な状態だとして，当該規則は破棄される(TSCA 19条(c)項(1)号(B)(ⅰ))。

また，この「実質的証拠に裏づけられている」との判断基準は，行政手続法において規則制定にあたり通常適用される「専断的または恣意的基準(arbitrary and capricious' standard)」より厳しいものである。TSCA 4条(a)項や6条(a)項などに基づく規則が，行政手続法で通常用いられる基準より厳しい基準にすべき合理的理由がないにもかかわらず，より厳しい司法審査基準が適用され，円滑な規則制定の妨げとなっている[79]。

⑧ 他法令優先

化学物質を規制する場合，TSCA以外の法令によって十分な規制が行える場合には，その法令による規制に委ね，TSCAの規制を発動しない(9条)。

証拠を提出しなければならない。そのため，聴聞の記録ではなく，TSCA 19条(a)項(3)号に規定する規則制定記録における実質的証拠に基づいて司法審査が行われると規定されている(TSCA 19条(c)項(1)号(B)(ⅰ))。

したがって，たとえば，6条(a)項に基づく規制措置についての規則の司法審査であれば，TSCA 19条(a)項(3)号に規定する規則制定記録は，6条(c)項(1)号に基づく告示(statement)の内容である当該化学物質の人の健康や環境に対する影響，その化学物質の便益，代替品の利用可能性，規制措置に伴う国家経済などに対する影響など多岐に及んでいる。このような規則制定記録を実質的証拠としてEPAは司法審査に際して提供しなければならず，その負担は相当なものとなる。

*35 「実質的証拠」とは何かについては，行政手続法の制定以前に判例によってその概念が明らかになっている。それは，1938年のConsolidated Edison Co. v. NLRB判決(Consolidated Edison Co. v. NLRB, 305 U.S. 197 (1938))で示された「実質的証拠とは，断片的な証拠以上のものである。それは関連する証拠のうち，合理的な人であればその結論を支持するのに十分であると考えるような証拠である」とされる。

そのため，EPA長官が健康または環境のリスクが他の連邦法の措置によって除くことができるか，十分に削減することができると判断するならば，リスクのすべての面を考慮して公共利益となり，規制を遵守するための費用と効果を検討して優れていると判明しない限り，6条(a)項に基づく規則により規制措置を講じることができない[80]。

化学物質自身を直接規制対象とするTSCAと，大気や水域などを保全するために特定の化学物質に対して排出基準などを設定して規制を行う法律などとの間で規制が競合することも考えられる。そのため9条の調整規定が置かれているのだが，この規定を必要以上に拡大して解釈されることによって，TSCAに基づく規制措置の発動が阻害されることとなる。

⑨ 企業秘密に関する情報の非開示

ⅰ）企業秘密の範囲の不明確性と事業者の過剰申請

TSCAはEPAが企業秘密を明らかにすることを一般に禁止する。また，企業の商取引情報や財務情報は情報公開法(FOIA: Freedom of Information Act: 5 U.S.C. §552)のもとで保護される[81]。事業者は，EPAに提出するデータに関して企業秘密の情報として非開示扱いを要求することができる（14条）。どのような情報が企業秘密に当たるか明確な基準が示されておらず，人の健康や環境を保護するのに必要でない限り，EPAはそのような情報を開示から保護しなければならない。一方，EPAは，特定の健康と安全性のデータならびに不合理なリスクから人の健康または環境を保護するために開示すると決定された情報を開示することができる。

このような規定のもとで，事業者が製造前届出をEPAに提出するとき，情報の大部分を企業秘密であると申請する傾向がある。コンサルティング会社に委託して行われた1992年の調査では，調べられた製造前届出の90%以上が企業秘密を含む情報として申請されていたことが明らかになった[82]。

これらの申請の一部は企業秘密を保護するために必要であると認められるが，1992年の研究とデータに接した経験に基づいて，企業秘密の主張が過剰であるとEPAの当局者は考えている[83]。EPAにはこれらの過剰な守秘性の申請を是正する権限があるが，EPAがそれを行うためには申請に異議申

し立てをしなければならず，そうするための人員と予算がないとEPAの当局者は述べている[84]。また，守秘性主張への異議申し立てを行うことに対して責任があるEPAの当局者は，EPAが毎年およそ14の申請に異議申し立てを行っているが，そうすると，事業者は異議申し立てされた申請のほぼすべてを取り下げると話した[85]。

時間の経過によって企業秘密を保護することはもはや必要でなくなる場合があるので，そのような情報は一定期間経過後は秘密を保持される必要はない。しかし，TSCAには情報がいつになればもはや保護される必要がなくなるのかについて決定するための仕組みがない。この点について，化学産業界の経営者は，会社が秘密でなくなった情報をEPAに知らせる方法をとる方がやりやすいと言っている[86]。しかし，TSCAにはそうしたことを事業者に要求する仕組みがない。

ⅱ）州や国際機関への情報の不開示

連邦の機関は秘密の情報に接することができる（14条(a)項）。また，連邦議会にもTSCAに基づき収集された情報に対する閲覧権がある（14条(e)項）。しかし，州の機関に対してはそのような規定がないため，TSCAに基づき収集された情報に接することができないと解される。一部の州の環境保護を担当する機関は，TSCAの下で提出される化学物質の有害性情報が州の環境リスク・プログラム（州内の製造施設で非常に有毒な物質がどこに存在するかを把握し，緊急対応のための非常事態計画を作成することを含む）を管理することに役立つと考えている[87]。

さらに，TSCAに基づき収集された情報を外国政府や国際機関と共有することに関しても，現行のTSCAは認めていない。これについては，外国政府や国際機関において，情報に含まれる企業秘密を保護するための厳しい管理基準と手続きが保証されるのであれば，このような情報の共有を可能にするTSCA改訂に反対しないと米国の化学工業界の経営者は語っている[88],*36。

---

*36 この化学工業界の経営者の発言は，化学物質のリスクを評価するモデルの国際共同開発を促進するために米国のTSCAに基づき収集された情報の共有として語られている。

国際連合やOECDの取り組みをはじめ、化学物質管理において国際的な取り組みが行われている現状を考えると、発展途上国への協力も含めて国際的な情報共有を可能とすべきと思われる。

⑩ 連邦の専占権

TSCAは、連邦法として化学物質などに対する国内の規制の共通化を図る役割があり、この観点から州や地方自治体の規制権限を一部制限することができる規定を有している。これが専占権規定であり、18条で定められている。専占権の内容は主に二つある。第一は、EPA長官が4条に基づく規則により、化学物質または混合物の試験を要求した場合には、州や地方自治体は、その規則の発効日以降は、同様の目的で同様の試験を当該物質に対して課すことができなくなる(18条(a)項(2)号(A))。第二は、EPA長官が5条または6条に基づき、規則または命令により化学物質または混合物に対する規制措置を実施した場合は、州や地方自治体は、その規則の発効日以降は、同様の目的で同様の規制を当該物質に対して課すことができなくなる(18条(a)項(2)号(B))。ただし、第二の場合は、州や地方自治体の規制措置が当該物質の使用禁止を定めるものである場合には、課すことができる(18条(a)項(2)号(B)(iii))。

なお、このような連邦の専占権に対しては、州や地方自治体の申請に基づきEPA長官が専占権の適用を免除することができる。免除の要件としては、州や地方自治体の規制措置がTSCAに基づく措置に違反しない場合で、TSCAの措置より高いレベルの保護を行うことができ、州と州の間の取引に過度の負担を与えることがない場合である。

今日、TSCAによる有害な化学物質の規制措置が十分に発揮されていない現状において、州の住民の健康または州の環境の保護を図るため、州法などにより化学物質管理を行っている州もあり(カリフォルニア州の「プロポジション 65(Safe Drinking Water and Toxic Enforcement Act of 1986, 安全飲料および有害物質施行法)」などがその例である)連邦の専占権を縮小すべきであるとの主張がなされている。

以上のように、6年の歳月を経て成立したTSCAには、問題となる部分

が含まれている。このことが，TSCA が本来期待された化学物質管理の機能を十分に果たすことができなかった要因であるが，EPA は，TSCA に基づかない行政指導による化学物質管理を行うことで補完してきた。次にその活動についてみていくことにする。

(6) 自発的なプログラムの活用

① HPV チャレンジプログラムおよび TSCA ワークプラン

1998 年 4 月 21 日に，Gore 副大統領は「化学物質に対する知る権利に関するプログラム」(ChemRTK: The Chemical Right-to-Know Program)を発表した。その中には「HPV チャレンジプログラム(HPV Challenge Program)」が含まれていた。HPV チャレンジプログラムは，既存化学物質に関する情報が不足していることに対して，EPA，産業界(米国化学工業協会など)，環境保護団体(Environmental Defense Fund)が協力して，化学企業が自発的に，主要な化学物質の有害性を含む基本的な性質に関する情報を提供する試みである。このプログラムは，1990 年時点で 1 年につき 100 万ポンド(約 450 トン)以上米国で生産されるおよそ 2800 の化学物質の性質や安全性に関する基本的なデータを収集するものである。これらの化学物質に対して「スポンサー」となる事業者を募り，プログラムを通じて，スポンサーは一定の項目について利用可能なデータを集めたり，化学物質の性質を予測するモデルを使用したり，化学物質の評価試験を実施してその化学物質を管理するための必要最小限のデータを収集してこれを一定のフォーマットで提出する。EPA は，化学物質のリスク評価のためにこのプログラムで集められたデータを使っている。

EPA によると，EPA が化学物質に対して不合理なリスクをもたらすか，またはもたらすかもしれないと決定したり，当該化学物質による人間への暴露が著しいか，相当な可能性があるかもしれないと決定する必要がないので，このような自発的なプログラムを活用することは，試験規則を公布する場合に比べ，通常，コストと時間を節約できる[89]。しかし，このような事業者の自主性に基づく試みでは，事業者の協力(協働)が前提であり，協力が得られない部分についてはプログラムが進展しない。このプログラムの対象とされ

た約2800の化学物質のうちおよそ2200以上[90]の化学物質のデータが収集され, すでに一部は公開されている[91]。しかし, 約300の化学物質については, データを提供する事業者が得られなかった[92]。このような化学物質にどのように対処するのかが課題である。

なお, この点に関してWagnerは, HPVチャレンジプログラムが多くの事業者の協力を得られた要因として4条(a)項(1)号(B)の規定が効果を上げたと指摘する[93]。この規定によれば, ①化学物質が相当な量で生産されており*37, それが相当な量で環境中に排出されることが予想され, ②その化学物質が人の健康または環境に及ぼす影響を適正に評価するためのデータが不十分であり, かつ③その化学物質の試験がデータ取得のために必要な場合には, EPA長官は規則を制定して事業者に対して試験の実施を要求できる。これらの要件のうち, HPVチャレンジプログラムの対象となる化学物質では①の前半は備わっているといえる。また②, ③の要件は, 根拠を基に主張するのはそれほど難しくない。したがって,「相当な量で環境中に排出される」ことを適正な根拠に基づき証明すれば, 規則を公布して事業者に試験を義務づけることができる。EPAが対象となる物質のTRIデータ*38を持っているか, EPAが対象となる化学物質の用途などを把握していれば, この部分を証明することは可能であると考えられる。

しかしながら, 対象物質が多く(前述のとおり2800物質が対象となっており,

---

*37 EPAは「相当な量」の目安を年間100万ポンドとしており(58 Fed. Reg. 28736 (May 14, 1993)), HPVチャレンジプログラムの対象物質はこれに該当するように設定したものと考えられる。

*38 TRI制度は指定された化学物質の環境排出量などを事業者がEPAに毎年届け出る制度(TRI: Toxic Release Inventory)で, 1986年に施行されている。わが国のPRTR (Pollutant Release and Transfer Register)制度の先駆となったものである。対象となる化学物質の排出量の削減を促すため, 集計データを公表している(TRIデータ)。米国のTRI制度は,「緊急対応計画および地域住民の知る権利法(Emergency Planning and Community Right-to-know Act; EPCRA)」313条に規定されている。環境中への排出量が多く有害な化学物質が届出の対象とされており, 対象の化学物質は689物質である。http://www2.epa.gov/toxics-release-inventory-tri-program/tri-listed-chemicals (2015年10月1日閲覧)

スポンサーとなる企業がないものだけでも300程度ある),EPAが活用できるスタッフが限られていることを考えると,実際にEPAが対象となる化学物質一つ一つに対して規則制定手続を行うことには困難が伴う。また,主要な化学物質のいくつかに対して規則を制定しようとすると,そのために時間を要する。これらのことから4条(a)項(1)号(B)の規定が事業者に対してどのくらい心理的な効果を及ぼしたのか疑問がある。

HPVチャレンジプログラムが多くの事業者の協力を得られたのは,この当時に問題となったいわゆる環境ホルモン問題,ダイオキシン問題などに起因する化学産業に対する厳しい世論に産業界が配慮したことによると考えられる。また,このプログラムの立案に協力した環境保護団体であるEnvironmental Defense Fundがプログラムの進捗状況の管理の一環としてプログラムへの協力企業を公表したことなどが,事業者の参加を促したのではないかと思われる。

その後,EPAは,HPVチャレンジプログラムの後継プログラムとして2012年に「TSCAワークプラン(TSCA Work Plan Chemicals)」を決定した。このプランの対象となる化学物質としては,人への暴露量が大きいと予測されるものや環境排出量が大きいと予測されるものに焦点が当てられている。このプランによるリスク評価の結果,重大なリスク(significant risk)があるとされた化学物質に対しては,リスク削減措置を実施することになっている。具体的には,EPAは,TSCA4条に基づき当該化学物質の有害性データや暴露データを要求することとしている。数年以内にリスク評価を行う既存化学物質として83物質を選定し,トリクロロエチレン,塩化メチレンなど7物質のリスク評価を開始した。

2014年6月にはトリクロロエチレンのリスク評価を終了し,最終結果を公表した。また,同年8月には塩化メチレンなど3物質の評価を終了し,最終結果を公表した。2014年10月には対象とする化学物質の見直しを行い,対象物質数は90物質となった[94]。

② **合意に基づくデータ収集に対する判例**

EPAが4条(e)項に規定されている省庁間試験委員会(ITC)によって試験

が必要と指定された化学物質に対して、試験規則の制定を開始する代わりに、任意の合意によって試験データの取得を行おうとすることは、TSCAに基づく義務の履行をEPAが懈怠したものであると1984年に米国ニューヨーク南部地方裁判所は判決した[95]。

同裁判所は、交渉により自発的な評価試験の受け入れを求めることは、対象とすべきか否か係争中の化学物質について、さらなるデータの作成が必要であるというEPAの意向を示している点を指摘した。もしEPAがそのような結論に至ったとすれば、4条(e)項によれば、EPAは規則制定手続を始めるか、さもなければ、そのような手続きを開始しない理由を連邦官報に公表するという義務的な選択をしなければならない。しかし、EPAはこれをしなかった。裁判所は、EPAが規則制定手続の代わりに交渉による評価試験の合意という手法を用いたことは、TSCAに即した措置であるという主張や、EPAの裁量行為だとする主張を認めなかった。裁判所は、EPAがTSCAで規定されている試験規則の公布手続に違反することに加え、EPAは、TSCAの法的枠組みの中の他のいくつかの重要な規定を逸脱(bypass)したと判示した。

EPAには、TSCAの枠組みを自らの裁量で非公式の同等のものに替える権限はない。また、試験規則の制定に替えて交渉によるテストプログラムにすることは、TSCAに照らし是認できないと裁判所は述べた。すなわち、EPAにとっては実施可能な同意手順が、必要とされた試験データを得るための良い仕組みであったようにみえるが、ニューヨーク南部地方裁判所が指摘したように、「たとえそのやり方が利益があるか、議会の定めた法律よりよいとしても、法令の構造を変えることは、EPAの権限でない[96]」とされた。

裁判所によって指摘された懸念に対処するために、EPAは試験の同意の手順を見直して、4条(e)項に抵触しない手続きを1986年に連邦官報に公示した[97]。これにより、合意協定の内容を定めて利用に供している。そして、EPAは合意協定に企業がサインすることにより合意した内容の評価試験を実施することについて会社を拘束できると考えている[98]。

③ HPVチャレンジプログラムに対する判例

　動物保護団体は，EPAがTSCAに規定された試験規則を公布せず，HPVチャレンジプログラムを企画して実行することはTSCA違反であると主張して訴訟を起こした。2004年，ニューヨーク南部地方裁判所は，HPVチャレンジプログラムにEPAが取り組むことはTSCAに違反したとはいえないと判決した[99]。動物保護団体はこれに対し，「地方裁判所はEPAに規則制定を開始することを命じ，HPVチャレンジプログラムを禁止すべきところを，判決を誤った」と主張し，控訴した。

　これに対して，2006年，第2巡回区控訴裁判所は地方裁判所の判決を支持し，裁判所はEPAに規則制定を開始することを命じたり，HPVチャレンジプログラムを禁止すべき司法審査権限はないと判決を下した[100]。

　TSCA 19条(司法審査)(a)項(1)号では，6条(a)項などに基づく規則の司法審査を裁判所が行うことが規定されており，また20条(a)項(2)号では，TSCAに基づき行われる自由裁量ではない行為に対してその履行をEPA長官に訴求できることが規定されている。しかしながら，本件裁判では，第2巡回区控訴裁判所およびニューヨーク南部地方裁判所は，HPVチャレンジプログラムを禁止すべき司法審査権限はないと判決を下した。これは，HPVチャレンジプログラムは6条(a)項に基づく規則制定とはいえないこと，また，HPVチャレンジプログラムを行うかどうかに関しては自由裁量行為であることを確認したものと考えられる。

　上記の②で述べた合意に基づくデータ収集に対する判例とこの③のHPVチャレンジプログラムに対する判例が実質的に異なった結論となったのはなぜであろうか。②の場合は省庁間試験委員会(ITC)によって試験が必要と指定された化学物質に対して，事業者との合意により，法定の手続を逸脱した点が問題視された。つまり，すでに法定の手続が開始された対象の化学物質に対して，法定の手続を逸脱することが許されないとされた。これに対して③の場合は，その時点でTSCAの定める法の手続の対象となっていない化学物質に対する行政指導であり，EPAの自由裁量行為であると認められたと考えることができる。

(7) TSCA における予防原則の活用についての考察

これまでの TSCA の説明でもそのつど述べてきたが，ここで，TSCA のどのような部分で予防原則の考え方が活用されているのか，まとめてみる。

① 予防原則の活用

ⅰ) 新規化学物質の事前審査制度

新規化学物質に関しては，その製造などを実質的に許可制とし，商業目的で新規化学物質を製造または輸入しようとする者に対しては，事前に EPA 長官に製造前届出を提出することを義務づける制度(事前審査制度)を規定している。新規化学物質は，有害性のあるものもないものも含まれており，試験がなされていないために科学的不確実性を有する。化学物質は一旦その利用が始まれば，その一部は環境中に排出され，万一，相当な有害性があった場合には重大な(または不可逆な)被害が生じる可能性がある。そのため，新規化学物質に対し一律に製造・販売を禁止する規制を課しており，予防原則の適用といえる。この部分は，『Toxic Substances』報告書の政策提言を具体化したものといえる。

ⅱ) 新規化学物質に対する重要新規利用規則

新規化学物質について，(ア)そのリスクを評価するための十分な情報がなく，かつ，(イ)その化学物質の製造，使用などによって人の健康や環境に不合理なリスクをもたらすおそれがあるか，または，その化学物質が相当な量で生産されるため多量に環境中に放出され人に対して相当な暴露を生じるおそれがある場合には，当該化学物質の製造前届出を提出した事業者に対して，リスクを評価するための十分な情報がそろうまで，当該化学物質の製造，使用などを禁止または制限することができる。

つまり，(ア)「リスク評価をするための十分な情報がない」ということは，科学的不確実性が存在することを意味する。さらに，(イ)「人の健康や環境に不合理なリスクを及ぼす有害性を有するおそれがある」か，または「相当な暴露を生じるおそれがある」ということは，万一，被害が生じた場合には人の健康や環境という重大な保護法益を侵害するか，被害の規模が重大なも

のになるとのことである。これら(ア)科学的不確実性の存在，かつ(イ)被害が重大な場合には十分な情報がそろうまでの間，重要新規利用規則に基づく規制措置を実施できる。

化学物質は一旦その利用が始まれば，その一部は環境中に排出され，万一，相当な有害性があった場合には重大な(または不可逆な)被害が生じる可能性がある。したがって，この場合に発令される同意指令は予防原則が適用されている。そして，この同意指令の対象を第三者に拡大するために公布される新規化学物質に対する重要新規利用規則(5(e)SNUR)も，予防原則を活用した規制措置である。

ⅲ) 試 験 規 則

4条(a)項(1)号(B)の規定では*39，(ア)化学物質が相当な量で生産されており，それが相当な量で環境中に排出されることが予想され，(イ)その化学物質が人の健康または環境に及ぼす影響を適正に評価するためのデータが不十分であり，かつ(ウ)データを取得するためその化学物質に対し試験を行う必要があるときには，EPA長官は，規則を制定して事業者に対して試験の実施を要求しなければならない。これらの要件のうち，(ア)高生産量の化学物質であるかどうかは生産量を調べればわかる。今日の米国の場合には，

---

*39　TSCA 4条(a)項(1)号(B)は以下のように定めている。

　EPA長官は，(ⅰ)化学物質または混合物が相当な量で生産されているか，または生産が予定されており，および(Ⅰ)それが環境中に相当な(substantial)量で排出されるか，もしくは排出されることが予想できる場合，または(Ⅱ)当該化学物質もしくは混合物に対する人の重大な(significant)もしくは相当な(substantial)暴露があるか，暴露が予想される場合，(ⅱ)当該化学物質もしくは混合物の製造，販売，加工，使用もしくは廃棄，またはそのような活動の組み合わせが人の健康または環境に及ぼす影響を適切に評価または予測することができるデータおよび経験が不十分であり，および(ⅲ)当該影響に関する当該化学物質もしくは混合物の試験がデータの作成のために必要である場合には，EPA長官は，当該化学物質もしくは混合物の製造，販売，加工，使用もしくは廃棄，またはそのような活動の組み合わせが健康または環境を損なう不合理なリスクをもたらすか否かを判定するため必要な，人の影響および環境への影響に関するデータを作成するため，当該化学物質もしくは混合物の試験の実施を規則により要求しなければならない(筆者訳)。

TSCA 化学品データ報告規則に基づき，TSCA インベントリーに収載されている化学物質の生産量，輸入量などのデータが EPA にある。また，「相当な量で環境中に排出される」ことに関しては TRI データ(p. 270)が EPA に集められている。さらに，(イ)，(ウ)の要件は，根拠を基に主張するのはそれほど難しくない。したがって，EPA は，4 条(a)項(1)号(B)の規定に基づき規則を公布して事業者に試験を義務づけることができる[101]。

このように考えると，高生産量の化学物質の中には，その有害性を評価するデータが不十分であるため科学的不確実性を有する物質もあるといえる。また，高生産量の化学物質が相当な量で環境中に排出されるならば，もし，その物質が相当な有害性を有するものであれば，被害は重大になる。そのため，規則を制定して事業者に対して試験の実施を要求する規制措置を実施するわけであり，科学的不確実性が存在する状況で，万一被害が生じた場合には重大なものとなるため規制措置を講じる 4 条(a)項(1)号(B)の規定は，予防原則を適用したものといえる。

なお，この点に関して Wagner は，4 条(a)項(1)号(B)の要件を満たすには，生産量の要件や暴露の要件を根拠に基づき立証しなければならず予防原則の適用にはあたらないとしている[102]。しかし，4 条(a)項(1)号(B)の規定によれば，対象となる化学物質の生産量の要件や暴露の要件に関しては根拠に基づき示すことが要求されるが，有害性に関しては「適正に評価するためのデータが不十分」であることが要件となっており，この点で科学的不確実性が存在する。かつ，被害が重大となるおそれがある状況で規則制定により規制措置を講じるわけであり，予防原則の適用と考えられる。

これに対して 4 条(a)項(1)号(A)の規定は[*40]，(ⅰ)対象となる化学物質の

[*40] TSCA 4 条(a)項(1)号(A)は以下のように定めている。
(ⅰ)化学物質もしくは混合物の製造，販売，加工，使用もしくは廃棄，またはそのような活動の組み合わせが人の健康または環境を損なう不合理なリスクをもたらすおそれがあり，(ⅱ)当該化学物質もしくは混合物の製造，販売，加工，使用もしくは廃棄，またはそのような活動の組み合わせが人の健康または環境に及ぼす影響を適切に評価または予測することができるデータおよび経験が不十分であり，かつ，(ⅲ)当該影響に関する

製造などが人の健康または環境を損なう不合理なリスクをもたらすおそれがあることが要件となっており，(ⅱ)その化学物質が人の健康または環境に及ぼす影響を適正に評価するためのデータが不十分である，とする第二の要件と矛盾するようにも思える(前述)。この規定も，(ⅱ)の部分をみれば，科学的不確実性が存在するので，その状況下で事業者に試験を要求する規則の制定という規制措置の発動を行うものであるため，予防原則の適用とする余地もあるかもしれない。しかし，(ⅰ)の要件である「不合理なリスクをもたらすおそれがあること」をどの程度厳格に立証することを求められるかにより，この規定自体の意義が問われる。この要件の立証が必要とされていることから予防原則を適用しているとはいえない。

② 科学的根拠要件

TSCA が成立した 1976 年の時点では，予防原則の発想は一般的ではなく，予防原則(precautionary principle)の用語もまだ用いられてはいなかった[*41]。そのため，環境法においても，科学的根拠に基づき規制措置を講じることが普通であった。そのような時代に制定された TSCA は，科学的根拠を発動要件とする規制措置，つまり予防原則によらない規制措置が多く規定されている。このような規定を活用するためには，その要件となっている科学的な根拠を法的に立証しなければならない。そのためには EPA がそのような科学的な根拠となるデータなどを収集しなければならない。しかし，すでにみたように，この点で TSCA を施行している EPA には制約がある。

当該化学物質もしくは混合物の試験がデータの作成のために必要である場合には，EPA 長官は，当該化学物質もしくは混合物の製造，販売，加工，使用もしくは廃棄，またはそのような活動の組み合わせが健康または環境を損なう不合理なリスクをもたらすか否かを判定するために必要な，人および環境への影響に関するデータを作成するため，当該化学物質もしくは混合物の試験の実施を規則により要求しなければならない(筆者訳)。

[*41] 予防原則の考え方が国際条約に取り入れられたのは 1980 年代以降のことで，1985 年に採択されたオゾン層保護のためのウィーン条約の前文などがその始まりといわれている(大塚直「未然防止原則，予防原則・予防的アプローチ(2)」法学教室 285 号(2004 年)57 頁)。

(8) TSCA と REACH，化審法との比較

① 予 防 原 則

ⅰ) REACH における予防原則の活用

　欧州連合(EU)における，予防原則の扱いについては，米国や日本とは異なる。EU の基本条約である欧州連合機能条約(欧州連合運営条約)191条2項1段2文(2003年5月の REACH の提案時点では欧州共同体設立条約174条2項1段2文)により，予防原則は EU の環境政策の基本原則に位置づけられている。その状況の中で，REACH は1条3項で予防原則に則ることが明記されている。そのため，REACH の解釈にあたって予防原則の考え方に従うことが明確に規定されているといえる。

　制度においても，新規化学物質，既存化学物質を問わず登録制度の対象としたことが典型的な予防原則の適用といえる。

　REACH の認可制度においては，認可対象の化学物質が難分解性で高蓄積性の物質(vPvB 物質*42)から選定された場合には，予防原則が適用された結果であるとみることができる[103]。なぜなら，vPvB 物質は有害性(毒性)が不明であり，この点で科学的不確実性が存在し，vPvB 物質にもし有害性があれば，被害は重大なものとなる。したがって，そのような状況で規制措置が講じられることとなり，予防原則の適用とみることができる。

　また，REACH の制限措置も，認可措置と同様に vPvB 物質が制限対象物質とされる可能性があり，その場合は，有害性が不明の状況で規制措置がとられることとなり，予防原則の適用とみることができる。

ⅱ) 化審法における予防原則の活用

　一方，わが国においては，一般に予防原則は法原則として認められてはいない。これは米国と同様である。わが国では，米国から新規化学物質の事前審査制度を取り入れたときに予防原則を制度として化審法に組み込んだ[104]。

---

*42　vPvB: very persistent and very bioaccumulative. わが国の化審法では監視化学物質に該当する化学物質である。

その後，化審法の改正のたびに予防原則はその適用範囲を拡大してきた。現行法では，新規化学物質の事前審査制度のほか，監視化学物質制度，優先評価化学物質制度に予防原則の適用がみられる。

化審法の監視化学物質は上記のvPvB物質と同様の性質を有するもので，有害性が不明であるが規制の対象となっている(REACHの認可措置の場合と同様な考え方で予防原則が適用されている)。また，優先評価化学物質は，簡易なリスク評価(スクリーニング・リスク評価)によって，一般化学物質の中から優先してリスク評価を行うべき化学物質として選定されたものである。これは簡易なリスク評価によるため，科学的不確実性を有する状態で選定される。ここでのリスク評価では，暴露状況に関しても簡易なシミュレーションにより把握され，有害性との相関で，有害性が重大であるか，暴露状況が重大であれば，優先評価化学物質に指定される。そして，次の段階のリスク評価(簡易なスクリーニング・リスク評価ではなく，詳細なもの)を受けるという規制措置が講じられるので，予防原則が適用されているといえる。

この優先評価化学物質制度の特徴は，毎年度，一般化学物質に対してスクリーニング・リスク評価を行い，新たに優先評価化学物質を選定し，同時に優先評価化学物質に対してリスク評価を行い，懸念が低いと判明したものは一般化学物質に戻される仕組みである。これは，予防原則に加えて順応的管理の手法を適用した制度だと考えられる[105]。こうすることにより化学物質の製造量の変化や用途の変化に伴う環境排出量の増減に対応する仕組みとなっている。

ⅲ) TSCAにおける予防原則の活用

以上のようにREACHと化審法における予防原則の活用をみてきたが，REACHでは登録制度など，化審法では優先評価化学物質制度などにおいて予防原則を化学物質管理に活用した制度を構築している。それに比べるとTSCAでは，前述のように新規化学物質の事前審査制度といくつかの制度で予防原則が適用されているものの，積極的に予防原則を活用しているとはいいがたい状況にある。化学物質は，一旦利用が始まると，その一部は環境中に排出され，万一，使用開始後に深刻な有害性が判明した場合には取り返

しのつかない事態になる可能性がある。このような化学物質の性質はすでに1971年の『Toxic Substances』報告書にも指摘されているところであり，TSCAにおいても化学物質の性質を踏まえて，予防原則の活用を拡大すべき時期に来ていると思われる。

② 経済的，社会的影響の考慮

欧州では，REACHを制定する際に，その策定方針を定めたEU白書「今後の化学品政策のための戦略」[106]を2001年2月27日に作成し公表した。その中に，「欧州連合の化学産業の競争力維持と強化」の項目があり，競争力強化，技術革新の重要性の認識を示し，「企業の負担する経費を必ず必要最小限に限定する」ことが明記されている。これを受けてREACHでも，その目的を示した1条1項において「本規則の目的は，（中略）人の健康および環境の高いレベルの保護ならびに域内市場における物質の自由な流通とともに競争力と技術革新の強化を確保することにある」と規定された。

このように，REACHでは，人の健康および環境の高いレベルの保護とともに欧州連合の産業の競争力の確保という経済的な目的が掲げられている。

一方，化審法においては，このような規定はみられない。むしろ化審法の目的を規定した1条において「必要な規制を行うことを目的とする」と規制目的であることが明記されている。わが国の場合には，環境法や環境政策の基本方針を定めたかつての公害対策基本法にいわゆる経済調和条項があったが，公害国会においてこの部分が削除された経緯もあり，環境保全のための法律には経済的影響を考慮する趣旨の表現は通常は用いられない。

これに対してTSCAでは，経済的，社会的影響の考慮が法律全体の目的規定だけではなく個別具体的な規定においても置かれており，規制措置を講じる際の要件となっている。TSCA制定の政策的意図を記述した2条(b)項(3)号では，「化学物質に関する技術革新が人の健康や環境を損なう不合理なリスクを防止すること」がTSCAの目的であることを明記しつつ，TSCAに規定する権限が「技術革新を不当に妨げず，また不必要な経済的障害をもたらさないような方法で行使されるべきである」としている。これとは別に，有害化学物質の規制措置を実施する規則の公布を規定した6条(c)項では，

このような規則を公布する際に EPA 長官が考慮すべき項目として「国家経済，小規模企業，技術革新(中略)に対する影響」が規定されている。したがって，6条に基づく規制措置を定めた規則を公布する際にはこれらの影響を考慮しなければならず，要件の存否によってこれに基づく規制措置の有効性に直接影響を与える。そのため，前述したように規制措置の円滑な発動を阻害している面もあり，改善の余地があると考えられる。

③ データ収集とリスク評価
ⅰ) REACH におけるデータ収集とリスク評価

EU は前述の EU 白書の中で既存化学物質についての情報が不足していることを認識し，情報収集力の強化を方針の一つとした。そして，EU 白書において「安全責任を産業界に課す」との項目を設けて，「データの作成と評価ならびにそのリスクアセスメントの責任を企業に移行させることを提案する」と明記し，企業の化学物質に関する責任として具体的に提案した。

そして REACH では市場に供給する化学物質に関しては，「データなければ市場なし(No data, no market)」(REACH 5条)を原則として，その化学物質の性質や有害性などの情報を欧州化学品庁(ECHA：European Chemicals Agency)への登録を義務づけた(REACH 6条)。この登録は新規化学物質に対する製造前届出に相当するものにとどまらず，既存化学物質についても登録が求められた。ただし，既存化学物質については実際に製造，流通していることを考慮して，新規化学物質の登録とは方法が異なり，製造量，輸入量に応じて，REACH 施行後一定の期日までに登録することになっている(REACH 23条)。届出内容は，その化学物質が規制の対象になるほど有害なものかどうかを見分けるのに最低限必要な項目[*43]を基本にして，製造量，

[*43] これは SIDS(Screening Information Data Set)項目と呼ばれており，OECD(経済協力開発機構)が化学物質が規制の対象になるほど有害なものかどうかを見分けるのに最低限必要な項目として設定したものである。OECD の高生産量化学物質有害性点検プログラム(HPV プログラム)の調査項目とされ，米国の HPV チャレンジプログラムでも同様の項目に関してデータ収集が行われた。化学物質の蒸気圧(蒸発しやすさ)，水への溶解度などからほ乳類に対する有害性などの項目を含む。化学物質の有害性に関してまず最初に調査すべき項目として，一般に活用されている。

輸入量が大きくなるほど登録項目が増える制度になっている(REACH 12条)。

また，1社当たりの製造，輸入量が年間10トン以上の化学物質については，化学物質安全性報告書(CSR)を事業者が欧州化学品庁に提出することが義務づけられている(REACH 14条)。これは一定の方法で化学物質のリスク評価を事業者の責任で行うものであり，化学物質についてのデータの作成(収集)だけでなく，一定の化学物質にはリスク評価まで事業者の責任で行うことを求めている。このように，REACHでは化学物質の基本的なデータが規制当局に登録制度を通じて収集される仕組みを構築した。このようにして収集されたデータを基本にして規制措置を講じるべきかを判断している。

ⅱ) 化審法におけるデータ収集とリスク評価

化審法においては，REACHほど徹底した事業者主義はとっていない。新規化学物質に関しては，事前審査制度により事業者がデータを作成しそれを国に提出するので，これに基づいて国においてリスク評価を行って規制措置の必要性を判断している(化審法3条，4条)。他方，既存化学物質については，その大部分を占める一般化学物質に対して，法律に基づき毎年度製造・輸入量と用途を事業者からの届出を受け(化審法8条)，これを基に原則として政府機関が保有している有害性情報とモデルを用いたシミュレーションにより規制の必要性を判断している(一般化学物質に対するスクリーニング・リスク評価)。このように，わが国ではリスク評価の部分は，国が行っている。

ⅲ) TSCAにおけるデータ収集とリスク評価

データの収集およびリスク評価に関しては，TSCAではその大部分をEPAが行っており，REACHでは事業者が負担する部分が大きいこととは対照的である。また，化審法では新規化学物質と既存化学物質とは異なる仕組みでデータ収集が行われるが，リスク評価に関しては国の責任で実施している。

環境保全の責任をどのように国と事業者で分担するかという基本的な問題に関わるところであり，国民のコンセンサスも関係するので簡単に結論の出せる問題ではないが，現行のTSCAではその負担が政府側に偏っているように思われる。TSCAが制定された時代にはTSCAのやり方で国民のコンセンサスを得られたのであろうが，見直すべき時期に来ていると思われる。

④ 企業秘密の扱い

REACHにおいても118条と119条に企業秘密に関する規定があり，一定の情報を非開示にすることができる。ただし，REACHでは，企業秘密として非開示を要求できる事項が118条で列挙されており，企業秘密として非開示にできる情報は限定的である。企業秘密に該当する事項は，調剤の組成，化学物質の正確な用途や機能，化学物質の正確な製造量，化学物質の製造・輸入・販売などに関わる事業者の関係などである。しかし，これらの情報に関しても，非常事態において，人の健康，安全や環境を保護するために不可欠な場合には開示できると規定されている(REACH 118条2項)。また，119条2項によれば，登録時に化学物質の商品名，IUPAC名[*44]などについて，欧州化学品庁が認めた場合には，企業秘密として非開示とすることができる。

一方，化審法には企業秘密に関する規定はなく，化審法に基づき国に提出されたデータの取り扱いに関しては，情報公開法など国の保有する情報の開示を規定する法律によることになる。

これに対して，TSCA 14条の企業秘密に関する規定では，企業秘密として扱う具体的な項目が定められておらず，事業者が企業秘密であると考えるデータを指定して個別に申請する仕組みになっている(14条(c)項)。そのため，前述したように企業秘密とすべきデータを過剰に申請する傾向がみられる。これに対処するためには，REACHのように企業秘密として非開示を要求できる事項を法律上列挙してその範囲を明確にする必要がある。

現行のTSCAにおいても，人の健康または環境を損なう不合理なリスクから人の健康や環境を保護するために必要であるとEPA長官が判断した情報は，開示する規定になっている(14条(a)項(3)号)。しかしながら，規定の仕方として，REACHのように企業秘密となる事項を限定的に列挙する方が明確である。また，こうすることで，現状のように事業者からの過剰な企業

[*44] IUPAC: International Union of Pure and Applied Chemistry(国際純正応用化学連合)。IUPAC名は，国際純正応用化学連合が定めた化学物質の世界共通の命名法により化学物質に付与した名前で，IUPAC名から化学物質の構造を特定できる。そのため，化学物質の構造を企業秘密にしたい場合は，事業者はREACH 119条2項の申請を行う。

秘密の申請に対して，個別に異議申し立てをするといった煩雑な行政事務から EPA が解放され，行政の効率化にもつながる。

(9) TSCA の問題点に対する改正の方向

① 新規化学物質に関する情報収集力の強化

まず，化学物質の物理化学的性質や人の健康や環境に対する有害性情報を事業者から EPA が収集する手立てを確立する必要がある。規制当局がこのような情報を把握することが国民の健康や環境を守るための出発点である。欧州の REACH や日本の化審法ではこの仕組みが法的に制度化されている。TSCA においても，事業者が自社の化学物質を試験して，製造前届出で EPA に結果を提出することを会社に要求するために改正することを検討すべきであろう。現行の TSCA においても，前述のように新規化学物質に関して5条(e)項に基づく提案指令を出すことにより情報を収集することが可能ではあるが，そのためには前述したように大きな制約がある。こういった制約をなくして，化学物質のリスク評価において必要な情報を製造前届出において収集できるよう，TSCA の改正が必要であると考えられる。

一つの解決策としては，新規化学物質の生産量，輸入量が試験の費用を相殺するために十分な量となるまで，試験の実施を猶予することである[107]。

また，EPA によれば，事業者が製造前届出を行った化学物質のおよそ半数は，さまざまな理由のために，その後市場に出されることがない[108]。この点に着目すれば，新規化学物質が製造される前にその化学物質を審査するよりは，むしろ新規化学物質が市場に出される前に審査するように TSCA を改めることも考えられる。これによって，実際に市場に出される化学物質についてだけ，その試験データを提出することを事業者に求めることになり，コスト負担を軽減することができる[109]。

EPA が規則制定以外の方法(命令などにより)で特定の試験を要求するのを可能にすることも考えられる。さらに，生産量または用途が製造前届出から大幅に変更されるとき，事業者に変更届出を義務づけるよう TSCA を改正することも考慮すべきである。

② 既存化学物質に関する情報収集力の強化

　TSCA においては，既存化学物質に関して，5条(a)項(2)号に基づく重要新規利用規則や，8条(d)項に基づく健康および安全性データ報告規則によってしか，新たな有害性情報を事業者から収集する手立てがない。これらの手続きが円滑に進むよう，命令により情報を収集できるよう TSCA を改正すべきである。

③ 規制措置の円滑な実施

　TSCA に基づき規制措置を行うために，EPA がその前提としてやらなければならない立証の負担を減らすために，TSCA を次のように改善すべきだと考えられる。

ⅰ）不合理なリスク基準の見直し

　現行 TSCA 6条では，化学物質が「人の健康または環境に対して不合理なリスクを示すか，将来示す可能性がある」と結論づけるための合理的な根拠があると確認できる場合のみ，EPA は既存化学物質を規制できる。

　この部分は，化学物質が人の健康または環境に「不合理な(unreasonable)」リスクがある場合に替えて，「重大な(significant)*45」リスクがある場合に EPA は当該化学物質を規制する権限を与えると改正することが考えられる[110]。「重大なリスク(significant risk)」は，EPA が規制対象となる化学物質の優先順位をつけるために用いる4条(f)項に規定する基準である。この「重大なリスク」という用語を EPA が規制措置を行うための基準として用いる。EPA は不合理なリスクを示すより重大なリスクを示すことの方が満たすべき要件が少ないと考えている。「重大なリスク」はリスクが重大であるか深刻であることを意味するが，「不合理なリスク」を示すためには広範囲な費用便益分析を必要とすると EPA は解釈している[111]。

　EPA が公布したアスベスト規則に関して，第5巡回区控訴裁判所はどの

---

*45　なお，EPA は，TSCA の解釈において「相当な(substantial)」は定量的な意味で，「重大な(significant)」は定性的な意味で用いている(56FR 32294, 1991.7.15)。日本化学物質安全・情報センター『米国 EPA　TSCA の解説と現状(第4版)』(平成18年7月) 12頁。

ようなリスクが不合理か評価する際に，EPAが考えられるすべての措置の費用を考慮しなければならないと述べた[112](p.261)。さらに，TSCAにおける規制措置発動の要件として，その規制措置のコストと便益とのバランスを考慮しなければならないという点に注意が必要である[113]。

こういった点を考慮すれば，リスクが重大または深刻であることを意味する「重大なリスク」が存在すると考えられる合理的理由がある場合（将来そうなると予測される場合を含む）に規制措置を講ずるとすべきである。

ⅱ）最も負担の少ない規制要件の削除

化学物質を規制するとき，必要な限度で最も負担が少ない規制方法を選ぶことを現行のTSCAは義務づけている。そのため，前述したようにEPAはアスベストの禁止措置が，選択し得る措置の中で，人間の健康または環境を十分に保護するために必要な措置のうち最も負担が少ない規制措置であることを示すことができなかった(p.261)。証明が困難なこの要件は，削除すべきである。

④ 他法令優先規定の改善

環境中に排出された後，大気，水質といった環境媒体の間を移動する化学物質の性質を考慮すれば，空気清浄法(Clean Air Act)や水質清浄法(Clean Water Act)が用いている出口規制では十分に対応できない部分をTSCAが用いる蛇口規制により対処できることもある（この点については，TSCA制定の契機になった『Toxic Substances』報告書でも述べられていた）。

他法令との調整は必要であるが，TSCAが他法令に対して劣後する合理的理由はないため，他法令を優先する規定は修正すべきである。

⑤ 企業秘密と情報開示

現行のTSCA 14条では，企業秘密の情報に関する規定が置かれているが，どのような情報を非開示とするか明確ではなく，企業から過剰に企業秘密の申請がなされる傾向にある。非開示情報を明確に限定列挙し，企業の競争力の保護と一般市民に対する情報開示の要請とのバランスをとる必要がある。

⑥ 連邦と州との協力

州や地方自治体の住民を化学物質の悪影響から保護するために，必要な範

囲で適切に守秘性を保つことを条件に，州や地方自治体との間で企業秘密に関わる情報を共有できる仕組みとすることが求められる。さらに，州や地方自治体からリスク評価を行うべき化学物質を推薦するといった，連邦と州および地方自治体とが協働して化学物質管理を行うことも必要だと考えられる。

また，連邦の専占権に関しては，化学物質の規制を連邦で統一することも必要であるし，州や地方自治体において地域の実情に合わせた対策を行うことの重要性も否定できない。国民が納得できるように，いかにして両者のバランスをとるかが問われている。

⑦ 司 法 審 査

TSCAでは，6条(a)項に基づく有害化学物質の製造規制のための規則，4条(a)項に基づく化学物質の安全性試験の実施を事業者に求める規則など，国民の権利や経済活動に大きな影響を与えると思われる規則の司法審査に関しては実質的証拠基準が適用される。これらの規則の司法審査に際し，その制定において，実質的証拠により支持されていないと判定されると，裁判所でその規則は違法で無効と判決がなされる。しかし，この判断基準は，行政手続法において規則制定にあたり通常適用される「専断的または恣意的基準」より厳しいものである[114]。TSCAに基づく規則が，行政手続法で通常用いられる基準より厳しい基準にすべき合理的理由が見当たらないため，TSCAを改正して，司法審査の基準を行政手続法で通常用いられる「専断的または恣意的基準」にすることが必要であろう[115]。

3. TSCA改正への動き

1992年の国連環境開発会議(地球環境サミット)や2002年の持続可能な開発に関する世界首脳会議(WSSD)を契機に環境問題への関心が高まり，化学物質管理政策も新たな対応が求められるようになってきた。そして，2006年には欧州の化学物質管理規則(REACH)が制定され，2009(平成21)年には化審法が改正された。このような動きの中で，TSCAの改正法案が議会に提出され，改正の動きが始まった。本書では，第114議会の途中である

図2・2 TSCA改正の動向

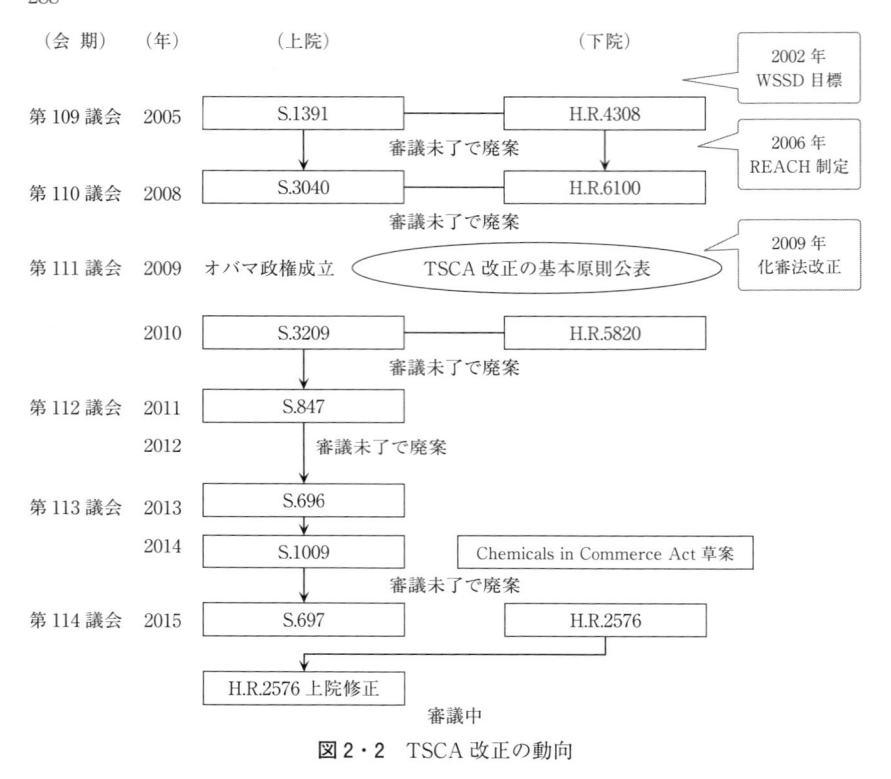

2016年1月時点までの動向を記述している。

(1) EPA の TSCA 改正の基本原則の公表

① 六つの基本原則

TSCA 改正の世論や TSCA に関するさまざまな問題への対応のため[*46]，2009年9月29日，EPA 長官の Lisa P. Jackson は，TSCA 改正の六つの基

[*46] なお，赤渕芳宏「アメリカにおける化学物質管理法改革の行方」人間環境学研究 12 巻 1 号（2014 年）85 頁註 63 では，前述した 2009 年 1 月に GAO が化学物質管理分野を不適切な管理が行われるおそれが大きく，抜本的な改革が必要な行政分野に指定したことが，EPA 長官が TSCA 改正の基本原則を公表する契機になったことを指摘する。

本原則を公表した。その要旨は次のようなものである[116]。

①化学物質は，人の健康および環境を保護するため，適切な科学とリスクの考えに基づいた安全基準に照らし審査されなければならない。

②化学物質の製造業者は，新規化学物質および既存化学物質が安全であり，人の健康または環境に被害を及ぼさないと判断するために必要な情報をEPAに提供しなければならない。

③リスク管理にあたっては，化学物質に敏感な人々（sensitive subpopulations），管理費用，代替物の利用可能性およびその他関連する検討事項を考慮に入れなければならない。

④製造業者およびEPAは，既存化学物質および新規化学物質のうち優先すべきものに対して時宜を得たやり方でリスク評価を行い，適切な措置をとらなければならない。

⑤グリーンケミストリー[*47]が奨励されるべきである。また，情報の透明性および一般の人々の知る権利を保障する規定を強化しなければならない。

⑥EPAにはTSCA施行のため継続的な予算が与えられなければならない。

この基本原則が公表された長官のスピーチの導入部分では，この基本原則は，その当時議会で進行中であったTSCA改革の努力を助ける（to help）ために提供されると述べている。一般的にTSCAの改正に対する法の執行者からの意見表明だと位置づけられている[117]。

② **基本原則の特徴**

ⅰ）情報収集における産業界の役割分担

化学物質管理を行う上で，化学物質の性質，有害性などの情報収集が重要であり，これに対する管理当局と産業界の役割分担についての方針を明確に

---

*47 産業として環境負荷の少ない化学物質を生産しようという考え方，または，このような発想に基づいて生産された化学物質（化学製品）のことをいう。化学物質による環境汚染を防ぐことからもう一歩進んで，現在工業的に生産，利用されている化学物質をより人や環境に対して悪影響の少ないものへ転換していき，地球環境に配慮した持続可能な化学産業（グリーンケミストリー）を構築することを目指す産業活動のことである。

示すことが管理当局に求められているといえる。

2001年2月27日に発表された前述のEU白書(REACH制定の基本方針を提案したもの)では，化学物質の情報を収集する責任は事業者側が負うべきであること，さらに，化学物質のリスクアセスメントの責任も事業者側が果たすべきであることが提案されている[118]。そして，この方針がREACHの登録制度などに反映されている。

それに比べると，「製造業者および輸入業者は，新規化学物質および既存化学物質が安全であり，人の健康または環境にリスクを及ぼさないと結論づけるために必要な情報をEPAに提供すべきである」というTSCA改正の原則の表現は消極的な印象を免れない。さらに，この原則がREACHの制定のおよそ3年後に発表されたものとしてはなおさらである。

ⅱ) 予防原則の活用には消極的

2002年に開催されたWSSDでは，「持続可能な開発に関する世界首脳会議実施計画」が採択された。その第23項では，「予防原則[*48]に留意しつつ透明性のある科学的根拠に基づくリスク評価手順とリスク管理手順を用いて，化学物質が人の健康と環境にもたらす著しい悪影響を最小化する方法で使用，生産されることを2020年までに達成する」との目標が掲げられた。これに対応する部分は，TSCA改正の基本原則①の「化学物質は，人の健康および環境を保護するため，適切な科学とリスクの考えに基づいた安全基準に照らし審査しなければならない」のところである。

TSCA改正の基本原則では，リスク評価についての言及はあるが，予防原則に関しての言及はない。むしろ，「適切な科学的根拠」によるという表現からは，予防原則を受け入れていないようにも解釈できる。この点で，予防原則を基本原理として規定したREACHとは発想を異にするといえる。米国では，科学的な根拠に基づくことが重要だとの考え方が強く，予防原則

---

*48　この部分は，原文では「precautionary approach(予防的取組方法)」となっているが，その意味は「precautionary principle(予防原則)」と変わらないと筆者は考えている。そのため，本書では「予防原則」の語を用いている。

の受け入れには消極的といわれているが*49，化学物質管理の分野でも同様の傾向があるように思える。

なお，TSCA 改正の基本原則では，上記の世界首脳会議実施計画の目標達成を意識した表現は用いられていない。この点，REACH では前文(4)項で，化審法では平成 21(2009)年改正の方針を検討した審議会の報告書*50 で，上記の世界首脳会議実施計画の目標を基本的な考えとすべきことが記されている*51 のとは対照的である。

ⅲ) リスク評価とリスク管理の区別

EPA の基本原則の①の「人の健康または環境に対する安全基準に照らして審査されるべき」と③の「リスク管理にあたっては，(中略)管理費用，代替物の利用可能性およびその他関連する検討事項を考慮に入れなければならない」を考慮すると，リスク評価とリスク管理を区別することが求められている。すなわち，リスク評価においては人の健康または環境に対するリスクを科学的に検討し，経済的要因などリスクに関係しない要因を考慮してはならない。一方，リスク管理では，経済的要因なども考慮して規制措置を決定する，といった考え方がみられる。

ⅳ) リスク管理にあたっての感受性の高い人への配慮

EPA が打ち出した基本原則の中では，化学物質に対して感受性の高い

---

*49 大塚直「未然防止原則，予防原則，予防的アプローチ(1)」法学教室 284 号(2004年)74 頁注25．大塚は，「ホルモンビーフ事件，遺伝子組み換え食品の安全性をめぐる WTO での米国と欧州連合の対立を科学を重視する米国に対して，欧州連合は予防原則を重視する対立であると考えてよい」と指摘している。また，大塚直「未然防止原則，予防原則，予防的アプローチ(6)」法学教室 290 号(2004 年)88 頁注 10 では，米国は，大統領令(12291 号およびその改訂の 12866 号)によって，連邦の行政機関が規則を制定する際には，費用便益分析を行うことを義務づけていることが紹介されている。その中で，「費用便益分析が困難な場合には規制はしないとの考え方が示されており，環境問題についてみれば，予防原則とはまったく逆の見解が示されたとみられる」との指摘がされている。

*50 厚生労働省，経済産業省，環境省「化審法見直し合同委員会報告書」(平成 20 年 12月 22 日)。そして，この方針に従って，予防原則の活用とリスク評価・リスク管理の方法を取り入れた化審法の改正がなされている。

*51 同上「化審法見直し合同委員会報告書」2 頁，7 頁。

人々への配慮を方針として打ち出したところに特徴がうかがえる。この部分がTSCA改正の基本原則に新規性を与えているが，それ以前の2005年に議会に提案された「子供，労働者および消費者の安全のための化学物質法案(S.1391)」(後述)など一連の法案*52 の提出の動きが，この項目が基本原則とされるに際して影響を与えたと考えられる。

なお，REACHでは，前文(69)項で「影響を受けやすい人々や環境を含め，人の健康に対して十分高いレベルの保護を保証するため，非常に高い懸念のある物質は，予防原則に従って慎重な配慮がなされるべきである」と規定されている。このようにREACHでは，化学物質に対して影響を受けやすい人への配慮は，REACH制定当時の欧州共同体設立条約174条2項(現：欧州連合機能条約191条2項)で規定される環境政策における人の健康や環境の「高いレベルの保護」の一環としてとらえられており，予防原則を活用して保護すべきものとされている。

ⅴ）国際競争力の強化

主要な化学物質(化学製品)の生産国として，化学物質の安全性向上，環境配慮などにより国際競争力の強化を狙ったものと考えられる。この点，REACHはその目的を示した1条1項で「競争力と技術革新の強化を確保する」と規定しており，同様の趣旨と考えられる。

(2) 議会におけるTSCA改正法案の動向

① 第109議会，第110議会の動向

議会でのTSCAの第Ⅰ編の改正の動きは*53，第109議会において，2005年7月13日にFrank R. Lautenberg上院議員(民主党，ニュージャージー)らが「子供，労働者および消費者の安全のための化学物質法(Child, Worker,

---

*52　2005年にはS.1391法案と呼応して「子供の安全のための化学物質法案(H.R.4308)」が下院に提出され，2008年には同様に上院のS.3040法案および下院のH.R.6100法案が提案された。

*53　本書ではTSCA第Ⅰ編の改正を「TSCAの改正」と表現している。

and Consumer-Safe Chemicals Act of 2005)」案(S.1391)を上院の環境・公共事業委員会(Committee on Environment and Public Works)に提出したことから始まった。同じ時期に,下院のエネルギー・商業委員会(Energy and Commerce Committee)では,11月10日に,Henry A. Waxman(民主党,カリフォルニア)らが「子供の安全のための化学物質法(Kid Safe Chemicals Act of 2005)」法案(H.R.4308)を提案した*54。これらの法案は,いずれも審議未了で廃案になった。

第110議会においては,2008年5月20日に上院と下院で同日に「子供の安全のための化学物質法(Kid-Safe Chemicals Act of 2008)」法案(上院下院とも同一名称)(S.3040／H.R.6100)が提出された。提案者は,上院はLautenbergなど,下院は,Hilda L. Solis(民主党,カリフォルニア),Waxmanなどである。しかしながら,この両法案も審議未了で廃案となった*55。

これら一連の動きは,「子供の安全のための」とはなっているが,子供の安全だけではなく一般市民の安全を意識したもので,TSCAの改正を目指したものである。あえて子供の安全を標榜したのは,欧州のREACHにも反対した米国の産業界などから化学物質管理の強化に対して抵抗が予想されることから,このような動きを見極め,これを極力緩和し,世論の支持の獲得を目指したものと思われる。

② 第111議会の動向

2009年1月20日にオバマ政権が成立し,政権が共和党から民主党に移った。この年の9月には,前述のEPA長官によるTSCA改正の基本原則が公表された。このような動きを受けて,2009年に始まった第111議会ではTSCA改正法案が議会に提案された。上院では,2010年4月15日

---

*54 なお,このH.R.4308の最終タイトルは,S.1391に合わせて「子供,労働者および消費者の安全のための化学物質法(Child, Worker, and Consumer-Safe Chemicals Act)」とされた。

*55 なお,第109議会のH.R.4308,第110議会のS.3040およびH.R.6100に関しては,主要な内容が第109議会のS.1391に類似しているので,それぞれの内容の分析は省略した。

にLautenbergらが「化学物質安全法(Safety Chemicals Act of 2010)」法案(S.3209)を環境・公共事業委員会に提案した。

一方，下院では，同じ時期にWaxmanらがエネルギー・商業委員会のホームページにTSCAの改正草案を掲示して，関係者のコメントを受け付けた。これをもとに一部修正された後，2010年7月22日に「有害物質安全法(Toxic Chemicals Safety Act of 2010)」法案(H.R.5820)を同委員会に提案した。しかし，いずれも審議未了で廃案となった。

③ 第112議会の動向

2011年に始まった第112議会では，同年4月14日に上院でLautenbergらが「化学物質安全法(Safety Chemicals Act of 2011)」法案(S.847)を環境・公共事業委員会に提案した。そして，共和党の支持を獲得するために大幅な修正を施したが，この案も上院本会議で審議されることなく，成立に至らなかった。2013年1月3日に112議会は終了し，審議未了で廃案となった。

④ 第113議会の動向

2013年に始まった第113議会では，同年4月10日にLautenbergら民主党議員が中心となって「化学物質安全法(Safety Chemicals Act of 2013)」法案(S.696)が提案された。そして，これを修正した「化学物質安全推進法(Chemical Safety Improvement Act)」法案(S.1009)が5月22日に，LautenbergやDavid B. Vitter(共和党，ルイジアナ)ら17人の超党派の上院議員から提案され，その後共同提案者が増え会期が終了した時点で共同提案者は26人になった。ところが，これまでTSCA改正法案の審議の中心となって牽引してきたLautenbergが同年6月3日に死去したことにより，TSCA改正の審議は一つの求心力を失った。112議会で提案されたS.847は共和党の支持が十分に得られなかったために成立に至らなかったが，S.1009法案は超党派の上院議員が共同提案者となって議案を提出しており，後述する法案の内容についても多方面からの意向を反映して妥協が図られた。この法案は審議未了で廃案となったが，その後の法案に影響を与えた。

一方，2014年2月27日，下院のエネルギー・商業委員会の環境・経済小

委員会の John Shimkus 委員長をはじめとする超党派の議員から「商業化学品法(Chemicals in Commerce Act)草案」が公表された。その後，4月22日に修正案(CICAⅡ草案)が公表され，CICAⅡ草案は4月29日の同小委員会の公聴会で討議されたが法案として議会に提出されるには至らなかった。

⑤ 第114議会の動向

2015年1月に始まった第114議会では，まず，3月10日に Udall(民主党，ニューメキシコ)ら超党派の議員が S.697 法案「21世紀に向けた Frank R. Lautenberg 化学物質法(Frank R. Lautenberg Chemical Safety for the 21st Century Act)案」を上院の環境・公共事業委員会に提案した。3月18日には，同委員会において公聴会が開催された。また，3月12日には Boxer(民主党，カリフォルニア)ら民主党および無党派議員が S.725 法案(Alan Reinstein and Trevor Schaefer Toxic Chemicals Protection Act)を同じく上院の環境・公共事業委員会に提案した。

一方，下院においては，エネルギー・商業委員会の環境・経済小委員会の Shimkus 委員長が「TSCA 現代化法(TSCA Modernization Act)」草案を4月7日に公表し，4月14日に公聴会が開催された。5月26日には，Shimkus により法案(H.R.2576)として提出され，6月2日には公聴会が開催された。6月3日エネルギー・商業委員会において表決が行われ，可決された。さらに，6月23日，H.R.2576 法案は下院本会議において表決に付され，賛成多数(賛成398，反対1，棄権34)で可決され，上院に送付された。

その後，H.R.2576 法案は，上院で修正され12月17日上院本会議で可決された(H.R.2576 上院修正法案)。上院において大幅な修正が加えられ，H.R.2576 上院修正法案は，S.697 法案に近い内容となった。元の H.R.2576 法案とは内容が大きく異なるところも多く，今後の調整でどの程度，両院の歩み寄りがみられるかが，TSCA の改正が実現するかどうかを左右する。その際に注目すべきことは，H.R.2576 上院修正法案は，2014年(113議会)に下院で審議された CICAⅡ草案との共通点が多いことである。2014年の時点では，CICAⅡ草案は法案として下院に提出されることなく廃案となったが，CICAⅡ草案の内容をみると H.R.2576 上院修正法案を受け入れる素地は下院

にもあるように思える。今後の両院の調整に注目したい。

次に，これまでの主な TSCA 改正法案における改善の軌跡を概観する。

(3) S.1391 法案の特徴

① 法案の概要

2005年7月13日に民主党の Lautenberg らが提案した「子供，労働者および消費者の安全のための化学物質法(Child, Worker, and Consumer-Safe Chemicals Act of 2005)法案[119]（本書では，これを「S.1391 法案」と記載する）は，子供に対する化学品の安全確保を標榜しているが，TSCA の改正を目指す法案であり，次の事項を基本的な内容としている。

ⅰ）新規化学物質について

新規化学物質を市場に出す前に，その製造者[*56]に対し，その化学物質が人の健康に及ぼす影響と安全性に関するデータを EPA に提出する責任を課す(S.1391 法案2条(b)項(2)号(B))。そして，EPA 長官は新規化学物質が人の健康または環境に対して悪影響を及ぼさないという合理的な根拠を製造者が示した場合にのみ，その化学物質を市場に出すことを許可する(S.1391 法案2条(b)項(2)号(C))。

ⅱ）既存化学物質について

既存化学物質の安全基準適合性の評価をまず事業者に課している。既存化学物質の製造者などは，法案の発効後1年以内に自分が取り扱う既存化学物質が安全基準を満たしているか自己評価して，その結果を EPA 長官に提出しなければならない(S.1391 法案501条(a)項)。EPA 長官は，化学物質の安全基準を設定するとともに，既存化学物質に対して，優先順位をつけて安全性の評価を段階的に行うこととしている(S.1391 法案503条(c)項)。

このような S.1391 法案の基本的な仕組みは REACH の登録制度(REACH

---

*56 S.1391 法案では製造者のみが規定されているが，TSCA の定義規定(3条)の改正は行わないので，現行の TSCA と同様に「製造」には輸入も含まれると解される。

5条,6条)を参考にしたものと考えられる*57。これにより，事業者は現行のTSCAの下では化学物質のデータがないことが一般的に許されていたが，もしこの法案が成立すればそれが許されなくなる。

　後述するように，事業者は，新規化学物質の場合と既存化学物質の場合では，そのやり方が異なるものの，両者について安全基準を満たしているかどうかの第一次的な確認を行わなければならない。これに対してEPA長官がさらに審査を行う仕組みになっている。そして，これを既存化学物質にまで拡大しているところに意味がある。従来は，新規化学物質に対して予防原則を活用した事前審査という規制措置を行っていたが，予防原則の活用範囲が既存化学物質へと拡大したといえる。

　さらにこの法案では，このような安全性の評価をすべての化学物質について2020年までに行い，安全基準を満たさない化学物質を規制することを定めている(最優先の300物質については2010年までに規制を完了する)(S.1391法案2条(c)項)。これは，2002年の持続可能な開発に関する世界首脳会議実施計画で提唱された目標(前述)に従ったものである。

　また，以下で述べるように，この法案は有害な化学物質からの子供の保護(S.1391法案503条(d)項(2)号(A)，504条)をはじめとして，優先リストの作成(S.1391法案502条)，安全基準適合性の判断(S.1391法案503条(a)項，(c)項)，ミニマムデータセットの設定(S.1391法案503条(b)項(3)号)，バイオモニタリングの実施(S.1391法案503条(d)項)，動物試験の代替の促進(S.1391法案505条)，グリーンケミストリーの推進(S.1391法案506条)などが規定されている。また，この法案ではTSCA 18条の専占権条項を改正し，連邦の専占権を否定しており，注目すべきことである。

　このようにみてくると，S.1391が提案された2005年の時点で，その10年後の2015年に第114議会に提案されたS.697法案につながる重要な改正内容が盛り込まれていることが興味深い。

---

*57　REACH 5条では「データなければ市場なし(No data, no market)」と規定されており，REACHの原則を表現している。

② 化学物質の健康影響についての知る権利の確立

この法案の 2 条で，米国の政策として，化学物質の健康影響についての知る権利の確立が掲げられている(S.1391 法案 2 条(b)項(3)号)。この部分は，1998 年に Gore 副大統領により提唱された「化学物質に対する知る権利に関するプログラム」の発想が反映されているものと思われる。また，その実践方法として，情報共有のための電子データベースの確立と化学物質の有害性情報および暴露情報の公開を規定している(S.1391 法案 509 条(b), (c)項)。

③ 既存化学物質に対する安全管理

ⅰ) 事業者による安全基準適合性の申告における予防原則の活用

まず，EPA 長官は化学物質による被害が確実に生じないと合理的に考えられる基準を「安全基準」として設定する(S.1391 法案 503 条(a)項)。これに対して，既存化学物質の製造者は，製造している化学物質について，この法案の成立後 1 年以内に，安全基準に適合するか否か，または適合するか否かを決定するためにはデータが不十分であるか，調査を行い，その結果を申告しなければならない(S.1391 法案 501 条(a)項)。

既存化学物質を一律に申告の対象として，事業者に申告を義務づける制度であり，予防原則を活用して申告制という規制措置をとっていると考えられる。予防原則を活用した REACH 6 条の登録制度と類似の発想がみられる。もっとも，S.1391 法案の申告では「データが不十分」との調査結果を許容しているので REACH の登録制度と同様とはいえないが，既存化学物質の安全管理を促進する制度であるといえる。

ⅱ) EPA 長官による安全基準適合性の確認

EPA 長官は，化学物質の安全基準適合性の評価に必要なデータの項目[*58]

[*58] 法案では具体的な項目についての言及はないが，化学物質の安全性を評価するため必要なデータの項目としては，OECD が設定した SIDS(Screening Information Data Set)項目がよく用いられている。SIDS 項目は，化学物質の水への溶解度，揮発しやすさなどの物理・科学的性質，ラットなどを用いた毒性試験結果，水生生物に対する毒性試験結果など 20 項目程度の一連のデータである。OECD の HPV プログラムや米国の HPV チャレンジプログラムでは，SIDS 項目に該当するデータが収集されている。

を「ミニマムデータセット(minimum data sets)」として定める(S.1391法案503条(b)項(3)号)。この情報と化学物質に対する人々の暴露情報などを勘案して(S.1391法案502条(b)項)、EPA長官は、この法案の発行後18か月以内に優先して安全基準適合性評価を行う既存化学物質を300物質以上決定する(S.1391法案502条(a)項(1)号)。これが、優先リストである。

そして、優先リストに掲載された化学物質に対して掲載から3年以内に、その科学物質の製造者が安全基準に適合しているかどうかを評価し、それをEPA長官は確認しなければならない(S.1391法案503条(c)項(1)号)。もし、事業者が安全基準を満たしていない場合は、製造などを禁止される(S.1391法案504条(a)項)。

他方、優先リストに掲載されていない既存化学物質については、法案成立後15年以内に事業者が安全基準に適合することを確認し(S.1391法案503条(c)項(2)号)、事業者が安全基準を満たしていない場合は、製造などを禁止される(S.1391法案504条(a)項)。

事業者に期限を設けて安全基準の適合性評価を義務づけた点は、REACHの既存化学物質の登録制度を参考にしたものと考えられる。

④ 新規化学物質に対する安全管理

新規化学物質については、化学物質の製造者に化学物質が人の健康や環境に及ぼす影響のデータの提出責任を負わせ、確実に悪影響を及ぼさないという合理的な根拠を示した場合だけ製造・販売などを許可する(S.1391法案2条(b)項(2)号)。

事業者は、新規化学物質を市場に出す前に、EPA長官の制定した安全基準に適合することを確認して申告を行い(S.1391法案501条(c)項)、EPA長官は安全基準適合性を確認する(S.1391法案503条(c)項(3)号)。

⑤ バイオモニタリングの実施

化学物質の人への暴露状況を継続的に調査する措置である。年間100万ポンド(約450トン)以上生産されている化学物質、または、人々が暴露されている化学物質のうち環境残留性または生態系中の動植物に対して蓄積性を有する化学物質の製造者は、人の血液、体液、組織中に当該化学物質が存在す

るかどうか，3年に1度人に対するモニタリング調査(バイオモニタリング)をしなければならない(S.1391法案503条(d)項)。

実際に人の体内に化学物質がどの程度取り込まれているかを知るには人のモニタリング調査による方法が確実である[*59]。このようなことからバイオモニタリングを行うことを規定したと推察される。

⑥ 動物試験の代替

動物を用いた化学物質の毒性試験を最小にするための奨励規定が置かれた。既存のデータの開示を義務化し，重複した動物試験を避けるため事業者がコンソーシアムを組んで共同で動物試験を実施することを奨励する(S.1391法案505条(a)項)。これはREACHで用いられた方法であり，REACHの影響がみられる。

⑦ 安全な代替物質とグリーンケミストリー

この法案成立後1年以内に，EPA長官は，既存化学物質に対するより安全な化学物質を開発するためのプログラムを開始しなければならない(S.1391法案506条(a)項)。また，代替物質の開発に関しての国際協力にも言及している(S.1391法案508条)。さらに，安全な代替物質の開発と普及を支援するため米国のさまざまな地域に4か所以上のグリーンケミストリー研究・情報センター(Green Chemistry Research and Clearinghouse Center)を設立することを規定している(S.1391法案506条(b)項)。

このS.1391法案が提案されたのは2005年であり，この法案がEPAのTSCA改正の基本原則に影響を与えたことがうかがえる。

⑧ 専占権の廃止

この法案では，TSCA 18条の専占権条項を改正し，明確に連邦の専占権を否定しており，「化学物質，混合物または化学物質を含んでいる製品に対して，州や地方自治体がいかなる規制を制定または継続する権限に対しても，この法案は影響を及ぼさない」と定めている。現在，TSCAの改正議論の中

[*59] また，人の化学物質摂取量などをモデルを用いたシミュレーションで算出することも可能であるが，その精度を検証するためにもモニタリング調査結果が必要となる。

で，連邦の専占権の削減が大きな論点になっていることを考えれば，2005年のこの法案の提案時点で連邦の専占権を全面的に否定した条項を置いていたことは注目すべきである。

(4) S.3209 法案の特徴

① 法案の概要

オバマ政権成立後，EPA 長官による TSCA 改正の六つの基本原則が公表された翌年，民主党の Lautenberg らが TSCA 改正法案を提案した。2010年4月15日に提案されたこの S.3209 of 2010 法案(本書では「S.3209 法案」と記載する)は，法案の名称も「化学物質安全法(Safety Chemicals Act of 2010)」とされ，TSCA の改正を正面から提案するものであった[120]。

市販されている化学物質の安全性を確認する負担を事業者に移し，安全性が確認されていない化学物質の製造などを禁止する内容を含んでいる。すなわち，この法案では市販されている化学物質に対してデータを作成し EPA に提出することを事業者に義務づける内容になっており，REACH と共通する発想がうかがえる(S.3209 法案4条，なお，条文の番号は当該改正法案によって改正された後の TSCA の条文を表している。この場合であれば，S.3209 法案によって改正された後の TSCA 4条との意味である。以下同様)。

さらに，グリーンケミストリーの推進による米国化学産業の競争力強化(S.3209 法案3条)，化学物質の子供への影響に関する研究の支援(S.3209 法案30条)，動物試験の削減のための代替試験法の開発の支援(S.3209 法案31条)，ホットスポット規制といわれる特異的に特定の化学物質に対する暴露が大きい地域に対するリスク削減対策(S.3209 法案35条)，企業秘密による非開示事項の限定(S.3209 法案14条)，ナノ粒子などを想定した特殊な構造と機能を有する物質に対する規制(S.3209 法案5条(a)項(6)号)[*60]などが盛り込まれてい

[*60] 現行の TSCA におけるナノ物質の扱いは，EPA が2008年1月23日に公表した「ナノ物質の TSCA インベントリーにおける扱い(一般的アプローチ)(TSCA Inventory Status of Nanoscale Substances-General Approach)」に記載されている。それによれば，既存化学物質は，TSCA インベントリーに収載されている化学物質と分子的同一性があ

た。なお，現行法に規定がない室内における化学物質のリスク(S.3209 法案 3 条(5)号)や現行法では規制されていない輸出のためだけに製造される化学物質(S.3209 法案 12 条)に関しても規制対象に加えている。

次に，この法案の主な規定について考察する。

② グリーンケミストリーの推進による米国化学産業の競争力強化

この法案の 2 条(a)項(11)号では，グリーンケミストリーを推進することにより，安全で信頼される化学物質を世界に供給し，米国化学産業の競争力強化を図ることの重要性が示されている。このような規定は現行の TSCA には存在せず，REACH の目的を示した 1 条 1 項の「競争力と技術革新の強化を確保する」ことに対応するものと考えられ，同時に，2009 年に EPA が公表した TSCA 改正の原則に則ったものと思われる。

なお，この法案では現行法で規定されているような法案の適用にあたって経済的・社会的影響を考慮することや，技術革新に対する悪影響を回避することといった規定は置かれていない。また，関連する条文でグリーンケミストリー促進のための研究支援が規定されている(S.3209 法案 32 条)。

③ 事業者に対する情報提供の要求

この法案の基本方針を規定した 2 条(b)項のうち(4)号では，事業者に対して，化学物質を販売することを認める条件として，当該化学物質の安全性や用途に関する情報を提供することを要求している。これは，REACH の 5 条で規定された「データなければ市場なし」との方針と一致するものであり，REACH の影響がみられる。

④ 情 報 収 集

S.3209 法案では，次のような二段階の情報収集が行われる。

るものである。分子的同一性とは，分子中の原子の種類や数，化学結合のタイプ，原子の空間的な配置などが同じ場合に分子の同一性があるとされる。したがって，カーボンナノチューブやフラーレンは，従来のグラファイトなどと分子構造が異なるので新規化学物質となり得るが，二酸化チタンや銀などのナノ粒子は従来の分子と分子的同一性があるため，既存化学物質として扱われる。http://epa.gov/oppt/nano/nmsp-inventorypaper 2008.pdf （2012 年 3 月 20 日閲覧）

まず，既存化学物質に関して事業者は申告(declaration)に伴いミニマムデータセット(minimum data sets)のうち申告時点で所持しているデータを提出する必要がある(S.3209法案8条(a)項(2)号)。この規定は，既知または合理的に確認できる情報の提出を事業者に求めるものであり，新たな試験を要求するものではないが，化学物質全体を対象としている。この情報はEPA長官が優先リスト(priority list)を作成する際に参考にされる。

次に，EPA長官により優先リストが作成され，このリストに掲載されたものについては，掲載から30か月以内にミニマムデータセットの全項目を提出しなければならない。また，優先リストに掲載されないものについては法案の成立後14年以内にミニマムデータセットの全項目を提出しなければならない(S.3209法案6条(b)項(2)号)。

⑤ **既存化学物質の管理**

EPA長官は，既存化学物質のミニマムデータセットが提出されれば，180日以内にその化学物質の製造や加工が安全基準に適合しているかどうか判定しなければならない(S.3209法案6条(b)項(2)号(B))。安全基準は被害が生じないと合理的にいえる基準であり，一般人や化学物質に弱い人がさまざまな化学物質に相当の期間暴露されても悪影響が生じるリスクが取るに足らないと考えられるレベルを意味する(S.3209法案3条(23)号)。

安全基準に適合しているとEPA長官が決定すれば，適合している用途などが指定される。さらに，安全基準の順守を確実にするために使用条件などが指定される場合がある。もし，ある化学物質が安全基準に適合していないとEPA長官が決定すれば，その化学物質やそれを含む混合物，成形品の製造，加工，販売が禁止される(S.3209法案6条(b)項(3)号)。

安全基準への適合により化学物質の安全を確保する方法は，2005年に提案されたS.1391を受け継いでいる。ただし，S.3209法案では安全基準について，3条(23)号に定義としての規定はあるが，具体的にどのようにして設定されるのか規定されていない。この法案の鍵となる概念であり，法案自体に規定する必要があると思われる。なお，S.3209法案よりおよそ3か月後に下院に提出されたH.R.5820法案は，S.3209法案と基本的な仕組みが共通し

ているため，本書ではS.3209法案を取り上げて検討したが，H.R.5820法案では，安全基準の設定やこれを化学物質や混合物に適用するやり方などが法案に規定されている[*61]。

⑥ 新規化学物質または既存化学物質の新たな用途に対する安全の確保

新規化学物質を製造する場合または既存化学物質を新たな用途へ使用する場合には事業者は，あらかじめEPA長官に届出を出さなければならない。その際に，事業者は安全基準を満たすことを示す必要がある（S.3209法案5条(a)項(1)号, (2)号)。届出を受理したEPA長官は，180日以内に，当該化学物質が安全基準を満たすかどうかを決定しなければならない（S.3209法案5条(a)項(4)号)。安全基準を満たす場合には，その製造などが認められる。なお，既存化学物質の新たな用途への使用が認められた場合でも，当初届出をした生産量を増加させるときなどには，事業者は，再度，届出を出さなければならない（S.3209法案5条(a)項(3)号)。この点，現行のTSCAでは生産量の増加などに伴う新たな届出は規定されていなかったため，改善が求められていた。この法案では，既存化学物質を新たな用途に用いる場合については，対処がなされた。

また，この法案では特別な性質を示す化学物質を新規化学物質として取り扱う規定が置かれた（S.3209法案5条(a)項(6)号)。特別な性質としては，その物質のサイズなども考慮されており（S.3209法案3条(24)号)，成分が従来の既存化学物質と同じでもナノ物質は新規化学物質として扱われることとなる。

⑦ 他法令優先規定

現行のTSCAでは，TSCA以外の法令によって十分な規制が行える場合には，その法令による規制に委ね，TSCAの規制を発動しないとされている（TSCA 9条）が，この法案ではこの点は現行法とあまり違いはみられない。

[*61] H.R.5820法案6条(b)項に次のように規定されている。EPA長官は，化学物質や混合物のすべての排出源からの排出を考慮して暴露量を推計すること，化学物質のライフサイクル全体を考慮して環境排出量を推計すること，化学物質に弱い人も考慮に入れて国民の健康が確実に守れるようにすることなどが規定されている。

⑧ 企業秘密と情報開示

EPA が法案に基づいて収集した情報を一般に提供するため，電子データベースを設置することが規定されている(S.3209 法案 8 条(d)項)。このデータベースには EPA が受け取った化学物質の有害性情報，暴露情報，用途などの情報が収載される。また，法案の規定により EPA 長官によって行われた重要な決定についても収載することとしている。

情報の公開に関しては，情報公開法に準拠する(S.3209 法案 14 条(a)項)。また，提出された企業秘密の保護期間は，最高 5 年であると規定された(S.3209 法案 14 条(e)項(2)号(D))。

さらに，S.3209 では開示から保護されないデータの項目を規定している。現行の TSCA でも開示が認められる人の健康や安全に関するデータに加えて，安全基準の判定に関するデータや，子供が暴露されると予想される消費者製品に用いられる成形品中の化学物質に関する情報などが，開示から保護されない情報として規定されている(S.3209 法案 14 条(d)項(1)号)。

現行法では州や地方自治体に対する化学物質の情報提供規定はないが，S.3209 法案では州または地方自治体における化学物質管理や州法などの施行に必要な場合には，州または地方自治体の要請に基づき EPA の保有している情報を企業秘密の情報も含めて提供できると規定した(S.3209 法案 14 条(c)項(3)号)。

⑨ 専占権の廃止

この法案に基づき公布されたすべての規則，命令は，化学物質，混合物，化学物質や混合物を含む製品に関しての州や地方自治体の法に対して専占権が適用されないことを 18 条で明記した。現行の TSCA の専占権条項を廃止したことを明確にしており，州や地方自治体への配慮として注目される。

⑩ 司法審査および規制措置の施行手続き

この法案では行政命令を活用し，より迅速に規制措置の実施が図れるように配慮されている。たとえば，現行の TSCA では化学物質の試験を要求する場合は規則によらなければならなかったが，S.3209 法案では事業者に化学

物質の試験を命じる場合に規則だけでなく命令により試験の実施および結果の提出を求めることができる(S.3209法案4条(b)項(1)号)。

また，S.3209法案19条(c)の司法審査の基準では，この法案に基づく規則や命令の司法審査では，合衆国法典5編7章に従って審査を行うと規定されている。したがって，S.3209法案に基づく規則は通常の行政手続法と同様専断的・恣意的基準により司法審査が行われることとなる。かつては専断的・恣意的基準の方が実質的証拠基準より司法審査のハードルが低い(司法審査の範囲が狭い)といわれてきたので，審査基準が緩和されたとも考えられる。しかし，専断的・恣意的基準にハード・ルック審査が加わり*62，両者の基準の差はみられないといわれている[121]状況では，司法審査の基準を行政手続法に規定する一般的な基準に合わせたという意図と思われる。

さらに，EPA長官の決定に対する司法審査を制限する規定がいくつか置かれている。たとえば，ある化学物質を優先リストに掲載するか否かのEPA長官の判断に関しては，司法審査を受けないとされている(S.3209法案6条(a)項(4)号)。司法審査の対象となる行政判断を限定することによって，行政手続きの円滑化を図るものである。

このようにして，法案の機動的な施行ができるように手続き規定が見直さ

---

*62 「専断的・恣意的」という基準は多義的であり，それ自体として厳格にも緩やかにも運用可能なものである。1960年代後半以降，「専断的・恣意的」基準は，[行政機関の判断根拠に立ち入った]より厳しい審査として運用されるようになった(古城誠「規則制定と行政手続法(APA)」藤倉皓一郎編『英米法論集』(東京大学出版会，1987年)244-245頁，[ ]内は筆者が加筆)。これがハード・ルック審査と呼ばれるものである。この審査は，行政機関が裁決や規則の制定にあたって十分考慮したか否かを裁判所が審査するものである。すなわち，規制措置を決めるにあたって，行政機関がさまざまな選択肢の中からなぜ当該選択肢を選んだのか，その理由にまで立ち入って行政機関の判断の合理性を審査するものである。この厳格な審査は，1970年のGreater Boston Television Corp. v. FCC判決(Greater Boston Television Corp. v. FCC, 444 F. 2d 841 (D.C. Cir. 1970))により形成され(武田真一郎「アメリカにおける行政訴訟の審査対象の研究(二)」成蹊法学31号(1990年)42-43頁。常岡孝好「司法審査基準の複合系」三辺夏雄他編『法治国家と行政訴訟』(有斐閣，2004年)42-46頁)，Overton Park事件判決(Citizens to Preserve Overton Park v. Volpe, 401 U.S. 402 (1971))で確認され，その後，主として環境訴訟を通じて発展し定着をみたとされる(古城・前掲『英米法論集』(1987年))245頁)。

れている。

(5) S.847 法案の特徴

① 法案の概要

2011 年に始まった第 112 議会では，同年 4 月 14 日に上院で Lautenberg らが「化学物質安全法(Safety Chemicals Act of 2011)」法案(本書ではこれを「S.847 法案」と記載する)を提案した。この法案は上院の環境・公共事業委員会で可決されたが，上院本会議で審議されることなく廃案となった。本書で取り上げる S.847 法案は，112 議会の終了近くの 2012 年 12 月 27 日時点での法案[122]である。

S.847 法案は，化学物質の安全性を確認する負担を事業者に移していることや，データを作成し EPA に提出することを義務づけることなど，S.3209 法案の枠組みを引き継いでいる部分が多い。他方，既存化学物質に対して規制対象となるものを選定するために新たに加わった仕組みもあり，全体として S.3209 法案より複雑になっている。

この法案の概要は次のとおりである。

ⅰ) アクティブインベントリーの作成

化学物質の製造者，輸入者は，この法案の成立後 180 日以内に，その時点で商業的利益を得ている化学物質(既存化学物質)を申告しなければならない(加工業者は，この法案の成立後，1 年以内に自主的に申告することができる)。申告の内容は，(ア)化学物質を特定できる名称，(イ)その物質の特異的な性質，(ウ)事業者の名称と本社所在地などである。EPA 長官は，申告された既存化学物質から成る「アクティブインベントリー(Active Inventory)」を作成する(S.847 法案 8 条(h)項(1)号)。このとき，研究開発用途の化学物質などは除外される。また，アクティブインベントリーは，製造，輸入が開始された新規化学物質がそのつど追加されて，しだいに収載物質が増加していく。

これとは別に，現在は商業利益を得てはいないが，現在商業的利益を得ている化学物質の代替物質となり得る化学物質を事業者に任意に申告してもら

い，これを収載した「インアクティブインベントリー(Inactive Inventory)」を別途作成する(S.847法案8条(h)項(5)号)。

ⅱ) 優先順位づけと安全基準適合性評価

EPA長官はアクティブインベントリーに収載された化学物質について，安全基準適合性を判定する際の優先度に応じ，(ア)優先クラス1，(イ)優先クラス2，(ウ)優先クラス3，の三つのカテゴリーに分類しなければならない(S.847法案6条(b)項(4)号(C))。(ア)優先クラス1に属する化学物質は，早期に安全基準の適合性を判定すべき化学物質である。すなわち，有害である可能性が比較的大きく，かつ，重大または広範な暴露状況の根拠がある化学物質が優先クラス1に分類される。それに次ぐものが優先クラス2である。優先クラス3は，優先クラス1および2の評価が完了した後に評価してかまわない程度に優先度が低い化学物質が対象となる。優先クラス1の化学物質については，割り当てられた後5年以内に安全基準を満たしているかどうかをEPA長官が判定しなければならない。

安全基準を満たしていない化学物質に対しては，判定が行われてから18か月以内にリスク削減措置を講じなければならない。

ⅲ) 新規化学物質の安全基準適合性評価

アクティブインベントリー，インアクティブインベントリーのいずれにも収載されていない化学物質が新規化学物質である。新規化学物質を製造・輸入するには，事前に届出をEPA長官に提出する必要がある。この届出には，(ア)化学物質を特定できる名称，(イ)その物質の特異的な性質，(ウ)事業者の名称と本社所在地，(エ)ミニマムデータセット，(オ)化学物質が安全基準を満たしているという申告などを記載しなければならない。なお，S.847法案では，ミニマムデータセットは化学物質の性質，人や環境への有害性，暴露の程度，用途などのデータをいう(S.847法案4条(a)項(1)号)。

これを受け取ったEPA長官は，安全基準を満たしているかどうか確認しなければならない。その結果，当該新規化学物質を次の四つのいずれかに分類する。(ア)高懸念物質，(イ)安全基準を満たしている可能性が低い物質，(ウ)評価するには情報が不足している物質，(エ)安全基準を満たしている可

能性が高い物質。

　高懸念物質または安全基準を満たしている可能性が低い物質と判定された化学物質は，適切な代替物質がなく必要不可欠な場合など限定的な場合(S.847法案6条(h)項(2)号(B)に規定)にしか使用できない。評価するには情報が不足している物質に対しては，適切な情報の提供を求め，その上で再度分類を行う。安全基準を満たしている可能性が高い物質は，製造・輸入が開始されればアクティブインベントリーに追加され，以後，上述のように既存化学物質と同様に扱われる。

　このような手順を経て，2条(b)項に掲げられている「流通するすべての化学物質は，安全基準を満たしていなければならない」という基本方針の一つを実現することとなる。

　　ⅳ）そのほかの規定
　そのほか，S.1391，S.3209法案から引き継いだ規定として，子供への影響に関する研究の支援(S.847法案29(a)条)，バイオモニタリングの実施(S.847法案29条(c))，動物試験の削減のための代替試験法の開発の支援(S.847法案30条)，安全な代替物質の開発の促進(S.847法案31条(a))，ホットスポット規制といわれる特異的に特定の化学物質に対する暴露が大きい地域に対するリスク削減対策(S.847法案34条)，企業秘密による非開示事項の限定(S.847法案14条)，ナノ粒子などを想定した特殊な構造と機能を有する物質に対する規制(S.847法案5条(e)項)などが盛り込まれていた。なお，現行法では規制されていない輸出のためだけに製造される化学物質(S.847法案12条)に関しても規制対象に加えている。

② グリーンケミストリーの推進による米国化学産業の競争力強化
　この規定については，S.847法案2条(a)項(11)号に規定されており，S.3209法案の2条(a)項(11)号と同じ内容である。

　なお，この法案では，現行法で規定されているような法案の適用による経済的・社会的影響を考慮することや，技術革新に対する悪影響を回避することといった規定は置かれず，グリーンケミストリーを推進するという積極的な対応により，米国化学産業界の競争力の強化を謳っている。

③ 事業者に対する情報提供の要求

この法案の基本方針を規定した2条(b)項のうち(4)号では、S.3209法案と同様に、事業者に対して、化学物質を販売することを認める条件として、当該化学物質の安全性や用途に関する情報を提供することを要求している。

また、S.847法案では、規則または行政命令によって試験を課すこと(S.847法案4条(b)項(1)号(A))やサンプルの提出を求めることができる(S.847法案4条(b)項(2)号(A))。

④ 既存化学物質に対する情報の収集と安全管理

ⅰ) 優先クラス分類と予防原則の活用可能性

このS.847法案では、ミニマムデータセットの提出が要求されるのは、原則として優先クラス2の化学物質についてである。製造者、輸入者は、EPAがアクティブインベントリーを作成する際には、既存化学物質についてミニマムデータセットの提出を要求されないが、優先度に応じて分類された後、優先クラス2の化学物質は、分類後5年以内にミニマムデータセットの提出が必要となる。この場合には、事業者は、必要な場合には新たに試験を行いデータを提出する必要がある。優先クラス3の化学物質に関しては、ミニマムデータセットの提出を事業者に対し要求できないことが規定されている。そのため、EPAは、すべての既存化学物質についてのミニマムデータセットを取得することはできず、一定の範囲の既存化学物質にとどまる(S.847法案6条(b)項(4)号(C))。

優先クラス2の化学物質については、事業者に対しEPAは5年以内にミニマムデータセットを要求する規定になっている。しかし、優先クラス1の化学物質については、規定上、ミニマムデータセットを要求することにはなっていない。この点、やや矛盾する規定とも思えるが、ミニマムデータセットの提出を待たずに安全基準の適合性を判定するとの趣旨ではないかと考えられる。優先クラス1の化学物質は、有害である可能性が比較的大きく、かつ、重大または広範な暴露状況の根拠があるため、万一被害が生じた場合には重大なものになる可能性がある。そのためデータがそろっていなくとも、すなわち科学的不確実性があっても、安全基準の適合性の判定という規制措

置を行い，必要ならばリスク削減措置を講じるとの意味に解釈できる。このようにみると，優先クラス1の化学物質についてのこの部分の措置は予防原則を活用していると考えることもできる（この点は，後ほど考察で検討する）。

一方，優先クラス2の化学物質については，優先クラス1の化学物質に比べると安全基準の適合性をそれほど早急に判定する必要がないため，ミニマムデータセットを収集してそれに基づき安全基準の適合性を判断する仕組みとなっている。これを予防原則の観点からみると，優先クラス2の化学物質は，有害である可能性や暴露状況に関して優先クラス1の化学物質に比べれば重大とまではいえない。そのため予防原則を適用する状況にはないと考えることができる。また，優先クラス2に位置づけられる化学物質がかなり多くなると予測されるため，事業者からデータを要求する仕組みを採用したとも考えられる。

なお，優先クラス1の化学物質について，規定上ミニマムデータセットを要求することにはなっていないのは，安全基準を満たしていない場合にはリスク削減措置がとられることになるが，この措置の回避のために有利なデータが事業者にあればそれを提出するインセンティブが働くことも考慮したと思われる。この観点から優先クラス2の化学物質を考えると，優先クラス1の化学物質ほどリスク削減措置がとられる可能性が高くないため，事業者からデータが自発的に提出されることが期待できない。そのため，優先クラス2の化学物質については，法律によりデータの提出を事業者に義務づけたとも考えることができる。

さらに，S.847法案では一定の場合法案の施行に必要な範囲で，試験規則または試験命令により，ミニマムデータセット以外の項目のデータの提出を事業者に要求することができる（S.847法案4条(b)項(1)号(A)など）。

このように，S.847法案はEPAの情報収集力を向上させる一方で，対策の早期実施の観点から，一部で予防原則の考え方を取り入れたと考えられる規定もあるが，その規制に対する考え方はあくまでも科学的証拠に基づくことを基本としており，現行のTSCAの考え方を踏襲している。

ⅱ) 安全基準適合性の判断

　この法案では安全基準に関する規定が設けられ，「人の健康と環境のみを考えて」安全基準が満たされているかどうか判断される。また，EPA長官が化学物質ごとに安全基準の適合性の判断を行う際の考慮点についても定められている(S.847法案6条(d)項(2)号(B))。規定では，EPA長官はさまざまな経路による暴露(aggregate exposure)と混合物中に含まれている当該化学物質の寄与なども考慮した総暴露(cumulative exposure)を検討して，人間の健康または環境に影響しないとの合理的確信がある場合だけ，安全基準を満たすと判定する[*63](S.847法案6条(d)項(2)号(B))。

　また，S.847法案では「不合理なリスク」の要件を削除し，法案の目的である「化学物質のリスクが適切に理解され管理されること」(S.847法案2条)を踏まえて，安全基準の判断に際しては人の健康と環境のみを考えて判断する趣旨が規定された(S.847法案6条(d)項(2)号(B))。

⑤ 新規化学物質に対する情報の収集と安全管理

　上述のように，新規化学物質を製造・輸入しようとする事業者は，ミニマムデータセットのデータを取得して事前に届出を行う必要がある。その際，化学物質が安全基準を満たしているという申告もしなければならない。

　このように，新規化学物質については，S.847法案では化学物質の安全性の証明責任はEPAから事業者に移ったと考えられる。EPA長官はこれを確認するとともに，管理のためにこれを分類する役割を担う。そして，新規化学物質の製造・輸入が始まると，その化学物質は既存化学物質となり，その規制体系に従うこととなる。

⑥ 他法令優先規定

　S.847法案では他法令優先規定はS.3209法案を引き継いでおり，現行法とあまり違いはみられず，他法令との関係でTSCAの円滑な施行が確保されたとはいえない。

[*63] さまざまな経路による暴露(aggregate exposure)についてはS.847法案3条(15)号，総暴露(cumulative exposure)についてはS.847法案3条(18)号に定義されている。

⑦ 企業秘密と情報開示

　S.847法案の情報開示規定は，S.3209法案の規定を引き継いで，EPAが法案に基づいて収集した情報を一般に提供するため電子データベースを設置することを規定している(S.847法案8条(i)項)。情報の公開に関しては，米国情報公開法に準拠する(S.847法案14条(a)項)。また，提出された企業秘密の保護期間は，最高5年であると規定された(S.847法案14条(c)項)。なお，開示から保護されないデータを規定しており，現行のTSCAでも開示が認められる人の健康や安全に関するデータに加えて，安全基準の判定に関するデータや，子供が暴露されると予想される消費者製品に用いられる成形品中の化学物質を示す情報などが規定されている(S.847法案14条(b)項(3)号)。

　さらにS.847法案では，S.3209法案に加筆して，この法案の制定後1年以内に，規則により，企業秘密の保護期間を指定しない情報のタイプを定める(S.847法案14条(c)項(1)号(A))。これによって，情報開示から保護される企業秘密の範囲が明確になり，TSCAにおける企業秘密の取り扱いの透明性と公平性が強化されるものと思われる。

　S.847法案では，州や地方自治体における化学物質管理や州法などの施行に必要な場合には，州または地方自治体の要請に基づきEPAの保有している情報を提供できると規定された(S.847法案14条(a)項(2)号(A)(iv))。

⑧ 専占権の大幅縮小

　連邦の専占権についてS.847法案は，S.3209法案ほど徹底したものではないが，連邦の専占権を縮小した。S.847法案で専占権を定めた18条では，この法案と州や地方自治体の規制の双方を遵守することができるのであれば，この法案に従って制定される規制と異なる規制を州や地方自治体が採用し執行することに対して影響を及ぼさないとの規定を置いた。すなわち，「この法案と州や地方自治体の規制の双方を遵守することが可能な限り」化学物質に関して州や地方自治体が独自の規制を行うことができるとしており，その点でS.3209法案にみられるように明確に専占権を廃止したものとはなっていない。しかしながら，S.847法案は連邦法として米国の化学物質規制を一元化する役割を担うことと，化学物質規制に関して州や地方自治体の権限を

十分に認めることとのバランスをとっている。

⑨ 司法審査および規制措置の施行手続き

S.847法案では行政命令を活用し，より迅速に規制措置の実施が図れるようになっている。たとえば，現行の TSCA では化学物質の試験を要求する場合は試験規則によらなければならなかったが，S.847法案では事業者に化学物質の試験を命じる場合に規則だけでなく命令により試験の実施および提出を求めることができる（S.847法案4条(b)項(1)号）。

また，S.847法案19条(c)の司法審査の基準では，この法案に基づく規則や命令の司法審査では合衆国法典5編7章に従って審査を行うと規定されており，通常司法審査で用いられる専断的・恣意的基準により審査が行われると考えられる。司法審査の基準を行政手続法に規定する一般的な基準に合わせたという意図だと思われる。

さらに，EPA長官の決定に対する司法審査を制限する規定がいくつか置かれている。たとえば，優先クラスへの割り当てについての EPA 長官の判断は，司法審査が及ばないとされている（S.847法案6条(c)項(1)号）。

(6) S.1009法案の特徴

① 法案の概要

S.847法案を修正した「化学物質安全推進法（Chemical Safety Improvement Act）」法案（本書ではこれを「S.1009法案」と記載する）が，同年5月22日に Lautenberg や Vitter らによって提案された。S.1009法案は，S.696法案や2011年の S.847法案よりは，化学物質の安全性評価の仕組みを簡略化しており，法制度としての運用を意識したものと思われる。概略は次のとおりである。

化学物質はアクティブ化学物質（active substances）とインアクティブ化学物質（inactive substances）に大別される。アクティブ化学物質は，この法案の施行日以前の5年間のうち，いずれかの時点で商業目的で製造，輸入または加工された化学物質か，または，この法案の施行日以降に製造・輸入または加工が開始された化学物質である（S.1009法案8条(b)項(6)号）。これに対し

て，インアクティブ化学物質は，この法案の施行日以前の5年間に商業目的で製造・輸入または加工が行われなかった化学物質である(S.1009法案8条(b)項(7)号)。

アクティブ化学物質については，EPA長官により，信頼できる科学的証拠に基づき，ハイ・プライオリティ化学物質(high-priority substance)とロー・プライオリティ化学物質(low-priority substance)とに分けられる(S.1009法案4条(e)項(3)号(E)および(F))。そして，ハイ・プライオリティ化学物質についてはEPA長官が優先順位をつけた上で，リスクベースで(化学物質の有害性と暴露の程度を勘案して)安全性評価(safety assessment)が実施される(S.1009法案6条(b)項)。この安全性評価は一般的にいわれているリスク評価のことである。その際，EPA長官は当該化学物質の製造者等に対し，規則や命令の公布や事業者との試験実施の合意を行うことで新たな試験データの作成を求めることができる(S.1009法案4条(f)項)。

EPA長官は，化学物質の暴露により人の健康または環境に対し不合理なリスクを生じないことを保証する(ensure)基準としての安全基準(safety standard)(S.1009法案3条(16)号)に照らし，意図された使用状況で当該化学物質が安全基準を満たすかどうかを判定する(S.1009法案6条(c)項(1)号)。これが安全性判定(safety determination)である。安全基準を満たさない場合には，EPA長官は規則を公布して当該化学物質に対して必要な規制を行う(S.1009法案6条(c)項(9)号)。

また，化学物質の命名方法について，法案に規定を設けてこれを整理している点が特徴といえる(S.1009法案8条(b)項(3)号)。

② 消費者安全の推進とTSCAの現代化

このS.1009法案では，第2条(確認事項，政策，制定意図)において，TSCAの現代化(modernizing)および消費者安全の推進が掲げられている。その内容としては，化学物質は意図された使用(intended use)において安全でなければならないとされており(S.1009法案2条(a)項(1)号)，これがこの法案の基本的な考え方となっている。そして化学物質の管理されていないリスク(unmanaged risk)から消費者を守ることが，この法案において実現される米国

の政策であることが述べられている(S.1009法案2条(b)項(1)号(A))。また，TSCAが制定された1976年以降，大いに進歩した科学技術を反映して化学物質のリスク評価・管理を推進するためにTSCAを刷新するとの政策課題が掲げられている(S.1009法案2条(a)項(4)号および(5)号)。

さらに，米国の政策として，化学物質の管理システムの信頼性を向上させ，米国の化学産業の国際競争力を維持することが明記されている(S.1009法案2条(b)項(1)号(B))。このように，化学物質管理法案において化学産業の国際競争力の維持に言及しているところは，REACHと共通する[*64]。

なお，化学物質に関する情報の提供は，その製造者などの責任であることはこれまでのいくつかのTSCA改正法案と同様に規定されている(S.1009法案2条(b)項(3))。しかし，S.1009法案では，それまでのいくつかのTSCA改正法案にみられたグリーンケミストリーの推進に関する記述はみられない。

③ 科学的証拠の尊重と予防原則の後退

この法案の2条(c)項で議会の意図が規定されているが，そこで米国の技術革新に対する悪影響を防止するため確実な科学的証拠に基づきこの法案を施行することが表明されている。この部分は，第1条において予防原則の活用を標榜するREACHへのアンチテーゼともとれる規定であり，化学物質管理において欧州とは異なる基本姿勢を示すものと考えられる。また，このようなことを議会の意図として表明していることは，司法審査に対する牽制としての意味を持つと思われ，議会の意図を司法審査において第一に考慮するChevron原則[*65]に即し，司法審査に影響を与えるものと思われる。

④ アクティブ化学物質に対する評価のフレームワーク

S.1009法案では，EPA長官は前述したアクティブ化学物質に対してリス

[*64] REACHにおいても，前文の(1)項および本則の1条1項において産業競争力および技術革新の強化が明記されている。なお，わが国の化審法にはこのような記述はない。

[*65] 1984年に連邦最高裁判所によって示された司法審査についての判断基準である。争点について議会の意図が明確かどうかを判断し，明確であれば議会の意図を実現し，議会の意図が不明確な場合には，行政庁の解釈が合理的である限り，行政庁の解釈を尊重するという考え方である。

ク評価を行うフレームワークを構築し，これに従って化学物質の安全性評価を行わなければならない(S.1009法案4条(a)項(1)号および(5)号)。まず，アクティブ化学物質について安全性評価を行うための優先順位づけを行い，ハイ・プライオリティ化学物質とロー・プライオリティ化学物質に分類する(S.1009法案4条(e)項)。その際に，EPA長官はこの分類を行うことが予定されている化学物質のリストと優先順位づけのやり方を公表する(S.1009法案4条(e)項(1)号および(2)号)。

また，優先順位づけを行うにあたりさらなる試験データが必要な場合には，EPA長官は関係者にデータ提出の機会を与えなければならない(S.1009法案4条(e)項(3)号(B))し，製造者などに対して化学物質の試験データの作成を要求できる(S.1009法案4条(f)項)。

このような過程を経て，有害性および暴露される可能性が大きいとEPA長官が判断する化学物質がハイ・プライオリティ化学物質に指定される(S.1009法案4条(e)項(3)号(E))。他方，意図された使用状況において安全基準を満たすとEPA長官が判定した化学物質がロー・プライオリティ化学物質である(S.1009法案4条(e)項(3)号(F))。そして，EPA長官はハイ・プライオリティ化学物質およびロー・プライオリティ化学物質それぞれについてリストを作成し公表する(S.1009法案4条(e)項(3)号(J))。

さらにEPA長官は，ハイ・プライオリティ化学物質について安全性評価を実施する順番を決定し(S.1009法案4条(e)項(3)号(H))，リスクベースの安全性評価を行う(S.1009法案6条(b)項(1)号)。そしてその結果に基づき，当該化学物質の意図された使用状況において安全基準を満たすかどうか安全性判定を行う(S.1009法案6条(c)項(1)号)。安全基準を満たさない場合には，製造・加工・使用の禁止，段階的廃止を含めて規制を定める規則を公布しなければならない(S.1009法案6条(c)項(9)号)。なお，ロー・プライオリティ化学物質については安全性評価は行わない(S.1009法案4条(e)項(3)号(H)(ⅱ))。

⑤ **インアクティブ化学物質に対する評価のフレームワーク**

前述したインアクティブ化学物質を製造または加工しようとする者は，少

なくとも製造・加工の90日前にEPA長官に届出をしなければならない（S.1009法案5条(a)項(1)号(B)）。その場合には，EPA長官は報告のあった化学物質をアクティブ化学物質に指定し，安全性評価のための順位づけを行わなければならない。このようにして，アクティブ化学物質になった化学物質は上記のアクティブ化学物質の評価のフレームワークに従って，新規の届出を行った者が提出した情報を勘案して（S.1009法案5条(c)項(3)号(B)）安全性評価がなされ，必要な場合には規制措置が行われる。

⑥ 安全性評価手続き

S.1009法案では，リスク評価のことを「安全性評価(safety assessment)」の用語を用いて表している。ある化学物質に対する安全性評価は，人の健康と環境に対するリスクのみを考慮してEPA長官は判定しなければならない（S.1009法案6条(c)項(2)号）と規定されている。そのため，安全性評価自体は，当該化学物質によってもたらされる便益，代替品の利用可能性，国民経済，小規模企業，技術革新などは考慮されないことになっている。

ただし，リスク管理においてはコストや便益を考慮しなければならない。ある化学物質が意図された使用状況の下で安全基準を満たさないと判断された場合には，EPA長官は告示(statement)を公表しなければならない（S.1009法案6条(c)項(9)号(D)）。このときには，EPA長官は提案した規制措置に関して可能性のある代替措置についての経済的および社会的コストおよび便益などを考慮しなければならない（S.1009法案6条(c)項(9)号(D)(iii)）。

S.1009法案では，「最も負担の少ない」規制措置を課す条項はみられないものの，次のような懸念がある。S.1009法案6条(c)項(11)号(B)では，EPA長官の行う安全性判定は，司法審査の対象となるとされており，上述のS.1009法案6条(c)項(9)号(D)(iii)で規定される告示の内容も裁判で争われることが考えられる。

なお，現行TSCAでは，規制の対象となるのは「当該化学物質の製造などが人の健康や環境に対する不合理なリスクを示す」場合である。この点，S.1009法案9条(a)項(1)号において，規制対象は「当該化学物質などが意図される使用状況において安全基準を満たさない」場合となっており，「不合

理なリスク」の部分は削除された。

⑦ 他法令優先規定

S.1009法案では他法令優先規定は，現行法とあまり違いはみられず，他法令との関係でTSCAの円滑な施行が確保されたとはいえない。

⑧ 企業秘密と情報開示

S.1009法案では14条で企業秘密の情報の取扱いに関する規定が置かれ，企業秘密として非開示になる情報を明確に定めて，企業の競争力の保護と一般市民に対する情報開示の要請とのバランスを図っている。

S.1009法案では，企業秘密と推定される情報として，マーケティング情報，顧客の情報，製造プロセス，製品の機能，用途などの具体的情報，正確な製造量・輸入量，化学名，分子式などを限定列挙している(S.1009法案14条(b)項(2)号)。また，事業者が企業秘密だとして申請する際に，事業者側からこの法案の14条に基づき当該情報が保護されることを示さなければならない(S.1009法案14条(d)項(1)号(A))。なお，EPA長官が当該情報を公表することが人の健康または環境を保護するのに必要であると判断するときは，企業秘密として保護されない(S.1009法案14条(e)項(3)号)。

S.1009法案では，州政府などの要請により，情報の守秘性を厳格に保つことを条件に州政府などに対して企業秘密の情報を伝えることができると規定されている(S.1009法案14条(e)項(4)号)。

⑨ 連邦の専占権と州との協力

ⅰ）連邦の専占権

S.3209法案やS.847法案と異なり，S.1009法案では，18条において連邦の専占権がかなり具体的に規定されている。専占権規定の構造としては，まず，連邦の規制措置が州や地方自治体の規制措置に優先する場合を定めている。その上で，連邦の専占権に対する適用除外(exception)を一定の場合に認めており，さらに，州や地方自治体の申請により個別に連邦の専占権の適用免除の特例措置(waiver)の制度を定めている。

連邦の専占権が定められているのは次の五つの場合である。(ア)州または地方自治体は，4条，5条または6条に基づき義務づけられたものと同じ化

学物質に関する試験データや情報を作成することを義務づけることはできない(S.1009法案18条(a)項(1)号)。(イ)6条に基づく化学物質の安全性判定が完了したとの告示が出された後で，州または地方自治体が，当該化学物質の製造，加工，販売または使用を禁止または制限することはできない(S.1009法案18条(a)項(2)号)。(ウ)EPA長官が重要新規利用として指定し，5条に基づき公布された規則に従って届出を義務づけた化学物質について，州または地方自治体がその使用の届出を義務づけることはできない(S.1009法案18条(a)項(3)号)。(エ)EPA長官が6条(b)項に基づき安全性評価スケジュールを公表した日以降に，ハイ・プライオリティ物質に指定された化学物質の製造，加工，販売または使用を州または地方自治体が禁止または制限することはできない(S.1009法案18条(b)項(1)号)。(オ)ロー・プライオリティ物質に指定された化学物質の製造，加工，販売または使用を州または地方自治体が禁止または制限することはできない(S.1009法案18条(b)項(2)号)。

　他方，連邦の専占権の適用除外(exception)の規定がある。州または地方自治体が水質，大気，廃棄物の処理に関する州や地方自治体の権限に従って規制を行い，化学物質の製造，加工，販売または使用に課さない場合(S.1009法案18条(c)項(3)号(A))などは，連邦の専占権の適用が除外される。

　さらに，専占権の適用免除の特例措置(waiver)の制度もあり，州や地方自治体の申請に基づき，EPA長官が個別に免除を与えることができる(S.1009法案18条(d)項)。人の健康または環境を保護するためEPA長官によって設定されたスケジュールで，安全性評価，安全性判定の完了まで待つことができないと州や地方自治体が判断した場合(S.1009法案18条(d)項(1)号(A))やEPA長官が行う安全性評価や安全性判定が不当に遅れたと認められる場合(S.1009法案18条(d)項(2)号(A))に，EPA長官により審査の上免除が付与される。

　ⅱ）連邦と州との協力

　S.1009法案ではこの法案が州や郡などの規制に優先することが明記された(S.1009法案2条(a)項(7)号)上で，適切に守秘性を保つことを条件に州や郡との間で企業秘密に関わる情報を共有することが規定されている(S.1009法案2

条(b)項(2)号(D)および14条(e)項(4)号)。

　これに加え，S.3209法案やS.847法案にはなく，S.1009法案で新たに加えられた規定として，州知事や州の機関からアクティブ化学物質をハイ・プライオリティ化学物質またはロー・プライオリティ化学物質に指定するための推薦を受ける仕組みが規定された(S.1009法案4条(e)項(4)号)。この規定は連邦法の施行に関して州の関与を定めたものであり，現行のTSCAにはない新たな制度の提案である。

⑩ 司 法 審 査

　S.1009法案により改正された19条(c)項(1)(B)(ⅱ)では，原則として行政手続法706条(合衆国法典5編706条)が適用されると規定されている。しかし，その例外として，試験データの提出を求めるS.1009法案4条(f)項，化学物質の規制を実施する6条(c)項などに基づく規則の審査に関しては，「合衆国法典5編706条(2)(E)に規定する審査の基準は適用されない」かつ「規則を司法審査する裁判所は，規則が実質的(substantial)証拠に裏づけられていないと判断するならば，それを不法な状態だとして，当該規則は破棄される」(S.1009法案19条(c)項(1)号(B)(ⅱ))と規定されている[*66]。つまり，この例外の部分については，規則制定手続に関して実質的証拠に基づく司法審査が行われることとなる。前述したように専断的・恣意的基準にハード・ルック審査が加わり実質的証拠基準との差はみられないといわれている[123]。しかしながら，例外の部分である4条(f)項，6条(c)項などに基づく規則の審査が実質的証拠を提出するための過剰な負担をEPAに課すとして過去において

[*66]　S.1009法案では，4条(f)項，6条(c)項などに基づく規則の司法審査では，合衆国法典5編706条(2)(E)に規定する審査の基準は適用されないと規定され，かつその審査は実質的証拠に裏づけられていることが必要である(S.1009法案19条(c)項(1)号(B)(ⅱ))。
　この706条(2)(E)は，聴聞があることを前提として聴聞において作成された記録が実質的証拠基準を満たすかが審査されると解釈されている(法務府法政意見第四局「法務資料第319号　米国行政手続法解説」(昭和27年2月)136頁)。706条(2)(E)の適用がなく，実質的証拠原則に基づいて司法審査が規則制定手続に対して行われることとなれば，規則制定過程における実質的証拠をEPAは提供しなければならず，現行法と同様にEPAの負担が過剰になるおそれがある(p. 264)。

アスベスト裁判[*67]などで問題になったことを考えれば，S.1009 法案 19 条の司法審査の規定は改善の余地があるように思われる。

　また，S.1009 法案では，試験合意や行政命令を活用してより迅速に規制措置の実施が図れるような配慮が一部にみられる。ところが，他方，命令による規制措置の発動を抑制する規定も置かれている。たとえば，安全性評価や安全性判定を行うために追加のデータおよび情報の作成を求める命令を発令する場合に，規則や試験合意ではなく命令によることが必要なことを告示（statement）で説明しなければならない（4 条(g)項(2)号(A)）。

　なお，司法審査の適用を除外する規定は S.1009 法案でもみられる。たとえば，S.3209 法案や S.696 法案ではリスク評価の優先順位の決定は司法審査の対象とはならなかった。この点については S.1009 法案でも同様にハイ・プライオリティ化学物質またはロー・プライオリティ化学物質への指定は司法審査の対象とならない（S.1009 法案 4 条(e)項(5)号(B)）。また，安全性評価は司法審査の対象とはならないが（S.1009 法案 6 条(b)項(6)号(B)），安全性判定は司法審査の対象となる（S.1009 法案 6 条(c)項(11)号(B)）。

　このように S.1009 法案の司法審査の規定は，S.3209 法案や S.847 法案で改正されていた司法審査基準などに関して現行の TSCA と類似した規定に戻しており，この点で TSCA の改革が少し後退した印象を受ける。

(7) Chemicals in Commerce Act 草案（CICA II 草案）の特徴

　2014 年 2 月 27 日，下院のエネルギー・商業委員会の環境・経済小委員会の Shimkus 委員長をはじめとする超党派の議員から「商業化学品法（Chemicals in Commerce Act）草案」が公表された。この草案は，3 月 12 日の同小委員会の公聴会で討議された。その後，4 月 22 日に修正案が公表され，修正案は 4 月 29 日の同小委員会の公聴会で討議された。この草案は S.1009 法案を修正した内容となっており，4 月 29 日の公聴会では産業界側の証人や

[*67]　アスベスト裁判で問題となった規則は，TSCA 6 条(a)項に基づくもので，S.1009 法案における 6 条(c)項に基づく規則に相当する。

NGO の代表者から支持が表明されている。ここでは，4月22日の修正案（第2草案，本書ではこの修正案を「CICA II 草案」と略す）に即して内容を検討する。

① Chemicals in Commerce Act 草案（CICA II 草案）の概要

CICA II 草案は S.1009 を修正したもので，大きな枠組みは S.1009 に類似しているが，ハイ・プライオリティ化学物質のリスク評価，リスク管理において S.1009 とは異なる仕組みを有する。

化学物質はアクティブ化学物質（active substances）とインアクティブ化学物質（inactive substances）に大別される。アクティブ化学物質は，この草案の施行日以前の5年間のうち，いずれかの時点で商業目的で製造・輸入または加工された化学物質か，または，この法案の施行日以降に製造・輸入または加工が開始された化学物質である（CICA II 草案8条(b)項(5)号(A)）。これに対して，インアクティブ化学物質は，この法案の施行日以前の5年間に商業目的で製造，輸入または加工が行われなかった化学物質である（CICA II 草案8条(b)項(5)号(B)，詳しくは後述）。

アクティブ化学物質については，EPA 長官によりリスク評価の優先度に応じてハイ・プライオリティ化学物質（high-priority substance）とロー・プライオリティ化学物質（low-priority substance）に分類される。高い有害性と高い暴露の可能性がある化学物質をハイ・プライオリティ化学物質とする。他方，意図された使用状況において人の健康または環境に対して重大なリスク（significant risk）を及ぼすおそれのないものをロー・プライオリティ化学物質とする（CICA II 草案6条(a)項(1)号）。

そして，ハイ・プライオリティ化学物質については，指定された日から4年以内に EPA 長官が，リスクベースで（化学物質の有害性と暴露の程度を勘案して）リスク評価（risk evaluation）を実施し，その結果に基づく判定を公表しなければならない（CICA II 草案6条(b)項(1)号(A)および(C)）。

ハイ・プライオリティ化学物質に対するリスク評価の結果，意図された使用状況において人の健康または環境に対して重大なリスク（significant risk）を及ぼすおそれがあると EPA 長官が判定した物質は，判定から3年以内に必

要な規制措置を規則を制定することにより講じなければならない(CICAⅡ草案6条(c)項(1)号)。なお，この草案では重大なリスク(significant risk)と不合理なリスク(unreasonable risk)の2種類のリスク概念が用いられている(後述)。

そのほか，S.1009法案と同様に，化学物質の命名方法について草案に規定を設けてこれを整理している点が特徴といえる(CICAⅡ草案8条(b)項(3)号)。

② イノベーションによる安全性の高い化学物質の供給

CICAⅡ草案では，2条の確認事項で，管理されていない化学物質によるリスクが人の健康または環境に対して脅威をもたらすおそれがあるとしている(CICAⅡ草案2条(a)項(2)号)。そして，これに対処し，化学物質の流通の負担を最小限にしつつ，人の健康や環境の保護を米国内で統一することが化学物質管理法であるこの草案の目的だと表明している(CICAⅡ草案2条(b)項)。また，連邦の化学物質管理政策では，国民の信頼度の向上が重要である点が確認されている(CICAⅡ草案2条(a)項(3)号)。

さらに，イノベーションにより優れた新規化学物質を開発することが，人の健康または環境に対するリスクを減少させるとともに，雇用の創出や州を越えた商業取引の活性化につながることを指摘している(CICAⅡ草案2条(a)項(5)号)。

③ 情報収集能力の強化

EPA長官が情報が必要であると判断した場合，規則の制定，同意協定(consent agreement)，または命令により，製造者または加工者に対して次の場合に新たな情報の提供を義務づけることができる(CICAⅡ草案4条(a)項(1)号)。①ハイ・プライオリティ化学物質かロー・プライオリティ化学物質かの指定のため，②リスク評価のため，③新規化学物質に規制を課すため，④輸出規制のため，⑤他の連邦法の施行のため。

④ アクティブ化学物質とインアクティブ化学物質へのカテゴリー分け

この草案ではS.1009と同じようにアクティブ化学物質とインアクティブ化学物質に分類する。アクティブ化学物質は，この草案の施行日以前の5年

間のうち，いずれかの時点で商業目的で製造・輸入または加工された化学物質か，または，この法案の施行日以降に製造・輸入または加工が開始された化学物質である(CICAⅡ草案8条(b)項(5)号(A))。

これに対して，インアクティブ化学物質は，この法案の施行日以前の5年間に商業目的で製造・輸入または加工が行われなかった化学物質である(CICAⅡ草案8条(b)項(5)号(B))。インアクティブ化学物質を製造または加工するには，EPA長官に届出をして，当該化学物質をアクティブ化学物質に変更しなければならない(CICAⅡ草案8条(b)項(5)号(C))。

⑤ リスク評価の実施

ⅰ) リスク評価とリスク管理

この草案の特徴として，リスク評価とリスク管理をはっきりと区別し，リスク評価に関して考慮すべき要因と考慮してはならない要因を条文で明記していることが挙げられる。すなわち，リスク評価では人の健康または環境に対して重大なリスク(significant risk)を及ぼすかどうかを評価し，その際にコストや便益を考慮してはならないことを条文に明記している(CICAⅡ草案6条(b)項(3)号(A)および(B))。

一方，リスク管理(化学物質の規制)では実施する規制措置の費用対効果が適切かを検討しなければならない(CICAⅡ草案6条(c)項(4)号(A))。さらに，実施しようとする措置とその代替措置との比較検討をしなければならない(CICAⅡ草案6条(c)項(4)号(C))と定めている。

この草案のリスク評価およびリスク管理プロセスを概観すると次のようになる。EPA長官はアクティブ化学物質に指定されたすべての化学物質に対して，なるべく速やかに，リスク評価の優先度による選別としてハイ・プライオリティ化学物質またはロー・プライオリティ化学物質に指定しなければならない(CICAⅡ草案6条(a)項(2)号)。高い有害性と高い暴露の可能性がある化学物質をハイ・プライオリティ化学物質とする。他方，意図された使用状況において人の健康または環境に対して重大なリスク(significant risk)を及ぼすおそれのないものをロー・プライオリティ化学物質とする(CICAⅡ草案6条(a)項(1)号)。

EPA長官は，もし，優先度を判定するにあたって利用可能な情報が不十分であると判断した場合は，追加情報の作成を製造者または加工者に要求することができる（CICAⅡ草案6条(a)項(1)号(D)）。

ハイ・プライオリティ化学物質については，指定された日から4年以内にEPA長官が，リスクベースで（化学物質の有害性と暴露の程度を勘案して）リスク評価（risk evaluation）を実施し，その結果を公表しなければならない（CICAⅡ草案6条(b)項(1)号(C)）。その際，EPA長官は，当該化学物質の製造者等に対し，規則や命令の公布や事業者との試験実施の合意を行うことで新たな試験データの作成を求めることができる（CICAⅡ草案4条(a)項(1)号(B)）。

ハイ・プライオリティ化学物質に対するリスク評価の結果，意図された使用状況において人の健康または環境に対して重大なリスク（significant risk）を及ぼすおそれがあるとEPA長官が判定した物質は，判定から3年以内に必要な規制措置を規則を制定することにより講じなければならない（CICAⅡ草案6条(c)項(1)号）。

以上がこの草案のリスク評価についての概要であるが，ハイ・プライオリティ化学物質またはロー・プライオリティ化学物質の指定の考え方はどのようになっているのであろうか。これらを規定する6条(a)項(1)号(C)では，「EPA長官が，利用できる情報に基づいて，意図された使用状況において人の健康または環境に対して重大なリスク（significant risk）を及ぼしそうではないと判定した化学物質をロー・プライオリティ化学物質と指定する」と定めている。この規定では，利用できる情報に基づいてロー・プライオリティ化学物質が指定されることになる。一方，同号の(A)では，「(C)にもかかわらず，EPA長官は，高い有害性と高い暴露の双方の可能性がある化学物質をハイ・プライオリティ化学物質と指定しなければならない」と定めている（同号の(B)では，高い有害性または高い暴露のいずれかの可能性のあるものはハイ・プライオリティ化学物質と指定することが「できる」と定めている）。また，同号の(D)では，「EPA長官は，もし，優先順位を判定するにあたって利用可能な情報が不十分であると判断した場合は，6条(a)項に基づき優先順位を決定するために追加情報の作成を要求することができる」と定めている。

したがって，この草案では，ハイ・プライオリティ化学物質とロー・プライオリティ化学物質で，その指定にあたっての考え方が異なっている。

つまり，ロー・プライオリティ化学物質は，利用できる情報に基づいて，人の健康または環境に対してあまり影響を及ぼさない場合に指定されることになる。これは，それほど有害性を及ぼさないからあえて追加情報を求めることをせず指定して差し支えないとの発想からと思われる。しかし，既存の有害情報がない化学物質がロー・プライオリティ化学物質に指定されることになり，有害性情報が発見されるまで放置されることになりかねない。

他方，この草案の6条(a)項(1)号(A)と(D)から，高い有害性と高い暴露の可能性がある化学物質は同号(C)により優先順位を判定するにあたって利用可能な情報が不十分であるとEPA長官が判断した場合には，追加情報の作成を求めることができ，その結果ハイ・プライオリティ化学物質に該当する場合はこれに指定される。

ⅱ）重大なリスク(significant risk)と不合理なリスク(unreasonable risk)

このCICA Ⅱ 草案では，「重大なリスク(significant risk)」と「不合理なリスク(unreasonable risk)」の2種類のリスク概念が用いられている。リスク評価において，環境影響などの科学的知見に基づきリスクがないかどうかを判断する場合には「重大なリスク」の用語を用いている(CICA Ⅱ 草案6条(b)項(3)号など)。これに対して，リスク管理において費用対効果をも考慮してリスクを管理する場合には「不合理なリスク」の用語を用いているように思われる(CICA Ⅱ 草案6条(c)項(4)号(A)など)。

科学的知見に基づくリスク評価と費用対効果をも考慮するリスク管理の役割を意識して，それぞれで用いるリスク概念を区別するために用語を区別したものと考えられる。

⑥ 他法令優先規定

この草案においても，他法令とTSCAとの関係は，現行のTSCAの規定を受け継いで，対象となったリスクが他の法令によって除去されたり十分低減されると予想される場合には，当該法律の条項を活用することにより対処し，この草案の規定は発動しないと定められている(CICA Ⅱ 草案9条(a)項,

(b)項)。また，この草案で新たに，草案の6条(c)項に基づく化学物質などに対する規制措置を発動するかどうかを決定する際に，EPA長官が施行している他の法律による規制措置を発動した場合とコストおよび効果を比較することを義務づけている(CICA II 草案9条(b)項(2)号)。もっともな規定とも考えられるが，この点があまり厳格に適用されれば，この草案の6条(c)項に基づく化学物質の規制措置の発動を阻害するおそれがある。

⑦ 企業秘密と情報開示

この草案では，おおむねS.1009法案の14条(秘密の情報)の規定を踏襲しており，企業秘密として保護される情報と保護されない情報を条文に具体的に列挙して，基準の明確化を図っている。また，保護されるべき情報についての申請者の証明の要件についても条文で規定されている。

⑧ 連邦の専占権と州との協力

ⅰ) 連邦の専占権

この草案における専占権条項の特徴は，現行のTSCAやS.1009法案に比べると，条文が具体的に書かれており，どのような場合に連邦の専占権が行使されるか，かなり明確になっている。この草案の修正前の草案(2月の草案)に対する批判として，2014年4月17日，カリフォルニア州やメリーランド州など環境政策に力を入れている13州の司法長官が連名で，この草案を発表したShimkus下院議員(下院エネルギー・商業委員会環境・経済小委員会委員長)に書簡で専占権規定の再考を主張した。この書簡では，草案において広範に認められている専占権規定は，州の住民と環境を保護する州の権限を奪うものであり，専占権を削減すべきであるとの主張がなされている[124]。このように連邦の専占権規定は，TSCA改正議論の重要な論点の一つになっている。

その後，修正され4月22日に公表された草稿(前述の商業化学品法(Chemicals in Commerce Act)第2草案)(CICA II)では，修正により多少連邦の専占権を削減しているが*68，次のような点で連邦に専占権が与えられている。

---

*68 修正によりロー・プライオリティ化学物質に関する連邦の専占権が縮小された。2

（ア）EPA 長官が4条，5条または6条に基づき情報の提出を義務づけた化学物質に関して，州または地方自治体は情報の提出を求めることができない(CICA II 草案18条(a)項(1)号(A)(ⅰ))。

（イ）意図された使用状況におけるリスク評価を EPA 長官が完了した化学物質，混合物，または成形品に関して，州または地方自治体が情報の作成または提出を義務づけることができない(CICA II 草案18条(a)項(1)号(A)(ⅱ))。

（ウ）EPA 長官が5条(c)項(3)号(B)に基づき，当該化学物質等(混合物，成形品)が意図された使用状況において5条に基づく規制を守れないと判断したものに対して，州または地方自治体は製造，加工，販売，使用を禁止，または制限することができない(CICA II 草案18条(a)項(1)号(B)(ⅰ)(Ⅰ))。

（エ）EPA 長官が6条(b)項に基づき当該化学物質等が意図された使用状況において人の健康または環境に対して重大なリスクを与えないと判定された場合に，当該化学物質等に対して州または地方自治体は製造，加工，販売，使用を禁止または制限することができない(CICA II 草案18条(a)項(1)号(B)(ⅰ)(Ⅱ))。

（オ）5条(c)項(5)号または6条(c)項に基づき規則等(協定，命令)が公布された場合に，当該化学物質等に対して州または地方自治体は製造，加工，販売，使用を禁止または制限することができない(CICA II 草案18条(a)項(1)号(B)(ⅰ)(Ⅲ))。

（カ）5条(c)項(1)号に基づく審査が完了している場合に，当該化学物質等に対して州または地方自治体は製造，加工，販売，使用を禁止または制限することができない(CICA II 草案18条(a)項(1)号(B)(ⅱ))。

（キ）EPA 長官が5条に従って届出を要求した化学物質等の用途について，州または地方自治体は届出を求めることができない(CICA II 草案18条(a)項

月27日に公表された草案(修正前の草案)では，ロー・プライオリティ化学物質に指定された物質に関しては，州(または地方自治体)による当該化学物質に対する規制が無効とされた。4月22日に公表された草案(CICA II)では，当該化学物質がロー・プライオリティ化学物質に指定された後で制定された当該化学物質についての州(または地方自治体)の規制だけが無効とされるよう修正された(CICA II 草案18条(a)項(2)号)。

(1)号(C))。

(ク)EPA長官が6条(a)項に基づき化学物質をロー・プライオリティ化学物質に指定した日以降に，当該化学物質に対して州の法律などで規制措置を講じることができない(CICAⅡ草案18条(a)項(2)号)。

以上のように具体的に定められている。

また，適用除外も定められているが，他の連邦法に基づいて州または地方自治体が規制を行う場合が適用除外とされており，現行法における除外(exemption)規定やS.1009法案にみられた適用免除の特例措置(waiver)の制度のように，州や地方自治体の申請に基づき連邦の専占権の適用を控える制度はCICAⅡ草案にはみられない。このようにこの草案は，連邦の専占権規定を具体的に定め，米国内における化学物質規制の統一を進めることに重点を置いているように思われる。

ⅱ) 州との協力

この草案では州からの文書による要請に対して，適切に守秘性を守ることを条件に州との間で企業秘密に関わる情報を共有することができる旨規定されている(CICAⅡ草案14条(d)項(2)号(C))。同様の規定はS.1009法案14条(e)項(4)号にみられるが，次の2点で異なっている。CICAⅡ草案では情報共有の対象は州とされているが，S.1009法案では州および地方自治体である。また，CICAⅡ草案では，EPA長官は州と情報を共有「できる」(may share)となっており，州との情報共有に際してEPA長官に裁量がある。

なお，このCICAⅡ草案では，S.1009法案の4条(e)項(4)号で規定されていた，州からアクティブ化学物質をハイ・プライオリティ化学物質またはロー・プライオリティ化学物質に指定するための推薦を受ける仕組みは規定されていない。

⑨ 司法審査

この草案における19条の司法審査の改正内容はS.1009法案での司法審査の改正内容とおおむね同様である。この草案では19条(c)項(1)(B)は，原則として行政手続法706条(合衆国法典5編706条)が適用されると規定されている。つまり，略式の(聴聞に基づかない)規則制定においては，「専断的ま

たは恣意的なもの」を違法とする司法審査基準が適用されることが定められている。しかし，その例外として，試験データの提出を求めるこの草案の4条(f)項，化学物質の規制を定める6条(c)項などに基づく規則の審査に関しては，「合衆国法典5編706条(2)項(E)号に規定する審査の基準は適用されない」かつ「規則を司法審査する裁判所は，規則が実質的(substantial)証拠に裏づけられていないと判断するならば，それを不法な状態だとして，当該規則は破棄される」(CICA II 草案19条(c)項(1)号(B)(i)(I)および(II))と規定している。つまり，この例外の部分については，規則制定手続に関して実質的証拠に基づく司法審査が行われることとなる。

この例外の部分の司法審査において，行政手続法で通常用いられる基準より厳しい基準にすべき合理的理由がなく，円滑な規則制定の妨げとなることが懸念される。これらの規定に基づく規則についても合衆国法典5編7章(706条)に従って規則などを審査するように修正すべきであると考える。

また，司法審査の適用を除外する規定はCICA II 草案でもみられる。CICA II 草案は，ハイ・プライオリティ化学物質への指定は司法審査の対象とはならないとしている(CICA II 草案6条(a)項(9))。一方，重大なリスクの有無についての決定はEPAの最終的な措置として司法審査の対象となる(CICA II 草案6条(b)項(7)(A),(B))。

(8) S.697法案の特徴

① 法案の概要

この法案は，2015年3月10日にUdallら超党派の議員が上院に提案したもので，2年前に提案されたS.1009法案を修正したものである。法案の名前には，これまでTSCAの改正に尽力してきた故Lautenberg上院議員の名を冠して「21世紀に向けたFrank R. Lautenberg化学物質法(Frank R. Lautenberg Chemical Safety for the 21st Century Act)」(本書ではこれを「S.697法案」と記載する)とされている。

このS.697法案では，この法案の運用方針を定めた3A条，および化学物質のリスク評価プロセスを定めた4A条を設けて，法案の運用方針と大きな

枠組みを明示した。

　S.697法案は，2年前に上院に提出されたTSCA改正法案であるS.1009法案の枠組みを受け継いでいる。まず，化学物質はアクティブ化学物質(active substances)とインアクティブ化学物質(inactive substances)に大別される。アクティブ化学物質は，この法案の施行日以前の10年間のうち，いずれかの時点で商業目的で製造・輸入または加工された化学物質か，または，この法案の施行日以降に製造・輸入または加工が開始された化学物質である(S.697法案8条(f)項(1)号)。これに対してインアクティブ化学物質は，TSCAインベントリーに掲載されてはいるが，この法案の施行日以前の10年間に商業目的で製造・輸入または加工が行われなかった化学物質である(S.697法案8条(f)項(2)号)。アクティブ化学物質およびインアクティブ化学物質の要件について，S.1009法案およびCICA II 草案では施行以前の5年間に商業目的で生産などがなされたか否かが要件であったが変更されている。

　アクティブ化学物質については，EPA長官は利用可能な情報に基づきハイ・プライオリティ化学物質(high-priority substance)とロー・プライオリティ化学物質(low-priority substance)とに選別する(S.697法案4A条(b)項)。そして，ハイ・プライオリティ化学物質については，EPA長官が優先順位をつけた上で，リスクベースで(化学物質の有害性と暴露の程度を勘案して)安全性評価(safety assessment)が実施される(S.697法案6条(a)項)。その際，EPA長官は，当該化学物質の製造者などに対し，規則や命令の公布または事業者との試験実施の合意を行うことで新たな試験データの作成を求めることができる(S.697法案4条(a)項(2)号)。EPA長官は，化学物質の暴露により人の健康または環境が不合理なリスクを被らないことを保証する(ensure)基準としての安全基準(safety standard)(S.697法案3条(16)号)に照らし，意図された使用状況で当該化学物質が安全基準を満たすかどうかを判定する(S.697法案6条(c)項(1)号)。安全基準を満たさない場合には，EPA長官は規則を公布して当該化学物質に対して必要な規制を行う(S.697法案6条(d)項(1)号)。

　これまでの法案になく，S.697法案で新たに加えられた特徴としては，TSCAワークプランの活用が条文に規定されたことである(S.697法案4A条

(a)項，(c)項)。

また，S.1009法案やCICA II草案と同様に，化学物質の命名方法について，法案に規定を設けてこれを整理している点が特徴といえる(S.697法案8条(b)項(3)号)。

② 「改革」の目的の明示

S.697法案では，2条の改正は議会の意図を表した(c)項に(2)号として「改革」の部分を加えている。この部分で，化学物質のリスクに対する弱者の保護，および緊急事態における適切な情報の活用(S.697法案2条(c)項(2)号(A))といった法改正の中心となる目的が示されている。これは，2009年にEPA長官により発表されたTSCA改正の基本原則を反映している[*69]。

なお，S.1009法案でみられた，米国の技術革新に対する悪影響を防止するため確実な科学的証拠に基づき法案を実施するといった趣旨の規定は，S.697法案の政策の方針や議会の意図にはみられない。

③ 情報収集力の強化

ⅰ) 試験の義務づけ

S.697法案では，EPA長官が利用可能な情報だけでは必要な情報が不十分であると判断した場合には，優先順位づけ(S.697法案4条(a)項(2)号)，安全性評価または安全性判定のために(S.697法案4条(a)項(1)号(A))，事業者に試験の実施を命じることができる。このときに，規則だけでなく，同意協定または命令によることもできる(S.697法案4条(a)項(3)号)。ただし，EPA長官は，利用可能な情報では不十分であることを告示により公表しなければならない(S.697法案4条(b)項(1)号(B))。さらに，命令による場合は，規則や同意協定ではなく，なぜ命令によるのかを告示で説明しなければならない(S.697法案4条(b)項(2)号(A))。

このように，EPA長官は告示による説明義務があるものの，優先順位づ

[*69] たとえば，2条(c)項(2)号(1)号(A)(ⅰ)の「有害な化学物質の暴露から子供たち，妊婦，高齢者，労働者，消費者，一般市民と環境の健康を保護する」の部分は，TSCA改正の基本原則の第3「リスク管理にあたっては，化学物質に敏感な人々に配慮すること」を反映している。

けや安全性評価において，事業者に対して試験を義務づけることができる。

ⅱ）新規化学物質の審査

S.697法案は，現行のTSCA5条を改正し，新規化学物質または重要新規利用が安全基準を満たすかどうかの判定をEPA長官が行うプロセスを新たに規定した。改正のポイントは，EPA長官がこの判定を行うため届出時に提出された情報では不十分な場合には，規則の制定，同意協定の締結，命令の公布により，必要な情報を得るために新規化学物質または重要新規利用の届出者に対して，試験の実施を義務づけることができるようになったことである（S.697法案5条(d)項(5)号(C)）。

まず，新規化学物質または重要新規利用の届出をする者は，利用できる関連情報をEPA長官に提出しなければならない（S.697法案5条(c)項(1)号）。この情報を基にして，EPA長官は申請対象が安全基準を満たすかどうかを判断し，追加情報が必要な場合は届出者に要求し，審査期間を延長することもできる（S.697法案5条(d)項(1)号(B)）。審査の結果，安全基準を満たす可能性が低い場合には，安全基準を満たすための規制措置を課すこととなる（S.697法案5条(d)項(4)号(A)(ⅰ)）。

④ 方針およびガイダンスの策定

S.697法案では新たに3A条を設けて，この法案の施行後2年以内に，安全性評価の優先順位づけ，リスク評価および安全性判定の方法などについての方針，手続き，ガイダンス（説明書類）の策定をEPA長官に義務づけている（S.697法案3A条(a)項および(b)項）。そこでは「利用可能な最高の科学（best available science）」にかなった方法を用いてEPA長官が決定しなければならないことが定められており（S.697法案3A条(c)項(3)号(A)(ⅰ)），安全性評価および安全性判定で用いられた手法などは立証できるものでなければならない[125]。これらの方針やガイダンスなどは，最新の科学技術を反映するため5年ごとに見直すことが定められている（S.697法案3A条(e)項）。

また，方針やガイダンスの策定の目的は行政判断の根拠を市民に明示するためであり，情報の開示による透明性の確保を重視していることが表明されている（S.697法案3A条(c)項(2)号）。

⑤ 安全性評価（リスク評価）の対象物質の選定

　S.697法案では，既存化学物質の安全性評価を行うにあたり，新たに4A条を設けて安全性評価の優先順位をつけるプロセスを定めている。すなわち，有害で暴露量も多いと予測されるものが安全性評価の優先順位の高い化学物質としてハイ・プライオリティ化学物質に指定される（S.697法案4A条(b)項(3)号(A)）。一方，安全基準を満たすことが確認できる情報が十分そろっているものが優先度の低い化学物質としてロー・プライオリティ化学物質に指定される（S.697法案4A条(b)項(4)号）。この法案はEPA長官に対して，法案の施行から1年以内に，規則を制定することによりこのプロセスを策定することを義務づけている（S.697法案4A条(a)項(1)号）。

　まず，EPA長官は，米国の既存化学物質名簿であるTSCAインベントリーに掲載されている化学物質をアクティブ化学物質とインアクティブ化学物質に大別する（S.697法案8条(f)項(1)号，(2)号）。原則として市場で取引されているアクティブ化学物質から有害性と暴露可能性がともに大きいものがハイ・プライオリティ化学物質に指定される（S.697法案4A条(b)項(3)号(A)）。現在は市場で取引されていない化学物質であるインアクティブ化学物質の中にも，環境汚染などを通じて人の健康または環境に対して被害を及ぼす可能性のあるものもないとはいえないことから，インアクティブ化学物質からハイ・プライオリティ化学物質を指定することも許容している（S.697法案4A条(b)項(3)号(B)）。なお，ある化学物質に関する情報の不足は，その化学物質をハイ・プライオリティ化学物質に指定する根拠の一つとされており（S.697法案4A条(b)項(8)号(B)），化学物質の安全管理にとって重要な規定である。

　この法案では優先順位づけに期限が設定されており，法案の施行後180日以内に，最低10のハイ・プライオリティ化学物質と10のロー・プライオリティ化学物質を掲載した最初のリストを作成し，公表することをEPA長官に義務づけている（S.697法案4A条(a)項(2)号(A)，(B)）。また，法案の施行後3年以内に，最低20のハイ・プライオリティ化学物質の安全性評価を開始し，最低20のロー・プライオリティ化学物質を指定することをEPA長官に要求している（S.697法案4A条(a)項(2)号(C)(ⅰ)）。さらに，5年以内にそ

の数がそれぞれ最低25となるように求めている(S.697法案4A条(a)項(2)号(C)(ⅱ))。これらに加えて，この優先順位づけのプロセスが適切に機能しているか，5年に1度以上チェックすることをEPA長官に義務づけている(S.697法案4A条(b)項(10)号)。

　S.697法案の特徴の一つとして，「TSCAワークプラン(TSCA Workplan Chemicals)」を活用することが法案の条項で定められていることが挙げられる。有害性，暴露量，環境残留性，生体蓄積性などの観点から優先的に評価する化学物質がTSCAワークプランでリストアップされた(2015年6月時点で90物質がリストアップされた[126])。ハイ・プライオリティ化学物質の最初のリストでは，半分以上はTSCAワークプランでリストアップされた化学物質から指定されることが定められている(S.697法案4A条(a)項(2)号(B)(ⅱ))。また，TSCAワークプランで，環境残留性と生体蓄積性の両方が大きい化学物質(vPvB物質)とされたものは，ハイ・プライオリティ化学物質に指定される(S.697法案4A条(a)項(2)号(B)(ⅲ))。

　S.697法案では，ハイ・プライオリティ化学物質に指定されなかったアクティブ化学物質に対して，その製造者，加工者が費用を負担することを前提に，優先順位づけを申請できる制度を定めている(S.697法案4A条(c)項(1)号(A))。これにより申請された化学物質をハイ・プライオリティ化学物質に指定するかどうかはEPA長官の裁量であるが，州によって規制されており，州をまたいだ取引または，人の健康もしくは環境に対して大きな影響がある可能性のある場合は優先的に取り扱わなければならないと定められている(S.697法案4A条(c)項(1)号(B))。州をまたいだ取引または人の健康もしくは環境に対して大きな影響がある化学物質は，早急に連邦レベルで規制すべきだからである。また，製造者，加工者からこの制度に基づいて申請された化学物質が，安全性評価の対象になる化学物質の25%から30%にすべきことも定められている(S.697法案4A条(c)項(2)号(A))。

　これに関連して，州がハイ・プライオリティ化学物質に指定されていない化学物質に対して規制措置を実施した場合には，州知事(または担当機関)は，EPA長官に通知をしなければならない(S.697法案4A条(b)項(9)号(A))。こ

の通知を受け取った EPA 長官は，当該化学物質を優先順位づけの対象にしなければならない（S.697 法案 4A 条(b)項(9)号(C)(i)）。これは，州の懸念や関連する情報を連邦と共有することを促進する規定であり[127]，化学物質管理における州と連邦との協力の一つの具体化である。

⑥ リスク評価（安全性評価）およびリスク管理
ⅰ）リスク評価（安全性評価）

S.697 法案では，S.1009 法案と同様にリスク評価のことを「安全性評価（safety assessment）」の用語を用いて表している。EPA 長官は，すべてのハイ・プライオリティ化学物質に対して，指定された日から 3 年以内に安全性評価および安全性判定を完了しなければならない（S.697 法案 6 条(a)項(1)号，(4)号）。安全性判定の結果，安全基準を満たさない場合には，安全性判定終了後 2 年以内に，EPA 長官は，安全基準を満たすような規制措置を規則を公布することにより課さなければならない（S.697 法案 6 条(a)項(5)号，(d)項(1)号）。このように S.697 法案では，リスク評価とリスク管理措置の実施に関して，実効性の確保を目指して期限を明示している。

S.697 法案では，「安全性評価」とは，化学物質の使用状況，総合的な有害性，用途および暴露情報に基づくリスク評価を意味する（S.697 法案 3 条(14)号）として，科学的な評価行為であることを明示した[*70]。この評価の判断基準となる「安全基準」は，標準的な人だけでなく潜在的に暴露される人または感受性が高いと EPA 長官が指定する人への配慮が必要とされる（S.697 法案 3 条(11)号，(16)号(B)）。

ⅱ）リスク管理

安全基準を満たさない化学物質に対しては，EPA 長官は，リスク管理

[*70] この点を詳しく説明すれば，S.697 法案に基づき行われるリスク評価（安全性評価）の結論となる「安全性判定」は，化学物質が予想される使用の状況の下で安全基準を満たすかどうかを判定することである（S.697 法案 3 条(15)号）。ここにおける「安全基準」とは，リスク以外の要因を考慮することなく，化学物質の使用による暴露に起因して人の健康または環境に対して不合理なリスクをもたらさないことを確保する基準だとされた（S.697 法案 3 条(16)号）。つまり，リスク評価は科学的な視点からの評価であることを法案は明確にした。

として安全基準を満たすような規制措置をとる必要がある。リスク評価とは異なり，リスク管理においては，EPA長官は規制措置を実施するに際しての費用および便益を考慮しなければならない(S.697法案6条(d)項(4)号(A))。

S.697法案では「最も負担の少ない」規制措置を課すとの要件を削除し，EPA長官の負担を軽減した。しかし，この法案においても，規制措置の選択の際に，技術的かつ経済的に当該化学物質に適用可能な代替案と比較検討することがEPA長官に義務づけられた(S.697法案6条(d)項(4)号(B))。この代替案との比較検討は，すべての可能性のある代替案を対象とするものではなく，「一つ以上の」代替案との比較検討ではあるが，これを行うEPAの負担になるものである。この法案を審議した議会(上院の環境・公共事業委員会)が，現行のTSCAが機能を発揮できなくなった事情を承知しながらもこのような制約を課したのは，規制措置の選択がどのようになされたのかを明確に記録するためである[128]。そして，規制措置の決定に際してEPA長官が行った分析などは，すべて公開することが義務づけられている(S.697法案6条(d)項(4)号(C))。

このように，S.697法案は規定しているが，代替案との比較検討をEPA長官に義務づける必要はないように思われる。

なお，リスク管理措置としてなされる化学物質に対する規制措置については規則によるとされており(S.697法案6条(d)項(1)号)，命令で規制措置を公布することは認められない。この措置は，TSCAにおいて最も重要な規制措置であり規則制定手続に従うべきであるとの考え方によるものと思われる。

iii) 環境残留性と生体蓄積性を有する物質の管理

S.697法案では，TSCAワークプランで環境残留性と生体蓄積性の両方の性質を有するとされた物質については，EPA長官はハイ・プライオリティ化学物質に指定することとした(S.697法案4A条(a)項(2)号(B)(iii))。

⑦ 他法令優先規定

S.697法案では，他法令との関係は現行のTSCAの規定を受け継いで，他

の法律により対象となったリスクが除去されたり十分低減されると予想される場合には，当該法律の条項を活用することにより対処し，この法案の規定は発動しないと定められている(S.697法案9条(a)項，(b)項)。

⑧ 企業秘密と情報開示

S.697法案では14条を全面改正している。

まず，企業秘密として保護される情報(S.697法案14条(b)項)と保護されない情報(S.697法案14条(c)項)の類型を定め，どのような情報が保護の対象となるかを明確にした。また，ガイダンスを作成して申請する際の要件や申請者が証明すべきことがらをはっきりさせた(S.697法案14条(d)項(3)号)。さらに，州法の制定や執行のため州政府が書面でEPAが有する企業秘密情報を要請した場合に，その情報の適切な管理を条件に州政府に対して提供される(S.697法案14条(e)項(4)号)。

前述したアクティブ化学物質のリストの公表にあたって，企業秘密として開示されない部分をはっきりさせる必要がある(S.697法案8条(b)項(4)号(B))。そして，EPA長官は，アクティブ化学物質の最初のリストが作成されてから1年以内に，企業秘密の主張をチェックする計画を規則として公布しなければならない(S.697法案8条(b)項(4)号(C))。一方，EPA長官は，インアクティブ化学物質についても企業秘密の保護の申請をいつでもチェックすることができ，申請の取り下げ，または，企業秘密であることの立証を行う再申請をすべきことを要請できる(S.697法案14条(f)項(2)号(A))。

企業秘密の保護期間は原則10年間である(S.697法案14条(f)項(1)号(A))。保護期間の延長を申請することができ，延長の申請に対してEPA長官は，内容を審査した上で最大10年間の延長を認めることができる(S.697法案14条(f)項(1)号(B)(ⅱ)(Ⅱ))。

製造・販売などの禁止または段階的禁止になった化学物質については，企業秘密の保護の対象から外れる(S.697法案14条(c)項(5)号)。6条により製造・販売などの禁止または段階的禁止になった化学物質の化学構造，有害性などの情報を開示することによる公共の利益が，その化学物質の申請者の企業秘密を保護する利益を上回るとの考え方に基づいている[129]。

⑨ 連邦の専占権と州との協力
ⅰ) 連邦の専占権が適用される場合

まず，情報収集についてはEPA長官がS.697法案の4条，5条または6条に基づく規則，命令，同意協定により情報の作成義務を課した場合，州や地方自治体は，同じ化学物質に対して同様の情報作成義務を課すことは連邦の専占権に抵触するため認められない(S.697法案18条(a)項(1)号(A))。

次に規制措置に関しては，EPA長官が安全基準に適合すると認定した化学物質に対して，州や地方自治体は，製造等の規制措置を課すことも同様に連邦の専占権に抵触するため認められない(S.697法案18条(a)項(1)号(B))。また，ハイ・プライオリティ化学物質に対してEPA長官が安全性評価を行うことを決定した場合，州や地方自治体は，この化学物質に対して規制措置を課してはならない(S.697法案18条(b)項(1)号)。連邦による安全性評価結果を待って，それに従うことを定めている。ただしこの場合，EPA長官が決定する以前に，州や地方自治体が州法などに基づき行っていた規制措置には影響が及ばない(S.697法案18条(b)項(2)号(A))。

ⅱ) 連邦の専占権が適用されない場合

2015年8月1日以前に州や地方自治体が施行した化学物質に対する規制措置は，連邦の専占権の適用を受けない(S.697法案18条(e)項(1)号(A))。また，2003年8月31日に効力を有した州法に基づく規制措置も連邦の専占権の適用を受けない(S.697法案18条(e)項(1)号(B))。これらの規定は，米国の消費製品安全促進法(Consumer Product Safety Improvement Act: CPSIA)の231条(b)項にならって提案された[130], [*71]。S.697法案のこのような規定により，たとえばカリフォルニア州が行っている化学物質の規制措置である「プロポジション65」は影響を受けない[131]。

ⅲ) 特例措置

連邦の専占権適用に対して，州や地方自治体は適用免除の特例措置(waiv-

[*71] なお，消費製品安全促進法231条(b)項は，「2003年8月31日に効力を有した州法に基づき制定された消費製品に関するあらゆる警告義務は，本法または連邦有害物質法(Federal Hazardous Substances Act)の専占権の適用を受けない」と定めている。

er)を申請することができる。特例措置には次の二つの場合がある。

第一は，連邦が情報収集を行うのと同一の化学物質について，州が情報を収集しようとする場合や安全基準を満たす化学物質に対して州が規制措置を行おうとする場合である。この場合，申請内容を検討した上で，州の住民や環境を守るため必要で，州をまたがった取引に過度の負担をかけないなどの要件に合致すれば，EPA長官の裁量で州の化学物質規制に対して専占権の適用を免除する特例措置を与えることができる(S.697法案18条(f)項(1)号)。

第二は，ハイ・プライオリティ化学物質に対してEPA長官が安全性評価を行うことを決定した後で，州や地方自治体が当該化学物質に規制措置を行うために特例措置の申請を行う場合などである。この場合は，EPA長官は内容を検討した上で，連邦の法令に違反せず，州をまたがった取引に過度の負担をかけないなどの要件に合致すれば，EPA長官は，州の化学物質規制に対して専占権の適用を免除する特例措置を与えなければならない(S.697法案18条(f)項(2)号)。なお，特例措置の申請に対する回答期限である90日を超過してEPA長官が回答しないときには，第二の場合には，専占権の適用を免除する特例措置が承認されたこととなる(S.697法案18条(f)項(9)号(A))[*72]。

iv) 州との協力

現行のTSCAでは州との協力を定めた規定はないが，S.697法案では化学物質管理に関する情報交換など州との協力を定めた条項が置かれている。主なものとしては次の項目がある。

(ア) 州知事または州の機関によるハイ・プライオリティ化学物質およびロー・プライオリティ化学物質の推薦(S.697法案4A条(a)項(4)号(A))。

(イ) ハイ・プライオリティ化学物質に指定されていないものに対して州が規制措置を実施した場合，EPA長官に通知しなければならない(S.697法案4A条(b)項(9)号(A))。この通知を受けたEPA長官は，その行政措置の根拠や対象となる化学物質の有害性などの情報を州に請求できる(S.697法案4A

---

*72 ハイ・プライオリティ化学物質の安全性評価期間である3年を超過して安全性評価が終了しない場合も，同様に特例措置が承認されたことになる(S.697法案18条(f)項(9)号(A))。

条(b)項(9)号(B))。

(ウ)安全性評価の優先順位を決める際に，州において規制措置が課されている化学物質を優先する(give a preference)(S.697法案4A条(c)項(1)号(B))。

⑩ 司法審査

S.697法案では，行政規則だけでなく行政命令や同意協定を活用し，より迅速に規制措置の実施が図れるように配慮されている。しかし，そのほかは現行のTSCAの司法審査の仕組みを引き継いでいる。したがって，S.697法案の6条(d)項[*73]に基づく有害化学物質の製造規制などのための規則，4条(a)項に基づく化学物質の安全性試験の実施を事業者に求める規則など，国民の権利や経済活動に大きな影響を与えると思われる規則の司法審査に関しては実質的証拠基準が適用される点に関しては改正されていない。そのため，規則が実質的証拠に裏づけられていないと裁判所が判断するならば，それを不法な状態だとして当該規則は破棄される(S.697法案19条(c)項(1)号(B)(ⅰ))との部分も残されており，EPAの証明の負担は依然として存続する。

また，S.697法案では司法審査の適用を除外する規定はほとんどみられない。この点でもEPAの負担は現行法に比べ軽減しない。

(9) H.R.2576法案の特徴

① 法案の概要

「TSCA現代化法(TSCA Modernization Act)案」(H.R.2576 of 2015，本書では「H.R.2576法案」と記載する)[*74]の特徴は，新規化学物質の審査制度など現行のTSCAの枠組みの大部分を残して，既存化学物質の管理制度をはじめとする必要な部分だけを改正していることである。すなわち，主な改正は次の四つの部分である。①4条の化学物質および混合物の試験，②6条の有害物

[*73] 現行のTSCAの6条(a)項で定められていた有害化学物質規制のための規則の制定が(d)項に移されたことによる変更である。

[*74] H.R.2576法案は，本書では2015年6月23日の下院本会議で可決された時点のもので，次の下院の報告書に記載されたものを考察の対象とした。House of Representatives Report 114-176 on H.R.2576, "TSCA Modernization Act of 2015", June 23, 2015.

質および混合物の規制，③14条のデータの開示，④18条の専占権である。また，26条の本法の施行については，施行費用を確保するための改正がなされている。

　一方，その他の部分については，現行法では施行の手段は規則を制定する方法に限定されていたが，この法案では行政命令や同意協定も活用できるように改正したなど多少の修正が加えられてはいるものの，おおむね現行法を引き継いでいる。すなわち，2条の確認事項，政策および議会の意図，5条の製造および加工の届出，8条の情報の報告および保管，9条の他の連邦法との関係，19条の司法審査などに関する条文は，現行法の仕組みを引き継いでいる。これについては，下院の報告書においても，この改正法案は必要な部分だけを改正する方針であると述べられている[132]。

　そのため，後述のように現行法の問題点のうち EPA の情報収集力の欠如，最も負担の少ない方法により規制を行うこと，企業秘密情報の過度の保護，州との協力および連邦の専占権などに関しては改善が図られたが，不合理なリスク要件，他法令優先，司法審査などに関しては改善が図られてはいない。

　そのほか，TSCA ワークプランの活用が条文に組み込まれている点，化学物質の命名法に関する条項を定めている点，法の執行を定めた26条を改正して TSCA を運用する財源の強化を図った点がこの法案の特徴である。

② 情報収集力の強化

　H.R.2576法案は，EPA の情報収集力を強化するため現行の TSCA 4条を改正する。まず，製造者等に化学物質の試験を義務づけるために従来は規則によることとなっていたが，命令または同意協定によっても可能とした（H.R.2576法案4条(a)項）。また，6条(b)項に従って化学物質のリスク評価を行う際に，必要に応じて EPA 長官は事業者に対して化学物質の試験を義務づけることができる（H.R.2576法案4条(a)項(1)号(c)）と新たに定められた。この H.R.2576法案4条(a)項(1)号(c)の新設は，EPA に化学物質に関するデータ不足を補うための手段を付与する議会（この法案を審議したエネルギー・商業委員会）の意向による[133]。

③ リスク評価の実施

H.R.2576法案は，現行のTSCAの6条を改正し，リスク評価についての規定を(b)項として新設し，既存化学物質のリスク評価につき詳しく定めている。

ⅰ) リスク評価の開始

化学物質の有害性および意図された使用状況に起因する暴露の両方を考慮して，人の健康または環境に対して不合理なリスクを及ぼすとEPA長官が判断する場合にリスク評価を開始する(H.R.2576法案6条(b)項(3)号(A)(ⅰ))。また，化学物質の製造者がリスク評価を要請することもできる(H.R.2576法案6条(b)項(3)号(A)(ⅱ))。このようにしてリスク評価が開始された場合は，評価結果を公表しなければならない。

これとは別に，前述した「TSCAワークプラン(TSCA Work Plan Chemicals)」のリストに掲載されている化学物質のリスク評価を開始することができると定めている(H.R.2576法案6条(b)項(3)号(B))。また，この法案を審議した下院のエネルギー・商業委員会は，この法案が成立した場合に，最初の1年間にEPA長官がリスク評価を開始する化学物質は，多くはTSCAワークプランのリストにある化学物質であると予想している[134]。

ⅱ) リスク評価の実施にあたっての要件

EPA長官は，リスク評価を実施する際に，化学物質に対する感受性の高い人が受けるリスク，または潜在的に大きな暴露を受ける人のリスクといった一般の人より大きなリスクがあると考えられる人が受けるリスクを考慮しなければならない(H.R.2576法案6条(b)項(4)号(A))。また，コストなど人の健康または環境に直接関係のない要因を考慮してはならない(H.R.2576法案6条(b)項(4)号(B))など，いくつかの事項を法案は定めている。

法案が施行された最初の年に少なくとも10種類の化学物質についてのリスク評価を開始することという最低限の数値目標をEPA長官に義務づけている(H.R.2576法案6条(b)項(7)号)。

ⅲ) 期限の設定

H.R.2576法案は，リスク評価からリスク管理に至るスケジュールに期限を設定して，執行の促進を図っている。予算と人員の確保が前提だが，現行

のTSCAの運用の反省から,かなり詳細な規定を設定している。

まず,リスク評価を開始してから原則として3年以内に結果を公表することをEPA長官に義務づけている(H.R.2576法案6条(b)項(5)号(A))。次に,リスク評価の結果が公表されてから90日以内に,EPA長官は当該化学物質の規制措置を定めた規則を提案しなければならない(H.R.2576法案6条(b)項(5)号(B)(i))。さらに,リスク評価の結果が公表されてから180日以内に,EPA長官は当該化学物質の規制規則の最終案を官報に掲載しなければならない(H.R.2576法案6条(b)項(5)号(B)(ii))。この期限は一定の要件の下で延長が許されるが,規則の制定にかなり厳しいルールをEPAに課している。

④ リスク管理措置

ⅰ) リスク評価に基づくリスク管理措置の実施

H.R.2576法案は,リスク管理措置の発動要件として,リスク評価を基にして,6条(a)項に定める新たな規制措置がなければ人の健康または環境を害する不合理なリスクがある場合に規制措置を発動するとしている(H.R.2576法案6条(b)項(2)号)。つまり,規制措置の発動は科学的な根拠に基づくリスク評価を前提にしており,予防原則の適用の余地はないように思われる。

H.R.2576法案は,現行のTSCAの6条(a)項を改正し,現行法の6条(a)項に定める「最も負担の少ない」規制措置をEPAが選定しなければならないとの規定を削除した。これに代わる要件としては,リスク評価に基づき「不合理なリスクから適切に保護が行われる」規制措置を課さなければならないとされる。そして,このリスク評価の対象になる「不合理なリスク」には,化学物質に対する感受性の高い人が受けるリスク,または,潜在的に大きな暴露を受ける人のリスクといった一般の人より大きなリスクがあると考えられる人が受けるリスクを考慮するとされている(H.R.2576法案6条(a)項)。

また,前述したH.R.2576法案6条(b)リスク評価では,コストなどは考慮してはならないと定められたが,他方,規制措置(リスク管理措置)の決定では,人や環境に対する暴露の大きさ,および化学物質の便益や用途を考慮した上で,費用対効果が優れているとEPA長官が判断する規制措置を選定しなければならない(H.R.2576法案6条(c)項(1)号(B))。ただし,費用対効果が

適切であることや優れていることを EPA 長官が認定することをあまり厳密に要求すると，EPA 長官に大きな負担をかけることになりかねない。

なお，H.R.2576 法案では規制措置を定めた規則は合理的な移行期間を設定しなければならないと規定され(H.R.2576 法案 6 条(d)項(2)号(B))，規制措置の施行における産業活動への影響に配慮する条項が置かれた。これは，前述したようにリスク評価から規制措置の制定までのスケジュールを詳しく規定し，迅速な法令の制定を促す一方で，産業活動の実情をも考慮したものと思われる。

ⅱ) PBT 物質に対する規制

H.R.2576 法案では，6 条(i)項を新たに設け，PBT 物質(Persistent, Bioaccumulative and Toxic chemical substances：環境残留性が大きく，生体蓄積性が大きく，かつ毒性がある化学物質)の規制措置を定めた。現行 TSCA においても 6 条(e)項で PCB(ポリ塩化ビフェニル)を規制しており，PCB も PBT 物質の一種であるが，改正では PBT 物質全般を規制するための規定を定めた。

まず，EPA 長官は PBT 物質に該当する合理的根拠のある物質のリストをこの法案が施行された後 9 か月以内に公表しなければならない。このとき TSCA ワークプランを活用することが規定されている(H.R.2576 法案 6 条(i)項(2)号(A))。次に，この法案の施行後 2 年以内に上記のリストの中から PBT 物質を指定しなければならない。さらに，この指定から 2 年以内に PBT 物質による暴露を防ぐため 6 条(a)項に基づき規則を公布しなければならない。PBT 物質はストックホルム条約でも規制され，わが国では化審法の第一種特定化学物質に相当するものであり，欧州の REACH では認可対象物質の候補とされる。そのため，米国においても H.R.2576 法案では特にこれらを規制する条文を設けて管理することとしたと考えられる。

⑤ 他法令優先規定

H.R.2576 法案では，他法令の優先を定めた現行 TSCA 9 条の仕組みにこれまでの TSCA 改正法案の中で初めて修正を加えた。すなわち，9 条(b)項に，EPA 長官が化学物質の規制を行うにあたり，TSCA を用いるか，他の連邦法を用いるかを決める場合，いずれが「公共の利益(public interest)」に

資するかという基準を新たに設けた(H.R.2576法案9条(b)項(2)号)。そして，TSCAの権限を用いる場合と，他の連邦法の権限を用いる場合とで，必要な費用とその効果を比較検討することをEPA長官に義務づけている[135]。TSCAを用いるか他の連邦法を用いるかについて，公共の利益という基準で判断する点については，TSCAの他法令優先規定についての妥当な改善策と思われるが，費用対効果の比較に関してあまり厳格な比較検討を課すと円滑な施行を妨げることとなりかねない。

⑥ 企業秘密と情報開示

H.R.2576法案は，企業秘密のデータの取り扱いを定めた現行のTSCA 14条を一部改正する。その主な内容をみてみると次のとおりである。

ⅰ) 企業秘密の情報の活用範囲を州や地方自治体に拡大

現行のTSCAでは，州や地方自治体が企業秘密の情報を活用する規定がなかった。H.R.2576法案ではこれを改め，州や地方自治体の要請があれば，法律の執行目的のために企業秘密の情報を州や地方自治体が利用することができるようになった(H.R.2576法案14条(a)項(5)号)。

ⅱ) 企業秘密とする情報の限定

事業者が企業秘密の情報であることを証明するための要件が明確にされた。すなわち，企業秘密とすることの正当性，当該情報が公開されていないことの証明などを，企業秘密を申請する事業者に課した(H.R.2576法案14条(c)項(1)号(A))。また，秘密保持期間は原則として10年間とし，情報は原則として期間経過時に開示される(H.R.2576法案14条(c)項(1)号(B))。なお，申請者に秘密保持期間の延長を申請することもできる(同上)。

⑦ 連邦の専占権と州との協力

CICA Ⅱ草案に比べ，H.R.2576法案では連邦の専占権は縮小された。S.697法案と類似した規定があるが，S.697法案で取り入れられた特例措置(waiver)を州や地方自治体が申請する制度がH.R.2576法案ではみられない。なお，H.R.2576法案では，S.1009法案やS.697法案に定められていた州との協力を定めた条項がみられず，化学物質管理における州との協力という点では後退している。

H.R.2576法案での専占権の扱いの特徴は，次のようなものである。

ⅰ）連邦の専占権が適用される場合

（ア）EPA長官がある化学物質の試験を義務づける場合，長官の措置が発効した後は，州や地方自治体は類似の目的で同じ化学物質の試験を義務づける措置を新たに制定したり，すでにある試験を義務づける措置を継続することはできない（この部分は現行法の規定を継承している）(H.R.2576法案18条(a)項(2)号(A))。

（イ）EPA長官がある化学物質が意図された使用状況において人の健康または環境を害する不合理なリスクを及ぼさないと判断した場合，これが公表された後は，州や地方自治体は同じ化学物質に対して規制措置を新たに制定したり，すでにある規制措置を継続することはできない(H.R.2576法案18条(a)項(2)号(B))*75。

ⅱ）連邦の専占権が適用されない場合

これに対して，H.R.2576法案では18条(c)項に適用除外規定(savings)を設けて，次の場合には連邦の専占権の適用を除外すると定められている。このような除外規定は現行のTSCAにはなく，TSCA改正の議論における連邦の専占権規定を制限する一つの具体的な対策として，S.697法案およびH.R.2576法案に取り入れられたものである。

（ア）2015年8月1日以前に，州や地方自治体の規制に基づき，化学物質の製造,加工,販売,使用または廃棄を禁止したり，または他の規制措置を行うためになされた行政措置の効力は，専占されない(H.R.2576法案18条(c)項(1)号)。

（イ）2003年8月31日に効力を有する州法に従ってなされた行政措置の効力は専占されない(同上)。

この適用除外規定は，昨年下院の委員会で検討された商業化学品法の第2草案(CICAⅡ草案)にはなく，その後の検討の結果S.697法案で採用されたも

---

*75 一部例外がある。たとえば，大気または水質の保全のため特定の地方での必要から採用した規制措置が，TSCAの条文やEPA長官の決定した措置に矛盾しないのであれば，連邦の専占権は適用されない(H.R.2576法案18条(a)項(2)号(B)(ⅱ))といった専占権適用に対する例外などである。

のであり，H.R.2576 法案はこれを引き継いでいる。連邦の規制と州および地方自治体の規制とのバランスを考慮した上での一つの結論といえる。

⑧ 司 法 審 査

H.R.2576 法案では，行政規則だけでなく行政命令や同意協定を活用し，より迅速に規制措置の実施が図れるように配慮されている。しかし，司法審査の枠組みとしては現行 TSCA 19 条がほぼそのまま承継されており，現行法の司法審査においてみられる問題点が解決されていない。

また，H.R.2576 法案では，司法審査の適用を除外する規定はほとんどみられない。この点でも EPA の負担は現行法に比べ軽減しない。

(10) H.R.2576 上院修正法案の特徴

2015 年 6 月 23 日に下院本会議で可決され上院に送られた H.R.2576 法案は，上院で修正され 12 月 17 日上院本会議で可決された。上院では，H.R.2576 法案に大幅に修正が加えられた。H.R.2576 法案を修正したというよりは，H.R.2576 法案の全体を S.697 法案に置き換えたといった方がいいくらいである。そのため，修正された法案は前述した S.697 法案に近い内容となった。本書ではこれを H.R.2576 上院修正法案と呼ぶ。上院では，修正案を可決した翌日，下院に対してメッセージを送ったが，元の H.R.2576 法案とは内容が大きく異なるところも多く，今後の調整でどの程度，両院の歩み寄りがみられるかが，TSCA の改正が実現するかどうかを左右する。

この修正法案では，3A 条，4 条，4A 条，5 条，6 条および 8 条の新規化学物質および既存化学物質の審査・規制制度は，おおむね S.697 法案に沿ったものであるが，9 条における他法令との関係や 19 条の司法審査に関しては，S.697 法案にかなり修正を加えた内容になっている。また，S.697 法案にはなかった水銀に対する規制措置や Trevor's Law[76] と呼ばれる発がん確率の地域差に関する調査・研究のための条項が新たに盛り込まれている。

---

[76] Trevor Schaefer が Trevor's Trek Foundation を設立し，子供たちのがん対策の調査研究活動を支援していることから，Trevor の名前を冠して呼ばれる。

① 法案の概要

H.R.2576上院修正法案の名称は，S.697法案と同様，これまでTSCAの改正に尽力してきた故Lautenberg上院議員の名を冠して「21世紀に向けたFrank R. Lautenberg化学物質法(Frank R. Lautenberg Chemical Safety for 21st Century Act)」とされている。

法案の運用方針を定めた3A条，および化学物質のリスク評価プロセスを定めた4A条は，S.697法案を引き継いでいる。まず，化学物質はアクティブ化学物質(active substances)とインアクティブ化学物質(inactive substances)に大別される。アクティブ化学物質は，この法案の施行日以前の10年間のうち，いずれかの時点で商業目的で製造・輸入または加工された化学物質か，あるいは，この法案の施行日以降に製造・輸入または加工が開始された化学物質である(H.R.2576上院修正法案8条(f)項(1)号)。インアクティブ化学物質は，TSCAインベントリーに掲載されてはいるが，この法案の施行日以前の10年間に商業目的で製造・輸入または加工が行われなかった化学物質である(H.R.2576上院修正法案8条(f)項(2)号)。

アクティブ化学物質については，EPA長官は利用可能な情報に基づきハイ・プライオリティ化学物質(high-priority substance)とロー・プライオリティ化学物質(low-priority substance)とに選別する(H.R.2576上院修正法案4A条(b)項)。そして，ハイ・プライオリティ化学物質については，EPA長官が優先順位をつけた上で，リスクベースで(化学物質の有害性と暴露の程度を勘案して)安全性評価(safety assessment)が実施される(H.R.2576上院修正法案6条(a)項)。その際，EPA長官は，当該化学物質の製造者などに対し，規則や命令の公布または事業者との試験実施の合意を行うことで新たな試験データの作成を求めることができる(H.R.2576上院修正法案4条(a)項(2)号)。

EPA長官は，化学物質の暴露により人の健康または環境が不合理なリスクを被らないことを保証する(ensure)基準としての安全基準(safety standard)(H.R.2576上院修正法案3条(16)号)に照らし，意図された使用状況で当該化学物質が安全基準を満たすかどうかを命令(order)により判定する(H.R.2576上院修正法案6条(c)項(1)号)。安全基準を満たさない場合には，EPA長官は規

則を公布して当該化学物質に対して必要な規制を行う(H.R.2576上院修正法案6条(d)項(1)号)。

S.697法案と同様に，TSCAワークプランを活用することが法案の条項で定められている(H.R.2576上院修正法案4A条(a)項など)。また，この法案もS.1009法案，CICA Ⅱ草案，S.697法案と同様に，化学物質の命名方法について，法案に規定を設けてこれを整理している(H.R.2576上院修正法案8条(b)項(3)号)。

② 「改革」の目的の明示

H.R.2576上院修正法案では，S.697法案と同様，2条の改正は議会の意図を表した(c)項に(2)号として「改革」の部分を加えている。この部分で，化学物質のリスクに対する弱者の保護，および緊急事態における適切な情報の活用(S.697法案2条(c)項(2)号(A))といった法改正の中心となる目的が示されている。

③ 情報収集力の強化

ⅰ) 試験の義務づけ

H.R.2576上院修正法案では，EPA長官が利用可能な情報だけでは必要な情報が不十分であると判断した場合には，優先順位づけ(H.R.2576上院修正法案4条(a)項(2)号)，安全性評価または安全性判定(H.R.2576上院修正法案4条(a)項(1)号(A))のために事業者に試験の実施を命じることができる。このときに，規則だけでなく，同意協定または命令によることもできる(H.R.2576上院修正法案4条(a)項(3)号)。ただし，EPA長官は，利用可能な情報では不十分であることを告示により公表しなければならない(H.R.2576上院修正法案4条(b)項(1)号(B))。さらに，命令による場合は，規則や同意協定ではなく，なぜ命令によるのかを告示で説明しなければならない(H.R.2576上院修正法案4条(b)項(2)号(A))。このように，EPA長官は告示による説明義務があるものの，優先順位づけや安全性評価において，事業者に対して試験を義務づけることができるようになった。

ⅱ) 新規化学物質の審査

H.R.2576上院修正法案は，現行のTSCA5条を改正し，新規化学物質ま

たは重要新規利用が安全基準を満たすかどうかの判定をEPA長官が行うプロセスを新たに規定した。すなわち，EPA長官がこの判定を行うため届出時に提出された情報では不十分な場合には，規則の制定，同意協定の締結，命令の公布により，必要な情報を得るために新規化学物質または重要新規利用の届出者に対して，試験の実施を義務づけることができるようになった（H.R.2576上院修正法案5条(d)項(5)号(C)）。

　新規化学物質または重要新規利用の届出をする者は，利用できる関連情報をEPA長官に提出しなければならない（H.R.2576上院修正法案5条(c)項(1)号）。これを基にして，EPA長官は申請対象が安全基準を満たすかどうかを判断し，追加情報が必要な場合は届出者に要求し，審査期間を延長することもできる（H.R.2576上院修正法案5条(d)項(1)号(B)）。審査の結果，安全基準を満たす可能性が低い場合には，安全基準を満たすための規制措置を課すこととなる（H.R.2576上院修正法案5条(d)項(4)号(A)(ⅰ)）。

④ 方針およびガイダンスの策定

　H.R.2576上院修正法案では，3A条を設けて，この法案の施行後2年以内に，安全性評価の優先順位づけ，リスク評価および安全性判定の方法などについての方針，手続き，ガイダンス（説明書類）の策定をEPA長官に義務づけている（H.R.2576上院修正法案3A条(a)項および(b)項）。そこでは「利用可能な最高の科学（best available science）」にかなった方法を用いてEPA長官が決定しなければならないと定められている（H.R.2576上院修正法案3A条(c)項(3)号(A)(ⅰ)）。さらに，これらの方針やガイダンスなどは，最新の科学技術を反映するため5年ごとに見直すことが定められている（H.R.2576上院修正法案3A条(e)項）。

　また，方針やガイダンスの策定目的は行政判断の根拠を市民に明示するためであり，情報の開示による透明性の確保が表明されている（H.R.2576上院修正法案3A条(c)項(2)号）。

⑤ 安全性評価（リスク評価）の対象物質の選定

　この法案では，既存化学物質の安全性評価を行うにあたり，新たに4A条を設けて安全性評価の優先順位をつけるプロセスを定めている。すなわち，

有害で暴露量も多いと予測されるものが安全性評価の優先順位の高い化学物質としてハイ・プライオリティ化学物質に指定される（H.R.2576 上院修正法案 4A 条(b)項(3)号(A)）。一方，安全基準を満たすことが確認できる情報が十分そろっているものが優先度の低い化学物質としてロー・プライオリティ化学物質に指定される（H.R.2576 上院修正法案 4A 条(b)項(4)号）。この法案は EPA 長官に対して，法案の施行から 1 年以内に，規則を制定することによりこのプロセスを策定することを義務づけている（H.R.2576 上院修正法案 4A 条(a)項(1)号）。

まず，EPA 長官は，米国の既存化学物質名簿である TSCA インベントリーに掲載されている化学物質をアクティブ化学物質とインアクティブ化学物質に大別する（H.R.2576 上院修正法案 8 条(f)項(1)号，(2)号）。原則として市場で取引されているアクティブ化学物質から，有害性と暴露可能性がともに大きいものがハイ・プライオリティ化学物質に指定される（H.R.2576 上院修正法案 4A 条(b)項(3)号(A)）。

現在は市場で取引されていない化学物質であるインアクティブ化学物質の中にも，環境汚染などを通じて人の健康または環境に対して被害を及ぼす可能性のあるものは，ハイ・プライオリティ化学物質に指定することもできる（H.R.2576 上院修正法案 4A 条(b)項(3)号(B)）。なお，ある化学物質に関する情報の不足は，その化学物質をハイ・プライオリティ化学物質に指定する根拠の一つとされている（H.R.2576 上院修正法案 4A 条(b)項(8)号(B)）。

この法案では優先順位づけに期限が設定されており，法案の施行後 180 日以内に，最低 10 のハイ・プライオリティ化学物質と 10 のロー・プライオリティ化学物質を掲載した最初のリストを作成し，公表することを EPA 長官に義務づけている（H.R.2576 上院修正法案 4A 条(a)項(2)号(A)，(B)）。また，法案の施行後 3 年以内に，最低 20 のハイ・プライオリティ化学物質の安全性評価を開始し，最低 20 のロー・プライオリティ化学物質の指定を EPA 長官に要求している（H.R.2576 上院修正法案 4A 条(a)項(2)号(C)(ⅰ)）。さらに，5 年以内にその数がそれぞれ最低でも 25 となるように求めている（H.R.2576 上院修正法案 4A 条(a)項(2)号(C)(ⅱ)）。これらに加えて，この優先順位づけ

のプロセスが適切に機能しているか，5年に1度以上チェックすることをEPA長官に義務づけている(H.R.2576上院修正法案4A条(b)項(10)号)。

　H.R.2576上院修正法案の特徴の一つとして，S.697と同様に「TSCAワークプラン(TSCA Work Plan Chemicals)」を活用することが法案の条項で定められていることが挙げられる。有害性，暴露量，環境残留性，生体蓄積性などの観点から優先的に評価するため策定されたハイ・プライオリティ化学物質の最初のリストでは，半分以上はTSCAワークプランでリストアップされた化学物質から指定されることが定められている(H.R.2576上院修正法案4A条(a)項(2)号(B)(ⅱ))。また，TSCAワークプランで，環境残留性と生体蓄積性の両方が大きい化学物質(vPvB物質)とされたものは，ハイ・プライオリティ化学物質に指定される(H.R.2576上院修正法案4A条(a)項(2)号(B)(ⅲ))。

　S.697法案と同様に，H.R.2576上院修正法案では，ハイ・プライオリティ化学物質に指定されなかったアクティブ化学物質に対して，その製造者，加工者が費用を負担することを前提に，優先順位づけを申請できる制度を定めている(H.R.2576上院修正法案4A条(c)項(1)号(A))。この制度で申請された化学物質をハイ・プライオリティ化学物質に指定するかどうかはEPA長官の裁量であるが，州によって規制されており，州をまたいだ取引または，人の健康もしくは環境に対して大きな影響がある可能性のある場合は優先的に取り扱わなければならない(H.R.2576上院修正法案4A条(c)項(1)号(B))。また，この制度に基づいて申請された化学物質が，安全性評価の対象になる化学物質の25％から30％にすべきことも定められている(H.R.2576上院修正法案4A条(c)項(2)号(A))。

　これに関連して，州がハイ・プライオリティ化学物質に指定されていない化学物質に対して規制措置を実施した場合には，州知事(または担当機関)は，EPA長官に通知をしなければならない(H.R.2576上院修正法案4A条(b)項(9)号(A))。この通知を受け取ったEPA長官は，当該化学物質を優先順位づけの対象にしなければならない(H.R.2576上院修正法案4A条(b)項(9)号(C)(ⅰ))。これは，化学物質管理における州と連邦との協力の一つの具体化である。

第 2 章　米国有害物質規制法の成立と発展　355

⑥ **リスク評価（安全性評価）およびリスク管理**
　ⅰ）リスク評価（安全性評価）
　H.R.2576 上院修正法案では，S.697 法案と同様にリスク評価のことを「安全性評価(safety assessment)」の用語を用いて表している。EPA 長官は，すべてのハイ・プライオリティ化学物質に対して，指定された日から 3 年以内に安全性評価および安全性判定を完了しなければならない(H.R.2576 上院修正法案 6 条(a)項(1)号，(4)号)。安全性判定の結果，安全基準を満たさない場合には，安全性判定終了後 2 年以内に，EPA 長官は，安全基準を満たすような規制措置を規則を公布することにより課さなければならない(H.R.2576 上院修正法案 6 条(a)項(5)号，(d)項(1)号)。このように H.R.2576 上院修正法案では，リスク評価とリスク管理措置の実施に関して，実効性の確保を目指して期限を明示している。
　なお，H.R.2576 上院修正法案では，S.697 法案とは異なり，安全性判定が行政命令の形式で行われ，この行政命令は 19 条の司法審査の対象となる。さらに，この命令の司法審査の基準は実質的証拠基準による(H.R.2576 上院修正法案 19 条(c)項(1)号(B)(ⅰ))。このように安全性判定について司法審査による厳格なチェックを定めており，この条項が施行された場合に安全性判定結果が司法審査により裁判で争われることが予想される。
　H.R.2576 上院修正法案では，「安全性評価」とは，化学物質の使用状況，総合的な有害性，用途および暴露情報に基づくリスク評価を意味する(H.R.2576 上院修正法案 3 条(14)号)として，科学的な評価行為であることを明示した。この判断基準となる「安全基準」は，標準的な人だけでなく潜在的に暴露される人または感受性が高いと EPA 長官が指定する人への配慮が必要とされる(H.R.2576 上院修正法案 3 条(11)号，(16)号(B))。

　ⅱ）リスク管理
　安全基準を満たさない化学物質に対しては，リスク管理として安全基準を満たすような規制措置をとる必要がある。リスク評価とは異なり，リスク管理においては，EPA 長官は規制措置を実施するに際しての費用および便益を考慮しなければならない(H.R.2576 上院修正法案 6 条(d)項(4)号(A))。

このように，H.R.2576 上院修正法案では，リスク評価の段階では費用や便益などリスクに関係ない要因を考慮せずにあくまでも科学的に評価を行う一方で，リスク管理段階では科学的な要因以外の費用および便益を考慮するといったように，それぞれの段階によって考慮する内容を区別している。こうした扱いをしているのは今日のリスク評価およびリスク管理の考え方を反映しているといえる。

H.R.2576 上院修正法案では「最も負担の少ない」規制措置を課すとの要件を削除し，EPA 長官の負担を軽減した。しかし，この法案においても，規制措置の選択の際に，技術的かつ経済的に当該化学物質に適用可能な代替案と比較検討することが EPA 長官に義務づけられた(H.R.2576 上院修正法案 6 条(d)項(4)号(B))。この代替案との比較検討は，すべての可能性のある代替案を対象とするものではなく，「一つ以上の」代替案との比較検討ではあるが，これを行う EPA の負担になるものである。この法案を審議した議会(上院の環境・公共事業委員会)が，現行の TSCA が機能を発揮できなくなった事情を承知しながらもこのような制約を課したのは，規制措置の選択がどのようになされたのかを明確に記録するためである[136]。そして，規制措置の決定に際して EPA 長官が行った分析などは，すべて公開することが義務づけられている(H.R.2576 上院修正法案 6 条(d)項(4)号(C))。

しかしながら，代替案との比較検討を EPA 長官に義務づける必要はないように思われる。EPA 長官が規制措置の選定にあたって慎重に審議すべきことやそれを記録に残し，公表すべきことは妥当であるが，一つ以上の代替案と比較検討することは必ずしも必要がないように思われる。当該規則で採用した規制措置が，対象とされている化学物質に対して適切であることを説明すればいいのであり，そのやり方としては必ずしも代替案と比較する方法にこだわる必要はないように思われる。行政効率を向上させるためにも必要以上の負担を EPA に課すべきではない。

なお，リスク管理措置としてなされる化学物質に対する規制措置については規則によるとされており(H.R.2576 上院修正法案 6 条(d)項(1)号)，命令で規制措置を公布することは認められない。この措置は TSCA において最も重

要な規制措置であり規則制定手続に従うべきであるとの考え方によるものと思われる。

ⅲ）環境残留性と生体蓄積性を有する物質の管理

H.R.2576上院修正法案では，TSCAワークプランを活用し，環境残留性と生体蓄積性の両方の性質を有するとされた物質については，EPA長官はハイ・プライオリティ化学物質に指定することとした（H.R.2576上院修正法案4A条(a)項(2)号(B)(ⅲ)）。

⑦ 他法令優先規定

H.R.2576上院修正法案では，他法令との関係は現行のTSCAの規定を受け継いで，他の法律により対象となったリスクが除去されたり十分低減されると予想される場合には，当該法律の条項を活用することにより対処し，この法案の規定は発動しないと定められている（H.R.2576上院修正法案9条(a)項，(b)項）。法律の重複規制を避けるための規定と考えられるが，この点があまり厳格に適用されれば，この法案の6条(d)項に基づく化学物質の規制措置の発動を阻害するおそれがある。

他法令に対する姿勢は，現行のTSCAやS.697法案に比べるとH.R.2576上院修正法案では，より積極的になった。すなわち，H.R.2576上院修正法案では，ある化学物質について安全基準を満たすよう対処することが可能な連邦法の所管機関にEPA長官が報告をしてもその機関が対処しない場合には，当該化学物質についてEPA長官は安全性評価および安全性判定を行わなければならない。そして，安全基準を満たさないと判定したならば6条(d)項に基づく規制措置をとることが明記された（H.R.2576上院修正法案9条(a)項(4)号）。

⑧ 企業秘密と情報開示

企業秘密に関する規定である14条については，企業秘密の保護と情報開示とのバランスをとるため現行のTSCAを全面的に改正し，具体的な規定は，S.1009法案，S.697法案を受け継いでいるものが多い。

まず，企業秘密として保護される情報（H.R.2576上院修正法案14条(b)項）と保護されない情報（H.R.2576上院修正法案14条(c)項）の類型を定め，どのよう

な情報が保護の対象となるかを明確にした。また、ガイダンスを作成して申請する際の要件や申請者が証明すべきことがらをはっきりさせた（H.R.2576上院修正法案14条(d)項(3)号）。さらに、州法の制定や執行のため州政府が書面でEPAが有する企業秘密情報を要請した場合、その情報の適切な管理を条件に州政府に対して提供される（H.R.2576上院修正法案14条(e)項(4)号）。

　アクティブ化学物質のリストの公表にあたって、企業秘密として開示されない部分をはっきりさせる必要がある（H.R.2576上院修正法案8条(b)項(4)号(B)）。そして、EPA長官は、アクティブ化学物質の最初のリストが作成されてから1年以内に、企業秘密の主張をチェックする計画を規則として公布しなければならない（H.R.2576上院修正法案8条(b)項(4)号(C)）。この計画に従って企業秘密の主張がEPA長官によってチェックされることとなる。一方、EPA長官は、インアクティブ化学物質についても企業秘密の保護の申請をいつでもチェックすることができ、申請の取り下げ、または、企業秘密であることの立証を行う再申請をすべきことを要請できる（H.R.2576上院修正法案14条(f)項(2)号(A)）。

　企業秘密の保護期間は原則10年間である（H.R.2576上院修正法案14条(f)項(1)号(B)）。保護期間の延長を申請することができ、延長の申請に対してEPA長官は、内容を審査した上で10年間の延長[*77]を認めることができる（H.R.2576上院修正法案14条(f)項(1)号(C)(ⅱ)(Ⅱ)）。

　製造・販売などの禁止または段階的禁止になった化学物質については、企業秘密の保護の対象から外れる（H.R.2576上院修正法案14条(c)項(5)号）。6条により製造・販売などの禁止または段階的禁止になった化学物質の化学構造、有害性などの情報を開示することによる公共の利益が、その化学物質の申請者の企業秘密を保護する利益を上回るとの考え方に基づいている[137]）。

⑨ 連邦の専占権と州との協力

　H.R.2576上院修正法案ではS.697法案の規定をおおむね引き継いでいる。

[*77] S.697法案では、延長期間は「10年以内」となっていたが、H.R.2576上院修正法案では「10年間」とされた。

ⅰ）連邦の専占権が適用される場合

　情報収集面では EPA 長官が S.697 法案の 4 条，5 条または 6 条に基づく規則，命令，同意協定により情報の作成義務を課した場合，州や地方自治体は，同じ化学物質に対して同様の情報作成義務を課すことは連邦の専占権に抵触するため認められない（H.R.2576 上院修正法案 18 条(a)項(1)号(A))。

　次に規制措置に関しては，EPA 長官が安全基準に適合すると認定した化学物質に対して，州や地方自治体は，製造等の規制措置を課すことも同様に連邦の専占権に抵触するため認められない（H.R.2576 上院修正法案 18 条(a)項(1)号(B))。

　また，ハイ・プライオリティ化学物質に対して EPA 長官が安全性評価を行うことを決定した場合，州や地方自治体は，この化学物質に対して規制措置を課してはならない（H.R.2576 上院修正法案 18 条(b)項(1)号)[*78]。ただし，EPA 長官が安全性評価を行うことを決定する以前に，州や地方自治体が州法などに基づき行っていた規制措置には影響が及ばない（H.R.2576 上院修正法案 18 条(b)項(2)号(A))。

ⅱ）連邦の専占権が適用されない場合

　2015 年 8 月 1 日以前に州や地方自治体が施行した化学物質に対する規制措置は，連邦の専占権の適用を受けない（H.R.2576 上院修正法案 18 条(e)項(1)号(A))。また，2003 年 8 月 31 日に効力を有した州法に基づく規制措置も連邦の専占権の適用を受けない（H.R.2576 上院修正法案 18 条(e)項(1)号(B))。これらの規定は，米国の消費製品安全促進法（Consumer Product Safety Improvement Act: CPSIA）の 231 条(b)項にならって提案された[138]。

ⅲ）特 例 措 置

　連邦の専占権適用に対して，州や地方自治体は適用免除の特例措置（waiver）を申請することができる。特例措置には，二つの場合がある。

　第一に，連邦が情報収集を行うのと同一の化学物質について，州が情報を

---

*78　H.R.2576 上院修正法案では，「EPA 長官が設定した安全性判定終了期限」までは州や地方自治体は，製造等の規制措置を課すことができない，というように連邦の専占権の行使に終期を設けた。この点が S.697 法案とは異なる。

収集しようとする場合や安全基準を満たす化学物質に対して州が規制措置を行おうとする場合である。この場合，申請内容を検討した上で州の住民や環境を守るため必要で，州をまたがった取引に過度の負担をかけないなどの要件に合致すれば，EPA長官の裁量で州の化学物質規制に対して専占権の適用を免除する特例措置を与えることができる(H.R.2576上院修正法案18条(f)項(1)号)。

第二に，ハイ・プライオリティ化学物質に対してEPA長官が安全性評価を行うことを決定した後で，州や地方自治体が当該化学物質に規制措置を行うために特例措置の申請を行う場合である。この場合は，EPA長官は内容を検討した上で，連邦の法令に違反せず，州をまたがった取引に過度の負担をかけないなどの要件に合致すれば，EPA長官は，州の化学物質規制に対して専占権の適用を免除する特例措置を与えなければならない(H.R.2576上院修正法案18条(f)項(2)号)。なお，特例措置の申請に対する回答期限である110日[79]を超過してEPA長官が回答しないときには，第二の場合には，最終期限の10日後[80]に専占権の適用を免除する特例措置が承認されたこととなる(H.R.2576上院修正法案18条(f)項(9)号(A))。

iv) 州との協力

現行のTSCAでは州との協力を定めた規定はないが，H.R.2576上院修正法案では化学物質管理に関する情報交換など州との協力を定めた条項が置かれている。主なものとしては次の項目がある。

(ア)州知事または州の機関によるハイ・プライオリティ化学物質およびロー・プライオリティ化学物質の推薦(H.R.2576上院修正法案4A条(a)項(4)号(A))。

(イ)ハイ・プライオリティ化学物質に指定されていないものに対して州が規制措置を実施した場合，EPA長官に通知しなければならない(H.R.2576上

---

[79] S.697法案では，90日であったが，H.R.2576上院修正法案では，110日に変更された(H.R.2576上院修正法案18条(f)項(3)号(B))。

[80] この点もH.R.2576上院修正法案で修正された。S.697法案では，回答期限に間に合わなかった場合には，回答期限の日に承認されたこととなっていた。

院修正法案4A条(b)項(9)号(A))。この通知を受けたEPA長官は，その行政措置の根拠や対象となる化学物質の有害性などの情報を州に請求できる(H.R.2576上院修正法案4A条(b)項(9)号(B))。

(ウ)安全性評価の優先順位を決める際に，州において規制措置が課されている化学物質を優先する(give a preference)(H.R.2576上院修正法案4A条(c)項(1)号(B))。

⑩ 司法審査

司法審査に関しては，H.R.2576上院修正法案では，S.697法案をさらに修正しており，次のように注目すべき規定もみられる。この法案の19条(c)項(1)号(B)(ⅱ)では，裁判所は，規則制定記録の場合を除き，根拠や目的の妥当性を審査してはならないとの規定を置いており，司法審査に対して一定の歯止めをかけている。これまでのTSCA改正法案にはみられない規定である。また，行政規則だけでなく行政命令や同意協定を活用し，より迅速に規制措置の実施が図れるように配慮されている。

しかし，一方では，TSCA第1編に特段の定めがある場合以外は，1編に関するすべての規則と6条(c)項(1)号(A)に基づく安全性判定結果についての命令に司法審査が及ぶことを定めている[81](H.R.2576上院修正法案19条(a)項(1)号(A))。

また，司法審査の基準について，H.R.2576上院修正法案では，6条(d)項[82]に基づく有害化学物質の製造規制などのための規則，4条(a)項に基づく化学物質の安全性試験の実施を事業者に求める規則など，国民の権利や経済活動に大きな影響を与えると思われる規則の司法審査に関しては実質的証拠基準が適用される点に関しては改正されていない。さらに，安全性判定結果についての命令(6条(c)項(1)号(A))の司法審査に関しても実質的証拠基準

---

[81] H.R.2576上院修正法案では，原則として司法審査がTSCA第1編に基づくすべての規則に及ぶと規定したかわりに，妥当性を審査してはならないとしてバランスをとったとも考えられる。

[82] 現行のTSCAの6条(a)項で定められていた有害化学物質規制のための規則の制定が(d)項に移されたことによる変更である。

が適用される。そのため，こうした規則または命令が実質的証拠に裏づけられていないと裁判所が判断するならば，それを違法な状態だとして当該規則または命令は破棄される(H.R.2576上院修正法案19条(c)項(1)号(B)(ⅰ))こととなり，EPAの証明の負担は依然として存続する。

4. 考　察

(1) 現行のTSCAの問題点は改正法案でどこまで改善されたか

　現行のTSCAにみられた問題点は改正法案ではどこまで改善されているか，これまでの検討結果を総括し，主な点について，最近の法案であるH.R.2576上院修正法案，S.697法案，H.R.2576法案，S.1009法案，CICA Ⅱ草案を中心にして，適宜S.847法案，S.3209法案にも言及しながら考察を行う。

① 情報収集力の強化

ⅰ) 既存化学物質

　S.3209法案では，まず，すべての既存化学物質について法案成立後1年以内に，申告(declaration)により化学物質の物理化学的な性質，有害性，生産量，用途，出荷先などの情報のうち既知または合理的に確認できる情報を提出しなければならない(S.3209法案8条(a)項(1)号)。さらにこれらの情報は少なくとも3年ごとに更新することが事業者に要求される(S.3209法案8条(a)項(4)号(A))。この申告は，既知または合理的に確認できる情報の提出を事業者に求めるものであり，新たな試験を要求するものではないが，法案成立後すぐに化学物質全体を対象としてその時点で事業者が把握しているデータを収集する点で，意味のある規定といえる。また，この規定に違反した事業者に対し，EPA長官は命令により違反対象の化学物質の製造，加工，販売を禁止することができる(S.3209法案8条(a)項(6)号)とされており，EPAの情報収集力を強化している。

　さらに，試験規則または試験命令に基づき，指定された化学物質を製造または加工を行っている者は，ミニマムデータセットをEPAに提出しなければならない(S.3209法案4条(a)項(2)号)。試験規則または試験命令に従わず試

験結果を提出しなかった場合には，当該事業者に対して，EPA長官は命令により，当該化学物質の製造，輸入，加工，販売を禁止することができる(S.3209法案4条(a)項(3)号)。既存化学物質のうち，優先リスト(priority list)に掲載されたものについては，その製造者または加工者は，このリストに掲載されてから30か月以内にミニマムデータセットを提出しなければならない。また，優先リストに掲載されないものについては法案の成立後14年以内に提出しなければならない(S.3209法案6条(b)項(2)号)。もし，事業者がこれに違反してミニマムデータセットを提出しなかった場合には，EPA長官は命令によりその化学物質の当該事業者による製造，加工，販売を禁止する(S.3209法案4条(b)項(3)号)。このように，強制力のあるかなり厳しい規定である。

これに対して，S.847法案では優先度に応じて分類された後，優先クラス2の化学物質はミニマムデータセットの提出が必要となる。この場合には，事業者は必要な場合には新たに試験を行いデータを提出する必要がある。なお，優先クラス1の化学物質について，規定上ミニマムデータセットを要求することにはなっていないが，安全基準を満たしていない場合にはリスク削減措置がとられることになる。そのため，この措置の回避のために有利なデータが事業者にあればそれを提出するインセンティブが働く。

さらに，S.847法案では法案の施行に必要な範囲で，試験規則または試験命令により試験を課し，ミニマムデータセット以外の項目のデータの提出を事業者に要求することができる(S.847法案4条(b)項(1)号(A)(ⅰ))。

S.1009法案では，既存化学物質に相当するアクティブ化学物質については，EPA長官はリスク評価を行うフレームワークを構築し，これに従って化学物質のリスク評価を行なわなければならない(S.1009法案4条(a)項(1)号および(b)項(5)号)。このフレームワークは次のようなものである。

まず，EPA長官により，アクティブ化学物質は信頼できる科学的証拠に基づきハイ・プライオリティ化学物質(high-priority substance)とロー・プライオリティ化学物質(low-priority substance)とに分けられる(S.1009法案4条(e)項(3)号(E)および(F))。そして，ハイ・プライオリティ化学物質について

は，EPA長官が優先順位をつけた上で，リスクベースで安全性評価(safety assessment)が実施される(S.1009法案6条(b)項)。その際，EPA長官は当該化学物質の製造者等に対し，規則や命令の公布や事業者との試験実施の合意を行うことで新たな試験データの作成を求めることができる(S.1009法案4条(f)項)。このように，S.1009法案では規則や命令の公布または事業者との試験実施の合意を行うことで，アクティブ化学物質についての情報収集力を強化している。

CICAⅡ草案においては，EPAの情報収集力の強化がかなり意識されている。EPA長官が情報が必要であると判断した場合，規則の制定，同意協定，または命令により，製造者または加工者に対して，既存化学物質のリスク評価あるいは新規化学物質に対する規制を課すために新たな情報の提供を義務づけることができる(CICAⅡ草案4条(a)項(1)号)。

S.697法案では，EPA長官が利用可能な情報だけでは必要な情報が不十分であると判断した場合には，優先順位づけ(S.697法案4条(a)項(2)号)，安全性評価または安全性判定のために(S.697法案4条(a)項(1)号(A))，事業者に試験の実施を命じることができる。このときに，規則だけでなく，同意協定または命令によることもできる(S.697法案4条(a)項(3)号)。

H.R.2576法案は，化学物質のリスク評価を行う際に，必要に応じてEPA長官は事業者に対して化学物質の試験を義務づけることができる(H.R.2576法案4条(a)項(1)号(c))と定められた。この措置は，現行法は規則によることとなっていたが，命令または同意協定によることもできるようになった(H.R.2576法案4条(a)項)。

H.R.2576上院修正法案では，S.697法案と同様，EPA長官が利用可能な情報だけでは必要な情報が不十分であると判断した場合には，優先順位づけ(H.R.2576上院修正法案4条(a)項(2)号)，安全性評価または安全性判定のために(H.R.2576上院修正法案4条(a)項(1)号(A))，事業者に試験の実施を命じることができる。このときに，規則だけでなく，同意協定または命令によることもできる(H.R.2576上院修正法案4条(a)項(3)号)。

以上のように既存化学物質についてのEPAの情報収集力の向上について

は，リスク評価の仕組みの構築とも関係して各法案で工夫がなされている。

ⅱ）新規化学物質

新規化学物質に対しては，現行の TSCA においても，製造前届出を審査したり，既存化学物質を新たな用途に利用する場合に，それが人の健康や環境に影響を及ぼすおそれがないか審査（重要新規利用の審査）する規定がある。しかし，新規化学物質の製造前届出において，人の健康影響に関連する一定の項目の試験データの提出を義務づけられているわけではなく，新規化学物質の製造前届出を行う者がその時点で有しているデータを提出すればよいことになっている（TSCA 5 条(d)項，40 CFR 720.50）。そのため，これを受理した EPA が保有するデータや構造活性相関分析などを活用して審査を行っている。これは産業界の負担を考慮しての措置であるが，欧州の REACH における登録制度や日本の化審法の新規化学物質の事前審査制度では審査に必要な一定の項目に対するデータを事業者に要求しており，そうしていない米国の制度は世界的にみても異例といえる。

この問題点についても認識されており，S.3209 法案および S.847 法案は，新規化学物質の製造，輸入を行おうとする事業者に対して，ミニマムデータセットなどの提出を義務づけ，審査に供するとともに EPA の情報収集力の向上を図っている。

また，S.1009 法案も基本的には同様であり，新規化学物質に相当するインアクティブ化学物質を製造または加工しようとする者は，少なくとも製造・加工の 90 日前に EPA 長官に届出をしなければならない（S.1009 法案 5 条(a)項(1)号(B)）。その場合には，EPA 長官は報告のあった化学物質をアクティブ化学物質に指定し，安全性評価のための順位づけを行わなければならない。このようにして，アクティブ化学物質に指定された化学物質は上記のアクティブ化学物質の評価のフレームワークに従い，新規の届出を行った者が提出した情報を勘案して（S.1009 法案 5 条(c)項(3)号(B)）安全性評価がなされる。

CICAⅡ草案もこの点は S.1009 と同様であるが，さらにこの草案では，企業秘密に該当しない範囲で，新規届出物質の特徴（identity）や用途を官報に公示することが定められており（CICAⅡ草案 5 条(b)項(2)号），情報開示の点

で進展がある。

S.697法案は，新規化学物質または重要新規利用が安全基準を満たすかどうかの判定をEPA長官が行うため届出時に提出された情報では不十分な場合には，規則の制定，同意協定の締結，命令の公布により，必要な情報を得るために新規化学物質または重要新規利用の届出者に対して，試験の実施を義務づけることができるようになった(S.697法案5条(d)項(5)号(C))。

しかしながら，H.R.2576法案は，現行のTSCA 5条の新規化学物質の届出などの規定を引き継いでいる。そのため，新規化学物質の届出者に対して追加のデータを十分要求できるか懸念される。前述のように，5条(d)項では新規化学物質の届出を行う者が「知っているか，または，当然確認できる」範囲でといった限定や，届出者が「所有または管理する」情報という制限がある。新規化学物質に関するEPAの情報収集力の強化を図るために，この規定は修正すべきである。同時に届出内容を具体的に定めた規則である40 CFR 720.50でも，届出者が「所有または管理する」情報という制限が加えられている部分を改正すべきである。

H.R.2576上院修正法案は，S.697法案同様，新規化学物質または重要新規利用が安全基準を満たすかどうかの判定をEPA長官が行うため，届出時に提出された情報では不十分な場合には，規則の制定，同意協定の締結，命令の公布により必要な情報を得るために，新規化学物質または重要新規利用の届出者に対して，試験の実施を義務づけることができる(H.R.2576上院修正法案5条(d)項(5)号(C))。

ⅲ）改善の背景

このように，多くのTSCAの改正案は，化学物質が人の健康や環境に及ぼす影響についての情報を新規化学物質の届出者が提供するという法案に規定された国の方針に従って，既存化学物質および新規化学物質の情報収集力の強化について必要な改善がなされているといえる。これらは，前述の米国行政活動検査院の指摘や学界からの批判に応えたものである。また，EPAの発表したTSCA改正の基本原則のうち「製造業者および輸入業者は，新規化学物質および既存化学物質が安全であり，人の健康または環境にリスク

を及ぼさないと結論づけるために必要な情報をEPAに提供すべきである」という項目を踏まえたものと考えられる。

さらにいえば，欧州のREACHが既存化学物質も含めて登録時に化学物質の物理・化学的性質や有害性などの一定のデータを提出するように定められたことが影響しているように思われる。欧州において管理を行う当局(欧州化学品庁)にデータが収集されることを踏まえ，米国においてもEPAにデータの収集を促す仕組みを構築することが意識されたものと考えられる。また，TSCAが制定されてから今日までの40年近くの間に，産業界も含め，化学物質管理に対する意識の変化を反映しているといえる。米国においても早晩「データなければ市場なし」の時代になるのではないだろうか。

ⅳ）情報収集措置の発動要件の緩和

現行のTSCAでは，EPAが化学物質に関する詳細な情報を必要とする場合，それは4条(a)項の下で試験規則を制定し公布するか，5条(e)項の下で情報の作成・提案の命令を出すか，あるいは8条(d)項の健康および安全性データ報告規則を活用することが考えられるが，要件が厳しく手続きも多く数年を要する[139]ため迅速な対応ができない。それは単に時間がかかるという問題だけではない。たとえば，EPA長官が4条(a)項の規定を利用して事業者に対して試験を行いデータを提出するよう命じようとすれば，その前提として，EPA長官が当該化学物質が人の健康や環境の被害に対する不合理なリスクを有する可能性があると判断できる場合などでなければならない。つまり，EPA長官は化学物質についてデータがないので事業者に対して試験を命じようとしているにもかかわらず，それを命じるためには，ある程度その根拠となるデータをEPAが持っていなければならない。これは，そもそも規定の設定に問題があるといえる。

この点についても，S.3209法案，S.847法案，S.1009法案，CICAⅡ草案，S.697法案，H.R.2576法案およびH.R.2576上院修正法案においてそれぞれ改善されている。S.3209法案では，EPAが試験規則または試験命令に基づきミニマムデータセットの提出を要求する場合に，EPAが事前に相当の根拠を示す制約はみられない(S.3209法案4条(a)項(2)号)。また，S.847法案では

優先クラス2の化学物質はミニマムデータセットの提出が必要となるが，この場合も事前に相当の根拠を示す制約はみられない(S.847法案4条(a)項(2)号)。

S.1009法案でも，事前に相当の根拠を示す制約はみられないが，命令に基づき追加のデータおよび情報の作成を求める場合には制約がある。たとえば，安全性評価や安全性判定のために追加のデータ等の作成を求める命令を発令する場合に，規則や試験合意ではなく命令による必要があることを告示(statement)で説明しなければならない(S.1009法案4条(g)項(2)号(A))。

この点では，CICA II 草案もS.1009法案と同様，事前に相当の根拠を示す制約はみられないが，さらなる情報の作成を求める場合には，その手段として規則，同意協定，命令のいずれを用いる場合でも，なぜデータ等の作成が必要となるのか告示(statement)で説明しなければならない(CICA II 草案4条(b)項(1)号)。また，命令による場合は規則や同意協定ではなく命令によることが必要な理由を説明しなければならない(CICA II 草案4条(b)項(2)号(A))。

S.697法案もS.1009法案を引き継いでおり，事前に相当の根拠を示す制約はみられず，新規化学物質の届出のチェックを行うため必要な場合，または既存化学物質の安全性評価・安全性判定を行うため必要な場合に事業者に対して化学物質の新たな情報の作成を課すことができる(S.697法案4条(a)項(1)号(A))。この場合，規則，命令，同意協定によって事業者に義務づけることができる(S.697法案4条(a)項(3)号)。ただし，規則，同意協定，命令のいずれを用いる場合でも，なぜデータ等の作成が必要となるのか告示(statement)で説明しなければならない(S.697法案4条(b)項(1)号)。また，命令による場合は規則や同意協定ではなく命令によることが必要な理由を説明しなければならない(S.697法案4条(b)項(2)号)。

H.R.2576法案では，情報収集力の強化において，これまでの法案に比べ後退がみられる。既存化学物質の安全性評価を行うため必要な場合に事業者に対して化学物質の新たな情報の作成を課すことができる(H.R.2576法案4条(a)項(1)号(C))が，新規化学物質の場合は，現行法と同様に事前に相当の根拠を示す制約がある。すなわち，その化学物質の製造，使用などにより人の

健康または環境を損なう不合理なリスクをもたらすおそれがあることの根拠をEPA長官があらかじめ示すことが求められる(H.R.2576法案4条(a)項(1)号(A))。この点に関しては，改善の余地があるように思われる。

H.R.2576上院修正法案は，S.697法案と同様であり，事前に相当の根拠を示す制約はみられず，新規化学物質の届出のチェックを行うため必要な場合，または既存化学物質の安全性評価・安全性判定を行うため必要な場合に事業者に対して化学物質の新たな情報の作成を課すことができる(H.R.2576上院修正法案4条(a)項(1)号(A))。この場合，規則，命令，同意協定によって事業者に義務づけることができる(H.R.2576上院修正法案4条(a)項(3)号)。ただし，規則，同意協定，命令のいずれを用いる場合でも，なぜデータ等の作成が必要となるのか説明しなければならない(H.R.2576上院修正法案4条(b)項(1)号)。また，命令による場合は規則や同意協定ではなく命令によることが必要な理由を告示(statement)で説明しなければならない(H.R.2576上院修正法案4条(b)項(2)号)。

② リスク評価における経済的，社会的影響の分離

TSCA 2条(政策提言)の(c)項において，議会の意図の表明として，EPA長官がこの法律を施行するにあたり「慎重に(prudent)運用する」ものとし，この法律に基づく措置に関して環境的影響とともに「経済的および社会的影響を考慮する」とされている。TSCA改正法案では，リスク評価とリスク管理を整理して，リスク評価では人の健康または環境に対するリスクのみを考慮して評価し，リスク管理においてコストなど経済的要因を考慮する考え方をとっている。EPA長官が2009年に発表したTSCA改正の基本原則でもこの点に言及しており，今日のリスク評価およびリスク管理の考え方に即したものとなっている。

リスク評価については，S.847法案およびS.1009法案では，安全基準の適合性判断において「人の健康と環境のみを考えて」安全基準が満たされているかどうか判断されると規定されている(S.847法案6条(d)項(2)号(B))(S.1009法案6条(c)項(2)号)。CICA II 草案ではより明確に，「重大なリスクを有するかどうかを評価する際に，EPA長官は，経済的なコストと利益を考慮して

はならない」と規定されている (CICAⅡ草案6条(b)項(3)号(B))。

H.R.2576法案では，リスク評価を行う際に長官は「費用および人の健康または環境に直接関連しない要素を含めてはならない」と規定されている (H.R.2576法案6条(b)項(4)号(B))。また，S.697法案およびH.R.2576上院修正法案では，リスク評価(安全性評価)の結論となる安全性判定は，化学物質が予想される使用状況の下で安全基準を満たすかどうかを判定するとされている。そして定義の条項である3条において，「安全基準」とは，リスク以外の要因を考慮することなく，化学物質の使用による暴露に起因して人の健康または環境に対して不合理なリスクをもたらさないことを確保する基準だと規定されている (S.697法案3条(16)号，H.R.2576上院修正法案3条(16)号)。

リスク管理に関しては，S.1009法案では提案された規制措置についての経済的・社会的コストや便益などをEPA長官が考慮することとされ (S.1009法案6条(c)項(9)号(D)(ⅲ))，CICAⅡ草案では規制措置を課すにあたり「費用対効果が適切かどうかを確認しなければならない」(CICAⅡ草案6条(c)項(4)号(A))と定められた。2015年に提案された法案では，S.697法案およびH.R.2576上院修正法案ではEPA長官は費用および便益を考慮しなければならないと定められ (S.697法案6条(d)項(4)号(A)，H.R.2576上院修正法案6条(d)項(4)号(A))，H.R.2576法案は化学物質の便益や国民経済，中小企業，技術革新など経済的影響も含めて考慮することが求められている (H.R.2576法案6条(c)項(1)号(A)(ⅲ)，(ⅳ))。

③ **不合理なリスク(unreasonable risk)要件について**

現行のTSCAでは，EPA長官が化学物質が人の健康または環境に対して不合理なリスクを及ぼすおそれがあると正当な根拠に基づき認定した場合には，負担の最も少ない方法により，当該化学物質の製造などの禁止あるいは制限措置をとらなければならない (TSCA 6条(a)項)。「不合理なリスク」の要件については6条(c)項(1)号第1段に示されており，人の健康や環境に対する当該化学物質の暴露の程度だけではなく，当該化学物質によってもたらされる便益，代替品の利用可能性，国民経済，小規模企業，技術革新などを考慮することとされており，多面的な検討が必要になる。規制措置の発動の

要件が多面的にわたると，どのような状況で規制措置がなされるのかあいまいになり，法的要件としては適切ではない。

このような批判を踏まえて，S.3209法案，S.847法案，S.1009法案，S.697法案およびH.R.2576上院修正法案では，化学物質に対する規制措置を実施する場合の要件として，安全基準を満たしているかどうかという基準を用いる。要件としては明確であるといえる。安全基準を満たしているかどうかは，S.847法案ではさまざまな経路による暴露および混合物中に含まれている当該化学物質の寄与なども考慮した総暴露を検討して，人間の健康または環境に影響しないとの合理的確信がある場合だけ安全基準を満たすと判定する。その際には，「人の健康と環境のみを考えて」安全基準が満たされているかどうか判断されると明記された(S.847法案6条(d)項(2)号(B))。これにより，現行TSCAにおけるような複雑な利益衡量は不要となり，判断の基準は明確になった。

一方，S.1009法案では，安全基準とは「人の健康または環境に対する不合理なリスクが化学物質の暴露によっては確実に生じない基準」(S.1009法案3条(16)号)とされており，「不合理なリスク」の語が用いられている。ただし，S.1009法案ではS.847法案と同様に安全基準の判定にあたっては「EPA長官は，人間の健康と環境に対する危険の考慮点だけに基づいて(中略)判定する」(S.1009法案6条(c)項(2)号)とされており，現行のTSCAのような経済的な面も含めた多面的な考慮は必要としない。

S.697法案およびH.R.2576上院修正法案でも，「不合理なリスク」の語が用いられている。しかし，安全基準の定義は「コストやその他のリスク以外の要因を考慮することなく，化学物質の使用による暴露に起因して人の健康または環境に対して(中略)不合理なリスクをもたらすことのないことを確保する基準」をいう(S.697法案3条(16)号，H.R.2576上院修正法案3条(16)号)。この定義からも明らかなように，コストやその他のリスク以外の要因を考慮することなく安全基準が決められる。したがって，S.697法案およびH.R.2576上院修正法案ではリスク評価(安全性評価)において経済的な面も含めた多面的な考慮は必要としない。

また，CICA II 草案においても，「EPA 長官は，当該化学物質の意図された使用状況において人の健康または環境に対して不合理なリスクに対し適切に保護するために必要だと判断する場合，当該化学物質の規制を内容とする規則を公布しなければならない」とされている（CICA II 草案 6 条(c)項(1)号）。他方，リスク評価において「重大なリスク（significant risk）を有するかどうかを評価する際に，EPA 長官は，経済的なコストと利益を考慮してはならない」と規定されており（CICA II 草案 6 条(b)項(3)号(B)），現行 TSCA のような経済的な面も含めた多面的考慮は要求されない。

H.R.2576 法案では，リスク評価を行う際に長官は「費用および人の健康または環境に直接関連しない要素を含めてはならない」と規定されている（H.R.2576 法案 6 条(b)項(4)号(B)）。その上で，「リスク評価は，健康または環境に被害を及ぼすような不合理なリスクを示すかどうかを判定する」（H.R.2576 法案 6 条(b)項(1)号）とされている。そのため，H.R.2576 法案ではリスク評価において経済的な面も含めた多面的な考慮は必要としない。

このように，TSCA 改正法案では，2015 年に提案された法案も含めて「不合理なリスク（unreasonable risk）」という用語が法案中で使われている。しかし，その意味が変更されており，現行の TSCA において意味しているような，当該化学物質によってもたらされる便益，代替品の利用可能性，国民経済，小規模企業，技術革新などを考慮する意味では用いられていない。前述したように，リスク評価はあくまでも科学的な評価であり，リスク評価から経済的，社会的影響の考慮を分離したことにも関連して，不合理なリスクという用語に起因する現行法の問題点は解消したと考えることができる。もし問題が残るとすれば，リスク管理における規制措置の選定にあたってどのような要件を課すかに集約されるものと思われる。

④ 最も負担の少ない方法による規制の要件について

現行 TSCA では，EPA 長官はある化学物質が人の健康や環境に対し不合理なリスクをもたらすおそれがあると適正な根拠に基づき認定した場合には，当該化学物質の製造などの禁止あるいは制限措置をとることができる。しかし，この規制はその際のリスク対策として必要な範囲で最も負担が少ない方

法によらなければならない(TSCA 6条(a)項)。この「最も負担が少ない方法」に限定されているところが問題となる。前述したアスベスト裁判においては，アスベストの禁止措置が，選択し得る措置の中で，人間の健康または環境を十分に保護することを要求される最も負担が少なくなる規制措置であることを示すことができなかった。そのため，裁判所によりアスベストを禁止する規則の大部分を破棄された。

このような規定は，何が「最も負担が少ない方法」なのかを示そうとすれば，可能な選択肢のすべてを比較しなければならず，裁判における立証が困難である。アスベスト裁判の後は，6条(a)項に基づく規制措置がとられていないことをみれば，規制措置の執行自体を困難にさせているといえる。

この点では，S.3209法案，S.847法案，S.1009法案，CICA II 草案，S.697法案，H.R.2576法案およびH.R.2576上院修正法案では，いずれも規制措置に関して，最も負担が少ない方法に限定する規定はない。このように各改正法案とも「最も負担が少ない方法」に関しては改善が図られている。

しかしながら，やや気になる規定もある。S.697法案およびH.R.2576上院修正法案では，規制措置の選択の際に，技術的かつ経済的に当該化学物質に適用可能な代替案と比較検討することがEPA長官に義務づけられた(S.697法案6条(d)項(4)号(B)，H.R.2576上院修正法案6条(d)項(4)号(B))。これはすべての可能性のある代替案ではなく「一つ以上の」代替案とされてはいるが，EPAの負担になる。前述のように，議会が，現行のTSCAが機能を発揮できなくなった事情を承知しながらもこのような制約を課したのは，規制措置の選択がどのようになされたのかを明確に記録するためであったとはいえ，そのために一つ以上の代替案と比較検討する必要は必ずしもないように思われる。行政効率を向上させるためにも必要以上の負担をEPAに課すべきではない。

CICA II 草案では，規制措置の費用対効果が適切であることをEPA長官が認定しなければならない(CICA II 草案6条(c)項(4)号(A))。また，H.R.2576法案では，費用対効果が優れているとEPA長官が認定する規制措置を課さ

なければならない(H.R.2576法案6条(c)項(1)号(B))。この規定も，費用対効果が適切であることや優れていることをEPA長官が認定することをあまり厳密に要求すると，規制措置を決定するためにEPAに大きな負担をかけることになりかねない。

⑤ リスク評価およびリスク管理の枠組み

ⅰ）優先順位づけからリスク評価への枠組みの設定

S.3209法案からS.847法案，S.1009法案，CICAⅡ草案，S.697法案，H.R.2576上院修正法案へとつながる化学物質のリスク評価とリスク管理の枠組みを概観すると，結局は，CICAⅡ草案，S.697法案およびH.R.2576上院修正法案で採用された次のようなリスク管理の枠組みに近いものに帰着するように思われる。

まず，アクティブ化学物質とインアクティブ化学物質に分類する。アクティブ化学物質は，この法案(または草案)の施行日以前の10年間(CICAⅡ草案の場合は5年間)のうち，いずれかの時点で商業目的で製造・輸入または加工された化学物質か，またはこの法案の施行日以降に製造・輸入または加工が開始された化学物質とする(S.697法案8条(f)項(1)号(A)，H.R.2576上院修正法案8条(f)項(1)号(A))。これに対して，インアクティブ化学物質は，この法案の施行日以前の10年間(CICAⅡ草案の場合は5年間)に商業目的で製造・輸入または加工が行われなかった化学物質である(S.697法案8条(f)項(2)号，H.R.2576上院修正法案8条(f)項(2)号)。

EPA長官はアクティブと指定されたすべての化学物質に対して，なるべく速やかに，リスク評価の優先度による選別としてハイ・プライオリティ化学物質またはロー・プライオリティ化学物質に指定しなければならない。

ハイ・プライオリティ化学物質については，指定された日から3年以内(CICAⅡ草案の場合は4年以内)にEPA長官がリスクベースで(化学物質の有害性と暴露の程度など科学的な要因を勘案して)リスク評価(risk assessment)[83]を

---

[83] S.697法案およびH.R.2576上院修正法案の場合は「安全性評価(safety assessment)」の用語を使用するが，内容としてはリスク評価と同様である。

実施し，その結果を公表しなければならない(S.697法案6条(a)項(4)号，CICA II草案6条(b)項(1)号(C)，H.R.2576上院修正法案6条(a)項(4)号)。リスク評価の結果，意図された使用状況において人の健康または環境に対して不合理なリスク(unreasonable risk)(CICA草案の場合は重大なリスク(significant risk))を及ぼすおそれがあるとEPA長官が判定した物質は，必要な規制措置を規則を制定することにより講じなければならない。

CICA II草案，S.697法案およびH.R.2576上院修正法案では，リスク評価とリスク管理をはっきりと区別し，リスク評価に関して，考慮すべき要因と考慮してはならない要因を条文で明記している。すなわち，リスク評価では人の健康または環境に対して不合理なリスク(unreasonable risk)(CICA草案の場合は重大なリスク(significant risk))を及ぼすかどうかを評価し，その際に，コストや便益を考慮してはならない(S.697法案3条(16)号，CICA II草案6条(b)項(3)号(A)および(B)，H.R.2576上院修正法案3条(16)号)。一方，リスク管理(化学物質の規制)では，実施する規制措置の費用対効果が適切かを検討しなければならない(S.697法案6条(d)項(4)号(A)，CICA II草案6条(c)項(4)号(A)，H.R.2576上院修正法案6条(d)項(4)号(A))。さらに，実施しようとする措置とその代替措置との比較検討をしなければならない(S.697法案6条(d)項(4)号(A)，CICA II草案6条(c)項(4)号(C)，H.R.上院修正法案6条(d)項(4)号(A))と定めている。

ⅱ) 現行のTSCAの仕組みを残したリスク評価の枠組み

これに対して，H.R.2576法案では，上記で説明したS.3209法案からCICA II草案，S.697法案，H.R.2576上院修正法案へとつながる化学物質の優先順位づけからリスク評価へ続く枠組みを採用していない。現行のTSCAの仕組みを残しながら，化学物質の有害性および意図された使用状況に起因する暴露の両方を考慮して，人の健康または環境に対して不合理なリスクを及ぼすとEPA長官が判断する場合にリスク評価を開始する(H.R.2576法案6条(b)項(3)号(A)(ⅰ))制度を定めている。シンプルな制度で，リスク評価の開始をEPA長官の判断に集約している点が特徴である。

前述したS.697法案，CICA II草案およびH.R.2576上院修正法案などが既

存化学物質のリスク評価に至る仕組みを構築したのは，現行の TSCA の施行における反省に立って，既存化学物質のリスク評価およびリスク管理の促進を目指したものであった。もし，このような仕組みを伴わない H.R.2576 法案に基づき既存化学物質のリスク評価，リスク管理を進めるのであれば，EPA 長官の法律の運用が試されることとなろう。

⑥ 他法令優先規定について

化学物質を規制する場合，TSCA 以外の法令によって十分な規制が行える場合には，その法令による規制に委ね，TSCA の規制を発動しない（TSCA 9 条）。そのため，TSCA の規制によりリスクを削減することがリスクのすべての面を考慮して公共利益となり，規制を順守するための費用とそのような措置の相対的な効率において優れていると判明しない限り，TSCA により規制措置を講じることができないことになる。

この点に関しては，S.3209 法案，S.847 法案，S.1009 法案，CICA II 草案および S.697 法案では，現行の TSCA を踏襲した規定となっており，改善がみられてはいない。法律の重複規制を避けるため[84]と考えられる。

H.R.2576 法案では，これまでの TSCA 改正法案の中で初めてこの点を改正した。すなわち，EPA 長官が化学物質の規制を行うにあたり，TSCA を用いるか，他の連邦法を用いるかを決める場合，いずれが「公共の利益(in the public interest)」に資するかという基準を新たに設けた(H.R.2576 法案 9 条(b)項(2)号)。そして，TSCA の権限を用いる場合と，他の連邦法の権限を用いる場合とで，要する費用とその効果を比較検討することを EPA 長官に義務づけている。公共の利益という基準を採用した点は妥当な方法だと考えられるが，公共の利益の概念が抽象的であることが懸念される。また，権限の発動にあたって，費用対効果を比較検討するのは，もっともなことではあるが，運用のやり方によっては EPA の負担を必要以上に増やすこととなり，規制措置の発動の支障になることが懸念される。

---

[84] 下院の報告書では，このように解されている。House of Representatives Report 114-176 on H.R.2576, "TSCA Modernization Act of 2015," June 23, 2015, p. 28.

H.R.2576上院修正法案では，他法令との関係は現行のTSCAの規定を受け継いで，他の法律により対象となったリスクが除去されたり十分低減されると予想される場合には，当該法律の条項を活用することにより対処し，H.R.2576上院修正法案の規定は発動しないと定められている(H.R.2576上院修正法案9条(a)項,(b)項)。しかし，他法令に対する姿勢は，現行のTSCAやS.697法案に比べると，H.R.2576上院修正法案では，より積極的になった。すなわち，H.R.2576上院修正法案では，ある化学物質について安全基準を満たすよう対処することが可能な連邦法の所管機関にEPA長官が報告をしてもその機関が対処しない場合には，当該化学物質についてEPA長官は安全性評価および安全性判定を行わなければならない。そして，安全基準を満たさないと判定したならば6条(d)項に基づく規制措置をとることが明記された(H.R.2576上院修正法案9条(a)項(4)号)。

⑦ 企業秘密に関する情報開示規定の整備
ⅰ) 企業秘密の限定

現行のTSCAは，企業秘密を明らかにすることを原則的に禁止しており，例外として特定の健康と安全性のデータならびに不合理なリスクから健康または環境を保護するために開示が必要だと決定された情報を開示することができると規定されている(TSCA 14条)。企業秘密については，事業者からの申請に基づいて指定しているが，どのような情報が企業秘密に当たるか明確な基準が示されておらず，そのため，前述のようにどうしても企業秘密の部分が過剰に申請される傾向がある。また，時間の経過によって企業秘密を保護することはもはや必要でなくなる場合があるが，企業秘密の保護規定に期間の定めがない。また，現行のTSCAでは州や外国政府への情報提供規定はなく，これを禁止するものと解されている。

これに対して，S.3209法案およびS.847法案では，情報の公開に関しては米国情報公開法に準拠することとした。また，時間の経過とともに，企業秘密を保護する必要性が薄れてくることを考慮して，提出された企業秘密の保護期間は最高5年であると規定された。また，開示から保護されないデータを規定しており，現行のTSCAでも開示が認められる人の健康や安全に関

するデータに加えて，安全基準の判定に関するデータや子供が暴露されると予想される消費者製品に用いられる成形品中の化学物質を示す情報などが規定されている(S.3209法案14条(d)項(1)号(D))(S.847法案14条(b)項(3)号(A)(vi))。

さらにS.847法案では，制定後1年以内に規則により企業秘密の保護期間を指定しない情報のタイプを定めている(S.847法案14条(c)項(1)号(A)(iii))。これによって，情報開示から保護される企業秘密の範囲が明確になり，TSCAにおける企業秘密の取扱いの透明性と公平性が強化されるものと思われる。

S.1009法案では，14条で企業秘密の情報の取扱いに関する規定が置かれ，企業秘密として非開示になる情報を明確に定めて，企業の競争力の保護と一般市民に対する情報開示の要請とのバランスを図っている。S.1009法案では，企業秘密と推定される情報として，マーケティング情報，顧客の情報，製造プロセス，製品の機能・用途などの具体的情報，正確な製造量・輸入量，化学名，分子式などを限定列挙している(S.1009法案14条(b)項(2)号)。また，事業者が企業秘密だとして申請する際に，事業者側からこの法案の14条に基づき当該情報が保護されることを示さなければならない(S.1009法案14条(d)項(1)号(A))。なお，EPA長官が当該情報を公表することが人の健康または環境を保護するのに必要であると判断するときは，企業秘密として保護されない(S.1009法案14条(e)項(3)号)。

CICA II 草案の14条では，おおむねS.1009法案の規定を踏襲しており，企業秘密として保護される情報と保護されない情報を条文に具体的に列挙して，基準の明確化を図っている。

S.697法案およびH.R.2576上院修正法案の14条もおおむねS.1009法案の14条を踏襲している。さらにS.697法案およびH.R.2576上院修正法案では，EPA長官がガイダンスを作成して申請する際の要件や企業秘密の保護を申請する者が証明すべきことがらをはっきりさせた(S.697法案14条(d)項(3)号，H.R.2576上院修正法案14条(d)項(3)号)。

ⅱ）企業秘密情報の州との共有

現行法では州に対する化学物質の情報提供規定はないが，S.3209法案，S.847法案，S.1009法案，CICAⅡ草案，S.697法案，H.R.2576法案およびH.R.2576上院修正法案では，いずれも州や地方自治体における化学物質管理や州法の施行などに必要な場合には，州または地方自治体の要請に基づきEPAの保有している情報を提供する，または提供できると規定した(S.697法案14条(e)項(4)号，H.R.2576法案14条(a)項(5)号，H.R.2576上院修正法案14条(e)項(4)号など)。

なお，国際機関や外国政府への情報提供に関して，S.3209法案，S.847法案，S.1009法案，CICAⅡ草案，S.697法案，H.R.2576法案およびH.R.2576上院修正法案には規定がない。これは，連邦政府の責任で行うこととしてTSCAでの言及を避けたと考えられる。

⑧ 州との協力

現行のTSCAでは州の役割についての記述がなく，企業秘密に関わる情報を州政府と共有することはできないと解釈される。この点を改善するため，S.3209法案では，州との協力を強化すること(S.3209法案3条(b)項(7)号)など抽象的な努力義務が規定された。また，S.847法案では，州が協定により守秘性を確実に守ることを前提に企業秘密の情報を州と共有することができることが規定された(S.847法案14条(a)項(2)号(A)(ⅳ))。

これに対してS.1009法案では，この法案が州や郡などの規制に専占する(preempt)ことが明記された(S.1009法案2条(a)項(7)号)上で，適切に守秘性を保つことを条件に州や郡との間で企業秘密に関わる情報を共有することが規定されている(S.1009法案2条(b)項(2)号(D)，14条(e)項(4)号)。

S.3209法案やS.847法案にはなく，S.1009法案で新たに加えられた規定として，州知事や州の機関からアクティブ化学物質をハイ・プライオリティ化学物質またはロー・プライオリティ化学物質に指定するための推薦を受ける仕組みが規定された(S.1009法案4条(e)項(4)号)。この4条(e)項(4)号の規定は，法の施行の一部を州が行うものであり，現行のTSCAにはない新たな制度の提案である。この提案は，連邦と州の具体的な協力として，情報共有

の段階から一歩進め，州からの提案をハイ・プライオリティ化学物質の指定などに活用する仕組みであり，州の意向を連邦法の施行に活かす制度といえる。このような制度が連邦の化学物質管理法に導入されることにより，地方の意向を国全体の化学物質管理に反映させる契機となる試みと考えられる。

しかしながら，CICA II 草案ではこのような州の意向を連邦法の施行に活かす制度はみられず，その点では，S.1009 法案に比べ州との協力の面でやや後退している。

S.697 法案および H.R.2576 上院修正法案では S.1009 法案を受け継いで，州知事や州の機関からハイ・プライオリティ化学物質またはロー・プライオリティ化学物質の推薦を受けることとしている(S.697 法案 4A 条(a)項(4)号(A), H.R.2576 上院修正法案 4A 条(a)項(4)号(A))。これに加え，ハイ・プライオリティ化学物質に指定されていないものに対して州が規制措置を実施した場合 EPA 長官に通知する制度も盛り込まれた(S.697 法案 4A 条(b)項(9)号(A), H.R.2576 上院修正法案 4A 条(b)項(9)号(A))。このような制度を活用して，連邦と州との間で，化学物質管理についての情報交換を円滑にすることにより，化学物質管理措置を効果的に実施することにより市民の安全に寄与するものと考えられる。

一方，H.R.2576 法案では，連邦の専占権を低減する規定はみられるが，州や地方自治体との協力を促す規定がみられない。州との間に化学物質管理についての情報交換を促す規定があってもいいように思われる。

⑨ 連邦の専占権

TSCA 18 条は，州と州の間の取引を円滑にするため米国内の規制措置を統一する手段として連邦の専占権を定めている。TSCA の専占権の内容は主に二つある。第一は，EPA 長官が 4 条に基づき，規則により化学物質または混合物の試験を要求した場合には，州や地方自治体は，その規則の発効日以降は，同様の目的で同様の試験を当該物質に対して課すことができなくなる (TSCA 18 条(a)項(2)号(A))。第二は，EPA 長官が 5 条または 6 条に基づき，規則または命令により化学物質または混合物に対する規制措置を実施した場合は，州や地方自治体は，その規則の発効日以降は，同様の目的で同様の規

制を当該物質に対して課すことができなくなる(TSCA 18条(a)項(2)号(B))。

専占権規定に関しては，州の住民と環境を保護する州の規制権限を制限するものであり，専占権を削減すべきであるとの主張もある。改正法案のうち，S.1391 および S.3209 法案は連邦の専占権を廃止し，S.847 法案は専占権を大幅に縮小した。しかし，その後に提案された S.1009 法案では，2条の確認事項で，この法案が州や地方自治体の規制に専占することが明記された(S.1009法案2条(a)項(7)号)上で，18条において連邦の専占権規定がかなり具体的に規定された。さらに，連邦の専占権に対する適用除外(exception)を一定の場合に認めており，州や地方自治体の申請により個別に連邦の専占権の適用免除の特例措置(waiver)の制度を定めている。また，CICA II 草案でも2条の草案の目的規定において人の健康または環境の保護措置の統一を掲げている(CICA II 草案2条(b)項)。そして18条で具体的に連邦の専占権の及ぶ事項が規定されており，かなり広範に連邦の専占権が定められている。さらに CICA II 草案には，現行法における除外(exemption)規定や S.1009 法案，S.697 法案にみられた適用免除の特例措置(waiver)の制度のように，州や地方自治体の申請に基づき連邦の専占権の適用を控える制度もみられない。このように CICA II 草案は，連邦の専占権規定を具体的に定め，米国内における化学物質規制の共通化を進めることに重点を置いているように思われる。

S.697 法案および H.R.2576 上院修正法案では，目的規定などを定めた2条では連邦の専占権に触れていないが，18条において専占権の適用について具体的に定めている。たとえば，ハイ・プライオリティ化学物質に対してEPA 長官が安全性評価を行うことを決定した場合，州や地方自治体は，この化学物質に対して規制措置を課してはならない(S.697 法案18条(b)項(1)号，H.R.2576 上院修正法案18条(b)項(1)号)。連邦による安全性評価結果を待って，それに従うことを定めている。ただし，EPA 長官が決定する以前に，州や地方自治体が州法などに基づき行っていた規制措置には影響が及ばない(S.697 法案18条(b)項(2)号(A)，H.R.2576 上院修正法案18条(b)項(2)号(A))。

また，S.697 法案および H.R.2576 上院修正法案では，一定の期日以前に施行された規制措置に対して連邦の専占権が及ばないとされている。すなわち，

2015年8月1日以前に州や地方自治体が施行した化学物質に対する規制措置は，連邦の専占権の適用を受けない(S.697法案18条(e)項(1)号(A)，H.R.2576上院修正法案18条(e)項(1)号(A))。さらに，2003年8月31日に効力を有した州法に基づく規制措置も連邦の専占権の適用を受けない(S.697法案18条(e)項(1)号(B)，H.R.2576上院修正法案18条(e)項(1)号(B))。これに加えて，連邦の専占権適用に対して，州や地方自治体は適用免除の特例措置(waiver)を申請することができる(S.697法案18条(f)項(1)号など，H.R.2576上院修正法案18条(f)項(1)号など)。このように，州や地方自治体の申請に基づき連邦の専占権の適用を控える制度も備えており，S.697法案は国内の規制の共通化と地域の実情に応じた州や地方自治体による規制措置の実施とのバランスを考慮している。

　H.R.2576法案では，CICA II 草案よりも連邦の専占権は縮小された。S.697法案およびH.R.2576上院修正法案と類似した規定があるが，これらの法案で取り入れられた特例措置(waiver)を州や地方自治体が申請する制度がH.R.2576法案ではみられない。

　たとえば，H.R.2576法案では，EPA長官がある化学物質が意図された使用状況において人の健康または環境を害する不合理なリスクを及ぼさないと判断した場合，これが公表された後は，州や地方自治体は同じ化学物質に対して規制措置を新たに制定したり，すでにある規制措置を継続することはできない(H.R.2576法案18条(a)項(2)号(B))。ただし，このような連邦の専占権規定に対して，S.697法案およびH.R.2576上院修正法案と同様に，一定の期日以前に施行された規制措置に対しては連邦の専占権が及ばないとされている(H.R.2576法案18条(c)項(1)号)。

　このように州や地方自治体の規制権限を一部制限する専占権規定を有しているのは，連邦法(案)として化学物質などに対する国内の規制の共通化を図る役割があるためである。しかしながら，地域の実情に応じて，市民の健康または環境を守るために州や地方自治体が化学物質の管理権限を行使して対処することも考慮すべきである。このようなバランスをどこに置くか判断することが議会の役割である。

⑩ 司法審査の改善による手続きの円滑化

ⅰ) 問題の所在と対応策

　司法審査に関して現行の TSCA の問題点は，6条(a)項に基づく有害化学物質の製造規制のための規則，4条(a)項に基づく化学物質の安全性試験の実施を事業者に求める規則など，国民の権利や経済活動に大きな影響を与えると思われる規則の司法審査に関しては実質的証拠基準が適用されていることである。そのため EPA は，司法審査に耐えるために，規則制定にあたって実質的証拠として「規則制定記録」を作成しなければならない。この規則制定記録は，規則制定に関する EPA 長官の判定根拠をはじめとして，関係者の口頭陳述の記録など多くの書類を作成しなければならず，EPA の事務負担が過大なものとなっている。

　また，この規則制定記録が「実質的証拠に裏づけられている」との判断基準(実質的証拠基準)は，行政手続法(5 U.S.C. §551 et seq.)において規則制定にあたり通常適用される「専断的または恣意的基準」より厳しいものである[140]。前述したように専断的・恣意的基準にハード・ルック審査が加わり，専断的・恣意的基準と実質的証拠基準の差はみられないといわれている[141]。しかしながら，TSCA に基づく規則が，行政手続法で通常用いられる基準より厳しい基準にすべき合理的理由がなく，改正すべきであると考えられる。

　司法審査の改善による手続きの円滑化は，S.3209法案，S.847法案，S.696法案および H.R.2576 上院修正法案では，ともに三つの方向で改善がみられた。第一点は，規則制定記録として「実質的証拠に裏づけられている」との判断基準が削除されたことである。第二点は，行政命令を活用し，より迅速に規制措置の実施が図れるように配慮されたことである。第三点は，EPA 長官の決定に対する司法審査を制限する規定がいくつか置かれたことである。たとえば S.3209法案では，ある化学物質を優先リストに掲載するか否かの EPA 長官の決定に関しては，司法審査を受けないとされている(S.3209法案6条(a)項(4)号)。このように，司法審査および規制措置の施行手続きの面では，これら三つの法案では現行の TSCA に比べ円滑化が図られたといえる。

ⅱ) S.1009法案における対応

しかしながら、2013年のS.1009法案では、第一点および第二点で、施行手続きの円滑化について後退がみられた。

第一点については、試験データの提出を求める条項や化学物質の規制を行う条項など一部の条項に基づく規則について、実質的証拠基準に従って司法審査が行われるとの規定が記載された。これは前述したように司法審査において実質的証拠を準備するためのEPAの負担を考えれば、TSCAの施行の円滑化に関して後退したといわざるを得ない。

また、第二点に関しては、S.1009法案では同意協定、行政命令を活用してより迅速に規制措置の実施が図れるような配慮がみられる。ところが、他方、命令による規制措置の発動を抑制する規定も置かれている。たとえば、安全性評価や安全性判定を行うために追加のデータおよび情報の作成を求める命令を発令する場合に、規則や同意協定ではなく命令によることが必要なことを告示(statement)で説明しなければならない(S.1009法案4条(g)項(2)号(A))。この点は、これらの規則に対する司法審査において実質的証拠基準が適用されることと相まって、法律の施行を行うEPAに負担を強いている。

第三点では、S.1009法案でも司法審査の適用を除外する規定がみられる。たとえば、S.1009法案ではハイ・プライオリティ化学物質またはロー・プライオリティ化学物質への指定は司法審査の対象とならない(S.1009法案4条(e)項(5)号(B))。一方、安全性評価は司法審査の対象とはならないが(S.1009法案6条(b)項(6)号(B))、安全性判定は司法審査の対象となる(S.1009法案6条(c)項(11)号(B))。

ⅲ) CICAⅡ草案の対応

2014年のCICAⅡ草案でも、司法審査に関する状況はS.1009法案とあまり違いはない。

第一点については、S.1009法案と同様、試験データの提出を求める条項や化学物質の規制を行う条項など一部の条項に基づく規則について、実質的証拠基準に従って司法審査が行われるとの規定が記載され、司法審査において実質的証拠を準備するためのEPAの負担を重くしている。TSCAの施行の

円滑化に関しては，後退したといわざるを得ない。

　第二点の迅速な規制措置の実施に関して，CICAⅡ草案も合意協定や命令をさまざまな局面で活用しており，迅速に規制措置の実施が図れるような配慮がみられる。他方，行政庁の説明責任を強化しており，EPA長官がさらなるデータ等の作成を命じる場合には，その手段として規則，協定，命令のいずれを用いる場合でも，なぜデータ等の作成が必要となるのかに関して告示(statement)で説明しなければならない(CICAⅡ草案4条(b)項(1)号)。また，命令による場合は，規則の公布や同意協定の締結ではなく，なぜ命令によるのかその理由を説明しなければならない(CICAⅡ草案4条(b)項(2)号(A))。これ自体は必要なことと考えられるが，運用に際してあまり厳格な説明をEPAに求めると，法令の施行を妨げる結果となる可能性がある。

　第三点については，司法審査の適用を除外する規定はCICAⅡ草案でもみられ，ハイ・プライオリティ化学物質への指定は司法審査の対象とはならないとされている(CICAⅡ草案6条(a)項(9))。

ⅳ）S.697法案の対応

　2015年に提案されたS.697法案についても，司法審査に関してはS.1009法案およびCICAⅡ草案と類似した対応をしており，これらについて述べたことが当てはまる。第一点については，有害化学物質の製造規制などのための規則，化学物質の安全性試験の実施を事業者に求める規則など，国民の権利や経済活動に大きな影響を与えると思われる規則の司法審査に関しては実質的証拠基準が適用される点に関しては改正されていない。そのため，規則が実質的証拠に裏づけられていないと裁判所が判断するならば，それを不法な状態だとして，当該規則は破棄される(S.697法案19条(c)項(1)号(B)(ⅰ))との部分も残されており，EPAの証明の負担は依然として存続する。

　また，第三点について，S.697法案では司法審査の適用を除外する規定はほとんどみられない。この点でもEPAの負担は現行法に比べ軽減しない。

ⅴ）H.R.2576法案の対応

　H.R.2576法案では，第二点については，行政規則だけでなく行政命令や同意協定を活用し，より迅速に規制措置の実施が図れるように配慮されてい

る。しかし，司法審査の枠組みとしては現行 TSCA 19 条がほぼそのまま承継されており，第一点については，裁判所は TSCA 6 条(a)項などに基づく規則が実質的(substantial)証拠に裏づけられていないと判断するならば，それを不法な状態だとして，当該規則は破棄される(H.R.2576 法案 19 条(c)項(1)号(B)(ⅰ))。また，第三点については，司法審査の適用を除外する規定はほとんどみられない。この点でも EPA の負担は現行法に比べ軽減しない。

ⅵ) H.R.2576 上院修正法案の対応

司法審査に関しては，H.R.2576 上院修正法案では，S.697 法案をさらに修正している。この法案の 19 条(c)項(1)号(B)(ⅱ)では，裁判所は，規則制定記録の場合を除き，根拠や目的の妥当性を審査してはならないとの規定を置いており，司法審査に対して一定の歯止めをかけている。これまでの TSCA 改正法案にはみられない規定である。また，行政規則だけでなく行政命令や同意協定を活用し，より迅速に規制措置の実施が図れるように配慮されている。

しかし，一方では，司法審査が TSCA 第 1 編に特段の定めがある場合以外は，1 編に関するすべての規則と 6 条(c)項(1)号(A)に基づく安全性判定結果についての命令に及ぶことを定めている(H.R.2576 上院修正法案 19 条(a)項(1)号(A))。

また，司法審査の基準について，H.R.2576 上院修正法案では，6 条(d)項に基づく有害化学物質の製造規制などのための規則，4 条(a)項に基づく化学物質の安全性試験の実施を事業者に求める規則など，国民の権利や経済活動に大きな影響を与えると思われる規則の司法審査に関しては実質的証拠基準が適用される点に関しては改正されていない。さらに，安全性判定結果についての命令(6 条(c)項(1)号(A))の司法審査に関しても実質的証拠基準が適用される。そのため，こうした規則または命令が実質的証拠に裏づけられていないと裁判所が判断するならば，それを不法な状態だとして当該規則または命令は破棄される(H.R.2576 上院修正法案 19 条(c)項(1)号(B)(ⅰ))こととなり，EPA の証明の負担は依然として存続する。

vii）規則制定手続の円滑化における司法審査基準の位置づけ

現行の TSCA が化学物質を規制するための規則制定手続の硬直化（ossification）によってその機能を発揮できなくなったことに鑑み，実質的証拠基準の適用に関しては改正が必要と思われる。すなわち，実質的証拠にあたる規則制定記録は，規則制定に関する EPA 長官の判定根拠をはじめとして，関係者の口頭陳述の記録など多くの書類を作成しなければならず，EPA の事務負担が過大なものとなっている。

この点，前述したように，専断的・恣意的基準にハード・ルック審査が加わり専断的・恣意的基準と実質的証拠基準の差はみられないといわれていることから，重要な規則に関しては，あえて，それほど負担が変わらないのであれば，少しでも厳格といわれる実質的証拠基準を適用するのが議会の考え方とも受け取ることができる。

また，専断的・恣意的基準と実質的証拠基準の差がみられないのならば，TSCA の規則制定手続が硬直化した原因は，実質的証拠基準の適用よりもほかの原因の寄与が大きいと考えることができる。すなわち，硬直化の原因は「最も負担の少ない」規制措置を課す要件や，この評価において費用や便益など多方面の考慮を要するためであるとの認識から，これらの部分の改正により規則制定手続の硬直化が防げるとの発想に基づくとも考えられえる。

このような発想に基づき，司法審査の基準についてはことさら改正する必要がないとの考え方から，司法審査の条項の改正については，最近の改正案ではあまり重視されなくなったものと思われる。

(2) TSCA 法案におけるリスク評価と予防原則の活用

2002 年に開催された WSSD で採択された実施計画第 23 項では，化学物質管理に関して次の目標が提唱された。「予防原則に留意しつつ透明性のある科学的根拠に基づくリスク評価手順とリスク管理手順を用いて，化学物質が人の健康と環境にもたらす著しい悪影響を最小化する方法で使用，生産されることを 2020 年までに達成する」。この目標の達成にあたって，リスク評価およびリスク管理と予防原則の活用が示されているが，米国はどのように

応えようとしているのだろうか。リスク評価(リスク管理を含む)と予防原則についてそれぞれ考察を行った。

① TSCA法案におけるリスク評価

TSCA改正の基本原則では，2か所でリスク評価に言及しており，それぞれのTSCA改正法案では，異なる方法でリスク評価が行われる。TSCA改正の基本原則第一では，「化学物質は，人の健康および環境を保護するため，適切な科学とリスクの考えに基づいた安全基準に照らし審査しなければならない」とされている。また，TSCA改正の基本原則第四では，「製造業者およびEPAは，既存化学物質および新規化学物質のうち優先すべきものに対して時宜を得たやり方でリスク評価を行い(後略)」とされている。この基本原則第四をみれば，リスク評価は優先順位をつけて事業者およびEPAが適宜分担あるいは協働(協力)して行う趣旨と解することができる。

提案されているTSCA改正法案の間で，新規化学物質に対するリスク評価のやり方に関してはあまり違いはない。リスク評価のやり方に違いが生じるのは，既存化学物質についてである。既存化学物質のリスク評価について，それぞれのTSCA改正法案でどのようにリスク評価が行われるか，リスク評価の主体やその仕組みについてみてみよう。

ⅰ）S.1391法案におけるリスク評価

この法案では，事業者がまず安全基準適合性の評価を行い，さらにEPA長官がその確認のための評価を行う仕組みになっている。化学物質の安全基準適合性の評価をまず最初に事業者に課しているところに特徴がある。REACHの登録制度を参考にしたものと考えられる。

EPA長官は化学物質の安全基準を設定するとともに，既存化学物質に対して優先順位をつけて安全基準適合性の評価を段階的に行うこととしている。この事業者およびEPA長官による一連の安全基準適合性の確認がリスク評価であり，リスク評価が協働行為として行われるようになっている。

ⅱ）S.3209法案におけるリスク評価

S.3209法案では，リスク評価はEPA長官が行う仕組みになっており，S.1391法案のように事業者が安全基準適合性評価を行う場面はない。ただし，

情報収集の過程で事業者との協働がなされる。まず事業者が申告を行い，これに伴いミニマムデータセットを提出する必要がある。このとき提出する情報は既知または合理的に確認できる範囲のものである。この情報などを基に，EPA長官による既存化学物質の安全基準適合性評価のための優先順位づけが行われ，優先リストが作成される。優先リストに掲載された化学物質については，事業者は掲載後30か月以内に，必要なら試験を行いミニマムデータセットを提出しなければならない（優先リストに掲載されないものについては法案の成立後14年以内に提出しなければならない）。EPA長官はミニマムデータセットを用いて安全基準適合性評価を行うこととされており，ここでリスク評価が行われる。

ⅲ）S.847法案におけるリスク評価

　S.847法案ではさらに，情報収集の過程でも事業者との協働の意味合いが薄れている。最初にEPA長官が商業的利益のために製造・輸入されている化学物質などを把握する目的でアクティブインベントリーなどを作成するため，事業者に取り扱っている化学物質の申告を求める。このときに事業者は，化学物質の名称，特異的性質などを申告するが，ミニマムデータセットの提出は要求されていない。次に，EPA長官はアクティブインベントリーに収載された化学物質について，安全基準を判定する際の優先度に応じ，優先クラス1，優先クラス2，優先クラス3の三つのカテゴリーに分類する。優先クラス1の化学物質については，割り当てられた後5年以内に安全基準を満たしているかどうかをEPA長官が判定することとなっており，ここでリスク評価が行われる。

　S.847の優先クラス1の化学物質に対する安全基準適合性評価は，ミニマムデータセットの提出を事業者に求める規定がなく，割り当てられた後5年以内に安全基準を満たしているかどうかをEPA長官が判定しなければならない。一方，優先クラス2の化学物質に対する安全基準適合性評価は，事業者に対して5年以内にミニマムデータセットを要求する規定になっている。EPA長官は事業者からミニマムデータセットを収集してそれに基づき安全基準の適合性を判断する仕組みとなっている。

これは，優先クラス1の化学物質は有害である可能性が比較的大きく，かつ，重大または広範な暴露状況の根拠があるため，万一被害が生じた場合には重大なものになる可能性がある。そのため，データがそろっていなくとも，すなわち科学的不確実性があっても，安全基準の適合性の判定という規制措置を行い，必要ならば予防原則の考え方に基づきリスク削減措置を講じるとの意味に解釈できる。他方，優先クラス2の化学物質については，優先クラス1の化学物質に比べると，安全基準の適合性をそれほど早急に判定する必要がないため，ミニマムデータセットを収集して，あくまで科学的根拠により安全基準の適合性を判断する仕組みとなっている。

iv）S.1009法案におけるリスク評価

S.1009法案では協働の色彩は薄れ，これまでの改正案に比べると簡略な方法となっている。この法案では，リスク評価のことを「安全性評価(safety assessment)」の用語を用いて表している。

化学物質はアクティブ化学物質(active substances)とインアクティブ化学物質(inactive substances)に大別される。アクティブ化学物質は，この法案の施行日以前の5年間のうち，いずれかの時点で商業目的で製造・輸入または加工された化学物質か，またはこの法案の施行日以降に製造・輸入または加工が開始された化学物質である(S.1009法案8条(b)項(6)号)。現行法では既存化学物質に相当する。これに対してインアクティブ化学物質は，この法案の施行日以前の5年間に商業目的で製造・輸入または加工が行われなかった化学物質である(S.1009法案8条(b)項(7)号)。現行法では新規化学物質に相当する。

アクティブ化学物質については，EPA長官により，信頼できる科学的証拠に基づきハイ・プライオリティ化学物質(high-priority substance)とロー・プライオリティ化学物質(low-priority substance)とに分けられる(S.1009法案4条(e)項(3)号(E), (F))。そしてハイ・プライオリティ化学物質については，EPA長官が優先順位をつけた上で，リスクベースで(化学物質の有害性と暴露の程度を勘案して)安全性評価(safety assessment)が実施される(S.1009法案6条(b)項)。その際，EPA長官は当該化学物質の製造者等に対し，規則や命

第 2 章　米国有害物質規制法の成立と発展　391

令の公布や事業者との試験実施の合意を行うことで新たな試験データの作成を求めることができる(S.1009 法案 4 条(f)項)。EPA 長官は，化学物質の暴露により人の健康または環境に対し不合理なリスクを生じないことを保証する(ensure)基準としての安全基準(safety standard)(S.1009 法案 3 条(16)項)に照らし，意図された使用状況で当該化学物質が安全基準を満たすかどうかを判定する(S.1009 法案 6 条(c)項(1)号)。

ⅴ) CICA II 草案におけるリスク評価

この草案の特徴として，リスク評価とリスク管理をはっきりと区別し，リスク評価に関して，考慮すべき要因と考慮してはならない要因を条文で明記していることが挙げられる。すなわち，リスク評価では人の健康または環境に対して重大なリスク(significant risk)を及ぼすかどうかを評価し，その際にコストや便益を考慮してはならないことを条文に明記している(CICA II 草案 6 条(b)項(3)号(A), (B))。一方，リスク管理(化学物質の規制)では実施する規制措置の費用対効果が適切かを検討しなければならない(CICA II 草案 6 条(c)項(4)号(A))。さらに，実施しようとする措置とその代替措置との比較検討をしなければならない(CICA II 草案 6 条(c)項(4)号(C))と定めている。

この草案では，S.1009 と同じように化学物質をアクティブ化学物質とインアクティブ化学物質に分類する。アクティブ化学物質は，この草案の施行日以前の 5 年間のうち，いずれかの時点で商業目的で製造・輸入または加工された化学物質か，または，この法案の施行日以降に製造・輸入または加工が開始された化学物質である(CICA II 草案 8 条(b)項(5)号(A))。インアクティブ化学物質は，この法案の施行日以前の 5 年間に商業目的で製造，輸入または加工が行われなかった化学物質である(CICA II 草案 8 条(b)項(5)号(B))。

EPA 長官はアクティブと指定されたすべての化学物質に対して，速やかに，リスク評価の優先度による選別として，ハイ・プライオリティ化学物質またはロー・プライオリティ化学物質に指定しなければならない(CICA II 草案 6 条(a)項(2)号)。高い有害性と高い暴露の可能性がある化学物質をハイ・プライオリティ化学物質とする。他方，意図された使用状況において人の健康または環境に対して重大なリスク(significant risk)を及ぼすおそれのないも

のをロー・プライオリティ化学物質とする(CICA II 草案6条(a)項(1)号)。

ハイ・プライオリティ化学物質については，指定された日から4年以内にEPA長官が，化学物質の有害性と暴露の程度を勘案してリスク評価(risk evaluation)を実施し，その結果を公表しなければならない(CICA II 草案6条(b)項(1)号(C))。リスク評価の結果，意図された使用状況において人の健康または環境に対して重大なリスク(significant risk)を及ぼすおそれがあるとEPA長官が判定した物質は，判定から3年以内に必要な規制措置を規則を制定することにより講じなければならない(CICA II 草案6条(c)項(1)号)。

vi) S.697法案におけるリスク評価

S.697法案では，S.1009と同様に，リスク評価のことを「安全性評価(safety assessment)」の用語を用いて表している。EPA長官は，すべてのハイ・プライオリティ化学物質に対して，指定された日から3年以内に安全性評価および安全性判定を完了しなければならない(S.697法案6条(a)項(1)号，(4)号)。安全性判定の結果，安全基準を満たさない場合には，安全性判定終了後2年以内に，EPA長官は，安全基準を満たすような規制措置を規則を公布して課さなければならない(S.697法案6条(a)項(5)号，(d)項(1)号)。

S.697法案に基づき行われるリスク評価(安全性評価)の結論となる「安全性判定」は，化学物質が予想される使用状況の下で安全基準を満たすかどうかを判定することである(S.697法案3条(15)号)。ここにおける「安全基準」とは，リスク以外の要因を考慮することなく，化学物質の使用による暴露に起因して人の健康または環境に対して不合理なリスクをもたらさないことを確保する基準だとされた(S.697法案3条(16)号)。このようにS.697法案は，リスク評価は科学的な視点からの評価であることを明確にした。

なお，この評価の判断基準となる「安全基準」は，標準的な人だけでなく潜在的に暴露される人または感受性の高いとEPA長官が指定する人への配慮が必要とされる(S.697法案3条(11)号，(16)号(B))。

リスク評価とは異なり，リスク管理においては，EPA長官は規制措置を実施するに際しての費用および便益を考慮しなければならない(S.697法案6

条(d)項(4)号(A))。このように，S.697法案では，リスク評価の段階では費用や便益などリスクに関係ない要因を考慮せずにあくまでも科学的に評価を行う一方で，リスク管理段階では科学的な要因以外の費用および便益を考慮するといったように，それぞれの段階によって考慮する内容を区別している。

　S.697法案では，現行TSCAで用いられている「最も負担の少ない」規制措置を課すとの要件を削除し，EPA長官の負担を軽減した。しかし，この法案においても，規制措置の選択の際に，技術的かつ経済的に当該化学物質に適用可能な代替案と比較検討することがEPA長官に義務づけられた(S.697法案6条(d)項(4)号(B))。この代替案との比較検討は，すべての可能性のある代替案を対象とするものではなく，「一つ以上の」代替案との比較検討ではあるが，これを行うEPAの負担になるものである。この法案を審議した議会(上院の環境・公共事業委員会)が，現行のTSCAが機能を発揮できなくなった事情を承知しながらもこのような制約を課したのは，規制措置の選択がどのようになされたのかを明確に記録するためである[142]。そして，規制措置の決定に際してEPA長官が行った分析などは，すべて公開することが義務づけられている(S.697法案6条(d)項(4)号(C))。

vii) H.R.2576法案におけるリスク評価

　化学物質の有害性および意図された使用状況に起因する暴露の両方を考慮して，人の健康または環境に対して不合理なリスクを及ぼすとEPA長官が判断する場合にリスク評価を開始する(H.R.2576法案6条(b)項(3)号(A)(ⅰ))。また，化学物質の製造者がリスク評価を要請することもできる(H.R.2576法案6条(b)項(3)号(A)(ⅱ))。

　そして，6条(a)項に定める新たな規制措置がなければ人の健康または環境を言する不合理なリスクがある場合に規制措置を発動するとしている(H.R.2576法案6条(b)項(2)号)。

　現行法の6条(a)項に定める「最も負担の少ない」規制措置をEPAが選定しなければならないとの規定を削除し，これにかわる要件としては，リスク評価に基づき「不合理なリスクから適切に保護が行われる」規制措置を課

さなければならないとされる。そして，このリスク評価の対象になる「不合理なリスク」には，化学物質に対する感受性の高い人が受けるリスク，または，潜在的に大きな暴露を受ける人のリスクを考慮するとされている(H.R.2576 法案6条(a)項)。

規制措置(リスク管理措置)の決定では，人や環境に対する暴露の大きさ，および化学物質の便益や用途を考慮した上で，費用対効果が優れているとEPA長官が判断する規制措置を選定しなければならない(H.R.2576法案6条(c)項(1)号(B))。

このように，この法案ではリスク評価とリスク管理を区別して，リスク評価では健康や環境に対する影響に関することのみを根拠にして化学物質のリスクを評価し，この評価結果に基づいて規制措置(リスク管理措置)を決定する段階ではコスト，便益も考慮して，費用対効果の優れた規制措置を選定しなければならない。

viii）H.R.2576 上院修正法案におけるリスク評価

H.R.2576 上院修正法案では，おおむねS.697法案のリスク評価規定を引き継いでいる。まず，この法案では，リスク評価のことを「安全性評価(safety assessment)」の用語を用いて表している。EPA長官は，すべてのハイ・プライオリティ化学物質に対して，指定された日から3年以内に安全性評価および安全性判定を完了しなければならない(H.R.2576 上院修正法案6条(a)項(1)号，(4)号)。安全性判定の結果，安全基準を満たさない場合には，安全性判定終了後2年以内に，EPA長官は，安全基準を満たすような規制措置を規則を公布することにより課さなければならない(H.R.2576 上院修正法案6条(a)項(5)号，(d)項(1)号)。

なお，H.R.2576 上院修正法案では，S.697法案とは異なり，安全性判定が行政命令の形式で行われ，この行政命令は19条の司法審査の対象となる。さらに，この命令の司法審査の基準は実質的証拠基準による(H.R.2576 上院修正法案19条(c)項(1)号(B)(i))。このように安全性判定について司法審査による厳格なチェックを定めており，この条項が施行された場合に安全性判定結果が司法審査により裁判で争われることが予想される。

H.R.2576上院修正法案では,「安全性評価」とは,化学物質の使用状況,総合的な有害性,用途および暴露情報に基づくリスク評価を意味する(H.R.2576上院修正法案3条(14)号)として,科学的な評価行為であることを明示した。この評価の判断基準となる「安全基準」は,標準的な人だけでなく潜在的に暴露される人または感受性が高いとEPA長官が指定する人への配慮が必要とされる(H.R.2576上院修正法案3条(11)号,(16)号(B))。

　リスク評価とは異なり,リスク管理においては,EPA長官は規制措置を実施するに際しての費用および便益を考慮しなければならない(H.R.2576上院修正法案6条(d)項(4)号(A))。こうした扱いをしているのは今日のリスク評価およびリスク管理の考え方を反映しているといえる。

　どのような規制措置をとるかについては,H.R.2576上院修正法案では現行のTSCAにおける「最も負担の少ない」規制措置を課すとの要件を削除し,EPA長官の負担を軽減した。しかし,この法案においても,規制措置の選択の際に,技術的かつ経済的に当該化学物質に適用可能な代替案と比較検討することがEPA長官に義務づけられている(H.R.2576上院修正法案6条(d)項(4)号(B))。この代替案との比較検討は,すべての可能性のある代替案を対象とするものではなく,「一つ以上の」代替案との比較検討ではあるが,これを行うEPAの負担になるものである。そして,規制措置の決定に際してEPA長官が行った分析などは,すべて公開することが義務づけられている(H.R.2576上院修正法案6条(d)項(4)号(C))。

② TSCA法案における予防原則の活用の考え方

　ⅰ) 化学物質と科学的不確実性

　2009年にEPA長官のLisa P. Jacksonが示したTSCA改正の基本原則の中には,予防原則に関しての言及はない。むしろ,この基本原則の第一の「化学物質は,人の健康および環境を保護するため,適切な科学とリスクの考えに基づいた安全基準に照らし審査しなければならない」という表現からは,予防原則を受け入れていないようにも解釈できる。同様の表現は,S.1009法案では,この法案に対する議会の意図を表明した2条(c)項(1)号にみられ,「しっかりした科学的根拠に基づきこの法律を施行しなければならない」と

規定されている*85。この点で，予防原則を基本原理として規定したREACHとは発想を異にするといえる。また，化審法の平成21(2009)年改正の方針を検討した審議会の報告書では，予防原則の活用を謳った上述の世界首脳会議実施計画の目標を基本的な考えとすべきことが明記されていることからすれば，S.1009法案はわが国の化審法とも発想を異にするといえる。

これに対してCICA II草案，S.697法案，H.R.2576法案およびH.R.2576上院修正法案では，S.1009法案にあった「科学的根拠に基づきこの法律を施行しなければならない」といった規定がなく，この部分に対しての議会の意図ははっきりしない。

米国では，科学的な根拠に基づくことが重要だとの考え方が強く，予防原則の受け入れには消極的といわれているが，化学物質管理の分野では，予防原則を活用しなければならない場面も少なくない。一般に，次々と開発される化学物質については，リスク評価が後手に回ることが多い。また，その評価はデータの不足などから科学的不確実性を含んだ予測しかできない場合も多い。化学物質の有するリスクへの法律による対応については，米国においても予防原則の活用も含めて1970年代から進められた。1992年に開催された地球環境サミットや2002年に開催されたWSSDにおいても，化学物質管理が議題の一つとして取り上げられ，予防原則の活用が提言された。

化学物質がもたらす環境リスクは，科学的不確実性が大きく，リスクが発現した場合の被害が重大もしくは不可逆的であり，リスク対策には社会的判断が求められるというような特徴を有し[143]，これらの特徴を踏まえた対応が求められる。

化学物質の数は膨大であり，産業利用に供されているものに限っても数万種になるといわれている。このためリスク評価が行われていない物質が多い。たとえば，化学物質の人に対する発がん作用は長期にわたる暴露の結果発生

---

*85 なお，現行のTSCA，S.3209法案，S.847法案およびS.696法案では，議会の意図を示した規定に同様の表現はみられない。

するが，化学物質の発がん性試験は動物試験に依存せざるを得ず，これによって得られたデータに基づいて人のリスクが算定される。また，人や動植物がどの程度の濃度で化学物質に暴露されるか(暴露評価)については，主にモデルを用いたシミュレーション解析によるので，この部分でも科学的不確実性が介在する。

万が一，生命が損なわれた場合にはその被害は重大であり，回復は不可能である。また，化学物質が環境に放出される前の状態に戻すことも不可能である。

化学物質に関するリスクに科学的不確実性が伴う上に，リスクが発現したときの損害は不可逆的なものとなることから，対策に際しては安全性を見込んだ予防的措置が重視される。そのため，リスク対策の決定にあたっては政策的要素を含む社会的判断とならざるを得ない。

では，科学的不確実性を有するリスクに対処することで，いかなる法的課題に直面するのであろうか。対処すべきリスクに関する情報が不十分である場合に，行政機関は不十分なリスク情報の下でも何らかの決定をすることを避けられない。このような状況の中で，行政機関は不十分なデータを基礎として，限られた時間とリソースの中で，リスクをある程度まで評価し，対策を決定しなければならない。ここに，リスク管理の宿命的な困難さがある[144]。

化学物質が有するリスクの抑制は，広範な企業の生産活動，国民の消費活動，廃棄物対策など，さまざまな主体の行動をコントロールすることによって，初めて可能となる。しかし，このような規制を行うにあたっては，強制力を持つ規制措置を行う上で確実な根拠を欠くことも多い。リスクが顕在化する前に，より有効と思われる予防的な手法を用いてリスクの顕在化を抑えることが重要である[145]が，そのためにはリスクが顕在化する前に，多種多様な化学物質のうちどの化学物質を規制対象とするか，効率的に選定しなければならない。つまり，化学物質を法的に規制するには，科学的不確実性を伴う予測を基にして規制対象の選定，規制手段の決定など法制度の設計を行わなければならない。リスクの把握，リスクへの対応に際

して科学的不確実性を伴う*86 予測が介在するのが化学物質管理の特徴である。

　このように科学的不確実性が存在する中で，規制措置を実施すべきか否かを規制当局が判断する際に一つの指針となる考え方が予防原則である。予防原則は，「原因と被害との間に明確な科学的証拠が存在しなくとも，深刻または不可逆な被害が生ずるおそれがある場合には環境悪化を防止するため予防的な措置がとられなければならない*87」という内容である。

ⅱ）米国における予防原則のとらえ方

　このような化学物質に起因するリスクの性質を考えれば，予防原則の活用は不可欠であるように思われる。この点はすでに，TSCA 成立の端緒となった『Toxic Substances』報告書にも，同様の考え方が述べられている。新規化学物質については，EPA 長官の定める基準を満たさなければ販売することができないという事前審査制度の導入を促す部分である。ここでは，化学物質の有するリスクの性質を踏まえ，有害かどうかわからない新規化学物質を一律に販売禁止とし，基準を満たすものについては販売できるとしている点で予防原則の発想がうかがえる[146]。

　S.3209 法案および S.847 法案では，安全基準を満たすことが，販売が許されるための条件となっており，『Toxic Substances』報告書から現行の TSCA に継承された考え方を踏襲している。S.1009 法案や CICAⅡ草案では新規の届出を行う者に当該化学物質についての情報の提出を要求しており，

---

*86　科学的不確実性が存在するのは，(ⅰ)調査(リスク評価)が行われていないために不確実な場合と(ⅱ)調査の結果なお科学的不確実が残る場合(定量的リスク評価ができない場合を含む)がある。この部分，小島恵「欧州 REACH 規則にみる予防原則の発現形態(1)」早稲田法学会誌 59 巻 1 号(2008 年)144 頁。なお，化学物質の有するリスクは主に(ⅰ)であることが多い。

*87　1992 年に開催された国連環境開発会議(地球環境サミット)の成果をまとめた「環境と開発に関するリオデジャネイロ宣言(リオ宣言)」の第 15 原則は，予防原則を次のように表現している。「深刻な，あるいは不可逆な被害のおそれがある場合には，完全な科学的確実性の欠如が，環境悪化を防止するための費用対効果の大きな対策を延期する理由として使われてはならない」(外務省，環境省監訳)。本書の表現はこれを基に作成した。

被害を及ぼすかどうかはっきりしないものに対して規制措置をとっており，予防原則の考え方がうかがえる。S.697 法案および H.R.2576 上院修正法案では，新規の届出を行う者に一律に当該化学物質についての情報の提出を要求しているわけではないが，届出を審査する際に EPA 長官が必要だと判断した場合に，届出者に対して追加情報の提出を求めることができる (S.697 法案 5 条 (d) 項 (5) 号 (C)，H.R.2576 上院修正法案 5 条 (d) 項 (5) 号 (C))。この規定から予防原則の考え方をうかがうことができる。

これに対して，既存化学物質については，TSCA をはじめ S.3209 法案，S.847 法案，S.1009 法案，CICA II 草案，S.697 法案，H.R.2576 法案および H.R.2576 上院修正法案では，新規化学物質と同じようには扱われておらず，基本的には科学的根拠に基づき規制措置を施すとの姿勢を見せている。たとえば，現行の TSCA 5 条 (f) 項では，製造前届出が提出された化学物質に対して，6 条 (a) 項に基づく規制のための規則が公布される前に当該化学物質が不合理なリスクをもたらすと EPA 長官が正当な根拠により判断する場合には，規制措置を講ずることができると規定されている。この規定においても「正当な根拠」が必要であり，予防原則は活用されていない。これが原則であり，この点はすでに述べたように，米国の製造，販売などの事業活動の自由を制限するためには，科学的根拠が必要になるという発想に根差していると思われる。

ⅲ）S.847 法案における予防原則の適用の考え方

S.847 法案における予防原則適用の考え方を検討してみると，上述した従来の米国の化学物質管理分野での予防原則の適用の仕方から一歩踏み出しているように思える。

新規化学物質の製造や販売などを予防原則を活用して制限しているのは，その利益が潜在的なものにとどまっているからであり，同時に，新規化学物質はまだ生産されていないので，それに起因する被害も潜在的であるからである。つまり，「潜在的利益」対「潜在的被害」の場合であるので，現行の TSCA でも事前審査制度として予防原則が活用されている。

すなわち，新規化学物質の場合，その被害が重大または不可逆であれば，

科学的不確実性があっても規制措置が実施される。新規化学物質の製造・輸入が一律に TSCA による許可制になっているのはそのためである。新規化学物質の場合は「潜在的利益」対「潜在的被害」であるため，予防原則の要件に従って適用がなされる。

一方，既存化学物質の場合，S.847 法案では，現に利益を受けている事業活動の自由を制限するには，特にそれを制限すべき事情のない限り科学的根拠を要するとの発想に基づくものと考えられる。従来の考え方と比べると『特に事業活動の自由を制限すべき事情のない限り』の部分が新たに加えられたと考えられる。つまり，商業利益を得ている既存化学物質を被害が生じていない段階で規制する場合は，「現有利益」対「潜在的被害」であり，事業活動の自由を制限するには科学的根拠を必要とする原則に基づいている。そしてこの場合，暴露状況が広範な地域に及んでいる（優先クラス1の化学物質の場合）といった特に事業活動を制限すべき事情があるならば，例外として，科学的根拠が不十分であっても予防原則を活用して事業活動の自由を制限できるという考えが S.847 法案では採用されたのではないかと思われる。

以上のことを S.847 法案に即して整理すれば，次の三つの場合が考えられる。(ア)「現有利益」対「潜在的被害」である場合。(イ)「現有利益」対「潜在的被害」であるが，特に事業活動を制限すべき事情がある場合。(ウ)「潜在的利益」対「潜在的被害」。このうち予防原則が適用できるのは(イ)または(ウ)の場合といえる。

優先クラス1の既存化学物質は有害である可能性が比較的大きく，かつ重大または広範な暴露状況の根拠がある。そのため，「現有利益」対「潜在的被害」の場合ではあるが，特に事業活動を制限すべき事情があり，ミニマムデータセットを要求しなくとも（科学的不確実性があっても）安全基準の適合性を判定して，予防原則を用いて，必要であればリスク削減措置を講じることができる。

優先クラス2の既存化学物質については，優先クラス1の化学物質でみられるような有害の可能性や重大または広範な暴露状況がみられず，特に事業活動を制限すべき事情はない。そのため，「現有利益」対「潜在的被害」の

場合にあてはまり，特に事業活動を制限すべき事情がないため，予防原則の適用はなく，科学的根拠に基づく判断となる。そのため，ミニマムデータセットが要求され，必要な科学的データに従って安全基準の適合性を判定して，必要であればリスク削減措置を講じることとなる。

新規化学物質の場合は，まだ販売されていないのでその利益は潜在的利益といえるので，「潜在的利益」対「潜在的被害」の場合にあたり，予防原則が適用できる。そのため，新規化学物質を製造・輸入しようとする事業者は，ミニマムデータセットのデータを取得して事前に届出を行う事前審査制度の規制を受ける。

iv）S.1009 法案における予防原則の適用の考え方

S.1009 法案においては，予防原則の適用に関しては上述した S.847 法案よりやや後退した考え方をとっているように思われる。

新規化学物質の審査を行うために追加のデータや情報が必要な場合，これらを受け取るまでの間，EPA 長官は禁止または制限などを含め必要な措置を行うことができる（S.1009 法案 5 条(c)項(6)号(D)）と規定されている。この規定は，新規化学物質の審査を行うにあたってデータや情報が不足して判定ができない場合に，規制措置を行う科学的根拠が不足している状態で禁止または制限措置を行うことができることを規定しており，予防原則を活用した措置ということができる*88。

一方，ハイ・プライオリティ化学物質に対して，安全性判定を行うために追加の試験データおよび追加の情報が必要な場合，これらを受け取るまで，合理的な期間，安全性判定を延期することができる（S.1009 法案 6 条(c)項(8)号(C)）と規定されている。また，上記の新規化学物質に適用される追加データなどを受け取るまでの間，規制措置を行うことができるといった規定はない。このような規定は，ハイ・プライオリティ化学物質の安全性判定は，科学的なデータおよび情報がそろってから，それに基づいて行うとの考え方に

---

*88 万一，当該化学物質による環境汚染等が発生した場合にそれを元に戻すことができないといえるので，被害が不可逆であるとの要件は満足すると考えられる。

より規定されており，予防原則は活用されてはいない。すなわち，データや情報がそろうまでの間，予防原則を活用して規制措置を行うことは規定されていない。

　新規化学物質に対する審査の場合とハイ・プライオリティ化学物質の安全性判定の場合とで，どうしてこのように法規制の扱いが異なるのであろうか。この点は，上述のS.847法案における予防原則の適用の考え方と同様のことがいえる。

　新規化学物質の審査の場合，予防原則を活用して制限措置を行うのは，その利益が潜在的なものにとどまっているからである。つまり，「潜在的利益」対「潜在的被害」の場合であるので，現行のTSCAでも事前審査制度として予防原則が活用されている場合と同様である。新規化学物質の場合は，まだ商業的に販売されていないので利益だけでなく被害についても潜在的であり，これを規制するにあたっては，現行のTSCA同様，予防原則の要件に従って規制措置が実施される。

　これに対し，ハイ・プライオリティ化学物質の安全性判定の場合は，リスクベースで判断される(S.1009法案4条(e)項(1)号(A))ので，多くの場合，規制対象となるのは暴露量の大きい既存化学物質であると考えられる。したがって，事業者にとっては現有利益を有する化学物質が規制対象となる。そのため，ハイ・プライオリティ化学物質を安全性判定の前に規制する場合は，「現有利益」と「潜在的被害」が対立する中での判断となる。したがって，この場合において規制措置を実施するためには，前述のように科学的根拠が必要になると考えられる。

　以上をまとめると，S.1009法案では，「現有利益」対「潜在的被害」の場合には予防原則は活用されず，規制措置を実施するには科学的根拠が必要とされる。他方，「潜在的利益」対「潜在的被害」の場合には，予防原則を適用することができる。この考え方は，予防原則の活用の観点からすれば現行のTSCAと同様の考え方であり，その点ではS.1009法案は現行のTSCAと基本的には同じレベルといえる。これは，予防原則を基本原理(REACH 1条3項)として採用したREACHとは対照的である。

ⅴ）CICAⅡ草案における予防原則の適用の考え方

　CICAⅡ草案では，予防原則の適用に関しては上述したS.1009法案と同様の考え方をとっているように思われる。

　まず，S.1009法案と同様に，新規化学物質の審査を行うために追加のデータや情報が必要な場合，これらを受け取るまでの間，EPA長官は禁止または制限措置を含め必要な規制措置を行うことができる（CICAⅡ草案5条(c)項(2)号(B)(ⅳ)）と規定されている。

　一方，ハイ・プライオリティ化学物質に対して，リスク評価を行うため追加の試験データおよび追加の情報が必要な場合，これらを受け取るまで，合理的な期間，安全性判定を延期することができる（CICAⅡ草案6条(b)項(4)号(C)）と規定されている。しかし，上記の新規化学物質に適用される追加データなどを受け取るまでの間，規制措置を行うことができるといった規定はない。このような規定は，ハイ・プライオリティ化学物質の安全性判定は，科学的なデータおよび情報がそろってから，それに基づいて行うとの考え方により規定されており，予防原則は活用されてはいない。すなわち，データや情報がそろうまでの間，予防原則を活用して規制措置を行うことは規定されていない。この点も，S.1009法案と同様である。

　新規化学物質の場合は，まだ商業的に販売されていないので利益だけでなく被害についても潜在的であり，これを規制するにあたっては，現行のTSCA同様，予防原則の要件に従って規制措置が実施される。

　これに対し，ハイ・プライオリティ化学物質の安全性判定の場合は，現有利益を有する化学物質が規制対象となる。そのため，これを規制する場合は，「現有利益」と「潜在的被害」が対立する中での判断となり，この場合において規制措置を実施するためには，前述のように科学的根拠が必要となると考えられる。

　したがって，CICAⅡ草案ではS.1009法案と同様，「現有利益」対「潜在的被害」の場合には予防原則は活用されず，規制措置を実施するには科学的根拠が必要とされる。他方，「潜在的利益」対「潜在的被害」の場合には予防原則を適用することができる。この考え方は，予防原則の活用の観点から

すれば，現行の TSCA と基本的には同じレベルといえる。

　vi）S.697 法案における予防原則の適用の考え方

　S.697 法案の場合は，S.1009 法案および CICA II 草案とは規定の仕方が少し異なっている。S.697 法案では，S.1009 法案および CICA II 草案に規定されていた「新規化学物質の審査を行うために追加のデータや情報が必要な場合，これらを受け取るまでの間，EPA 長官は，禁止または制限措置を含め必要な規制措置を行うことができる」といった規定がない。この点，新規化学物質に対する規制がやや緩やかではあるが，追加データを用いて EPA 長官が審査を終了し，安全基準を満たしそうだとの決定があるまでは，新規化学物質の届出者は製造などができないので，S.1009 法案および CICA II 草案とそれほど違いはない。

　一方，ハイ・プライオリティ化学物質に対して，リスク評価を行うため，追加の試験データおよび追加の情報が必要な場合，これらを受け取るまで，合理的な期間，安全性判定を延期することができる(S.697 法案 6 条(c)項(2)号(C))。しかし，上記の新規化学物質に適用される追加データなどを受け取るまでの間，規制措置を行うことができるといった規定はない。このような規定は，ハイ・プライオリティ化学物質の安全性判定は，科学的なデータおよび情報がそろってから，それに基づいて行うとの考え方により規定されており，予防原則は活用されてはいない。すなわち，データや情報がそろうまでの間，予防原則を活用して規制措置を行うことは規定されていない。この点，S.1009 法案および CICA II 草案と同様である。

　新規化学物質の場合は，まだ商業的に販売されていないので利益だけでなく被害についても潜在的であり，これを規制するにあたっては，現行のTSCA 同様，予防原則の要件に従って規制措置が実施される。すなわち「潜在的利益」対「潜在的被害」の場合には，予防原則を適用することができる。

　これに対し，ハイ・プライオリティ化学物質の安全性判定の場合は，現有利益を有する化学物質が規制対象となる。そのため，これを規制する場合は「現有利益」と「潜在的被害」が対立する中での判断となり，この場合にお

いて規制措置を実施するためには，前述のように科学的根拠が必要となると考えられる。

したがって，S.697法案では，S.1009法案，CICA II 草案と同様，「現有利益」対「潜在的被害」の場合には予防原則は活用されず，規制措置を実施するには科学的根拠が必要とされる。他方，「潜在的利益」対「潜在的被害」の場合には予防原則を適用することができる。この考え方は，予防原則の活用の観点からすれば，現行のTSCAと基本的には同じレベルといえる。

vii）H.R.2576法案における予防原則の適用の考え方

H.R.2576法案では，S.697法案とは規定の仕方は異なるが，予防原則に関する考え方はS.697法案と同様である。新規化学物質については現行のTSCAの規定を引き継いでおり，新規化学物質の製造などを一律に禁止し，届出を義務づけている(H.R.2576法案5条(a)項(1)号)。また，届出対象の化学物質についての情報が人の健康または環境に対する影響を評価するのに十分でないとEPA長官が判断した場合には，その化学物質の製造，販売などを提案命令(proposed order)により規制することができる(H.R.2576法案5条(e)項(1)号(A))。

一方，既存化学物質のリスク評価を行うために化学物質に対する試験が必要な場合には，規則や命令により義務づけることとされている(H.R.2576法案4条(a)項(1)号(C))が，リスク評価が終了するまでの間，その化学物質の製造や販売などを規制する規定はない。

このような規定の仕方を考えると，新規化学物質の場合は，まだ商業的に販売されていないので利益だけでなく被害についても潜在的であり，これを規制するにあたっては，予防原則の要件に従って規制措置が実施される。すなわち「潜在的利益」対「潜在的被害」の場合には，予防原則が適用される。

これに対し，既存化学物質のリスク評価の場合は，現有利益を有する化学物質が規制対象となるため，これを規制する場合は「現有利益」と「潜在的被害」が対立する中での判断となる。この場合において規制措置を実施するためには，前述のように科学的根拠が必要となると考えられる。

したがって，H.R.2576法案についても，S.1009法案，CICA II 草案および

S.697法案と同様に，予防原則の活用の観点からすれば，現行のTSCAと基本的には同じレベルといえる。

viii) H.R.2576上院修正法案における予防原則の考え方

H.R.2576上院修正法案では，予防原則に関してはS.697法案の規定を受け継いでいる。H.R.2576上院修正法案では，S.697法案と同様に，S.1009法案およびCICA II草案に規定されていた「新規化学物質の審査を行うために追加のデータや情報が必要な場合，これらを受け取るまでの間，EPA長官は，禁止または制限措置を含め必要な規制措置を行うことができる」といった規定がない。この点，新規化学物質に対する規制がやや緩やかではあるが，追加データを用いてEPA長官が審査を終了し，安全基準を満たしそうだとの決定があるまで，新規化学物質の届出者は製造などができないので，S.1009法案およびCICA II草案とそれほど違いはない。

一方，ハイ・プライオリティ化学物質に対して，リスク評価を行うため，追加の試験データおよび追加の情報が必要な場合，これらを受け取るまで，合理的な期間，安全性判定を延期することができる(H.R.2576上院修正法案6条(c)項(2)号(C))。しかし，上記の新規化学物質に適用される追加データなどを受け取るまでの間，規制措置を行うことができるといった規定はない。このような規定は，ハイ・プライオリティ化学物質の安全性判定は，科学的なデータおよび情報がそろってから，それに基づいて行うとの考え方により規定されており，予防原則は活用されてはいない。すなわち，データや情報がそろうまでの間，予防原則を活用して規制措置を行うことは規定されていない。この点，S.1009法案，CICA II草案，およびS.697法案と同様である。

新規化学物質の場合は，まだ商業的に販売されていないので利益だけでなく被害についても潜在的であり，これを規制するにあたっては，現行のTSCA同様，予防原則の要件に従って規制措置が実施される。すなわち「潜在的利益」対「潜在的被害」の場合には，予防原則を適用することができる。

これに対し，ハイ・プライオリティ化学物質の安全性判定の場合は，現有

利益を有する化学物質が規制対象となる。そのため，これを規制する場合は「現有利益」と「潜在的被害」が対立する中での判断となり，この場合において規制措置を実施するためには，前述のように科学的根拠が必要となると考えられる。したがって，H.R.2576 上院修正法案では，S.1009 法案，CICA Ⅱ草案および S.697 法案と同様，「現有利益」対「潜在的被害」の場合には予防原則は活用されず，規制措置を実施するには科学的根拠が必要とされる。つまり，予防原則の活用の観点からすれば，H.R.2576 上院修正法案は，現行の TSCA と基本的には同じレベルといえる。

章のおわりに

本章では，TSCA の成立と最近の改正の動きについて，その沿革から検討を加えるとともに，化学物質管理分野における予防原則の発展過程を概観した。1971 年に環境諮問委員会が作成した『Toxic Substances』報告書によって，予防原則の考え方に基づいた化学物質の事前審査制度の導入が提案されたことに始まり，それが同年に提案された S.1478 法案に盛り込まれ，TSCA やわが国の化審法に受け継がれた。

一方，欧州では，ドイツ連邦政府が 1976 年に環境報告書[147]を出して，1971 年に始まった環境プログラム[148]の成果を総括した。その中で，このプログラムには事前配慮原則について記述がなされた。その内容として，この原則は危険防止と損害除去にとどまらない環境への事前配慮であるとした*[89]。この事前配慮原則の一部が発展し，欧州における予防原則を形成していった。その予防原則を活用した欧州の化学物質管理法（規則）が REACH である。

---

*[89] 1986 年に，ドイツ連邦政府は「有害物質の発生抑制と段階的削減による環境事前配慮指針（Bundesregierung, Leitlinien der Bundesregierung zur Umweltvorsorge durch Vermeidung und stufenweise Verminderung von Schadstoffen (Leitlinien Umweltvorsorge), BT-Drucks. 10/6028）を発表し，事前配慮は①危険防止（具体的な環境危険の防止）②リスク事前配慮（危険防止の前段階での環境に対するリスクの発生回避あるいは削減）③将来配慮（将来の環境の予見的形成，とりわけ自然の生活基盤の保護と発展）の三つの意味を含むとした。

現代の科学技術が高度に進歩していく中で，それに伴うリスクも出現し，その管理を行う場合には科学的不確実性に直面する。それに対処する一つの手段が予防原則であり，現代の高度な技術の産物である化学物質を管理することにも活用されている。

　前述したように米国では，科学的な根拠に基づくことが重要だとの考え方が強く，予防原則の受け入れには消極的といわれている。そのような状況の中で，本書の考察では，TSCA法案を対象にして，米国の化学物質管理における予防原則の発展過程を概観したのちに，最新のTSCA改正法案を素材にして適用類型を考察した。法的な規制措置の実施にあたっては，規制される主体の利益(権益)を制限することになるため，保護法益と，法的措置の実施によって制限を受ける利益の両者を検討しなければならない。そこで，両者の衡平の観点から予防原則の適用類型を考察した。

　ここでは化学物質管理法であるTSCAを題材にしたため，化学物質の有する科学的不確実性を反映した予防原則の適用類型を示したものとなっている。他の分野で適用できるかどうかは今後の研究が待たれるが，同様の科学的不確実性を有する対象は他にもあり，化学物質管理の分野と同様に予防原則の利用により法的措置を実施すべき課題もあるように思う。国際条約などに予防原則が適用されている今日において，米国にも予防原則の考え方が浸透していくものと思われる。限られた分野ではあるが，本書が今日の米国における予防原則の活用状況の一端を伝えることができればと思う。

1) 化審法の制定経緯に関しては，第1章および辻信一，及川敬貴「化審法前史」環境法政策学会誌15号環境法政策学会編『公害・環境処理の変容——その実態と課題』商事法務(2012年)p.263以下参照。
　　化審法の制定にあたっては，当時，米国議会で審議されていた有害物質規制法(TSCA: Toxic Substances Control Act)案が参考にされた。
2) Testimony of J. Clarence (Terry) Davies before the Subcommittee on Commerce, Trade, and Consumer Protection of the Committee on Energy and Commerce U. S. House of Representatives, February 26, 2009. なお，DaviesがCEQに勤務していたのは，1970-73年である。
3) David E. Adelman, *A Cautiously Pessimistic Appraisal of Trends in Toxics Regula-*

tion, 35 Journal of Law & Policy (2010), pp. 387-390.
4) GAO, *Toxic Substances Control Act: Legislative Changes Could Make the Act More Effective*, GAO/RCED-94-103, Washington, D.C.: September 26, 1994.
5) 「化学物質の登録，評価，認可および制限に関する規則(Regulation (EC) No 1907/2006 of the European Parliament and of the Council of 18 December 2006 concerning the Registration, Evaluation, Authorisation, and Restriction of Chemicals)」
6) GAO, *Chemical Regulation Comparison of U.S. and Recently Enacted European Union Approaches to Protect against the Risks of Toxic Chemicals*, GAO-07-825, Washington, D.C.: August 17, 2007. GAO, *Chemical Regulation: Options Exist to Improve EPA's Ability to Assess Health Risks and Manage Its Chemical Review Program*, GAO-05-458, Washington, D.C.: June 13, 2005. Congress of the United States, Office of Technology Assessment, *Screening and Testing of Chemicals of Commerce, Background Paper*, Washington, D.C.: 1995. GAO, *Toxic Substances Control Act: Legislative Changes Could Make the Act More Effective*, GAO/RCED-94-103, Washington, D.C.: September 26,1994. National Research Council, Commission on Life Sciences, *Toxicology Testing: Strategies to Determine Needs and Priorities*, Washington, D.C.: National Academy Press: 1984. David Markell, *An Overview of TSCA, its History and Key Underlying Assumptions, and its Place in Environmental Regulation*, 32 Journal of Law & Policy 333, (2010). 酒井幸子「米国の有害物質管理」国際公共政策研究6巻1号(2001年)63-81頁。河野真貴子「米国における有毒物質管理法の現在と将来」一橋法学11巻2号(2012年)483-556頁。赤渕芳宏「アメリカにおける化学物質管理法改革の行方」人間環境学研究12巻1号(2014年)65-90頁など。
7) David E. Adelman, *A Cautiously Pessimistic Appraisal of Trends in Toxics Regulation*, 32 Journal of Law & Policy 377, (2010). Ortwin Renn and E. Donald Elliott, *Chemical, The Reality of Precaution*, Jonathan B. Wiener *et al*., eds. Resources for the Future Press, (2011), p. 223-256. John S. Applegate, *Synthesizing TSCA and REACH: Practical Principles for Chemical Regulation Reform*, 35 Ecology Law Quarterly 721, (2008). Wendy E. Wagner, *The Precautionary Principle and Chemical Regulations in the U.S.*, 6 Hum. & Ecology Risk Assessment 459, (2000). 前田定孝「アメリカにおける環境上の化学物質リスク行政と情報提供制度(一)(二・完)」法政論集208号(2005年)55-96頁，209号(2005年)127-171頁など。
8) 最初のTSCAインベントリーは1979年に印刷物として出版された(その補遺版が1982年に公表された)。このときは，およそ62,000の化学物質が掲載されていた(David Markell, *An Over view of TSCA, its History and Key Underlying Assumptions, and its Place in Environmental Regulation*, 32 Journal of Law and Policy, 333 (2010) p. 352)。1985年には第2版が出版され，約63,000物質が掲載されていた(その補遺版が1990年に出版された)。現在では，半年に一度商務省の技術情報サービスからCD-ROM版が公表されており，掲載されている化学物質は2011年6月時点で83,000物質になっている(日本化学物質安全・情報センター『米国における化学物質規制の初歩(第6版)』

(2012 年)11 頁)。
9) Executive Office of the President, United States Council on Environmental Quality, *Toxic Substances*(1971).
10) *Id.*, pp. 21-22.
11) 辻・及川・前掲注 1(2012 年)265-266 頁。
12) *Toxic Substances, supra* note 9, p. 22.
13) *Id.*, p. 21.
14) 辻・及川・前掲注 1(2012 年)266-267 頁。
15) Senate Report 92-783 on S.1478, *Toxic Substances Control Act of 1972*, May 5, 1972, pp. 2-4, 19-21.
16) 辻・及川・前掲注 1(2012 年)267 頁。
17) Senate Report 92-783, *supra* note 15, pp. 17-18.
18) S.1478 上院案 1 条(政策の宣言)(b)項(3)号。
19) 武田真一郎「アメリカにおける行政訴訟の審査対象の研究(二)」成蹊法学 31 号(1990 年)33-84 頁を参考にした。
20) Testimony of J. Clarence (Terry) Davies, *supra* note 2.
21) 辻・及川・前掲注 1(2012 年)268-270 頁。
22) 40 CFR 721-SNUR: Significant New Uses of Chemical Substances.
23) 40 CFR 721 E の §721.225 以下に重要新規利用規則が収載されている。
24) 日本化学物質安全・情報センター・前掲注 8(2012 年)44-45 頁。
25) 同上、45 頁。
26) この点を指摘するものとして河野・前掲注 6(2012 年)505-506 頁。
27) 40 CFR 704-Reporting and Recordkeeping Requirements Rule.
28) 40 CFR 712-Preliminary Assessment Information Reporting Rule.
29) TSCA Chemical Inventory Regulations Rule.
30) IUR: Inventory Update Reporting Rule.
31) 40 CFR 710-Compilation of the TSCA Chemical Substance Inventory Rule.
32) 40 CFR 711-Chemical Data Reporting Rule.
33) 40 CFR 716-HaSDR: Health and Safety Data Reporting.
34) GAO, GAO-09-271, High-Risk Series: An Update (2009) pp. 22-24, pp. 39-40.
35) *Toxic Substances, supra* note 9, p. 21.
36) 宇賀克也「アメリカにおける規制改革(上)」ジュリスト 844 号(1985 年)84 頁。
37) この点を指摘するものとして、GAO/RCED-94-103, *supra* note 4, p. 38. Wagner (2000), *supra* note 7, p. 468 など。
38) GAO-05-458, *supra* note 6, p. 26.
39) *Id.*
40) *Id.*
41) *Id.*
42) 日本化学物質安全・情報センター・前掲注 8(2012 年)58 頁。

第 2 章　米国有害物質規制法の成立と発展　411

43) GAO-05-458, *supra* note 6, p. 12.
44) *Id.*, p. 10.
45) GAO/RCED-94-103, *supra* note 4, pp. 34-37.
46) *Id.*, p. 38 など。
47) Robert V. Percival *et al.*, Environmental Regulation Law, Science, and Policy 7th ed., New York: Wolters Kluwer Law and Business, (2013) pp. 153-154. これ（当時はこの文献の第 5 版）を紹介するものとして，河野・前掲注 6 (2012 年) 495 頁。
48) GAO/RCED-94-103, *supra* note 4, p. 18。
49) Environmental Defense Fund v. EPA, 636 F. 2d 1267 (D.C. Cir. 1980).
50) 前田定孝「アメリカにおける環境上の化学物質リスク行政と情報提供制度（一）法政論集 208 号 (2005) 83 頁。
51) GAO/RCED-94-103, *supra* note 4, p. 19.
52) GAO-05-458, *supra* note 6, pp. 26-27.
53) GAO-07-825, *supra* note 6, pp. 19-20.
54) 宇賀克也「アメリカにおける規制改革（上）」ジュリスト 844 号 (1985 年) 84 頁。
55) 宇賀克也『アメリカ行政法（第 2 版）』(弘文堂，2000 年) 183-184 頁。同上・宇賀 (1985 年) 84-85 頁。
56) 同上・宇賀 (2000 年)。
57) 同上。
58) 大統領令 12044，2 条(c)項。
59) 宇賀・前掲注 55 (2000 年) 201 頁。
60) *Toxic Substances, supra* note 9, p. 21.
61) 94th Congress 2d Session Senate Report No. 94-698, p. 47.
62) 94th Congress 2d Session House of Representative Report No. 94-1341, p. 112.
63) 94th Congress 2d Session Senate Report No. 94-1302, p. 20.　94th Congress 2d Session House of Representative Report No. 94-1679, p. 72.
64) 94th Congress 2d Session House of Representative Report No. 94-1679, p. 20.
65) GAO-07-825, *supra* note 6, p. 19.
66) Corrosion Proof Fittings v. EPA, 947 F. 2d 1201 (5th Cir. 1991).
67) *Id.*
68) *Id.* p. 1217. これを指摘するものとして GAO-05-458, *supra* note 6, p. 29.
69) GAO/RCED-94-103, *supra* note 4, p. 21
70) *Id.*
71) GAO-07-825, *supra* note 6, p. 20.
72) 古城誠「規則制定と行政手続法（APA）」藤倉皓一郎編『英米法論集』(東京大学出版会，1987 年) 240 頁。
73) 同上。
74) Senate Report 92-783, *supra* note 15.
75) House of Representatives Report 92-1477 on S. 1478, *Toxic Substances Control Act of*

1972, September 28, 1972, p. 20.
76) *Id.*
77) *Id.*
78) 15 U. S. C. §2618.
79) GAO-05-458, *supra* note 6, p. 28.
80) *Id.*, p. 9.
81) *Id.*, p. 5.
82) *Id.*, p. 33.
83) *Id.*
84) *Id.*
85) *Id.*
86) *Id.*, p. 34.
87) *Id.*, p. 5.
88) *Id.*, p. 14.
89) *Id.*, pp. 34-35.
90) 官民連携既存化学物質安全性情報収集・発信プログラム，第3回プログラム推進委員会資料2「米国の既存点検の状況(米国HPVチャレンジプログラム)」(2006年5月16日)。
91) http://iaspub.epa.gov/oppthpv/hpv_hc_characterization.get_report?srtCol=last_update_date&srtDir=desc&doctype=2 （2013年7月15日閲覧）
92) GAO-05-458, *supra* note 6, p. 25.
93) Wagner (2000), *supra* note 7, p. 466.
94) http://www2.epa.gov/sites/production/files/2015-01/documents/tsca_work_plan_chemicals_2014_update-final.pdf （2015年10月12日閲覧）
95) Natural Resources Defense Council v. EPA, 595 F. Supp. 1255 (S.D.N.Y. 1984). GAO-05-458, *supra* note 6, p. 21 を参考にした。
96) *Id.*
97) 51 Fed. Reg. 23706 (June 30, 1986).
98) GAO-05-458, *supra* note 6, p. 21.
99) Physicians Committee for Responsible Medicine v. Leavitt, 331 F. Supp. 2d 204 (S.D.N.Y. 2004).
100) Physicians Committee for Responsible Medicine v. Stephen, 436 F.3d 326 (2d Cir, 2006).
101) Wagner (2000), *supra* note 7, p. 466.
102) *Id,* p. 468.
103) 増沢陽子「EU化学物質規制改革における予防原則の役割に関する一考察」鳥取環境大学紀要5号(2007年)9頁。小島恵「欧州REACH規則にみる予防原則の発現形態(2・完)」早稲田法学会誌59巻2号(2009年)229頁。
104) 化審法の成立経緯に関しては，辻・及川・前掲注1(2012年)268-270頁参照。

第 2 章　米国有害物質規制法の成立と発展　413

105) 辻信一「『制度化された予防原則』の『見直し』における順応的管理の導入について」環境法政策学会誌 17 号 (2014 年) 198-200 頁。
106) Commission of the European Communities, *White Paper Strategy for a future Chemicals Policy* COM (2001) 88 final.
107) GAO-05-458, *supra* note 6, p. 52.
108) *Id.*, p. 53.
109) *Id.*
110) *Id.*, p. 50.
111) *Id.*
112) Corrosion Proof Fittings v. EPA, 497 F. 2d 1201 (5th Cir. 1991).
113) American Textile Manufacturers Inst. v. Donovan, 452 U. S. 490, 512 (1981). なお、この部分は、GAO-05-458, *supra* note 6, p. 51 より引用した。
114) GAO-05-458, *supra* note 6, p. 51.
115) *Id.*
116) http://www.epa.gov/oppt/existingchemicals/pubs/principles.html (邦文は筆者訳)
117) 日本化学物質安全・情報センター・前掲注 8 (2012 年) 65 頁。
118) Commission of the European Communities, *supra* note 106, p. 8.
119) http://thomas.loc.gov/cgi-bin/query/z?c109:S.1391:　(2013 年 5 月 6 日閲覧)
120) http://thomas.loc.gov/cgi-bin/query/z?c111:S.3209:　(2013 年 5 月 6 日閲覧)
121) 宇賀・前掲注 55 (2000 年) 97 頁。
122) https://www.congress.gov/bill/112th-congress/senate-bill/847/text　(2013 年 6 月 21 日閲覧)
123) 宇賀・前掲注 55 (2000 年) 97 頁。
124) grimaldilowoffices.com/attorneys-general-for-13-states-voice-objection-to-chemicals-commerce-act/　(2015 年 2 月 5 日閲覧)
125) Senate Report 114-67 on S.697, *Frank R. Lautenberg Chemical Safety for the 21st Century Act*, June 18, 2015 p. 8.
126) *Id.* p. 12.
127) *Id.* p. 14.
128) Senate Report 114-67, *supra* note 125, p. 18.
129) *Id.* p. 22.
130) *Id.* p. 26.
131) *Id.*
132) House of Representatives Report 114-176 on H.R. 2576, *TSCA Modernization Act of 2015*, June 23, 2015. p. 13.
133) *Id.* p. 23.
134) *Id.* p. 24.
135) *Id.* p. 28
136) Senate Report 114-67, *supra* note 125, p. 18. H.R.2576 上院修正法案 6 条 (d) 項 (4) 号

(B)は，S.697 法案 6 条(d)項(4)号(B)を引き継いでいる。
137) S.697 と同様。Senate Report 114-67 on S.697, *supra* note 125, p. 22.
138) S.697 と同様。*Id.*, p. 26.
139) GAO-05-458, *supra* note 6, p. 26.
140) *Id.* p. 51.
141) 宇賀・前掲注 55(2000 年)97 頁。
142) Senate Report 114-67 on S.697, *supra* note 125, p. 18.
143) この部分は次の文献を参考にした。高橋滋「環境リスクと規制」，森嶋昭夫，大塚直，北村喜宣編『ジュリスト増刊 新世紀の展望 2 環境問題の行方』(1999 年)177 頁。
144) 山田洋「リスク管理と安全」公法研究 69 号(2007 年)75 頁。
145) 高橋滋「環境リスク管理の法的あり方」環境法研究 30 号(2005 年)3-5 頁。
146) 辻・及川・前掲注 1(2012 年)266 頁。
147) Bundesregierung, Umweltbericht'76—Fortschreibung des Umweltprogramms der Bundesregierung, BT-Drucks. 7/5684.
148) Bundesregierung, Umweltprogramm der Bundesregierung, BT-Drucks. VI/2710.

第3章　欧州における化学物質管理法の成立と発展

はじめに

　化学物質管理法の成立と発展に関して，科学的不確実性への対処という視点から，これまで，第1章でわが国の化審法の発展の足跡を国際的な動向を踏まえて概観し，第2章では，米国におけるTSCAの成立と最近の改正の動きをみてきた。この第3章では，舞台を欧州に移して，化学物質管理法の発展をみていく。

　社会において生じるさまざまな「危険」に対して法律を用いて管理しようという発想から発展してきたドイツの警察法は，科学的不確実性への対処を考えるにあたって示唆に富むものである。これを源流として発展してきたドイツの環境法に本章ではまず注目した。ドイツで生まれた事前配慮の概念が欧州に広がる過程で変容し，今日の予防原則の概念が形づくられてきた。予防原則の考え方が欧州における国際宣言や国際条約で用いられることにより，その考え方の輪郭が形成され始めた。その後，世界的な条約にも活用されるようになり，1992年の地球環境サミットでは，リオ宣言の第15原則として広く知られるようになった。

　さらに，欧州では1993年に発効したマーストリヒト条約（欧州連合条約）によって改正された共同体設立条約が予防原則を欧州連合（EU）の環境政策の基本原則に位置づけた。これにより，化学物質管理政策も含めEUの環境政策は予防原則を活用することとなった。

　化学物質の有するリスクへの法律による対応については，1970年代から

進められた。1992(平成4)年に開催された国連環境開発会議(地球環境サミット)や2002(平成14)年に開催された持続可能な開発に関する世界首脳会議(WSSD: World Summit on Sustainable Development)においても化学物質管理が議題の一つとして取り上げられた。この会議の実施計画では「化学物質が,人の健康と環境にもたらす著しい悪影響を最小化する方法で使用,生産されることを2020年までに達成することを目指す[1]」ことが目標として明記された。この目標に対応すべく化学物質管理制度も見直され,今日,その発展の到達点に位置するのが,欧州のREACH(化学物質の登録,評価,認可および制限に関する規則)*1 とわが国の化審法である*2。

これまでも,REACHなど欧州の化学物質管理制度とわが国の制度を比較した研究はなされており[2],この研究においてもその成果を引用させていただいた。しかしながら,制度の背景となった考え方や欧州とわが国の制度が異なった経緯にまで論及したものはあまりないように思う。この章では,これまでの研究成果を踏まえ,欧州の化学物質管理政策の特質を概観した上で,欧州の化学物質管理制度の背景となったドイツにおける「危険」概念や環境政策(環境法)の考え方などが制度の形成にどのように寄与したのかをその沿革を踏まえて検討する。その際に,ある意味ではこれらの概念に拘束され,またある意味ではこれらの概念を拠り所として,いかにして欧州の化学物質管理制度が発展してきたのかを考察する。考察にあたっては,REACHに相当するわが国の法律である化審法との比較を通して,なぜこれら二つの異

---

*1 Regulation (EC) No 1907/2006 of the European Parliament and of the Council of 18 December 2006 concerning the Registration, Evaluation, Authorisation and Restriction of Chemicals (REACH), establishing a European Chemicals Agency, amending Directive 1999/45/EC and repealing Council Regulation (EEC) No 793/93 and Commission Directives 91/155/EEC, 93/67/EEC, 93/105/EC and 2000/21/EC (2006) Official Journal L 396/1. なお,Authorisation(英国綴り)の表記については,欧州連合官報(Official Journal of the European Union)(2006年12月30日 L 396/1)の表記に合わせた。

*2 一方,米国の有害物質規制法(TSCA: Toxic Substances Control Act)については,現在改正の動きがあり,2009年9月には米国環境保護庁(EPA: Environment Protection Agency)から改正の方針が公表された。その後,改正案が議会に提出されている。詳しくは第2章を参照。

なった制度が形成されたのかを明らかにする。

1. 化学物質の有するリスクの特徴と法的対応

(1) 化学物質の有するリスクの特徴

序章でも説明したが、化学物質がもたらす環境リスクは、次のような特徴を有する[3]。そのため、これらの特徴を踏まえた対応が求められる。

ⅰ) 科学的不確実性が大きい

化学物質の数は膨大であり、産業利用に供されているものに限っても数万種になるといわれている。リスク分析がされていない物質が多く、複数の物質間における複合的な作用は究明されていない。また、たとえば、化学物質の人に対する発がん作用は長期にわたる暴露の結果発生するが、化学物質の発がん性試験は動物試験に依拠せざるを得ず、これによって得られたデータに基づいて人のリスクが算定される。その他、人や動植物がどの程度の濃度で化学物質に暴露されるか（暴露評価）については、主にモデルを用いたシミュレーション解析による[*3]ので、この部分でも科学的不確実性が介在する。

ⅱ) リスクが発現した場合の被害が不可逆的

万が一、生命が損なわれた場合には回復は不可能であり、また、化学物質が環境に放出される前の状態に戻すことも困難である。

ⅲ) リスク対策には社会的判断が求められる

化学物質に関する環境リスクに科学的不確実性が伴う上に、リスクが発現したときの損害は不可逆的なものとなることから、対策に際しては安全性を見込んだ予防的措置が重視される。そのため、科学的不確実性を前提とした

---

*3 特定化学物質の環境への排出量の把握等及び管理の改善の促進に関する法律（PRTR法：化管法）に基づく、第一種指定化学物質の環境中濃度の算出は、モデルを用いたシミュレーションにより行われている。他方、環境省などの委託調査による化学物質の環境中濃度の実地測定も行われているが、対象物質や観測地点の数に限界がある。環境省の実測調査のデータに関しては、年次報告書である環境省環境保健部環境安全課『化学物質と環境』に収載されている。

予防的措置が実施され，その際，実効性や費用も考慮に入れなければならず，リスク対策の決定にあたっては政策的要素を含む社会的判断とならざるを得ない。

(2) 化学物質の有するリスクへの法的対応

国(行政機関)の責務としてリスク管理がある。これは公共の安全の保持という伝統的な警察概念に由来する。狭義の警察活動はもちろん，建築規制，衛生管理といった広義の警察活動もリスク管理である。人間のリスクへの関心は，その大きさにのみ左右されるわけではない。理解しがたいリスクに対しては，受容しにくい傾向があるといわれる[4]。そのようなリスクの一つが化学物質の有するリスクである。化学物質の有するリスクは，現代的な科学的不確実性を有するリスクであり，直接，間接に健康や生命にかかわるリスクであるため，行政機関においてこの現代的リスクに対処しなければならない。

科学的不確実性を有するリスクに対処することで，いかなる法的課題に直面するのか。対処すべきリスクに関する情報が不十分である場合に，行政機関では，不十分なリスク情報の下でも，何らかの決定をすることを避けられない。もともと行政機関は調査義務によって，一定の事実を認定してきた。しかし，ここで問題になっているリスクの不確かさは，現時点では解明できないものであり，「科学的不確実性」を前提に決定がなされなければならないところに，問題の新しさと難しさがある[5]。

化学物質の有するリスクの科学的不確実性は，いつ，何が起こるのかが不確実な場合である。リスクを確定するためにはデータが必要であるが，データの蓄積が不十分である。このような状況の中で，行政機関は，不十分なデータを基礎として，限られた時間とリソースの中で，リスクをある程度まで評価し，対策を決定しなければならない。したがって，こうした条件下における行政機関の決定は，もともと限られた合理性しか持ち得ない。すなわち，そこでの結論は暫定的なものとならざるを得ない。しかし，所与の条件下における最大の合理性の追求は，要求される。ここに，リスク管理の宿命

的な困難さがある[6]。

　化学物質が有するリスクを抑制するためには，広範な企業の生産活動，国民の消費活動，廃棄物対策など，さまざまな主体の行動をコントロールすることによって，初めて可能となる。しかし，このような規制を行うにあたっては，強制力を持つ規制措置を行う上で確実な根拠を欠くことも多く，対象となる関係主体，対象となる行為の多様性のために規制措置の実効性を確保することは困難なことが多い。リスクが顕在化する前に，より有効と思われる予防的な手法を用いてリスクの顕在化を抑えることが重要である[7]が，そのためにはリスクが顕在化する前に，多種多様な化学物質のうちどの化学物質を規制対象とするか，効率的に選定しなければならない（リスク評価がこの一つの対応策となるが，これに関しては後述する）。つまり，化学物質を法的に規制するには，科学的不確実性を伴う予測を通して規制対象の選定，規制手段の決定など法制度の設計を行わなければならない。リスクの把握，リスクへの対応に際して科学的不確実性を伴う*4 予測が介在するのが化学物質管理の特徴である。

　このように科学的不確実性が存在する中で，規制措置を実施すべきか否かを規制当局が判断する際に一つの指針となる考え方が予防原則である。予防原則は，「原因と被害との間に明確な科学的証拠が存在しなくとも，深刻または不可逆な被害が生じるおそれがある場合には環境悪化を防止するため予防的な措置がとられなければならない*5」というような内容であるが，固定

---

*4　科学的不確実性が存在するのは，(i)調査（リスク評価）が行われていないために不確実な場合と(ii)調査の結果なお科学的不確実が残る場合（定量的リスク評価ができない場合を含む）がある。この部分，大塚直「未然防止原則，予防原則・予防的アプローチ(5)」法学教室289号（2004年）109頁。

*5　1992年に開催された国連環境開発会議（地球環境サミット）の成果をまとめた「環境と開発に関するリオデジャネイロ宣言（リオ宣言）」の第15原則は，予防原則を次のように表現している。「深刻な，あるいは不可逆な被害のおそれがある場合には，完全な科学的確実性の欠如が，環境悪化を防止するための費用対効果の大きな対策を延期する理由として使われてはならない」（外務省，環境省監訳）。本書の表現はこれを基に作成した。

した定義があるわけではない*6。予防原則は，原因と被害との因果関係が，十分には確認(証明)がなされていない状況で対策を迫られたときに，科学的な確認がなされることを待っていたのでは取り返しがつかない事態を招来する場合，法的規制を含めた規制措置を実施するという考え方である。化学物質の法規制に関しても予防原則の考え方が取り入れられており*7，化審法の事前審査制度や監視化学物質制度などに反映されている[8]。

2. ドイツにおける化学物質管理政策の推移と環境保護概念の欧州への展開

欧州の化学物質管理政策を考える上で，重要なのはドイツで形成された概念や制度が欧州の制度に影響を及ぼしていることである。ドイツで形成された危険やリスクの概念，事前配慮の考え方をはじめとする環境政策(環境法)の原則が欧州の制度に影響を与えている。さらにはドイツの化学物質管理政策が変遷しつつ発展し，欧州の制度に影響を与えた。ここでは，これらの経緯を概観し，わが国の制度と比較しつつその政策としての意義を考察する。

---

*6 本書では，リオ宣言の第15原則に規定された観点から予防原則の適用を考察する。安全性を証明する責任を被規制者に負わせる，いわゆる「証明責任の転換」または「証拠提出責任」を予防原則の概念の中に含める考え方もある(小島恵「欧州 REACH 規則にみる予防原則の発現形態(1)」早稲田法学会誌59巻1号(2008年)159-160頁)。また，化学物質の有害性などの性質に関する情報の提供義務を事業者に課す根拠としては，必ずしも予防原則のみの効果とはいえず，「情報との距離」の観点，生産者責任，原因者負担原則，未然防止原則を根拠とする考え方がある(小島恵「欧州 REACH 規則にみる予防原則の発現形態(2・完)」早稲田法学会誌59巻2号(2009年)254頁。大塚直「わが国の化学物質管理と予防原則」環境研究154号(2009年)81頁注(1)。Veerle Heyvaert, *Guidance Without Constraint: Assessing the Impact of the Precautionary Principle on EC Chemical Policy,* 6 Yearbook of European Environmental Law (2006) p. 42)。

*7 第3次環境基本計画においても，第二部第1章第5節「化学物質の環境リスクの低減に向けた取組」において，「2 中長期的目標」および「3 施策の基本的方向」において，「予防的取組方法」の考え方を環境政策に反映することが記載されている。

さらに，2012(平成24)年4月に閣議決定された第4次環境基本計画においても，第2部第9節「包括的な化学物質対策の確立と推進のための取組」において，「(4)安全・安心の一層の確保」の項で，「予防的視点から，未解明の問題に対応していくことも必要である」と記載されている。

(1) ドイツにおける環境保護概念の形成と発展
① ドイツ行政法における「危険」概念

「危険」や「リスク」の考え方については、ドイツ行政法学において従来から研究されてきた。公共の危険を防除する観点から、公安活動だけでなく営業活動に対する規制も行われ、営業法(営業警察法)として発展してきた[9]。現在の環境規制もその延長線上にあるとも考えられ、環境法を考える上で参考となることも多い。ドイツ行政法学では、(広義の)リスクのうち、伝統的な警察規制の対象とされる危害発生の十分な蓋然性があり被害が大きいと予測されるものを「危険」といい、これより蓋然性が低く被害が小さいと予測されるものを「(狭義の)リスク」とし、人間の認識能力や技術的限界などにより受忍するしかないものを「残存リスク」とする三段階モデル*8 が一般的である。三段階モデルは、事前配慮領域を拡張し、因果関係解明にあたっての自由権保護の要請を減退させ、危険の前段階でも介入措置を講じることを可能にしたとの積極的評価がなされている[10]。また、科学的不確実性に対処する場面があることを正式に認める立場を明らかにする点で有用である[11]。なお、危険かどうかの判断も科学的不確実性を有する。つまり、危害発生の蓋然性があるかどうかは、将来に対する予測によって判断されるが、事態の推移が予測に反する可能性もあるため、この点で危険の判断には科学的不確実性を伴う[12]。

「危険の疑い」という概念も検討されている。これは、危険の存在を示す手掛かりはあるが、現在の状態、または、因果関係が不明確で損害発生の蓋然性を有するか否かの判断が困難という場合[13]である。危険の疑いが伴っている科学的不確実性と、危険が有する科学的不確実性とは異なる。すなわち、いずれも蓋然性の判断に科学的不確実性を有するが、危険が有する科学的不確実性は、将来の予測に対する科学的不確実性であるが、他方、危険の疑い

---

*8 ブロイヤー(Breuer)によって提唱された。この部分について、松本和彦「環境法における予防原則の展開(二)」阪大法学 54 巻 5 号(2005 年)1180 頁を参考にした。

が有する科学的不確実性は，現在の事実に対する推定に科学的不確実性がある[14]。そして，このように科学的不確実性を有する危険の疑いの中でも，科学的な経験知に基づく根拠のある危険の疑いは「根拠づけられた危険の疑い」として，危険と同様の損害発生の蓋然性を有するとして危険防御の対象とされる[15]。化審法の規制対象で考えれば，第一種特定化学物質や第二種特定化学物質が有する有害性は，「根拠づけられた危険の疑い」であり，危険とみなされるため，危険防御の対象となると考えられる。

ドイツでは，営業法が「危険」のみを対象としていたのは，警察法の伝統に由来する[16]。「危険」に該当した場合は警察法の一般条項（概括条項）*9 の適用があり，個別法が存在しなくとも警察法によって危険防御の対象となるため，「危険」と危険に該当しない「リスク」とを峻別する必要があった。近年では，科学的不確実性を伴うリスクに対応することが，伝統的な「危険防御」と区別される「リスク配慮」であると考えられることも多く，伝統的な危険防御と区別された「リスク配慮」がリスク行政の中核となっている[17]。これは，今日においては，危険に至らない状態でも行政が介入すべきであるという社会的要請が生じ，法においてもこのような社会的要請に対応することを迫られている*10 からだと考えることができる。

② 事前配慮原則の登場と予防原則への展開

ドイツにおいて，科学的不確実性に対処する概念として形成されたのが事前配慮（Vorsorge）である。ドイツ連邦政府は，1976 年に環境報告書[18]を出して，1971 年に始まった環境プログラム*11 の成果を総括した。その中で，こ

---

*9 「警察は公共の安全・秩序に対する具体的危険を除去するために必要な措置をとることができる」旨の規定である。この規定は，1794 年のプロイセン一般ラント法第 2 編 17 章 10 条に由来する。松本・前掲注 8（2005 年）1181 頁。

*10 山下龍一「第一報告へのコメント」自治研究 79 巻 4 号（2003 年）15 頁。山下はこの中で，警察行政領域においてはリスクに対応すべきでなく危険防除に特化すべきであるが，環境行政領域ではリスクに対応すべきであるとしている。そして，このように危険防除に限定される領域とリスクにまで対応すべき領域があるからこそ，「危険」と「リスク」の二つの概念を立てる意味があるとしている。

*11 Bundesregierung, Umweltprogramm der Bundesregierung, BT-Drucks. VI /2710.

のプログラムには三つの基本原則(事前配慮原則，原因者負担原則，協働原則)があったと述べられている。その一つに事前配慮原則があり，その内容として，この原則は危険防御と損害除去にとどまらない環境への事前配慮であるとして，計画的手法を通じて実行されるとした。これが，ドイツ連邦政府が公式に事前配慮を表明した最初のものである[19]。次いで1986年には，ドイツ連邦政府は「有害物質の発生抑制と段階的削減による環境事前配慮指針*12」を発表し，事前配慮は①危険防御(具体的な環境に対する危険の防止)，②リスク事前配慮(危険防御の前段階での環境に対するリスクの発生回避あるいは削減)，③将来配慮(将来の環境の予見的形成，とりわけ自然の生活基盤の保護と発展)の三つの意味を含むとされた*13。このとき，事前配慮をこのように危険防御を含む概念と考えたのは，事前配慮の概念が合理性と法的安定性を持つためには，これまでのドイツ行政法の危険概念をめぐる議論との接合性が重要であると意識された[20]ためと考えられる。この事前配慮の三つの意味のうち，リスク事前配慮が予防原則として認識されるようになり，欧州の国家間の条約に取り入れられ，国際条約にも浸透していったと一般に解されている[21]。したがって，予防原則として認識される段階で，危険防御(危険防止)としての要素が喪失し，危険かどうかがわからない段階でのリスク回避措置(またはリスク削減措置)を実行するための考え方として科学的不確実性に対処するものとなったと考えられる。

　また，予防原則は知識や技術の科学的不確実性(科学的不確定性)を前提し

　なお，ドイツ連邦政府は，これに先立って，1970年に緊急プログラム(Sofortprogramm)を策定して環境保護に関する立法方針を定めた。この部分は，勢一智子「ドイツ環境法原則の発展経緯分析」西南学院大学法学論集32巻2，3合併号(2000年)162頁を参考にした。

*12　Bundesregierung, Leitlinien der Bundesregierung zur Umweltvorsorge durch Vermeidung und stufenweise Verminderung von Schadstoffen (Leitlinien Umweltvorsorge), BT-Drucks. 10/6028.

*13　松本和彦「環境法における予防原則の展開(一)」阪大法学53巻2号(2003年)366頁。大塚直編『環境リスク管理と予防原則』(有斐閣，2010年)301頁 注37。また，「事前配慮原則」は予防原則と未然防止原則の双方を含めた概念であった(大塚直「未然防止原則，予防原則・予防的アプローチ(1)」法学教室284号(2004年)71頁)。

た際の一つの問題設定のあり方[22]ともいえる。つまり，科学的不確実性が存在するため，明確な科学的な証明ができない中で，対応を決定する際の方法論の一つを提示しているのが予防原則といえる。その意味で，予防原則はあくまでも政治的・行政的決定権者に向けられた指針であり，それが国際慣習法や法の一般原理として確立されたものか否かをめぐる議論は今なお継続中である[23]。

予防原則は，事前配慮とは異なり，危険と関連づけることなしに行政による規制を正当化している点で，リスク領域での行政の対応をもう一歩積極的に推し進めたものといえる。その一方で，予防原則の正当化の根拠に関しては法律論の枠内にとどまらず，政治的・行政的な指針としての性格を帯びているともいえる。しかしながら，前述したように化学物質の有するリスクは，モデルを用いたシミュレーションによる環境影響の分析や動物試験を用いた有害性データの人への外挿などに頼らざるを得ず，科学的不確実性が伴う。そのため，対応策の決定においても科学的な根拠が不十分なために，科学的な推論によって結論が出ないこともある。それでもなお，そのような状況で対応策を決定しなければならない場面に直面することもあり，ここにおいては政治的・政策的判断を伴った予防的な措置をとらざるを得ない。

③ 原因者負担原則の登場と発展

ドイツにおいて，環境保護は，最初，周辺環境の管理として始められ，それは土地所有者や占有者によって担われていた[24]。つまり，土地と環境管理を結びつけてきた歴史的経緯から，環境保護のための負担は，国家など公共が担うものとしてではなく，土地所有者や利用者など私人に帰せられるものとして生じた[25]。たとえば廃棄物除去は，19世紀まで，一次的には都市の自律にかかわることがらであった。そのため，沿道の住民はその道路部分を自由に利用できる一方，そこの廃棄物を除去し清潔な状態にすることが課せられていた[26]という。ところが，産業化と都市化に伴い，排出される廃棄物は増大し，沿道の居住者や私的な回収業者によって除去しきれなくなったため，廃棄物は，交通の障害や衛生上の問題を引き起こした。その結果，政府の介入が避けられなくなった[27]。

第二次世界大戦後，工業化が進展する中で，環境問題が大きな社会問題となった。環境問題に対処するため，環境汚染の原因者である事業者を環境保護に要する費用を負担する者と位置づける原因者負担原則が登場した。この考えは，次に述べるように単に環境汚染の原因者である事業者に費用を負担させるだけでなく，もう一歩進んで，事業者に対して社会の一員として環境汚染問題の解決のため行動する主体としての役割をも期待するものであった。そこから政府のパートナーとしての事業者を位置づける考え方が生まれた。こうして，事前配慮原則の登場・発展と並行して原因者負担原則(Verursacherprinzip)と協働原則(Kooperationsprinzip)が登場，発展した[28]。

　1971年に開始された連邦政府の環境プログラムでは，「何人も環境に負荷を課し，または，損害を与えた場合には，その負荷または加害の費用を補償すべきである」とされた。つまり，市場経済においては，あらゆる事業者が自己責任の原則により，その行為が環境に及ぼす影響についても責任を負わなければならないと述べられている[29]。このプログラムでは，原因者負担原則を費用負担責任の問題ととらえたが，この時点ですでに原状回復や損害賠償が視野に入れられていた[30]と考えられる。

　一方，1972年のOECD理事会勧告*14で汚染者負担原則(PPP: Polluter-Pays Principle)が示されたが，これは，①環境汚染に伴う社会的費用を事業者の生産するもののコストに反映させて内部化すること，②国際競争における不公平を防止するため公害防止費用に対して国が補助金を出すことを禁止することを加盟国に求めたものである*15。これが発展してリオ宣言の第16

---

*14 「環境政策の国際経済的側面に関する指導原則についての理事会勧告」(Recommendation of the Council on Guiding Principles concerning International Economic Aspects of Environmental Policies, 26 May 1972-C(72)128)

*15 この勧告は，次の2点の制約を有していた。①汚染防止費用に対する原則にすぎず，原状回復のような環境復元費用や損害賠償費用のような被害救済費用を含まない。②汚染による損害と汚染防止費用との合計が最小となる汚染水準(最適汚染水準)までしか汚染を除去しない(大塚・前掲注13(2010年)65頁)。
　　他方，汚染者負担原則の適用が特定の補助金の削減もしくは排除につながることで，汚染者による汚染除去の取り組みを促進させることを意図しているとの指摘がなされて

原則*16 となった*17。しかし，OECD の汚染者負担原則とドイツの原因者負担原則とは，共通する部分もあるが少し異なった概念である。前者が費用負担を問題にするのに対し，後者は費用負担だけでなく責任分担を要求する31).*18 概念である。

　原因者負担原則の考え方は，環境保全の実効性の観点から妥当とされる32)。この考えを採用すると，汚染原因者が自ら汚染を低減，回避することになる。汚染原因者はこれによって，規制の客体から環境保護の主体となったのであり，環境保護にあたって汚染原因者が国家のパートナーとして登場してくる33)。そして，このことが，協働原則（後述）の形成に寄与している。

　また，現在の環境汚染においては，加害者と被害者の対立の図式が必ずしも当てはまらない現象もみられる。このような現象に対して，原因者の追及に執着するのではなく，誰に原因者として負担を課すことが効果的であるのかという観点から，規制対象を決定する考え方が用いられるようになった34)。リオ宣言と同じ 1992 年に公表された OECD の「汚染者負担原則に関する OECD の分析と勧告*19」では，「誰が汚染者かを決定することが難しい場合に，汚染の発生に決定的な役割を担う経済主体を汚染者にした方が適切な場

　　いる。奥真美「汚染者負担原則（Polluter-Pays Principle）」環境法政策学会編『温暖化防止に向けた将来枠組み』(商事法務，2008 年) 105 頁。
*16　「国の機関は，汚染者が原則として汚染による費用を負担するとの方策を考慮しつつ，また，公益に適切に配慮し，国際的な貿易及び投資を歪めることなく，環境費用の内部化と経済的手段の使用の促進に努めるべきである。」(環境庁・外務省監訳 (1993 年) による)
*17　汚染者負担原則に関して，化学物質管理に関する国際条約においてもこれを明記するものがある。2001 年に採択された，残留性有機汚染物質に関するストックホルム条約（POPs 条約）は，前文において「国際的な貿易および投資を歪めることなく，環境に関する費用の内部化」の促進に努めるべきであるとする 1972 年の OECD 理事会勧告の趣旨が記されている。さらに，リオ宣言第 16 原則を再確認することが記載されている。
*18　ドイツでは，原因者負担原則（Verursacherprinzip）は，単なる費用負担原則を超えて，直接的行為規制を伴う「環境負荷をもたらしてはならない原則（Nichtverursacherprinzip）」を含むものと位置づけられ，これが通説となっている（松村弓彦『環境法の基礎』(成文堂，2010 年) 109–110 頁)。
*19　The Polluter-Pays Principle OECD Analyses and Recommendations, OECD/GD (92) 81, 1992.

合がある」としている。これは，汚染者の範囲を拡大するものである。汚染発生に決定的な役割を担う経済主体の例として自動車メーカーや農薬メーカーが挙げられている[35]。

このような考え方が，EU の環境法にも取り入れられ，REACH の登録制度や事業者にリスク評価を求める制度において実現している。

④ 協働原則の登場と発展

事前配慮概念の登場・発展と並行して，原因者負担原則とともに，協働原則（Kooperationsprinzip）が登場，発展した。1971 年に開始された連邦政府の環境プログラムでは，効果的な環境保護のためには，連邦，州，市町村相互間，ならびに学界，および経済界との緊密な協力が必要である旨，述べられている。これが協働原則につながる考え方である。環境分野における協働原則は，「社会の全行動主体が環境保全に向けて責任を負う」という意味での自己責任の考え方を基礎とする[36], [*20]。

次いで 1976 年に発表されたドイツ連邦政府の環境報告書[37]においては，事前配慮原則，原因者負担原則と並んで，「協働原則」が定式化され，次のように述べられている。「関係人の共同責任および協力からのみ，個人の自由と社会の需要との均衡のとれた関係が生じうる。したがって，環境政策上の意思形成過程および決定過程への社会の諸勢力の早期参加が連邦政府によって促進されたが，もちろんこれは政府責任の原則を疑問視されるものではない[38]」。これによって，協働原則の考え方の方向性が示されたといえる。

協働原則の概念は，次のような内容になる[39]。①環境問題の解決のためには，あらゆる主体の責任分担と協力が必要であり，国家だけの任務ではない。②それゆえ，関係者が環境政策上の意思決定プロセスに早期に参加する必要がある。③しかし，環境保全に関する国家の基本的責任は放棄し得ない。

[*20] Kloepfer は，自己責任原則を協働原則の前提と位置づけ，国の監督下での自己責任という意味で「管理された自己責任の原則（Prinzip der kontrollierenten Eigenverantwortlichkeit）」を提唱した。Kloepfer は，これを化学品法の基礎を構成する原則と考え，その後，この原則の射程を環境法一般の原則に拡大した（松村・前掲注 18（2010 年）143-144 頁）。

協働原則は，その輪郭が十分形成されていなかったが，国家と社会との協働という考え方がしだいに環境法の中に取り込まれていった[40]。EU においては，1993 年に公表された第 5 次環境行動計画[41]（対象期間：1993〜2000 年）の中で，生産活動と環境保全とのバランスを保つ上で，加盟国や地方公共団体だけでなく事業者，NGO，市民などが責任を共有することの重要性が指摘された。これは，第 6 次環境行動計画[42]にも引き継がれた[43]。そして，協働原則が法原則なのか，環境政策上の要請にすぎないのかは，必ずしも明らかではないが，さまざまな現行法規の中に具体化されていると指摘されている[44]。*21

⑤ 基本法の改正による連邦政府の環境保護立法の開始

すでに述べたようにドイツにおいては，連邦レベルでの環境政策の展開は 1971 年の連邦環境プログラムの策定により始まった。これは，総合的・長期的観点からの環境政策の指針を示したものである[45]。翌年には，それまで連邦政府に立法権限がなかった環境分野に連邦の競合的立法権を認める基本法改正が行われた*22。これにより，連邦には廃棄物処理，大気の清浄維持，および騒音防止に関する競合的立法権が与えられた[46]。これらを契機として，従来個別法の一分野として，あるいは州レベルでの規制として行われてきた環境保護に関する政策・環境法整備は連邦主導で進められることになった[47]。

さらに，1976 年の環境報告書で事前配慮，原因者負担，協働が環境政策の 3 大原則と位置づけられるようになり，以降，これらの考え方がドイツの環境政策の基本的な発想となっていく。

---

*21 なお，わが国においては，2011（平成 23）年に改正された「環境教育推進法」が協働原則の考え方を条文で謳っている。この法律では，社会を構成する多様な主体が「対等の立場において相互に協力して」環境保全活動などを行うことが規定されており（3 条 1 項），さらに「政策形成への民意の反映等」の表題を有する条文もあり，多様な主体の意見を「十分考慮した上で政策形成を行う仕組みの整備を図る」ことが明文化されている（21 条の 2 第 1 項）。

*22 1972（昭和 47）年 4 月 12 日の第 30 次基本法改正によって，連邦と州の競合的立法分野の一つに 74 条 1 項 24 号として「廃棄物除去，大気汚染防止及び騒音の防止」が加えられた。

(2) ドイツの環境法にみる環境保護概念の展開
① ドイツ連邦イミッシオン防止法と事前配慮原則

1971年,ドイツ連邦環境プログラムが開始され,1972年には基本法の改正により連邦に大気の清浄維持など環境に関する競合的立法権が与えられた。このような状況の中で1974年に成立したのがドイツ連邦イミッシオン防止法(Bundes-Immissionsschutzgestz)である。この法律は,営業法の危険防御規定を受け継ぐとともに[48],事前配慮原則を用いて科学的不確実性をとらえる法概念や法的手法を展開しており,この法律をめぐる議論が他の環境法の解釈論にも影響を及ぼす[49]などドイツ環境法の発展において重要な位置を占めている。

イミッシオン防止法の特徴は,危険防御とともに事前配慮原則の考え方を条文に具体的に規定している点である。同法5条1項1号は危険防御を規定しており,工場などを操業する事業者に対して,有害な環境影響,その他の危険,著しい不利益,著しい迷惑が一般市民や近隣にもたらされないように施設を設置し稼働させることを義務づけている。また,同法の5条1項2号は事前配慮原則の考え方を具体的に規定し,工場などを操業する事業者に対し,有害な環境影響などを発生させないように,有害物質の排出削減のため技術水準に適合した設備の導入などの措置を事前に行うことを求めている。このように同法において危険防御だけでなく事前配慮原則が用いられたのは,前述のようにリスク配慮が行政の中心となり,危険に至らない状態でも行政が介入すべきであるという社会的要請があったためである。立法段階においても「環境保護の今日の問題は,(中略)警察法の危険防御という手段のみでは解決され得ず,(中略)適時かつ包括的に事前配慮がなされる場合のみ実効的に対処され得る」と指摘されている[50]。

このように,危険防御と並行して事前配慮が規定されているので,この法律の事前配慮は,ドイツ連邦政府が「有害物質の発生回避と段階的削減による環境事前配慮指針」(この指針は,イミッシオン防止法が制定された後の1986年に出されたものであるが,それまでのドイツ行政法の危険概念をめぐる議論と

の整合性を意識したものである)で示された三つの内容のうち，②リスク事前配慮と③将来配慮の内容を含むと考えられる。この法律の事前配慮の目的に関しては，施行直後から議論が行われたが，近年の学説である不確実性への対応説によれば②と③を含み，事前配慮は危険性判断に際しては，さまざまな不確実性に対応するためのものであると解釈できる[51]。そして，危険に該当しないリスクのうち，侵害の程度や蓋然性の判断に不確実性があるリスク(不確実性ゆえのリスク)に対処するのがこの法律の事前配慮である[52]。つまり，この「不確実性ゆえのリスク」は，まだ危険の段階ではないが，その後の事態の進展によっては危険となるかもしれない，という危険との関連性が見いだせるので，損害の発生を予防するという意味で行政の介入が正当化される*23。このように，事前配慮では，危険との関連においてリスク領域への規制を行っている*24。

② ドイツ連邦化学品法における科学的不確実性への対応と協働原則の具体化

　ドイツ連邦化学品法(Chemikaliengesetz)*25 は，1980年9月25日に公布され，1982年1月1日に施行され，数次の改正を経て，2008年にはREACHの施行のため大幅な改正が行われた。この法律は，わが国の化審法に労働安全衛生法の化学物質関連規定の部分を併せた法律で，化学物質の有害な作用か

---

*23　戸部真澄『不確実性の法的制御』(信山社，2009年)38頁。また，松本は前掲注8 (2005年)1188頁で，オッセンビュール(Ossenbühl)の説を引用して，一般的な事前配慮の概念として，「最低限度の危険関連性」を備えていなければならないとしている。
　　山本隆司「リスク行政の手続法構造」城山英明，山本隆司編『融ける境越える法 5. 環境と生命』(東京大学出版会，2005年)27頁では，イミッシオン防止法の事前配慮は，「危険の疑いが存在すると想定されることに十分な根拠がある場合に要請される」としている。

*24　イミッシオン防止法が5条1項2号の事前配慮規定において，損害の規模または発生の蓋然性のうち少なくともいずれかの点で危険との関連を見いだせない「著しい不利益(erhebliche Nachteile)」や「著しい迷惑(erhebliche Belästigungen)」を規制対象にしているのは，不確実性への対応説からすれば，比例原則に反し，行き過ぎではないかとの主張もある。この部分，戸部真澄『不確実性の法的制御』(信山社，2009年)38頁を参考にした。

*25　正式名称は，「危険な物質から保護するための法律(Gesetz zum Schutz von Gefaehrlichem Sttoffen)」。

ら一般国民の健康や環境を守ることに加えて，労働者を化学物質の有害な影響から保護する役割をも包括している。この点，わが国の化審法が環境汚染に起因する人の健康や動植物への影響を規制する環境法としての性格が強いのに対して，ドイツ連邦化学品法は化学物質管理を包括し[*26]，化学物質から生じる人や環境に対する被害を防止するという化学物質に対する包括規制法としての性格が強い。

本節では，ドイツ連邦化学品法が科学的不確実性への対応をどのように具体化しているかを検討するため，主に REACH に対応する以前のこの法律を取り上げて考察する。ただし，この法律が制定される前に，すでに化学物質管理に関する欧州共同体理事会の「危険な物質の分類，包装，および表示に関する理事会指令」(危険物質指令)の第6次修正指令[*27]が1979年9月18日に出されており，この影響のもとで同法の制定作業が進められた[53]。そのため，共同体における化学物質管理の考え方が同法に反映されている。たとえば，同法13条の「分類，包装，および表示義務」に関しては，共同体理事会の危険物質指令の第6次修正指令と共同体理事会が1976年に出した制限指令[*28]に対応している[54]。このようなことから，同法は，ドイツ営業法の考え方を受け継ぐというよりは，共同体の化学物質管理の考え方をよく反映したものになっていたといえる。そして，危険物質指令の第6次修正指令を一つの契機として，欧州の化学物質管理政策は，共同体を中心としたものになっていく(後述)。

ドイツ連邦化学品法は，2008年の改正以前は，わが国の化審法と同様に

[*26] 医薬品などは別の法律で規制されている。

[*27] 「危険な物質の分類，包装，および表示に関する理事会指令」(危険物質指令)の第6次修正指令(Council Directive 79/831/EEC)。これによって欧州において新規化学物質の事前審査制度が導入された。

[*28] 「危険な物質および調合剤の上市と使用の制限に関する理事会指令(Council Directive 76/769/EEC)」。この指令は，危険な物質を指定し，上市と使用を禁止したり，上市と使用にあたっての条件を定めるものである。2002年までに43物質が指定された。日本化学物質安全・情報センター『欧州における化学物質規制の初歩(第4版)』(2002年)6頁。

新規化学物質[*29]の事前審査制度を規定し，この点で予防原則を適用している。他方，17条4項は，対象となる化学物質の危険性が「科学的に根拠づけられた危険の疑い」を有する場合に禁止および制限措置が適用されることと規定しており，この点ではドイツ営業法の危険防御規定を受け継ぐものといえる。また，Kloepfer は，自己責任原則を協働原則の前提と位置づけ，国の監督下での自己責任という意味で「管理された自己責任の原則（Prinzip der kontrollierenten Eigenverantwortlichkeit）」を提唱した。Kloepfer は，これを化学品法の基礎を構成する原則と考え，同法13条の事業者による危険物質の表示，包装，性状検査義務などに発現されているとした[55]。

(3) EU における予防原則の展開

① 事前配慮から予防原則へ

ドイツ行政法の事前配慮原則の考え方に由来する予防原則の概念は，1980年代にまず欧州に浸透していった[*30]。1984年にブレーメンで開催された北海の保護に関する第1回国際会議で，予防原則の考え方がドイツから提案され，「環境への被害は不可逆あるいは修復に長期かつ膨大な費用がかかるものであり，沿岸諸国及び欧州共同体は有害性影響の検証を待たなくとも行動をとるべきである」とされた[56]。そして，1987年の同会議の第2回会合の閣僚宣言である「ロンドン宣言」に取り上げられ[*31]，その後国際的な広がりを見せた[57]。さらに，1990年3月にハーグで開催された同会議の第3回会合の

[*29] ここでいう新規化学物質とは，欧州委員会(EC)が編集した既存化学物質リスト EINECS(European Inventory of Existing Chemical Substances)に収載されていない化学物質のことであり，新規化学物質を上市しようとする場合には，審査に必要なデータを添付して届出をしなければならない。

[*30] 松村弓彦「EU 環境法上の予防原則研究の問題点」環境管理47巻6号(2011年)52頁では，ドイツの事前配慮(予防原則)の考え方が1980年代に英国に輸入されたことを指摘している。

[*31] この宣言では次のように述べられている。「海洋に損害を与える可能性のある最も危険な物質から北海を保護するために，明白な科学的証拠により因果関係が証明される前であっても，このような物質の投棄を規制することができる予防原則に基づく措置が必要である」(EC コミュニケーション付属書Ⅱより引用，邦文は筆者訳)。

閣僚宣言では,「排出と影響の間に因果関係があるという確定的な証拠がない場合にも,難分解性であり,有害で,生物濃縮しやすい物質の潜在的な有害影響を避けるための行動をとるという,予防原則の適用を継続する」と述べられている[58]。

1990年5月にノルウェーのベルゲンで開催された国連欧州経済委員会 (Economic Commission for Europe) の閣僚級会合は,地球環境サミットの準備会合として開催され,ここで持続可能な開発を達成するための基本政策が話し合われ,ベルゲン宣言(国連欧州経済委員会ベルゲン会議・持続可能な開発に関する閣僚宣言)としてまとめられた。予防原則に関しては,第7項で次のように述べられている。「持続可能な開発を達成するためには,政策は,予防原則に基づくものでなければならない。環境上の措置は環境悪化の原因を予見,防止及びそれに対処するものでなければならない。重大な又は回復不可能な損害の脅威がある場合には,完全な科学的確実性の欠如が環境悪化の防止措置を遅らせる理由とされてはならない」[59]。この部分が,予防原則の表明とされるリオ宣言第15原則の原型になったと考えられる。

1992年には,地球環境サミットのリオ宣言の第15原則*32として表明され,その概念が国際的に波及する一つの契機になった。これと前後して,1985年に採択されたオゾン層保護のためのウィーン条約前文,1992年に採択された生物多様性条約の前文や同年の気候変動枠組み条約3条など,環境関係の国際条約において成文化された。化学物質管理に関するものでは,2001年に採択されたストックホルム条約(残留性有機汚染物質に関するストックホルム条約,Stockholm Convention on Persistent Organic Pollutants: POPs条約)1条,8条7項などに予防原則を具体化した規定がある*33。さらに,2002年の

---

*32 「環境を保護するため,予防的方策は,各国により,その能力に応じて広く適用されなければならない。深刻な,あるいは不可逆的な被害のおそれがある場合には,完全な科学的確実性の欠如が,環境悪化を防止するための費用対効果の大きな対策を延期する理由として使われてはならない」。邦文は環境庁・外務省監訳(1993年)による。なお,ここでは「予防的方策」が予防原則を指す。

*33 たとえばストックホルム条約1条は,「(前略)リオ宣言の原則15に規定する予防的な取組方法に留意して,残留性有機汚染物質から人の健康および環境を保護することを

WSSD において策定された「持続可能な開発に関する世界首脳会議実施計画」においてもリオ宣言第15原則が再確認され，化学物質管理に関しては，予防的アプローチ（予防原則）に留意しつつ，「化学物質が人の健康と環境にもたらす著しい悪影響を最小化する方法で使用，生産されることを2020年までに達成することを目指す」ことが目標の一つとされた[60]。

一方，欧州においては，1992年に採択され翌年発効したマーストリヒト条約により，予防原則は EU（欧州連合）における環境政策の原則の一つとなった（現行の EU 機能条約[*34]191条2項に受け継がれている）。これにより，EU において環境政策は予防原則に基づくこととなった[61],[*35]。

② EC コミュニケーション

2000年には，欧州委員会（EC: Commission of the European Communities）によって，予防原則の適用の指針として「予防原則に関するコミュニケーション」（EC コミュニケーション）[*36] が公表された。この指針は，EU 域内あるいは国際間で行われている予防原則の議論に供することを目的としており，EU 域内に対して法的な拘束力を持つものではない[62]。しかし，欧州委員会は，予防原則が環境保護や人や動植物を守る分野において考慮されるべき一般原則と考えている。そして，科学的証拠が不十分もしくは不確実で，暫定的な科学的評価によれば，環境や人や動植物の保護にとって望ましいレベル

目的とする」と定められている。また，同条約8条7項(a)号では「（前略）科学的な確実性が十分にないことをもって，提案を先に進めることを妨げてはならない」と規定されている。

[*34] 欧州連合の機能に関する条約（EU 機能条約: Treaty of Functioning of the European Union）。2007年に署名され2009年に発効したリスボン条約により，従来の欧州共同体設立条約が改称（一部修正）され EU 機能条約となった。欧州共同体設立条約では174条から176条に規定されていた環境に関する条項は，EU 機能条約では191条から193条に規定されている。

[*35] EU 機能条約191条2項は，EU の環境政策が域内の多様な状況を考慮に入れつつ高いレベルの保護を目指すものであり，予防原則，未然防止原則，汚染者負担原則（原因者負担原則）などの基本原則に則って展開されることを求めている。

[*36] EU では，欧州委員会が予防原則の運用方針として「EC コミュニケーション」を公表した（European Commission, Communication on the precautionary principle, COM (2000) 1 final）。

からすれば懸念がある，との合理的な理由があるとき予防原則を適用すべきであるとしている[63]。ここで注意すべきは，予防原則の援用にあたっては，「科学的データがまず評価されなければならない[64]」として，科学的評価を前提としている点である。この点をあまり重視すると，科学的不確実性を有するために科学的に結論を導くことができない問題については，これに対処する予防原則の役割を損なうことになりかねない[65]。

また，この文書では，「不確実性を有する科学的評価を受けてどのように対応すべきかは，政治的な決定である[66]」「そこでとられる措置は，望まれる保護水準を達成するため適切なものであり，同様の状況においてとられている措置と一貫していなければならず，ゼロ・リスクを目指すものであってはならない[67]」といったことが指摘されている。

(4) ドイツとわが国における環境保護概念の比較
① 危険防御とリスク配慮の概念

わが国においては，日本国憲法13条の幸福追求権や25条1項の生存権から，良好な環境を維持，保全する国の使命が導かれる。1967(昭和42)年に公害対策基本法が制定され，この法律を中心にいわゆる典型7公害を規制する環境法制が整備されてきた。わが国では今日に至るまで警察法において一般条項は存在せず，この点がドイツの状況と根本的に異なっている[68]。そのため，環境規制において警察法あるいは営業警察法の「危険防御の概念」は用いられていない[69]。

わが国の公害対策基本法では，日本国憲法に従って「国民の健康を保護するとともに，生活環境を保全することを目的とする」(公害対策基本法1条1項)，「国は，国民の健康を保護し，及び生活環境を保全する使命を有する」(同4条)との考え方を基本としている[70]。なお，このような考え方は，その後，公害対策基本法を継承して1993(平成5)年に制定された環境基本法にも受け継がれている。環境基本法では，対応する部分は次のように規定されている。「現在及び将来の国民の健康で文化的な生活の確保に寄与する(中略)ことを目的とする」(1条)。「国は，基本理念にのっとり，環境の保全に関す

る基本的かつ総合的な施策を策定し，及び実施する責務を有する」(6条)。ここで「基本理念」とは，①環境の恵沢の享受と継承，②持続的発展が可能な社会の構築，③国際的協力による地球環境保全，の三つの理念を指している(3条〜6条)。

つまり，ドイツの環境対策立法が警察法との連続性を維持しつつ発展してきたのに対して，わが国の環境対策立法はその当初より警察法の枠組みを踏み出すかたちで成立した[71]といえる。

しかしながら，個々の環境法の規定の中に「危険防御の概念」や「リスク管理の概念」を読み取ることができる。たとえば，1989(平成元)年に改正された水質汚濁防止法14条の3に基づく地下水質浄化に係る措置命令は，危険防止措置(危険防御)を規定したものと解釈できる[72]。また，2002(平成14)年に制定された土壌汚染対策法7条1項に基づく土壌汚染除去等措置命令は，リスク管理措置(リスク配慮)を規定したものと解される[73]。このようにわが国の環境法においてもドイツ法における危険防御やリスク配慮の概念が取り入れられている。ただし，危険防御は，わが国の環境法とドイツの環境法では発展経緯が異なり，ドイツ法では警察法の一般条項にその根拠を求めることができるのに対し[*37]，わが国においては法令の規定により個別的に授権される必要がある[74]。

② 環境法における危険概念のとらえ方

前述のように，ドイツ連邦イミッシオン防止法が事前配慮の概念を用いて危険と関連づけることによって法規制を正当化しているのに対して，わが国の化審法の規制を例にとれば，1973(昭和48)年の制定時に，予防原則を取り入れた新規化学物質の事前審査制度を規定し，その後，予防原則の考え方を他の規制にも拡大していった。制定時には，有害物質規制の面では特定化学物質の製造・輸入を許可制として，これのみを規制していた。しかし，1986(昭和61)年の同法の改正時に，予防原則の考え方を有害物質管理にも取り入

[*37] 後述するように，ドイツでは，事態の進展によっては「危険」になるかもしれないというように危険と関連づけて考えることが基本になっている。

れて指定化学物質制度を制定し，危険防御から発展してリスクに対応する制度を加えた。指定化学物質に対し長期毒性の「疑い」の段階で規制措置を行っている点で，予防原則の適用と解される。

その後，化審法は科学的不確実性を小さくする努力を経て，今日の優先評価化学物質制度による化学物質管理に至っている。また，科学的不確実性の程度が異なるものの，深刻な被害を防止するための措置として現行の監視化学物質制度が存在する。現行法の優先評価化学物質制度，監視化学物質制度はともに，予防原則の適用と解される。

2009（平成21）年の同法の改正で新たに規定された，一般化学物質に対する措置は，有害性が疑われていない化学物質に対する措置であり，危険とは切り離された「リスク」対策である。すなわち，事態の進展によっては「危険」になるかもしれないというように危険と関連づけて考えるのではなく，リスクをリスクとしてとらえて対処する考え方であり，明確な形で事前配慮を超えた措置であるといえる。

前述したドイツの不確実性への対応説だと，事前配慮措置としてここまで規制するのは危険と関連性がなく，比例原則などに照らしてドイツであれば憲法上問題があるとの指摘もある[75]。

わが国の化学物質管理法制がこのような進展を遂げたのは，第1章で考察したように米国から予防原則の考え方を継受して，ドイツ行政法とは異なり「危険」概念に拘束されることなく発展したことが一つの要因だと考えられる。より根本的に考えると，日本国憲法は，自由権的基本権に加えて，25条1項で生存権を包括的に保障するなど，社会権的基本権も併せて保障している。それを受けて，第二次世界大戦後の間もない時期に，危険排除を目的とする警察法とは別に，広く，公共の福祉を維持増進するという積極的な目的のために，直接間接に国民の活動を規律するとともに国の義務をも定めた「規制法」[76]という範疇を認めていた[77]とする見解もある。その結果，わが国の環境法は，警察法の範疇を踏み出し，福祉目的をも追求するものとして発展した[78]とも考えられる。このようなことを背景にして，わが国では環境法が制定された。その一つとして化審法が制定され，わが国の化学物質管理制

度は危険概念に拘束されることなく発展した[*38]。

③ 予防原則について

わが国は，1973(昭和48)年に化審法を制定した。その際参考にしたのが，その前年に米国議会で審議されていた有害物質規制法(TSCA: Toxic Substances Control Act)案である。このときに新規化学物質に対する事前審査制度を導入した。この制度は，一旦環境汚染が生じると原状回復が困難な化学物質による汚染の性質を考慮して，有害かどうかわかっていない新規化学物質に対して一律に製造・輸入を実質的に許可制にするもので，予防原則を具体化した制度といえる。このようにしてわが国は，化審法制定にあたり，米国の予防原則(この言葉は用いられてはいないが)の考え方を導入して法制度化した。したがって，わが国における予防原則の導入は，ドイツおよび欧州における予防原則の発展とは独立に行われた[79]。そのため，予防原則が導入された時期が欧州より早く，ドイツにおいて1976(昭和51)年の環境報告書が出されるよりも以前である。また，ドイツにおける事前配慮原則の考え方とは異なり，最初から危険防御や将来配慮の概念を含まず，リスク事前配慮に近い形，すなわち，今日，国際条約などで用いられている「予防原則」に近い概念で予防原則を受け入れたといえる。

またその後，2009(平成21)年の化審法改正では，規制対象となっていない一般化学物質に対して，その製造・輸入者に数量や用途などの届出を求め，このデータを基に国が簡易なリスク評価であるスクリーニング・リスク評価を実施して優先評価化学物質を選定する仕組みとなっている。一般化学物質には，有害性が懸念される物質もそうではない物質も含まれており，一律に事業者から数量などの届出をさせる点で予防原則を徹底した形で取り入れた制度となっている。この点は後述するREACHとは制度設計は異なっているが，化審法もREACHも，ともに予防原則を積極的に活用しているとい

[*38] わが国の化審法の制定は1973(昭和48)年で，ドイツ連邦イミッシオン防止法やドイツ連邦化学品法より先行しており，これらのドイツの法律の影響を受けていない。ドイツ連邦イミッシオン防止法の制定は1974(昭和49)年，ドイツ連邦化学品法の制定は1980(昭和55)年である。

える。

④ 原因者負担原則の考え方の展開

汚染者負担原則(原因者負担原則)は，わが国では独自の発展を遂げた。わが国では環境復元費用や被害者救済費用にも適用された。また，効率性の原則よりも公害対策に関する正義と公平の原則としてとらえられている[80]。公害対策基本法22条1項では，事業活動に伴う公害を防止するための費用を事業者が負担することが規定されていた。さらに，1969(昭和44)年に制定された公害に係る健康被害の救済に関する特別措置法(1973(昭和48)年制定の公害健康被害補償法の前身)や1970(昭和45)年に制定された公害防止事業費事業者負担法は，汚染の事前防止にとどまらず，事後的な環境復元や被害救済にも汚染者に対し負担を求めるという考え方を適用したものであった。そして，1976(昭和51)年には，中央公害対策審議会費用負担部会の答申「公害に関する費用負担のあり方について」において，汚染者負担を環境復元や被害者救済といった事後的費用にも適用して公害対策の正義と公平の原則としてとらえるという考え方が示された[81]。

OECDにおいても，1991(平成3)年に公表された「環境政策における経済的手法の活用に関する理事会勧告[82]」において，汚染者負担原則の適用範囲に，汚染に起因する損害賠償費用が含まれるとされ，この点に関するわが国の原因者負担原則の考え方が国際的にみても標準的な考え方になったといえる[*39]。

さらに環境基本法では8条1項で事業者の責務として原因者負担原則の考え方が規定されており，37条では国などが実施する公害防止および自然環境保全のための事業に要した費用の一部または全部を原因者に負担させる考え方が示されている。また，2000(平成12)年に策定された第2次環境基本計画において予防原則(予防的な方策)とともに汚染者負担原則が明記された。

---

*39 大塚・前掲注13(2010年)66頁では，わが国が早くから汚染者負担を環境復元や被害者救済といった事後的費用にも適用した点について，「世界のその後の動きからすると，わが国の汚染者負担原則は世界の動向に先駆けたものであったとみることも可能であるといえよう」と評している。

⑤ 協働原則について

ドイツでは，協働原則は環境政策の基本原則の一つであり，その概要は，環境問題を解決するためあらゆる主体による役割分担と協力が必要であり，さまざまな社会勢力が環境政策の形成に早い段階から参加できるようにする必要があるとの考え方である[83]。その内容は，関係者の参加の問題，企業と行政との間の協力の問題，企業の自主規制の問題，環境協定に関する問題，環境保全業務の民間委託に関する問題など多様な問題を含むものであり，その概念がはっきりと形成されたとはいえず，環境法の原則といえるまでの内容を備えたものではない*40 が，理念としては存在する[84]。

ドイツにおいて1988(昭和63)年に立案された「既存物質構想」(後述)は，法制度ではないが，化学物質管理政策において協働原則の考え方を具体化したものである。

わが国の化審法においては，2003(平成15)年の化審法改正で新たに設けられた有害性情報の報告義務が協働原則の考え方を具体化したものと考えられる。この制度は，製造・輸入事業者は，自分が製造・輸入した化学物質に関して，難分解性(環境残留性)，高蓄積性，人または動植物に対する毒性など一定の有害性を示す知見を得たときは，その内容を国(主務大臣)に報告しなければならない(化審法(現行法)41条1～3項)との内容である。主務大臣は，この報告がなされたときは，必要な場合にはさらなる調査を行った上で，規制対象物質に該当するかどうかの審査をはじめ，適切な対処を行うこととされている(化審法(現行法)41条4項)。

この有害性情報の報告義務の新設により，事業者が独自に収集した知見に基づいて国は化学物質の指定の変更が行える制度となった。これにより，それまでもっぱら国がイニシアティブをとって事業者に指示したり，既存化学

---

*40 EUでは，協働原則は，環境法の独立した原則と規定されていない(松村弓彦『環境協定の研究』明治大学社会科学研究所叢書(2007年)5頁 注3。EUの環境原則を規定しているEU機能条約191条2項では，予防原則，未然防止原則，環境被害の発生源での是正の原則，汚染者負担原則が基本原則と位置づけられているが，ここに協働原則の記載はない。

物質の安全性点検事業のように国が独自に行ってきた化学物質に関する知見の収集について，国と事業者が協働して行うという協働原則の考え方を化審法に導入したものと考えられる[*41]。また，この制度の具体的な適用の場面として，新規化学物質の事前審査や既存化学物質の安全性点検において一旦規制対象外とされた化学物質に対しても，新たな知見により再度審査を行うことが制度として規定されることとなった。

3. 既存化学物質への対応と REACH の登場

(1) 既存化学物質への対応

既存化学物質と新規化学物質に分けて，新規化学物質に対してのみ事前審査制度を適用する制度を採用した場合に問題になるのが，既存化学物質の安全性をいかに確保するかである。わが国の既存化学物質名簿にはおよそ2万物質，欧州の既存化学物質名簿である EINECS (European Inventory of Existing Chemical Substances) にはおよそ10万物質の化学物質が掲載されている[*42]。しかし，この10万物質すべてが重要というわけではない。EINECS がまとめられてから4年後の1985年時点のデータに基づいてドイツ化学工業協会が調べたところによると，ドイツで生産される化学物質のうち年間10トンを超えるものは，およそ4600物質にすぎない。これはドイツで生産，使用されている化学物質の(重量で)99％以上となっている[85]。欧州委員会はこれを基に年間10トン以上流通する化学物質は欧州共同体全域で約8000と予想した[86]（後述）。

① わが国の対応

わが国においては，化審法の施行に伴い1974(昭和49)年から既存化学物

[*41] 国と事業者が協働して既存化学物質に関する情報の収集を目的として，化審法の制度外のプロジェクトとして開始されたのが Japan チャレンジプログラムである（後述）。
[*42] 欧州とわが国の既存化学物質名簿では，化学物質の数え方が異なり，実質的には既存化学物質の数に大きな差があるわけではない。

質の安全性点検事業を開始した。国による既存化学物質の安全性情報収集事業では，2012(平成24)年3月末までに人の健康影響に関しては950物質，生態影響に関しては607物質，分解・蓄積性に関しては1801物質が終了した[87]。そのほか，OECDが企画したHPVプログラム(後述)においてわが国政府，産業界とも相当の協力を行った。

さらに，2005(平成17)年からはJapanチャレンジプログラム(官民連携既存化学物質安全性情報収集・発信プログラム)が開始された。これは，2003(平成15)年の化審法改正時の審議会において，既存化学物質の安全性点検事業は産業界と国が連携して実施すべきであるとの見解が出され[88]，改正時の国会審議では産業界と国の連携により計画的に推進を図るべきであるとの付帯決議がなされたことから開始されたものである[89]。この取り組みにおいて，製造・輸入量が1000トン以上の化学物質のうち，国際的な取り組みや他の国においてデータ収集の予定のない化学物質125物質に対しては，産業界の自発的な取り組みによりデータ収集が行われた。それ以外の物質のうち環境影響などが懸念される物質に関しては，国が担当してデータ収集が行われた(国が担当した部分は，既存化学物質の安全性点検事業として実施)。取得されたデータについては，厚生労働省，経済産業省，環境省のホームページなどで公表され，利用に供されている。

Japanチャレンジプログラムでは，2013(平成25)年9月の最終とりまとめの時点で，産業界において67物質についてその結果が公表済または近日中に公表予定であり，国において379物質の情報を収集した[90]。この取り組みは法制度ではないが，わが国の化学物質管理分野において，協働原則の考え方を実際のプロジェクトとして活用した例だと解することができる。

② ドイツの対応

これに対して，ドイツでは，化学品法の施行の年である1982(昭和57)年にドイツ化学会(Gesellschaft Deutscher Chemiker)に「環境関連既存物質諮問委員会(BUA: Beratergremium für Umweltrelevante Altstoffe)」が設立され，政府，産業界，科学者が協力して人の健康や環境の保護のため，既存化学物

質の安全性点検について体系的に検討を始めた。この検討結果を踏まえ[*43]，連邦政府は 1988 年に「既存物質構想[*44]」を立案した。この構想は，体系的に既存化学物質の安全性点検を行う枠組みを設定したものである[91]。

　この構想は法制度ではないが，化学物質管理政策において協働原則の考え方を具体化したもので，化学物質の毒性学などその分野を専門とする科学者が少ない分野において，国，産業界，学界の科学者を組織的に活用することを意図していた。安全性点検の仕組みとしては，年間の製造・輸入量が 10 トン以上の化学物質を対象とし，これに優先順位をつけて，その時点で存在するさまざまなデータの信頼性などを検討した上，1 物質につき一つの報告書(BUA 物質報告書)にまとめた。BUA 物質報告書に基づき，追加的な毒性試験の実施，化学物質の危険性に応じた分類・表示の実施，場合によっては連邦化学品法 17 条による禁止措置などが予定されていた。優先順位づけにあたっては，政府関係機関が保有するデータが活用されたほか，製造・輸入量の多い化学物質を優先する方針で行われた[92]。

　ドイツではこの構想の実施によって，1992 年 10 月までに 136 物質の点検を完了した[93]。このように，ドイツの既存物質構想は，わが国の既存化学物質安全性点検事業のように動物試験などを実施してその結果を報告書にまとめるものではなく，既存のデータを専門家が信頼性などを精査してまとめた。そして，それを利用して安全性を評価するものであり，協働原則の考え方を具体化し一定の成果を上げたといえる。このような成果を収められたのは，最初に政府，産業界，学界が協働して取り組む組織である BUA を設立し，ここが中心になって協働事業が実施されたことにあると考えられる。この取

[*43] BUA の活動とは別に，化学品法が制定される以前の 1977 年に労働安全衛生の面から作業場における化学物質の安全性を検討するため化学工業同業組合(Berufsgenoßenschalt der Chemischen Industrie)と政府の協力により「産業用物質による健康障害防止のためのプログラム(Programm zur Verhütung von Gesundheitsschädigungen durch Arbeitsstoffe)」が開始されていた。このプログラムと BUA における検討の両者の結果を踏まえて「既存物質構想」が立案された。

[*44] Konzeption der Bundesregierung zur Systematischen Erfassung und Bewertung der Altstoffe nach dem Chemikaliengesetz.

り組みは，後述するOECDのHPVプログラムと同様の発想に立つものであり，欧州における先駆的な事業として評価できるものである。このドイツの取り組みは，EUの既存化学物質に対する安全性点検事業に影響を与え，EU全体でこれに取り組む契機となった。その一方で，ドイツの取り組みはこれに吸収されることとなった。

③ 欧州の対応

欧州においては，1993年に「既存化学物質のリスク評価と管理に関する理事会規則（Council Regulation (EEC) No 793/93）」（既存物質規則）[*45]を制定して，既存化学物質の安全性点検を計画した。既存物質規則が，理事会指令ではなく加盟国の国内に直接効力を有する「規則」の形式をとったのは，既存化学物質の管理を共同体域内全体で統一的かつ効率的に実施するためである[94]。

共同体のこの動きには，ドイツの既存物質構想が影響を与えている。欧州委員会は，ドイツの既存物質構想を参考に協働原則の考え方を具体化した既存化学物質の管理制度（法制度）を計画した。欧州委員会は，ドイツにおける年間10トン以上の生産量の物質数が4600物質であることから，年間10トン以上流通する化学物質は共同体全域で約8000と予想した[95]。

共同体のこの取り組みは，事業者によるデータの提出，リスク評価の優先順位づけ，リスク評価の実施，リスク低減措置（規制措置）の提案の4段階からなる[96]。

この規則により，まず，既存化学物質を製造・輸入する事業者は，その量に応じて，人の健康や環境に与える影響に関する情報などの提出を義務づけられたが，この段階ではデータを取得するため新たに動物試験を行うことまでは求められなかった[*46]。これによって収集した情報に基づいて，欧州委員

[*45] Council Regulation (EEC) No 793/93 on the evaluation and control of the risks of existing substances. 共同体における既存化学物質の安全性点検制度について規定していた。

[*46] 毒性，発がん性などのデータについては，既存化学物質に関しては「使用可能な」データの入手に「努めなければならない」とされており，特に追加の動物試験までは要求されていない（山田洋「既存化学物質管理の制度設計――EU・ドイツの現状と将来」自治研究81巻9号（2005年）51頁）。

会は直ちに対処が必要な優先物質のリストを作成し，ここに収載された物質を各加盟国の所管官庁が分担しリスク評価を行った。

優先物質リストが公表されると，リストに挙がった優先物質の製造者・輸入者は，6か月以内に，リスク評価において重要なデータをリスク評価を担当する国の機関に提出しなければならない。この段階においては，最初の段階とは異なり，必要なデータが存在しない場合には実験などを実施して1年以内に提出しなければならない。このようにして収集されたデータに基づきリスク評価が実施され，その結果，場合によっては流通や利用の制限など，制限指令（Council Directive 76/769/EEC）に従ったリスク低減措置が実施される[97]。

2002年までに，優先物質として4次にわたり141の化学物質がリストアップされたが，このうちわずか17物質に対しリスク評価が完了したにすぎなかった[98],[*47]。このようにEUにおいては既存化学物質の安全性点検は十分な成果を上げることができなかった。

この原因としては，次のようなことが考えられる。リスク評価の結果が出るまでは，その物質については従来どおり自由に流通や利用ができるが，リスク評価が進み結果が出ればこれに基づいて新たな規制が行われる可能性があり，事業者にとってはデータを提出するインセンティブに乏しい。他方，規制当局としても，重大なリスクがあることを示せば事業者に対して追加的な試験データを要求できるが，重大なリスクの存在を示すためにはある程度のデータが必要であり，規制当局がこれを収集するのは容易ではない[99]。このように，事業者に対して追加的な試験データを要求するには，まず規制当局が，その化学物質が重大なリスクを有することを示さなければならない点

---

*47　第1次リスト（Official Journal L191, 26/05/1994）には，ベンゼン，フェノール，スチレン，アクリルアミドなどが掲載された。第2次リスト（Official Journal L231, 28/09/1995）には，亜鉛，クロロホルム，ノニルフェノール，トルエンなどが掲載された。第3次リスト（Official Journal L25, 28/01/1997）には，カドミウム，ニッケル，メチルターシャリーブチルエーテルなどが掲載された。第4次リスト（Official Journal L273, 26/10/2000）には，フッ化カルシウムなどが掲載された。

については，第2章で考察した米国の有害物質規制法(TSCA)が抱える問題と共通している。

このような問題点が認識され，既存化学物質と新規化学物質とを区別し，既存化学物質の安全性評価を規制当局側が行う当時の欧州の化学物質管理制度に対して疑問が起こり，見直しの動きが始まっていく(後述)。

④ OECD の取り組み

OECD(経済協力開発機構)では，1991年の理事会における「既存化学物質の点検とリスク削減のための協力に関する決定*48」に基づいて，1992年から「OECD 高生産量化学物質点検プログラム(HPV プログラム)」(HPV: High Production Volume chemicals)が開始された。このプログラムは，OECD 加盟国のうち少なくとも1か国で年間生産量が1000トン以上の化学物質を高生産量化学物質として，該当する約5000物質を対象とし，対象となる物質の人への影響などのデータを加盟国で分担して収集し，評価する取り組みである。1998年からは国際化学工業協会協議会(ICCA: International Council of Chemical Associations)が参画し，各国政府と化学工業界の連携・協力によって進められており，法制度ではないが化学物質管理政策として協働原則の考え方を具体化した国際的な取り組みである。このプログラムの終了の2011年4月時点で，921物質の評価が終了した[100]。このようにして得られたデータは，各国政府や産業界において活用され，わが国では化審法に基づくスクリーニング評価などに活かされている。

HPV プログラムの実施方法は，各国の化学工業品の生産量などに比例して OECD の各加盟国にデータ収集する物質を割り当て，加盟国の責任として化学物質の評価書の提出を促した(これに加えて，2005年からは産業界が直接，評価文書を提出する仕組みも導入された)。

2011年には，HPV プログラムは高生産量化学物質以外にも対象を広げ「共同化学品アセスメントプログラム(Cooperative Chemical Assessment Pro-

---

*48 Decision-Recommendation of the Council on the Co-operative Investigation and Risk Reduction of Existing Chemicals, 31 January 1991-C(90)163 Final.

gramme)」へと改められた。しかしながら，これらの OECD の取り組みは，産業界の協力に依存する点で限界があるといえる。実際に，EU で後述の REACH が施行された後は，欧州では REACH への対応が優先され，欧州諸国から HPV プログラムへの評価書の提出が減少した。

OECD の HPV プログラムが一定の成果を収めることができたのは，産業界(ICCA)の参画が一つの要因である。これは ICCA の中核である米国化学工業協会が参画に動いたことによるが，その背景には，米国において Gore 元副大統領の主導により，「化学物質についての知る権利に関するプログラム(The Chemical Right-to-Know Program)」が 1998 年に開始されたという動きがあった[*49]。この米国のプログラムは OECD の HPV プログラムと連動する仕組みを有しており，この開始により，産業界の OECD の HPV プログラムへの参画を促した。

OECD の HPV プログラムでは，化学物質の初期の有害性評価に最低限必要な項目(SIDS 項目：Screening Information Data Set)[*50]をあらかじめ決めて，対象となる化学物質に対して SIDS 項目に該当するデータを収集した。この SIDS 項目は，ある化学物質がより詳細な試験を行うべきであるとの懸念がある化学物質かどうか，最初の段階でふるい分けに用いる基礎となるデータのことで，1991 年に OECD 理事会で決められた。

また，各国の化学工業品の生産量などに比例して各加盟国にデータ収集する物質を割り当て(わが国は全体の約 10％を担当)，加盟国の責任としてデータの提出を促した。わが国は，既存化学物質安全性点検事業でそれまでに収集したデータの一部を提供することなどにより協力した。

[*49] このプログラムは，身近な環境における化学物質のリスクが評価できるよう適切な情報を一般の人々に提供することを目指すもので，その一環として米国における高生産量化学物質(HPV)の安全性情報を収集するため，政府，化学業界，NGO の協力の下，「米国 HPV チャレンジプログラム」が開始された。法制度ではないが，化学物質管理政策として，協働原則の考え方を具体化したプログラムである。

[*50] 構造式，生産量，用途，融点，沸点，密度，蒸気圧，対水溶解度，加水分解性，水中での生物分解性，反復投与毒性試験結果，変異原性試験結果，魚類急性毒性試験結果など。意味・内容は前述した上市前最小安全性評価項目(MPD)とほぼ同じである。

しかしながら，OECD の HPV プログラムが産業界の参画もあり，産業界による報告書も提出され成果を上げ始めるのは 2001 年頃からであり[101]，そのときにはすでに欧州では EU 白書(後述)が公表され，化学物質管理制度の見直しの方向性が示されていた。

(2) EU 白書
① EU の機構

本論に入る前に，本書に出てくる範囲で EU の沿革と機構について簡単に解説をしておきたい。1957 年に調印され，翌年発効したローマ条約[*51]により欧州経済共同体が成立した。その後，1965 年に調印され 1967 年に発効したブリュッセル条約(欧州諸共同体の単一の理事会および委員会を設立する条約)により欧州石炭鉄鋼共同体，欧州経済共同体，欧州原子力共同体の三つの組織体制が統合され，この頃から欧州共同体(EC)と呼ばれた。そして，1992 年に調印され，翌年発効したマーストリヒト条約により欧州連合(EU)となった。EU の主要な組織は，最高意思決定機関としての欧州理事会，立法および政策決定を担う理事会，立法機関としての欧州議会，立法・行政を担当する欧州委員会，司法機関としての欧州司法裁判所から構成される。

欧州理事会(European Council)は欧州首脳会議とも呼ばれ，加盟国の大統領や首相を構成員とする最高意思決定機関である。意思決定は全会一致が原則である。通常は，3月，6月，10月，12月に開催され，それ以外にも必要に応じて開催される。ただし，立法機能は有していない(欧州連合条約(EU 条約)15 条 1 項)。

理事会(Council)は閣僚会議とも呼ばれ，原則として加盟国の閣僚から構成される。理事会に参加する加盟国の閣僚は自国の利益を代表する。理事会は

[*51] ローマ条約は，欧州経済共同体設立条約と欧州原子力共同体設立条約の二つの総称である。このうち，欧州経済共同体設立条約がマーストリヒト条約により改正され「欧州共同体設立条約」となり，さらに 2009 年 12 月に発効したリスボン条約により「欧州連合の機能に関する条約」に改称された。

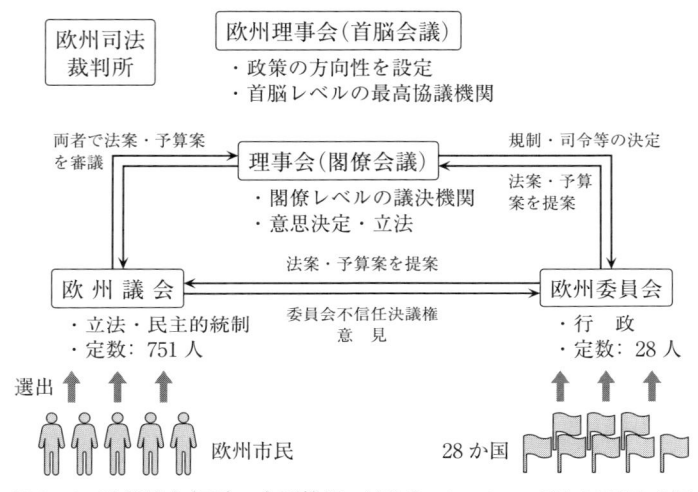

図3・1 欧州連合(EU)の主要機関 外務省のホームページから引用した図をもとに作成。

分野ごとに会議を行うため,たとえば,環境に関する事項は加盟国の環境担当大臣が構成員となっている環境理事会において審議される。理事会における決定は,特別多数決(qualified majority)[*52]により行われる。理事会は,加盟国間の利害調整を行うとともに立法機関でもあり,欧州連合規則などの欧州法案の審議を行う(EU条約16条1項)。ただし,法案の提案権はない。

欧州委員会(European Commission)は,各加盟国1名[*53]ずつ選任された委員から成り,うち1名は委員長として職務を遂行する指針を定める。委員長および委員はEU全体の利益を代表することが求められている(EU条約17条1項,3項)。委員はそれぞれ,環境担当委員など担当分野があり,欧州委員会の内部組織(行政組織)である総局(Directorate General)の長となる(環境担当委員であれば環境総局長となる)。委員会としての決定は単純多数決による。

---

*52 特別多数決は,EUにおける人口を加味した多数決の方法であり,現行のEU条約では理事会構成員の15名以上でかつ構成員の55%以上の賛成を必要とし,なおかつ,EUの総人口の65%以上の賛成を必要とする(EU条約16条4項)。
*53 EU条約17条5項の規定とは異なり,当面加盟各国が1名ずつ出すことになった。

欧州委員会は，EU の各種の政策を執行する行政機関であり，また，唯一，法案の提案権(発議権)を有する(EU 条約 17 条 2 項)。

欧州議会(European Parliament)は，欧州市民の直接選挙で選ばれる議員(任期 5 年，2015 年現在 751 人)から成る立法機関で，環境・公衆衛生・消費者政策委員会などの 20 の委員会(Parliament's Committees，欧州委員会と区別するため小委員会ということもある)を有する。ただし，法案の提案権はない。

以下では，REACH の成立までにどのような経過があったのか，時間を追って順にたどっていくことにする。概要を表 3・1 に示す。

② 欧州の化学物質管理制度の見直し

ⅰ) REACH 制定以前の欧州の化学物質管理制度

この当時の欧州の化学物質管理制度を概観してみると，化学物質を規制する規則や理事会指令については，次の四つを中心として[54]時々修正されながら施行されており，それらの相互関係が明瞭とはいえず，全体として複雑な制度となっていた。中心となっていた四つの規則または理事会指令は次のとおりである。(ア)危険な物質の分類，包装，および表示に関する理事会指令(67/548/EEC)(危険物質指令)の第 7 次修正指令(92/32/EEC)[55]，(イ)既存化学物質のリスク評価と管理に関する理事会規則(EEC 793/93)[56](既存物質規則)，(ウ)「危険な調合剤の分類，包装，および表示に関する理事会指令(1999/45/EC)[57](危険調合剤指令)，(エ)危険な化学物質および調合剤の上

---

[54] 後述のように，欧州委員会が再評価を行った四つの法令(理事会指令と規則)が化学物質管理に関して中心となる法令である。

[55] Council Directive 92/32/EEC amending for the seventh time Directive 67/548/EEC on the approximation of the laws, regulations and administrative provisions relating to the classification, packaging and labelling of dangerous substances (1992) Official Journal L 154/1.

[56] Council Regulation (EEC) No 793/93 on the evaluation and control of the risks of existing substances (1993) Official Journal L 84/1.

[57] Directive 1999/45/EC of the European Parliament and of the Council of 31 May 1999 concerning the approximation of the laws, regulations and administrative provisions of the Member States relating to the classification, packaging and labelling of dangerous preparations (1999) Official Journal L 200/1.

第3章 欧州における化学物質管理法の成立と発展　451

表3・1　REACH の成立経緯

年	日付	出来事
1998	4/24～25	英国のチェスターでEUの非公式の環境理事会が開催され，EUの化学物質管理制度の改正の必要性が議論される[注1]。
	11/18	EUの化学物質管理に関する四つの主要な法令(危険物質指令[注2]，危険調合剤指令[注3]，既存物質規則[注4]，制限指令[注5])に関する報告書[注6]が欧州委員会により作成され，採択される[注7]。12月には環境理事会がこの報告書を承認した[注8]。
	12/21～22	欧州委員会は，予防原則と持続性の原則を反映した新たなEUの化学物質管理政策に取り組むことを決定した[注9]。
1999	2/22	EUの化学物質管理制度について関係者によるブレーンストーミング(関係者会議)が開催される[注10]。
	5/8～9	ドイツのワイマールでEUの非公式の環境理事会が開催され，EUの化学物質管理制度の改正について審議される[注11]。
	6/24～25	EUの化学物質管理制度を見直すことが環境理事会で合意される[注12]。
2001	2/13	「将来の化学物質政策の戦略」(EU白書)(The White Paper on a strategy for a future chemicals policy COM (2001))が欧州委員会で採択される。このEU白書の中でREACHの概要が示される。2月27日に公表され，2月28日に欧州議会に送付される[注13]。
	4/2	第1回関係者会議開催(白書に関する関係者会議)[注14]。

注1) 2355. Council Environment (provisional Version) Press Release: Luxembourg (07-06-2001)-Press: 201-Nr: 9116/01 p. 1.
注2) 危険物質指令(Council Directive 92/32/EEC), See ＊55
注3) 危険調合剤指令(Council Directive 88/379/EEC), See ＊64
注4) 既存物質規則(Council Regulation (EEC) No 793/93), See ＊56
注5) 制限指令(Council Directive 76/769/EEC), See ＊58
注6) Commission of the European Communities, Commission Working Document, Report on the operation of Directive 67/548/EEC, Directive 88/379/EEC, Regulation (EEC) No 793/93 and Directive 76/769/EEC, SEC (1998) 1986 final.
注7) The White Paper on a strategy for a future chemicals policy COM (2001) p. 6.
注8) Id.
注9) Press Release 9116/01, supra note 1, p. 1.
注10) http://ec.europa.eu/enterprise/sectors/chemicals/documents/reach/archives/white-paper/background/index_en.htm　(2013年5月1日閲覧)
注11) Press Release 9116/01, supra note 1, p. 1.
注12) http://ec.europa.eu/enterprise/sectors/chemicals/files/whitepaper/council-11265-99_en.pdf (2013年5月1日閲覧)
注13) European parliament 1999-2004 Session Document Final A5-0356/2001, 17 October 2001, Report on the Commission White Paper on Strategy for a future Chemicals Policy (COM (2001) 88-C5-0258/2001-2001/2118 (COS)) p. 4.
注14) Conference Report: Stakeholders' Conference on the Commission's White Paper on the Strategy for a Future Chemicals Policy, Brussels, April 2, 2001, p3.

年	日付	出来事
2001	10/17	欧州議会の環境・公衆衛生・消費者政策委員会は，EU白書に対して報告書を取りまとめる[注15]。この報告書は欧州議会に上程され，11月13日〜15日の欧州議会で一部修正され採択される。
2002	3/11	ドイツ政府，化学工業会および鉱業・化学・エネルギー労組は，EU白書に対する共同意見書を公表[注16]。
	5/21	第2回関係者会議開催（新たな化学物質管理制度のビジネス・インパクトに関する関係者会議）。この会議では，欧州委員会が調査会社のRPAおよびスウェーデン統計局に委託したビジネス・インパクトに関する調査結果が配布される。
	8/26〜9/4	ヨハネスブルクで持続可能な開発に関する世界首脳会議（World Summit on Sustainable Development：WSSD)開催。
	12月	英国政府は「新しいEUの化学物質規制—英国政府の見解表明と発展した管理」と題するEU白書に対する見解を公表[注17]。
2003	5/7	REACH原案が公表される。
	5/15〜7/10	REACH原案に対するインターネット・コンサルテーション実施。
	8/21	ドイツ政府，化学工業会および労働組合によるREACH制度原案に対する評価書の公表[注18]。
	9/20	ブレアー首相(英)，シラク大統領(仏)，シュレーダー首相(独)の連名で欧州委員会プロディ委員長へ，欧州産業の競争力の維持・向上に配慮すべきであるとの趣旨の書簡が送られる[注19]。
	10/29	インターネット・コンサルテーションの結果を受けてREACHの最終提案を欧州委員会が承認し，内容が公表される[注20]。
	11/3	REACH最終提案書が欧州議会と理事会に送付される[注21]。
	11/5	競争力理事会の下にアドホック作業部会（Ad Hoc Working Party on Chemicals）が設置される[注22]。
	11/17	REACH案の第1読会開始[注23]。

注15) European parliament 1999-2004 Session Document Final A5-0356/2001, *supra* note 13, p. 4.
注16) See note 177.
注17) See note 184.
注18) See note 179.
注19) http://www.ambafrance-uk.org/Risks-of-de-industrialization （2013年4月30日閲覧）
注20) http://ec.europa.eu/environment/chemicals/reach/background/index_en.htm （2013年5月1日閲覧）
注21) http://eur-lex.europa.eu/legal-content/EN/TXT/?uri=CELEX:52006PC0375 （2013年5月1日閲覧）
注22) http://www.hse.gov.uk/aboutus/meetings/iacs/acts/250304/agendaitem10.pdf （2013年5月2日閲覧）
注23) 前掲注20）。
注24) http://europa.en/rapid/press-release_IP-05-495_en.htm?locale=en （2013年4月29日閲覧）

第 3 章　欧州における化学物質管理法の成立と発展　453

年	日付	出来事
2003	12 月	欧州委員会合同調査センター (Joint Research Center) の技術予測研究所 (Institute for Prospective Technological Studies) が REACH が化学産業の技術革新に与える影響の調査報告をまとめる。
2004	1／24	REACH 案が TBT 協定の下で WTO に通知される (通知 G/TBT/N/EEC/52)。
	6／10〜13	欧州議会議員選挙。
2005	4／27	欧州委員会はハイレベル会合を開催し，産業界が委託した REACH が欧州産業界の競争力に与える影響についての調査結果を協議し，問題はないとしてプレスリリースを行う[注24]。
	7／5	REACH の実行可能性を検証するため，加盟国，産業界及び欧州委員会からなる SPORT (Strategic Partnership on REACH Testing) プロジェクトが実施され，その報告書が公表される。この報告書で REACH の実行可能性が確認される[注25]。
	11／17	欧州議会は第 1 読会で REACH 修正案を採択[注26]。
	12／13	競争力理事会は REACH について「共通の立場に対する政治的合意 (Political Agreement for a Common Position)」を行う[注27]。
2006	6／27	環境理事会が正式に「共通の立場」の合意を行う[注28]。
	7／12	欧州委員会が「共通の立場」を受け入れることを決定し，欧州議会と理事会に第 2 読会の開始を要請する書簡を送付した[注29]。
	9 月	REACH 案の第 2 読会開始[注30]。
2006	12／13	欧州議会で REACH 採択[注31]。
	12／18	REACH 理事会で採択。REACH 成立 (欧州議会および理事会規則 (EC) No 1907/2006)[注32]。
	12／30	REACH，EU 官報に公示。
2007	6／1	REACH 発効[注33]。

注 25) http://ec.europa.eu/enterprise/sector/chemicals/files/trial/sport_press_release_（50705_en.pdf　(2013 年 4 月 29 日閲覧)
注 26) 前掲注 20)。
注 27) 前掲注 20)，および http://www.esba-europe.org/pdf/SubSubSubSection-126.pdf　(2013 年 5 月 1 日閲覧)
注 28) http://www.consilium.europa.eu/ueDocs/cms_Data/docs/pressData/en/envir/90281.pdf　(2013 年 5 月 1 日閲覧)
注 29) 前掲注 20)。
注 30) 同上。
注 31) 同上。
注 32) 同上。
注 33) http://europa.eu/rapid/press-release_IP-07745_en.htm?locale=en　(2013 年 5 月 1 日閲覧)

市と使用の制限に関する理事会指令(76/769/EEC)*[58](制限指令)。これらの法令は，次のような内容であった。

(ア)危険物質指令の第 7 次修正指令(Council Directive 92/32/EEC)

欧州の化学物質管理は，1967 年 6 月 27 日に出された危険な物質の分類，包装および表示に関する理事会指令(67/548/EEC)(危険物質指令)が基になっている*[59]。この指令を修正するため 1979 年に出された危険物質指令の第 6 次修正指令(Council Directive 79/831/EEC)により，新規化学物質の事前審査制度などが導入されたことによって，欧州では化学物質管理が本格的に開始された(この第 6 次修正指令は 1981 年に施行された)。この第 6 次修正指令と前後して出された制限指令や既存物質規則などを加えて，わが国の化審法と類似した制度となっていた。1992 年に同指令の第 7 次修正指令が出されたが，第 6 次修正指令からの大きな変更はなかった*[60]。

当時の欧州の制度では，欧州の既存化学物質名簿である EINECS に掲載されていない化学物質が新規化学物質とされ，新規化学物質を上市しようとする場合には，審査に必要なデータを添付して，上市の 60 日前までに届出をしなければならなかった。届出が必要となる数量は年間製造・輸入量 10 キログラム以上とされていた(ただし，10 キログラム以上 1 トン未満は「少量届出」であり，通常の届出よりは簡易化されている)。年間製造・輸入量 1 トン以上の通常の届出の場合には，28 日間反復投与毒性試験データや動植物に対する影響を調べる試験のデータなどが必要とされ，わが国の昭和 60 年改正法以

---

*58 Council Directive 76/769/EEC on the approximation of the laws, regulations and administrative provisions of the Member States relating to restrictions on the marketing and use of certain dangerous substances and preparations (1976) Official Journal L 262/201.

*59 1967 年に出された当初の「危険な物質の分類，包装，および表示に関する理事会指令」は，工業化学品の貿易における加盟国間の規則の違いに起因する貿易障壁をなくすため，分類表示基準の統一を図ることを意図していた(日本化学物質安全・情報センター・前掲注 28(2002 年)43 頁)。

*60 主だった変更点は，年間 1 トン未満の少量物質の新規の届出について簡易措置がとられたことや，加盟国の規制当局により新規届出物質に対してリスク評価を行うことなどが新たに規定されたことである。

降における化審法の新規化学物質の届出データとそれほど変わらない[*61]。

この届出を受理した当局は，欧州委員会のリスクアセスメント指令（Council Directive 93/67/EEC）[102]に従ってリスク評価を行うこととなっていた。まず，届出物質の環境中の濃度予測や労働者，消費者がさらされる予測濃度を推定する。次に，この濃度を人や生態系に対して影響を与える濃度と比較して，十分な安全性が確保されているかを検証する。懸念がなければ，上市が認められる。追加情報が必要な場合は，届出者に要求される。また，懸念があり，リスク削減措置が必要な場合は勧告がなされる。このように新規化学物質に対する事前審査制度としては，当時としては国際的にみて標準的なものであった。

（イ）既存物質規則（Council Regulation（EEC）No 793/93）

1993年に制定され，前述のように既存化学物質の安全性点検を制度化した規則である。既存物質規則に基づく安全性点検事業は，事業者によるデータの提出，リスク評価の優先順位づけ，リスク評価の実施，リスク低減措置（規制措置）の提案の4段階からなる[103]。

この規則により，まず，既存化学物質を製造・輸入する事業者は，その量に応じて，人の健康や環境に与える影響に関する情報などの提出を義務づけられたが，この段階ではデータを取得するため新たに動物試験を行うことまでは求められなかった[*62]。これによって収集した情報に基づいて欧州委員会は，直ちに対処が必要な優先物質のリストを作成し，ここに収載された物質を各加盟国の所管官庁が分担しリスク評価を行った。

優先物質リストが公表されると，リストにあがった優先物質の製造者・輸入者は，6か月以内に，リスク評価において重要なデータをリスク評価を担

[*61] 当時のEUの危険物質指令の第7次修正指令では，有害性については，わが国の化審法より広い概念でとらえており，毒性，発がん性，環境に対する悪影響などの他に，爆発性，可燃性なども危険物質指令の第7次修正指令における有害性の範囲に含めていた（危険物質指令2条）。

[*62] 毒性，発がん性などのデータについては，既存化学物質に関しては「使用可能な」データの入手に「努めなければならない」とされており，特に追加の動物試験までは求められなかった（山田・前掲注46（2005年）51頁）。

当する国の機関に提出しなければならない。この段階においては，最初の段階とは異なり，必要なデータが存在しない場合には，実験などを実施して，1年以内に提出しなければならない。このようにして収集されたデータに基づきリスク評価が実施され，その結果，場合によっては，流通や利用の制限など制限指令(Council Directive 76/769/EEC)に従ったリスク低減措置が実施される[104]。

しかし，前述したように，リスク評価の結果が出るまでは，その物質については従来どおり自由に流通や利用ができるが，リスク評価の結果が出ればこれに基づいて新たな規制が行われる可能性があり，事業者にとってはデータを提出するインセンティブに乏しい。他方，規制当局としても，重大なリスクがあることを示せば事業者に対して追加的な試験データを要求できるが，重大なリスクの存在を示すためにはある程度のデータが必要であり，規制当局がこれを収集するのは容易ではない。その結果，この取り組みは，2002年までに，優先物質として4次にわたり合計141の化学物質がリストアップされたが，このうちわずか17物質に対しリスク評価を完了したにすぎなかった[105]。このような状況でEUにおいては既存化学物質の安全性点検は十分な成果を上げることができなかった。

(ウ)危険調合剤指令(Directive 1999/45/EC)

この指令は1999年7月に出され(旧指令88/379/EECを改正したものである)，有害な化学物質を含んでいるか，またはそれ自身が有害である混合物(調合品)を規制する理事会指令である。調合剤あるいは調合品(preparation)とは，化学物質の混合物であり，工業用の溶剤，塗料，燃料，潤滑油などを含む。なお，危険調合剤指令における有害性は，危険物質指令における有害性と同じで，毒性，発がん性，環境に対する悪影響などの他に，爆発性，可燃性なども含めた概念である(危険調合剤指令2条)。

事業者が，調合剤を新たに上市しようとする場合には，有害性のカテゴリーごとに付属書に定める試験を行い，その結果に基づき調合剤を分類し，それに従って表示しなければならない(危険調合剤指令5，6，7，10条)。化学物質に対しては上記の危険物質指令が適用されるが，調合剤については危険

調合剤指令が適用されるところに特徴がある。

（エ）制限指令（Council Directive 76/769/EEC）

この指令は，有害な化学物質や調合剤から人の健康や環境を保護するとともに，加盟国での規制の違いによる貿易障壁をなくすことを目的として1976年に発令された[106]。その後，2002年10月までに23回の修正理事会指令と技術的進歩に対応するための9回の委員会指令により，規制内容の改正や規制対象物質の追加がなされた[107]。

この指令は，有害な化学物質や調合剤を指定して，上市や使用を禁止するか，上市できる条件，使用できる条件を定めるものであり，2002年10月までに規制対象として指定された化学物質や調合剤は43種類である。たとえば，PCBは原則として使用禁止とされ，アスベスト繊維類は上市および使用禁止とされた（制限指令付属書Ⅰ）。また，ベンゼン，塩化ビニルモノマーなどは特定用途向けの使用が禁止された（制限指令付属書Ⅰ）[108]。

ⅱ）多くの法令が関与するEUの化学物質管理制度

このように，当時のEUの化学物質管理制度は中心となる四つの法令とこれに関係する数十の法令によって形成され，それが必要に応じて改正され，複雑な構造を有していた。

新規化学物質の事前審査などの根拠となるのは危険物質指令であり，化学物質の混合物（調合剤）の事前審査の根拠は危険調合剤指令である。一方，化学物質の新規の届出，有害性に応じた分類，表示方法などを定めるのは危険物質指令であるが，有害物質の規制措置については制限指令に基づいて行われていた。ただし調合剤の届出，分類，表示などに関しては，危険物質指令ではなく危険調合剤指令により行われていたが，その規制措置は制限指令に基づいて行われていた。このように，化学物質管理の一連の措置が，異なる法令を根拠に施行されていた。また，EU規則は，直接加盟国の国民や法人に適用される。一方，理事会指令などは加盟国の立法措置を介して加盟国の国民や法人に適用される。この両者が用いられたことも，加盟国において化学物質管理措置の根拠を複雑にしていた。

この点，通常の化学物質の管理に関しては，他の国ではたとえば米国の

TSCA や日本の化審法のように，単一の法律で行われている。それらに比べると，中心になる法令だけで四つあり，これに関係する法令も加えるとさらに多くの法令により構成されている EU の化学物質管理法令の体系はわかりにくく，一つの法令に基づき統一的に化学物質管理制度を構築すべきとの議論がなされるのは当然の成り行きといえる。

ⅲ）欧州の化学物質管理制度の見直しの開始

このように当時の EU の化学物質管理制度は，統一性，体系性に欠けるところがあり，さらに既存化学物質の安全性点検が十分な成果を上げることができなかったことなどから，当時の EU の化学物質管理政策では十分な安全を確保できないのではないかとの懸念が高まった。そのような中で，1998年4月24日から25日に英国のチェスターで開催された非公式な EU 環境理事会（Environment Council）*63 において，EU の化学物質管理制度について討議され，改善の必要性が指摘された。これを受けて，欧州委員会は EU の化学物質管理政策を再評価する必要があると判断し，EU の化学物質管理に関する四つの法令（理事会指令と規則：危険物質指令の第7次修正指令，危険調合剤指令*64，既存物質規則，制限指令）を再評価することとした[109]。

これら四つの法令についての評価報告書は，1998年11月に欧州委員会で承認された。この再評価によって次の点が明らかになった[110]。まず，既存化学物質の有害性などの性質や用途の情報が不足していることである。当時は，新規化学物質に対しては前述のように事業者に対して化学物質の有害性評価が義務づけられていた。しかし，それとは対照的に，市場に流通する化学物質の重量ベースで99％以上を占める既存化学物質に対しては，有害性評価は義務づけられていなかった。当時，年間1トン以上製造・輸入される既存化学物質は，およそ3万種類と見込まれていた[111]。

---

*63　環境大臣会合と表記される場合もある。
*64　危険調合剤指令については，この時点で有効であった1988年に発令されたものが評価対象となった（Council Directive 88/379/EEC on the approximation of the laws, regulations and administrative provisions of the Member States relating to the classification, packaging and labelling of dangerous preparations (1988) Official Journal L 187/14）。

また，行政機関がリスク評価の責任を負っており，その責任配分は適切ではない，との指摘がなされた。さらに，当時は，製造業者および輸入業者にのみ情報の提供を義務づけ，化学物質を利用する事業者(川下ユーザー)には情報提供の義務を課してはいなかった。そのため，化学物質の用途に関する情報を取得することが難しく，川下ユーザーが化学物質を利用する場合にどの程度化学物質が環境中に排出されるのかに関する情報(化学物質のリスク評価に必要)を入手することが困難であった[112]。

　前述したように，行政機関がある化学物質についてその製造企業などに当該化学物質の有害性の程度を確認する試験を要求する場合には，あらかじめ行政機関が当該化学物質が深刻なリスクをもたらす可能性のあることを示さなければならない。これを示すためには，行政機関が当該化学物質の有害性や環境排出量をある程度把握していなければならない。しかし，当時このような情報を行政機関が得るための法的手段がなく，これらの情報を行政機関が得ることは困難であった[113]。

　この評価報告書*65は，1998年12月に環境理事会に報告され，承認された。報告書の評価結果を検討するため，欧州委員会は，1999年2月に加盟国の代表だけでなく，産業界，科学者，環境NGO，消費者団体などの150人以上を集めてブレーンストーミング(関係者会議)を開催し，問題点や解決策に関して意見交換が行われた[114]。1999年6月には，環境理事会はEUの化学物質管理に関する将来戦略において考慮すべき事項を決定した[115]。また，2000年12月のニースでの欧州理事会では，この年の2月に公表された「ECコミュニケーション」(前出)を歓迎する決議がなされ，高いレベルで人の健康や環境を守るには予防原則が不可欠であるとの認識が示された[116]。

③ EU白書の提言

　このような経緯を経て，2001年2月13日に欧州の新たな化学物質管理政

---

*65 Commission of the European Communities, Commission Working Document, Report on the operation of Directive 67/548/EEC, Directive 88/379/EEC, Regulation (EEC) No 793/93 and Directive 76/769/EEC, SEC (1998) 1986 final.

策の方針をまとめた「将来の化学物質政策のための戦略(EU白書)」が欧州委員会で採択され，公表された。まさにEUの新たな化学物質管理制度の指針となるべきものであり，このEU白書においてEUの新たな化学物質管理規則であるREACHの骨格が示された。

ⅰ) EU白書の基本的な考え方

この白書では，予防原則の活用によって，化学物質のリスクに起因する人の健康や環境に対する悪影響の防止を謳っており，序文で次のように述べられている。「高いレベルで人の健康や環境を守るために不可欠なものが予防原則である。ある物質が人の健康や環境に有害な影響を及ぼすかもしれないという信頼できる科学的根拠が得られている場合には，その潜在的な被害の正確な性質や規模が科学的に不確実であっても，人の健康や環境に被害が生じないように予防原則に基づいて意思決定を行わなければならない」[117]。また，1990年代後半から既存化学物質[*66]に関する安全性情報の収集の必要性が認識されており，白書は，これらの提出責任を規制当局ではなく，当該化学物質を製造・輸入・利用している事業者に課すべきであるとしている[118]。

この白書では，既存化学物質の安全性点検が十分な成果を得られなかったことに関し，「2.1(欧州委員会が行った)再評価によって明らかになった問題」として次のように記している[119]。(ア)既存化学物質の性質や用途に関する情報が不足している。(イ)規制当局がリスク評価の責任を負っており，物質の生産や使用に携わっている事業者にはその責任がないが，このような責任分担は適切ではない。(ウ)事業者に追加データを求めるには，その物質が深刻なリスクを有することを規制当局が示さなければならず，試験データがなければ深刻なリスクを有することを示すことができない。そして，こうしたことがEUにおいてわずかな物質しかリスク評価が完了しなかった原因であ

[*66] 各国において，化学物質管理法が制定される以前から市場に流通している一般化学物質のことである。EUにおいては，従来の化学物質規制の根拠となっている危険物質指令の第6次修正指令では，事前審査の対象になっていない。具体的には，1971年1月1日から1981年9月18日までの期間に欧州市場に流通していた化学物質のことであり，欧州委員会が編集した既存化学物質リストEINECSに収載されている。

第3章　欧州における化学物質管理法の成立と発展　461

るとしている。

　これに続けて白書は,「2.2 戦略案の政治的目的」の項で, 欧州委員会は化学産業が果たすべき7つの目的を次のように記述している[120]。(ア)人の健康および環境の保護。(イ)EU 化学産業の競争力の維持と強化。(ウ)域内市場の分裂回避。(エ)消費者の商品選択に役立つ化学品の情報の提供。(オ)国際的取組との連動。(カ)動物愛護と動物試験の代替法の促進。(キ)WTOに基づいた国際的な責務の全う(貿易障壁の排除)。ここで, 人の健康および環境の保護と並んで EU 化学産業の競争力維持と強化が掲げられている点は, 注意すべきである。つまり, EU の新たな化学物質管理戦略では, EU の化学産業の競争力の維持と強化が目的の一つとされており, 単に人の健康と環境保護のみを目的とするものではない。

　このような問題意識に基づいて「2.3 戦略の要点」では, 安全責任を事業者に課すことを明記している。すなわち, 化学物質に関するデータの作成とリスク評価の責任を事業者に移行させるべきである[121]としている。原因者負担原則, あるいは協働原則の考え方が反映されていると思われる。この点については,「アクション 3A: 新規化学物質および既存化学物質に関する情報の均質化」の項目で具体的に述べられており, 両者についての情報のギャップを埋めるため,「今後は, 既存化学物質も新規化学物質と同様の手続きが義務づけられる」と記述されている[122]。

　同時に 2.3 項でも, EU の化学産業の競争力の維持と強化について触れており, 技術革新の推進の項目で,「欧州委員会は, (中略)研究開発のための特例条件を拡大し, 柔軟な方法で試験データの使用および提出を可能にすることを提案する」と記載されている。また, データ提出のための現実的なタイムテーブルの項目で,「この戦略では, データ提出のためのタイムスケジュールを提示する際に, 経費の問題を考慮している。これは(中略)企業の費用を必要最小限にするはずである」と記載されている。このことから, 欧州委員会は EU の化学産業界の競争力の維持・向上に配慮していることを白書において具体的に表明している。

　また,「5. 産業界の役割, 権利および義務」の「5.1 データ取得」の項で

は，それまでの化学物質管理制度では製造者および輸入者に対してのみ化学物質に関するデータの提出責任を課していたが，川下ユーザーも製品の安全性に対する責任を担うべきであるとしている。そして，「化学品が製造者または輸入者の意図と異なる用途に使用される場合や，製造者または輸入者が当初行った評価と相当異なる最終暴露形態となる場合には，規制当局は当該ユーザーに対して当該化学物質の追加試験の実施を要求する権限を与えられるべきである」としている[123]。これにより，規制対象となる者の範囲が従来の製造者および輸入者に加えて，川下ユーザーにも拡大することとなる。

ⅱ) EU白書が提案する新たな化学物質管理制度の骨子

EU白書では，上記の基本的な考え方に基づき，EUの新たな化学物質管理制度(REACH)を提案している(「4. 化学品管理の新しい制度—REACHシステム」)。

まず，EU白書では，種類も量も多い既存化学物質のリスク評価を効率的に進めるシステムを確立することが課題であるとの認識が示されている。また，化学物質管理は，規制当局が多くの人材や予算を投入せざるを得ず，規制当局にとって相当な負担となっている現状認識を表明している。しかしながら，化学物質管理には規制当局の関与が不可欠であり，公共の安全の観点からリスク評価を行うことが重要と考えられる化学物質に公的資源を集中的に投入する制度が求められていることが指摘されている(「アクション4」)[124]。

EU白書で提案されたREACHは，登録，評価，認可という三つの要素から構成されている。なお，EU白書の時点では，REACHにおける「制限(Restriction)」の制度は記載されていない。

(ア) 登録(Registration)

登録とは，企業が年間生産量(輸入量を含む)が1トンを超えるすべての既存化学物質および新規化学物質(約30,000物質と推定していた)についての有害性を含む基本的な情報を一定の書式(技術一式文書: technical dossier)に従って規制当局に提出することである。規制当局は，この情報をデータベース化し，チェックを行うことにより懸念すべき性質を有するかどうかを調べ

る。登録すべき情報は，物質を特定するための情報と有害性を含む特徴に関する情報，意図される用途，人に対する暴露量，環境放出量，予定される生産量，分類および表示の提案，安全性データシート，意図される用途についての予備的なリスク評価，リスク管理の案である[125]。

なお，登録にあたっては，既存化学物質には制度の移行期間(11年)を設ける。「6. 既存化学物質のタイムテーブル」の項で，原則として，生産量の多い既存化学物質が最初に登録されなければならない。また，有害性が懸念される化学物質については少量の生産であっても早期に登録されなければならない(「アクション6A」)。既存化学物質の登録時期については，生産量に応じて具体的に試験項目と期限を定める段階的アプローチを提案していた(「アクション6B」)。すなわち，年間生産量1000トンを超える化学物質は詳細な長期影響試験(レベル2試験)が必要とされ，登録期限は2005年末まで，年間生産量100トンを超える化学物質は一般の長期影響試験(レベル1試験)が必要とされ，登録期限は2008年末までとされた。また，年間生産量1トンを超える化学物質は，原則として物理化学的な性状と試験管内での試験(ベースセット試験)が必要とされ，登録期限は2012年末までとされていた[126]。登録制度がREACHの要といえるものであり，このように，既存化学物質に対しても登録を義務づけることとしたが，既存化学物質が広く利用されている現状を踏まえ，段階的な登録制度を提案したことは，この制度全体が機能するために不可欠なものである。

(イ) 評価(Evaluation)

年間生産量100トンを超えるすべての化学物質(約5000物質で全体の約15%と推定していた)と，有害性が懸念される年間生産量100トン以下の化学物質に対して，上記の登録情報を規制当局が評価する[127]。年間生産量100トンを超える化学物質の生産者(輸入者を含む)は，入手可能なすべての情報と追加試験(further testing)の方法を物質ごとに規制当局に提案する。規制当局は，物質ごとに生産者から提出された情報と追加試験の方法を評価し，必要に応じ追加試験を要求する[128]。

年間生産量100トン以下の化学物質についても，環境中で分解しにくく

(難分解性)かつ生体蓄積性が疑われる化学物質，突然変異を誘発するおそれのある(変異原性)化学物質，強い毒性が懸念される化学物質，または化学物質の構造から変異原性あるいは強い毒性が疑われる化学物質に対しては規制当局の評価が必要となる。このような場合，規制当局は，当該化学物質の生産者などに対して追加情報を要求する権限，および追加試験を要求する権限を有する[129]。規制当局は，追加試験の範囲や方法を決定するためのガイドラインを策定し，入手可能な情報，化学物質の物理化学的な性状，用途，暴露評価に基づき，適切な追加試験を決定する[130]。

(ウ)認可(Authorisation)

有害性の懸念がきわめて大きい化学物質に対しては，その物質を使用する場合は，その使用が安全であることを規制当局に示して許可を得ることが必要になる。このような物質は，上記の登録される化学物質のおよそ5％にあたる約1400物質と予測される。その内訳は，発がん性・変異原性・生殖発生毒性のいずれかの性質を有する化学物質(いわゆるCMR物質，p.500参照)が約850，難分解性，高蓄積性，毒性，かつ長距離移動性を有する化学物質(いわゆるPOPs物質)が当時は12，今後の試験によってCMR物質と分類される可能性のある化学物質が約500と考えられていた[131],[*67]。認可対象物質はきわめて有害性の懸念が大きいため，物質そのものあるいは製品の成分として使用される前に規制当局の許可を得なければならない。許可が与えられる場合でも，使用範囲が明確に決められ，使用期間が設定される。なお，EU白書では，POPs対象物質以外の難分解性，高蓄積性かつ毒性を有する化学物質(いわゆるPBT物質，p.500参照)を認可対象の化学物質とするかどうかは，明確ではない。このような物質の基準を策定するにはさらなる調査が必要であるとしている[132]。

また，認可制度には免除(Exemptions)の項目があり，適正に管理されている用途や研究室での使用など有害な事象の発生が懸念されない場合には，認

[*67] 内分泌かく乱物質の多くは，発がん性物質または生殖毒性物質と分類することができるので，認可対象の化学物質になると予想されるとしている(EU白書18頁)。

可手続きにおいて免除対象とされる可能性も示唆されていた[133]。

ⅲ) EU 白書が提案するリスク評価

EU 白書では，上記の認可対象とはならない化学物質に対しても化学物質の生産者などは予備的なリスク評価を行うことが必要とされる。事業者の行った予備的なリスク評価の結果を規制当局が受け取り，人の健康や環境に対して許容できないようなリスクが生じないかどうかを判断する。EU 白書では，登録対象物質のおよそ 80% 以上は予備的なリスク評価のみでよく，さらなるリスク評価は不要だと推定されている[134]。

一方，事業者が行うリスクアセスメントが不当に遅れていて，かつ，容認できないリスクが示唆される場合には，規制当局は予防原則を適用して全面使用禁止も含めたリスク管理措置の勧告を行うよう欧州委員会に提案することが EU 白書では記載されている[135]。このように，EU 白書では，予防原則の適用とリスク評価に基づく科学的なリスク管理とを組み合わせて，実効性のあるリスク管理の仕組みを提案したといえる。

④ EU 白書提案後の動向

ⅰ) EU 白書に関する関係者会議（第1回関係者会議）

この EU 白書が公表されてから1か月余り後の 2001 年 4 月 2 日に，ブリュッセルで関係者会議[*68]が開催された。この会議は，欧州委員会が EU 白書に示された新たな化学品戦略を実現するにあたって，関係者の意見を聴取するために開催された[136]。いいかえれば，欧州委員会が化学物質管理法案を策定するにあたり，環境の保全と経済社会の発展とのバランスをどのように確保するのかを検討するためにこの会議は開催されたといえる。この会議は，欧州委員会の環境担当委員の Margot Walström と企業担当委員の Erkki Liikanen によって主催され，参加したのは規制当局，科学者，化学工業界関係者，川下ユーザー，環境 NGO，消費者 NGO，動物愛護団体など 150 人を超える関係者である[137]。

---

*68 Stakeholders' Conference on the Commission's White Paper on the Strategy for a future Chemicals Policy.

会議は二つのワークショップと閉会セッションで構成された。午前中に,開会や導入部の次に開催された第一のワークショップでは,EU白書で提案された化学物質管理法プロセスを実施するにあたって,どのようにすれば効率的に行うことができるかというテーマを中心に検討が行われた[138]。このワークショップでは,国際化学工業協会のElisabeth Surkovicが座長を務めた。昼食後に開催された第二のワークショップでは,EU白書で提案された化学物質管理法プロセスを実施するにあたって,それぞれの関係者はどのような役割を果たすことができるか,というテーマを中心に検討が行われた[139]。このワークショップでは,英国保健安全局(UK Health and Safety Executive)のBob Warnerが座長を務めた。さらに,関係者会議の結論をまとめるための閉会セッションが行われた。この閉会セッションでは,パネルディスカッションが行われ,欧州委員会の共同研究センター(Joint Research Centre)所長のBarry McSweeneyが司会を務めた。

　以上の関係者会議での検討結果をまとめると,おおよそ次のようになる。まず,EU白書で示された新たなEUの化学物質管理法の主な目的は,持続可能な開発と化学品の安全な使用を実現する点にあることについては,すべての関係者の共通の認識が得られた。また,EU白書の政策目的がEUの化学物質管理法の改善であり,すなわち,リスク評価に基づくリスク管理を確立し,首尾一貫した実際に機能する法システムを構築することを目的にしている点についても,すべての関係者の共通の認識を得ることができた。

　産業界の代表者の大多数といくつかの加盟国の代表者は,産業競争力の維持向上のための政策の必要性を主張し,消費者団体および環境NGOの代表者は,消費者が化学製品を選択する際に,製品に含有されている化学物質の安全性に関する情報を知らされるべきであるとし,それが可能になるような措置の実施を主張した[140]。

　また,EU白書で提案された化学物質の登録システムや認可システムに関しては,産業界や環境NGOから批判的な見解が示された。産業界は,EU白書で提案された化学物質の登録などのタイムスケジュールがあまりにも厳

しく，化学産業の経済社会的な重要性を考慮していないと主張した[141]。これに対して環境 NGO は，EU 白書で提案された化学物質管理戦略は産業界の利益を重視しすぎており，人の健康および環境を保護するには不十分であると主張した[142]。このように EU 白書の評価は，産業界と環境 NGO とで正反対になっている。これは，EU 白書の提案が両者の主張の中間的なところにあることを示しているといえる。

さらに，EU における新たな化学物質管理法を策定するにあたり考慮すべき事項が関係者から指摘された。それらは，予防原則に基づく措置の実施，情報への市民のアクセス，利害関係者の参画，川下ユーザーの役割，小規模企業への配慮，リスク評価指針の策定，法施行についての経済社会的コストなど[143]多岐に及んでいる。

なお，最後に行われた閉会セッションでは，産業界の代表である欧州化学工業会(CEFIC: European Chemical Industry Council; Counseil Européen des Fédérations de l'Industrie Chimique)の事務局長 Alain Perroy が，EU の化学産業は欧州の産業において国際競争力を有する最後の領域の一つであり，化学産業の国際競争力の維持は欧州経済にとって重要であることを強調した。そして，EU 白書が提案する新たな化学物質管理法案は，人の健康と環境の保護とともに EU の産業の国際競争力の維持を実現するものであると注意喚起を行った[144]。これに対して，グリーンピース欧州の理事の Hans Wolters は，化学物質に起因する被害のない未来をつくり出すことの必要性を強調し，化学品に対して「データなければ市場なし」の原則を徹底すべきことを主張した[145]。このように，閉会セッションにおいても産業界と環境 NGO との見解には隔たりがみられた。閉会セッションで司会を務めた欧州委員会の共同研究センター所長の McSweeney から，新たな EU の化学物質管理法案の策定プロセスにおいて引き続き関係者の意見を取り入れることにより，新たに制定される化学物質管理制度が適正に機能するようになるとの意見が表明された[146]。

ⅱ）ビジネス・インパクトに関する関係者会議（第 2 回関係者会議）

2002 年 5 月 21 日にブリュッセルでビジネス・インパクトに関する関係者

会議*69 が開催された。EU 白書が公表されてから 1 年余り後であり，2001年 4 月 2 日にブリュッセルで第 1 回の関係者会議が開催されてからおよそ 1 年後である。今回の会議は，欧州委員会が EU 白書に示された新たな化学品戦略を実行するにあたって，産業界にどのような影響を及ぼすかについて関係者の意見を聴取するために開催された。この会議は，第 1 回の関係者会議と同様，欧州委員会の環境担当委員の Margot Walström と企業担当委員の Erkki Liikanen によって主催された。参加したのは，規制当局，科学者，工業会関係者，川下ユーザー，環境 NGO，消費者 NGO，動物愛護団体など 300 人を超える関係者であり[147]，第 1 回の関係者会議の 2 倍の規模になっている。

　この会議の始まりに行われた主催者による開会挨拶で Walström は，産業の発展と企業の収益よりも人の健康と環境が重要であることを強調し，EU 白書で提案された政策は利益がコストを大きく上回ることを強調した[148]。また，Liikanen は EU 白書の政策は持続可能な開発の考え方が基礎となっていることを再確認するとともに，中小企業への配慮に言及した[149]。なお，Liikanen が中小企業への配慮に言及したのは，後述するように，この会議で説明されたビジネス・インパクトに関する調査結果で，EU 白書で提案された新しい EU の化学物質管理政策が中小の化学企業に与える影響が懸念されるとの指摘を考慮してのことと思われる。

　続いて，欧州委員会が調査会社の RPA(Risk & Policy Analysts Limited)およびスウェーデン統計局に委託したビジネス・インパクトに関する調査結果*70 が配布され，説明された[150]。

　この調査はアンケート結果に基づいたものである[151]。アンケート調査結果では，およそ 60％の企業や団体が技術革新が重要だと考えており，EU 白書による化学物質管理政策の改革が技術革新に与える影響は重大な問題であ

---

*69　2nd Stakeholders' Conference on the bussiness impact of the new Chemicals Policy.
*70　この報告書は，*Assessment of the Business Impact of New Regulations in the Chemicals Sector*, final Report- June 2002, prepared for European Commission Directorate-General Enterprise, by RPA and Statistics Sweden として，翌月(6 月)公表された。

るとしている。提案された REACH 制度が実施されれば，コストが増大することにより採算がとれない化学製品の製造が中止されることが予想され，これに対する懸念が指摘されている。専門的な化学製品を扱う中小の化学企業が REACH の実施に伴うコストの増加により競争上不利益を被ることが指摘されている[152]。しかしながら，REACH が実施され，化学製品についてのさまざまな情報が収集されることによって，欧州の化学製品が世界で最も安全だとの評価を得ることで欧州の化学産業にとって競争上のメリットがあるとの記述がなされている[153]。

その後，欧州化学工業会（CEFIC），NGO，欧州労働組合（European Trade Union Confederation）のメンバーによるプレゼンテーションがあり，午後には3回にわたり，それぞれ化学物質の登録，化学物質の認可と迅速な規制，新たな化学品戦略の国際的な広がりをテーマにパネルディスカッションが行われた。パネリストとしては，行政機関，産業界，NGO など多彩な顔ぶれが登壇した[154]。

まず，最初の化学物質の登録に関するパネルディスカッションでは，特殊な化学物質を製造している中小企業への負担が特に重いことに関し懸念する発言がなされた。そして，REACH が施行されれば，EU 域内で化学物質を製造したり，販売する中小企業の数が減少する可能性があるとの指摘がなされた。また，化学物質を製造する事業者とこれを使用する川下ユーザーとの意思疎通が重要であることが強調された。さらに，GHS システム（後述）や化学物質に関するデータの国際的な相互受け入れが重要であるとの発言があった[155]。

次の化学物質の認可と迅速な規制に関するパネルディスカッションでは，認可は化学物質ごとに与えられるのではなく，化学物質の用途ごとに与えられるべきであるとの意見が出された。また，認可の可否を判断するにあたって速やかな意思決定プロセスが重要であることが強調された[156]。

最後の新たな化学品戦略の国際的な広がりについてのパネルディスカッションでは，REACH の施行に伴い化学産業の海外移転が進めば，環境基準や環境規制が EU より厳しくない国へ「環境問題」が輸出されることになる

のではないかとの懸念が表明された。また，REACH 制度の下で国際的なデータの共有を進めるためには，既存化学物質の安全性を点検する国際的な取り組み（たとえば，前述の OECD の HPV プログラム）を考慮すべきであるとの指摘がなされた。さらに，化学物質に関するデータの企業間の共有に関して，その際にどのようにしてデータ収集費用を支払うのかとの問題提起がなされた[157]。また，成形品中の化学物質の規制にはこれを担当する行政庁に大きな負担がかかることから，相当な量の有害な化学物質が成形品から放出される場合に REACH の規制対象にすべきとの意見が出された[158]。

iii) 環境理事会および欧州議会における審議

2001 年 6 月 7 日には，環境理事会がルクセンブルクで開催され（第 2355 回欧州環境理事会），環境理事会は欧州委員会に対して 2001 年末までに法的枠組みを提案することを要請した[159]。

一方，欧州委員会は 2001 年 2 月 13 日に EU 白書を採択したのち，2 月 28 日に EU 白書を欧州議会に送付した[160]。欧州議会では，責任ある委員会として環境・公衆衛生・消費者政策委員会*71 を指定して EU 白書を付託した[161]。また，法務・域内市場委員会*72 と産業・対外貿易・研究・エネルギー委員会*73 に対して見解を求めた[162]。環境・公衆衛生・消費者政策委員会は，3 回

---

*71 Committee on the Environment, Public Health and Consumer Policy.

*72 Committee on Legal Affairs and the Internal Market. 法務・域内市場委員会では，EU 白書に対して 3 回の会合を開いて検討し，2001 年 10 月 11 日に表決を行って採択した。採択にあたっては，EU 白書で提案された化学物質の登録制度について，化学物質の新規用途に関しては登録時に不明なものがあること，これについては営業秘密の問題があることなどの指摘がなされた（Report on the Commission White Paper on Strategy for a future Chemicals Policy, *infra* note 76 p. 28.）。

*73 Committee on Industry, External Trade, Research and Energy. 産業・対外貿易・研究・エネルギー委員会では，EU 白書に対して 3 回の会合を開いて検討し，2001 年 10 月 10 日に表決を行って採択した。採択にあたっては，環境負荷の少ない化学品の開発は欧州の化学産業の競争力を高めることであると認識し，化学物質に関するデータの作成および評価の責任を産業界に転換すること（挙証負担の転換）に賛成し，化学物質の登録がなければ流通させない（データなければ市場なし）政策を歓迎することを表明した。同時に，既存化学物質の登録期間の見直しを要請した（EU 白書では，生産量 1000 トンを超える化学物質の登録期限は 2005 年末となっていた）。また，子供の健康への影響を

にわたり EU 白書を検討し，10 月 16 日に表決を行い EU 白書を採択した[*74]。そして，10 月 17 日に EU 白書が法務・域内市場委員会と産業・対外貿易・研究・エネルギー委員会の見解が添付されて欧州議会に上程された[163)]。

欧州議会は，上程された EU 白書の内容を支持することを表明するとともに，欧州委員会に対して化学物質管理の包括的な枠組みを EU 規則(regulation)[*75]の法形式で提案することを欧州委員会に要求した[164)]。

欧州議会の環境・公衆衛生・消費者政策委員会が欧州議会に提出した「今後の化学品政策のための戦略に関する報告書[*76]」の説明書(Explanatory Statement)の「はじめに(Introduction)」によれば，当時の欧州の化学物質管理政策が化学物質による人の健康被害や環境影響を防ぐことに失敗したため新しい戦略を策定すると表明されている[165)]。具体的には，1993 年に採択された既存物質規則(Council Regulation (EEC) No 793/93)は，高生産量の既存化学物質に対して優先リストを作成して，ここに掲載された化学物質にリスク評価を行うことを規定しているが，EU 白書が提案されるまでに 140 の化学物質が優先リストに掲載されたもののリスク評価が完了したのは 11 物質にすぎなかったことが指摘されている[166),*77]。

また，かなりの数の工業化学品が内分泌かく乱物質として作用する可能性

リスク評価手続きの中で考慮すべきであるとの指摘や，消費者製品の表示では消費者が製品を選択する際にその製品の性質を十分知ることができるよう考慮すべきことなどが指摘された(この部分 Report on the Commission White Paper on Strategy for a future Chemicals Policy, *infra* note 76, p. 33-36.)。

[*74] このときの投票結果は，賛成 31 票，反対 21 票，棄権 0 票で EU 白書を採択した。

[*75] 現行の EU 機能条約 288 条第 2 段(EU 白書が公表された 2001 年 2 月当時は，欧州共同体設立条約 249 条第 2 段)に規定され，EU 規則は，すべての加盟国の国民や企業に直接権利義務を発生させる効力を有する。すなわち，加盟国の国民や企業に浸透効を有する。

[*76] European Parliament Session Document A5-0356/2001, 17 October 2001, Report on the Commission White Paper on Strategy for a future Chemicals Policy (COM (2001) 88-C5-0258/2001-2001/2118 (COS))

[*77] この問題については本節の「(1)既存化学物質への対応／③欧州の対応」のところ，および「(2)EU 白書／①欧州の化学物質管理制度の見直し」でも触れたが，集計する時点が異なるため，化学物質の数に違いがある。

があり，きわめて低い濃度で生殖系，免疫系または神経系を阻害するリスクがあると記載されており[167]，当時，世界的に問題視された内分泌かく乱物質による人の健康に対するリスクが，EUの新たな化学物質管理戦略策定の一つの誘因であったことがうかがえる。

　さらに，次のように挙証責任の問題に触れている。すなわち，当時の制度は許容できないリスクを有する化学物質は規制措置の対象になるが，ある化学物質に許容できないリスクがあることの挙証責任は規制当局にある。そのため，当該化学物質が有害であり，許容濃度を上回る暴露を受けることを規制当局が示さなければならない。しかしながら，規制当局にはこのようなことを示すためのデータが不足しており，挙証は困難である[168]。当時の化学物質管理制度について，環境・公衆衛生・消費者政策委員会の報告書はこういった指摘を行った。

　この報告書では，EU白書で提案されたREACHについては，次のようなコメントを記載している。まず，既存化学物質と新規化学物質に対して単一の制度とすることを歓迎すると記載し，「データなければ市場なし」の原則は完全に支持されるとしている。また，懸念の大きい化学物質の使用に際して，それが安全に使用できることを事業者側が証明できた場合にだけ使用が認められるという，挙証責任の転換は強く支持されるとした[169]。

　一方，年間生産量1トン未満の化学物質もREACHの制度に含めるべきであるとの意見が記載された。それは，多くの新規化学物質が小さい数量で生産が開始され，少量でも危険な化学物質が存在する可能性があるとの理由からである。また，リスク評価を行う際には平均的な人より感受性が高い子供を対象にすべきであるとの指摘がなされている[170]。さらに，認可はより安全な代替物質が存在しないという事業者側の証明に基づいて与えられるべきであるとし，製造から廃棄までのライフサイクルにおいて環境中に排出される高懸念物質（人の健康や環境に悪影響を与える懸念が高い物質）は2020年以降は認可されるべきではないとしている[171]。また，認可対象物質に，きわめて分解しにくく高度の生体蓄積性を有する化学物質（いわゆるvPvB物質）を加えることを主張している。

以上のように，欧州議会の環境・公衆衛生・消費者政策委員会が欧州議会に提出した報告書は，人の健康や環境の保護を重視したものであった。

iv）EU の第 6 次環境行動計画

欧州委員会は，2001 年 5 月 15 日に「持続可能な開発のための欧州連合の戦略」をまとめ，6 月に開催されたヨーテボリにおける欧州理事会で採択された。この戦略では，温室効果ガスの削減などが中心であるが，市民の健康に対する脅威への対処の一つとして，「2020 年までに人の健康や環境に対して重大な脅威を及ぼさないような方法で化学物質が製造，使用されることを確実にする」ことが記載されていた[172]。この部分が WSSD の実施計画に反映されていく。

一方，2002 年 7 月には，EU の第 6 次環境行動計画[173]が決定された。この計画は，2002 年から 2012 年を対象期間とし，この期間における EU の環境政策における方針を示したものである。この計画が策定された時期は EU 白書が策定された時期と前後しており，化学物質管理政策に関しては，EU 白書の内容がこの計画に反映されている。

この計画では，前文と重点分野の一つである「環境と健康および生活の質」の中で，化学物質管理政策について述べられている。前文において，予防原則を人の健康や環境を保護するため積極的に適用すべきである，との方針が示されている[174]。そして，化学物質管理に関する具体的な目標として，「一世代内に化学物質が人の健康と環境に重大な悪影響を与えない方法で製造，使用されるようにすること[175]」などが明記され，新たな化学物質管理の取り組みは，EU の環境政策の重点分野における一つの方針とされた。

さらに，この計画で示された目標は，計画が決定されてからおよそ 1 か月後に開催された WSSD の実施計画にも反映され，「化学物質が，人の健康と環境にもたらす著しい悪影響を最小化する方法で使用，生産されることを 2020 年までに達成することを目指す」として，化学物質管理の国際的な目標の一つとされた。

(3) REACH の登場——予防原則，原因者負担原則など環境保護概念の活用

① REACH の提案と主要国の反応

　欧州委員会は EU 白書の提言に基づき新しい欧州の化学物質管理法の案文を策定した。そして 2003 年 5 月 7 日，欧州委員会は REACH 案を公表し，5 月 15 日から 7 月 10 日までのおよそ 2 か月間，インターネット・コンサルテーションを行った。REACH 案に対して技術的内容も含めて実施可能性を検討するため，広く意見を募った。これに応じて，6000 件以上の意見が提出された。そのうち 42％は産業界からのものであり，NGO や労働組合からは 142 件の意見が提出された。インターネット・コンサルテーションでは，EU 加盟国からはオーストリア，アイルランド，フランス，オランダ，英国の 5 か国から意見が提出された。EU 加盟国以外の国または国際機関からは，オーストラリア，カナダ，チリ，中国，イスラエル，日本，マレーシア，メキシコ，ノルウェー，シンガポール，スイス，タイ，アメリカ，アジア太平洋経済協力機構（APEC）および経済協力開発機構（OECD）が意見を提出した[176]。

　インターネット・コンサルテーションへの意見提示を含め，EU 白書および REACH 案に対する主要国の反応は次のようなものであった。

［1］ドイツ

［1］-1　ドイツ政府，化学工業会および労働組合による EU 白書に対する意見書の公表

　2002 年 3 月 11 日，ドイツ政府，化学工業会および鉱業・化学・エネルギー労組は，EU 白書に対する共同意見書[177]を公表した。この意見書の中で，ドイツ政府などは，人の健康および環境は高いレベルで保護されるべきであるとする一方，化学産業の技術開発力，競争力も維持されなければならないと述べている[178]。

［1］-2　ドイツ政府，化学工業会および労働組合による REACH 制度原案に対する評価書の公表

　2003 年 8 月 21 日，ドイツ政府，化学工業会および労働組合は，5 月に公

表されたREACH原案に対して評価を行い，REACHを支持する点は多いが，修正すべき点もあるとして，修正意見を具体的に提示した[179]。修正意見としては，認可対象となる有害物質の基準を明確にすること[180]，ポリマーは登録の対象としないこと[181]，評価に関して統一した基準を設けること[182]，研究開発についての秘密を保持すること[183]など十数項目が提案された*78。

[2] 英　国
[2]-1　英国政府の見解書の公表

2002年12月，英国政府は「新しいEUの化学物質規制――英国政府の見解表明と発展した管理」と題するEU白書に対する見解[184]を公表した。この見解書で英国政府は，EUの化学物質管理制度改革を原則として支持するが，化学物質の安全性点検を最も有害な物質から開始することや化学産業の競争力を維持・向上させる形で制度改革を行うことなどを求めた[185]，*79。

---

*78　なお，日本貿易振興機構「EUの化学物質規制動向調査」（平成17年3月）によれば，ドイツ化学工業会(Verbandes der Chemischen Industrie)は，REACH原案が提示された時点で，ドイツの化学工業界が保有する約3万種の化学物質の情報を提供する用意があるとした。ドイツの化学企業は，それまでに年間生産量が1トン以上の化学物質の毒性などに関して調査を行って得られた情報を蓄積している。そのため，約3万種あるとされる年間生産量1トン以上の化学物質の毒性のおおよその評価が可能なほどのデータを，ドイツ化学工業会は3年後には収集できると考えていた。

　しかし，ドイツ化学工業会の姿勢を欧州化学工業会(CEFIC)は支持しなかった。これは，ドイツ以外の諸国の化学産業界はドイツの化学産業界が保有しているような情報をもっていないことから，ドイツ企業が生産する化学物質だけ情報が無償提供されれば，その他の企業が市場での競争上不利になることを考慮してのことと思われる。これに対してドイツ化学工業会は，ドイツ企業が保有する化学物質の情報を提供することで，その見返りに欧州委員会がREACHで計画している化学物質規制を大幅に簡素化することを期待していた（日本貿易振興機構「EUの化学物質規制動向調査」（平成17年3月）18頁）。

*79　なお，英国環境・運輸・地域省（当時）は，2001年3月にREACHの影響評価を委託調査により行っている（Regulatory Impact Assessment of the EU White Paper: Strategy for a Future Chemicals Policy/ Final Report（Contract Reference 16/13/33）/ Prepared for The Department of the Environment, Transport and the Regions By Risk & Policy Analysts Ltd, May 2001）。

［2］-2　インターネット・コンサルテーションに対する英国政府の見解

2003年7月，英国政府は欧州委員会のインターネット・コンサルテーションに対して意見を提示した。ここで英国政府は，REACHの全体的な目標は支持するとしつつも，化学物質の審査の迅速かつ効果的な実施プロセスを構築すること，化学産業および川下産業の競争力の維持・向上を図ることなど，2002年12月の政府見解を基本として64項目の提案を行った[186]。

［2］-3　公開コンサルテーションの実施

その後，2004年3月30日から6月25日まで，英国では政府の対応を検討するため，公開コンサルテーションを実施した。これに対しては，化学産業界，川下ユーザー，中小企業，販売業者，環境NGO，動物愛護団体など100を超える企業，団体，個人から意見が寄せられ，2004年11月に公表された。それによれば，REACHの主旨には異論はないものの，各論では多くの異論があることが確認された。また，公開コンサルテーションに関連して2004年4月27日に関係者会議が開催され，各分野から意見が提示された[187]。

［2］-4　英国およびハンガリーによる「1物質1登録案」の共同提案

2004年5月に英国はハンガリーと共同で「1物質1登録案」を提案した。これは，REACHの登録に際して，同一の化学物質を製造または輸入する事業者は，共同で当該化学物質を登録し，そのコストを分担しようとする案である。これによって，化学物質の登録コストを削減するとともに，動物試験の重複を回避できる。この場合に，共同の登録に参加しない（コスト負担をしない）企業が出ないように共同で登録する企業群をコンソーシアムとして登録することも提案された[188]。現行のREACHの化学物質情報交換フォーラム（SIEF: Substances Information Exchange Forum）につながる提案である[189]。また，この提案はREACHの施行後，事業者が共同で登録を行う際に結成するコンソーシアムとして実践された。

［3］米　国

2003年7月，米国政府は欧州委員会のインターネット・コンサルテーションに対してコメントを提示した[190]。このコメントにおいて，REACHは，米国からEUに輸出される米国製品（2002年度で1430億ドル（約17兆円））の大

部分に影響を与えるとしている[191]。そして，米国は人の健康と環境に対する高度の保護に共感する(share)ものの，REACHが特にコストがかかり煩雑な手続きを採用しようとしていることに懸念を抱いているとした。さらに，次の点を強調する。提案された法規制が実行不可能であること。現在進められている国際的な化学物質管理の流れ(OECDのHPVプログラムや米国のHPVチャレンジプログラムを指しているものと思われる)から逸脱していること。不確実な利益に対して著しいコストが発生すること。中小企業に不利益な影響を与えること。世界貿易を混乱させることなどである[192]。

最後にこのコメントの結び(Concluding Remarks)の部分において，次の四つのことを勧告している[193]。(ア)最も高いリスクを有すると思われる化学物質にEUの資源を投入できるように法規制の適応範囲を狭めること。(イ)現在国際協力により効果的に実施されている既存化学物質リスクに対する措置(HPVプログラム)を置き換えるのではなく，補完するアプローチとして展開すること。(ウ)法規制の決定プロセスに透明性をもたせること。(エ)REACH案の好ましい影響と好ましくない影響の双方を透明性を担保した上で評価すること。

このように米国政府は，REACHが米国製品の欧州への輸出にとって障害となることを懸念して，REACHの実効性に疑問を呈するとともに，その適用範囲を縮小しその影響評価にも異議を差し挟んでいる。

［４］日　本

2003(平成15)年7月10日，わが国はEU日本政府代表部を通じて，欧州委員会のパブリック・コンサルテーションに対する日本政府のコメントを提出した[194]。総論では，EUが達成しようとしている人の健康の保護や環境保全の重要性については理解しているものの，REACHがわが国や諸外国からEU域内に対する貿易および投資に影響を与えるとして，次の4点が懸念されるとしている[195]。(ア)REACHは，目的に照らし過剰な義務を事業者に課す。安全性に関するデータの提出や初期リスク評価の義務づけの範囲を合理的に設定しなければ，制度を円滑に運用できない。(イ)必要以上に貿易制限的ではないか。WTO諸協定との整合性に問題が生じるおそれがあ

る。(ウ)OECD などの場を通じて国際的に進められている化学物質規制の国際的整合性の動きに調和していない。(エ)化学物質の安全性評価が各加盟国の判断に委ねられているが，その運用が各加盟国で異なってはならない。

　さらに各論では，(ア)事業者の過剰負担の回避，(イ)内外無差別の確保，(ウ)国際的な調和の動きとの整合性の確保，(エ)規則の内容および適用における透明性，公平性の確保のように，大きく4項目に分けて具体的な要望を記載している。その概要は次のとおりである。

　(ア)事業者の過剰負担の回避として，化学物質安全性報告書[*80](CSR: Chemical Safety Report，後述)に記載すべき情報を精査して，現行のセーフティデータシート(SDS)に一元化すべきである[196]。あるいは，化学物質の製造者もしくは輸入者は川下ユーザーの用途を90％以上把握する必要があると規定されているが，企業秘密により情報の把握が困難な場合も考えられる。この点，より柔軟な対応を可能とすべきである。さらに総代理人制度[*81]の創設などを要望している[197]。

　(イ)内外無差別の確保としては，成形品[198]中の化学物質の登録に関して，どのような場合に登録対象となるのか不明確であるためにガイドラインなどによる明確な基準を示すように要望している[199]。また，化学物質の登録を共同で行う場合に組織されるコンソーシアムに関して，参加者間の負担が公平に行われるようルールの明確化を要望している[200]。

　(ウ)国際的な調和の動きとの整合性の確保としては，認可対象物質に内分泌かく乱作用を疑われる物質を対象とするのは時期尚早である[201]。また，難分解性で高蓄積性かつ毒性のある化学物質の規制にあたってはストックホルム条約と整合性をとることと，EU域外の認証試験施設(GLP施設)で取得されたデータが登録に利用できることを明示すべきことを要望している[202]。

[*80] 日本政府のコメントの和文では，「化学品安全性評価書」となっている。
[*81] 総代理人(Sole Representative)は，EU域外の企業がEU域内に化学物質を輸出する場合に同一化学物質の登録を一括して代理する者である。これによって登録事務を効率化できる。

第3章　欧州における化学物質管理法の成立と発展　479

（エ）規則の内容および適用における透明性，公平性の確保については，化学物質の評価は各加盟国が担当することとなっているが，評価の統一性を維持する仕組みを整備すべきであるとしている[203]。

[5] 英国，フランス，ドイツ首脳から欧州委員会委員長への書簡

インターネット・コンサルテーションが終了し，欧州委員会がREACHの最終提案書をまとめている時期である2003年9月20日，英国のブレア首相，フランスのシラク大統領，ドイツのシュレーダー首相は，連名で欧州委員会のプロディ委員長に書簡を送った。この書簡では，この年の3月20～21日に開催された欧州理事会で，欧州産業の競争力強化について話し合われたことに触れ，欧州の企業が直面している規制措置を改善しなければならないことに合意したこと（リスボン戦略[*82]）を指摘している。そして，EUの化学物質管理政策の見直しにおいて，不必要な負担を産業界に及ぼさないことを要望している。そのため，産業競争力に与える潜在的な影響について総合的な評価を行うことが重要であるとしている[204]。

その上で，インターネット・コンサルテーションにかけられたREACH原案は，登録手続きがきわめて煩雑であるとして懸念を表明した。また，欧州企業の第三国市場での輸出競争力およびEU域内で第三国企業と競争する場合の欧州企業の競争力の双方について懸念を表明し，競争力理事会[*83]が欧州理事会の決定に従ってREACHの立法手続きにおいて本来の役割を果たすべきであるとした[205]。

---

*82　2000年3月23～24日にリスボンで開催された欧州理事会で，欧州が世界で最も競争力のある経済社会の構築を目指す10か年戦略を策定した。これが「リスボン戦略（Lisbon Strategy）」である。REACHの導入の是非が議論された際に，化学産業を擁する国や産業界から，欧州産業界の競争力強化にとってREACHには問題があるとの主張の一つの理由として，リスボン戦略に矛盾するとの指摘がたびたびなされた。

*83　欧州産業の競争力の維持・強化を目指すリスボン戦略（注*82参照）が採択されたことを受けて，欧州理事会は競争力理事会（Competitiveness Council）の設置を決定した。2002年6月，域内市場，産業，研究の三つの理事会が統合されて競争力理事会が設立された。競争力理事会は，加盟国の産業担当大臣が出席することが多く，経済と産業競争力の側面から議案を検証する役割を担い，REACHの審議でも影響力を発揮した。

② REACH の最終提案書の確定

インターネット・コンサルテーションに寄せられた意見を考慮してREACH 案は一部修正された。主な修正点は次のとおりである。

ⅰ）REACH 制度の対象

ポリマーは，登録と評価は免除された（しかし，認可と制限に関してはその対象となることがある）。また，成形品に含まれる化学物質の規制は軽減されることとなった[*84]。さらに，化学物質の安全性の評価項目はかなり（considerably）制限された[206]。

ⅱ）法的確実性（legal certainty）

インターネット・コンサルテーションにかけられた REACH 原案では，事業者の注意義務についての規定があり，解釈によっては事業者が重い責任を課せられる可能性があった。原案の 3 条で（化学物質の製造者などの）注意義務（duty of care）が規定され，その 2 項で「製造者，輸入者および川下ユーザーは，（中略）上市した化学物質が，合理的に予期される用途および状況において人の健康や環境に悪影響を及ぼさないことを担保（ensure）しなければならない」とされていた[207]。また，原案の 63 条では，成形品（article）を市場に出す者の注意義務（duty of care for those placing articles on the market）が規定され，「（前略）成形品を市場に出す製造者および輸入者は，当該成形品から放出される化学物質により人の健康と環境が悪影響を受けないようにしなければならない」とされていた[208]。

関連する産業界は，注意義務違反によって無制限な責任を要求されることを懸念した[209],[*85]。これを受けて 10 月 29 日に公表された REACH の最終提案書では，化学物質，成形品の製造者などに対しての注意義務を規定する前

[*84] 成形品中の化学物質については，排出が意図されている場合に，その化学物質の登録が必要とされた。

[*85] これに対して，たとえば日本化学工業協会は，インターネット・コンサルテーションに対するコメントで，合理的に予期される状況などが明確に示されていなければ製造者などがわずかな影響のために責任を問われることとなる，として懸念を表明した（Comment of JCIA on REACH p. 2）。

記のそれぞれの条項が削除された．これに代わって，REACH の主旨(subject-matter)を規定する1条の中の3項に「この規則は，人の健康または環境に悪影響を及ぼさない化学物質を製造，上市，輸入，使用することを担保するのは製造者，輸入者，および川下ユーザーの責任であるとの原則に基づいている．この規則の規定は，予防原則によって根拠づけられる(are underpinned)」との規定が設けられた[210],[*86]．また，成形品に関しての注意義務を規定した原案の63条は，最終提案書では削除された．このように，化学物質や成形品の供給者が供給したものによって人の健康または環境に悪影響を及ぼさないことは，具体的な義務というよりは REACH 全体の原則とされた．

　また，REACH の運用に関して異議申し立てを扱う異議審査委員会(appeal board)が欧州化学品庁(ECHA：European Chemical Agency)に設置されることとなった[211]．

ⅲ) コスト

　産業界，加盟国，貿易相手国から REACH の実施には過大なコストが伴うとの指摘がなされた．特に，比較的生産量の少ない化学物質に関して川下ユーザーや中小企業が負担するコストについての懸念が表明された．この点に関しては，川下ユーザーに対する化学物質の安全性評価および化学物質安全性報告書の作成義務は大幅に緩和された．また，年間の製造・輸入量が1〜10トンの化学物質についての試験項目は少なくなり，登録義務は簡素化された．さらにこの量の化学物質に対しては，化学物質安全性報告書の提出義務はなくなった[212],[*87]．

[*86] なお，インターネット・コンサルテーションにかけられた案では，最終提案書の1条3項に相当する条文は見当たらない．

[*87] REACH の最終提案書では，コストを削減し，事務手続きを簡素化するための見直しが徹底的に行われたため，REACH が化学産業に与える直接的なコストは，最終的に登録が終了するまでの11年間で合計23億ユーロ(約3000億円)と見積もられている．これに対して，REACH が人の健康と環境にもたらす予想利益は30年間に500億ユーロ(約6兆5000億円)と見積もられている．http://europa.eu/rapid/press-release_IP-03-1477_en.htm?locale=en　(2013年4月29日閲覧)

　なお，このプレスリリースで公表された11年間の合計額23億ユーロは，インター

そのため欧州委員会は，化学産業界に対する直接の負担はREACH施行後11年間で約23億ユーロ（約3000億円）と見積もっている[213]。この金額は，欧州化学産業界の年間売上額の0.1％前後に相当するものとみられる[214]。しかし，欧州化学工業会は，化学産業界の負担は約70億ユーロ（約9000億円）にのぼると推定している[215]。

ⅳ）手続きの煩雑さおよび欧州化学品庁の権限

多くの関係者が，REACHの事務手続きが非常に煩雑で加盟国と欧州化学品庁の業務分担がわかりにくく，意思決定にあたって一貫性が保てないのではないかと批判した[216]。これに対して，登録手続きは欧州化学品庁が単独で責任を持つこととし，化学物質の評価については意思決定の一貫性を保つために欧州化学品庁がより大きな権限を持つこととした[217]。また，化学物質安全性報告書(CSR)の内容は，セーフティデータシート(SDS)と整合性を持たせることとした[218]。

ⅴ）化学物質についての情報に対する企業秘密と権利

産業界，特に川下ユーザーは，企業秘密の開示を強制されるかもしれないとの懸念を表明した。他方，環境団体は成形品の化学成分に関し高度な透明性の確保を主張した[219]。

これに対して，欧州委員会は，企業秘密の厳重な保護を表明した。具体的には，正確な製造量，顧客名などは常に企業秘密として扱われ，企業は特段の理由があれば企業秘密として扱うことを請求できるとした。他方，企業秘密でない情報は請求することで入手可能であり，特定の項目は公表されるとした[220]。

ⅵ）より安全な化学物質への代替

インターネット・コンサルテーションにかけられたREACH原案では，認可対象の化学物質に対して，製造認可などを付与する際の要件である48条3項(c)号の中で，「（より安全な化学物質への）代替は考慮されなければな

ネット・コンサルテーションにかけられたREACH原案より約100ユーロ(82％)軽減されている（日本貿易振興機構調査・前掲注78(2005年)23頁）。

らないが，代替化学物質の存在のみをもって，認可を拒絶するための十分な理由とはならない」とされていた[221]。これに対して，環境団体，加盟国の一部，貿易相手国の一部，産業界の一部から，より安全な化学物質への積極的な代替を進める条項を設けるべきとの意見が出された[222]。

これを受けて欧州委員会は，REACH の最終提案書では，上記の REACH 原案の 48 条 3 項(c)号に該当する部分を削除した[*88]。

vii) 動物試験

動物試験を削減することが REACH の提案の一つの指針であったが，毒性学，生体毒性学および環境に関する科学委員会(SCTEE: Scientific Committee on Toxicology, Ecotoxicology and Environment)は，予定される動物試験ではリスクを回避するための十分な情報が得られないとして，さらに多くの動物試験が必要であると主張した[223]。

これに対して欧州委員会は，人の健康と環境を損なうことなく動物試験を削減するためには，構造活性相関手法(SAR: Structure-Activity Relationship models)の活用が奨励されるとした[224], [*89]。

③ REACH の実施に向けての検討と影響調査

REACH に示された化学物質管理の方法では，それまでの制度に比べて産業界への負担が大きくなり，制度上のさまざまな手続きが複雑であった。そのため，すでにみてきたように，EU 白書の公表以来，産業界，加盟国の一部，貿易相手国などから，実行可能性への疑問や欧州産業界の競争力が損なわれるのではないかとの懸念が表明された。これに対して，前述した第 2 回

[*88] なお，最終提案書の説明の部分では，「より危険の少ない化学物質または技術が活用可能なら，それにより危険な化学物質を代替することが推奨される」との記載がみられる(Commission of the European Communities, Brussels, 29.10.2003, COM(2003) 644 final, Volume I, p. 56)。

[*89] 構造活性相関手法とは，化学物質の分子構造から有害性を推定する手法である。特定の化学構造を有する化学物質の有害性データを分析することにより，分子構造と有害性の関係を研究し，この知見を活用して，有害性が未知の化学物質の分子構造からその化学物質の有害性を推定する。現在のところ，構造活性相関手法によって，動物試験に代わるほどの有害性の知見を得るには至っていない。

関係者会議で紹介された，欧州委員会が調査会社のRPAおよびスウェーデン統計局に委託したビジネス・インパクトに関する調査をはじめ，いくつかの実施可能性調査や影響調査が行われ，REACHの実施に向けての検討がなされた。以下，その主なものを紹介する。

i) KPMG調査と欧州委員会のハイレベル会合

KPMG調査は，欧州委員会が合意した条件に従って，欧州化学工業会と欧州産業連盟がスイスの調査会社 KPMG Business Advisory Services に委託して行った調査である[225]。調査の目的は，化学物質のサプライチェーンを通してREACHがビジネスに対してどのような影響を及ぼすかを知ることである[226]。具体的には，REACHの登録コストを負担することができないために化学製品が市場から撤退せざるを得ないという事態が生じるかどうかなどを調査した[227]。

調査にあたっては，欧州委員会，産業界(欧州化学工業会と欧州産業連盟)，調査対象となる産業分野，調査対象とはなっていないユーザー業界や小売り業界，中小企業者，環境団体(EEB[*90]，WWF[*91])，労働組合，消費者団体(BEUC[*92])の代表者からなるワーキング・グループを組織して調査の企画・実行にあたった[228]。調査はアンケートを中心に行われ，化学，自動車，材料(包装材料，金属，セメント，紙・パルプなど)，電子機器の四つの分野においてサプライチェーンに対する影響を調べるものであった[229]。最終報告書は2005年の7月にまとめられた。調査結果の概要については，2005年4月27日に欧州委員会のハイレベル会合において提示され，討議された[230], [*93]。

この日のハイレベル会合の後，欧州委員会はプレスリリースを行い，この

[*90] 欧州環境事務局(European Environmental Bureau)。
[*91] 世界自然保護基金(World Wildlife Fund)。
[*92] 欧州消費者連盟(European Consumers' Bureau; Bureau Européen des Unions de Consommateurs)。
[*93] この影響調査を行うにあたり，欧州委員会と欧州化学工業会および欧州産業連盟は2004年3月3日に覚書を取り交わした。この調査のワーキング・グループは，欧州委員会のハイレベル会合に見解を報告することになっていた。

調査から得られた結果として次のようなことを指摘した。高生産量化学物質はREACHの登録の負担による影響を受ける証拠はあまりなかった。しかし，年間生産量100トン以下の化学物質の中にはREACHによる負担のために利益がなくなるものもみられた。そのため，REACHの登録をしないで市場から撤退する化学物質が出てくる可能性があり，もしそうなれば，これを利用している川下ユーザーは，原料の変更を余儀なくされることとなる。しかしながら，川下ユーザーにとって，技術的にきわめて重要な化学物質が供給されなくなるとの調査結果はほとんどみられなかった[231]。

他方，中小企業は資金力が限られており，市場での影響力も弱いため，REACHの施行により生じる費用の増加分を価格転嫁できないことを考えれば，REACHによる影響を受ける可能性がある[232]。

このような調査結果を受けて，欧州委員会の企業・産業担当委員のGünter Verheugenは，中小企業を含む欧州産業界が競争力を向上するために，REACHがリスボン戦略と両立できるようにしなければならないと述べた。さらに，そのため，この調査結果が議会における共同決定手続きにおいて考慮されるよう，欧州議会および理事会と協力したいと述べている[233]。

ⅱ) DHI Water & Environmentによる環境と人の健康に対する影響調査
（DHI調査）

欧州委員会環境総局は，デンマークの環境研究機関DHI Water & Environmentに委託して，REACHのもたらす利益について2005年9月に調査報告書[234]を作成した。産業界に対する費用分析や欧州経済に対するダメージの調査に比べれば，REACHが環境や人の健康に対してもたらす利益を定量的に評価した調査研究は少なかった[235]。

この報告書では，支払意思・アプローチ，ダメージ・ファンクション・アプローチ，回避・コスト削減・アプローチの3とおりのアプローチにより利益を見積もった[236]。そのうち，最も堅実な（控え目な）方法と考えられる回避・コスト削減・アプローチによれば，2017年には，REACHを実施することによる潜在利益は1億5000万〜5億ユーロ（およそ210〜700億円）となり，2017年から2041年までの25年間では28億〜90億ユーロ（およそ4000億〜1兆

3000億円)と見込まれる[237],[*94]。このように REACH の実施により，環境と人の健康にとって，REACH の実施コスト(2003年10月の REACH 最終提案書の時点で23億ユーロ)に比べ相当大きな利益が見込めるとの調査結果となった。

ⅲ) REACH の実行可能性検証プロジェクト(SPORT)

REACH の実行可能性を検証するプロジェクトも実施され，その結果が2005年7月5日に公表された。SPORT(Strategic Partnership on REACH Testing)と呼ばれるプロジェクトである。このプロジェクトは，欧州委員会，自主的に参加した加盟国(オーストリア，デンマーク，フィンランド，フランス，イタリア，オランダ，スウェーデン，スロバキア，英国)，産業界(欧州化学工業会，欧州産業連盟)，中小企業代表，川下ユーザーの代表で構成される運営グループが中心となって進められた。また，環境団体(WWF など)や労働組合もオブザーバーとして参加した。プロジェクトでは，参加した企業(中小企業も含む)が一定の化学物質に対して REACH で規定された予備登録，登録などを行い，参加した加盟国の担当部署が書類評価などを行い，REACH の実行可能性を検証した[238]。

その結果，提案された REACH の条文の明確化が必要であることがわかった。そして報告書では，企業と加盟国の規制当局の双方は現状の事務作業を REACH に適したものにしなければならないとの指摘がなされた。さらに報告書では，川下ユーザーを REACH で必要な情報伝達に積極的に参加する仕組みづくりが必要であるとしている。これらの指摘は，同時に作業が進められている REACH 実施プロジェクト(RIPs：後述)に反映されることとなった[239]。

ⅳ) REACH 実施プロジェクト(RIPs)

前述のような調査などと並行して，REACH の施行に必要なガイダンス文書や登録業務の処理などを IT システムにより行うためのシステムの構築などが進められた。このような REACH の施行に必要な準備作業を行うのが

[*94] このアプローチでは，化学物質で汚染された環境を浄化するための費用で評価する方法をとった。具体的には，飲料水の浄化費用，浚渫(しゅんせつ)による汚染物質の処理，下水処理汚泥の焼却などのコストを計算する方法である。

REACH 実施プロジェクト(RIPs: REACH Implementation Projects)である。このプロジェクトは，REACH の原案ができあがった 2003 年に，当時の欧州化学品局[*95]内で始まった。

 REACH の施行に必要な準備作業は多岐にわたり，RIP1 から RIP6 の準備作業ごとに分かれてプロジェクトが進められた。RIP1 は，REACH の内容と手続きを産業界や加盟国の規制当局にわかりやすく説明するための説明資料の作成を行った[240]。RIP2 は，REACH の施行を支援する IT システムの構築を担当した[241]。登録のためのシステムや化学物質に関する必要な情報を統一されたフォーマットで集積するデータベースである IUCLID (International Uniform ChemicaL Information Database)の構築を担当した[242]。RIP3 は，産業界向けに REACH の施行に必要なガイダンス文書の作成を行った[*96]。RIP4 は，規制当局のためのガイダンス文書を担当した[*97]。RIP5 および RIP6

[*95] ECB: European Chemicals Bureau. なお，欧州化学品局は 2008 年にその任務を終え，活動の一部は欧州化学品庁(ECHA: European Chemicals Agency)に引き継がれた。

[*96] http://ec.europa.eu/environment/chemicals/reach/preparing/rip_en.htm#rip3 (2013 年 4 月 29 日閲覧)。なお，プロジェクト構成を担当したガイダンス文書で示せば，次のとおりである。

 RIP3.1 は，登録関係書類。RIP3.2 は，化学物質安全性報告書(CSR)とセーフティデータシート(SDS)。RIP3.3 は，登録などに必要となる化学物質の情報をどのように取得するかに関する産業界向けのガイダンス文書。RIP3.4 は，動物試験データを事業者間で共有するためのガイダンス文書。RIP3.5 は，製造業者などが化学物質の環境放出のシミュレーション(暴露シナリオの作成)を行う際に川下のユーザーはどのような情報を提供すべきかのガイダンス文書(なお，REACH では，年間製造量・輸入量 10 トン以上の化学物質に対して，製造者・輸入者は化学物質安全性報告書を作成する必要があり，その際に川下ユーザーの使用実態がわかる範囲で使用時における環境排出量も計算しなければならない)。RIP3.6 は，化学物質の表示についてのガイダンス文書。RIP3.7 は，化学物質の認可手続きについてのガイダンス文書。RIP3.8 は，成形品中の化学物質の登録についてのガイダンス文書。RIP3.9 は，どのような場合に社会経済分析を行うかについてのガイダンス文書。RIP3.10 は，どのようにして化学物質の同一性をチェックするかについてのガイダンス文書。

[*97] http://ec.europa.eu/environment/chemicals/reach/preparing/rip_en.htm#rip4 (2013 年 4 月 29 日閲覧)。なお，RIP4 のプロジェクト構成は次のとおりである。RIP4.1 と RIP4.2 は統合され，評価書類および評価方法のガイダンス文書。RIP4.3 は，高懸念物質のガイダンス文書。RIP4.4 は，制限のためのガイダンス文書。RIPS4.5 は，評価の

は，新たに設立されREACHの施行を担う欧州化学品庁の設立を担当した[243]。

このプロジェクトの成果として，REACHの施行に不可欠な解説書類，ガイダンス文書，ITシステムが用意され，そのおかげでREACHの施行が実現したといえ，実務上重要なプロジェクトであった。

④ REACHの審議

REACHの最終提案書は，欧州議会と理事会に提出され，EU規則を制定するための共同決定手続[*98]（現行の通常立法手続）にかけられた。EUにおける立法審議は，欧州委員会が提案した法案を欧州議会と理事会が並行して審議を行う。法案の成立には欧州議会と理事会が合意に達することが必要である。

まず，欧州委員会が提案した法案を欧州議会が審議して採決するのが第一読会である。欧州議会の審議結果は理事会に回付される。（ア）欧州議会が法案を可決，または欧州議会が修正を行い，それを欧州理事会が承認すれば法案は成立する。（イ）欧州議会が法案を否決または修正し，理事会が欧州議会の見解を承認せず修正する場合は，理事会は「共通の立場（common position）」と呼ばれる法案についての理事会案を作成しなければならない。理事会は，この「共通の立場」に理由を付して欧州議会に送付する。

これにより第二読会が開始される。欧州議会が理事会案である「共通の立場」を承認するかどうかを審議し，（ア）承認する場合には「共通の立場」に従って法案は成立する。（イ）「共通の立場」を否決する場合には法案は廃案となる。（ウ）「共通の立場」を欧州議会がさらに修正した場合には，欧州議会の修正案が欧州委員会と理事会に回付される。欧州委員会はこれに意見を付す。

優先順位づけのためのガイダンス文書。

*98　当時はリスボン条約（2009（平成21）年12月1日発効）はまだ成立しておらず，ニース条約（2003（平成15）年2月1日発効）の効力の下で，欧州共同体設立条約95条および251条に基づきEU規則案が審議された。当時の共同決定手続は，現行の通常立法手続（EU機能条約294条）と実質的に同様である。

理事会は，欧州委員会の意見も参考にして欧州議会の修正案を承認するかどうかを審議し，(ア)承認すれば欧州議会の修正に従って法案は成立する。(イ)理事会が欧州議会の修正案を承認せずさらに修正する場合には，欧州委員会の参加の下で協議会が開催され，欧州議会と理事会との合意が模索される。合意がなされれば法案が成立する。(ウ)合意に至らない場合には第三読会(調停委員会)が開催され意見調整を図る手続きが行われる(現在は EU 機能条約 294 条)[*99]。

2003 年 10 月 29 日，欧州委員会が REACH の最終提案を承認し，REACH 案は 11 月 3 日に欧州議会と理事会に送付され[244]，共同決定手続に従って欧州議会と理事会における審議が始まった。欧州議会では，環境・公衆衛生・食品安全委員会が審議の主担当となり，11 月 17 日に第 1 読会が開始された[245]。他方，10 月 16 日，17 日の欧州理事会では，欧州の産業競争力の強化を念頭において，REACH が欧州の産業競争力を阻害しないようにとの配慮から競争力理事会が他の理事会とも協力して審議することを決定し，競争力理事会に法案審議の責任を与えた[246]。11 月 5 日には，REACH 法案の審議実務を行うために，競争力理事会や環境理事会メンバーの代理からなるアドホック作業部会(Ad Hoc Working Party on Chemicals)が設置され，審議が開始された[247]。こうして欧州議会と理事会による REACH の審議が開始された。

欧州議会および理事会から多くの修正提案が出され，欧州委員会も交えて議論が行われた。欧州議会や理事会での審議の主な論点とその帰結は次のとおりであった[248), 249]。

ⅰ) 注意義務

前述のようにインターネット・コンサルテーションでの意見を受けて，注意義務は欧州議会や理事会に提案される段階で規定から削除されていたが，欧州議会や理事会における審議では論点となった。REACH では，人の健康や環境に対して悪影響を与えないことを確保する責任は，化学物質の製造者，輸入者および川下ユーザーにあることが原則であり，この原則を具体的条項

[*99] REACH の審議では，第三読会は開催されていない。

に規定すべきであるとの意見が出された。

結局この論点については，注意義務(duty of care)という言葉は条文には取り入れられなかったが，化学物質に起因して人の健康や環境に対して悪影響を与えないようにサプライチェーンにおける情報伝達義務として位置づけられることとなった(前文26項，32条，34条など。なお，条項の番号は審議時の法案のものではなく制定されたREACHの条項の番号を表示している)。

ⅱ) 登録データの共有

1物質1登録の提案の実効性を高め，同じ化学物質に対する試験の重複を防ぎ登録者の負担を軽減するために，REACHの条項に登録データの共有規定を具体的に定めるための検討が行われた。その結果，登録すべき物質ごとに，事業者が化学物質情報交換フォーラム(SIEF: substance information exchange forum)を形成し，そこで登録情報を交換し登録に必要なデータを共有する規定を置くこととした(29条)。さらに，SIEFを，試験を行う際の計画を立てたり，その費用の分担を協議する場とした(30条)。

ⅲ) 高懸念物質の認可における代替物質の考慮

高懸念物質は，より懸念の少ないものに代替していくべきであり，経済的・技術的に使用可能な代替物質が存在する場合は認可すべきではない。しかし，現実にはさまざまな事情で，代替物質が存在するにもかかわらず，高懸念物質の使用の認可が求められる場合もある。この点に関して法制度としてどのようなルールとすべきか議論がなされた。

その結果，認可は原則として経済的・技術的に利用可能な適切な代替物質が存在しないときにのみ認められるべきであること(前文22項)，および，申請者は代替物質の検討結果を示さなければならないこと(前文72項)が前文に定められた。さらに，閾値のない発がん性を有する物質などについては，社会経済的便益がその物質の使用から生じる人の健康または環境へのリスクを上回り，適当な代替物質または代替技術がない場合にのみ認可の可否を審議することとし，その場合は，欧州化学品庁に設置されるリスク評価専門委員会および社会経済分析専門委員会の意見を考慮しなければならないと定められた(60条4項)。

iv）認可申請にあたっての代替計画の提出

上記のiii）にも関連するが，高懸念物質の代替を促すために，高懸念物質の認可を申請する場合には，当該高懸念物質についての代替計画を提出しなければならないと定められた(62条4項(f)号)。

v）内分泌かく乱物質

内分泌かく乱物質が，認可の対象となる高懸念物質に位置づけられた(57条(f)号)。さらに，REACHの見直し条項において，最新の科学的知識や開発の状況を考慮に入れて見直すこととなった(138条7項)。

vi）10トン未満の化学物質に対する規制措置

年間製造・輸入量10トン未満の化学物質に対しては，人の健康や環境の保護と事業者(特に小規模事業者)に対する負担軽減とをどのようにバランスさせるかが議論となった。製造・輸入数量に応じて登録項目を設定し，製造・輸入数量の少ない化学物質については，登録時に要求される化学物質についてのデータの項目を少なくした。これに加え，年間製造・輸入量1トン以上10トン未満の化学物質では，化学物質安全性報告書の提出義務を課さないこととした(14条1項)。ただし，化学物質安全性報告書の提出義務を年間製造・輸入量1トン以上10トン未満の化学物質にまで拡大するかどうかの見直しを行うことが規定された(138条1項)。

vii）製品中の化学物質の情報伝達義務の強化

製品中に含まれる認可対象化学物質の情報の伝達義務を強化すべきであるとの議論がなされた。その結果，重量で0.1％以上含まれるすべての認可対象化学物質の情報を消費者および受領者に伝えなければならないと規定された(33条1項，2項)。

viii）動物試験の削減

欧州議会や理事会での審議では，動物試験(特に脊椎動物試験)の削減が要求された。その結果，まず，前文において動物試験の削減および代替試験の推奨の方針を掲げ(前文13項，47項など)，さらに，本条で動物試験の削減のために試験法の改正を促している(13条2項)。また，動物試験の重複を避けるべきことを規定している(25条1項)。

その他，欧州の産業界の競争力の維持・向上をいかにして担保するかとの点も議論となった*100)。

このような問題について，およそ2年間にわたって審議が行われた250)。

2005年11月17日，欧州議会は第1読会でREACH修正案を採択した251)。また，理事会においては，同年12月13日に競争力理事会はREACHについて「共通の立場に対する政治的合意(Political Agreement for a Common Position)」を行い252)，翌2006年6月27日，環境理事会が正式に「共通の立場」の合意を行った253)。これを受けて，同年7月12日，欧州委員会が「共通の立場」を受け入れることを決定し，欧州議会と理事会に第2読会の開始を要請する書簡を送付し，9月に第2読会が開始された254)。

このような審議を経て，REACHは同年12月13日に欧州議会で採択され，12月18日には環境理事会でも採択され，ここにREACHは，欧州議会および理事会規則(EC)No 1907/2006として成立した255)。12月30日にはREACHはEU官報に掲載され256)，翌2007年6月1日に発効した257)。

(4) REACHの概要

このように，EU白書の方針を基にして，2006年12月18日にREACHが制定され，翌年6月1日に施行された。REACHでは，人の健康や環境の高いレベルでの保護と並んで，産業競争力および技術革新の強化が前文(1)項，本文1条1項に明記されている。これは，制定経緯でみてきたように，欧州の化学産業および化学物質を利用する産業の国際競争力を相当意識したことを表している。

REACHは，登録，評価，認可，制限という一連の化学物質管理措置を内容とする制度である。まず，新規化学物質だけでなく，既存化学物質も含めて，その化学物質の性質や有害性に関する情報などを一定期間内に欧州化学品庁に登録することを事業者に義務づけている(登録)。次に，登録に際して

---

*100 2000年3月23日〜24日にリスボンで開催された欧州理事会で策定された，欧州産業の競争力の維持・強化を目指すリスボン戦略と両立するかも議論となった。

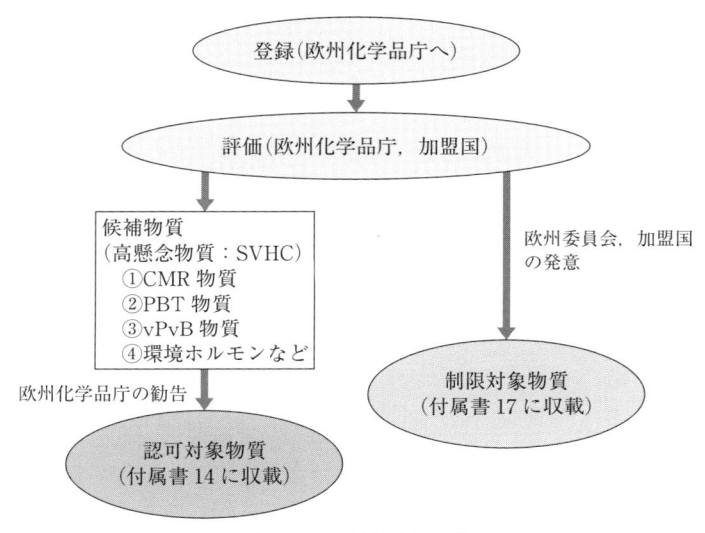

第3章　欧州における化学物質管理法の成立と発展　493

```
          登録（欧州化学品庁へ）
                 ↓
          評価（欧州化学品庁，加盟国）
              ↓         ↓
   候補物質              欧州委員会，加盟国
   (高懸念物質：SVHC)      の発意
     ①CMR物質                ↓
     ②PBT物質
     ③vPvB物質
     ④環境ホルモンなど
        ↓ 欧州化学品庁の勧告
   認可対象物質           制限対象物質
   (付属書14に収載)        (付属書17に収載)
```

図3・2　REACHの概要

事業者が提出した情報に基づき欧州化学品庁と加盟国の行政庁が評価を行い，必要に応じ，追加試験の実施などを事業者に求める。評価にあたっては，高懸念物質（後述）で量の多いものから優先的に行う（評価）。高懸念物質の中から認可対象物質が選定され，認可対象物質の使用にあたって事業者は適切なリスク管理を実施して使用する旨を欧州化学品庁に申請して認可を得る必要がある（認可）。さらに，化学物質の使用などにおいて容認できないリスクがある場合には，加盟国の申請などに基づき，欧州委員会は使用する際の条件を付したり，使用自体を禁止するなどの制限措置をとることができる（制限）。

REACHは，前文において，2002年に開催されたWSSDで採択された化学物質管理の目標である「化学物質が人の健康と環境にもたらす著しい悪影響を最小化する方法で生産され，使用されることを2020年までに達成すること」を一つの目標にしている（REACH前文(4)。以下法案名を記していないものはREACH現行法の条文）。この目標は，EUの第6次環境行動計画でも明記されている。

また，化学物質から生じるリスクについては，そのリスクを生み出す事業

者に責任があるという原因者負担原則あるいは生産者責任の考え方が採用され(前文(16))，物質のリスクおよび有害性を評価する責任は物質を製造・輸入する者などにあることが明記されている(前文(18),(25)および本文第2編第1章)。さらに，予防原則の必要性および予防原則がREACHの原則であることが明記されている(前文(9)および本文1条3項)。

REACHでは，成形品中の化学物質も対象とされ，化学物質を用いて製品をつくる川下ユーザーにも一定の場合には情報提供やリスク評価が義務づけられる。これは，製品中の化学物質のリスクを管理する観点からの措置であり，川下ユーザーも化学物質から生じるリスクを生み出す者の範疇に入るとの考え方に基づいている(前文(16))。

REACHに関して予防原則，原因者負担原則，協働原則の考え方が具体的にどのように反映されているか，以下で考察していく。

① 登録(Registration)

新規化学物質だけでなく既存化学物質についても，その化学物質の性質や有害性などの情報を一定期間内に欧州化学品庁に登録することを義務づけている(5条他)[*101]。これは，有害性が疑われる物質かどうかに関係なく，その製造・輸入数量に応じて一定の情報を提出することを義務づけている。したがって，「危険」概念とは切り離された発想であり，EUがこれまで発展させてきた予防原則の考え方を化学物質管理分野において具体化した規則だといえる。なお登録の対象になるのは，年間の製造・輸入量が1トン以上の化学物質である(REACH 6条)。

ただし，ECコミュニケーションとの関係で，やや疑義が生じる。ECコミュニケーションでは予防原則の援用にあたって科学的評価を前提としているが，前述した化学物質の有するリスクの性格や科学的評価を行うこと自体が容易でない化学物質管理の実態にそぐわないと考えられる。

2003年に提出されたREACH法案においては，予防原則の適用要件はEC

[*101] 登録制度を予防原則の適用例と考えるものとして次の文献がある。増沢陽子「EU化学物質規制改革における予防原則の役割に関する一考察」鳥取環境大学紀要5号(2007年)7頁。小島・前掲注6(2009年)早稲田法学会誌59巻2号226頁。

コミュニケーションに規定されたものであるとの注釈が付されていたが，2006年6月の修正案でこの注釈の部分が削除され，成立したREACHにもそのような記述はない。筆者は，この修正は実態に即したものと考えている。この点で，欧州委員会が作成した"Questions and Answers on REACH (August, 2006)"およびその改訂版(February, 2007)において，「1.2 条文はどのように予防原則によって支持されているのか」との問いに答えて，「ECコミュニケーションに説明されているとおりこの原則を施行する」としており，科学的評価を前提とせず事業者にデータの提出を求めるREACHの登録制度はこの答えに矛盾するようにみえる。しかし，このQ&Aの答えの部分で予防原則が適用される例を挙げているが，そこには，認可や制限が例示されているが，登録や評価に関しては触れられていない。

　ECコミュニケーションが作成されたときには，その有害性に関して科学的不確実性を有するア・プリオリに有害な限定された化学物質などを対象にして，このリスクにどう対処するかという場面で予防原則の適用を想定していた。ところが，REACHの登録制度はECコミュニケーションの策定当時は想定されていなかったような予防原則の適用の仕方であり，ECコミュニケーションの想定範囲を超えるものだったことが，両者の整合性がとれない原因だと考えられる[258]。

　また，登録制度に関しては，予防原則に加えて原因者負担原則[259]や協働の考え方を反映したものと考えられる。化学物質管理において，産業界にデータの提出を求めることは，協働原則の考え方の適用に加え生産者責任の考え方を適用したものといえるし[260]，誰に原因者として負担を課すことが効果的かという観点から負担を課す者を決定する考え方が原因者負担原則の活用[261]としてなされている。

　この点，持続可能な開発に関する世界首脳会議(WSSD)における化学物質管理の目標を実現するため，わが国では2009(平成21)年に化審法を改正し，予防原則の適用として有害性が疑われていない一般化学物質に対してスクリーニング・リスク評価を導入したことと，好対照とされるところである。ここには，EUとわが国の化学物質管理における事業者との協働原則や原因

者負担原則の活用の違いが反映されているものと思われる。

REACHの制度設計において配慮されている点は，既存化学物質の登録期間に関して，製造・輸入数量に応じて，相当の猶予期間を規定したこと(23条)である。既存化学物質と新規化学物質を峻別して新規化学物質に対してだけ事前審査制度を導入した背景には，法律論としての事業者の営業活動の自由に対する制約という面だけでなく，現実の経済活動に対する影響に配慮したための措置という面もある。これらの面を配慮して，製造・輸入数量という明確な基準により猶予期間を置いたことは，法律の実効性を確保する意味において重要である[102]。

登録の対象は，事業者1社当たり年間製造・輸入量が1トン以上の化学物質で，登録に際しては，有害性を含む基本的な情報を一定の書式(技術一式文書: technical dossier)に従って規制当局に提出することが必要である。また，調合剤(化学物質の混合物)中の化学物質についても，その成分が事業者1社当たり年間製造・輸入量が1トン以上である場合には，登録が必要である。さらに，成形品(article)中の化学物質についても，成形品からの放出が意図される化学物質でその量が年間1トン以上の場合には，登録が必要となる(ただし，その化学物質の製造者・輸入者が当該用途を登録している場合には，成形品の製造者が重ねて登録する必要はない)。

これに加えて，1事業者あたり，年間の製造・輸入量が10トン以上の化学物質に対しては，化学物質安全性報告書(CSR)の提出が登録に際して義務

---

[102] 年間製造・輸入量1000トン以上の既存化学物質(phase-in substances)に対する登録締め切りの2010年11月30日までに，約3400の既存化学物質を含む約4300物質の登録がなされた。http://echa.europa.eu/view-article/-/journal_content/title/most-hazardous-and-most-common-chemicals-registered （2014年5月5日閲覧）

また，年間製造・輸入量100トンから1000トンまでの既存化学物質に対する登録締め切りの2013年5月31日までに，約3000物質の登録がなされた(そのうち82％が共同での登録であった)。2008年の登録開始以来，約7000物質が登録された。なお，年間製造・輸入量1トンから100トンまでの既存化学物質に対する登録締め切りは2018年5月31日である。http://echa.europa.eu/view-article/-/journal_content/title/2-923-more-chemicals-registered-by-industry-under-reach （2014年5月5日閲覧）

づけられている(後述)。

　なお，登録と類似の行為であるが，「届出(notification)」が必要な場合もある。成形品中に認可の対象となる物質の候補物質である高懸念物質(SVHC: Substances of Very High Concern, p.500)が0.1重量％を超えて含まれ，その総量が年間1トンを超える場合には，その高懸念物質について一定の情報を届出しなければならない。

② 化学物質安全性報告書——ハザード評価とリスク評価

　1事業者あたり，年間の製造・輸入量が10トン以上の化学物質に対しては，化学物質安全性報告書(CSR)の提出が義務づけられており，事業者は化学物質安全性報告書に記載するため有害性評価(ハザード評価)を実施しなければならない(14条1項)。その内容は，原則としてその物質の有する固有の情報(環境残留性，生態蓄積性，毒性など)を記載し，これに基づき，無毒性量(NOAEL：no-observed adverse level)[103]，推定無影響レベル(DNEL：derived no-effect levels)[104]などを算出する。通常の化学物質安全性報告書はこのような内容になる(REACH附属書Ⅰ)。

　ただし，制限指令で規定されている危険物質，PBT物質(後述)やvPvB物質(後述)に該当している場合は，ハザード評価(物質自体が持つ有害性の評価)に加えて，暴露評価(環境中にどれくらい残留しており，人がどれくらいの濃度でその化学物質にさらされるかの評価)とリスク評価(ハザード評価と暴露評価を併せたもので，人の健康や環境に影響を与えるおそれがあるのかどうかの評価)を行わなければならない(14条4項)。

　暴露評価は，その化学物質の製造段階から使用，廃棄段階までの全ライフサイクルを考慮して，どの段階でどの程度環境中に排出され，その結果どの程度の濃度で環境中に残留しているかシミュレーションモデル(これを暴露シナリオ(exposure scenario)という)を用いて算出する(REACH附属書Ⅰ)。

---

[103] 一般に化学物質を摂取した場合，摂取量が少なくなればなるほど，その化学物質による影響が小さくなり，ある量になれば影響がみられなくなる。その量のことを無毒性量という。通常は，体重1キログラム当たりの化学物質の摂取量で表す。

[104] 人が暴露されても影響がないレベル。

リスク評価は，ハザード評価で算出された推定無影響濃度と暴露評価で算出された環境中濃度を比較して，推定無影響濃度に比べ環境中濃度が低ければ問題はない。そうでない場合は，化学物質のライフサイクルにおいて，どのようにすれば環境排出量を少なくできるかを検討し，対策を講じなければならない。そして，対策を講じた上でもう一度暴露評価とリスク評価を行い，推定無影響濃度に比べ環境中濃度が低くなるような管理措置を記載しなければならない（REACH 附属書 I）。

　REACH の化学物質安全性報告書では，危険物質，PBT 物質，vPvB 物質以外は，ハザード評価が中心である。もっとも，川下ユーザーからの用途情報が化学物質の登録を行う製造業者・輸入業者に伝えられるので，登録される情報には，用途情報やそれによる暴露情報が含まれる。このためハザード評価だけとは言い切れないが，危険物質などに該当しない場合には，暴露評価，リスク評価は行われない。

　ハザードデータの収集にあたっては，動物試験などを用いてデータを収集するため，費用と時間がかかる。そのため，危険物質などに該当しない多くの物質の場合には，ハザード評価の部分を事業者に分担させることが重要であるとの行政庁の政策判断の結果と考えることもできる。暴露評価の部分は暴露シナリオの作成など専門的な検討が必要ではあるが，この部分は専門の研究機関などに委託することにより行政庁がその結果を取得することができる。

　また，暴露評価は，一定のモデルに従って行うこともできるので，化学物質の生産量・輸入量，用途（用途から環境排出量が推定できる），溶解度，蒸発しやすさ（蒸気圧）などのデータがあれば，ある程度の評価が可能である。このような観点と事業者の負担などを考え合わせて，危険物質などに該当しない場合には，暴露評価の根拠となるデータの提出を求めたが，暴露評価，リスク評価までは事業者に求めなかったのではないかと思われる。このような政策判断は，それなりに合理性を有するものと思われる。

　これに対し，わが国の化審法では，国が一般化学物質に対して簡易なリスク評価であるスクリーニング・リスク評価を行っている点で，リスク評価

ベースでの化学物質管理がより徹底しているように思われる[*105]が，これは，国と事業者との役割分担の問題といえる。REACHでは，化学物質安全性報告書の作成のためのハザード評価などは事業者が行うものであり，わが国のように化審法に基づいて国がスクリーニング・リスク評価やリスク評価を行っている場合とは異なる。どこまでを事業者の責任とし，どこからを国の責任とするかの政策判断の差であるが，ここにおいても，欧州とわが国の化学物質管理における原因者負担の考え方[*106]や事業者との協働に対する認識の違いが表れている。

③ 評価（Evaluation）

評価には，登録のために提出された文書と化学物質安全性報告書に対して欧州化学品庁が行う文書評価と，各加盟国の行政庁がリスクが懸念される化学物質に対して行う物質評価とがある。

ⅰ）文書評価（dossier evaluation）

欧州化学品庁は，登録時の文書について動物試験の重複の防止（40条）と試験計画の妥当性の確認を行う（41条1項(a)）。また，化学物質安全性報告書に対して要求項目に適合しているかの確認（適合性審査）を行う（41条1項(c)）。

ⅱ）物質評価（substance evaluation）

欧州化学品庁はローリング・アクションプラン（Community Rolling Action Plan）を作成し[*107]，人の健康や環境に対して影響が懸念される化学物質をリストアップし，各加盟国にその評価を分担（45条4項）させる。加盟国の行政

[*105] また，REACHの化学物質安全性報告書は年間の製造・輸入量が10トン以上の化学物質に対して要求されるのに対し，わが国の化審法の一般化学物質のスクリーニング・リスク評価は年間の製造・輸入量が1トン以上の一般化学物質に対して行われる。

[*106] 小島・前掲注6（2008年）早稲田法学会誌59巻1号164頁では，リスク評価を事業者に求めることは，汚染者負担原則（原因者負担原則）の理念に適うものである，としている。

また，松村弓彦「環境法における協調原則」季刊環境研究136号（2005年）150頁では，リスク評価を事業者に求めることの理論的根拠は自己責任原則にあるとの考え方を紹介している。

[*107] 最初のローリング・アクションプランは，90物質をリストアップし，2012年2月29日に公表された。

庁は，必要な場合には，追加試験や追加情報の提出を事業者に求めることができる(46条1項)。加盟国の行政庁は担当物質のリスク評価を行い，認可対象物質や制限対象物質とすべきかどうかなどを検討し，欧州化学品庁に報告する(46条4項)。

④ 認可 (Authorisation)

ⅰ) 認可対象物質の選定

認可対象物質の候補物質は次の(a)と(b)の手続きによって選定される。

(a) 高懸念物質からの選定：認可対象物質の候補となる物質は高懸念物質(SVHC: Substances of Very High Concern)であり，これは次の四つに類別される。

(1) CMR物質(57条(a), (b), (c))：発がん性，変異原性(遺伝子に損傷を与える性質)，生殖毒性のうちいずれかを有する物質。

(2) PBT物質(57条(d))：環境残留性，生物蓄積性，毒性を有する物質(わが国の化審法では第一種特定化学物質に相当する)。

(3) vPvB物質(57条(e))：環境残留性と蓄積性がきわめて高い物質(わが国の化審法では監視化学物質に相当する)。

(4) 内分泌かく乱作用(環境ホルモン作用)のある物質など上記以外で人の健康や環境に深刻な影響を与える物質(57条(f))。

これらの高懸念物質のうち，PBT物質やvPvB物質にあたるもの，多岐にわたる用途(wide dispersive use)のもの，生産量の多いものが優先される(58条3項)。

(b) 物質評価からの選定：前述の物質評価の結果，加盟国が認可物質候補として欧州化学品庁に報告した物質が候補となる。

認可対象物質を選定する場合には，欧州化学品庁は加盟国専門委員会(Member State Committee: 欧州化学品庁に設置される委員会の一つ)(76条1項(e))の意見を考慮して，上記(a)，(b)の候補物質から認可対象物質のリストを作成し，各加盟国の意見を聞くこととされており，意見があった場合には，加盟国専門委員会に付託して審議するとされている(59条)。

この選定過程をみると，物質固有の有害性(ハザード)によって候補となっ

た物質に対して，(a)では，欧州化学品庁が用途や生産量を考慮し，認可対象物質が選定される。(b)では，各国の行政庁がリスク評価を行った上で認可対象物質が選ばれる仕組みになっており，リスク評価を基本とした化学物質管理と考えられる。

ⅱ) 製造・使用などの認可

認可制度は，対象となった物質に関しては全面的に上市および使用を禁止した上で，申請があれば，リスク管理が十分なされることを確認した上で，当該申請者に対して，欧州委員会の決定により，個別に禁止を解除する制度である(60条2項)。

認可対象物質に指定された場合には，物質ごとに日没日(sunset date: 終了期限)が設定され，日没日以降の上市および使用が禁止される。上市や使用が許可されるためには認可申請をしなければならない。認可申請がなされた場合には，欧州化学品庁に設置されるリスク評価専門委員会(Committee for Risk Assessment)(76条1項(c))と社会経済分析専門委員会(Committee for Socio-economic Analysis)(76条1項(d))が協議して認可の可否に関する原案を作成する。申請者が希望する場合には，この原案に申請者の意見を添付したものが欧州委員会に送付され，欧州委員会が認可の付与または拒絶の決定を行う。

認可の条件は，使用にあたってリスク管理が適切になされていることである(60条2項)。ただし，認可対象の発がん性物質のうち閾値[*108]の存在しないものなどは，その物質の使用による社会経済的便益が人の健康や環境に対するリスクを上回り，かつ，代替物質がない場合にのみ認可が与えられる

[*108] 一般に化学物質を摂取した場合，摂取量が少なくなればなるほど，その化学物質による影響が小さくなり，ある量(無毒性量)になれば有害な影響がみられなくなる。この場合に閾値があるという。すべての化学物質において閾値がみられるわけではなく，発がん物質のうち遺伝子に作用してがんを発生させる物質の発がん性に関しては，閾値が存在しないといわれている。化学物質管理の基本は，化学物質の環境中の濃度を閾値に相当する無影響濃度より十分低い値に管理することである。しかし，閾値の見つからない物質に関しては，その化学物質を一生涯摂りつづけた場合に10万人に一人が一生の間に当該化学物質が原因でがんになるような摂取量を一応の許容値と考え，それ以下に抑えることが必要だと考えられる(100万人に一人とする場合もある)。p. 17参照。

(60条4項)。

認可は期限を付して与えられ，状況の変化に応じて再検討される（61条1項，2項）。

⑤ 制限 (Restriction)

REACHにおける制限とは，欧州委員会や各加盟国からの発議により，人の健康や環境にとって許容できないリスクがあるため，その物質の製造，上市，使用を制限する措置が必要とされる場合にとられる措置であり，欧州委員会が決定する（67条，68条）。この制限措置は，制限指令を引き継ぐものである[*109]。制限措置は，条件に合致しない場合には，製造，上市，使用が禁止される規制措置であり，必ずしも全面的な製造等の禁止とは限らない。この条件は，当該化学物質の製造者や使用者が変更を申請することはできない。

制限措置についての検討に際しては，リスク評価専門委員会では，提案されている制限措置が人の健康や環境に対するリスク削減に有効か否かに関して結論を出すこととされており，リスク評価に基づく措置である。それだけではなく，社会経済分析専門委員会において制限措置による社会経済的影響をも審議することと規定されている。すなわち制限措置は原則として製造などが禁止される厳しい措置であるため，発動に際しては，人の健康または環境に対する影響だけではなく，社会的な影響をも考慮する仕組みになっている。

このように，制限措置の発動は慎重になされる制度になっており，予防原則の適用は限定される[262]。制限措置も，認可措置と同様にvPvB物質が制限対象物質とされる可能性があり，その場合は，毒性が不明の状況で規制措置がとられることとなり，予防原則の適用とみることができる。

(5) REACH提案後の欧州の動向

① 欧州の環境と健康戦略

REACH原案が公表された翌月の2003年6月11日に，欧州委員会は，欧

[*109] 制限指令(76/769/EEC)は，2009年6月1日に廃止された。

州の環境と健康戦略*110(SCALE イニシアティブ)を公表した。

　この戦略では，環境と人の健康との関係が従来認識されているよりはるかに密接でかつ複雑であることを指摘し，有害物質の相互作用にこれまであまり注意が払われてこなかったことに注意を促している[263]。また，この戦略は，社会における最も弱いグループに重点を置いてその健康を保護するとの方針に基づいている[264]。そして，この戦略は，欧州において環境汚染に起因する疾病を削減すること，および内分泌かく乱物質により引き起こされる環境汚染の脅威を予防することを目的としている[265],*111。

　これまでの環境管理政策では，大気の保全，水質の保全などに管理対象を分けて考えており，しかも一つ一つの有害物質(汚染の原因物質)ごとに対処してきた。しかし，汚染の原因物質は大気から土壌へ，あるいは土壌から水域へなどのように移動する。さらに，実際には，人々は何種類かの有害物質に同時にさらされている。このようなことを考慮した対応策を発展させる必要がある[266]。なお，この戦略では有害物質の相互作用による効果を「カクテル効果(cocktail effects)」と呼んでいる[267]。

　ここで提案されている戦略の一つは，有害物質による生態系への影響や人の健康への影響に関する情報を統合すること(情報の統合化)であり，それにより有害物質が環境に与える影響と人の健康に与える影響の因果関係を究明することである[268]。具体的には，有害物質に関する疫学的な人の健康データや毒性学的な人の健康データなどを，その物質の大気・水域・土壌への移動状況および生物指標における汚染データと統合して研究を進めることである[269]。そして，このような統合的なアプローチは継続的に実行され，その成果を評価してEUにおける環境と健康に関する政策を準備し，さらにこれ

---

*110　この戦略は，次の五つの要素に基づいている。科学(Science)，子供(Children)，認識(Awareness)，法的措置(Legal instrument)，評価(Evaluation)。その頭文字をとってこの戦略は「SCALE イニシアティブ」とも呼ばれる。

*111　この戦略で内分泌かく乱物質が特に言及されているのは，この戦略の策定時期に内分泌かく乱物質による環境汚染問題が社会問題になったことが影響しているものと思われる。

を見直すために必要な情報を提供するEUのシステムを構築する必要がある[270]。

また、この戦略では、子供は環境中の有害物質に特に感受性が強いと考えられ、特に注意を払う必要があると指摘されている[271],[*112]。

② EUの第7次環境行動計画における化学物質管理

2013年11月20日に2013年から2020年までの欧州の環境政策の指針となる「第7次環境行動計画[272]」が欧州委員会から公表された。そこでは、まず、前文で第6次環境行動計画での取組を継続することが記載され、まだ十分効果を上げていない課題として、気候変動、生物多様性、環境および健康と生活の質、天然資源と廃棄物の四つを挙げている。また、化学物質管理分野に関しては、前文の第16項では、「EUは、2020年までに、化学物質が人間の健康と環境に与える重大な悪影響を最小化する方法で生産され使用されるという目標[273]に合意した」とのWSSDでの合意を記載している。

その上で、本文では、2050年を目標とした長期の展望を踏まえて、第7次環境行動計画としては2020年までに九つの課題[*113]を達成することを優先目標として位置づけた(EU第7次環境行動計画2条1項)。また、この行動計画では、予防原則、未然防止原則(principle of preventive action)、汚染源対処主義(principle of rectification of pollution at source)、汚染者負担原則に基づくことが明記されている(EU第7次環境行動計画2条2項)。この行動計画では、高水準の環境保護とEU市民の生活の質と福祉の向上に役立つと記載されている(EU第7次環境行動計画2条3項)。そのうち、化学物質管理については、

[*112] 胎児期には母親の体内に存在する有害物質の影響を受ける可能性があり、新生児期には母乳中の有害物質にさらされる可能性があるなど特別の注意を払う必要があることが指摘されている。

[*113] EUの第7次環境行動計画の優先目標は、次のとおりである。生態系サービスや天然資源の保護、競争力のある低炭素社会の実現、環境リスクからの市民の保護、EU環境法の実効性の確保、環境政策の基礎となる知識の充実、環境対策への投資の促進、環境政策の一体性と一貫性の確保、都市の持続可能性の強化、国際的な環境問題や気候変動問題に対するEUの影響力の増大。

「環境に関する悪影響とリスクから EU 市民の健康と福祉を守る」目標に含まれる（EU 第 7 次環境行動計画付属書第 50 項）。

化学物質管理に関する具体的な行動計画は付属文書（Annex）の第 50 項に記載され，その中で，REACH は人の健康と環境保護のベースラインを提供するとされている。さらなる課題として，人の健康や環境に対する化学物質の複合影響，ナノ物質の影響，内分泌かく乱物質（環境ホルモン）の影響が科学的に十分に解明されていないことが挙げられている。これらへの対策として，人の健康や環境に対して高い懸念を有する化学物質を REACH の規制対象候補物質にすることを推進するとされている。そして，WSSD で合意され，国連持続可能な開発会議（Rio＋20）[114] で再確認されたように，上記の 2020 年までに化学物質による人の健康と環境に対する悪影響を最小化することに臨むことを EU としても表明している。特に，ナノ物質に関する科学的・技術的なレビューが重要なことが指摘され，それを調べることによって持続可能な開発に寄与できることが記されている。

③ CLP 規則の制定

2008 年 12 月 31 日に CLP 規則（Regulation on Classification, Labelling and Packaging of Substances and Mixtures）[274] が公示され，2009 年 1 月 20 日に発効した。これは，EU における化学品（化学物質または混合物）の分類，表示，包装に関する規則である。CLP 規則が導入される以前は，欧州では，危険な物質の分類，包装，表示に関する理事会指令（Directives 67/548/EEC）と危険な調合剤の分類，包装，表示に関する理事会指令（Directives 1999/45/EC），さらに REACH の第 11 編の分類・表示インベントリーに従って化学品や混合物の分類と表示が規制されていた。CLP 規則は，これらの二つの理事会

---

[114] 国連持続可能な開発会議（Rio＋20）は，2012 年 6 月にブラジルのリオデジャネイロで開催された。この会議では，国連環境開発会議（地球環境サミット）から 20 年にあたり，当時，取りまとめられたリオ宣言やアジェンダ 21 など過去の提案を再確認するとともに，持続可能な開発において人間が中心であることを認識した。また，東日本大震災などの大災害が持続可能な成長の阻害要因になることが認識された。（外務省広報資料より引用）　http://www.mofa.go.jp/mofaj/press/pr/wakaru/topics/vol191/（2013 年 12 月 20 日閲覧）

指令と REACH の第 11 編の分類・表示インベントリーを整理統合したものである。

また，CLP 規則は，国際連合が推進していた化学物質や調合剤（混合物）の分類表示システムである GHS(Global Harmonized System for classification and labelling of chemicals：化学物質の分類と表示に関する世界調和システム）を EU に導入した。GHS は，1992 年の国連環境開発会議の際に行動計画としてまとめられたアジェンダ 21 の化学物質管理について記述された第 19 章において提唱され，化学物質の分類と表示の統一を具体化する試みである。言語の異なる国々の間を流通する化学物質の安全性の向上のために，化学物質の性質を絵表示によって表すものである。そして，2002 年の WSSD で，GHS の 2008 年までの実施が合意された。EU における CLP 規則の導入は，この合意に沿ったものといえる。

この規則の対象となるのは，適用除外とされるもの[115]を除き，EU 域内で製造されるか，EU 域内に輸入される化学物質であり，年間の製造・輸入量が 1 トン未満であっても適用される（この点で REACH と異なる）。また，CLP 規則は GHS に準拠した分類項目と分類基準（GHS 分類[116]）を規定しているが，急性水生環境毒性など一部の分類項目では，CLP 規則は GHS 分類に従っていない。

CLP 規則では，危険有害性があると分類された化学物質は，その化学物質の提供者の名称，連絡先，容器に含まれる危険有害性がある化学物質の名称・量，危険性の絵表示(pictograms)，注意喚起語(signal words)，危険有害性情報(hazard statements)，注意書き(precautionary statements)などを容器に表示する必要がある。また，対象となる化学物質を EU において製造または

---

[115] CLP 規則 2 条 2 項で適用除外となる物質を規定している。それによれば，放射性物質や単離されない中間体，科学的研究に用いられ市場に出されない化学物質などである。

[116] GHS 分類は，国際連合の機関である国連欧州経済委員会(UNECE: United Nations Economic Commission for Europe)が 2 年に 1 度改訂を行っている。参照したのは 2013 年に改訂された第 5 版である。http://www.unece.org/trans/danger/publi/ghs_rev05/05files_e.html （2013 年 12 月 20 日閲覧）

輸入する者は，物質ごとに分類・表示結果を欧州化学品庁に届け出なければならない。これらに加えて，CLP 規則の発効に伴い，REACH の付属書Ⅱのセーフティデータシート(SDS: 安全性データシート)の記載内容が改訂された。

CLP 規則は 2009 年 1 月 20 日に発効したが，表示などの切り替え期間が必要なことから移行期間が設けられ，化学物質については 2010 年 12 月 1 日，混合物(調合剤)については 2015 年 6 月 1 日までに，CLP 規則に基づく分類・表示に移行することが義務づけられた*117。

④ REACH の施行状況

2007 年に REACH が施行され，すでに 8 年以上が経過した。登録に関しては，年間生産量 100 トン以上の既存化学物質の登録が 2013 年 6 月に終了し，残すは 2018 年 6 月に期限を迎える年間生産量 1 トン以上の物質のみとなった。登録された化学物質については，適合性審査，物質評価などの評価が始まっている。現在の REACH の施行状況について主な動きを紹介する。

ⅰ) 適合性審査(compliance check)

登録された化学物質に対して評価が行われるが，評価は欧州化学品庁が行う文書評価(適合性審査)と各加盟国が行う物質評価に分けられる。欧州化学品庁は，登録文書がガイダンスに従って作成されているかをチェックする適合性審査(compliance check)を行う。適合性審査の実施方法は REACH 41 条 5 項で定められており，欧州化学品庁が受理した登録書類(dossier)の 5％以上を審査しなければならない。欧州化学品庁は，2013 年 12 月 31 日までに 1130 の登録文書に対して適合性審査を実施し[275]，提出された登録文書数 (19,772)に対して 5.7％について適合性審査を行った。その結果，必要なものには修正や補足が登録者に要求された。

ⅱ) 化学物質の評価

登録された化学物質に対して，その化学物質の用途や使用状況を考慮して

---

*117　なお，2010 年 12 月 1 日から 2015 年 6 月 1 日までは，化学物質に関しては，CLP 規則に基づく分類・表示に加え，従来の危険な物質の分類，包装，表示に関する理事会指令(Directives 67/548/EEC)に基づく分類・表示が必要とされた。

人の健康または環境に対して重大なリスクを及ぼさないかどうかの評価を各加盟国が行うのが化学物質の物質評価(evaluation)である(44条)。まず，欧州化学品庁は，REACH 44条1項に従って，有害性情報，暴露情報，生産量などを考慮して物質評価の対象を選定する基準を策定し[276]，同条2項に従って，向こう3年間に評価を行う実施計画である「ローリング・アクションプラン(Community Rolling Action Plan)」を策定する。最初のローリング・アクションプランは，2012年から2014年の3年間に90物質を対象とする計画を2012年2月に策定した(その後，2013年度および2014年度の評価対象物質が追加され，この3年間の評価対象物質は133となった)。2015年3月には2015年から2017年の3年間に134物質を対象とする計画が策定された[277]。そのうち69物質は，その前の3年間(2012年から2014年)の計画で対象となったものの継続分である。そのため，2015年に策定された3年間のローリング・アクションプランで新たに対象となった物質は65物質である。

各加盟国はこのプロセスによる評価結果を活用して，高懸念物質(SVHC：認可対象物質の候補物質，p.500参照)や制限対象物質にすべきかどうかなどを検討し，欧州化学品庁に報告する(REACH 46条4項)のであるが，2015年3月現在，ローリング・アクションプランにおいて評価が終了した物質は13物質にとどまっている[278]。今後の評価の進展が求められる。

ⅲ) 認　可

上記，ⅱ)化学物質の評価のところで説明したローリング・アクションプランは，認可対象物質の候補物質である高懸念物質などを探すための計画である。これに対して，高懸念物質を対象にして，認可対象物質を選定するためのロードマップが「高懸念物質ロードマップ2020(SVHC Roadmap to 2020)」[279]で，その実行計画が「高懸念物質ロードマップ実行計画(SVHC roadmap implementaion plan)」[280]である。そして，この高懸念物質ロードマップ実行計画で用いられる評価手法がリスクマネジメントオプション分析(RMOA: Risk Management Option Analysis)である。この分析は，ある高懸念物質に対して，認可対象物質にするための検討を開始するか，または認可

対象物質に該当しない理由を指摘し，その場合の認可以外のリスク管理措置（REACHによる制限措置あるいは他の規則による規制措置）を提案することを目的としている。現在，欧州化学品庁の主導の下で専門家により検討が行われている。

また，高懸念物質ロードマップ実行計画の進捗状況を一般市民や利害関係者に情報共有するために，PACT(Public view of the Activities Coordination Tool)と呼ばれる情報公開ツールが一般の利用に供されている。

2016年1月現在，認可対象の化学物質は31物質[281]であり，その候補物質である高懸念物質は168物質[282]である。

ⅳ) 制　限

人の健康や環境にとって許容できないリスクがある化学物質に対し，制限の条件に合致しない場合には，製造，上市，使用が禁止される。これはREACHでは最も厳しい規制措置である。欧州委員会や各加盟国からの発議により欧州委員会が決定する(67条，68条)ものであり，2016年1月現在，制限対象の化学物質は61カテゴリー104種類[283]である。

ⅴ) 査　察

REACHでは，企業がREACHを遵守しているかをチェックするためREACH前文121項に従って加盟国が査察(enforcement)を実施している。査察では，計画で焦点をあてる事項を決めて，その事項に関連する企業に対し査察を行っている。査察はこれまで3度にわたり行われている。第1回は2010年に予備登録の状況などを確認するために行われた。第2回は2011年5月から2012年3月まで，川下ユーザーの法令順守を確認するために行われた。第3回は2013年2月から8月まで，唯一の代理人(Only Representative)などの登録義務を確認するために行われた。2014年は第3回の取り組みを拡大し，第3回査察の第2フェーズとして2014年2月から11月まで実施された。

査察の結果，小規模の企業では改善すべき点が多いことや，輸入企業の方が製造企業に比べ指摘されることが多いことなどの課題が明らかにされた[284]。法令の規定が守られていない場合には，これを是正するため口頭や書面による勧告または行政命令が出される(罰金などが科されることもあ

る)[118]。

⑤ REACHの解釈をめぐる訴訟の先決裁定
ⅰ) 解釈上の問題点

　成形品中の高懸念物質(認可対象物質の候補物質)の算定方法について，EU加盟国の間で解釈が異なる事態が生じた。これはREACH 7条2項の届出義務および33条の情報伝達義務がどのような場合に生じるかに関係する問題である。7条2項では，成形品中の高懸念物質の重量の割合が0.1%を超え，高懸念物質の製造量・輸入量が年間1トンを超える場合には届出義務が生じる。また，33条では成形品中の高懸念物質の重量の割合が0.1%を超える場合，その成形品を譲渡する際に高懸念物質が含有されていることについての情報伝達義務が生じる。いくつかの成形品を複合したもの(複合成形品)の場合には，どのように計算するのかが問題となった。複合成形品の例としては，ベルトが挙げられる。ベルトは，バックルとストラップという二つの構成部品から成る複合成形品である[119]。

　このような複合成形品に関して，成形品中の高懸念物質の重量の割合を求める場合に，(ア)複合成形品全体(ベルト)で考えて，複合成形品全体の重さを分母にして，複合成形品全体の中に含まれる高懸念物質の重さを分子にして計算するのか。それとも，(イ)複合成形品を構成する構成部品ごとに考えて，構成部品(バックル，ストラップ)の重さを分母として，それぞれの構成部品に含まれる高懸念物質の重さを分子として計算して，構成部品のうち一つでも高懸念物質の重量が0.1%を超える場合に上記のような義務を課すのか(7条2項の義務が生じるのは，さらに含有されている高懸念物質の量が年間で1トンを超える場合である)，という問題である。

　本来，EU全体が統一した対応をとるべきであるが，国によって対応が分かれた。欧州委員会は(ア)の考え方をとり，多くの加盟国がこの解釈をとっ

---

[118] REACHの違反に対する罰則は126条で定められており，加盟国がそれぞれ設定することになっている。

[119] 2011年6月のフランス官報に掲載された告示では，ベルトが複合成形品の例として挙げられていた。

た。一方，フランス，ドイツなどは，(イ)の考え方をとった。フランスは，2011年6月に告示[285]を公布し，(イ)の考え方に基づきREACHの運用を行った。

　フランスなどが(イ)の考え方に沿った運用を行うのは，複合成形品が輸入された場合にその中に含まれている高懸念物質についての情報が伝わらなくなることを懸念したためである。つまり，構成部品のうち高懸念物質の重量が0.1％を超えるものがあるが，複合成形品全体では高懸念物質の重量が0.1％に満たない場合には，その複合成形品を輸入したときに，(ア)の解釈をとれば7条2項の届出義務および33条の情報伝達義務は生じない。フランスなどが(イ)の解釈をとったのはこのような状況を回避するためである。なお，国内で複合成形品を製造する場合にも同様の問題が生じるが，多くの場合，構成部品のうち高懸念物質の重量が0.1％を超えるものを受け入れる際，または高懸念物質自体を受け入れる際に，高懸念物質についての情報を把握することができる。

　2013年7月欧州委員会は「成形品のサプライヤーのためのガイダンス(Guidance for Suppliers of Article)[286]」を作成した。このガイダンスでは，欧州委員会が(ア)の解釈をとることを説明しつつ，フランス，ドイツなどが(イ)の解釈をとっていることを紹介している[287]。

ⅱ）欧州司法裁判所法務官の見解

　このような状況の中で，2014年，フランスの貿易商社の団体が，本件のフランス政府の解釈に基づく運用はEU法の統一的運用に反するとしてフランス行政裁判所に訴訟を提起した。フランス行政裁判所は，EU法の解釈の問題であることからEU機能条約267条に基づき欧州司法裁判所に先決裁定(preliminary ruling)を求めた。

　本件に関し，2015年2月，欧州司法裁判所法務官(Advocacy General)が見解[288]を公表した。この見解では，次のような結論が示された。

(1) REACH 7条2項の届出について(生産量および輸入量の合計が1トンを超える場合)

　(a) 複合成形品の製造者：(ア)の解釈をとり，複合成形品全体の重さを分

母にし，複合成形品全体の中に含まれる高懸念物質の重さを分子にして計算して高懸念物質の重量が0.1％を超える場合には，欧州化学品庁への届出が必要である。

(b)複合成形品の輸入者：(イ)の解釈をとり，複合成形品を構成する「構成部品」の重さを分母とし，構成部品に含まれる高懸念物質の重さを分子として計算して，構成部品のうち一つでも高懸念物質の重量が0.1％を超える場合には欧州化学品庁への届出が必要である。

(2)REACH 33条の高懸念物質の情報の伝達について：(イ)の解釈をとり，複合成形品を構成する「構成部品」の重さを分母として，構成部品に含まれる高懸念物質の重さを分子として計算して，構成部品のうち一つでも高懸念物質の重量が0.1％を超える場合には，譲渡に際して高懸念物質の含有についての情報伝達義務がある。

以上の結論において，REACH 7条2項の届出義務に関して，製造者に適用される場合と輸入者に適用される場合とで解釈が分かれたのは，次の理由による。まず，複合成形品の構成部品であっても，独自の形状を残した部品は成形品である。これを前提として，「製造者」とは自社が製造したものに対してのみ製造者とされる。つまり個々の構成部品の製造者は構成部品についてのみ「製造者」となり，複合成形品の製造者は複合成形品についてのみ「製造者」と解釈される。したがって，複合成形品の製造者は複合成形品全体に対しての高懸念物質の含有量を把握すればよく，(ア)の解釈が妥当である。

これに対して，複合成形品の輸入者の場合には，複合成形品と構成部品の双方に対して「輸入者」とみなされる。このような解釈がなされたのは，情報の伝達を重視したためと思われる。そのため，成形品とみなされる構成部品のすべてについて高懸念物質の含有量を把握すべきであり，(イ)の解釈をとる。また，高懸念物質が含有されているとの情報の伝達を遺漏なきようにするために，REACH 33条の義務については(イ)の解釈をとったものと考えられる。

このように，欧州司法裁判所法務官の見解は，製造者，輸入者の概念および高懸念物質についての情報伝達の重要性を踏まえ，高懸念物質の含有量の

算出の二つの考え方を場合に応じて適用した。

　欧州司法裁判所法務官の見解は，欧州司法裁判所の先決裁定を拘束するものではないが，事実上，欧州司法裁判所の先決裁定に影響を与える。

　ⅲ）欧州司法裁判所の先決裁定

　本件に対して2015年9月10日に欧州司法裁判所の先決裁定がなされた。その内容はおおむね法務官の見解を踏襲したものであった[289]。

　(1) REACH7条2項の届出について

　(a)複合成形品の製造者：（ア）の解釈をとり，複合成形品全体の重さを分母にして，複合成形品全体の中に含まれる高懸念物質の重さを分子にして計算して高懸念物質の重量が0.1％を超える場合には，欧州化学品庁への届出が必要である。

　(b)複合成形品の輸入者：（イ）の解釈をとり，複合成形品を構成する「構成部品」の重さを分母として，構成部品に含まれる高懸念物質の重さを分子として計算して，構成部品のうち一つでも高懸念物質の重量が0.1％を超える場合には欧州化学品庁への届出が必要である。

　(2) REACH33条の高懸念物質の情報の伝達について：（イ）の解釈をとり，複合成形品を構成する「構成部品」の重さを分母として，構成部品に含まれる高懸念物質の重さを分子として計算して，構成部品のうち一つでも高懸念物質の重量が0.1％を超える場合には，譲渡に際して高懸念物質の含有についての情報伝達義務がある。

　このような結論となったのは，法務官の見解でも触れられていたのと同様に，製品中の化学物質についての情報の欧州化学品庁への届出とサプライチェーンにおける伝達を重視したことによる。すなわち，REACHは，その前文に謳われているように人の健康や環境を高いレベルで保護する役割を担っており，その実現手段の一つとして，製造品・輸入品中の高懸念物質の届出義務(REACH 7条2項)およびサプライチェーンを介した情報伝達義務(REACH 33条)がある。これらが機能するように，7条2項の届出義務に関して輸入者には構成部品中のうち一つでも高懸念物質の重量が0.1％を超える場合には欧州化学品庁への届出義務を課し，33条の情報伝達義務につい

ては構成部品のうち一つでも高懸念物質の重量が0.1％を超える場合には，譲渡に際して高懸念物質の含有についての情報伝達義務を課したとの考え方をとった。

　先決裁定で示された REACH の解釈は，先決裁定を求めたフランス行政裁判所だけでなくすべての加盟国を拘束する[290]。この先決裁定を受けて，欧州委員会は，前述したガイダンスに示した解釈を変更することとなる。

⑥ 見直しに向けた動き

　REACH は138条で「見直し（Review）」を定めており，見直すべき事項とその期限を具体的に規定している。その中で，主な動きについて概観する。

ⅰ）化学物質安全性報告書の提出義務の拡大に向けた検討

　REACH 14条1項により，1事業者あたり，年間の製造・輸入量が10トン以上の化学物質に対しては，化学物質安全性報告書（CSR）の提出が義務づけられている。REACH 138条1項は，この義務を1事業者あたり，年間の製造・輸入量が1トン以上10トン未満の化学物質に対して課すべきかどうかの見直しを2019年6月1日までに行わなければならないと定めている。

　この件については，英国の調査会社 RPA 社（Risk & Policy Analysis Ltd.）に委託して，化学物質安全性報告書の提出義務を1事業者あたり，年間の製造・輸入量が1トン以上10トン未満の CMR 物質（p.500）に対して課した場合の製造者，輸入者，川下ユーザーに対する費用の増加などの影響調査が行われた。2014年6月30日に報告書[291]が提出され，「REACH と CLP の加盟国の担当機関会議（CARACAL：Competent Authorities for REACH and CLP）」でこの報告書を参考にして検討が行われている。

ⅱ）ポリマーの登録についての検討

　REACH ではポリマーの登録は免除されており，ポリマーを構成しているモノマーを登録する仕組みをとっている*[120]（6条3項）。これに対して138条

---

*120　登録が必要なのは，ポリマーの中に重量で2％以上含まれる構成要素であるモノマーなどで，そのモノマーの年間の製造・輸入量が1トン以上になる場合である。なお，他の事業者によって登録されている場合には，当該モノマーなどを重複して登録する必要はない。

2項は，欧州企業の競争力や技術革新への影響と人の健康および環境の保護などを考慮して，特定のポリマーを登録すべき必要性を検討することと定めている。なお，本件の見直しに関しては明確な期限は定められていない。

ポリマーの登録の必要性についての最初の検討は2012年12月に終了したが，結論を下すにはさらに情報が必要とのことで，第2次の検討が2014年12月までを目途に行われたが，2015年12月現在最終報告書は公表されていない。検討事項としては，人の健康や環境に対して悪影響を及ぼすポリマーの類別（グルーピング）手法の開発，懸念が少ないポリマーの判別方法の開発，米国などEU域外のポリマー登録方法の評価，ポリマーの登録に関して考えられる方法についての有効性と費用の比較検討などが，REACHとCLPの加盟国の担当機関会議で行われている[292]。

ⅲ）REACHとRoHSの適用範囲の重複の回避

REACH 138条6項では，他のEU規則とREACHとの規制の重複を避けるため，REACHの規制範囲の見直しを2012年6月1日までに行わなければならないと定めている。この規定に基づき検討されているのがREACHとRoHS（Restriction of Hazardous Substances：危険物質に関する制限）指令の適用範囲の重複の回避である。RoHS指令は，電気・電子機器中の水銀，鉛，特定の臭素系難燃剤などの使用を規制しているEUの理事会指令である[293]。

たとえば，RoHSで規制対象物質となったが，適用除外の用途が認められたとする。その上で，同じ化学物質がREACHで認可対象物質になった場合を考えてみよう。REACHの認可申請が許可されなければ，EU域内ではこの物質は使用ができない。そのため，RoHSの適用除外の用途にあたる電気機器をEU域内では製造できない。しかし，RoHSの適用除外の用途で当該化学物質が使用された電気・電子機器は，EU域内で販売することができるため，そのような製品がEU域内に輸入され流通する可能性がある（当該化学物質の意図的放出がなく，当該化学物質はそれが使用されている電気機器の重量の0.1％未満である場合）。

化学物質全般を規制する一般法であるREACHに対して，電気・電子機器中の特定の化学物質を規制するRoHSは特別法と位置づけることができる。

したがって，電気・電子機器中の化学物質の規制についてはRoSHを優先すべきと考えられる。そのため，RoSHで電気・電子機器中の化学物質を規制した場合，REACHの規定の適用を除外するなどREACHの適用範囲を見直すなどの検討が行われている[*121]。

iv) 内分泌かく乱物質の管理レベルの見直し

内分泌かく乱物質（環境ホルモン）は，人や動物の内分泌系の機能を乱し，その個体または子孫に悪影響を及ぼす物質のことである[294]。REACHでは，内分泌かく乱物質は57条(f)号で，発がん性物質などと同等のレベルの懸念を生じさせる科学的証拠がある場合には，技術一式文書の審査などの手続きを経て認可対象物質になる可能性があると定められている。また，60条3項では，57条(f)号に基づき認可対象物質となった内分泌かく乱物質のうち閾値を決めることができない場合，または，PBTに該当する（難分解性，高蓄積性，かつ毒性を有する）場合，あるいはvPvBに該当する（高度に難分解性でかつ高蓄積性の程度が大きい）場合には，認可を得るためには，社会経済的便益が人や環境に対するリスクを上回り，かつ，代替物質がない場合にのみ

[*121] なお，REACHとRoHSとの規制の協調的運用について，2014年7月14日に欧州委員会から「REACHとRoHSの共通の理解(REACH and Directive 2011/65/EU (RoHS) A Common Understanding)」の告示が出されている。この告示によれば，REACHとRoHSは一貫した運用を行い相乗効果を最大限に発揮させなければならないとされており，具体的な提案がなされている。そこでは，RoSHで電気・電子機器中の化学物質を規制した場合，REACHの制限規定の適用を除外することが記されている。また，上記の本文であげた例のように，RoHSの規制対象物質で適用除外の用途が認められているときに，その物質がREACHの認可対象物質になった場合にも言及されている。このような物質が含まれる電気機器が流通する可能性があるものの，RoHSの適用除外は暫定的な措置であること，およびREACHの認可制度の実質的な意図は，有害な物質の代替を進めることであるとの指摘がなされている。つまり，このようなREACHの認可対象物質を含有した電気機器が流通するのは，代替品が開発使用されるまでの一時的な現象であることが指摘されている。
http://ec.europa.eu/DocsRoom/documents/5804/attachments/1/translations/en/renditions/pdf （2015年6月30日閲覧）
http://www.orgalime.org/sites/default/files/PP_Complementary_REACH_and_RoHS_Mar13.pdf （2015年3月28日閲覧）

認可が与えられると定めている。

　REACH 138条7項は，上記のような60条3項の規定を最新の科学的知識を考慮して2013年6月1日までに見直さなければならないと定めている。EUでは，1999年12月に内分泌かく乱物質に対して，EUの戦略(Community Strategy for Endocrine Disrupters)[295]が立案された。上記のREACHの規定は，この戦略に従って高懸念物質の一つの候補物質群とされた(57条(f)号)。

　最近では，2012年2月にWHOとUNEPによる報告書『内分泌かく乱物質の最先端の科学—2012年(State of the Science of Endocrine Disrupting Chemicals 2012)』が公表され，内分泌かく乱物質による疾病のリスクは過小評価されていると指摘され，人や野生生物への暴露を低減することが重要であると述べられている[296]。

　また，2013年3月には欧州議会が欧州議会議員Åsa Westlundの報告書『内分泌かく乱物質からの市民の健康の保護(Protection of public health from endcrine disruptors)』を採択した[297]。欧州議会は，報告書の採択に際し，欧州委員会に対して内分泌かく乱物質への人々の暴露を低減するための措置をとること，および人の健康を保護する措置は内分泌かく乱物質と疾病との因果関係が最終的に証明されるまで待つべきではないことを要求した。予防原則を活用し，内分泌かく乱物質に対する措置を促進すべきとの趣旨である。

　さらに，2013年には欧州を中心とした科学者89人が内分泌かく乱物質に対するEUの規制措置をもっと強化するように求めるベルレモン宣言(The 2013 Berlaymont Declaration on Endocrine Disrupters)を行った。この宣言の中で，内分泌かく乱物質は閾値が存在せず，どんな低濃度でも内分泌かく乱作用を引き起こす可能性があると主張された[298]。このような動きの中で，欧州委員会は内分泌かく乱物質に関するEUの戦略の見直しを検討しており，REACHの内分泌かく乱物質の管理レベルの見直しもこれに連動して行われるものと思われる。

　ⅴ) ナノ物質に対する規制措置の検討

　ナノ物質はREACHの対象になっているが，ナノ物質が人の健康または

環境に及ぼす影響に関してはよくわかっていないことが多く，科学的に信頼できるリスク評価が必要である。そして，そのリスクの状況を把握した上で，人や環境を保護するための適切な対策が講じられなければならない[299]。EUでは，まず，ナノ物質に関する情報の収集に努めており，すべての関連する情報源を参照できるウェブ上のプラットホームの構築を行っている[300]。これにより，情報を公開して透明性を確保した中で，ナノ物質に対する適切なリスク評価方法を開発し，これに基づいてリスク評価を行うことを目指している。欧州委員会は，ナノ物質をREACHの登録対象とすることを検討している[301]。すなわち，REACH付属書ⅥからⅩの登録に際しての標準要求情報をナノ物質に適用することを検討している[*122]。

どのような範囲の物質をナノ物質と考えるかは，ナノ物質のリスク管理を行うにあたって重要なことである。これについて，欧州委員会は，2011年10月に「ナノ物質の定義に関する欧州委員会勧告(Commission Recommendation on the definition of nanomaterial)[302]」を公布して，ナノ物質の定義を定めた。

この勧告では，人為的に合成されたものだけでなく自然に生成したものや偶然生じたものも含めて対象とすることとした。ナノ物質はいくつかの分子が凝集した形状で存在することが多いが，欧州委員会勧告では，そのかたまりを構成する粒子の大きさが1ナノメートルから100ナノメートルの範囲にある粒子が全体の50％以上あるものをナノ物質という。この2011年の欧州委員会勧告の定義では，50％以上というのは，個数で数えて構成粒子の半分以上が1ナノメートルから100ナノメートルの範囲に入っていることをいう。また，フラーレンなどは外径が1ナノメートル未満であるが，ナノマテリアルに含めることとした。その後，欧州委員会では，この定義に従って，殺虫剤などのナノ活性物質に対する安全性評価や表示などを義務づけた。

ただし，この勧告の中で，その後の科学的な発展を踏まえて2014年12月

---

*122　2008年10月8日に，登録義務が免除されている物質が収載された付属書Ⅳが改訂され，炭素とグラファイトが削除された。これにより，炭素原子から成るナノ物質は登録対象となったと考えられる。

までにこの定義を見直すことが明記された。この勧告に基づき，ナノ物質の定義をどのように見直すかに関して欧州委員会の傘下の共同研究センター（JRC: Joint Research Center）が中心となって検討を進めている。JRC は 2015 年 7 月にナノ物質の定義見直しに関する最終提言を公表した[303]。それによれば，定義は広範な分野において適用されるものなので，2011 年の勧告で定義されたように人為的に合成されたものだけでなく自然に生成したものや偶然生じたものも含めるべきであるとしている。また，サイズに関しては，ナノ物質の性質を特徴づける尺度であり，1 ナノメートルから 100 ナノメートルの範囲に入るとの定義を維持すべきであるとしている。ただし，提言では，個数で数えて構成粒子の半分以上が 1 ナノメートルから 100 ナノメートルの範囲に入るという点については，適用分野によっては緩やかに変更してよいとのことである。

この提言を受けて欧州委員会は，関係者の意見を聞いた上でナノ物質についての新たな定義案を提案することとなった。

4. 考　　察

欧州の化学物質管理制度の沿革をみてきたが，化学物質という科学的不確実性を有する対象を法制度によって管理するにあたり，さまざまな考え方が提案され，さまざまな工夫がなされてきた。わが国では，対策を考えるにあたり，現実に生じたことに対してどうすれば解決できるかを具体的に検討し，制度を設計していく傾向がある。化審法はこのように対処してきた。これに対し，欧州では，対処するにあたって大局的な理念や考え方が示され，その理念や考え方を実現する制度が構築される。REACH もそのようにして制定された。

(1) 危険概念からリスク概念へ

化学物質管理分野では，リスクや科学的不確実性といった概念を扱うための考え方も提案され，発展した。それが体系化された一つの例が REACH

だとみることもできる。長い背景を有する社会制度の場合に，その背景に根ざす制約を受けることがしばしばみられるが，法制度もその例外ではない。

ドイツにおいては，警察法における危険の概念が行政法の他の分野に影響を及ぼし，環境法もその影響を受けた。ドイツで生まれた事前配慮原則の考え方が発展し，変遷して，環境法で重要な概念である予防原則が形成された。その道のりは，警察法の危険概念を払拭して，環境上のリスクに対処する環境法の概念として形成される過程とみることができる。すなわち，事前配慮概念は，危険防御の概念，リスク事前配慮の概念および将来配慮の概念の三つを含む概念であった。このとき，事前配慮をこのように危険防御を含む概念と考えたのは，事前配慮の概念が合理性と法的安定性を持つように，これまでのドイツ行政法の危険概念をめぐる議論との整合性を意識した[304]ためだと考えられる。

欧州に広まっていく間に，事前配慮リスク事前配慮を意味するようになり，これが予防原則と考えられるようになった[305]。いいかえれば，危険とは切り離された「リスク」対策，すなわち，事態の進展によっては「危険」になるかもしれないというように危険と関連づけて考える[306],[*123]のではなく，リスクをリスクとしてとらえて対処する考え方であり，明確な形で事前配慮を超えた措置としてのリスク対策に変遷したといえる。

(2) なぜ化審法とREACHが異なる制度となったのか

予防原則は，被害が顕在化すると回復が困難な化学物質のリスク対策を行う上で有効な考え方である。予防原則という概念として意識されてはいなかったが，1971年に米国で，環境諮問委員会（CEQ: Council on Environmental Quality）によって，化学物質管理政策を提言した報告書『Toxic Substances（有害物質）』が提出された。この報告書において，新規化学物質に対して一律に事前審査制度を導入する提言がなされ，これと並行して事前審査制度

[*123] 松本は，前掲注8(2005年)1188頁でオッセンビュール（Ossenbühl）の説を引用して，一般的な事前配慮の概念として，「最低限度の危険関連性」を備えていなければならないとしている。

を具体化した法案が議会に提出された*124。わが国では，この事前審査制度の考え方を取り入れた米国の法案を参考にして，化審法がつくられた307)。その後，1980年代以降になって，国際的に予防原則を取り入れたさまざまな条約や法規がつくられ，これらの動きを踏まえた上で，21世紀になってREACHが登場したといえる。

　化審法とREACH，予防原則を取り入れたこの両制度に違いが生じたのは，当初の化学物質管理制度において，新規化学物質と既存化学物質との取扱いを区別したことから始まる。前述したようにREACHが制定される以前の欧州の化学物質管理法では，化審法と同様に新規化学物質と既存化学物質との取扱いを区別していた。新規化学物質と既存化学物質を峻別して新規化学物質に対してだけ事前審査制度を導入した背景には，法律論としての事業者の既存の営業活動の自由に対する制約は控えるべきであるという面だけでなく，現実の経済活動に対する影響に配慮したための措置という面もある。つまり，実際に製造，輸入，流通，使用などが行われている多種多様な既存化学物質を，安全性点検が終了するまで製造，使用など一切を禁止するといった措置は現実には実行できない。また，既存化学物質の安全性を試験するための費用負担も相当なものになる。そういった事情もあり，新規化学物質は，事前審査制度によって審査されるが，既存化学物質はそうはならなかった。

　では，既存化学物質についての安全確保はどうするのか。わが国では，1974(昭和49)年の化審法施行時から，国の事業として毎年，既存化学物質の安全性点検事業として動物試験などを行ってデータを取得してきた。今までに国が取得した人に対する毒性データは，2012(平成24)年3月末までに950物質にもなった308)。このデータの大部分は，化審法の規定する試験方法*125に従って取得されており，試験を行った施設も国際的な一定の基準を満たし

---

*124　現在の米国の有害物質規制法(TSCA：Toxic Substances Control Act)の原型ともいえる法案である。米国では，その後の議会での審議を経て1976年にTSCAが制定された。
*125　化審法に規定する試験方法はOECDテストガイドラインに従っている。

ている施設*126 である。わが国で，一般化学物質や優先化学物質に対してリスク評価が可能なのは，化審法が施行された1974(昭和49)年以降，既存化学物質の安全性点検の結果，質の高い有害性データなどがこれまで1000物質近く収集されてきたことによる。このようなデータがなければ，一定の精度でリスク評価を実施することはできない*127。

一方，欧州においては1988年に立案された既存化学物質についてのドイツの取り組みが一定の成果を上げたが，これはわが国の既存化学物質の安全性点検事業と異なり，動物試験などを行い新たにデータを取得するものではなく，その時点で存在するデータを評価して収集するものであった。存在するデータの収集自体は必要な作業であり，この意義を軽視してはならないが，人に対する毒性データを取得するインセンティブが医薬品や農薬に比べて低い一般の化学物質では，収集できるデータは限られている。また，さまざまな目的のために取得されたデータであるため，実験条件などがそろっていないことが多く，データ同士の比較が難しく，データ自身の信頼性もさまざまであった。

EUではドイツの取り組みを発展させ，1993年に既存物質規則を制定し，EU全体で既存化学物質のデータ収集に取り組んだ。このことには一定の意義は認められる。事業者にデータの提供を求めたことは，協働原則の考え方を具体的取組に活かす発想である。1992年に開催された地球環境サミットを契機に，環境問題が国際的にも21世紀に向けた大きなテーマであることが認識された時期でもあり，時宜を得た取り組みであったと考えられる。し

---

*126 GLP(Good Laboratory Practice：優良試験所基準)施設と呼ばれ，OECDが定めた基準に合致する施設である。1981(昭和56)年に制定され，わが国では1984(昭和59)年に化審法に導入された。それ以前においても，既存化学物質安全性点検事業は，国の機関などで試験が行われており，施設の水準は一定のレベルにあった。

*127 リスク評価は，ある化学物質について，まず排出量データなどから環境中の濃度を算定し暴露状況を把握する。この濃度の中で人が生活した場合に人の健康に懸念があるかどうかは，化学物質の有害性の程度(毒性の程度)によって決まる。有害性の程度は動物試験のデータなどから推定されるが，動物試験などの良質なデータがなければ精度のよいリスク評価ができない。

かしながら，この取り組みにおいて，事業者に対して，既存化学物質について新たに動物試験などを行いデータを取得することまでは要求しなかったため，収集できたデータは限られていた。

　REACHの登場は，これまでの反省に立ったものである。既存化学物質に対しても，化学物質の製造・輸入量に従って一定の項目のデータを事業者に提出を求め，「データなければ市場なし(No data, no market)」の原則を確立した。これらのデータを基に優先して評価すべき物質を選定し，必要な場合には追加データの提出を事業者に求める。これにさらに規制当局によるリスク評価を行い，必要があれば規制措置を講じる。この制度の大きな特徴は，本章でみてきたとおり，データの収集・評価において事業者の役割が大きいことである。REACHの特徴としては予防原則を活用したことだけではなく，これに加えて，原因者負担原則や協働原則の考え方などが活かされていることを見落としてはならない。たとえば，化学物質の有害性データなどを事業者に求めることは，原因者負担原則や協働原則の考え方を具体化した制度とみることもできる。これらの考え方もまた，ドイツおよび欧州で形成，発展したものである。このように，REACHは，欧州における環境思想を集大成したものといえる。

　物質固有の有害性である「ハザード」と，その物質が環境中を経由してどのくらいの量が人に摂取される可能性があるのかという「暴露」という両方の観点を加味して化学物質による影響を考えるリスクベースの化学物質の管理という点では，化審法とREACHはどのような違いがあるのだろうか。

　化審法では，規制対象となっていない一般化学物質(年間の製造・輸入量が1トン以上の場合)に対して，その製造・輸入者に数量や用途などの届出を求め(化審法8条)，このデータを基に国が簡易なリスク評価であるスクリーニング・リスク評価を実施して優先評価化学物質を選定する仕組みとなっており，最初からリスクベースの管理を行っている。一般化学物質には，有害性が懸念される物質もそうではない物質も含まれており，一律に事業者から数量などの届出をさせる点で予防原則を徹底した形で取り入れた制度といえる。

　一方，REACHにおいて化学物質安全性報告書(CSR)で事業者に対してリ

スク評価が要求されるのは，年間の製造・輸入量が10トン以上の化学物質のうち制限指令で規定されている危険物質，PBT物質，vPvB物質に該当している場合だけである（14条1項，4項）。その他の物質は，ハザード情報だけの提出とされている（14条1項）。すなわち，REACHでは，懸念される化学物質に対してだけリスクベースの管理を行っているといえる。このような仕組みを採用しているのは，事業者に対して自分で製造・輸入する化学物質に対してリスク評価を求める制度として，事業者の負担を必要最小限にするための措置だと思われる。

また，化審法の一般化学物質に対する措置やREACHの化学物質安全性報告書の制度は，行政機関と事業者との協働や原因者負担原則の考え方をリスク評価の面で具体化している制度であり，新しい発想に立脚した制度だといえる。

このように，既存化学物質に対する取り組みが両者の違いを分けた大きな要因であるが，化審法とREACHの両制度の特徴は，その発展過程に起因する要素も多い。両者とも，化学物質という科学的不確実性の多い対象に対して，これを管理するため創意工夫の上に現在の制度が構築されている。化審法は，米国から受け継いだ既存化学物質と新規化学物質に峻別して管理する方法と予防原則の考え方を独自に発展させ，これにリスク評価を国が実施する制度として取り入れることで今日の制度を構築した。一方，ドイツで生まれた事前配慮原則，原因者負担原則，協働原則の考え方が発展し，その考え方を背景にしながら，従来の取り組みの反省の中からREACHは構築されたといえる。そして，両者とも2002（平成14）年に開催された持続可能な開発に関する世界首脳会議（WSSD）の化学物質管理分野の目標である，化学物質の持つリスクを2020年までに最小化することを目標に，この科学的不確実性の多い対象に臨んでいる。

1) 持続可能な開発に関する世界首脳会議実施計画23項。邦文は外務省仮訳による。
2) 山田洋「既存化学物質管理の制度設計――EU・ドイツの現状と将来」自治研究81巻9号（2005年）46頁以下。増沢陽子「EU化学物質規制改革における予防原則の役割に関する一考察」鳥取環境大学紀要5号（2007年）1頁以下。小島恵「欧州REACH

規則にみる予防原則の発現形態(1)」早稲田法学会誌59巻1号(2008年)135頁以下。同(2・完)早稲田法学会誌59巻2号(2009年)223頁以下など。
3) この部分は次の文献を参考にした。髙橋滋「環境リスクと規制」，森嶋昭夫，大塚直，北村喜宣編『ジュリスト増刊 新世紀の展望2 環境問題の行方』(1999年)177頁。
4) 山田洋「リスク管理と安全」公法研究69号(2007年)73頁。
5) 同上，75頁。
6) 同上。
7) 髙橋滋「環境リスク管理の法的あり方」環境法研究30号(2005年)3-5頁。
8) 大塚直「未然防止原則，予防原則・予防的アプローチ(3)」法学教室286号(2004年)63-64頁。
9) 保木本一郎「ドイツにおける営業警察作用としての公害法規制」加藤一郎『外国の公害法(下巻)』(岩波書店，1978年)129頁。松本和彦「環境法における予防原則の展開(二)」阪大法学54巻5号(2005年)1177頁。
10) 下山憲治『リスク行政の法的構造』(敬文堂，2007年)22-27頁。大塚直「予防原則の法的課題」植田和弘，大塚直編『環境リスク管理と予防原則』(有斐閣，2010年)299頁。
11) 大塚・同上。
12) 桑原勇進「危険概念の考察―ドイツ警察法を中心に―」碓井光明他編『公法学の法と政策(下巻)』(有斐閣，2000年)662-663頁。
13) 桑原勇進「非客観的危険―『危険の疑い』と『表見的危険』―」小早川光郎，宇賀克也編『行政法の発展と変革(下巻)』(有斐閣，2001年)682頁。
14) 同上，681頁。
15) 戸部真澄『不確実性の法的制御』(信山社，2009年)32頁，37頁。松本・前掲注9(2005年)1186頁。
16) 戸部・同上，46頁。
17) 山田・前掲注4(2007年)73頁。
18) Bundesregierung, Umweltbericht'76 — Fortschreibung des Umweltprogramms der Bundesregierung, BT-Drucks. 7/5684.
19) 松本和彦「環境法における予防原則の展開(一)」阪大法学53巻2号(2003年)369頁。
20) 松本・前掲注9(2005年)1188頁。
21) 大塚直『環境法(第3版)』(有斐閣，2010年)53-54頁。
22) 中山竜一「リスク社会における法と自己決定」田中成明編『現代法の展望 自己決定の諸相』(有斐閣，2004年)267頁。
23) 同上，270頁。
24) 勢一智子「ドイツ環境法原則の発展経緯分析」西南学院大学法学論集32巻2，3合併号(2000年)155頁。
25) 同上。
26) 同上，156頁。

27) 同上，155-156 頁。
28) 同上，166-167 頁。
29) 高橋正徳「ドイツにおける協働的環境保護」神長勲編『現代行政法の理論』(法律文化社，1991 年)150 頁。
30) 松村弓彦『環境法の基礎』(成文堂，2010 年)109 頁。
31) 大塚・前掲注 21(2010 年)66 頁。
32) 同上，67 頁。
33) 勢一・前掲注 24(2000 年)167 頁。
34) 同上，178 頁。
35) 奥真美「汚染者負担原則(Polluter-Pays Principle)」環境法政策学会編『温暖化防止に向けた将来枠組み』(商事法務，2008 年)106 頁。
36) 松村弓彦「環境法における協調原則」季刊環境研究 136 号(2005 年)150 頁。
37) Bundesregierung, Umweltbericht '76, *supra* note 18.
38) 高橋正徳・前掲注 29(1991 年)151 頁。
39) 大久保規子「ドイツ環境法における協働原則」群馬大学社会情報学部研究論集 3 巻 (1997 年)90 頁。
40) 勢一・前掲注 24(2000 年)165-167 頁。
41) Toward Sustainability: A European Community programme of policy and action in relation to environment and sustainable development (1993) Official Journal C 138/5.
42) Decision No 1600/2002/EC of the European Parliament and of the Council of 22 July 2002 laying down the Sixth Community Environment Action Programme (2002) Official Journal L 242/1.
43) 奥真美「EU 環境法の動向」新美育文他編『環境法体系』(商事法務，2012 年)1072-1073 頁および 1087 頁。
44) 同上。
45) 清野幾久子「ドイツ環境保護における協働原則」法律論叢 73 巻 4・5 号(2001 年) 30 頁。
46) 勢一・前掲注 24(2000 年)163 頁。
47) 清野・前掲注 45(2001 年)30 頁。
48) 松本・前掲注 9(2005 年)1183 頁。
49) 戸部・前掲注 15(2009 年)19 頁。
50) 同上，33 頁。引用にあたり原文の表記を本書に適するように一部変更した。
51) 同上，36 頁。
52) 同上，37 頁。
53) Bundesministerium für Umwelt, Naturschutz und Reaktorsicherheit, 10 Jahre Chemikaliengesetz (1992). 邦訳は，日本化学物質安全・情報センター『ドイツ化学品法の 10 年』(2004 年)6 頁。
54) 日本化学物質安全・情報センター『ドイツ化学品法の 10 年』(2004 年)6 頁。

第3章　欧州における化学物質管理法の成立と発展　527

55) 松村・前掲注30(2010年)143-144頁。
56) 電力中央研究所報告「有害大気汚染物質の環境法規制動向」(調査報告T00060，平成13年4月)5頁。
57) 大塚直「未然防止原則，予防原則・予防的アプローチ(1)」法学教室284号(2004年)71頁。
58) Ministerial Declaration of the Third International Conference on the Protection of the North Sea, The Hague, 8 March 1990.
59) 国際欧州経済委員会ベルゲン会議・持続可能な開発に関する閣僚宣言(Bergen ECE Ministerial Declaration on Sustainable Development)第7項。
60) 「持続可能な開発に関する世界首脳会議実施計画」第23項。
61) 増沢陽子「EU環境規則と予防原則」庄司克宏編『EU環境法』(慶應義塾大学出版会，2009年)155頁。
62) ECコミュニケーション「2.このコミュニケーションの目標」(p. 9)。
63) 同上，「3. EUにおける予防原則」より要約して引用(p. 9-10)。
64) 同上，「5.1.1 潜在的悪影響の確認」(p. 14)。同様の記述が，「5.1.2 科学的評価」(p. 14)，「6.1 実施」(p. 16-17)の項にもみられる。
65) 科学的評価を前提にすることに対しての懸念を指摘するものとして，奥真美「予防原則をふまえた化学物質管理とリスク・コミュニケーション」環境情報科学32巻2号(2003年)39頁，大塚直「未然防止原則，予防原則・予防的アプローチ(5)」法学教室289号(2004年)110頁 注22，小島・前掲注2(2008年)早稲田法学会誌59巻1号145頁。
66) ECコミュニケーション「5.2.1 行動するかどうかの決定」(p. 15-16)。
67) 同上，「6.3.1 均衡性」(p. 18-19)，「6.3.3 一貫性」(p. 19)。
68) 須藤陽子「日独警察法理論の相違」『比例原則の現代的意義と機能』(法律文化社，2010年)102頁。
69) 松浦寛「環境法の理念」国際公共政策研究13巻1号(2009年)116頁。
70) 同上。
71) 同上。
72) 松村弓彦「環境法におけるリスク配慮論序説」平野裕之他編『現代民事法の課題』(信山社，2009年)439-440頁。
73) 同上。
74) 同上。
75) 戸部・前掲注15(2009年)38頁。
76) 田中二郎『新版行政法(下巻)(全訂第2版)』(弘文堂，1983年)84-85頁。
77) 松浦・前掲注69(2009年)117頁。
78) 同上。
79) 辻信一・及川敬貴「化審法前史」環境法政策学会誌15号(2012年)263-277頁参照。
80) 大塚・前掲注21(2010年)65-66頁。
81) 奥・前掲注35(2008年)107-108頁。

82) Recommendation of the Council on the Use of Economic Instruments in Environmental Policies, 31 January 1991-C(90)177.
83) 大塚・前掲注 21(2010 年)70-71 頁。
84) 同上。
85) 日本化学物質安全・情報センター・前掲注 54(2004 年)32 頁。
86) 同上，35-36 頁。
87) 官民連携既存化学物質安全性情報収集・発信プログラム第 8 回プログラム推進委員会(平成 24 年 5 月 8 日)資料 1。
88) 厚生労働省，経済産業省，環境省三省合同審議会報告「今後の化学物質の審査及び規制の在り方について」(平成 15 年 1 月 30 日)19 頁。
89) 2003(平成 15)年 4 月 17 日参議院経済産業委員会。
90) 官民連携既存化学物質安全性情報収集・発信プログラム最終とりまとめ(平成 23 年 9 月 30 日)。
91) 日本化学物質安全・情報センター・前掲注 54(2004 年)33 頁。
92) 同上，33-35 頁。
93) 同上，35 頁。
94) 山田・前掲注 2(2005 年)51 頁。
95) 日本化学物質安全・情報センター・前掲注 54(2004 年)34-35 頁。
96) 山田・前掲注 2(2005 年)51 頁。
97) 同上，52 頁。
98) 日本化学物質安全・情報センター『欧州における化学物質規制の初歩(第 4 版)』(2002 年)7 頁，50-51 頁。
99) 山田，前掲注 2(2005 年)53 頁。増沢・前掲注 2(2007 年)8 頁。
100) http://www.oecd.org/env/ehs/risk-assessment/CoCAP-flyer.pdf （2014 年 10 月 12 日閲覧）
101) 官民連携既存化学物質安全性情報収集・発信プログラム第 1 回プログラム推進委員会(平成 17 年 3 月 24 日)資料 5 を参考にした。
102) Commission Directive 93/67/EEC lying down the principles for assessment of risks to man and the environment of substances notified in accordance with Council Directive 67/548/EEC (1993) Official Journal L 227/9.
103) 山田・前掲注 2(2005 年)51 頁。
104) 同上，52 頁。
105) 日本化学物質安全情報センター・前掲注 98(2002 年)7 頁，50-51 頁。
106) 同上，43 頁。
107) 同上。
108) 同上。
109) White Paper — Strategy for a future Chemicals Policy (COM (2001) 88 final) p. 5. EU 白書「2. EU 化学品政策」。
110) *Id.* p. 6. EU 白書「2.1 再評価によって明らかにされた主な問題」。

111) *Id.*
112) *Id.*
113) *Id.*
114) *Id.* p. 6. （EU白書「2. EU化学品政策」）。
115) *Id.*
116) *Id.* p. 4. （EU白書「1. 序文」）。
117) *Id.*
118) *Id.* p. 7-10, 20-22.（EU白書「2.3 戦略案の要点」および「5. 産業界の役割, 権利および義務」）。
119) *Id.* p. 6. カッコ内は筆者が補足した。
120) *Id.* p. 7.
121) *Id.* p. 8.
122) *Id.* p. 12.
123) *Id.* p. 21.
124) *Id.* p. 16.
125) *Id.* p. 17.
126) *Id.* p. 23
127) *Id.* p. 16-17.
128) *Id.* p. 17.
129) *Id.* p. 18.
130) *Id.* p. 12.
131) *Id.* p. 16.
132) *Id.* p. 18.
133) *Id.* p. 19.
134) *Id.* p. 20.
135) *Id.*
136) Conference Report: Stakeholders' Conference on the Commission's White Paper on the Strategy for a Future Chemicals Policy, Brussels, April 2, 2001, p 3.
137) *Id.* p. 7.
138) *Id.* p. 8.
139) *Id.* p. 16.
140) *Id.* p. 3.
141) *Id.*
142) *Id.* p. 4.
143) *Id.*
144) *Id.* p. 24.
145) *Id.* p. 24-25.
146) *Id.* p. 26.
147) European Commission Enterprise Directorate-General Environmental aspects of

enterprise policy, resource-based and specific industries Chemicals, Brussels, 4 July 2002, ENTR/E3/SE, *Minutes of the Conference on the Business Impact of the New Chemicals Policy, 21 May 2002*, p. 1.

148) *Id.* p. 2.
149) Agenda, Conference on the Business Impact of the New Chemicals Policy, 21 May 2002.
150) *Id.*
151) Executive summary of "Assessment of the Business Impact of New Regulations in the Chemicals Sector" p. 2.
152) *Id.* p. 15.
153) *Id.* p. 16.
154) Agenda, *supra* note 149.
155) *Minutes of the Conference on the Business Impact of the New Chemicals Policy*, p. 4.
156) *Id.* p. 5.
157) *Id.* p. 6.
158) 2355. Council Environment (provisional version), Press Release: Luxembourg (07-06-2001)— Press: 201-Nr: 9116/01.
159) *Id.*
160) http://ec.europa.eu/environment/chemicals/reach/background/index_en.htm (2013年5月1日閲覧)
161) European Parliament Session Document A5-0356/2001, 17 October 2001, Report on the Commission White Paper on Strategy for a future Chemicals Policy (COM (2001) 88-C5-0258/2001-2001/2118 (COS)) p. 4.
162) *Id.*
163) *Id.*
164) *Id.* p. 11-12.
165) *Id.* p. 21.
166) *Id.* p. 22.
167) *Id.*
168) *Id.* p. 23.
169) *Id.* p. 24.
170) *Id.* p. 25.
171) Communication from the Commission, A Sustainable Europe for a Better World: A European Union Strategy for Sustainable Development, COM (2001) 264 final.
172) *Id.*
173) Decision No 1600/2002/EC of the European Parliament and of the Council of 22 July 2002 laying down the Sixth Community Environment Action Programme, *Official Journal L 242, 10/09/2002 P. 0001-0015*.

174) 小島・前掲注 2 (2008 年) 早稲田法学会誌 59 巻 1 号 160-162 頁。
175) 和達容子「EU 第 6 次環境行動計画の概略と方向性」慶應法学 3 号 (2005 年) 125 頁。
176) Commission of the European Communities, Brussels, 29.10.2003, COM (2003) 644 final, 2003/0256 (COD), 2003/0257 (COD), Volume I, "Proposal for a Regulation of the European Parliament and of the Council, concerning the Registration, Evaluation, Authorisation and Restriction of Chemicals (REACH), establishing a European Chemicals Agency and amending Directive 1999/45/EC and Regulation (EC) ︱on Persistent Organic Pollutants︱, Proposal for a Directive of the European Parliament and of the Council amending Council Directive 67/548/EEC in order to adapt it to Regulation (EC) of the European Parliament and of the Council concerning the Registration, Evaluation, Authorisation and Restriction of Chemicals" p. 8.
177) Gemeinsame Position der Bundesregierung, des Verbandes der Chemischen Industrie e. V. (VCI) und der Industriegewerkschaft Bergbau, Chemie, Energie (IG BCE) zum Weißbuch der Europäischen Kommission "Strategie für eine zukünftige Chemikalienpolitik."
178) Id. p. 2. なお，2003 年の 2 月 6 日には，ドイツ連邦環境庁が REACH の経済的な影響についての評価方法についての専門家会議の報告書を公表している ("Methodological problems of assessing the economic impacts of EU chemicals policy" Summary results of the conference of experts at the Umweltbundesamt (Federal Environment Agency) on 6.2.2003.
179) Gemeinsame Bewertung der Bundesregierung, des Verbandes der Chemischen Industrie e. V. (VCI) und der Industriegewerkschaft Bergbau, Chemie, Energie (IG BCE) des Konsultationsentwurfs der Europäischen Kommission für die Registrierung, Evaluation, Zulassung und Beschränkung von Chemikalien (REACH).
180) Id. p. 3.
181) Id. p. 4.
182) Id. p. 5.
183) Id. p. 6.
184) New EU Chemicals Strategy/ Position Statement by the UK Government and the Devolved Administrations.
185) Id. p. 3.
186) 日本貿易振興機構「EU の化学物質規制動向調査」(平成 17 年 3 月) 19 頁。
187) 同上。
188) 同上。
189) 同上，20 頁。
190) Comments of the United States on the European Commission's Draft Chemicals Regulation, July 2002.
191) Id. p. 1.

192) *Id.* p. 2.
193) *Id.* p. 9.
194) www.meti.go.jp/policy/mono_info_service/.../comment_japanese.doc （2013年2月2日閲覧）「EUの新化学品規制案（REACH）に対する日本政府のコメント」。
195) 同上，和文1頁。
196) 同上，和文2頁。
197) 同上，和文3頁。
198) REACH 3条3項。成形品に関するガイダンス（Guidance on requirements for substances in article）参照。
199) 前掲注194和文4頁。
200) 同上，和文5頁。
201) 同上。2003年頃には，内分泌かく乱作用の存在自体について疑問が提起されていた。
202) 同上。
203) 同上，5-6頁。
204) http://www.ambafrance-uk.org/Risks-of-de-industrialization （2013年4月30日閲覧）
205) *Id.*
206) Proposal for REACH, *supra* note 176, p. 9.
207) Consultation Document Volume I, concerning the Registration, Evaluation, Authorisation and Restrictions of Chemicals（REACH）p. 8.
208) *Id.* p. 46.
209) *Id.*
210) Proposal for REACH, *supra* note 176, p. 68.
211) *Id.* p. 9.
212) *Id.*
213) http://europa.eu/rapid/press-release_IP-03-1477_en.htm?locale=en （2013年4月29日閲覧）。
214) 前掲注186・日本貿易振興機構調査報告書23頁。
215) 同上。
216) Proposal for the REACH, *supra* note 176, p. 9. この点は，インターネット・コンサルテーションに対する日本政府のコメントでも指摘されている。
217) *Id.*
218) *Id.* この点は，インターネット・コンサルテーションに対する日本政府のコメントでも指摘されている。
219) *Id.* p. 10.
220) *Id.*
221) Consultation Document Volume I, concerning the REACH, *supra* note 207, p. 38. Point 48 3(c)。

222) Proposal for the REACH, *supra* note 176, p. 10. このような趣旨の主張は，環境4団体(Greenpeace, European Environmental Bureau, WWF, Friends of the Earth)の共同コメント，スウェーデン政府，ノルウェー政府のコメントなどにみられる．
223) *Id.*
224) *Id.*
225) KPMG Business Advisory Services, *REACH — further work on impact assessment A case study approach Executive Summary*, April 2005 p. 3.
226) *Id.* p. 3-4.
227) *Id.* p. 4.
228) *Id.* p. 3.
229) *Id.* p. 3-4.
230) http://europa.en/rapid/press-release_IP-05-495_en.htm?locale=en （2013 年 4 月 29 日閲覧）
231) *Id.*
232) *Id.*
233) *Id.*
234) Report to DG Environment by DHI Water & Environment, *The impact of REACH on the environment and human health*, ENV. C. 3/SER/2004/0042r, September 2005.
235) http://ec.europa.eu/environment/chemicals/reach/background/i_a_en.htm （2013 年 4 月 29 日閲覧）
236) Report to DG Environment (Executive Summary), *supra* note 234, p. 1.
237) *Id.* p. 2.
238) http://ec.europa.eu/enterprise/sector/chemicals/files/trial/sport_press_release_050705_en.pdf （2013 年 4 月 29 日閲覧）
239) *Id.*
240) http://ec.europa.eu/environment/chemicals/reach/preparing/rip_en.htm#rip1 （2013 年 4 月 29 日閲覧）
241) http://ec.europa.eu/environment/chemicals/reach/preparing/rip_en.htm#rip2 （2013 年 4 月 29 日閲覧）
242) *Id.*
243) http://ec.europa.eu/environment/chemicals/reach/preparing/rip_en.htm#rip5 （2013 年 4 月 29 日閲覧）
244) http://eur-lex.europa.eu/legal-content/EN/TXT/?uri=CELEX:52006PC0375 （2013 年 5 月 1 日閲覧）
245) http://ec.europa.eu/environment/chemicals/reach/background/index_en.htm （2013 年 5 月 1 日閲覧）
246) http://www.nikkakyo.org/uploadfile_display.php3?documentid=1158&uploadfile_id=834 （2013 年 5 月 2 日閲覧）

247) *Id.*
248) http://eur-lex.europa.eu/legal-content/EN/TXT/?uri=CELEX:52006PC0375 （2013 年 5 月 1 日閲覧）
249) http://europa.eu/rapid/press-release_PRES-04-140_en.htm?locale=en （2014 年 4 月 30 日閲覧）
250) *Supra* note 248.
251) http://ec.europa.eu/environment/chemicals/reach/background/index_en.htm （2013 年 5 月 1 日閲覧）
252) *Id.* http://www.esba-europe.org/pdf/SubSubSubSection-126.pdf （2013 年 5 月 1 日閲覧）
253) http://www.consilium.europa.eu/ueDocs/cms_Data/docs/pressData/en/envir/90281.pdf （2013 年 5 月 1 日閲覧）
254) *Supra* note 251.
255) *Id.*
256) Official Journal of the European Union L 396, 30/12/2006 p. 1.
257) http://europa.eu/rapid/press-release_IP-07745_en.htm?locale=en （2013 年 5 月 1 日閲覧）。
258) この部分，次の文献を参考にした。増沢・前掲注2(2007 年)13 頁 注60 および 15 頁 注95。小島・前掲注2(2009 年)早稲田法学会誌59 巻 2 号 225-226 頁。
259) 小島・前掲注2(2008 年)早稲田法学会誌59 巻 1 号 164 頁。
260) 小島・前掲注2(2009 年)早稲田法学会誌59 巻 2 号 251-255 頁。
261) 勢一・前掲注24(2000 年)178 頁。
262) 増沢・前掲注2(2007 年)8 頁。
263) Communication from the Commission to the Council, the European Parliament and the European Economic and Social Committee, A European Environment and Health Strategy. executive summary, p. 3.
264) *Id.*
265) *Id.* executive summary.
266) *Id.* p. 4.
267) *Id.*
268) *Id.* p. 4, p. 8.
269) *Id.* p. 8.
270) *Id.* p. 9.
271) *Id.* p. 10.
272) Decision No 1386/2013/EU of the European Parliament and of the Council of 20 November 2013 on a General Union Environment Action Programme to 2020 'Living well, within the limits of our planet' (2013) Official Journal L 354/171.
273) 持続可能な開発に関する世界首脳会議実施計画第 23 項。
274) Regulation (EC) No 1272/2008 of the European Parliament and of the Council of

16 December 2008 on classification, labelling and packaging of substances and mixtures, amending and repealing Directives 67/548/EEC and 1999/45/EC, and amending Regulation (EC) No 1907/2006, Office Journal of the European Union L 353/1, 31. 12. 2008.
275) http://echa.europa.eu/regulations/reach/evaluation/compliance-checks/5-percent-compliance-checks-2010-registration-dossiers （2015年3月27日閲覧）
276) https://echa.europa.eu/documents/10162/13628/background_doc_criteria_ed_32_2011_en.pdf （2015年3月27日閲覧）
277) http://echa.europa.eu/documents/10162/13628/corap_list_2015-2017_en.pdf （2015年3月27日閲覧）
278) https://echa.europa.eu/information-on-chemicals/evaluation/community-rolling-action-plan/corap-list-of-substances （2015年3月27日閲覧）
279) http://register.consilium.europa.eu/doc/srv?l=EN&f=ST%205867%202013%20INIT （2015年3月27日閲覧）
280) http://echa.europa.eu/documents/10162/19126370/svhc_roadmap_implementation_plan_en.pdf （2015年3月27日閲覧）
281) 2014年8月14日のREACH認可対象物質リスト(Annex ⅩⅣ)第4次改訂版。http://echa.europa.eu/addressing-chemicals-of-concern/authorisation/recommendation-for-inclusion-in-the-authorisation-list/authorisation-list （2015年6月30日閲覧）
282) 2015年12月17日の第14次SVHC候補物質リストへの追加公示。http://echa.europa.eu/view-article/-/journal_content/title/five-new-substances-of-very-high-concern-added-to-the-candidate-list （2016年1月10日閲覧）
283) 2016年1月14日のカテゴリー46aの追加。http://eur-lex.europa.eu/legal-content/EN/TXT/PDF/?uri=CELEX:32016R0026&from=EN （2016年1月24日閲覧）
284) https://echa.europa.eu/documents/10162/13577/forum_report_ref2_en.pdf （2015年3月27日閲覧）
https://echa.europa.eu/documents/10162/13577/forum_report_ref3_en.pdf （2015年3月27日閲覧）
285) http://www.legifrance.gouv.fr/affichTexte.do;jsessionid=?cidTexte=JORFTEXT000024144346&dateTexte=&oldAction=rechJO&categorieLien=id （2015年3月27日閲覧）
286) https://www.kemi.se/Documents/Forfattningar/Reach/Guidance_for_suppliers_of_articles_EN.pdf （2015年3月27日閲覧）
287) *Id*. p. 11-12.
288) http://curia.europa.eu/juris/document/document.jsf?text=svhc&docid=162239&pageIndex=0&doclang=EN&mode=req&dir=&occ=first&part=1&cid=61745#ctx1 （2015年3月27日閲覧）
289) http://curia.europa.eu/juris/celex.jsf?celex=62014CJ0106&lang1=en&type=TXT

&ancre＝（2015 年 12 月 30 日閲覧）。
290) M. ヘルゲーデン（中村匡志訳）『EU 法』（ミネルヴァ書房，2013 年）160 頁。
291) "Final Report on the extension of the obligation to perform a chemical safety assessment and to document a chemical safety report to CMR 1A and 1B substances manufactured or imported between 1 and 10 tonnes per year," 30. June 2014
292) http://ec.europa.eu/enterprise/sectors/chemicals/files/reach/review2012/registr-req-final-report-part-a_en.pdf （2015 年 6 月 30 日閲覧）
293) Directive 2011/65/EU of the European Parliament and of the Council of 8 June 2011 on the restriction of the use of certain hazardous substances in electrical and electronic equipment, OJ L 174/88, 1.7.2011. なお，RoHS 指令は，2003 年に官報公示され，2011 年に改正されている。
294) http://www.nihs.go.jp/edc/question/q2.htm （2015 年 3 月 28 日閲覧）
295) COM（1999）706 final, Communication from the Commission to the Council and the European Parliament, Community Strategy for Endocrine Disrupters.
296) http://unep.org/pdf/9789241505031_eng.pdf （2015 年 3 月 28 日閲覧）
297) http://www.europarl.europa.eu/sides/getDoc.do?pubRef=-//EP//NONSGML+REPORT+A7-2013-0027+0+DOC+PDF+V0//EN （2015 年 3 月 28 日閲覧）
298) http://www.brunel.ac.uk/__data/assets/pdf_file/0005/300200/The_Berlaymont_Declaration_on_Endocrine_Disrupters.pdf （2015 年 3 月 28 日閲覧）。なお，「ベルレモン」は，ブリュッセルにある欧州委員会本部のビルの名前である。このビルの名前にちなんで「ベルレモン宣言」と名付けられた。
299) http://echa.europa.eu/support/qas-support/qas （2015 年 6 月 29 日閲覧）。このうち，Scope of REACH の［10］が REACH におけるナノ物質の扱いを記している。
300) http://europa.eu/rapid/press-release_IP-12-1050_en.htm （2015 年 3 月 28 日閲覧）。
301) Id.
302) Commission Recommendation of 18 October 2011 on the definition of nanomaterial 2011/696/EU, OJ L 275/38, 20.10.2011.
303) https://ec.europa.eu/jrc/en/publication/eur-scientific-and-technical-research-reports/towards-review-ec-recommendation-definition-term-nanomaterial-part-3-scientific-technical （2015 年 12 月 30 日閲覧）
304) 松本・前掲注 9（2005 年）1188 頁。
305) 大塚・前掲注 10（2010 年）53-54 頁。
306) 戸部・前掲注 15（2009 年）38 頁。
307) 辻信一，及川敬貴「化審法前史」環境法政策学会誌 15 号環境法政策学会編『公害・環境処理の変容―その実態と課題』商事法務（2012 年）参照。
308) 前掲注 87。

終　章

　日本，米国，欧州の化学物質管理法の成立と発展の過程を概観し，それぞれの法律の沿革と特徴をみてきた。いまさらながら，化学物質管理をめぐる政策の歴史は，既存化学物質をめぐる政策の歴史といっても過言でないように思えてくる。

　最初に化学物質管理法の制度設計を行った米国の環境諮問委員会のDaviesらは，当時においても実際に数万種類の化学物質が産業に利用されていたという現実を踏まえて，新規化学物質と既存化学物質とを区別して管理する法制度を考えた。新規化学物質は国による審査を受けて一定の安全性が確認できなければ製造・輸入ができないが，既存化学物質はそのような審査は受けず，人の健康や環境に対して被害を与えるおそれがあるとわかったものについて，それがわかった段階で製造，使用などに関する規制措置を行うという枠組みの制度が提案された。

　化学物質管理法が最初に提案された1970年代には，化学工業やその関連産業は十分発達しており，主要な工業製品を製造するための化学物質はその当時すでに使用されていた。したがって，主要な化学物質はほとんどが既存化学物質に分類され，化審法やTSCAなどの化学物質管理法の成立後，初期の時点では，PCBなどごく一部を除いてこれらの法律により規制を受けることはなかった。その後，既存化学物質の中から，人の健康被害や環境汚染を引き起こすおそれのあるものが見つかり，製造，輸入，使用などに対する規制措置が講じられる化学物質が現れたが，その数はそれほど多くはなかった。

その後人々の環境意識が高まり，化学物質に対する関心が高まる中で，大量に生産，利用されている既存化学物質の安全性をどのように確保するのかといった課題が浮かび上がってきた。問題とされたのは，どの程度の有害性があるのかというデータが存在しない既存化学物質が相当の数にのぼることであった。データがないので，直ちに規制することはできないが，かといって安全であるともいえなかった。そのため，OECDが中心となり，各加盟国が協力して，生産量の多い既存化学物質の基本的なデータを集めることにした。これがHPVプログラムである。まずは，加盟国において製造量が年間1000トンを超える化学物質のデータを集めることとした。それだけでも約5000物質が対象となった。大量に生産される化学物質は，社会で多様な用途に利用されており，必要に応じさまざまな調査，研究もなされていると思われるのだが，これだけの種類の物質について信頼できるデータを収集するのは容易ではなく，時間と費用を要した。

　HPVプログラムが軌道に乗る前に，欧州では，化学物質の製造者などに対して自社が製造する化学物質のデータの提出を義務づける制度が提案された。それが欧州の新しい化学物質管理規則REACHである。この法律では，予防原則に基づいて化学物質管理を行うことが明記されている。予防原則の考え方に従って，規制対象になるかどうかがはっきりとしない既存化学物質についても，登録のために一定のデータの提出を求めることが，REACHの特徴である。現在，製造され，流通している既存化学物質についても，生産量に応じて一定の期限（全体では10年以上の期間）を設けて，一定のデータの提出を求めるREACHの制度は，斬新で，行政当局に既存化学物質についてのデータが集まる利点もある。この点を強調すれば，REACHの仕組みは，化学物質を管理する行政当局からみれば魅力的な制度である。そのため，欧州以外の国でもREACHと類似の化学物質管理法を制定する国が現れている。

　一方，OECDのHPVプログラムなどにより，生産量の多い化学物質のデータは国際的な枠組みですでに1000物質程度収集され，その報告書も順次公表されている。私たちが注意すべき化学物質は，環境残留性があり，高蓄積性，人や生態系に対する有害性などを有するものであることはいうまで

もないが，大量に生産される化学物質は一般に注意が必要といえる。大量に生産される化学物質は環境中に排出される量も多いと予想され，それに伴い，私たちが摂取する量も多いと考えられるからである。このような観点から，高生産量化学物質に焦点を当てた HPV プログラムなどの取り組みは化学物質管理の観点から有意義なものだといえる（REACH においても，生産量の大きな化学物質は登録時に届け出るデータ項目も多く，提出期限も短く設定されている）。

　REACH の制定の契機となった持続可能な開発に関する世界首脳会議（WSSD）の化学物質管理分野の目標では「科学的根拠に基づくリスク評価手順を用いて，化学物質が人の健康と環境にもたらす著しい悪影響を最小化する方法で使用，生産されることを 2020 年までに達成することを目指す」とされており，リスク評価を用いることが明記されている。リスク評価の観点から REACH の登録制度をみると，その特徴は次のようになる。登録時にその化学物質の性質や有害性などの情報を一定期間内に欧州化学品庁に登録することを REACH が義務づけている。また，年間の製造・輸入量が 10 トン以上の化学物質に対しては，化学物質安全性報告書の提出が義務づけられてもいる。しかしながら，登録する化学物質の性質や有害性および化学物質安全性報告書の内容は，制限指令で規定されていた危険物質などに該当しなければ，ハザード情報およびハザード評価が中心で，暴露評価やリスク評価は必要とされない。

　このような制度としたのは，国と事業者との役割分担の問題に起因しているといえる。REACH では化学物質安全性報告書の作成のためのリスク評価は事業者が行うものであり，わが国のように化審法に基づいて国がスクリーニング・リスク評価やリスク評価を行っている場合とは異なる。どこまでを事業者の責任とし，どこからを国の責任とするかの政策判断の差であるが，REACH では産業競争力への影響に配慮し，事業者に課す負担を一定限度に抑えている。ここにおいても，欧州とわが国の化学物質管理における原因者負担の考え方や事業者との協働に対する認識の違いが表れている。つまり，わが国の化審法はリスク評価を活用する点では米国や欧州に比べるとより徹

底しているように思えるが，これは国がリスク評価を実施する制度を採用したためということができる。REACHでは，化学物質安全性報告書の作成のためのハザード評価などは事業者が行うものであり，わが国のように化審法に基づいて国がスクリーニング・リスク評価やリスク評価を行っているケースとは異なる。このような点において，欧州とわが国の化学物質管理における原因者負担の考え方や事業者との協働に対する認識の違いが表れている。

わが国では，既存化学物質を含めた一般化学物質に対して，毎年度，製造・輸入量や用途などの届出を事業者に義務づけ，このデータと国が把握している化学物質の有害性データを基にして国がスクリーニング・リスク評価を行っている。その結果，さらに詳しいリスク評価を行うべき物質（優先評価化学物質）を選定している。この仕組みは化学物質管理に順応的管理を活用したものと考えられ，詳しいリスク評価を行う対象が毎年度の生産量や用途の変化，新たな有害性の知見の発見に対応して修正される。そのため，注意して管理すべき物質が毎年度，新たな知見に基づいて更新される点で優れた制度である。

米国のTSCAは，規制措置の発動要件が厳しく化学物質管理法として十分その機能を果たしているとはいいがたい面があるため，改正のための法案が提出されている。しかしながら，TSCAでは規制対象物質ごとにその性質や状況に応じて規制措置を決める仕組みとなっている。わが国の化審法や欧州のREACHは，規制対象の化学物質を一定の要件に従って分類して，その範疇に入れば，その範疇ごとに決められている一連の規制措置が講じられる。これに対してTSCAは規制対象物質ごとに法定されている規制手段の中から選択して規制措置を決めていく仕組みを有している。

これはTSCAの特徴であり，化審法やREACHが一定の要件に該当する規制対象の化学物質を類型化して，そのグループに入るものについては一定の措置をとることを予定しているのに対して，TSCAではよりきめの細かい規制措置を実施することが可能であり，この点では優れた制度といえる。しかし一方で，TSCAでは規制対象物質ごとに規制措置を決定する際の制約がある。より正確にいえば，警告表示の添付から全面的な禁止措置まで，法定

された規制措置の中から，その物質にふさわしい規制措置（場合によってはその組み合わせ）を選ぶことになっており，その際の規制措置の選定にあたっての制約がTSCAの機能不全（硬直化：ossification）を招いたといえる。すなわち，規制措置を課す際に，必要な範囲で最も負担が少ない方法にしなければならないという制約があり，規制措置の選択にあたっては可能性のある選択肢をすべて比較検討しなければならない。そのため，実際にTSCAに基づく規制措置を発動することが困難な状況に陥った。

このような中で，WSSDにおける化学物質管理の目標の設定やREACHの制定などを契機として，TSCAの改正の動きが始まった。さまざまなTSCA改正案が議会に提案されたが，規制対象物質ごとに規制内容を決定するというやり方は継承されている。多様な性質を有する化学物質を適切に管理するためには，規制措置は個々の化学物質に合わせて講じるべきであるとの考え方によるものであろう。提案されたそれぞれの改正案にはTSCAの機能を強化し化学物質管理を向上させるための工夫がうかがえる。提案されたTSCA改正法案をたどると，人の健康や環境の保護と産業競争力の維持とのバランスを考えつつ，現行のTSCAの問題点をいかにして克服するかという課題に取り組んだ足跡をみることができる。2015年6月には，一つのTSCA改正法案が初めて下院を通過して上院に送付され，12月には上院においてこれが修正され可決された。今後の両院での調整が注目される。

本書では，以上のように日本，米国，欧州の化学物質管理法の制定経緯とその特色をみてきた。それぞれ法制度には，その背景となる歴史的な経緯がある。本書では，これらの形成過程を軸として制度の特質を明らかにしようと試みた。工業化学品などの化学物質は国際的に流通する商品であり，これを管理するに際しては国際的な視野が不可欠であり，化学物質管理政策においては国際的な動向を踏まえた政策立案が求められる。米国で提案された化学物質の事前審査制度をわが国が世界に先駆けて法制度として制定したことは，わが国の環境政策の歴史において画期的な出来事であると同時に，国際的な環境政策史においても，ある国で立案された政策（法制）が国を越えて発展していく具体例として，意義あることと考えられる。いいかえれば，国際

的に流通する化学物質を対象とする化学物質管理法は，国際的な枠組みでの問題提起が各国の制度に影響を与えたり，ある国の政策が他の国に影響して，発展してきた分野である。

　化学物質は，有用なものである一方，人や環境に対して有害な面を有する。化学物質管理の目的は，化学物質の長所を活かしその有用性を発揮して私たちの生活を豊かなものにすると同時に，人や環境に対する悪影響を防止することである。化学物質は多種多様であり，その性質が十分わかっていないものも少なくない。化学物質管理法は，そういった科学的不確実性を有する対象を，予防原則，順応的管理といった環境法の考え方を使って，法制度として管理している。REACHや化審法が最新の考え方を取り入れて化学物質管理に挑んでいるが，まだまだ発展途上にあるように思われる。そして今，TSCAの改正法案が米国議会で審議されている。

　この分野でどのような事態に対してどのような検討が行われ，どういった対応がなされてきたのか，これまでの経緯を私なりの視点からまとめたのが本書である。さまざまに影響し合いながら発展する化学物質管理分野の政策形成について，わが国，米国，欧州の化学物質管理法に関する研究をまとめた次第である。本書が，化学物質管理法のさらなる発展の可能性を探る上での一助になれば幸いである。

付表　日米欧の化学物質管理に関する年表

年	日本	米国	欧州	国際動向
1967 (昭和42)	・公害対策基本法制定		・EC：危険な物質の分類，包装，表示に関する理事会指令 (67/548/EEC)	
1968 (昭和43)	・カネミ油症事件発生 ・大気汚染防止法制定			
1969 (昭和44)	・公害健康被害救済特別措置法制定		・スウェーデン：環境保護法制定	
1970 (昭和45)	・公害国会 ・大気汚染防止法改正 ・水質汚濁防止法制定	・国家環境政策法制定 ・環境諮問委員会 (CEQ) 発足 ・環境保護庁 (EPA) 発足	・ドイツ：緊急プログラム開始	・OECD：環境委員会設立
1971 (昭和46)	・環境庁発足 ・農薬取締法改正：環境保全の目的が加わる ・この頃，PCB汚染問題顕在化	・CEQ，「Toxic Substances」報告書を提出 ・有害物質規制法 (TSCA) 案 (S.1478) 提出	・スウェーデン：PCB規制法制定 ・ドイツ：環境プログラム開始	・OECD：化学品グループ発足
1972 (昭和47)	・自然環境保全法制定			・OECD：環境政策の国際経済的側面に関する指導原則についての理事会勧告 ・国連人間環境会議開催
1973 (昭和48)	・化審法制定 ・公害健康被害補償法制定		・EC：第1次環境行動計画開始	・OECD：PCB規制のための理事会決定
1974 (昭和49)	・化審法施行 ・既存化学物質安全性点検事業開始 ・PCBが特定化学物質に指定		・ドイツ：イミッション防止法制定	
1975 (昭和50)		・キーポン事件(農薬工場による河川汚染)発生		

年	日　本	米　国	欧　州	国際動向
1976 (昭和51)	・中央公害対策審議会費用負担部会「公害に関する費用負担のあり方について」答申	・有害物質規制法(TSCA)制定	・ドイツ：環境報告書公表 ・イタリア：セベソで農薬工場の爆発事故発生（付近がダイオキシンで汚染される） ・EC：制限指令	
1977 (昭和52)		・TSCA施行	・フランス：化学品管理法制定	・OECD：化学品テスティングプログラム開始
1978 (昭和53)		・ラブカナル事件顕在化		・OECD：化学品規制特別プログラム開始
1979 (昭和54)	・BHCが特定化学物質に指定	・この頃，シリコンバレーで有機塩素系溶剤による地下水汚染発生	・EC：危険な物質の分類，包装，表示に関する理事会指令の第6次修正指令	
1980 (昭和55)		・スーパーファンド法（包括的環境対処補償責任法）制定	・ドイツ：化学品法制定	
1981 (昭和56)	・DDTが特定化学物質に指定			・OECD：テストガイドラインと優良試験所基準(GLP)を制定
1982 (昭和57)			・ドイツ：環境関連既存物質諮問委員会(BUA)設立 ・ドイツ：化学品法施行	・OECD：上市前最小データセット(MPD)を理事会決定
1983 (昭和58)		・全米研究評議会「連邦政府におけるリスク評価」公表		・OECD：化学品合同会合開始
1984 (昭和59)	・化審法に優良試験所基準(GLP制度)導入 ・兵庫県太子町でトリクロロエチレンによる地下水汚染発見			・インド：ボパールで化学工場の事故発生
1985 (昭和60)				・オゾン層保護のためのウィーン条約採択

年	日本	米国	欧州	国際動向
1986 (昭和61)	・化審法改正(同時に,OECDテストガイドライン,OECD-MPDを導入)	・スーパーファンド法改正 ・緊急対応計画および地域住民の知る権利法制定(TRI制度導入)	・ドイツ:「有害物質の発生と段階的削減による環境事前配慮指針」公表	
1987 (昭和62)	・昭和61年改正化審法施行:スクリーニング毒性試験の審査開始		・北海の保護に関するロンドン宣言	・ブルントラント委員会報告書「地球の未来を守るために(Our Common Future)」公表
1988 (昭和63)	・千葉県君津市でトリクロロエチレンによる地下水汚染公表		・ドイツ:既存物質構想を策定	
1989 (平成元)	・トリクロロエチレンなど有機塩素系化合物3種類が第2種特定化学物質に指定			
1990 (平成2)			・ドイツ:化学品法改正(第1次改正)	・国連欧州経済委員会によるベルゲン宣言
1991 (平成3)				・OECD:環境政策における経済的手法の活用に関する理事会勧告
1992 (平成4)			・マーストリヒト条約採択 ・EC:危険な物質の分類,包装,表示に関する理事会指令の第7次修正指令	・地球環境サミット:リオ宣言 ・生物多様性条約採択 ・気候変動枠組み条約採択 ・OECD:HPVプログラム開始
1993 (平成5)	・環境基本法制定		・マーストリヒト条約発効 ・EU第5次環境行動計画開始 ・EU既存物質規則制定 ・EUリスクアセスメント指令	
1994 (平成6)	・第1次環境基本計画策定		・ドイツ:化学品法改正(第2次改正)	

付表　545

年	日本	米国	欧州	国際動向
1995 (平成7)				
1996 (平成8)				・ISO14001制定
1997 (平成9)		・「リスク評価及びリスク管理に関する大統領・議会諮問委員会報告書」刊行	・アムステルダム条約採択	
1998 (平成10)	・環境ホルモン戦略計画(SPEED'98)開始	・化学物質についての知る権利に係るプログラム(USチャレンジプログラム)開始		・予防原則に関するウィングスプレッド宣言 ・HPVプログラムに国際化学工業協会協議会が参加 ・ロッテルダム条約(PIC条約)採択
1999 (平成11)	・PRTR法制定 ・ダイオキシン類対策特別措置法制定		・アムステルダム条約発効	
2000 (平成12)	・第2次環境基本計画策定		・ECコミュニケーション公表	
2001 (平成13)	・PCB対策特別措置法制定 ・化学物質と円卓会議開始		・将来の化学物質政策のための戦略(EU白書)公表	・残留性有機汚染物質に関するストックホルム条約(POPs条約)採択
2002 (平成14)			・EU第6次環境行動計画開始 ・ドイツ：化学品法改正(殺生物剤法の制定に伴う改正)	・国連：持続可能な開発に関する世界首脳会議(WSSD)開催
2003 (平成15)	・化審法改正		・EU: REACH法案議会に提出 ・EU廃家電指令(WEEE指令)公布 ・RoHS指令公布	・国連：化学物質の分類と表示に関する世界調和システム(GHS)について勧告
2004 (平成16)	・平成15年改正化審法施行：動植物に対する影響の審査開始			

年	日本	米国	欧州	国際動向
2005 (平成17)	・Japanチャレンジプログラム開始	・TSCA改正を目指して「子供の安全のための化学物質法」案などが議会に提出(審議未了で廃案)	・EU廃家電指令(WEEE指令)施行	
2006 (平成18)	・第3次環境基本計画策定		・REACH制定 ・REACHに関するQ&A公表 ・RoHS指令施行	・SAICM1開催
2007 (平成19)			・REACH施行 ・リスボン条約採択 ・REACHに関するQ&A(改訂版)公表	
2008 (平成20)	・PRTR法政令改正(対象物質改正)	・TSCA改正を目指して「子供の安全のための化学物質法」案が議会に提出(審議未了で廃案)	・ドイツ:化学品法改正(REACHに対応) ・EU:物質および混合物の分類,表示,包装に関する規則(CLP規則)制定	
2009 (平成21)	・化審法改正	・EPAが有害物質規制法の改正の基本原則を公表	・リスボン条約発効	・SAICM2開催
2010 (平成22)		・TSCA改正法案(S.3209, H.R.5820)提出されるが,審議未了で廃案		
2011 (平成23)	・平成21年改正化審法全面施行:一般化学物質のリスク評価開始	・TSCA改正法案(S.847)提出されるが,審議未了で廃案	・RoHS指令改正	・HPVプログラム終了 ・共同化学品アセスメントプログラム開始
2012 (平成24)	・第4次環境基本計画策定 ・化学物質と環境に関する政策会議開始	・TSCAワークプラン開始		・国連持続可能な開発会議(Rio+20)開催 ・SAICM3開催
2013 (平成25)		・TSCA改正法案(S.696, S.1009)提出されるが,審議未了で廃案	・EU第7次環境行動計画開始	

年	日本	米国	欧州	国際動向
2014 (平成26)		・下院においてTSCA改正草案(Chemicals in Commerce Act)が公表され，公聴会が開催されるが，審議未了		
2015 (平成27)		・TSCA改正法(S.697, H.R.2576)案提出。H.R.2576下院で承認された後，上院で修正され可決される		・SAICM4開催

事項・人名索引

欧　文

Abbott テスト　　263
Abbott 判決　　235, 244, 263
BS7750　　35
BUA → 環境関連既存物質諮問委員会
BUA 物質報告書　　443
CEQ → 環境諮問委員会
Chevron 原則　　316
CLP 規則　　50, 505
CMR 物質　　464, 500
CSR → 化学物質安全性報告書
DHI 調査　　485
EC コミュニケーション　　11, 12, 197, 432, 434
EINECS　　441, 454, 460
EMAS → 環境マネジメント監査スキーム
EMASⅢ　　36, 37, 41
EMS → 環境マネジメントスキーム
5(e)SNUR　　239, 240
EU の第 6 次環境行動計画　　473
EU 機能条約　　434
EU 白書　　77, 78, 83, 163, 280, 290, 451, 460, 466, 470
GHS　　50, 50, 506
GHS 表示　　142
GLP(Good Laboratory Practice：優良試験所基準)　　166, 522
GLP 制度　　106, 160
HPV チャレンジプログラム　　161, 269, 270, 273, 447
HPV プログラム　　121, 160, 160, 446, 447, 470
ISO14000 シリーズ　　38
ISO14001　　39, 40, 41
IUCLID　　487
IUPAC 名　　283
Jackson, Lisa P.　　288

Japan チャレンジプログラム　　166, 177, 442
JIPS　　44
KPMG 調査　　484
Lautenberg, Frank R.　　292
MAD　　121
MAN　　122
MSDS 制度　　142
Non-5(e)SNUR　　240
OECD テストガイドライン　　15, 106, 109, 113, 121, 133, 154, 159, 166, 179
OECD 環境保全成果レビュー　　136, 139, 140, 142, 155
PBT 物質　　168, 189, 346, 464, 497, 500, 524
PCB　　84, 92, 94, 95, 108, 346
PCB 汚染対策推進会議　　93
PEC　　22
PMN → 製造前届出
PNEC　　20
POPs 物質　　464
PRTR 制度　　46, 49, 125, 135, 141, 270
PRTR 法　　180, 417
Reg-Neg(レグネグ)　　45
Rio + 20　　505
RIPs　　486
RoHS　　515
SAICM → 国際的な化学物質管理のための戦略的アプローチ
SCALE イニシアティブ　　503
SDS(セーフティデータシート)　　50, 142, 507
Shimkus, John　　295
SIDS 項目　　104, 121, 160, 177, 182, 184, 281, 299, 447
SIEF → 化学物質情報交換フォーラム
SPEED'98　　134
SPORT　　486
SVHC → 高懸念物質

Toxic Substances（有害物質）　76, 85, 95, 99, 100, 165, 227, 235, 520
Trevor's Law　349
TRI（有害物質排出目録）制度　47, 270, 275
TRI データ　270, 276
TSCA　223, 438
TSCA インベントリー　74, 98, 226, 335
TSCA インベントリー編纂規則　242
TSCA ワークプラン　271, 336, 344
TSCA 化学品データ報告規則　243
TSCA 改正の六つの基本原則　288
Vitter, David B.　294
VOC → 揮発性有機化合物
vPvB 物質　126, 143, 168, 189, 278, 472, 497, 500, 502, 524
Waxman, Henry A.　293
WSSD → 持続可能な開発に関する世界首脳会議　434
WSSD の実施計画　12

あ 行

アクティブインベントリー　307, 309
アクティブ化学物質　314, 316, 332, 350
アジェンダ21　47, 157
アスベスト判決　260
安全基準　298, 315, 337, 370
安全性点検事業　91, 121, 442, 442, 521
安全性判定　337
安全性評価　318, 337
閾値　17, 18, 501
一日許容摂取量　18
1 物質 1 登録　476, 490
遺伝毒性　16
意図された使用　315
イミッシオン防止法　429, 430, 436
インアクティブインベントリー　308
インアクティブ化学物質　314, 332, 350
インベントリー更新規則　98
営業法（営業警察法）　4, 117, 421, 431, 432, 435
エコアクション21　42
エッセンシャルユース　181, 186, 187, 190
欧州委員会　449
欧州化学工業会　467, 469, 475
欧州議会　450

欧州経済地域　36
欧州司法裁判所　513
欧州司法裁判所法務官　512
欧州理事会　448, 479
汚染者負担原則　425, 426
汚染防止有害物質対策部　256
オゾン層保護のためのウィーン条約　9, 82
オーフス条約　30, 32

か 行

蓋然性　5
下院のエネルギー・商業委員会　293
科学的不確実性　75, 81, 398
化学品データ報告規則　99, 242
化学物質安全性報告書（CSR）　164, 168, 184, 252, 282, 497, 514, 523
化学物質情報交換フォーラム（SIEF）　476, 490
化学物質総合管理政策研究会　140
化学物質と円卓会議　33
化学物質と環境に関する政策会議　34
化学物質についての知る権利に関するプログラム　161, 269, 447
加工　227
化審法　71
カネミ油症事件　92
カーボンナノチューブ　302
カルタヘナ議定書　9
環境監査　36
環境関連既存物質諮問委員会（BUA）　442
環境・経済小委員会　294
環境基本法　130, 133, 141, 147, 435, 439
環境教育推進法　428
環境検証人　36, 37
環境残留性　14
環境事前配慮指針　407, 423, 429
環境諮問委員会（CEQ）　84, 521
環境中濃度　22
環境プログラム　407, 422, 428
環境法化　28
環境報告書　407, 427, 428
環境マネジメント監査スキーム（EMAS）　35, 37, 41
環境マネジメントシステム　34, 40, 43
環境マネジメントスキーム（EMS）　35, 36

索　引　551

環境モニタリング　125
環境優良企業　37
環境理事会　449, 458, 459
監視化学物質　187
間接暴露　16
管理された自己責任の原則　432
危険　4, 6, 51, 101, 116, 118, 119, 151, 154, 203, 206, 207, 421, 437, 494, 520
危険調合剤指令　450, 456
危険の疑い　101, 117, 118, 151, 154, 156, 204-207, 421
危険防御　6, 8, 101, 117, 120, 152, 154, 157, 422, 423, 429, 432, 435, 436, 520
気候変動枠組み条約　9, 82
規則制定記録　264, 265
規制法　437
規則制定記録　383
規則制定手続の硬直化　387
既存化学物質　28, 95, 101, 521
既存化学物質安全性点検事業　95, 166, 188
既存化学物質名簿　74, 95
既存物質規則　444, 450, 455, 471
既存物質構想　440, 443, 444
揮発性有機化合物（VOC）　26
キーポン事件　236
急性毒性　15
（狭義の）リスク　5, 6, 51, 117, 151, 204
行政活動検査院　225
行政管理予算府　256
行政手続法　62
競争力理事会　479, 489
共通の立場　488, 492
協働　167
共同化学品アセスメントプログラム　160, 446
協働原則　426-428, 440, 495, 523
挙証責任の転換　472
挙証負担の転換　470
緊急対応計画および地域住民の知る権利法　30, 47, 49, 270
緊急プログラム　423
グリーンケミストリー　289, 302
軽工業生産技術審議会　93, 94
警察規制　51
警察法　429, 435-437, 520

原因者負担　164, 167
原因者負担原則　425, 426, 439, 495, 499, 523
健康および安全性データ報告規則（40 CFR 716-HaSDR: Health and Safety Data Reporting）　243
健康および安全性データ報告規則（40 CFR 716-HaSDR: Health and Safety Data Reporting）　248
現有利益　400
公害国会　129
公害対策基本法　129, 435, 439
公共の利益　346, 376
高懸念物質　190, 472, 490, 500, 510-512
高次捕食動物　145, 150, 152
交渉による規則制定　45, 46
構造活性相関手法　98, 252, 483
国際的な化学物質管理のための戦略的アプローチ（SAICM）　159, 174, 176
国際標準化機構　38
コホート研究　13
根拠づけられた危険の疑い　117, 118, 152, 154, 204, 205, 207, 422
コンセンサス会議　59-62

さ　行

査察　509
サプライチェーンを介した情報伝達義務　513
さまざまな経路による暴露　312
残存リスク　5, 117, 151, 204, 205, 421
三段階モデル　117, 203, 421
試験規則　275
事後管理制度　112
自己適合宣言　40
自然環境保全基本方針　155
自然環境保全法　130, 132, 155
自然再生推進法　173
事前審査制度　25, 75-77, 80, 81, 87, 88, 90, 91, 95, 97, 99, 100, 111, 120, 126, 165, 185, 192, 229, 232, 520
事前配慮　407, 423, 430, 432, 436, 438, 520
事前配慮原則　6, 82, 429
持続可能な開発　7
持続可能な開発に関する世界首脳会議（WSSD）　158

持続可能な開発に関する世界首脳会議
　　(WSSD)の実施計画　　79
持続可能な開発のための経済人会議　　38,
　　44
実質安全量　　19
実質的証拠　　261, 264, 265, 321, 383
実質的証拠基準　　235, 244, 264, 287
指定化学物質　　115-120, 122, 123
指定化学物質制度　　102, 126
司法審査　　244, 264, 383
社会経済分析専門委員会　　501, 502
蛇口規制　　25
重大なリスク　　285, 327, 369, 372, 375
重要新規利用規則　　98, 226
重要新規利用規則(SUNR)　　239
重要新規利用規則　　250
重要な規則　　257
順応的管理　　170-172, 201, 204, 205, 207,
　　209, 210
上院の環境・公共事業委員会　　293
証拠提出責任　　8, 80
証拠との距離　　10
上市前最小安全性評価項目　　104-108, 110,
　　112, 120-123, 130, 131, 138, 159, 160
省庁間試験委員会　　237
消費者製品安全法　　254
消費製品安全促進法　　340, 359
情報公開法(米国)　　266
「情報公開法(日本)」　　31
証明責任　　10
証明責任の転換　　8, 11, 80, 81
将来配慮　　7, 423, 430
食品安全基本法　　127
食物連鎖　　15
白公示物質　　188
新規化学物質　　28, 95
新・生物多様性国家戦略　　136, 148, 173
森林法　　129
水質汚濁防止法　　26, 107
スウェーデンの環境基本法　　96
スクリーニング　　104
スクリーニング毒性試験　　112, 115, 122,
　　193, 195
スクリーニング・リスク評価　　79, 124, 125,
　　184-187, 194, 195, 201, 206, 279

ストックホルム条約　　15, 181, 186, 187, 190,
　　346, 433
スーパーファンド法　　107
生活環境　　141
生活環境に係る動植物(生活環境動植物)
　　144, 145, 150, 152, 154
生活の質審査　　256
制限　　493, 502, 509
制限指令　　445, 454, 456, 457, 502
正式規則制定手続　　257
生殖発生毒性　　16
製造　　227
製造等規制　　25
製造前届出(PMN)　　98, 238, 246
製造前届出規則　　226
生態影響評価　　148
生態系保全等に係る化学物質審査規制検討会
　　137
生態毒性　　148
生態毒性試験　　144
生物多様性基本法　　174
生物多様性国家戦略　　136, 173
生物多様性国家戦略2012-2020　　173
生物多様性条約　　136, 155, 173
生物濃縮　　15, 86, 104
セーフティデータシート　　48
先決裁定　　511, 513
潜在的原因者責任　　10
潜在的被害　　399
潜在的利益　　399
専占権　　234, 380
専占権の適用免除の特例措置(waiver)
　　320
専断的・恣意的基準　　235, 244, 264, 306
連邦殺虫剤・殺菌剤・殺鼠剤法　　254
相当な生産量　　237
相当な排出量　　237
総暴露　　312
ソフトロー　　43

た　行

第1次環境基本計画　　147
第1回関係者会議(EU白書に関する関係者
　　会議)　　451, 465
第一種監視化学物質　　126

索　引　553

大気汚染防止法　26
第3次環境基本計画　52, 174, 176, 197, 420
第三者認証　40
第三種監視化学物質　123, 124, 153-156, 199, 201
大数の法則　2
大統領令 12044　257
大統領令 12291　246, 257
大統領令 12866　46, 225, 257
第7次環境行動計画　504
第7次修正指令　450, 454
第2回関係者会議　452, 467
第2次環境基本計画　147
第二種監視化学物質　120, 123, 124, 198, 201
第二種特定化学物質　112, 115, 116, 119, 123, 124
耐容一日摂取量　18
第4次環境基本計画　420
第6次修正指令　78, 83, 97, 106, 110, 162, 431, 454
段階的審査・規制制度　102, 123
段階的なリスク評価　185
地球環境サミット　157
蓄積性　14
長期毒性　16
長期毒性試験　116
長距離移動性　14
聴聞　264, 321
調和条項　129
直接暴露　16
提案指令　240, 247, 250
低懸念ポリマー　185
適合性審査　507
出口規制　25
テクノロジーアセスメント　55-58
デリバラティブ・パネル　63
デンマーク技術委員会　59
ドイツ化学工業会　475
ドイツ連邦化学品法　430, 431
ドイツ連邦統一警察法模範草案　260
同意協定　99
同意指令　98, 240, 247, 250
登録　278, 281, 462, 466, 492, 494
登録書類　507

討論型世論調査　62
特定外来生物による生態系等に係る被害の防止に関する法律　9, 127
特定化学物質　108
特例措置(waiver)　320, 347, 381
土壌汚染対策法　26
トリクロロエチレン　107

な　行

内分泌かく乱物質　137, 471, 491, 500, 505, 516, 517
ナノ物質　302, 505, 517, 518
ナノ物質の TSCA インベントリーにおける扱い　302
難分解性　14
21世紀環境立国戦略　45
「21世紀『環の国』づくり会議」報告書　33, 172
ニース条約　488
日没日　501
日本レスポンシブルケア協議会　48
認可　278, 464, 466, 490, 493, 500, 508
人間環境会議　9
人間環境宣言　9
濃縮性　14
農薬登録保留基準　134

は　行

バイオモニタリング　299
排出規制　24
排出目録制度　47
排出抑制基準　26
ハイ・プライオリティ化学物質　315, 317, 323, 326, 332, 335, 350
暴露状況　113
ハザード比　22
パターナリズム　58
発がんリスク　19
ハード・ルック審査　306
パブリックコメント　62
反比例の原則　4
必要性(Erforderlichkeit)の原則　260
評価　463, 493, 499
費用便益分析　246
比例原則　209, 260

ファシリテーター　59
不確実係数　18
複合影響　22
複合成形品　510-513
不合理な脅威　232
不合理なリスク　253-255, 285, 327, 345, 370
物質評価　499, 500
ブーメラン効果　3
浮遊粒子状物質　26
プラニング・セル　63
フラーレン　302
プリ・エンフォースメント審査　262, 263
プリ・エンフォースメント訴訟　45
プロイセン一般ラント法　422
プロイセン警察行政法　260
プロポジション 65　268
文書評価　499
米国議会技術評価局　225
ベルゲン宣言　433
ベルレモン宣言　517
変異原性　16
ホットスポット規制　301

ま　行

マーストリヒト条約　415, 434, 448
慢性毒性　16
未然防止　6-8, 111
未然防止原則　6, 80, 90
ミニマムデータセット　298, 308
無影響濃度　20
無毒性量　17, 18, 23
「最も負担の少ない」規制方法　259, 373

や　行

有害性評価　17
有害大気汚染物質　26
有害物質(Toxic Substances)　76, 85, 95, 99, 100, 165, 227, 235, 521
有害物質排出目録(TRI)制度　47, 270, 275
有機塩素系溶剤　107
有機スズ化合物　132

優先クラス 1　308-311
優先クラス 2　308-311
優先クラス 3　308, 310
優先評価化学物質　124, 189, 198-200
優先リスト　303
ユニットリスク　20
予測無影響濃度　20, 22
予備的評価情報報告規則　250
予防原則　6, 54, 71, 80, 81, 96, 119, 120, 124, 126, 128, 147, 157, 158, 165, 167, 169, 171, 194, 196, 201, 207-210, 229, 277, 290, 398

ら　行

ラブカナル事件　107
リオ宣言の第 10 原則　31
リオ宣言の第 15 原則　7, 8, 82, 119, 224, 398, 419, 433
リスク　3, 4, 101, 116, 119, 151, 203, 421, 437
(狭義の)リスク　5, 6, 51, 117, 151, 204
リスクアセスメント指令　455
リスク管理　46, 51, 291, 418
リスクコミュニケーション　32, 62, 178, 180
リスク三段階モデル　4
リスク事前配慮　423, 430, 438
リスク配慮　101, 102, 119, 120, 123, 126, 156, 422, 435
リスク評価　22, 52, 81, 102, 113, 115, 116, 124, 158, 170, 198-200, 291
リスク評価専門委員会　501, 502
リスクベース　374
リスボン条約　434
リスボン戦略　479
略式規則制定手続　257
利用可能な最高の科学(best available science)　334, 352
連邦行政会議　45
ロー・プライオリティ化学物質　315, 317, 323, 326, 335, 350
ローリング・アクションプラン　508
ロンドン宣言　432

判 例 索 引

米 国

Consolidated Edison Co. v. NLRB, 305 U. S. 197 (1938)　　265
Abbott Laboratories v. Gardner, 387 U. S. 136 (1967)　　263
Greater Boston Television Corp. v. FCC, 444 F. 2d 841 (D.C. Cir. 1970)　　306
Citizens to Preserve Overton Park v. Volpe, 401 U.S. 402 (1971)　　306
Environmental Defense Fund v. EPA, 636 F. 2d 1267 (D.C. Cir. 1980)　　255
American Textile Manufacturers Inst. v. Donovan, 452 U. S. 490, 512 (1981)　　286
Natural Resources Defense Council v. EPA, 595 F. Supp. 1255 (S.D.N.Y. 1984)　　272
Corrosion Proof Fittings v. EPA, 947 F. 2d 1201 (5th Cir. 1991)　　260
Physicians Committee for Responsible Medicine v. Leavitt, 331 F. Supp. 2d 204 (S.D.N.Y. 2004)　　273
Physicians Committee for Responsible Medicine v. Stephen, 436 F. 3d 326 (2d Cir, 2006)　　273

欧 州

C-106/14　Fédération des entreprises du commerce et de la distribution and others v. Ministre de l'Écologie, du Développement durable et de l'Énergie (2015)　　513

辻　信一（つじ　しんいち）

1985年　京都大学大学院工学研究科修了
同　年　通商産業省入省
現　在　名古屋大学特任教授
専　攻　環境法，環境政策
おもな編著書　『汚染とリスクを制御する（シリーズ　環境政策の新地平6）』（大沼あゆみ・岸本充生編，共著，岩波書店，2015年）

化学物質管理法の成立と発展
──科学的不確実性に挑んだ日米欧の50年

2016年3月31日　第1刷発行

著　者　辻　信　一
発行者　櫻　井　義　秀

発行所　北海道大学出版会
札幌市北区北9条西8丁目　北海道大学構内（〒060-0809）
Tel. 011(747)2308・Fax. 011(736)8605・http://www.hup.gr.jp

アイワード／石田製本　　　　　　　　　　　Ⓒ 2016　辻　信一
ISBN978-4-8329-6822-6

書名	著者	体裁・価格
環境保全の法と理論	髙橋信隆・亘理格・北村喜宣 編著	A5判・六四八頁 価格 六五〇〇円
生物多様性保全と環境政策 ——先進国の政策と事例に学ぶ——	畠山武道・柿澤宏昭 編著	A5判・四三六頁 価格 五〇〇〇円
自然保護法講義（第2版）	畠山武道 著	A5判・三五二頁 価格 二八〇〇円
アメリカの環境保護法	畠山武道 著	A5判・四九八頁 価格 五八〇〇円
アメリカの環境訴訟	畠山武道 著	A5判・三九四頁 価格 五〇〇〇円

〈価格は消費税を含まず〉
北海道大学出版会